Formelzeichen und Einheiten

Formelzeichen	Bedeutung	SI-Einheit	Einheit
Elektrizität und Magnetismus			
Q	elektrische Ladung	C	Coulomb, $1\,C = 1\,A \cdot s$, $1\,A \cdot h = 3{,}6\,kC$
e	Elementarladung	C	
D	elektrische Flussdichte	C/m^2	
P	elektrische Polarisation	C/m^2	
φ, φ_e	elektrisches Potenzial	V	Volt, $1\,V = 1\,J/C$
U	elektrische Spannung, Potenzialdifferenz	V	
E	elektrische Feldstärke	V/m	$1\,V/mm = 1\,kV/m$
C	elektrische Kapazität	F	Farad, $1\,F = 1\,C/V$, $C = Q/U$
ε	Permittivität	F/m	früher: Dielektrizitätskonstante
ε_o	elektrische Feldkonstante	F/m	Permittivität des leeren Raumes
ε_r	Permittivitätszahl, relative Permittivität	1	früher: Dielektrizitätszahl
I	elektrische Stromstärke	A	Ampere
J	elektrische Stromdichte	A/m^2	$1\,A/mm^2 = 1\,MA/m^2$, $J = I/A$
Θ	elektrische Durchflutung	A	
H	magnetische Feldstärke	A/m	$1\,A/mm = 1\,kA/m$
Φ	magnetischer Fluss	Wb	Weber, $1\,Wb = 1\,V \cdot s$
B	magnetische Flussdichte	T	Tesla, $1\,T = 1\,Wb/m^2$, $B = \Phi/S$
L	Induktivität, Selbstinduktivität	H	Henry, $1\,H = 1\,Wb/A$
μ	Permeabilität	H/m	$\mu = B/H$
μ_o	magnetische Feldkonstante	H/m	Permeabilität des leeren Raumes
μ_r	Permeabilitätszahl, relative Permeabilität	1	$\mu_r = \mu/\mu_o$
R_m	magnetischer Widerstand, Reluktanz	H^{-1}	
Λ	magnetischer Leitwert, Permeanz	H	
R	elektrischer Widerstand, Wirkwiderstand, Resistanz	Ω	Ohm, $1\,\Omega = 1\,V/A$
G	elektrischer Leitwert, Wirkleitwert, Konduktanz	S	Siemens, $1\,S = 1\,\Omega^{-1}$, $G = 1/R$
ϱ	spezifischer elektrischer Widerstand, Resistivität	$\Omega \cdot m$	$1\,\mu\Omega \cdot cm = 10^{-8}\,\Omega \cdot m$, $1\,\Omega \cdot mm^2/m = 10^{-6}\,\Omega \cdot m = 1\,\mu\Omega \cdot m$
$\gamma, \sigma, \varkappa$	elektrische Leitfähigkeit, Konduktivität	S/m	$\gamma = 1/\varrho$
X	Blindwiderstand, Reaktanz	Ω	
B	Blindleitwert, Suszeptanz	S	$B = 1/X$
$Z, |Z|$	Scheinwiderstand, Betrag der Impedanz	Ω	$\underline{Z}$: Impedanz (komplexe Impedanz)
$Y, |Y|$	Scheinleitwert, Betrag der Admittanz	S	$\underline{Y}$: Admittanz (komplexe Admittanz)
Z_w, Γ	Wellenwiderstand	Ω	
W	Energie, Arbeit	J	Joule
P, P_p	Wirkleistung	W	
Q, P_q	Blindleistung	W	Energietechnik: var (Var), $1\,var = 1\,W$
S, P_s	Scheinleistung	W	Energietechnik: VA (Voltampere)
φ	Phasenverschiebungswinkel	rad	auch Winkel der Impedanz
$\delta_\varepsilon, \delta_\mu$	Verlustwinkel (Permittivität, Permeabilität)	rad	
λ	Leistungsfaktor	1	$\lambda = P/S$, Elektrotechnik: $\lambda = \cos\varphi$
d	Verlustfaktor	1	
N	Windungszahl	1	
Akustik			
p	Schalldruck	Pa	Pascal
c, c_a	Schallgeschwindigkeit	m/s	
L_p, L	Schalldruckpegel		wird in dB angegeben
L_N	Lautstärkepegel		wird in phon angegeben
Licht, elektromagnetische Strahlung			
I_v	Lichtstärke	cd	Candela
Φ_v	Lichtstrom	lm	Lumen, $1\,lm = 1\,cd \cdot sr$
L_v	Leuchtdichte	cd/m^2	
E_v	Beleuchtungsstärke	lx	Lux, $1\,lx = 1\,lm/m^2 = 1\,cd \cdot sr/m^2$
η	Lichtausbeute	lm/W	
c_o	Lichtgeschwindigkeit im leeren Raum	m/s	$c_o = 2{,}99792485 \cdot 10^8\,m/s$
f	Brennweite	m	

Jörg Fuhrmann, Günter Sokele, Steffen Staus, Mike Thielert

Mechatronik
Fachwissen

Unter Mitarbeit von:

Michael Dzieia

Heinrich Hübscher

Dieter Jagla

Jürgen Kaese

Uwe Kirschberg

Jürgen Klaue

Michael Krehbiel

Lutz Langanke

Robert Reitberger

Karl Georg Schmid

Walter Seefelder

und der Verlagsredaktion.

westermann

1. Auflage, 2010
Druck 1, Herstellungsjahr 2010

© Bildungshaus Schulbuchverlage
Westermann Schroedel Diesterweg Schöningh Winklers GmbH, Braunschweig
www.westermann.de

Redaktion: Martin Reinelt
Umschlaggestaltung: boje5 Grafik & Werbung, Braunschweig
Satz und Lay-out: deckermedia GbR, Vechelde
Druck und Bindung: westermann druck GmbH, Braunschweig

ISBN 978-3-14-**22 2532**-6

VORWORT

Der Schülerband vermittelt die berufsbezogenen Lerninhalte für den Ausbildungsberuf Mechatroniker/-in der Fachstufe. Er baut auf den Titel „Mechatronik Produktionstechnologie Grundwissen" (22 2530) auf.

In den Kapiteln werden alle berufsbezogenen Lerninhalte dargestellt, die im Rahmenlehrplan gefordert werden. Die grundlegenden kommunikativen, technologischen und mathematischen Sachverhalte werden herausgearbeitet und umfassend beschrieben. Hierbei wird auch auf sicherheitstechnische und umweltbezogene Aspekte eingegangen.

Im Buch werden fachsystematische und handlungsorientierte Strukturen kombiniert. Da der Rahmenlehrplan offen formuliert ist ergeben sich regionale Unterschiede bei der Umsetzung. Dies äußert sich in der fachlichen Tiefe und im Stoffumfang. Das Buch unterstützt die unterschiedlichen Umsetzungen des Rahmenlehrplans.

1 Sensorik   LF 7|8|9   Auf eine Gliederung des Buches entsprechend den Lernfeldern haben die Autoren bewusst verzichtet. Im Inhaltsverzeichnis sind jedoch die Lerninhalte der Kapitel den Lernfeldern des Rahmenlehrplans zugeordnet worden. Je nach Lernsituation im Unterricht können sich auch andere Zuordnungen ergeben.

Fertigen   Die einzelnen Abschnitte der Kapitel sind entsprechend ihres fachlichen Schwerpunktes durch Hinweise am Seitenrand gegliedert. Abschnitte, in denen beispielsweise die einzusetzenden Verfahren, Werkzeuge und Maschinen zum Durchführen einer Arbeitshandlung beschrieben werden, sind mit dem Hinweis Fertigen gekennzeichnet.

Die Sachverhalte sind in einfacher Sprache beschrieben. Aufzählungen, tabellarische Darstellungen, kursive Hervorhebungen und Verweise auf die zugehörigen Abbildungen unterstützen das selbstständige Lernen.

Grundlagen

Naturwissenschaftliche Grundlagen zum vertiefenden Verständnis technologischer Sachverhalte sind im entsprechenden Zusammenhang dargestellt. Es werden dabei allgemeingültige Prinzipien und Gesetzmäßigkeiten herausgearbeitet und erläutert. Diese sind auf andere Zusammenhänge übertragbar und durch einen blau unterlegten Hinweis am Seitenrand hervorgehoben.

Farbige Merksätze und Zusammenfassungen dienen der schnellen Orientierung und Wiederholung.

Bei einem elektrischen System sind die Ausgangsgrößen von den Eingangsgrößen abhängig.

Zusammenfassung

Die mathematische Darstellung technologischer Sachverhalte erfolgt immer auch an durchgerechneten Beispielen. Sie sind durch blaue Unterlegungen gekennzeichnet.

Beispiel:
In eine Platte aus S 235 JR soll eine Nut 20 mm breit und 2 mm tief mit einem Schlichtschnitt eingefräst werden. Als Werkzeug wird ein Schaftfräser Ø 20 mm aus Schnellarbeitsstahl mit 6 Zähnen verwendet.

Auf die Darstellung umfangreicher Tabellenwerte, die in Tabellenbüchern nachgeschlagen werden können, wurde bewusst verzichtet. Stattdessen wird im Text auf das Tabellenbuch verwiesen. Durch das Nachschlagen von Informationen soll zum selbstständigen Arbeiten mit Informationsquellen angehalten werden.

Im Anhang werden Methoden zum Wissensmanagement, zur Kommunikation und zum Präsentieren dargestellt. Prinzipien der Arbeitsorganisation und Auftragsbearbeitung werden erläutert. Technische Kommunikation und technische Dokumentationen werden vorgestellt.

Ein umfangreiches Sachwortverzeichnis und die Kolumnentitel in deutscher und englischer Sprache sowie die parallele Darstellung einzelner Abschnitte in deutscher und englischer Sprache sollen den Fremdsprachenerwerb in der Berufsschule unterstützen.

Autoren und Verlag
Braunschweig 2010

Inhaltsverzeichnis contents

Inhaltsverzeichnis   contents

3   Steuerungen   LF 7 | 8   control systems

Inhaltsverzeichnis contents

4   Regelungen   LF 7|8|11   closed-loop controls

5   Bus-Systeme   LF 9|11   bus systems

6   CNC-Technik   LF 8|11   CNC technology

Inhaltsverzeichnis contents

Inhaltsverzeichnis contents

Inhaltsverzeichnis   contents

11   Überwachung der Produkt- und Prozessqualität   LF 6 | 13   monitoring of product and process quality

Anhang   annex   409

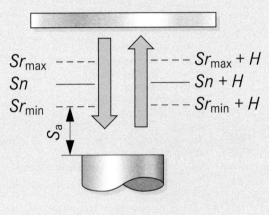

Sr_{max} ----- $Sr_{max} + H$
Sn ——— $Sn + H$
Sr_{min} ----- $Sr_{min} + H$

S_a

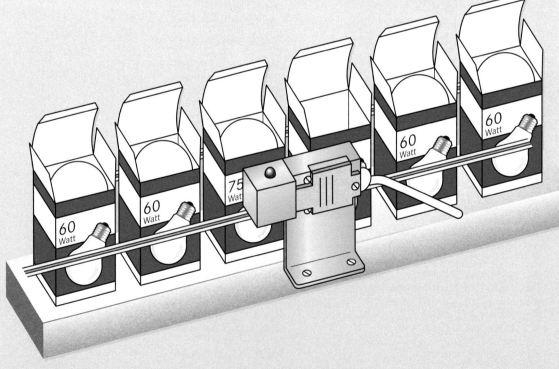

60 Watt

60 Watt

75 Watt

60 Watt

60 Watt

1.1 Signale

Das EVA-Prinzip teilt eine Steuerung in die drei Abschnitte Eingabe, Verarbeitung und Ausgabe (Abb. 1) ein.

Abb. 1: EVA-Prinzip

1.1.1 Schnittstellen und Signale

Bei der stark vereinfachten Systemdarstellung (Abb. 1) wird deutlich, dass die Signale der Eingabe in der Verarbeitung ausgewertet werden, bzw. die Verarbeitungsergebnisse an die Aktoren (Ausgabe) übermittelt werden.

Die Ausgangsinformationen der vorangehenden Objekte stellen die Eingangsinformationen des folgenden Objektes dar ①. Diese Übergabepunkte werden Schnittstellen genannt. Die an diesen Punkten übergebenen Informationen sind in der Steuerungstechnik meist elektrische Signale, die in binäre, digitale und analoge Signale unterschieden werden.

Binärsignale

Bei Binärsignalen sind nur zwei Zustände möglich (bi: lat. zwei). Diese können sehr einfach ausgewertet und durch die so genannten Pegel dargestellt werden:

Tab. 1: Pegel

hoher Pegel	niedriger Pegel
An	Aus
High	Low
H	L
1	0

Beispiel:

- Ein betätigter Schließer ist „1", „An" oder „High" (kurz „H").
- Ein unbetätigter Schließer ist „0", „Aus" oder „Low" (kurz „L").

Während der Pegel den Zustand bzw. das Signalniveau beschreibt, verbirgt sich hinter dieser sehr allgemeinen Angabe ein von der eingesetzten Steuerung abhängiger Spannungsbereich. Die in der Steuerungstechnik gängigsten Bereiche sind 0 V ... 12 V, 0 V ... 24 V und 0 V ... 230 V.

Dabei wird ein niedriger Spannungsbereich als „0"-Signal und ein hoher als „1"-Signal festgelegt.

Dazwischen liegt der „verbotene Bereich" als eindeutige Trennung zwischen den Pegeln (Abb. 2). In dieser Zone kann ein Signal keinem Pegel korrekt zugeordnet werden.

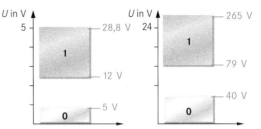

Abb. 2: Spannungsbereiche unterschiedlicher Pegel

Digitale Signale

Digitale Signale sind eine Anordnung mehrer binärer Werte, mit deren Hilfe z. B. Zahlen dargestellt werden können. Verwendet wird dabei das duale Zahlensystem. Dabei steht als kleinste Informationseinheit das Bit (binary digit) zur Verfügung, welches nur die Zustände 0 und 1 besitzen kann.

Tab. 2: Digitale Zahlen

	Dezimalzahlen-System	Dualzahlen-System
Zeichen-vorrat	0, 1, 2, 3, 4, 5, 6, 7, 8, 9	0, 1
Basis	10	2
Wertigkeit	10^0, 10^1, 10^2, ...	2^0, 2^1, 2^2, ...

Zahlen im Dezimal und Dualzahlen-System			
dezimal	dual	dezimal	dual
0	0	5	101
1	1	6	110
2	10	7	111
3	11	8	1000
4	100	9	1001

Eine Gruppe von 8 Bit werden als Byte bezeichnet. Daraus ergibt sich folgende Umrechnung:

```
        1 B (Byte) = 8 Bit
   1 KB (Kilobit) = 1024 Byte
1 MB (Megabyte)= 1024 KB (etwa 1 Million Bytes)
1 GB (Gigabyte) = 1024 MB (etwa 1 Milliarde Bytes)
```

Analoge Signale

Analoge Signale können in einem begrenzten Bereich jeden beliebigen Wert annehmen.

Die Hersteller von Steuergeräten und Sensoren haben sich u. a. auf folgende genormte Analogsignale als Schnittstellengrößen geeinigt:

- 0 V bis 10 V oder
- 4 mA bis 20 mA oder
- 0 mA bis 20 mA

1.1.2 Bedienelemente

Taster und Schalter werden als Bedienelemente bezeichnet, wenn sie zur Befehlseingabe von Hand eingesetzt werden. Sie stellen die Verbindung zwischen Mensch und Steuerung her.

Drucktaster, Schalter und HMI-Geräte (Human-Machine-Interface) wie Touch-Panels werden zur Befehlseingabe von Hand verwendet, wenn z. B. Vorgänge gestartet oder quittiert werden sollen.

 Taster, Schalter und HMI-Geräte werden als Bedienelemente bezeichnet.

Drucktaster und Schalter

Ist ein Taster (Abb. 1) sowohl mit Schließer- als auch Öffner-Kontakten ausgestattet, muss beachtet werden, dass bei einer Betätigung zunächst der Öffnerkontakt ① öffnet, bevor der Schließerkontakt ② schließt. Dieser Zusammenhang ist in dem Signal-Betätigungsweg-Diagramm verdeutlicht. In diesem Fall besteht zwischen Öffner- und Schließerkontakt ein Hubunterschied von 3 mm.

 Taster und andere mechanische Schaltelemente, die mit Öffner- und Schließerkontakten ausgestattet sind, betätigen immer den Öffner-Kontakt bevor der Schließer schließt.

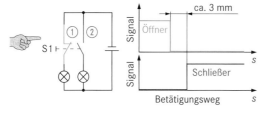

Abb. 1: Verhalten der Taster-Kontakte bei Betätigung

Die Farbe des Tasters (Abb. 2) weist auf die Funktion hin. Entsprechend der Tabelle 1 werden den unterschiedlichen Informationen bestimmte Farben zugeordnet. Die Farbe Gelb wird zur Beseitigung einer anormalen Bedingung oder unerwünschten Änderung verwendet, wie das Quittieren von NOT-AUS. Weitere festgelegte Farbkennzeichnungen gelten in ähnlicher Form auch für Leuchtmelder und Leuchtdrucktaster, in denen ein Leuchtmelder integriert ist.

HMI-Geräte

Alternativ zu den klassischen Bedienelementen, Taster und Schalter, werden bei komplexeren Anlagen zunehmend HMI-Geräte eingesetzt. Dabei handelt es sich um „intelligente" Bildschirme, auf denen Schaltflächen, Leuchtmelder, Ein-/Ausgabe-

Tab. 1: Farbkennzeichen für Drucktaster, Leuchtmelder und Leuchtdrucktaster

Drucktaster		Far-be	Leuchtmelder	
Bedeutung	Anwendung		Bedeutung	Anwendung
Notfall	NOT-AUS	■	Notfall	Gefahrenbringender Zustand
Anormal	Beseitigung anormaler oder unerwünschter Zustände		Anormal	Kontrolle, ob die physikalische Größe den normalen Bereich überschritten hat
Normal	Vorbereiten, Bestätigen, Start/Ein erlaubt, Stopp verboten		Normal	Physikalische Größe liegt im normalen Bereich
Zwingend	Rückstellfunktion		Zwingend	Handlung erforderlich
	START/EIN STOPP/AUS		Neutral	Kontrollieren, ob Umschaltung erforderlich

Abb. 2: Drucktaster   Abb. 3: Touch-Panel

Felder, frei skalierbare Festtexte, Grafiken und dynamische Balken zur Darstellung von Prozessgrößen angezeigt werden können. Durch Antippen der berührungssensitiven Bildschirmoberfläche von Touch-Panels können die Bedienfunktionen aktiviert werden. Die Informationen von und zum Panel werden direkt über ein Buskabel (vgl. Kapitel 5) oder eine Parallelverdrahtung mit der Steuerung ausgetauscht. Die Anzeige kann mit einer Software beliebig konfiguriert werden.

Unterschieden werden diese Bediengeräte in folgende Bereiche:

- **Push Button Panels:** Fertig vorkonfektionierte Tastenbedienfelder ohne Display.
- **Micro Panels:** Kleine Bediengeräte mit meist textbasierten Displays für einfache Anwendungen
- **Panels:** Meist mit einer berührungssensitiven Oberfläche (Touch Panels) oder mit einer Folientastatur (Operator Panel) ausgeführte Displays für den mittleren Leistungsbereich.
- **Multi Panels:** Bediengeräte, die durch ihre großen Displaygrößen und komfortable Ausstattung meist im oberen Leistungsbereich eingesetzt werden.

nieren

1.2 Übersicht und Grundlagen der Sensorik

Wandler, die eine beliebige physikalische Größe in eine elektrisch verarbeitbare Größe umformen, werden Sensoren genannt. Der Begriff Sensor bedeutet etwa „Nachweis- und Kontrollgerät" oder „Fühler der Umwelt". Sensoren dienen der Erfassung des Betriebszustandes eines Systems.

Diese grundsätzliche Funktion wird durch das Symbol in Abb. 4 abgebildet. Die Umwandlung des Signals wird dabei durch eine schräge Linie dargestellt, die die Formelzeichen des Eingangs- und Ausgangssignals trennt.

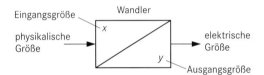

Abb. 4: Allgemeines Symbol eines Wandlers

> **!** Sensoren sind Messwertaufnehmer. Sie ermitteln den IST-Wert von Steuerungen bzw. Regelungen.

Um den Anforderungen der Schnittstellen gerecht zu werden, muss das Ausgangssignal gegebenenfalls angepasst werden. D. h. es muss verstärkt und/oder digitalisiert werden. In Abb. 5 ist dies durch eine Auswerteschaltung dargestellt.

Man unterscheidet in aktive Sensoren, die die Messgröße direkt in eine elektrische Größe um wandeln (Abb. 6 a) und passive Sensoren, die infolge der Auswerteschaltung eine elektrische Energieversorgung benötigen, weil sie auf der Änderung elektrischer Eigenschaften beruhen (Abb. 6 b).

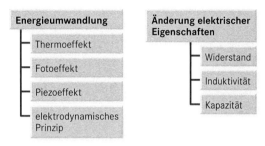

a) aktive Sensoren   b) passive Sensoren

Abb. 6: Unterscheidungsmerkmale von Sensoren

Weitere Merkmale sind die Ausgangssignale

An einem Analogausgang wird das Messsignal stetig ausgegeben. Der Betrag bewegt sich dabei in vorgegebenen Größen.

Bei Binärausgängen sind nur zwei Schaltzustände möglich, zwischen denen bei Über- oder Unterschreiten eines Schwellwertes gewechselt werden. Die meisten Näherungssensoren verfügen über derartige Ausgänge.

An Digitalausgängen wird ein digital codiertes Signal ausgegeben, dass z. B. direkt in ein Bus-System übergeben wird (vgl. Informationstext übernächste Seite).

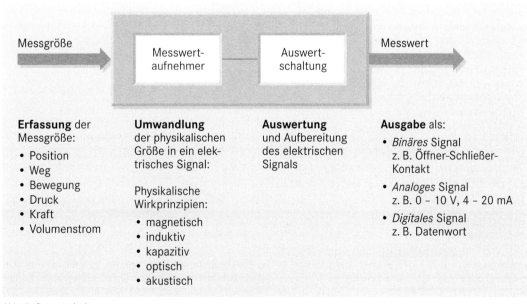

Abb. 5: Sensorprinzip

Genauigkeit und Ungenauigkeit von Sensoren

Mit Hilfe von Sensoren werden physikalische Größen in elektrisch verarbeitbare Größen umgewandelt. Dabei kommt es zu systembedingten Fehlern und Abweichungen.

Ursachen von Ungenauigkeiten sind z. B.

- Wahl des Messbereichs
- Grobe Auflösung
- Linearitätsverhalten
- Hysterese
- Drift (Offset)

Messbereich

Der Bereich der Messwerte die ein Sensor erfassen kann sollte etwas größer sein als der zu beobachtende Bereich. Messfehler treten ggf. durch eine Überlastung des Sensors und in den Randbereichen des Messbereichs auf, weil hier gelegentlich Nichtlinearitäten im Messverhalten vorliegen (Abb 1).

Auflösung

Die Auflösung gibt an, in wie viele Abschnitte ein Messbereich unterteilt wird. Sie stellt also die Messgenauigkeit dar, welche meist in Prozent vom Messbereich (analog) oder in Bit (digital) angegeben. Ein Sensor der einen weiten Bereich „abdeckt" ist somit nicht in der Lage feine Messwertveränderungen zu erkennen.

Linearität

Idealerweise ist der Ausgangswert eines Sensor exakt proportional zum Eingangswert (der Messgröße), was sich im linearen Verlauf der Kennlinie ausdrückt. In der Realität verläuft die Kennlinie oft mit einer gewissen Abweichung um diese Idealkennlinie herum (Abb. 1). Dieses Problem ist oft bei Sensoren zu finden, die auf Potentiometer zur Messgrößenumwandlung zurückgreifen.

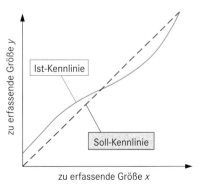

Abb. 1: Linearität

Hysterese

Wenn sich die Kennlinie zwischen zunehmender Messgröße und abnehmender Messgröße unterscheidet, wird dies als Hysterese (griech., Zurückbleiben) bezeichnet (Abb. 2).

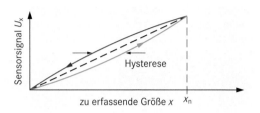

Abb. 2: Hysterese

Drift (Offset)

Mit Drift wird eine allmähliche Veränderung der Kennlinie bezeichnet. Dabei wird zwischen einer Verschiebung der Kurve nach oben oder unten (Nullpunktverschiebung, Abb. 3a) und einer Steigungsänderung unterschieden (Abb. 3b).

Ursache kann für beide beispielsweise eine Veränderung der Umgebungstemperatur- oder der Luftfeuchtigkeit sein.

Zur Kompensation der sogenannten Nullpunktverschiebung kann ggf. der Offset (Startpunkt) manuell eingestellt werden.

a) Nullpunktverschiebung

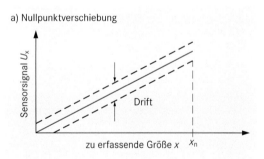

b) Steigungsänderung

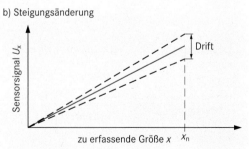

Abb. 3: Drift

Alle Ungenauigkeiten werden gemeinsam in den Datenblättern unter der Angabe Genauigkeit oder Fehler zusammengefasst und in Prozent des Bemessungswertes angegeben.

dlagen

Vom Messfühler zum „intelligenten" Sensor

Die Sensorenentwicklung ist in den vergangenen Jahren rasant vorangeschritten.

Anfangs wurde jeder Messfühler, wie sie zunächst genannt wurden, mit Hilfe von Bauelementen, wie z. B. LDR (lichtabhängiger Widerstand), PTC (temperaturabhängiger Widerstand) und druckabhängigen Widerständen usw. diskret aufgebaut. Eine Schaltung wertete die Veränderungen dieser „Sensorelemente" aus. Probleme dieser Zeit waren die veränderlichen Eigenschaften der Sensorelemente: Nullpunktverschiebungen der Kennlinie, Kennlinienkrümmungen, Linearitätsfehler und vieles andere. Dies hatte zur Folge, dass bei dem Wechsel eines Sensorelements unter Umständen die gesamte Schaltung neu abgeglichen werden musste. Definierte Ausgangsgrößen dieser Auswertungsschaltungen gab es nicht.

Im Zuge der Miniaturisierung der Schaltungen wurden Messfühler und auswertende Schaltung zu einer Einheit zusammengefasst. Mit Hilfe von Mikrocontrollern wurden die Nichtlinearitäten ausgeglichen.

Durch Einigung auf genormte Schnittstellen zwischen Sensoren und Steuerungen, konnte dem „Wildwuchs der Ausgangsgrößen" entgegen gewirkt werden, was zu höheren Produktionsmengen führte. Erreicht wurden diese nun normierten Ausgangsgrößen durch Erweiterung der auswertenden Schaltungen durch Messverstärker, die eine Anpassung ermöglichten.

Seit einigen Jahren hat sich in der Automatisierungstechnik nun ein neuer Trend durchgesetzt. Früher wurden die Informationen von und zur Steuerung zentral an den Klemmen des Steuergerätes übergeben. Dies führte häufig zu sehr langen Zuleitungen der Sensoren und Aktoren. Dieser Übergabepunkt wird nun zunehmend dezentralisiert. Über eine Busleitung werden Eingabe- und Ausgabeeinheiten mit der verarbeitenden Steuerung verbunden.

Über die Busleitung, dies kann eine verdrillte Leitung o. ä. sein, kommunizieren die Teilnehmer

nach einem fest vorgegebenen Protokoll (vgl. Kap. 5). Damit die versendeten Informationen beim „richtigen" Empfänger ankommen, besitzen alle Teilnehmer eine eigene Adresse.

Moderne Sensoren, die direkt mit einer derartigen Busleitung gekoppelt werden, müssen daher mit einem Mikrocontroller (µC) zur Digitalisierung der analogen Messwerte und einem Buskoppler versehen sein, der die Kommunikation ermöglicht. In gleicher Weise können auch Aktoren an den Bus angeschlossen werden.

Moderne Sensoren zeichnen sich darüber hinaus durch zunehmende „Intelligenz" aus: Sie übermitteln Steuerungseinheiten auf Anfrage ihre Einstellungswerte und lernen von der Steuerung „auf Befehl" neue Konfigurationen. So kann bei einem Chargenwechsel, z. B. bei Ultraschallsensoren mit unterschiedlichen Abständen, gearbeitet werden, oder sie lernen die Einstellungen von anderen Sensoren.

Intelligente Sensoren melden darüber hinaus Drahtbruch, Dejustage, Kurzschluss oder Sensorausfall und geben Hilfestellung bei der mechanischen Ausrichtung. Bei optischen Sensoren wird die schleichende Verschmutzung erkannt und gemeldet, bevor es zu einem Ausfall kommt.

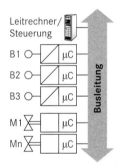

Durch diese Entwicklung können in Anlagen Stillstandszeiten stark reduziert werden. So kann z. B. im laufenden Betrieb ein Sensor gewechselt werden, da dieser die Parameter des alten Sensors einfach übernimmt. Bei Sensoren der neuesten Generation verlagert sich nun die „Intelligenz" aus der verarbeitenden Steuerung in die Sensoren und Aktoren, so dass sie auch bei Ausfall des Leitrechners einen Prozess aufrecht erhalten, indem sie über den Bus direkt miteinander kommunizieren. Die Steuerung ist mit den Sensoren und Aktoren zusammengewachsen.

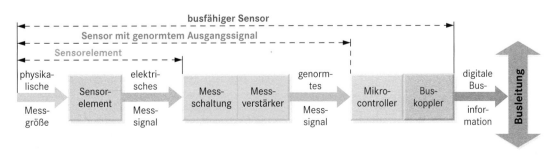

Messen

1.3 Erfassung von Positionen

1.3.1 Grenztaster

Funktion

Endschalter sind im Grunde normale Taster, die jedoch nicht von einer Person betätigt werden, sondern durch ein Werkstück oder einen Anlagenbestandteil wie

Abb. 1: Rollenbetätigter Grenztaster

z. B. einem Stempel oder einem Wellennocken. Die Rolle am Betätigungshebel in Abb. 1 soll z. B. das Verkanten an Werkstücken verhindern. In dem Schaltzeichen (Abb. 1 rechts) wird dies durch einen kleinen Kreis als Betätiger verdeutlicht. Alternativ werden Sie auch ohne Hebel oder mit anderen Hebelformen hergestellt (Abb. 2).

Abb. 2: Unterschiedliche Positionsschalter

Lebensdauer/Einsatzgebiet

Durch die verschleißende Mechanik ist ihre Lebensdauer begrenzt ($> 5 \cdot 10^6$ Schaltspiele). In sehr schmutzigen Umgebungen sind sie nur geschützt einsetzbar. Wegen ihrer Mechanik sind nur sehr niedrige Schaltfrequenzen möglich und mit zunehmendem Verschleiß verändert sich der Schaltpunkt. Der Vorteil liegt im günstigen Preis. Häufig sind mechanische (zwangsöffnende) Kontakte aus Sicherheitsgründen zwingend erforderlich, z. B. bei der Überwachung von Schiebetüren.

Funktionsbeispiel

Ein Verschiebetisch wird kontinuierlich zwischen den jeweiligen Endlagen bewegt. Die Erfassung der Endlagen erfolgt mit Hilfe von Grenztastern.

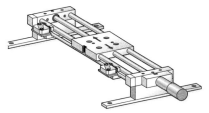

Abb. 3: Endlagenerfassung eines Verschiebetisches

1.3.2 Näherungssensoren

Alternativ zu den mechanischen Grenztastern werden häufig Näherungssensoren eingesetzt. Während Grenztaster durch Berührung bzw. Betätigung aktiviert werden, arbeiten Näherungssensoren berührungslos.

Sie werden jeweils nach dem angewendeten physikalischen Prinzip unterschieden (Abb. 4). Durch ihren Aufbau sind sie verschleißfrei und auch in ungünstigen Umgebungen einsetzbar. Werden die Sensorinformationen am Ausgang in binäre Signale umgewandelt, spricht man auch von Näherungsschaltern.

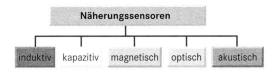

Abb. 4: Näherungssensoren

Bei der konkreten Auswahl von Näherungssensoren werden meist die folgenden Kriterien zugrunde gelegt:

• Bemessungsschaltabstand S_n:

Der Bemessungsschaltabstand gibt an, ab welchem Abstand eine genormte Messplatte aus z. B. S235 JR-Stahl bei direktem Annähern durch den Sensor erkannt wird und ein Schaltsignal bewirkt. Dieser Kennwert berücksichtigt weder Fertigungstoleranzen noch Abweichungen durch Temperatur oder Spannungen.

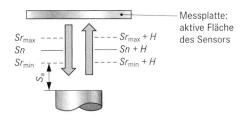

Abb. 5: Schaltabstand

• Gesicherter Schaltabstand S_a:

Der Schaltabstand zwischen Messplatte und Sensor, bei dem der Sensor innerhalb der zulässigen Betriebsbedingungen arbeitet. Diese Angabe beschreibt somit den Abstand, bei dem der Sensor die Messplatte, die sich dem Sensor nähert, „spätestens" sicher erfasst.

- **Reproduzierbarkeit des Schaltwertes:**
Abweichung der ermittelten Schaltabstände bei einer Wiederholung des Messvorgangs.

- **(Schalt-)Hysterese:**
Die (Schalt-)Hysterese (H) beschreibt die Abweichung des Schaltabstandes beim Annähern und wieder Entfernen der Messplatte vom Sensor. Somit ergibt sich der veränderte Schaltabstand $Sr_{min} + H$ bzw. $Sr_{max} + H$ gegenüber dem Bemessungsschaltabstand. In Abb. 5 ist dies durch die unterschiedlichen Abstände von S_n und $S_n + H$ erkennbar.

- **Reduktionsfaktor:**
Der Bemessungsschaltabstand bezieht sich auf eine Prüfplatte mit genormten Maßen, Material, Oberflächeneigenschaften. Um das Schaltverhalten auch für andere Materialien ermitteln zu können, wird mit Hilfe von Reduktionsfaktoren der materialabhängige Schaltabstand (Sr) ermittelt (Abb. 5). Dabei werden oft Spannen genannt, so dass der reduzierte Schaltabstand Sr mit minimalen und maximalen Werten umgeben wird.

1.3.2.1 Magnetische Näherungssensoren

Reed-Kontakt

Funktion

Bei einem Reed-Kontakt handelt es sich um zwei ferromagnetische Kontaktzungen in einem Glasröhrchen. Wenn sich ein (Dauer-)Magnet oder eine Strom durchflossene Spule in deren Nähe befindet, ziehen sich die Zungen wie zwei Dauermagnete gegenseitig an. Dadurch wird der Stromkreis geschlossen (Abb. 6). Der Reed-Kontakt erfasst also magnetische Felder.

Lebensdauer/Einsatzgebiet

Da bei Reed-Kontakten das Schaltsignal mechanisch erzeugt wird, ist auch ihre Lebensdauer nicht unbegrenzt (ca. 10^7 Schaltspiele).

Abb. 6: Reed-Kontakt   Abb. 7: Mag. Näherungsschalter

Funktionsbeispiel

Pneumatische und hydraulische Zylinder werden vom Hersteller häufig mit kleinen Dauermagneten am Kolben ausgestattet. Die Erfassung der Position des Kolbens kann auf diese Weise mit diesen kostengünstigen Sensoren erfolgen. Zur Erfassung der beiden Endlagen von Zylindern müssen zwei magnetische Näherungssensoren eingesetzt werden (Abb. 8).

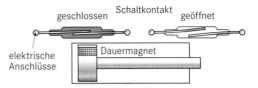

Abb. 8: Endlagenerfassung mit Reed-Kontakten

Magnetoresistive Schalter

Funktion

Während in einem Reed-Kontakt sich die metallischen Laschen mechanisch bei Annäherung eines Magneten schließen, ändert sich in einem magnetoresistivem Schalter der Widerstand eines Halbleitermaterials. Dies wird in ein Schaltsignal umgewandelt. Der Sensor benötigt eine Spannungsversorgung.

Lebensdauer/Einsatzgebiet

Die Lebensdauer von magnetoresistiven Sensoren wird mit „nahezu unbegrenzt" (ca. 10^{10} Schaltspiele) angegeben. Ihr Einsatzgebiet liegt vorwiegend in besonders sicherheitssensiblen Bereichen, weil ihre Ausfallwahrscheinlichkeit geringer ist als bei einem Reed-Kontakt.

Positionstransmitter

Funktion

Positionstransmitter werten die Position eines Zylinderkolbens über eine definierte Strecke aus und geben diese in Form eines genormten Analogsignals (0 ... 10 V oder 4 ... 20 mA) aus. Die derzeitig erhältlichen Sensoren erfassen eine Strecke von 50 mm–200 mm und erkennen auch, wenn sich der Kolben außerhalb des Erkennungsbereichs befindet. Die Reproduzierbarkeit des Signals wird mit einer Abweichung von rund 0,1 mm angegeben.

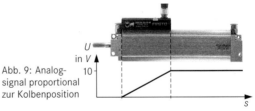

Abb. 9: Analogsignal proportional zur Kolbenposition

Lebensdauer/Einsatzgebiet

Wie bei den meisten kontaktlosen Sensoren wird die Lebensdauer mit 10^{10} angegeben. Eine Nachjustierung ist nicht notwendig. Typische Anwendungsgebiete liegen z. B. in der Objekterfassung, wenn also mit Hilfe der Zylinderkolbenposition erfasst werden soll, ob ein Werkstück korrekt positioniert ist oder zwischen guten und schlechten Werkstücken unterschieden wird. Alternativ kann aber auch z. B. bei Umrüstung auf andere Werkstoffe eine andere Endlagenposition notwendig sein. Bislang war dafür eine neue Justierung des magnetischen Endlagensensors notwendig.

1.3.2.2 Induktive Näherungssensoren

Funktion

Der induktive Näherungssensor erkennt metallische Werkstoffe. In einem induktiven Näherungssensor wird ein elektromagnetisches Wechselfeld im Bereich von 100 kHz bis 1 MHz erzeugt ①. Wird nun ein elektrisch leitfähiger Stoff vor diesen Sensor positioniert, so wird dem Sensor Energie entzogen, weil das elektromagnetische Wechselfeld des Sensors in dem Stoff eine Spannung induziert. Dies ruft ein eigenes Wechselfeld hervor, dass die Schwingungsamplitude des Oszillators ② verringert. Das Signal wird demoduliert ③, in ein Schaltsignal umgeformt ④ und entsprechend verstärkt ⑤.

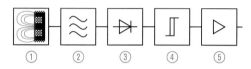

Abb. 1: Messprinzip eines induktiven Näherungssensors

Für den Reduktionsfaktor gilt, dass ein magnetisch leitfähiges Material besser erkannt wird, als ein nur elektrisch leitfähiges. Die Angaben sind Hersteller und sensorabhängig (Tab. 1).

Tab. 1:   Reduktionsfaktoren eines induktiven Näherungssensors (Herstellerangaben)

Reduktionsfaktoren des Bemessungsschaltabstandes *Sn* (bezogen auf Messplatte)	
Werkstoff	**SIEN-4 ...**
Stahl S235 JR	$1,0 \times Sn$
nicht rostender Stahl	$0,9 \times Sn$
Messing	$0,6 \times Sn$
Aluminium	$0,4 \times Sn$
Kupfer	$0,3 \times Sn$

Lebensdauer/Einsatzgebiet

Induktive Näherungssensoren werden vorwiegend zur Positionsbestimmung eingesetzt. Für die Bestimmung von Abständen mit Hilfe eines analogen Ausgangswertes sind sie nur in sehr speziellen Fällen einsetzbar. Dabei muss gewährleistet werden, dass immer das gleiche Objekt oder sich extrem gleichende Objekte auf die exakt gleiche Weise an den Sensor herangeführt werden. Die Lebensdauer wird bei diesen elektronischen, kontaktlosen Sensoren mit ~ 10^{10} Schaltspielen oder rund fünf Jahren angegeben.

Abb. 2: Unterschiedliche Bauformen

Funktionsbeispiele:

Bei der Rohrherstellung (Abb. 3) werden Werkstücke über eine Rampe der Weiterverarbeitung zugeführt. Damit der Materialausstoß erfasst werden kann, wird ein induktiver Näherungssensor so positioniert und in seinem Schaltabstand angepasst, dass dieser die Metallrohre erkennt.

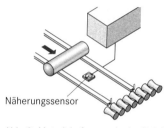

Näherungssensor

Abb. 3: Materialerfassung in der Rohrherstellung

Mit Hilfe von zwei induktiven Sensoren wird die Position einer um 90° drehbaren Welle erfasst. Dazu ist auf der Welle ein Winkelblech montiert, welches je nach Drehwinkel von einem der Sensoren erfasst wird. Der Schaltabstand sollte dabei sehr gering gewählt werden (Abb. 4).

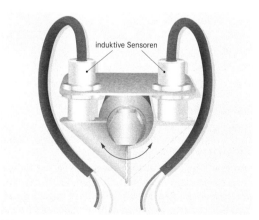

induktive Sensoren

Abb. 4: Endlagenerkennung einer drehbaren Welle

1.3.2.3 Kapazitive Näherungssensoren

Funktion

Sein Funktionsprinzip ähnelt dem des induktiven Näherungssensors, wenngleich sie sich im inneren Aufbau grundlegend unterscheiden. Der kapazitive Näherungssensor erfasst nichtleitende und leitende Gegenstände (Abb. 5). Da er mit einem elektrischen Feld arbeitet, das sich zwischen den Kondensator-Elektroden auf der Frontseite ausbildet ①, wird jedes Werkstück, das in das Feld eintritt, als eine Änderung des Dielektrikums verstanden. Die daraus resultierende Kapazitätsänderung des Kondensators führt zu einer veränderung der Schwingkreisfrequenz des Oszillators ②. Diese wird in den weiteren Stufen ③ ausgewertet.

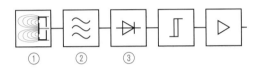

① ② ③

Abb. 5: Messprinzip eines kapazitiven Näherungssensors

Tab. 1: Reduktionsfaktoren (Herstellerangaben)

Material	Reduktionsfaktor
Alle Metalle	1,0
Wasser	1,0
Alkohol	0,7
Glas	0,3–0,5
Kunststoff	0,3–0,6
Karton	0,5–0,6
Holz (feuchteabhängig)	0,2–0,7
Öl	0,1–0,3

Der Schaltabstand ist stark material- und abmessungsabhängig. So führt ein dickes Material zu einem größeren Schaltabstand als ein dünnes. Oft besteht daher eine „teachin"-Funktion mit der der Sensor kalibriert werden kann.

Der Sensor reagiert empfindlich auf Luftfeuchtigkeit. Induktive und kapazitive Näherungssensoren benötigen eine Versorgungsspannung.

Lebensdauer/Einsatzgebiet

Die Lebensdauer wird häufig als „sehr hoch" angegeben, was meist als >10^{10} Schaltspiele verstanden werden kann. Schaltfrequenzen bis zu 300 kHz sind zwar möglich, üblich sind jedoch nur Frequenzen bis zu 1 kHz.

Funktionsbeispiel

Ein möglicher Einsatz liegt in der Füllstandserfassung durch die Verpackung hindurch, z. B. Karton oder Kunststoffbeutel. In diesem Beispiel schaltet der Sensor, wenn ein Karton nicht gefüllt ist (Abb. 6).

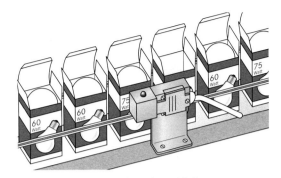

Abb. 6: Erkennung eines Verpackungsinhalts

Soll der Pegel eines Kessels mit einem beliebigen Medium an bestimmten Niveaus erfasst werden, können kapazitive Sensoren verwendet werden. Diese können wie in Abb. 7a in einer Schutzhülle oder an einem Begleitrohr angebracht, oder bündig in den Kessel eingebracht werden. Neuere Sensoren können auch ohne einen direkten Mediumkontakt montiert werden. Bei diesen kann dann der Nahbereich ausgeblendet werden.

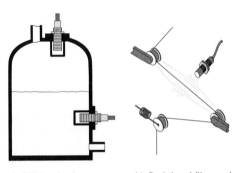

a) Füllstandserkennung   b) Drahtbruchüberwachung
Abb. 7: Anwendungsbeispiele

Bei der Überwachung einer Drahtwicklung versagen meist induktive Sensoren, weil sie nicht ausreichend „fein" sensieren. In diesem Fall werden meist kapazitive Sensoren eingesetzt (Abb. 7b).

Im Kopf eines Mahlstuhls soll der Füllstand mit Getreide mit Hilfe von kapazitiven Sensoren überwacht. Diese werden dabei so konfiguriert, dass sie zwar das Getreide, nicht aber die Behälterwand erfassen.

Da Mehl explosiv ist, müssen hier Sensoren für den explosionsgefährdeten Bereich verwendet werden.

Abb. 8:
Mahlstuhlüberwachung

1.3.2.4 Optische Näherungssensoren

Funktion

Optische Näherungssensoren bestehen aus einem Licht-Sender und einem Licht-Empfänger. Der Sender erzeugt in der Regel ein rotes oder ein infrarotes (nicht sichtbares) Licht, das mit Hilfe einer Optik möglichst geradlinig in eine bestimmte Richtung strahlt. Infrarotes Licht wird eingesetzt, wenn eine große Lichtleistung benötigt wird, z. B. bei Entfernungen bis zu 500 m zur Gebäudesicherung. Im Empfänger wird nur Licht exakt der ausgesendeten Wellenlänge ausgewertet, so dass Fehler durch Fremdlichteinstrahlung nahezu ausgeschlossen sind. Durch die Kombination von Sender und Empfänger in einem Gehäuse und der Verwendung von Licht, das mit einer bestimmten Frequenz gepulst ist, kann der Fehlauswertung von Fremdlicht entgegengewirkt werden. Der Empfänger wertet dann nur Licht exakt der gesendeten Frequenz und Pulsung aus.

Optische Näherungssensoren sind von der Bauform her klein und robust. Je nach Verwendung werden der Sender und der Empfänger getrennt oder in einem gemeinsamen Gehäuse (häufigste Bauform) in zylindrischer oder rechteckiger Form hergestellt (Abb. 2).

Lebensdauer/Einsatzgebiet

Die Lebensdauer von optischen Sensoren ist durch ihre kontaktlose Funktion sehr hoch ($\sim 10^{10}$ Schaltspiele).

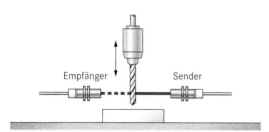

Abb. 1: Bohrerbruchprüfung

Einweglichtschranken

Bei Einweglichtschranken werden der Sender und der Empfänger getrennt und gegenüberliegend montiert.

Da das Licht direkt vom Sender zum Empfänger strahlt, können Reichweiten bis zu 500 m überbrückt werden oder auch sehr kleine Objekte mit beliebiger Oberfläche erkannt werden (Abb. 1). Einweg-Lichtschranken werden häufig zur Sicherung von Maschinen oder Maschinenteilen verwendet.

Abb. 2: Optische Näherungssensoren

Reflexlichtschranken

Bei Reflexlichtschranken befinden sich der Sender und der Empfänger wie bei dem Reflexlichttaster dicht beieinander liegend im gleichen Gehäuse. In der Grafik erkennt man, dass die beiden Optiken übereinander angeordnet sind. Dadurch ist die Installation und die Justierung sehr einfach. Der ausgesendete Lichtstrahl muss bei dieser Variante von einem geeigneten Material auf den Empfänger reflektiert werden. Dies geschieht in der Regel mit einem Reflektor, der das ausgesendete Licht ausreichend widerspiegelt.

Reflexlichtschranken werden häufig zur Werkstückerfassung eingesetzt, wenn kleine Entfernungen überbrückt werden müssen und die Umgebung nicht sehr staubig ist. Ihre Reichweite wird mit bis zu 50 m angegeben.

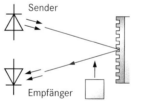 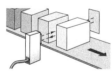

Abb. 3: Reflexlichtschranke   Abb. 4: Reflexlichtschranke zur Werkstückzählung

Reflexlichttaster

Bei einem Reflexlichttaster wird ein Sendeempfänger eingesetzt, das heißt, dass der Sender und der Empfänger in einem Gehäuse direkt nebeneinander angeordnet sind (Abb. 5). Die Reflexion des gesendeten Lichtes zum Empfänger erfolgt durch das zu erfassende Werkstück. Liegt kein Werkstück im Erfassungsbereich des Sensors, muss der Hintergrund den Lichtstrahl absorbieren oder so (weg-)spiegeln, dass er nicht auf dem Empfänger trifft. Die eingesetzten Sensoren besitzen ein ein- oder mehrgängiges Potenziometer, mit dem die Ansprech- oder Schaltschwelle eingestellt werden kann.

Abb. 5: Reflexionslichttaster

Optische Näherungsschalter mit Lichtwellenleiter

Optische Sensoren können mit Polymer- oder Glasfaser-Lichtwellenleitern versehen werden, die die gesendeten Lichtstrahlen nahezu verlustfrei an beliebige Punkte leiten.

Dieses Verfahren kommt zum Einsatz, wenn z. B. an der Stelle, an der die Information erfasst werden soll, nicht ausreichend Platz zur Verfügung steht (Abb. 6). In diesem Fall kann der Lichtwellenleiter in Bohrungen o. ä. eingeführt werden. Der Sensor selbst kann auf diese Weise auch in einer günstigeren Umgebung (z. B. bei explosionsgefährdeten Bereichen) montiert werden. Da Polymer-Lichtwellenleiter wie flexible Leiter beweglich sind, ist auch eine Erfassung von Objekten auf beweglichen Teilen möglich.

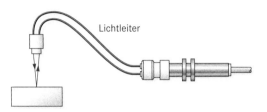

Lichtleiter

Abb. 6: Reflexlichttaster mit flexiblem Lichtleiter

Reflexschranken werden bei Bedarf mit Lichtwellenleitern ausgestattet. Dadurch kann dieser Sensor auch als Einweg-Schranke verwendet werden (Abb. 7). Auf die Trennung von Sender und Empfänger wird so verzichtet.

Abb. 7: Einweglichtschranke aus einer Reflexlichtschranke und einem Lichtleiter aufgebaut

Durch die geringen Ein- bzw. Austrittsöffnungen der Lichtwellenleiter ist der Öffnungswinkel des Lichtstrahls sehr gering. Somit lassen sich auch sehr kleine Objekte, wie Bohrer, gut erfassen.

Funktionsbeispiel

In Kombination mit anderen Näherungssensoren können verschiedene Werkstoffe unterschieden werden. Dabei wird ein Reflexlichttaster eingesetzt, um die Oberflächenbeschaffenheit bzw. Farbe zu erkennen.

Zu Erkennung unterschiedlicher Materialien und Oberflächen werden in der Praxis Reflexlichttaster oft z. B. mit einem kapazitiven Näherungsschalter kombiniert. Der kapazitive Sensor ermittelt dabei, dass sich beispielsweise ein Karton im Erfassungs-

bereich befindet. Ein induktiver Sensor erkennt, ob metallische Werkstoffe im Erfassungsbereich sind. Mit dem Reflexlichttaster kann schließlich unterschieden werden, ob es sich um einen hellen oder dunklen Werkstoff handelt.

Folgende Objekte können mit Lichtreflextastern auf Grund ihres geringen Reflexionsgrades nur schlecht erfasst werden, so dass in Kombination mit einem weiteren Sensor Rückschlüsse auf die Oberflächenbeschaffenheit gezogen werden können:

- Schwarzer Gummi,
- mattschwarzer Kunststoff,
- Materialien mir rauer Oberfläche,
- roter Karton (bei Verwendung von rotem Licht).

Mit Hilfe einer Gabellichtschranke werden die Kanten von Papierbahnen in einer Druckmaschine überwacht werden. Der Vorteil dieser Sonderbauform liegt in der einfachen elektrischen Installation und dem Entfallen von Justierungen. Verwendet werden sie, wenn der Abstand zwischen Sender und Empfänger nur wenige Millimeter oder Zentimeter beträgt.

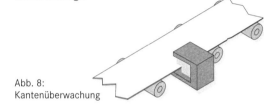

Abb. 8: Kantenüberwachung

Laserdistanzsensoren

Mit Hilfe eines Laserdistanzsensors wird der Füllstand eines Teig-Puffergefäßes für eine Füllanlage erfasst. Da das Füllgut zäh ist, klebt oft noch etwas am Mantel des Puffergefäßes, sodass eine Füllstandserfassung mit kapazitiven Sensoren nicht möglich ist. Der Laserdistanzsensor ist von der Funktion her ein Lichtreflextaster. Dabei wird ein meist sichtbarer Laserstrahl ausgesendet, vom Füllgut des Silos reflektiert und vom Empfänger erfasst. Da die Lichtgeschwindigkeit konstant ist, kann mit Hilfe der Laufzeit des Strahls die Entfernung zwischen Füllgut und Sensor ermittelt werden. Die integrierte Auswerteelektronik gibt den Messwert dabei als analogen Wert aus oder schaltet bei parametrierten Schwellwerten.

Abb. 9: Laserdistanzsensor

Abb. 10: Füllstandserfassung eines Teig-Pufferbehälters in einer Füllstation

Lichtvorhänge und -gitter

Vorwiegend im Bereich der Sicherung von Anlagen werden Lichtvorhänge verwendet.

Der Unterschied zwischen einem Lichtvorhand und einem Lichtgitter liegt in der Anzahl der Lichtstrahlen: Bei einem Lichtvorhang sind dies sehr viele, um z. B. Finger oder Körperteile erkennen zu können. Ein Lichtgitter wird vorwiegend für den Bereich des Körperschutzes eingesetzt und besitzt meist nur 2–4 Lichtstrahlen.

Funktion

Lichtvorhänge bestehen aus einem Sender der eine Vielzahl von parallelen infraroten Lichtstrahlen zu einem Empfänger sendet. Aufgrund dieser Struktur (Abb. 1) werden diese Vorhänge auch als Gitter bezeichnet. Je nach Sicherheitsanforderung beträgt der Abstand zwischen den Strahlen 14 mm (Fingerschutz), 30 mm (Handschutz) oder mehr. Die Lichtstrahlen können mit Spiegeln umgelenkt werden, sodass mit einem Sender und einem Empfänger auch Umfeldbereiche erfasst werden können (Abb. 2c).Wird ein Lichtstrahl unterbrochen, schaltet ein Ausgang.

Aktive optoelektronische Schutzgeräte (AOPD) haben u. a. folgende Vorteile:
* Berührungslos wirkende Sicherheitstechnik
* Optimale Sicherheit bei hoher Produktivität
* Ideal für häufigen und leichten Zugang zum Arbeitsraum gefahrbringender Maschinen

Je nach Anforderung erfolgt der Zugangsschutz unterschiedlich (Abb. 1).
* Arbeitsraumschutz
* Bereichszugangsschutz oder als
* Umfeldzugangsschutz

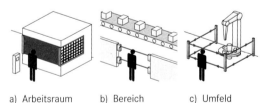

a) Arbeitsraum   b) Bereich   c) Umfeld
Abb. 1: Zugangsschutz mit Lichtvorhängen

Einsatzgebiet

Die wichtigsten Einsatzgebiete liegen in der Sicherung von gefahrenträchtigen Bereichen wie z. B. dem Arbeitsbereich eines Roboters (vgl. Kap. 7), aber auch bei der Türsteuerung von Aufzügen.

Die Reichweite der Vorhänge ist dabei durch die Auflösung definiert. Für einen Lichtvorhand zum Handschutz werden meist bis zu 30 m angegeben, für Fingerschutz rund 9 m.

Aktive optoelektronische Schutzgeräte (AOPD) haben u. a. folgende Vorteile:
* Berührungslos wirkende Sicherheitstechnik
* Optimale Sicherheit bei hoher Produktivität
* Ideal für häufigen und leichten Zugang zum Arbeitsraum gefahrbringender Maschinen

Funktionsbeispiele

Um die Größe von Paketen zu überwachen können zwei Lichtvorhänge verwendet werden (Abb. 2).

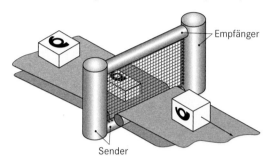

Abb. 2: Messender Lichtvorhang

Bei dieser Verwendung kann aus der Anzahl der unterbrochenen Lichtstrahlen je Richtung und der Geschwindigkeit näherungsweise das Paketvolumen berechnet werden.

Bei der Überwachung eines Materialflusses können bestimmte Bereiche fest oder frei ausgeblendet (Blanking) werden (Abb. 3).

Festes Ausblenden:

Befinden sich Objekte ständig im Lichtweg (z. B. Forderbänder ①, ②, ③), kann der entsprechende Bereich dauerhaft ausgeblendet werden.

Freies Ausblenden:

Bewegen sich Objekte im Lichtweg (z. B. Werkstücke oder Material ④, ⑤), können beliebig viele Lichtstrahlen ausgeblendet werden.

Wird bei festem oder auch freiem Ausblenden das Objekt entfernt, schaltet der Lichtvorhang die Maschine zur Sicherheit ab.

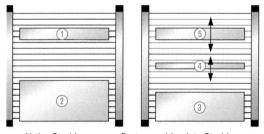

—— Aktive Strahlen   —— Fest ausgeblendete Strahlen
—— Gleitend ausgeblendete Strahlen

a) Festes Ausblenden   b) Freies Ausblenden
Abb. 3: Ausblendefunktion

1.3.3 Ultraschallsensoren

Funktion

Ein Ultraschallsensor sendet ein für das menschliche Ohr nicht hörbares Signal (zwischen 65 kHz und 400 kHz) aus. Trifft das Signal auf ein Objekt, wird es reflektiert und trifft wieder auf den Sensor. Da zwischen dem Aussenden und Empfangen des Signals eine Zeit verstreicht, ist diese Laufzeit ein Maß für den Abstand zwischen Sensor und Gegenstand. Ultraschallsensoren wandeln diese Zeit durch ihre interne Schaltung in ein normiertes Spannungs- oder Stromsignal um (Analogsignal).

Einzelne Typen geben die Information auch als Frequenz aus. Dadurch kann das (analoge) Signal an einem schnellen digitalen Eingang einer Steuerung eingelesen werden.

Soll ein Binär-Ausgang schalten, wenn ein Objekt in einem bestimmten Abstand zum Sensor erkannt wird, kann dies mit Hilfe einer „Teachin-Funktion" eingestellt werden. Ultraschallsensoren senden ihr Signal mit einem Öffnungswinkel von ~10° und einer Reichweite von bis zu 12 m.

Die Ausführungsformen und Betriebsarten gleichen denen von optischen Sensoren, weil auch Ultraschallsensoren aus einem Sender und einem Empfänger bestehen. Die klassische Betriebsart ist dabei der Reflexionstaster, der erst bei Reflexion des Schalls durch einen Gegenstand geschaltet wird. Eine Besonderheit dieser Betriebsart ist der Fensterbetrieb, bei dem der Schaltausgang nur dann geschaltet wird, wenn sich einen Gegenstand in einem definierten Abstandsbereich befindet. Alles außerhalb dieses Bereichs wird nicht beachtet. Darüber hinaus ist auch eine Reflexionsschranke möglich, in dem das Schallsignal von einem Reflektor (z. B. einer Blechfahne) reflektiert wird. Der Schaltausgang wird dann bei Unterbrechung des Signals aktiviert.

Genau wie bei Lichtschranken werden Ultraschallsensoren ebenfalls als kombinierte Sende- und Empfangseinheiten, aber auch als getrennte Einheiten angeboten.

Lebensdauer/Einsatzgebiet

Wie bei allen kontaktlosen Sensoren wird die Lebensdauer mit „sehr hoch", also ~10^{10} Schaltspiele, angegeben. Ultraschallsensoren sind gerade unter ungünstigen Bedingungen, z. B. in Mehl- oder Zement-Silos, gut einsetzbar, da sie zwischen Nah- und Fernobjekten unterscheiden können und über große Reichweiten verfügen. Ihre Abhängigkeit von äußeren Bedingungen wie Staub oder Feuchtigkeit ist gering – lediglich bei Über- bzw. Unterdruck oder sehr heißen Umgebungen ist der Einsatz nicht möglich. Die Beschaffenheit des zu erfassenden Körpers/Materials ist beliebig, auch transparente

Oberflächen können erfasst werden. Problematisch ist die Erfassung von schrägen Oberflächen, weil diese den Schall wegspiegeln und dadurch das Echo den Empfänger nicht erreicht.

Funktionsbeispiele

Mit einem Transportband werden Werkstücke zu einer Bearbeitungsstation angeliefert. Der Bandmotor soll kurz bevor das Werkstück die Endlage erreicht seine Drehfrequenz reduzieren und schließlich abschalten. Da die Werkstücke unterschiedlich exakt auf dem Band liegen, muss die Abstandsmessung kontaktlos erfolgen. Mit Hilfe eines Ultraschallsensors mit Binärausgang kann der Abstand des Werkstücks zur Endlage erfasst werden.

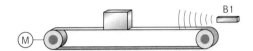

Abb. 4: Abstandsmessung mit Ultraschallsensor

Der Füllstand eines Silos kann mit einem Ultraschallsensor bei beliebigen Füllmedien einfach überwacht werden.

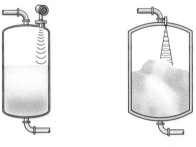

a) flüssiges Medium   b) zähes Medium

Abb. 5: Füllstandsmessung mit Ultraschallsensor

Ist das Füllmedium flüssig (Abb. 5a) wird der Schall vollständig reflektiert. Bei zähen oder pulvrigen Medien kommt es jedoch durch die grobe Oberflächenstruktur zu mehreren und unterschiedlichen intensiven Reflexionen. Moderne Sensoren sind in der Lage zwischen Nah- und Fernobjekten zu unterscheiden. Dennoch sollten Echos von nahen Objekten, die nicht erfasst werden sollen, vermieden werden.

In einer Brauerei werden mit Hilfe von mehreren Ultraschallsensoren Leergutkästen überprüft. Reflexlichtschranken würden hier eventuell falsche Ergebnisse liefern, weil ihre Lichtstrahlen von befeuchteten Flaschen falsch reflektiert werden.

Abb. 6: Glasflaschenerkennung

Zusammen-
fassung

Näherungssensoren

Sensor-typ	Symbol	Prinzip	Vorteile	Nachteile	Objekt-distanz
mecha-nisch (kein Nähe-rungs-schalter)		schaltet manuell (von Hand) oder ein Hebelsystem („Grenz- oder Mikroschalter)	geringer Preis, sehr robust, keine zusätzliche Spannungsversorgung notwendig, keine Beein-flussung durch Fremd-felder	Lebensdauer der Kontakte, Prellen der Kontakte, Lebensdauer in ungünsti-gen Umgebungen, verboten in chemischer und Lebens-mittelindustrie	gering, direkter Kontakt notwendig
magne-tisch		die metallischen Kontakte eines Reed-Relais werden von einem Magnetfeld geschlossen (oft: End-schalter an Zylindern)	geringer Preis, hohe Lebensdauer, schnelle Schaltfolgen möglich	Verschweißen der Kontaktfedern bei Kurz-schluss möglich	abhängig vom Magnetfeld
magneto-resistiv		ein Halbleitermaterial erkennt die Anwesenheit eines Halbleiters	sehr hohe Lebensdauer, sehr schnelle Schalt-folgen	höherer Preis als bei einem Reed-Kontakt	abhängig vom Magnetfeld
Positions-trans-mitter		Position eines Magnet-feldes wird mit Halb-leitern ausgewertet, analoger Ausgang	hohe Genauigkeit	begrenzter Überwachungs-bereich	bis 20 cm
induktiv		schaltet, wenn metallische Objekte in das Magnetfeld des Sensors eintritt	hoher Schutzgrad, Genauigkeit des Schaltpunktes	nur Objekte aus Metall werden erkannt	0 mm bis ~ 100 mm
kapazitiv		schaltet, wenn ein Objekt in das elektrische Feld des Sensors eintritt	hoher Schutzgrad, erfasst alle Materialien	Empfindlichkeit bei hoher Luftfeuchtigkeit, keine Objektdistanzen	0 mm bis ~ 100 mm
optisch		Lichtschranke schaltet, wenn ein Objekt den Lichtstrahl zwischen Sender (S) und Empfänger (E) unterbricht	Materialunabhängig, große Entfernungen zw. E und S möglich, Lichtleiter sind flexibel, Strahl ggf. um-lenkbar über Spiegel	Empfindlichkeit gegen Verschmutzung, Fremd-lichteinflüsse	bis ~ 300 m
		Lichtreflexschranke schaltet, wenn der Licht-strahl zwischen S, Reflek-tor und E unterbrochen wird		Empfindlichkeit gegen Verschmutzung, Fremd-lichteinflüsse	bis ~ 45 m
		Lichtreflextaster schaltet, wenn das Licht vom S durch ein Objekt auf den E reflektiert wird		bestimmte Farben werden auf Grund der Absorption nicht erkannt (Abhängig von der Lichtstrahlfarbe), Empfindlichkeit gegen Verschmutzung, Fremd-lichteinflüsse	bis 25 cm
Laser-Distanz		Entfernung zwischen Objekt und Sensor wird mit einem Laserstrahl gemessen → Lichtlauf-zeit zwischen Aussenden und Eintreffen der Refle-xion	hohe Genauigkeit, unabhängig vom Material des Objektes, berührungslos	hohe Kosten	bis 60 m
Ultra-schall		wertet die Zeit aus, die ein ausgesendetes Ultra-schallsignal bis zum wieder Eintreffen der Reflexion benötigt	Unempfindlich gegen Staub und andere Ein-flüsse; Aufbau auch als Einweg- und Reflexions-schranken möglich	nicht einsetzbar bei sehr hohen Umgebungstem-peraturen und Über- und Unterdrücken	bis 12 m

1. Arten von Betätigungen

Die folgende Übersicht zeigt Steller, die mit verschiedenen Arten von äußeren Kräften betätigt werden. Ordnen Sie den Schaltzeichen die richtige Beschreibung zu:

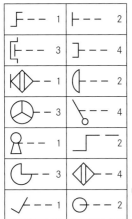

a) Manual actuator, general symbol
b) Manual actuator protected against unintentional operation
c) Operated by pulling
d) Operated by turning
e) Operated by proximity effect
f) Operated by touching
g) Energy actuator, type "mushroom-head"
h) Operated by handwheel
i) Operated by pedal
j) Operated by lever
k) Operated by removable handle
l) Operated by key
m) Operated by crank
n) Operated by roller
o) Operated by cam

2. Sensorbegriff

a) Geben Sie eine allgemeine Definition für den Begriff „Sensor".

b) Beschreiben Sie die Bedeutung des Symbols.

3. Merkmale von Näherungssensoren

Informieren Sie sich über Näherungssensoren und beantworten Sie folgende Fragen:

a) Wie werden Näherungssensoren in Schaltplänen dargestellt? Zeichnen Sie das Schaltzeichen.

b) Mit welchem Buchstaben werden Näherungssensoren gekennzeichnet? Begründen Sie Ihre Antwort.

c) Warum werden in der Praxis eher Näherungssensoren eingesetzt als Endlagentaster?

d) Welche Signalformen können am Ausgang eines Näherungssensors anliegen?

e) Beschreiben Sie, was der Begriff „Schaltabstand" bei Näherungsschaltern bedeutet.

f) Stellen Sie die Funktionen eines induktiven, kapazitiven und magnetischen Näherungssensors gegenüber.

4. Schaltabstand

In der Dokumentation eines induktiven Sensors sind folgende Angaben zu finden:

Bemessungsschaltabstand S_n [mm]	1,5
Gesicherter Schaltabstand S_a [mm]	1,21
Reproduzierbarkeit des Schaltwertes [mm]	±0,075
Hysterese [mm]	0,01 ... 0,33

a) Erklären Sie die Begrifflichkeiten.

b) Welchen Einfluss haben die Angaben auf das Verhalten im Betrieb?

5. Reduktionsfaktor

Bestandteil eines Sensor-Datenblattes:

Reduktionsfaktoren des Bemessungsschaltabstandes Sn (bezogen auf Messplatte)	
Werkstoff	**SIEN-4 ...**
Stahl S235 JR	$1,0 \times Sn$
nicht rostender Stahl	$0,9 \times Sn$
Messing	$0,6 \times Sn$
Aluminium	$0,4 \times Sn$
Kupfer	$0,3 \times Sn$

a) Um was für einen Sensortyp handelt es sich?

b) Berechnen Sie die Schaltabstände für die Werkstoffe, wenn der Bemessungsschaltabstand 1,7 mm beträgt.

c) Was bedeuten die Angaben für den praktischen Einsatz des Sensors?

6. Zylinderschalter

Zur Erfassung der Position eines Zylinders stehen die folgenden Näherungssensoren zur Auswahl (Herstellerangaben).

Sensor A:
Bauform:
SMTO-8E-NS-M12-
LED-24 für T-Nut

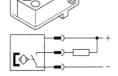

Kurzschlussfestigkeit:	ja
Messprinzip:	magnetoresistiv
Schaltelementfunktion:	Schließer
Betriebsspannung DC:	10 V–30 V
Max. Ausgangsstrom:	100 mA

Sensor B:
Bauform:
SMEO-8E-M12-
LED-24 für T-Nut

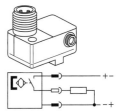

Kurzschlussfestigkeit:	nein
Messprinzip:	magnetisch Reed
Schaltelementfunktion:	Schließer
Betriebsspannung DC:	12 V–30 V
Max. Ausgangsstrom:	500 mA

a) Beschreiben Sie die Unterschiede.

b) Was geschieht, wenn bei beiden Sensoren die Betriebsspannung verpolt wird?

Messen

1.4 Erfassung mechanischer Größen

1.4.1 Druck- und Kraftsensoren

Bei der Druckmessung wird die Kraft, bezogen auf eine bestimmte Fläche, gemessen. Als Einheit dient das bar (1 bar entspricht einem Druck von 10^5 N/m^2).

Als Druck- bzw. Kraftsensoren werden metallene Dehnmessstreifen (DMS) eingesetzt. Sie bestehen aus einem dünnen Draht, der in einer Kunststofffolie eingebettet ist (Abb. 1). Durch die Dehnung des Drahtes treten Längen- und Querschnittsänderungen auf. Der Widerstand ändert sich dadurch. Die Widerstandsänderung ist proportional zur Dehnung.

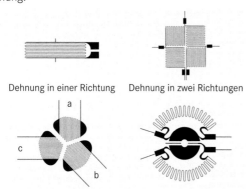

Dehnung in einer Richtung   Dehnung in zwei Richtungen

Dehnung in drei Richtungen   Torsion (Verdrehung)

Abb. 1: Bauformen von Dehnmessstreifen

Neben metallenen Dehnmessstreifen werden Halbleiter-Dehnmessstreifen eingesetzt. Bei Silizium-Drucksensoren (Abb. 2) sind auf der Vorderseite eines Si-Plättchens genau definierte Widerstandsbahnen hergestellt worden. Zur Auswertung werden die vier Widerstände (R_1, R_2, R_3, R_4) in einer Brückenschaltung verbunden. Wenn sich jetzt die Membran aufgrund des Drucks durchbiegt, werden zwei Widerstände gedehnt und zwei gestaucht. Es kommt zu einer Widerstandsänderung in den Halbleitermaterialien. Man spricht hierbei von dem piezoresistiven Effekt (piezo: griechisch pressen, drücken). Er ist bei Halbleitern größer als bei Metallen.

Drucksensoren dieser Art erfordern mindestens vier Anschlüsse. Zwei dienen der Spannungszufüh-

rung, an den anderen wird die Messspannung abgenommen. Je nach Druck und Betriebsspannung erhält man eine Ausgangsspannung im mV-Bereich. Durch entsprechend nachgeschaltete Verstärker kann sie vergrößert werden.

Anwendung

Zur Messung werden Dehnmessstreifen auf Werkstücke geklebt. Durch eine entsprechende Belastung (Druck, Kraft, Drehmoment) kommt es im Dehnmessstreifen zu einer Widerstandsänderung, die man dann über eine Auswerteschaltung messen und zur Steuerschaltung eines Prozesses verwenden kann. Oft werden mehrere Dehnmessstreifen zur Erhöhung der Widerstandsänderung zusammengeschaltet (Abb. 3).

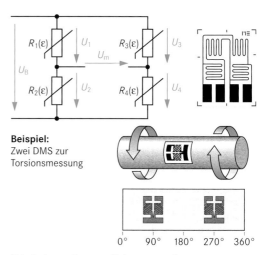

Beispiel:
Zwei DMS zur Torsionsmessung

Abb. 3: Anwendung von Dehnmessstreifen

Besonders bei der spanabhebenden Bearbeitung von Metallen werden präzise Kraftmessgeräte mit einem großen Messbereich benötigt. Piezoelektrische Kraft- und Drucksensoren (Piezosensoren) sind hierfür geeignet.

Ein einzelner Sensor kann z. B. den Bereich von 20 000 N bis zu Bruchteilen von 1 N erfassen. Ausgenutzt wird dabei der bei Quarzen auftretende piezo-elektrische Effekt. Bei Krafteinwirkungen verschieben sich die im Kristallverband eingelagerten Ladungen derart, dass zwischen den Elektroden an der Oberfläche Ladungsunterschiede auftreten (Abb. 4). Die geringe Spannung muss verstärkt werden.

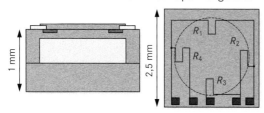

Abb. 2: Aufbau eines Si-Drucksensors

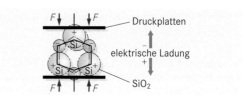

Abb. 4: Piezosensor

1.4.2 Wägezellen

Wägezellen stellen eine Sonderform der Kraftsensoren dar, um die Masse von Gegenständen zu erfassen.

Genau wie in Kraftsensoren befinden sich in Wägezellen Federelemente, die sich in Abhängigkeit der Masse eines zu messenden Gegenstandes verformen. Diese Verformung wird mit Hilfe einem Dehnungsmessstreifens in einer auswertenden Elektronik in ein definiertes Signal umgewandelt.

Die gängigsten Bauformen sind dabei:
- Biegestäbe
- Scherstab-Wägezellen

Funktion:

Biegestäbe werden vorwiegend im Bereich geringer Massen eingesetzt.

Abb. 5: Biegestab

Durch die Bauform ist er gegen schiefwinklige und exzentrisch zugeführte Kräfte unempfindlich. Vorteilhaft ist die hohe Genauigkeit und Überlastbarkeit.

Scherstab-Wägezellen haben einen Bereich, in denen sich auf beiden Seiten des Stabes eine Vertiefung ① befindet, in die Dehnungsmessstreifen oder Piezosensoren eingebracht sind. Wird nun eine Kraft eingebracht, verformt sich der Steg ② in Folge einer sogenannten Scherkraft. Diese Verformung kann als Maß der eingebrachten Kraft ausgewertet werden

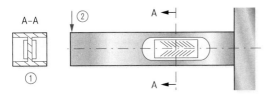
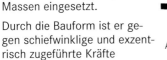

Abb. 6: Scherstab-Wägeeinheit

! Kraftsensoren und Wägezellen sind vom Aufbau und der Funktion her oft identisch, lediglich die Bauformen unterscheiden sich.

Anwendungsbeispiel

In einem Produktionsprozess sollen durch das Bedienpersonal einzelne Werkstücke aus einem Lagerbehälter entnommen werden. Um zu überprüfen, ob die korrekte Anzahl an Werkstücken entnommen wurde, wird das Gewicht des Behälters kontinuierlich überwacht.

In einem Abfüllbereich soll nach der Verpackung die korrekte Füllmenge noch einmal zur Qualitätssicherung geprüft werden. Dazu wird das Packstück über eine Wägezelle befördert.

1.4.3 Beschleunigungsmessung

Beschleunigungssensoren werden für eine Vielzahl von Aufgaben verwendet. Dazu zählt insbesondere die Schwingungsmessung bei der Lagerprüfung in einem Getriebe aber auch die Gravitationsmessung zur Neigungsermittlung. Zur Anwendung kommen dabei meist zwei unterschiedliche Verfahren:
- Piezo-Sensoren
- Mikroelektromechanische Sensoren

Funktion:

Bei Piezo-Sensoren wird die Kraft, die auf eine träge Masse wirkt gemessen. Dazu wird eine Masse ③, die mit einem Piezoelement ④ verklebt ist, mit einem Federelement ⑤ in seiner Ruheposition befestigt. Wird nun die Masse durch eine Beschleunigung in seiner Position verändert, verformt sich die Feder und das Piezoelement, was zu einem Sensorsignal führt. Konstante Beschleunigungen wie z. B. die Erdbeschleunigung können somit mit Piezo-Sensoren nicht erfasst werden.

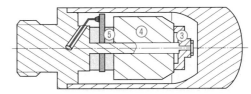

Abb. 7: Piezo-Sensor im Schnitt

Bei mikroeletromechanischen Sensoren wird eine frei schwingende Masse mit einem Grundkörper und einem verbindenden „Balken" aus einem Siliziumstück hergestellt. In diesem Balken werden in Vertiefungen Piezowiderstände eingebracht. Wirkt eine Beschleunigung auf die Siliziummasse, verformen sich die Balken und mit ihm die Siliziumwiderstände. Diese Sensoren können auch für die Erfassung von Neigungswinkeln verwendet werden. Die geringe Größe der mikroelektromechanischen Beschleunigungssensoren macht sie äußerst flexibel.

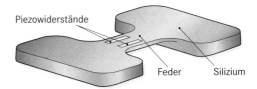

Abb. 8: Funktionsprinzip eines mikroelektromechanischen Sensors

Anwendungsbeispiel

Ein Aufzug soll unabhängig von der Belastung durch die zu befördernden Personen mit einer definierten maximalen Beschleunigung betrieben werden. Da die Belastung und die unterschiedlich intensive Aufwicklung des Halteseils auf der Trommel kompensiert werden soll, wird die Beschleunigung erfasst, um eine Regelung einzusetzen.

1.5 Erfassung thermischer Größen

1.5.1 Grundlagen

Temperatursensoren werden in passive und aktive Sensoren unterschieden. Als passive Sensoren werden in der Regel temperaturabhängige Widerstände verwendet. Diese verändern also ihren Widerstand in Abhängigkeit der Temperatur und erzeugen kein eigenständiges verwertbares Signal. Aktive Sensoren hingegen stellen ein der Temperatur proportionales Signal zur Verfügung.

Passive Temperatursensoren werden in einer Brückschaltung in Zwei-, Drei- oder Vierleitertechnik betrieben:

Zweileitertechnik
Bei der Zweileitertechnik (Abb. 2a) sind der Sensor und die Auswerteschaltung gemeinsam mit einer zweiadrigen Leitung verbunden. Da der Leiterwiderstand und der Sensor in Reihe liegen, kommt es zu einer Messwertverfälschung.

Dreileitertechnik
Bei der Dreileitertechnik (Abb. 2b) wird ein zusätzlicher Leiter zum Sensor geführt, sodass zwei Messkreise entstehen. Der Leiterwiderstand sowie seine Temperaturabhängigkeit lassen sich kompensieren.

Vierleitertechnik
Bei der Vierleitertechnik (Abb. 2c) fliest durch den Sensor ein konstanter Strom. Der Spannungsfall am Sensor wird abgegriffen und an den Eingang einer hochohmigen Auswerteschaltung geführt. Leiterwiderstände und deren Temperaturabhängigkeit sind weitgehend ohne Einfluss.

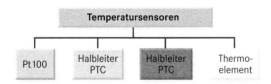

Abb. 1: Beispiele für Temperatursensoren

1.5.2 Temperaturabhängige Widerstände

In den in der Automatisierung eingesetzten Widerstandsmessfühlern werden unterschiedliche temperaturabhängige Widerstände verwendet. Dabei wird der Effekt ausgenutzt, dass sich der Widerstand z. B. eines Metalls in Abhängigkeit von der Temperatur verändert.

Dabei gilt für den Widerstand R_T eines metallischen Leiters bei einer bestimmten Temperatur folgende Formel:

$$R_T = R_{20} \cdot (1 + \alpha \cdot \Delta T)$$

R_{20}: Widerstand des Leiters bei 20 °C.
α:　Temperaturkoeffzient (Platin: α = 0,004 1/K) Ist der Temperaturkoeffizient größer als Null, spricht man von einem positiven, ist er kleiner als Null, von einem negativen Temperaturkoeffizienten.
ΔT: Temperaturänderung bezogen auf 20 °C in K.

Für Widerstandsmessfühler wird vor allem Platin eingesetzt, da es über eine sehr lineare Kennlinie verfügt. Auch bei häufiger Erwärmung und Abkühlung behält es seinen ursprünglichen Widerstandswert nahezu bei. Der so genannte Bemessungswiderstand ist bei 0 °C definiert. Für Widerstandsmessfühler ist er genormt und beträgt 100 , 200 , 500 oder 1000 . Daraus lässt sich z. B. auch die Bezeichnung Pt100 (Platin-Messfühler mit 100 Bemessungswiderstand) ableiten. Die Kennlinie ist im Bereich von –100 °C bis 400 °C nahezu linear (Abb. 3).

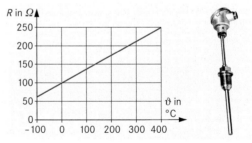

Abb. 3: Kennlinie eines Pt100 Messfühlers

Das Widerstandsmaterial wird bei diesem Messfühler auf ein Trägermaterial gewickelt. Bei Miniaturausführungen wird das Platin auf eine Keramikfläche aufgedampft. Aufgrund der geringen

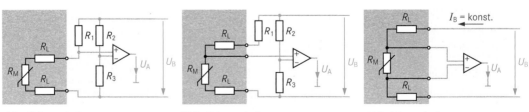

a) Zweileitertechnik　　　　b) Dreileitertechnik　　　　c) Vierleitertechnik
Abb. 2: Anschluss eines Temperatursensors (rot = Sensor, blau = Auswerteschaltung)

Abmessungen reagieren diese Sensoren sehr schnell auf Temperaturänderungen. Dies ist z. B. bei Temperaturmessungen in chemischen Prozessen sehr wichtig. Der Messbereich von Pt100-Sensoren wird meist mit $-200\,°C$ bis $850\,°C$ angegeben.

Halbleitermaterialien sind stark temperaturabhängig. Die Widerstandsänderung bei Temperaturänderung ist daher deutlich größer als z. B. bei einem Pt100. Dadurch sind Temperaturdifferenzen auch kleinschrittig erfassbar. Da ihre Kennlinien jedoch nur über einen kleinen Bereich linear verlaufen, ist ihr Einsatzgebiet begrenzt. Durch ihre hohen Fertigungstoleranzen sind diese Fühler nicht ohne Neuabgleich der Schaltung austauschbar.

Man unterscheidet temperaturabhängige Materialien nach ihren Temperaturkoeffizienten in

* **PTC** (**p**ositiver **T**emperatur**k**oeffizient) und
* **NTC** (**n**egativer **T**emperatur**k**oeffizient).

PTC (Kaltleiter)

Kaltleiter weisen in einem kleinen Temperaturbereich einen sehr hohen positiven Temperaturkoeffizienten auf.

Im aufgeheizten Zustand, z. B. $\vartheta_1 = 180\,°C$, kann für den Kaltleiter ein Wert von $R_{PTC} = 10\,k$ abgelesen werden ① (Abb. 4).

Im kalten Zustand, z. B. $\vartheta_2 = 20\,°C$, beträgt der Widerstand des Kaltleiters nur noch $R_{PTC} = 80$ ②.

Ein Messstrom wäre somit im heißen Zustand deutlich kleiner als im kalten, da bei konstanter Spannung gilt:

$$R \uparrow \; \to \frac{U}{R \uparrow} \to I \downarrow \quad U = \text{konst.}$$

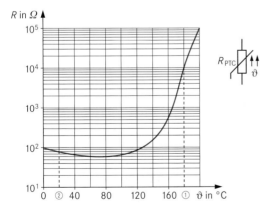

Abb. 4: PTC-Kennlinie und Symbol

Das Symbol spiegelt diesen Zusammenhang wider. Die steigende Temperatur (linker Pfeil) hat einen Anstieg des Widerstandes zur Folge (rechter Pfeil).

NTC (Heißleiter)

Die Kennlinie (Abb. 5) zeigt, dass sich der Widerstand kontinuierlich mit zunehmender Temperatur verringert. Die Änderung erfolgt über mehrere Zehnerpotenzen.

Im Gegensatz zum Kaltleiter ist ihr Kennlinienverlauf jedoch gleichmäßiger. Als Bemessungswert wird der Widerstand bei $25\,°C$ angegeben. Da bei tiefen Temperaturen R_{NTC} groß ist, wäre ein Messstrom sehr klein. Bei hohen Temperaturen wird R_{NTC} sehr klein, wodurch I groß wird.

Allgemein gilt daher für Heißleiter bei konstanter Spannung:

$$\vartheta \uparrow \; \to R_{NTC} \downarrow \; \to I \uparrow$$

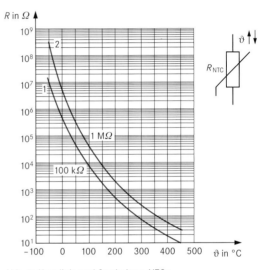

Abb. 5: Kennlinie und Symbol von NTCs

1. Begründen Sie warum vorwiegend Platinsensoren in der Automatisierung zur temperaturerfassung verwendet werden.

2. Ermitteln Sie den größten und den kleinsten Widerstand und die dazugehörigen Temperaturen für die NTCs in Abb. 5.

3. Wie groß ist der Widerstand der NTCs in der Abb. 5 bei $60\,°C$ und bei $130\,°C$?

4. Bei welcher Temperatur (Abb. 5) besitzen die NTCs einen Wert von a) 300 , b) $2\,k$ und c) $25\,k$?

5. Bei welcher Temperatur besitzen die NTCs (Abb. 5) einen Wert von $1\,k$?

1.5.3 Thermoelemente

Thermoelemente bestehen aus zwei unterschiedlichen Metallen, die verlötet oder verschweißt sind. Wird die Verbindungsstelle erwärmt, lässt sich eine temperaturabhängige Spannung zwischen den Leitern messen.

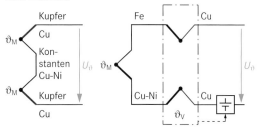

a) Messprinzip   b) reale Messung

Abb. 1: Temperaturmessung mit Thermoelement

Messprinzip

Es sind zwei Verbindungsstellen notwendig. Eine wird bei einer konstanten Temperatur als Vergleichsstelle belassen, die zweite dient als Messstelle (Abb. 1a). Die Thermospannung ist dabei von der Temperaturdifferenz der beiden Verbindungsstellen abhängig. Daher muss die Temperatur der Referenzstelle konstant gehalten werden.

Die Thermospannungen liegen je nach Thermoelement bei 7 µV/°C und 75 µV/°C.

Real ergeben sich eine Messstelle und durch die Anschlussklemmen zwei Vergleichsstellen (Abb. 1b). Typische Thermopaare sind z. B. Fe-Konst., NiCr-Ni, Fe-CuNi.

Da zwischen Messstelle und Vergleichsstelle häufig größere Entfernungen liegen, müssen so genannte Ausgleichsleitungen verwendet werden, die aus dem gleichen Material bestehen wie das Thermoelement. Bei Verwendung anderer Materialien entstehen an den Verbindungspunkten unter Umständen weitere Thermopaare, die das Messergebnis

Tab. 1: Farbkennzeichnung und Kennbuchstaben von Thermoelementen

Farbkennzeichnung von Thermoelementen			
Typ/Norm/ Werkstoff	Farbcode	Typ/Norm/ Werkstoff	Farbcode
B EN 60 584 Pt30 % Rh-Pt		**L** DIN 43 710 Fe-CuNi	
E EN 60 584 NiCr-CuNi		**R** EN 60 584 Pt 13 % Rh-Pt	
J EN 60 584 Fe-CuNi		**T** EN 60 584 Cu-CuNi	
K EN 60 584 NiCr-Ni		**U** DIN 43 710 Cu-CuNi	

verfälschen. Ausgleichsleitungen sind gegen die Einstrahlung von Fremdspannungen abgeschirmt und sind materialabhängig mit Kennbuchstaben gekennzeichnet (Tab. 1).

Da der Aufwand an einer Vergleichsstelle die Temperatur konstant zu halten sehr hoch ist, werden häufig Temperaturkompensationsschaltungen eingesetzt. Diese korrigieren die Veränderung der Umgebungstemperatur an der Vergleichsstelle, indem sie in Abhängigkeit der Temperatur an der Vergleichsstelle die Thermospannung anhebt oder senkt.

Thermokoppler

Thermokoppler setzen die Signale von Thermoelementen in die genormten Analogsignale um. Der Koppler stellt somit ein Bindeglied zwischen Thermoelement und Steuerung dar. Als kompensierte Vergleichsstelle dienen dabei die Klemmen. Die Temperaturbereiche lassen sich z. B. auf 0°…400 °C, 0°… 800 °C, 0°…1000 °C und 0°…1200 °C einstellen.

Abb. 2: Thermoelement

1.5.4 Pyrometrische Sensoren

Funktion:

Pyrometrische Temperatursensoren erfassen die Temperatur von Oberflächen berührungslos. Jeder Gegenstand, der wärmer als 0 K ist, gibt Wärmestrahlung ab, die von einem Pyrometer erfasst und in einen Temperaturwert umgerechnet wird. Der Messbereich von Pyrometern liegt meist zwischen −50 °C und 3500 °C und ist über weite Bereiche durchgängig.

Abb. 3: Pyrometer

Anwendungsbeispiel

In der Papierproduktion muss kontinuierlich die Temperatur der fertig gestellten Papierbahnen vor der Aufwicklung gemessen werden. Eine kontaktbehaftete Messung scheidet hier aus, weil Papier sehr empfindlich ist und sich das Material in Folge der Aufwicklung sehr schnell bewegt.

1.6 Durchflussmessung

Diese Sensoren werden verwendet, um den Durchfluss von Flüssigkeiten oder Gasen zu messen. Aus den gewonnenen Daten kann dann die Geschwindigkeit und der Materialtransport (Menge) innerhalb einer bestimmten Zeit ermittelt werden. Die Messungen können direkt durch mechanische Sensoren oder indirekt über die Änderung physikalischer Größen erfolgen. Bei den indirekten Verfahren gibt es keine beweglichen Teile, die einem Verschleiß unterliegen und gewartet werden müssen. Außerdem erzielt man eine höhere Genauigkeit als bei der direkten Messung.

Magnetisch-induktive Durchflussmessung

Voraussetzung ist eine elektrisch leitende Flüssigkeit. Sie strömt durch ein elektrisch isoliertes Rohr (Abb. 4a). Durch zwei Feldspulen ① wird ein konstantes Magnetfeld erzeugt, das die Flüssigkeit durchdringt. Die im fließenden Stoff enthaltenen Ladungen werden abgelenkt, so dass an zwei außen liegenden Elektroden ② eine elektrische Spannung entsteht. Diese ist proportional zur Fließgeschwindigkeit.

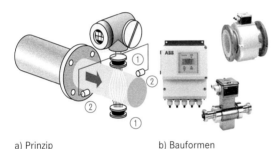

a) Prinzip　　　　　　　　b) Bauformen
Abb. 4: Induktive Durchflussmessung

Coriolis-Massendurchflussmessung

Wenn eine in Bewegung befindliche Masse einer Schwingung quer zur Bewegungsrichtung ausgesetzt wird, treten Kräfte auf (Corioliskräfte). Im Sensor werden deshalb zwei Messrohre (Abb. 5a ③) in Schwingung versetzt, so dass diese Corioliskräfte entstehen. Die durch die Kräfte veränderte Rohrschwingungsgeometrie wird erfasst und ausgewertet. Verwendbar ist das Verfahren für alle Flüssigkeiten.

a) Prinzip　　　　　　　　b) Bauform
Abb. 5: Coriolis-Massendurchflussmessung

Wirbelzähler-Durchflussmessung

In strömenden Flüssigkeiten und Gasen treten nach Hindernissen (Abb. 6a ④, z. B. Staukörper) Wirbel auf. Durch die abgelösten Wirbel entsteht dabei abwechselnd ein lokaler Über- oder Unterdruck. Diese werden durch einen kapazitiven Sensor ⑤ erfasst. Die Frequenz der Wirbelablösung ist proportional zur mittleren Fließgeschwindigkeit. Auch dieses Verfahren ist für elektrisch leitfähige und nicht leitfähige Flüssigkeiten geeignet.

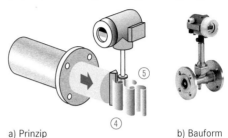

a) Prinzip　　　　　　　　b) Bauform
Abb. 6: Wirbelzähler-Durchflussmessung

Ultraschall-Durchflussmessung

Bei dem in Abb. 7a dargestellten Messverfahren werden die Schallwellen von den in einer Flüssigkeit befindlichen Teilchen reflektiert. Wenn sich die Teilchen nun in der strömenden Flüssigkeit bewegen, kommt es zu einer Frequenzverschiebung (Doppler-Effekt). Je größer die Geschwindigkeit ist, desto größer ist auch die Verschiebung zwischen den abgestrahlten und reflektierten Wellen.

In Abb. 7b sind zwei Wandler versetzt zur Strömungsrichtung positioniert. Sie senden und empfangen pulsförmige Wellenpakete in Strömungsrichtung und gegen die Strömungsrichtung. Es kommt zu auswertbaren Schwingungsüberlagerungen (Laufzeitdifferenzen).

Ebenfalls berührungslos arbeiten optoelektronische Durchflusssensoren. Mit einem Laser wird Licht durch das Medium geschickt. Je nach Strömungsgeschwindigkeit kommt es an den Teilen zu unterschiedlichen Lichtstreuungen. Die Signale werden dann durch optische Sensoren erfasst und ausgewertet.

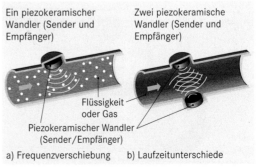

Ein piezokeramischer Wandler (Sender und Empfänger)　　　Zwei piezokeramische Wandler (Sender und Empfänger)

Flüssigkeit oder Gas
Piezokeramischer Wandler (Sender/Empfänger)

a) Frequenzverschiebung　　　b) Laufzeitunterschiede
Abb. 7: Ultraschall-Durchflussmessung

1.7 Erfassung von Wegen und Winkeln

Häufig müssen in Produktionsprozessen Wege und Drehwinkel bestimmt werden, um z. B. genaue Positionen von Tischen zu erfassen. Man unterscheidet dabei zwischen direkten und indirekten Messverfahren.

Bei dem direkten Messverfahren wird mit Hilfe von linearen Weggebern (Abb. 1) die jeweilige Position anhand eines Messstabes erfasst. Dies hat den Vorteil, dass eine exakte Positionsangabe über sehr große Strecken möglich ist. Nachteilig ist, dass eine Verschmutzung der Messskala zu Fehlern führt.

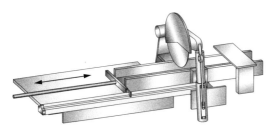

Abb. 1: Metallsäge mit linearen Weggebern

Bei indirekten Wegmessverfahren wird die zu messende Position über die Rotation einer Welle, die mit dem Messgegenstand verbunden ist (z. B. einer Antriebswelle, Abb. 2) ermittelt. Dabei werden der Rotationswinkel und die Drehfrequenz ermittelt. Vorteilhaft ist dabei, dass die Messeinheit nicht durch z. B. Späne oder Kühlmittel verschmutzt werden kann. Nachteilig ist, dass die Ermittlung der Position nur über Drehgeber erfolgen kann. Diese können jedoch nur über eine oder mehrere Umdrehungen (siehe Multiturn-Drehgeber) die Position genau ermitteln.

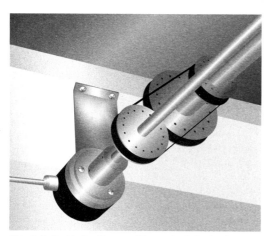

Abb. 2: Indirekte Positionsermittlung mittels Drehgeber

Abb. 3: Inkremental-Drehgeber

Funktion

In Weg- und Winkelgeber arbeiten je nach Einsatzgebiet photoelektrische oder magnetische Sensoren. Dazu wird ein Stab oder ein Ring mit magnetischen (Abb. 4) oder lichtdurchlässigen Markierungen (Abb. 5) versehen. Diese Markierungen stellen die Positionsinformation dar. Bei lichtdurchlässigen Maßstäben sind Teilungen zwischen 25–100 µm bei magnetischen von 400 µm typisch.

Abb. 4: Abwechselnd polarisierte Dauermagnete auf einem Stab zur absoluten Positionsbestimmung

Mit Hilfe von Sensoren kann die Bewegungsrichtung erfasst werden, wie in Abb. 5 am Beispiel eines optischen Verfahrens dargestellt ist.

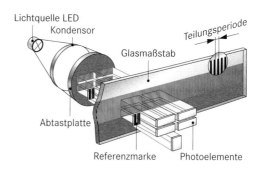

Abb. 5: Verfahren des Linearweggeber mit optoelektronischen Sensoren mit inkrementaler Teilung

Bei Drehgebern werden die Informationen nicht auf einen Stab, sondern auf eine Scheibe aufgebracht (Abb. 6), die mit einer Achse drehbar verbunden ist.

Bei allen Weg- und Winkelgebern unterscheidet man die Positionserfassung in inkrementale und absolute Messung.

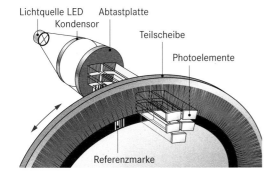

Abb. 6: Inkrementaler Impulsgeber bei Drehgebern

Inkrementale Weg- und Winkelmessung

Bei der inkrementalen Messung wird in Abhängigkeit des zurückgelegten Weges/Winkels eine definierte Anzahl von Impulsen geliefert. Die Bewegungsrichtung wird intern mit Hilfe von zwei oder mehreren Sensoren erkannt, die infolge der unterschiedlichen Überdeckung unterschiedliche Signale liefern.

Zur einfacheren Orientierung sind in definierten Abständen meist Referenzmarken vorhanden, um eine genauere Positionierung und ggf. auftretende Messfehler zu korrigieren. Dies ermöglicht, dass nur kurzstreckige Referenzfahrten notwendig werden.

 Die Position eines inkremetalen Weggebers ist immer nur eine relative Position in Abhängigkeit der Bewegung und der ursprünglichen Position.

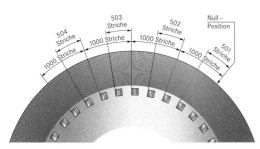

a) Drehgeber

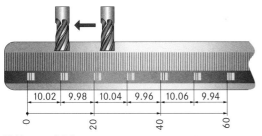

b) Linearmaßstab

Abb. 7: Teilung und Referenzmarken bei inkrementaler Weg- und Winkelmessung

Absolute Weg- und Winkelgeber

Absolute Weg und Winkelgeber arbeiten mit einem Impulsgeber, bei denen jede Position durch einen exakten Code in digitale Form angegeben ist. Vorteilhaft ist dies, weil die exakte Position sofort nach dem Einschalten zur Verfügung steht und keine Referenzfahrt wie bei Inkrementalgebern notwendig wird. Dies wird möglich, weil die Positionsinformation auf dem Maßstab in codierter Form eingeprägt ist (Abb. 8). Bewegt sich nun der Maßstab, wird bei jeder Position ein anderes Signal ausgegeben. Bei besonders langen Linearmaßstäben führt dies zu komplexen Codierungen.

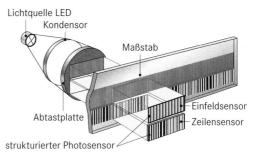

Abb. 8: Codierung eines absoluten Maßstabs

Absolute Weg- und Winkelgeber werden z. B. überall dort eingesetzt, wo jeder Position ein bestimmter Wert zugeordnet sein muss und wo bei Netzausfall die Erkennung der momentanen Position zwingend erforderlich ist.

 Die exakte Position eines absoluten Weggebers ist zu jedem Zeitpunkt bekannt.

Absolute Weg- und Winkelgeber stellen die Positionsinformation an ihren Ausgängen in digitalisierter Form zur Verfügung und verfügen oft auch über Schnittstellen zu den gängigen Bussystemen.

Single- und Multiturn-Drehgeber

Da Drehgeber an die Rotation der Achse gebunden sind, werden diese in Single- und Multiturn-Geber unterschieden. Der Singleturn-Geber teilt dabei eine mechanische Umdrehung (0 bis 360 Grad) der Achse in eine definierte Anzahl von Messschritten (meist 65.536 Messschritte = 16 Bit) auf. Nach einer Umdrehung wiederholen sich die Messwerte wieder. Er erfasst also nicht die Anzahl der Umdrehungen, die ein Geber seit dem Start der Messung gemacht hat.

Multiturn-Geber erfassen neben der Winkelposition, auch die Anzahl der Umdrehungen. Je nach eingesetzter Technologie wird dadurch die Information auf bis zu 30 Bit erweitert. Bei optischen Absolutwertgebern wird dies durch Getriebe realisiert, bei magnetischen Systemen durch zusätzliche magnetische Informationen, die eine Energieunabhängigkeit gewährleisten.

Messen

1.8 Füllstandserfassung

In vielen Bereichen der Automatisierungstechnik ist es notwendig den Füllstand in Behältern für Flüssigkeiten oder Schüttgüter zu erfassen. Grundsätzlich können zwei Varianten unterscheiden: Dabei wird der Füllstand

- als Grenzwert an jedem notwendigen Punkt mit je einem einzelnen Sensor (binäres Ausgangssignal) oder

- kontinuierlich mit einem Sensor (analoges Ausgangssignal) erfasst.

Tab. 1 zeigt, welche Messverfahren für Flüssigkeiten (F) und Schüttgüter (S) verwendet werden können.

Tab. 1: Messverfahren

	Grenzwert	Kontinuierliche Messung
Näherungsschalter	F/S	F/S
Schwimmerschalter	F	
Vibronik	F/S	
Konduktiv	F/S	
Kapazitiv	F/S	F
Ultraschall	F/S	F/S
Radar	F/S	F/S
Geführtes Radar/ ggf. Mikrowelle	F/S	F/S
Hydrostatik	F	F
Differenzdruck	F	F
Drehflügel	S	
Lotsystem		S
Laser	F/S	F/S

1.8.1 Füllstandsgrenzwerterfassung

Kapazitive Näherungsschalter

Die Füllstandserfassung mit binären Sensoren geschieht an bestimmten Punkten, die für die Steuerung relevant sind, z. B. unterer und oberer Pegel (Abb. 1). Es können sowohl optische als auch kapazitive Näherungssensoren verwendet werden, die die Anwesenheit von Materialien erkennen können.

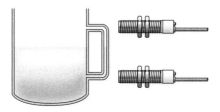

Abb. 1: Füllstandsmessung mit Näherungssensoren

Schwimmerschalter

Alternativ zu Näherungssensoren werden auch mechanische Schalter mit Schwimmern verwendet, die durch das Aufschwimmen im Medium schalten (Abb. 2). Diese können nur in Flüssigkeiten eingesetzt werden. Die Schaltgenauigkeit ist eher gering.

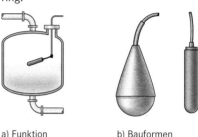

a) Funktion   b) Bauformen

Abb. 2: Schwimmerschalter

Grenzstandserfassung mittels Vibration (Vibronik)

Vibronik-Sensoren sind mit einer Stimmgabel im Musikbereich zu vergleichen: werden sie angeschlagen, schwingen sie mit ihrer sogenannten Resonanzfrequenz. Bei diesen Sensoren wird eine Zunge mit Hilfe von Piezoelementen in Schwingungen versetzt. Taucht die Zunge in eine Flüssigkeit ein, verändert sich die Resonanzfrequenz.

Eingesetzt werden diese Sensoren, wo früher Schwimmerschalter verwendet wurden. Die Bauform ist relativ klein. Vorteilhaft ist auch, dass diese Sensoren unempfindlich gegen Luftblasen sind.

Abb. 3: Vibronik-Sensor

Moderne Vibronik-Sensoren sind darüber hinaus in der Lage zu erkennen, ob sich Material aus der Flüssigkeit auf dem Sensor ablagert oder dieser korrodiert ist. Die Stablänge ① kann bis ca. 6 m betragen.

Konduktive Füllstandsmessung

Bei der konduktiven Füllstandsmessung wird der Widerstand zwischen den Messstäben gemessen. Dieser ändert sich bei An- oder Abwesenheit eines leitfähigen Mediums. Bei Einstabsensoren wird die Behälterwand als zweiter Pol verwendet. Sensoren diesen Typs sind einfach, wartungsarm und preisgünstig. Vorteilhaft ist dabei, dass sich in dem Tank keine beweglichen Teile befinden. Diese Sensoren sind auch für hohe Drücke und Temperaturen geeignet. Messbereiche bis zu 15 m sind möglich. Die Mindestleitfähigkeit des Mediums sollte über 15 µS/cm betragen.

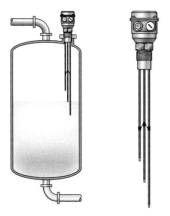

Abb. 4: Konduktive Füllstandsmessung

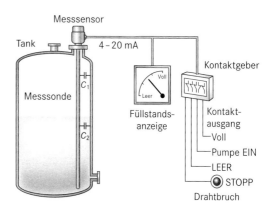

Abb. 6: Kapazitive Füllstandsmessung

Drehflügelschalter

Dieser Sensor wird in rieselfähigen Schüttgütern eingesetzt. Dabei wird ein Flügel mit einer geringen Umdrehungsfrequenz (~1 Hz) kontinuierlich gedreht. Steigt nun der Füllstand bis auf das Niveau des Drehflügels an, wird der Flügel durch das Schüttgut gebremst und schließlich verdreht. Diese Verdrehung des Flügels wird als Schaltimpuls ausgegeben. Der Motor wird abgeschaltet. Wird bei sinkendem Füllstand der Flügel wieder freigegeben und kehrt er in die Grundstellung zurück und die Rotation wird wieder aktiviert (Abb. 5). Die Sensorlänge kann bis zu 2 m betragen.

Abb. 5: Drehflügelschalter in einem Schüttgutsilo

1.8.2 Kontinuierliche Füllstandserfassung

Kapazitive Füllstandsmessung

Bei der kapazitiven Füllstandsmessung wird ein Stab in den Tank eingelassen, der aus einer Vielzahl von einzelnen Kondensatorplatten besteht (vgl. Kapitel 1.4.3.4). Die gegenüberliegende Kondensatorplatte stellt die metallische Wand des Tanks dar. Da das Füllmedium ein anderes Dielektrikum als Luft ist, ändert sich die Kapazität des Kondensators. Dies wird als analoges Signal als Füllstand ausgegeben (Abb. 3).

Füllstandsmessung mittels Ultraschall oder Radar

Ultraschall ist ein sehr hochfrequentes Tonsignal außerhalb des für den Menschen hörbaren Bereichs. Als Radar bezeichnet man elektromagnetische Wellen. Beide haben gemeinsam, dass sie sich in bestimmte Richtungen ausbreiten lassen und reflektiert werden.

Bei der Füllstandsmessung mittels Ultraschall oder Radar wird von einem Sender ein Impuls abgesendet, der von dem Füllgut (teilweise) reflektiert wird ①. Die Zeit die vom Senden des Impulses bis zum Eintreffen der Reflexion verstreicht wird in eine Distanz umgerechnet (Abb. 7a).

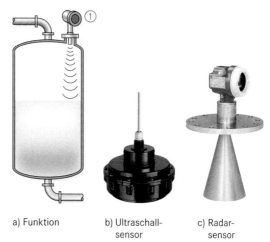

a) Funktion   b) Ultraschall-   c) Radar-
              sensor   sensor
Abb. 7: Füllstandsmessung mit Ultraschall oder Radar

Insbesondere bei Ultraschallsensoren ist der Umgebungsdruck zu berücksichtigen, weil er die Signalgeschwindigkeit beeinflusst. Die Umgebungstemperatur wird bei modernen Sensoren daher selbstständig erfasst und bei der Berechnung des Füllstandes berücksichtigt.

Geführte Mikrowelle

Bei der geführten Mikrowelle oder Radar wird der physikalische Effekt ausgenutzt, dass diese Wellen sich immer an der Oberfläche eines elektrischen Leiters ausbreiten. Die Sensoren „setzen" einen Impuls auf einem Stab oder Seil aus, welches sich vom Sensor weg bewegt und an der Oberfläche des Füllgutes (teilweise) reflektiert wird. Die Zeit zwischen Senden des Impulses und dem wieder eintreffen der Reflexion wird in eine Distanz umgerechnet. Vorteilhaft ist bei diesen Sensoren, dass die Stab-oder Seillänge variabel ist. Das Messverfahren ist weitgehend unabhängig von Druck, Temperatur, Staub, Viskosität und pH-Wert.

Abb. 1: Geführte Mikrowelle oder geführtes Radar

Hydrostatische Füllstandsmessung

Das hydrostatische Füllstandsmessverfahren verwendet die physikalische Eigenschaft von Flüssigkeiten, bei der der Druck in einem Behälter von der Höhe des Füllstands abhängt. Ist ein Behälter also nur gering gefüllt, ist der Druck am Boden geringer, als wenn dieser maximal gefüllt ist. Der Druck lässt sich dabei mit der folgenden Formel ermitteln:

$$p = h \cdot \varrho \cdot g$$

p : Druck
h : Füllstand
ϱ : Dichte
g : Erdbeschleunigung

Vorteilhaft ist bei diesem Verfahren, dass Schäume nicht mitgemessen werden und Prozesstemperaturen bis 350 °C möglich sind.

Abb. 2: Hydrostatische Füllstandsmessung

Füllstandsmessung mittels Differenzdruck

In Behältern die unter Druck stehen, kann der Füllstand auch ermittelt werden, indem der Druck am Boden und Kopf des Tanks gemessen wird. Genau wie bei dem hydrostatischen Messverfahren ist der Druck P2 von der Füllhöhe abhängig. Da der Tank aber selbst auch unter Druck steht, muss der „Grunddruck" P1 abgezogen (Differenzbildung) werden, um den wahren Füllstand zu ermitteln.

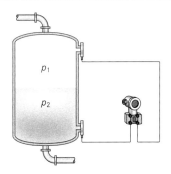

Abb. 3: Füllstandsmessung mittels Differenzdruck

Lotsystem

Bei einem Lotsystem wird mit Hilfe eines Motors ein Lotgewicht in den Tank abgelassen. Dabei wird die Distanz bis zum Aufliegen des Lots auf dem Schüttgut gemessen. Mit den gängigen Systemen können bis zu 70 m mit einer Genauigkeit von 5 cm erfasst werden.

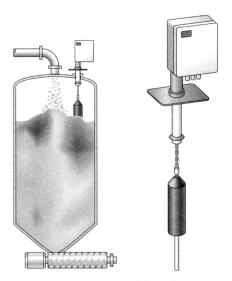

Abb. 4: Füllstandsmessung mit Lot bei festen Schüttgütern

Laserdistanzsensor

Mit Hilfe des in Kapitel 1.3.2.4 beschriebenen Laserdistanzsensors können ebenfalls Füllstände kontinuierlich erfasst werden. Bei diesem Sensor wird die Laufzeit eines Laserstrahls vom Versenden bis zum Eintreffen der Reflexion gemessen.

1.9 Erfassung optischer Informationen

Mit Hilfe von Fotosensoren können Konturen, Bar- und Multicodes, aber auch komplexe Strukturen ermittelt werden.

Allen Sensoren gemeinsam ist, dass sie meist viá Ethernet oder RS232-Schnittstelle konfiguriert werden können und oft über Bus-Schnittstellen verfügen.

Problematisch für alle Erfassungssysteme sind Fremdlichtreflexionen, sodass meist mit einer eigenen Lichtquelle gearbeitet wird (Abb. 5).

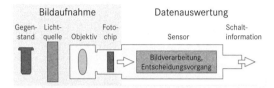

Abb. 5: Grundprinzip der bildverarbeitenden Sensoren

1.9.1 2D-Code-Sensoren

2D-Code-Sensoren erfassen einen Code mit Hilfe eines Fotosensors und benötigen daher eine Lichtquelle, die den Code ausreichend beleuchtet. 2D-Codes, auch Datamatrix genannt, sind eine Weiterentwicklung des Barcodes. In ihnen lassen sich auf sehr kleiner Fläche sehr große Informationsmengen unterbringen. Die Codes können gedruckt, gelasert aber auch genadelt werden.

1.9.2 Konturensensoren

Konturensensoren erfassen ein Bild und vergleichen es mit einer oder mehreren vorgegebenen Sollaufnahmen. Dabei kann parametriert werden, ob die Lage oder Orientierung in die Fehlererkennung eingebracht werden soll.

Funktion

Der Sensor wird mit einem vorgegebenen Abstand zu dem zu erkennenden Werkstück fixiert. Eine Hintergrundbeleuchtung erhöht den Kontrast zur Konturenerkennung. Das Bild wird mit einem Fo-

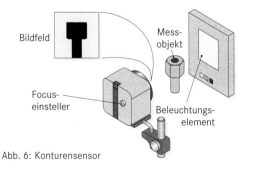

Abb. 6: Konturensensor

kussteller am Sensor scharf gestellt. Ein vorbei befördertes Werkstück wird mit einem Triggersensor erfasst, was den Erkennungszyklus startet. Die Zykluszeit beträgt bei heutigen Sensoren wenige Millisekunden. Bei Abweichung eines Bildes von der Sollvorgabe wird ein Ausgang geschaltet (Abb. 6).

1.9.3 3D-Sensoren

3D-Sensoren arbeiten oft mit einer Laserlichtquelle und einer Kamera, mit deren Bilddaten aus den Lichtmustern der Laser ein räumliches Bild errechnet wird (Abb. 7). Zur Bildermittlung muss entweder das Objekt oder der Sensor bewegt werden oder eine Vielzahl von Lasern erzeugt ein Muster. Das Verfahren ist zwar sehr genau, aber auch langsam. Problematisch ist die Erfassung von großen Flächen.

Bei Sensoren, die auf der Lichtlaufzeittechnik beruhen, wird ein Lichtstrahl mit einer definierten Wellenlänge ausgesandt und die Zeit gemessen, bis die Reflexion wieder bei dem Sensor eintrifft. Die aktuellen Sensoren sind in der Lage $64 \cdot 48 =$

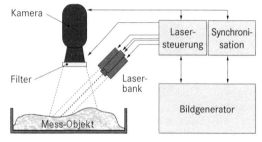

Abb. 7: 3D-Erkennung mittels Lasertechnik

3072 Bildpunkte zu erzeugen und räumlich darzustellen. Diese Auflösung ist für sehr große Flächen zwar noch zu grob, erlaubt aber bereits genauere Diagnosen.

Die Sensoren können aus den ermittelten Werten z. B. das Volumen des Messgegenstandes berechnen und somit prüfen, ob z. B. ein Getränkekasten vollständig gefüllt ist (Abb. 8).

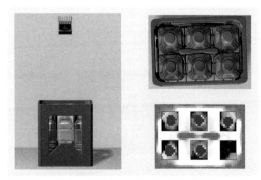

Abb. 8: Reales Bild und Sensorauswertung eines Getränkekastens

1.10 Identifikationssysteme (RFID)

Das RFID-System (Radio Frequency Identification) gehört zu den berührungs- und kontaktlosen Erkennungssystemen. Es besteht aus aktiven oder passiven Transpondern (Informationssendern) und (Schreib-) Lesegeräten, die ihre Informationen mittels magnetischen oder elektrischen Feldern übermitteln. Die Transponder beinhalten dabei codierte Daten in größerer Menge.

Funktion:

Ein (Schreib-)Lesegerät (auch Kopf genannt) sendet ein HF-Feld aus, das von einem Transponder empfangen wird. Man unterscheidet dabei zwischen reinen Lesegeräten und Schreib-Lesegeräten, die auch in der Lage sind neue oder zusätzliche Informationen in den Transponder zu übermitteln.

Abb. 1: Schreib-Lese-Kopf

Passive Transponder, auch Tags (engl., Anhänger) genannt, beziehen ihre notwendige Energie aus dem HF-Feld des (Schreib-)Lesekopfes, um ihre Daten aus dem integrierten Mikro-Chip zu senden.

Ihre Bauform ist sehr klein und wird auch in flacher Form ausgeführt. Mögliche Bauformen sind dabei:

- Plastikkarten
- Münzform
- Glasröhrchen
- Armbänder
- Klebeetiketten

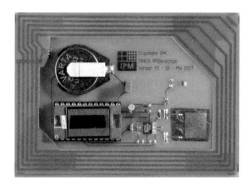

Abb. 3: Passive Tags unterschiedlicher Bauform

Aktive Transponder verfügen über eine eigene Spannungsversorgung, um größere Datenmengen zu übermitteln oder sogar integrierte Sensoren zu betreiben. Ihre Bauform ist daher etwas größer. Das vom Schreib-Lese-Kopf ausgesendete HF-Feld wird dabei diesen Tags nur zur Aktivierung der Datenübermittlung benötigt.

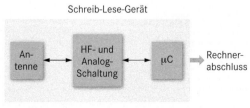

Abb. 4: Aktiver RFID-Tag mit Sensorschnittstelle

Neben der Unterscheidung in passive und aktive Tags wird auch unterschieden, ob die Informationen in ihnen lediglich ausgelesen (ROM-Tags = read only-Tags) oder auch beschrieben werden können (SRAM-Tags).

ROM-Tags, auch Code-Tags genannt, beinhalten einen weltweit einzigartigen 40 Bit umfassenden Identifikationscode. Beschreibbare Tags (Daten-Tags) verfügen darüber hinaus noch über einen Speicher der üblicherweise zwischen 1 und 256 kBit umfasst und über den Schreib-Lese-Kopf verändert werden kann.

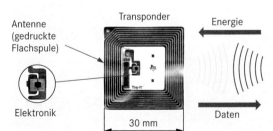

Abb. 2: Funktionsschema eines RFID-Systems

Hinsichtlich der Reichweite unterscheidet man in der RFID-Technik 3 Zonen:

- close-coupling (bis ca. 10 mm)
- remote-coupling und (bis ca. 150 cm)
- long-range. (darüber hinaus, noch Spezialfall)

Übliche Distanzen in der Automatisierungstechnik sind bis zu 20 mm bei einer Vorbeifahrgeschwindigkeit bis 0,5 m/s. Das Schreiben geschieht meist statisch über einen Abstand von maximal 10 mm. Größere Entfernungen sind meist nicht möglich, weil die Sendeleistung der Schreib-Lese-Köpfe und der Tags begrenzt ist. Dabei ist zu beachten, dass es landesspezifische Unterschiede gibt. In den USA sind beispielsweise deutlich höhere Sendeleistungen als in Europa zugelassen (Tab. 1).

Tab. 1: RFID-Frequenz

RFID-Frequenz	Reichweite	Beispiel
Niederfrequenz 125–135 kHz	bis 1,5 m	Tieridentifikation
		Produktionskontrolle
		Zutrittskontrolle
		Automatisierung
Hochfrequenz 13,65 MHz	bis 1,5 m	Nahfeldkommunikation
		Ticketing
Ultrahochfrequenz 868 MHz	bis 4 m bis 7 m (USA)	Palettenidentifikation
		Kartonidentifkation

Die Sende- und Empfangsrichtung des Systems ist stark gerichtet (Abb. 5).

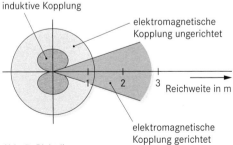

Abb. 5: Richtdiagramm

Bei Bar- und 2D-Codes kann es in Folge von Beschädigungen und Verschmutzungen zu Lesefehlern kommen. Bei RFID-Systeme ist die Auslesesicherheit bei fast 100 % und die Datenhaltezeit mit mehr als 10 Jahren angegeben.

Aufgaben

1. Welcher Unterschied besteht zwischen einem binären und einem analogen Sensor?

2. Welche Vorteile hat ein berührungsloser Sensor gegenüber einem berührenden Sensor?

3. Wodurch zeichnet sich ein intelligenter Sensor aus?

4. Welche Vorteile hat der Einsatz eines RFID-Systems gegenüber Bar-Code und 2D-Code-Systemen?

5. Informieren Sie sich über Weggeber mit Seilzügen (Abb. 6) und geben Sie ein Einsatzbeispiel.

Abb. 6: Drehgeber mit Seilzug

6. Beschreiben Sie den Unterschied zwischen inkrementaler und absoluter Wegmessung.

7. Temperatursensoren können mit zwei Leitern oder wie abgebildet mit vier Leitern angeschlossen werden. Die Vierleiter-Anschlusstechnik besitzt gegenüber der Zweileiter-Anschlusstechnik Vorteile. Informieren Sie sich darüber und stellen Sie Ihre Ergebnisse kurz dar.

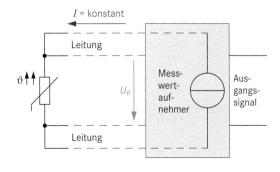

Abb. 7: Vierleiter-Anschlusstechnik

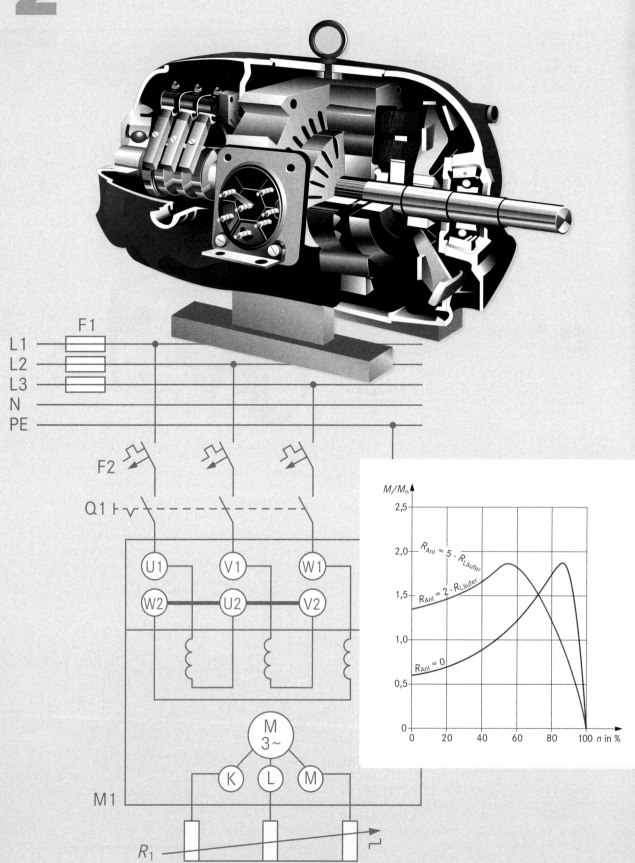

ieren

2.1 Magnetisches Feld

Elektrische Antriebe sind Energiewandler in denen elektrische Energie in mechanische Energie, in Form von Rotation, umgewandelt wird. Dies geschieht mit Hilfe von Magnetismus.

2.1.1 Magnetische Feldeigenschaften

Wenn man auf eine Glasplatte über einem Dauermagneten Eisenfeilspäne streut (Abb. 1), werden Kräfte auf die Späne ausgeübt. Der Dauermagnet hat also den umgebenden Raum verändert. Er wird als magnetisches Feld bezeichnet. In diesem Feld werden Kräfte nicht nur auf ferromagnetische Stoffe (Eisen, Nickel, Kobalt), andere Magnete (Magnetnadeln), sondern auch auf Ladungen im stromdurchflossenen Leiter ausgeübt (s. Kap. 2.1.2).

Magnetische Felder lassen sich durch Feldlinien veranschaulichen (Abb. 1). Sie gehen außerhalb des Magneten definitionsgemäß vom Nord- zum Südpol. Im Innern setzen sie sich fort.

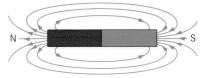

Abb. 1: Dauermagnet und Feldlinien

Die magnetische Wirkung kennzeichnet man durch den magnetischen Fluss Φ. Er ist ein Maß für die gesamte Wirkung des magnetischen Feldes. Als Einheit wird Weber verwendet (Wilhelm Eduard Weber, deutscher Physiker, 1804–1891).

Der magnetische Fluss Φ kann unterschiedlich stark sein. In Abbildungen kann man dies durch eine unterschiedliche Anzahl von Feldlinien verdeutlichen (z. B. Abb. 2). Für technische Vorgänge und Geräte ist es sinnvoll, nur den Fluss zu betrachten, der durch eine bestimmte Fläche A hindurch tritt (z. B. bei Spulen). Er wird dann als magnetische Flussdichte B bezeichnet und in Tesla gemessen (Nicola Tesla, serbischer Physiker, 1856–1943).

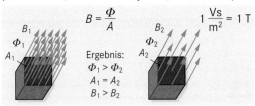

$$B = \frac{\Phi}{A} \qquad 1\,\frac{Vs}{m^2} = 1\,T$$

Ergebnis:
$\Phi_1 > \Phi_2$
$A_1 = A_2$
$B_1 > B_2$

Abb. 2: Unterschiedlich große magnetische Flüsse und Flussdichten

2.1.2 Stromdurchflossene Leiter im Magnetfeld

Magnetische Felder entstehen immer dann, wenn ein elektrischer Strom fließt. Nachweisen lassen sich diese Magnetfelder, wenn man wie in Abb. 3a einen Leiter durch eine Glasplatte führt und darauf dann Eisenfeilspäne streut. Die Eisenfeilspäne ordnen sich bei Stromfluss kreisförmig um den Leiter an. Die Stärke der Ausrichtung verringert sich mit zunehmendem Abstand vom Leiter.

 Um stromdurchflossene Leiter herum entsteht ein kreisförmiges magnetisches Feld.

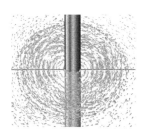 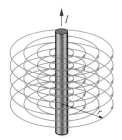

a) Versuchsergebnis   b) Feldlinienbild

Abb. 3: Magnetfeld eines geraden Leiters

Stellt man das Feld durch Feldlinien dar, ergeben sich kreisförmige und in sich geschlossene Linien (Abb. 3b). Die Richtung kann man festlegen, indem man anstatt der Eisenfeilspäne Magnetnadeln verwendet (Abb. 4). Die Richtung des Stromes im Leiter wird durch einen Pfeil gekennzeichnet. Er geht vom Pluspol zum Minuspol der Spannungsquelle.

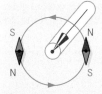 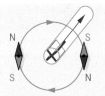

a) Strom fließt in Richtung des Betrachters (Punkt)   b) Strom fließt weg vom Betrachter (Kreuz)

Abb. 4: Festgelegte Feldlinienrichtungen

Für die Bestimmung der Feldlinienrichtung ist folgende Merkregel sinnvoll (Abb. 5a):

Umfasst man einen Leiter mit der rechten Hand und zeigt der abgespreizte Daumen in Stromrichtung, dann zeigen die gekrümmten Finger in Richtung der Magnetfeldlinien (Rechte-Hand-Regel).

a) Leiter   b) Spule

Abb. 5: Rechte-Hand-Regel

Spule im Magnetfeld

In vielen elektrischen Geräten sind die elektrischen Leiter in Form einer Spule ringförmig angeordnet. Das Feld eines einzelnen ringförmigen Leiters (Leiterschleife) ist in Abb. 1 dargestellt. Da sich um den Leiter kreisförmige Feldlinien bilden, liegen im Innern der Schleife die Feldlinien dichter beieinander. Es kommt dort zu einer Feldverstärkung. Die Feldlinien treten an der einen Seite der durch die Leiterschleife gebildeten Kreisfläche ein und an der anderen Seite wieder aus. Es entstehen Nord- und Südpol.

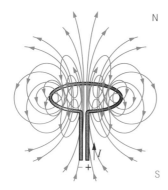

Abb. 1: Feldlinienbild einer Leiterschleife

Bei einer Spule liegen viele Leiterschleifen dicht nebeneinander (Abb. 2), so dass es zu einer weiteren Verstärkung des Feldes im Innern der Spule kommt. Es entstehen wie bei einem Dauermagneten ausgeprägte Nord- und Südpole. Für die Bestimmung dieser Pole ist folgende Merkregel geeignet (vorherige Seite Abb. 5b): Legt man die rechte Hand so um eine Spule, dass die Finger in Stromrichtung zeigen, dann zeigt der abgespreizte Daumen die Feldlinienrichtung vom Nordpol aus an.

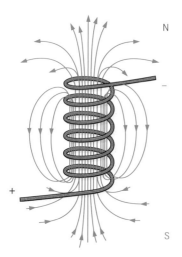

Abb. 2: Feldlinienbild einer Spule

 Die Feldlinien einer stromdurchflossenen Spule sind geschlossen. Sie treten an einem Ende der Spule aus und an dem anderen Ende wieder ein. Im Innern der Spule verlaufen die Feldlinien annähernd parallel (homogenes Feld).

Eisen im Magnetfeld

Die magnetische Wirkung lässt sich vergrößern, wenn im Innern der Spule ein Eisenkern (Abb. 3) eingefügt wird. Zur Erklärung der größeren Kraftwirkung greifen wir auf die Vorstellung zurück, dass es im Eisen kleine magnetisierte Bereiche (Elementarmagnete) gibt. Diese Bereiche sind zunächst ungeordnet (Abb. 4a). Durch das Magnetfeld der stromdurchflossenen Spule findet eine Ausrichtung statt (Abb. 4b). Das Magnetfeld der Spule wird verstärkt. Wenn der Strom durch die Spule abgeschaltet wird, fallen mit geringen Ausnahmen die Elementarmagnete wieder in einen ungeordneten Zustand zurück (Restmagnetismus, Remanenz). Die verstärkende Wirkung wird in Kennlinien (Magnetisierungskennlinien) dargestellt oder über die Permeabilitätszahl μ_r (relative Permeabilität) angegeben.

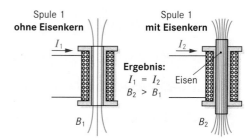

Abb. 3: Eisen im Magnetfeld

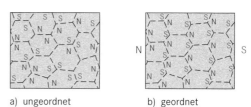

a) ungeordnet   b) geordnet

Abb. 4: Elementarmagnete im Eisen

Einfluss der Windungszahl

Auch mit der Windungszahl kann die magnetische Wirkung von Spulen beeinflusst werden. Da sich in Spulen die Felder der einzelnen Windungen überlagern, vergrößert sich die Wirkung, wenn die Windungszahl N vergrößert wird. Das Produkt aus Windungszahl und Stromstärke ist dabei die Ursache für die magnetische Wirkung und wird als elektrische Durchflutung Θ bezeichnet.

 Die magnetische Wirkung einer Spule kann durch eine höhere Stromstärke, eine größere Windungszahl und einen Eisenkern vergrößert werden.

2.1.3 Kräfte im Magnetfeld

Elektrische Motoren sind Energiewandler. In ihnen wird elektrische Energie in Bewegungsenergie umgewandelt. Diese Bewegung und die damit verbundenen Kräfte werden mit Hilfe stromdurchflossener Leiter in Magnetfeldern erzeugt. An einem einfachen Modellversuch soll das Prinzip erläutert werden (Abb. 5).

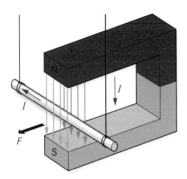

Abb. 5: Kraft auf Leiter im Magnetfeld

Versuchsergebnis: Wenn sich wie in Abb. 5 ein stromdurchflossener elektrischer Leiter im Magnetfeld eines Dauermagneten befindet, bewegt er sich nach außen. Ursache dafür ist eine Kraft. Wie lässt sich dies erklären?

Zusätzlich zum eingezeichneten Magnetfeld des Permanentmagneten entsteht durch den Stromfluss um den Leiter ein Magnetfeld mit kreisförmigen Feldlinien. Beide Felder überlagern sich, so dass Bereiche der Feldverstärkung und Feldschwächung entstehen (Abb. 6, die Leiter sind durch Querschnitte dargestellt). Der stromdurchflossene Leiter wird in den Bereich der Feldschwächung gedrängt.

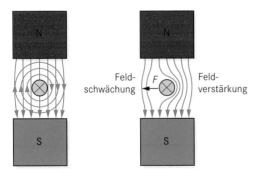

Abb. 6: Kraftentstehung durch Feldüberlagerung

! Wenn Feldlinien gegeneinander laufen, wird das Feld geschwächt. Laufen die Feldlinien in die gleiche Richtung, kommt es zu einer Feldverstärkung. Die Kraft auf einen stromdurchflossenen Leiter im Magnetfeld geht in Richtung der Feldschwächung.

Der Modellversuch hat gezeigt, dass drei Größen zusammenwirken:

- Stromstärke (Ursache)
- Kraft (Wirkung)
- Magnetfeld(richtung)
  (Vermittlung zwischen Ursache und Wirkung)

Mit Hilfe einer Merkregel (Dreifingerregel der rechten Hand) kann die Richtung der Kraft bestimmt werden (Abb. 7):

Abb. 7: Bestimmung der Kraftrichtung

Wenn der Daumen in die Stromrichtung (vom Pluspol zum Minuspol) und der Zeigefinger in die Richtung des Magnetfeldes zeigen (vom Nord- zum Südpol), dann gibt der senkrecht abgespreizte Mittelfinger die Bewegungsrichtung an (Ursache – Vermittlung – Wirkung, UVW-Regel).

Die Elektronenbewegung im Leiter wurde also in eine Kraftwirkung auf den Leiter umgewandelt. Die Kraft wird als Lorentzkraft bezeichnet (Hendrik A. Lorentz, niederländischer Physiker, 1853–1928). Sie ist abhängig von der Stärke des Magnetfeldes (magnetische Flussdichte B), von der Stromstärke I und von der Leiterlänge l innerhalb des Magnetfeldes. Es besteht folgender proportionaler Zusammenhang:

$$F = B \cdot I \cdot l$$

! Auf einen von elektrischem Strom durchflossenen Leiter wirkt im Magnetfeld die Kraft F. Sie ist umso größer, je größer die Stromstärke I, die Stärke des Magnetfeldes (magnetische Flussdichte B) und die Leiterlänge l sind. Es besteht ein proportionaler Zusammenhang.

Damit eine Drehbewegung wie beim Motor entsteht, wird der einzelne Leiter zu einer Leiterschleife gebogen, auf eine Welle montiert und mit einem Lager versehen (Prinzipdarstellung in Abb. 1). Die Anschlüsse werden über Kohlebürsten und Ringe (Schleifringe ①), nach außen geführt. Die Schleife kann sich frei drehen. Sie wird an eine Spannung angeschlossen, so dass Strom durch die Schleife fließt. Die Leiterschleife bildet eine Fläche, die vom Magnetfeld des Dauermagneten durchdrungen wird. Wenn Strom durch die Leiterschleife fließt, wirkt auf jedes Leiterstück eine entsprechende Kraft.

! Auf eine von elektrischem Strom durchflossene und drehbar gelagerte Leiterschleife wirken in einem Magnetfeld Kräftepaare (Drehmomente). Die Abstände vom Drehpunkt (Hebelarme) ändern sich mit der Stellung der Leiterschleife.

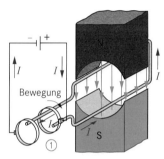

Abb. 1: Motorprinzip

Um die Entstehung der Drehbewegung (Motorprinzip) zu erklären, werden die Stellungen der Leiterschleife bei 90°, 135° und 180° genauer untersucht (Abb. 2a bis 2c).

• 90°-Stellung
– Die Stromrichtung in der Leiterschleife ist durch einen Punkt und ein Kreuz im Leiterquerschnitt gekennzeichnet.
– Die Leiterschleife ist in der Achsenmitte gelagert.
– Die Kräfte F_1 und F_2 sind entgegengesetzt gerichtet.
– Es entsteht ein Drehmoment.

• 135°-Stellung
– Die Kräfte F_1 und F_2 sind weiterhin entgegengesetzt gerichtet. Sie wirken in Richtung der Feldschwächung.
– Ein Drehmoment ist noch vorhanden, allerdings sind im Vergleich zur 90°-Stellung die Hebelarme kleiner geworden.

• 180°-Stellung
– Die Kräfte F_1 und F_2 sind weiterhin entgegengesetzt gerichtet. Sie wirken in Richtung der Feldschwächung.
– Ein Drehmoment ist nicht mehr vorhanden, da die Hebelarme zu Null geworden sind.

Damit die Kräfte die Leiterschleife weiterdrehen können, muss ab 180° das Magnetfeld der Leiterschleife umgepolt (kommutiert/gewendet) werden. Dazu kehrt man die Stromrichtung in der Leiterschleife um (Abb. 3). Die Umkehrung erfolgt immer dann, wenn sich die Leiterschleife in der Position 180° befindet (neutrale Zone). Erreicht wird dies durch einen Stromwender (Kommutator) (Abb. 3 ②).

Im einfachsten Fall besteht er aus zwei voneinander isolierten Halbringen, an die die Enden der Leiterschleife angelötet sind. Die Stromzuführung erfolgt über Schleifkontakte (Bürsten, Abb. 3, vgl. auch Kap. 2.4 Stromwendermaschinen).

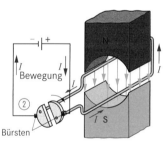

Abb. 3: Motor mit Stromwender

! Eine stromdurchflossene Leiterschleife in einem Magnetfeld dreht sich maximal um 180°. Damit sie sich weiter dreht, muss der Ankerstrom mit Hilfe eines Kommutators (Stromwender) nach jeder halben Umdrehung umgepolt werden.

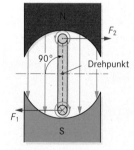

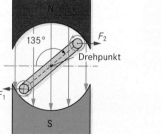

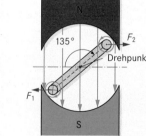

a) 90°-Stellung   b) 135°-Stellung   c) 180°-Stellung

Abb. 2: Motorprinzip

2.1.4 Spannung durch Magnetfelder

2.1.4.1 Induktion der Bewegung

Bei dem in Kap. 2.1.3 beschriebenen Motorprinzip wurde durch einen stromdurchflossenen Leiter im Magnetfeld eine Bewegung erzeugt. Dieses Prinzip lässt sich umkehren. Bewegt man wie in Abb. 4 einen Leiter in einem Magnetfeld (Magnetfeld ändert sich), werden auf die im Leiter frei beweglichen Elektronen Kräfte ausgeübt. An einem Ende des Leiters entsteht ein Elektronenmangel und am anderen ein Elektronenüberschuss (Generatorprinzip), also eine Spannung. Man nennt diesen Vorgang Induktion (inducere, lateinisch: hineinführen). Wie lässt sich diese Ladungstrennung erklären?

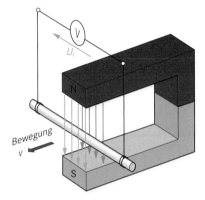

Abb. 4: Spannungserzeugung durch Induktion

Bewegt man den Leiter, so bewegen sich in ihm zwangsläufig auch die freien Elektronen. Bewegte Ladungen sind aber immer ein Stromfluss, so dass um die Elektronen kreisförmige Magnetfelder entstehen (Abb. 5a). Aufgrund des äußeren Ma-gnetfeldes entsteht dann durch Überlagerung der Magnetfelder eine Kraft und es kommt zu einer Verschiebung der Elektronen.

Die beweglichen Elektronen sammeln sich deshalb an dem einen Ende des Leiters, während die positiv geladenen Atomrümpfe fest im Atomgitter verankert bleiben. Es werden also Ladungen getrennt und damit entsteht zwischen den Enden des Leiters eine Spannung.

Wird der Leiter in die entgegengesetzte Richtung bewegt, ändert sich die Richtung der Spannung. Wenn der Leiter ständig hin- und herbewegt wird, entsteht eine Wechselspannung.

Die induzierte Spannung U_i hängt ab von der

- Stärke des Magnetfeldes (magnetische Flussdichte B),

- Leiterlänge l,

- Geschwindigkeit des Leiters v und

- Anzahl der bewegten Leiter (Leiterzahl) z.

Es besteht eine direkte Proportionalität, so dass sich folgende Formel ergibt:

$$U_i = B \cdot l \cdot v \cdot z$$

> **!** Die Induktionsspannung eines bewegten Leiters ergibt sich als Produkt aus magnetischer Flussdichte, Leiterlänge, Geschwindigkeit des Leiters und der Leiterzahl.

Der Zusammenhang zwischen Spannungsrichtung, Feldrichtung und Bewegungsrichtung des Leiters kann mit Hilfe der Rechte-Hand-Regel (Generatorregel, Abb. 6) ermittelt werden:

Hält man die rechte Hand so, dass die Feldlinien senkrecht auf die innere Handfläche auftreffen und zeigt der abgespreizte Daumen in Richtung der Bewegung des Leiters, dann geben die ausgestreckten Finger die Richtung des Stromes im Leiter an.

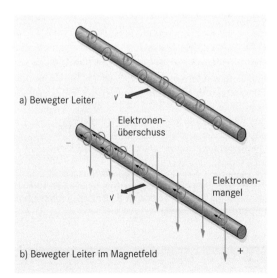

a) Bewegter Leiter v

Elektronen-überschuss

v

Elektronen-mangel

b) Bewegter Leiter im Magnetfeld +

Abb. 5: Ladungstrennung durch Leiterbewegung im Magnetfeld

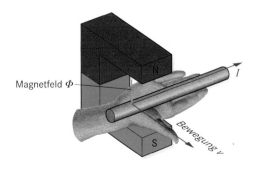

Magnetfeld Φ

Abb. 6: Rechte-Hand-Regel (Generatorregel)

2.1.4.2 Induktion der Ruhe

Spannungen lassen sich auch in Spulen erzeugen, wenn keine Bewegung des Leiters stattfindet (Induktion der Ruhe). In Abb. 1 ist dazu ein grundlegender Versuch dargestellt.

Die Spule 1 liegt über einem Einstellwiderstand an einer Gleichspannungsquelle. Weil Gleichstrom durch die Spule 1 fließt (Primärspule), entsteht ein konstantes Magnetfeld. Dieses durchsetzt auch die Spule 2 (Sekundärspule). Das Spannungsmessgerät würde in diesem Fall noch keine Induktionsspannung anzeigen. Wenn mit dem Einstellwiderstand die Stromstärke in der Spule 1 jedoch verändert wird, ändert sich das Magnetfeld und in Spule 2 wird eine Spannung induziert (Transformatorprinzip, transformare, lateinisch: verwandeln).

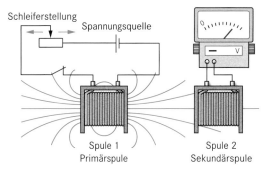

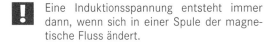

Abb. 1: Induktion der Ruhe

Verwendet man für die Beschreibung des Ergebnisses physikalische Größen, dann hat sich in der Spule 2 der magnetische Fluss geändert ($\Delta\Phi$). Diese Änderung erfolgte in einer bestimmten Zeit (Zeitänderung Δt). Wenn die Zeitänderung geringer ist, entsteht eine größere Spannung, wenn sie dagegen größer ist (langsame Schleiferbewegung), dann ist die induzierte Spannung geringer. Das Verhältnis dieser beiden Größen kann man als Flussänderungsgeschwindigkeit bezeichnen.

! Eine Induktionsspannung entsteht immer dann, wenn sich in einer Spule der magnetische Fluss ändert.

Eine höhere Induktionsspannung in der Sekundärspule erzielt man auch, indem man die Windungszahl N vergrößert. Führt man diese Abhängigkeiten in einer Gleichung zusammen, ergibt sich eine allgemeine Formel für die Induktionsspannung u_i (ohne Berücksichtigung des Vorzeichens).

$$u_i = \frac{N \cdot \Delta\Phi}{\Delta t}$$

! Die Induktionsspannung ist abhängig von der Flussänderungsgeschwindigkeit und der Windungszahl.

Richtung des Induktionsstromes

Die Richtung des induzierten Stromes lässt sich mit den nachfolgend beschriebenen Versuchen erklären.

Versuch 1

Ein metallener Ring ist beweglich aufgehängt. Er ist als eine einzelne Windung aufzufassen, die kurzgeschlossen ist. Der Dauermagnet wird in Richtung Ring bewegt.

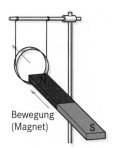

Bewegung (Magnet)

Ergebnis

Der Ring wird abgestoßen.

Erklärung

Durch die Änderung des Magnetfeldes (bewegter Dauermagnet) wird in dem Ring eine Spannung induziert. Diese Spannung erzeugt über den Stromfluss ein Magnetfeld, das dem erzeugenden Magnetfeld entgegen wirkt (Kräfte).

Abstoßung (Ring)

Induktionsstrom I

Bewegung (Magnet)

Abb. 2: Versuch 1

Versuch 2

Der Dauermagnet befindet sich im Innern des Ringes und wird vom Ring wegbewegt.

Ergebnis

Der Ring wird angezogen und bewegt sich in Richtung Dauermagnet.

Bewegung (Magnet)

Erklärung

Durch die Änderung des Magnetfeldes (bewegter Dauermagnet) wird in den Ring wieder eine Spannung induziert. Das induzierte Magnetfeld des Ringes ist so gerichtet, dass Anziehung stattfindet. Die Stromrichtung ist also im Vergleich zu Versuch 1 umgekehrt.

Anziehung (Ring)

Induktionsstrom I

Bewegung (Magnet)

Abb. 3: Versuch 2

Lenz'sches Gesetz (Heinrich F. E. Lenz, russischer Physiker, 1804-1865)

 Der Induktionsstrom ist stets so gerichtet, dass sein Magnetfeld dem erzeugenden Magnetfeld entgegen wirkt. Die Energie im System bleibt konstant (Energieerhaltung).

2.2 Drehstrommotoren

2.2.1 Drehfeld

Ein Drehstrommotor ist im Prinzip wie ein Dreh-
stromgenerator aufgebaut. Er besitzt einen Läufer (Rotor) und einen Ständer (Stator), in dem die
Wicklungen eingefügt sind. Demzufolge besitzen
Läufer und Ständer die gleichen Klemmenbezeichnungen (Abb. 4). Im Grundstufenband ist in Kapitel 3.5 bereits beim Generator die Entstehung der
Drei-Phasen-Wechselspannung mit Hilfe des Drehfeldes erklärt worden, so dass wir auf diesen mo-
dellhaften Aufbau zurückgreifen können (Abb. 6).

Der Motor besitzt drei um 120° versetzte Ständerwicklungen. Sie werden an die Drei-Phasen-Wechselspannung gelegt. Aus der jeweiligen Stromrichtung und dem Wickelsinn der betreffenden Spule
ergeben sich die in Abb. 6 eingezeichneten magnetischen Pole (s. auch Kap. 1.5.2). Es entstehen drei
Magnetfelder mit wechselnden Polaritäten (t_1 bis
t_4, Abb. 6). Da die drei Magnetfelder gleichzeitig
auftreten, bildet sich ein Gesamtfeld, das im Uhrzeigersinn wandert (Drehfeld).

 Legt man an die um 120° räumlich versetzten Spulen die Außenleiterspannung des
Drehstromversorgungssystems an, so entsteht ein Drehfeld.

Reale Motoren sind kompakter aufgebaut als das
Modell in Abb. 6. Der Ständer ist entweder aus
Gusseisen oder aus einer Schweißkonstruktion
hergestellt. Um Wirbelströme zu vermeiden, ist
darin ein geschichtetes Eisenpaket aus gegeneinander isolierten Blechen eingelegt. In eingefrästen

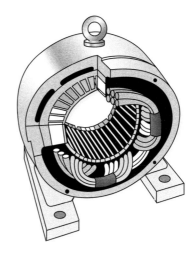

Abb. 5: Ständer mit eingelegten Wicklungen

Nuten ist die aus Einzelspulen bestehende, das
Drehfeld erzeugende Drei-Phasen-Wicklung eingelegt (Abb. 5). Die Anschlüsse der Wicklungen sind
zum Klemmenkasten herausgeführt.

Auch der Läufer besitzt ein geschichtetes Blech-
paket mit Nuten zur Aufnahme der Läuferwicklung
(Abb. 1, nächste Seite). Der Abstand zwischen
Ständer und Läufer beträgt nur einige Zehntel Mil-
limeter. Dies ist für einen hohen Wirkungsgrad von
Bedeutung.

In die Nuten des Läufers ist eine Wicklung eingelegt, deren Enden an Schleifringen auf der Läufer-
welle angeschlossen sind. Damit ist es möglich,
den Stromfluss in der Läuferwicklung zu beeinflussen (s. Kap. 2.1.3.3).

Abb. 4: Drehstrommotor mit
         Klemmenbezeichnung

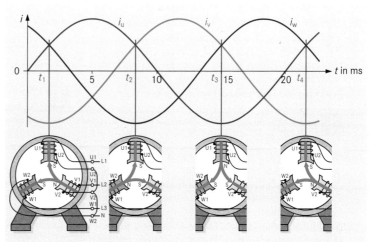

Abb. 6: Drehfeldentstehung beim Drehstrommotor

Statt aus Wicklungen kann der Läufer aber auch aus runden Kupfer- oder Aluminiumstäben bestehen, deren Enden mit Ringen des gleichen Materials verbunden, also kurzgeschlossen sind.

Abb. 1: Läufer eines Drehstrommotors

Ständerwicklungen

In Abb. 2 sind drei in den Ständer eingelegte Wicklungen dargestellt. Die Stromrichtungen sind durch Punkte (Pfeilspitzen) und Kreuze (Pfeilenden) angegeben. Damit die Streufelder gering bleiben, sind die Wicklungen miteinander verschachtelt. Es entsteht ein umlaufendes Feld mit Nord-und Südpol. Die Polzahl ist demnach zwei (2p). Diese Polzahl wird häufig zur Kennzeichnung verwendet und in Datenblättern angegeben. Zur Kennzeichnung wird aber auch die Polpaarzahl p verwendet. Sie ist in diesem Fall eins (p = 1).

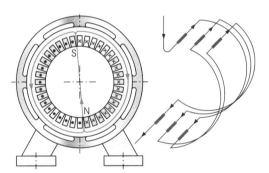

Abb. 2: Ständer eines zweipoligen Drehstrommotors

Einfluss der Polzahl auf die Drehzahl

Anstatt in den Ständer drei Spulen einzulegen, können aber auch wie in Abb. 3 sechs Spulen um 60° räumlich versetzt angeordnet sein. Es entsteht ebenfalls ein Drehfeld. Der Motor besitzt dann vier Pole, zwei Nord-und zwei Südpole. Die Polzahl ist vier, aber die Polpaarzahl zwei (2p = 4, p = 2).

 Das zweipolige Drehfeld dreht sich bei f = 50 Hz 3000 Mal in der Minute.

Ein vierpoliges Drehfeld dreht sich langsamer als ein zweipoliges. Es benötigt für eine Umdrehung die doppelte Zeit, legt also während einer Periode T der Netzwechselspannung nur eine halbe Umdrehung zurück. Wird die Polzahl weiter erhöht, erhält der Motor immer mehr Polpaare. Die Zeit für eine Umdrehung steigt weiter an und die Drehzahl sinkt (Tab. 1).

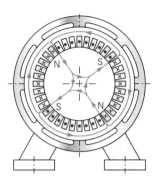

Abb. 3: Ständer eines vierpoligen Drehstrommotors

Tab. 1: Polpaarzahlen, Zeiten und Drehzahlen

Pol-paar-zahl	Pol-zahl	Spulen-anzahl	Winkel zwischen den Spulen	Zeit für eine Um-drehung	Drehfeld-drehzahl bei f = 50 Hz
1	2	3	120°	1 · T	3000
2	4	6	60°	2 · T	1500
3	6	9	40°	3 · T	1000
4	8	12	30°	4 · T	750
...	...	...	...	...	...
p	2 · p	3 · p	360°/3·p	p · T	3000/p

Die Drehzahl n des Drehfeldes hängt also von der Frequenz f der Netzwechselspannung und von der Polpaarzahl p ab. Da die Drehzahl bei elektrischen Maschinen pro Minute (min⁻¹) angegeben wird, muss in die Gleichung der Faktor 60 (1 min = 60 s) eingefügt werden (zugeschnittene Größengleichung). Es ergeben sich dann folgende Formeln:

$$n = \frac{f}{p} \qquad n = \frac{f \cdot 60}{p} \quad \text{in min}^{-1}$$

Drehrichtung

Die Spulen der Drehstrommotoren sind so gewickelt, dass beim Anschluss von L1 an U1, L2 an V1 und L3 an W1 ein Rechtslauf der Rotorwelle entsteht. Durch Vertauschen zweier Außenleiter wird die Drehrichtung geändert (Abb. 4, s. auch Kap. 2.2.4).

 Beim Anschluss der Außenleiter L1 an U1, L2 an V1 und L3 an W1 entsteht bei Drehstrommotoren ein Rechtslauf. Durch Vertauschen zweier Außenleiter kommt es zu einem Linkslauf.

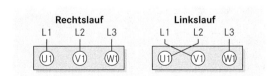

Abb. 4: Drehrichtung

2.2.2 Leistung und Drehmoment

An der Welle eines Motors, der sich mit der Drehzahl n dreht, wird das Drehmoment M abgegeben. Aus diesen Größen lässt sich die mechanische Leistung der Maschine ermitteln und mit folgenden Formeln herleiten:

$$P = \frac{W}{t} \qquad P = \frac{F \cdot s}{t} \qquad W = F \cdot s \qquad v = \frac{s}{t}$$

$$\boldsymbol{P = F \cdot v}$$

Beim Motor greift die Kraft in einem Punkt am Umfang der Welle an (Abb. 5). Die Geschwindigkeit des Punktes hängt von der Drehzahl n und dem Radius r der Welle ab. Die Drehzahl n gibt an, wie oft sich der Punkt pro Zeiteinheit um die Wellenachse dreht. Er legt bei einer Umdrehung den Weg $s = 2 \cdot \pi \cdot r$ (Wellenumfang) zurück. Daraus ergibt sich die Geschwindigkeit des Punktes mit $v = n \cdot 2 \cdot \pi \cdot r$.

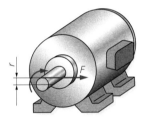

Abb. 5: Drehmoment am Motor

Setzt man in die Leistungsformel die Formel der Geschwindigkeit ein und ersetzt die an der Welle angreifende Kraft F und den Radius r durch das Drehmoment ($F \cdot r = M$), dann erhält man eine Leistungsformel, in der nur die für den Motor typischen Größen vorkommen. Die Größe $2 \cdot \pi \cdot n$ ist die Winkelgeschwindigkeit ω.

$$P = M \cdot 2 \cdot \pi \cdot n \qquad\qquad P = M \cdot \omega$$

Diese und andere wichtigen Kenngrößen können aus dem Leistungsschild entnommen werden (Abb. 6).

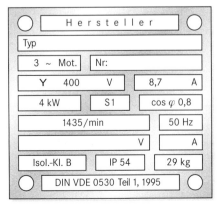

Abb. 6: Leistungsschild eines Asynchronmotors

2.2.3 Asynchronmotoren

2.2.3.1 Übersicht

Asynchronmotoren sind betriebssicher, einfach aufgebaut und deshalb in der Antriebstechnik häufig anzutreffen. Die Bezeichnung „asynchron" bedeutet, dass die Drehzahl des Läufers geringer ist als die Drehzahl des Drehfeldes (nicht gleichlaufend, s. Kap. 2.1.3.2).

Um beim Asynchronmotor mit dem Drehfeld einen Rotor in Drehung zu versetzen, müssen Kräfte paarweise im Abstand von der Drehachse des Rotors angreifen (Drehmoment). Das Prinzip dieser Kraftwirkung wurde im Kapitel 2.1.3 erläutert und dargestellt, wobei diese Kräfte immer dann entstehen, wenn sich unterschiedlich gepolte Magnetfelder anziehen bzw. abstoßen. Beim Drehstrommotor sind es die Magnetfelder des Drehfeldes und des Läufers. Letztere entstehen durch Wicklungen, die von Strom durchflossen werden. Dabei werden zwei grundsätzliche Bauformen unterschieden.

Beim Kurzschlussläufer-Motor (Abb. 7) erzeugt das Drehfeld durch Induktion eine Spannung in den Wicklungen des Läufers. Da die Wicklungen kurzgeschlossen sind, fließt Strom, Magnetfelder entstehen, und es kommt zu Anziehungs- und Abstoßungskräften.

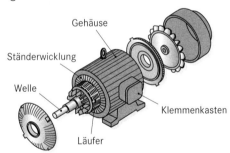

Abb. 7: Kurzschlussläufer-Motor

Beim Schleifringläufer-Motor (Abb. 8, s. auch Kap. 2.1.3.3) werden die Anschlüsse über Schleifringe nach außen geführt. Dadurch können die Ströme in den Läuferwicklungen verändert und damit das Motorverhalten beeinflusst werden.

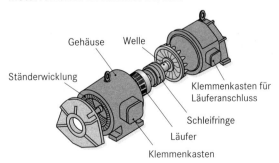

Abb. 8: Schleifringläufer-Motor

2.2.3.2 Kurzschlussläufer-Motor

Der Läufer eines Kurzschlussläufer-Motors besteht aus einer Welle mit einem darauf befestigten Dynamoblechpaket. In den Nuten befinden sich als Wicklungen Kupfer-oder Aluminiumstäbe, die an den Enden durch einen Ring kurzgeschlossen sind (Abb. 1).

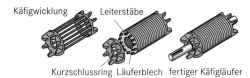

Abb. 1: Kurzschluss- bzw. Käfigläufer

Entstehung des Drehmoments

Zur Erklärung wird beim Kurzschlussläufer wie in Abb. 2 nur eine einzelne Leiterschleife betrachtet. Der magnetische Fluss Φ durchdringt die durch die Schleifenabschnitte b und l gebildete Fläche ($A = b \cdot l$).

> **!** Die Leistung eines Motors ist das Produkt aus Drehmoment und Winkelgeschwindigkeit.

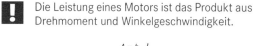

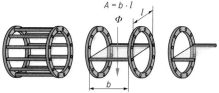

Abb. 2: Kurzschlussläuferwicklung in Schnittdarstellung

Abb. 3 stellt den Anfangszustand des Läufers dar. Der Vorgang ist vereinfacht abgebildet, weil nur eine Spule (Schnittdarstellung) eingezeichnet wurde. Das Drehfeld ist durch Feldlinien gekennzeichnet.

Nach dem Einschalten dreht sich das Drehfeld mit der Drehzahl n_f. Der Läufer befindet sich noch in Ruhestellung. Vom Zeitpunkt t_1 bis zum Zeitpunkt t_2 hat sich das Drehfeld um den Winkel α_f gedreht. Dadurch hat sich die Fläche A, durch die der magnetische Fluss Φ hindurchtritt, verkleinert.

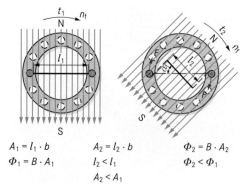

Abb. 3: Anfangszustand

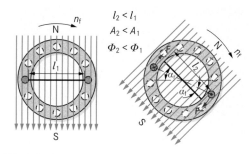

Abb. 4: Betriebszustand

Bei dem homogenen Feld ist dann $\Phi_2 < \Phi_1$. Der magnetische Fluss hat sich während der Drehbewegung um den Winkel α_f von Φ_1 auf Φ_2 geändert ($\Delta\Phi = \Phi_1 - \Phi_2$). Es wird also eine Spannung induziert (s. Kap. 1.5.4.1). Da der Stromkreis über die Kurzschlussringe geschlossen ist, fließt Wechselstrom und Kräfte mit den entsprechenden Drehmomenten entstehen (s. Kap. 2.1.3). Der Läufer bewegt sich in Richtung des Drehfeldes. Solange sich der Läufer langsamer dreht als das Drehfeld, wird in die Läuferwicklungen eine Spannung induziert und das Drehmoment wirkt. Die Läuferdrehzahl erreicht einen Wert unterhalb der Drehfelddrehzahl. Läufer und Drehfeld drehen sich also asynchron, d. h., sie bewegen sich nicht mit gleicher Drehzahl.

> **!** Im Läufer eines Asynchronmotors wird ein Drehmoment erzeugt, das in Drehfeldrichtung wirkt.

In Abb. 4 ist der Betriebszustand dargestellt. Solange sich der Läufer langsamer als das Drehfeld dreht, wird in die Läuferwicklung Spannung induziert und es wirkt ein Drehmoment.

> **!** Beim Asynchronmotor dreht sich der Läufer mit einer Drehzahl unterhalb der Drehfelddrehzahl.

Wenn sich das Drehfeld und der Läufer wie in Abb. 5 mit gleicher Drehzahl drehen würden, findet in der Fläche keine Flussänderung statt. Es wird keine Spannung induziert und es fließt kein Läuferstrom. Das Drehmoment ist Null.

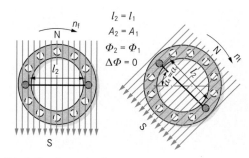

Abb. 5: Synchroner Lauf

Da beim Asynchronmotor der Läufer nie mit dem Drehfeld im Gleichlauf (synchron) ist, sondern stets etwas hinter der Drehfelddrehzahl n_f zurückbleibt, gibt man als wichtige Kenngröße die Differenz zwischen der Drehfelddrehzahl und der Läuferdrehzahl an. Sie wird als Schlupfdrehzahl n_s bezeichnet.

Die Schlupfdrehzahl wird meistens auf die Drehfelddrehzahl bezogen und in Prozent angegeben. Dieser Wert wird als Schlupf s bezeichnet. Er beträgt üblicherweise 5 % bis 10 % und ist von der Belastung abhängig.

$$n_s = n_f - n \qquad\qquad s = \frac{n_f - n}{n_f} \cdot 100\ \%$$

Läufer

Die Wicklung des Kurzschlussläufers wird auch als Käfigwicklung (Käfigläufer) bezeichnet. Sie setzt sich zusammen aus Kupfer-, Bronze- oder Aluminiumstäben, die in die Nuten des Blechpaketes eingelegt oder eingegossen werden, und den Kurzschlussringen aus dem gleichen Material an den Stirnseiten. Damit der Läufer sich geräuscharm dreht, sind die Nuten und die Stäbe einfach oder doppelt geschränkt (Abb. 6). Die an den Kurzschlussringen befindlichen Lüfterflügel und der auf der Welle befestigte Lüfter drücken die zum Abtransport der Verlustwärme benötigte Luft durch den Motor.

Die Welle wird in Wälzlagern, selten in Gleitlagern, so gelagert, dass zwischen dem Ständer- und dem Läuferblechpaket nur ein schmaler Luftspalt von 0,2 mm bis 1 mm Breite entsteht.

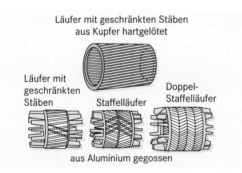

Abb. 6: Käufigläuferwicklungen

Tab. 1: Motor-Kenngrößen

M_K	Kippdrehmoment	I_0	Leerlaufstromstärke
M_n	Bemessungs-drehmoment	n_f	Drehfelddrehzahl
M_A	Anlaufdrehmoment	n_n	Bemessungs-drehzahl
M_S	Satteldrehmoment	n_0	Leerlaufdrehzahl
I_n	Bemessungs-stromstärke	n_K	Kippdrehzahl
I_A	Anlaufstromstärke	n_s	Schlupfdrehzahl

Kennlinien

Zur Beurteilung und Auswahl von Motoren sind Leistungsfaktor $\cos\varphi$, Wirkungsgrad η, Stromstärke I, Spannung U, Drehzahl n und Leistung P wichtige Vergleichswerte. In Tabele 1 sind weitere wichtige Kenngrößen aufgeführt. Von Bedeutung ist ebenfalls die Abhängigkeit dieser Größen untereinander.

 Asynchronmotoren laufen ohne Anlaufhilfe an.

Belastungskennlinien

Aus den Belastungskennlinien (Abb. 7) kann man das Verhalten des Motors im Leerlauf und bei Belastung entnehmen.

Die Bemessungsdrehzahl n_n (Abb. 7) des Motors liegt nur wenig unterhalb der Leerlaufdrehzahl n_0.

Der Leistungsfaktor $\cos\varphi$ ist im Leerlauf ($M \approx 0$) sehr klein. Es wird nur wenig Wirkleistung benötigt und die induktive Blindleistung der Wicklungen überwiegt. Mit größer werdender Belastung steigt der Leistungsfaktor. Auch der Wirkungsgrad nimmt dann günstige Werte an. Er wird bei hoher Belastung aber wieder schlechter.

Die Leerlaufstromstärke I_0 liegt weit unter der Bemessungsstromstärke. Sie nimmt mit steigender Belastung zu, während die Drehzahl n geringfügig abnimmt. Dadurch wird der Schlupf s größer.

Die günstigsten Betriebswerte des Motors liegen bei den Bemessungswerten. Günstig bedeutet, dass sowohl der Wirkungsgrad η als auch der Leistungsfaktor $\cos\varphi$ groß sind. Da bei hoher Belastung der Wirkungsgrad η sinkt und der Leistungsfaktor $\cos\varphi$ nur noch geringfügig steigt, wird der Bemessungsbetrieb so festgelegt, dass dann das Produkt aus dem Wirkungsgrad η und dem Leistungsfaktor $\cos\varphi$ den größten Wert annimmt (Betriebsgüte).

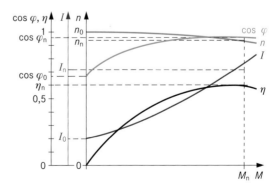

Abb. 7: Belastungskennlinien

Hochlaufkennlinien

Die Hochlaufkennlinien in Abb. 1 zeigen die Abhängigkeiten der Stromstärke I und des Drehmomentes M von der Drehzahl n. Der Verlauf des Drehmoments ist typisch für Asynchronmaschinen. Die Kennlinie beginnt beim Anlaufdrehmoment M_A und fällt zunächst leicht ab bis zum Satteldrehmoment M_S. Dieser Sattelpunkt ist nicht bei allen Maschinen vorhanden. Durch Schränkung der Nuten und durch unterschiedliche Nutenzahlen im Ständer und Läufer kann man erreichen, dass er verschwindet.

Das größte Drehmoment erreicht der Motor im Kipppunkt mit dem Kippdrehmoment M_K. Die Bezeichnung Kipppunkt kommt daher, dass die Drehzahl der Maschine auf $n = 0$ zurückgeht, wenn sie mit einem Drehmoment belastet wird, das größer als das Kippdrehmoment ist.

Die in Abb. 1 gezeichneten Kennlinien gehören zu einem Drehstrom-Asynchronmotor mit Rundstabläufer. Maschinen dieser Art besitzen ein niedriges Anlaufdrehmoment ($M_A = 0,5 \cdot M_n$ ... $1 \cdot M_n$) und eine hohe Anlaufstromstärke ($I_A = 7 \cdot I_n$ ... $10 \cdot I_n$). Die Anlaufstromstärke sinkt bei steigender Drehzahl.

Das geringe Anlaufdrehmoment lässt sich erklären, wenn man den Zeitpunkt des Einschaltens genauer betrachtet. Die in die Läuferwicklung induzierte Wechselspannung besitzt die gleiche Frequenz wie die Netzspannung. Auf Grund der relativ hohen Läuferfrequenz ist die Induktivität der Wicklung und damit der induktive Blindwiderstand groß. Wegen der großen Stabquerschnitte ist dagegen der Wirkwiderstand klein, so dass sich zwischen der Läuferspannung und dem Läuferstrom eine Phasenverschiebung von fast 90° einstellt. Dies ist in Abb. 2 vereinfacht dargestellt. Mit Hilfe der „Dreifingerregel der rechten Hand" (s. Kap. 2.1.3) lässt sich dann die Kraftrichtung ermitteln. Das Drehmoment ist nur gering.

Ein niedriges Anlaufdrehmoment und eine hohe Anlaufstromstärke sind schlechte Betriebseigenschaften. Deshalb werden Motoren dieser Art nicht mehr gebaut. Durch eine besondere Konstruktion der Käfigwicklung können diese Nachteile jedoch beseitigt werden.

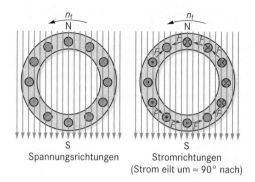

Abb. 2: Rundstabläufer beim Anlauf (Schnittdarstellung)

Stromverdrängungsläufer

Damit die Anlaufstromstärke möglichst niedrig ist, muss beim Anlauf der Widerstand der Läuferwicklung groß sein. Damit das Anlaufdrehmoment groß wird, muss die Phasenverschiebung zwischen Läuferstrom und Läuferspannung aber gering sein. Weiterhin muss der Widerstand der Läuferwicklung sehr viel größer sein als ihr Blindwiderstand.

Ein großer Läuferwiderstand mit hohem Wirkwiderstandsanteil bewirkt nach dem Hochlaufen des Motors, dass der Wirkungsgrad η kleine und der Schlupf s große Werte annimmt. Damit die Läuferverluste gering werden, muss der Wirkwiderstand kleiner werden. Der induktive Blindwiderstand wird automatisch kleiner, da die Läuferfrequenz bei hoher Drehzahl gering ist.

> **!** Beim Anlauf eines Kurzschlussläufer-Motors sollte der Widerstand der Läuferwicklung möglichst groß sein mit einem hohen Wirkwiderstandsanteil. Dadurch werden die Anlaufstromstärke I_A gering und das Anlaufdrehmoment M_A groß.

Zusammenfassend kann man festhalten, dass ein Läufer benötigt wird, dessen Wirkwiderstand beim Anlauf groß und während des Betriebes gering ist. Stromverdrängungsläufer zeigen dieses Verhalten. Sie haben besondere Nuten- und Stabformen oder mehrere Käfige (Abb. 3). Je nach Läuferart erhält man unterschiedliche Hochlaufkennlinien (Abb. 4).

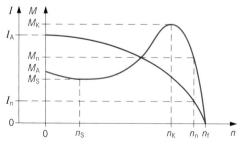

Abb. 1: Hochlaufkennlinie

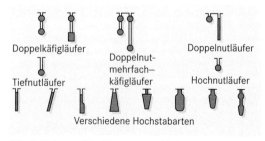

Abb. 3: Nuten-und Stabformen verschiedener Kurzschlussläufer

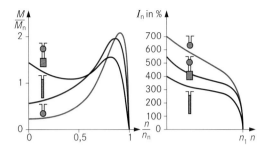

Abb. 4: Hochlaufkennlinien für verschiedene Läuferarten

Durch veränderte Nuten- und Stabformen kann beim Kurzschlussläufer-Motor das Anlaufverhalten verändert werden.

Am Beispiel eines Tiefnutläufers soll das Stromverdrängungsprinzip erklärt werden (Abb. 5). In dem Stab wird nach dem Einschalten eine Wechselspannung induziert. Da der Stromkreis geschlossen ist (Kurzschlussläufer), fließt ein Wechselstrom. Dieser Strom bildet um den Leiterstab ein Streufeld aus, das wegen der Nutenform inhomogen ist. Die magnetische Flussdichte ist am Außenrand des Läufers geringer als innen. Streufelder wirken im Wechselstromkreis wie induktive Blindwiderstände. Wegen des inhomogenen Streufeldes ist auch der Blindwiderstand nicht für den gesamten Stabquerschnitt gleich. Er wird vom Läuferrand zum Mittelpunkt hin größer. Dadurch fließt der Anlaufstrom fast nur im oberen Teil des Stabes. Er wird nach außen verdrängt. Der gesamte Querschnitt wird nicht mehr gleichmäßig zur Stromleitung benutzt. Der Wirkwiderstand des Läuferstabes wird größer.

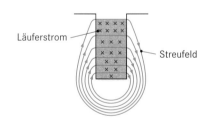

Abb. 5: Anlaufstromverteilung im Tiefnutläufer

Nach dem Hochlaufen des Motors ist die Läuferfrequenz sehr niedrig. Der Streuwiderstand ist deshalb ebenfalls gering. Die Stromverdrängung wird dadurch fast vollständig aufgehoben. Der Wirkwiderstand des Läuferstabes hat wieder seinen normalen niedrigen Wert.

Durch die Nuten- und Stabform kann die Größe der Stromverdrängung und damit die Größe des Läuferwirkwiderstandes beim Anlauf beeinflusst werden. Dadurch erhält man ein unterschiedliches Anlaufverhalten. Auch das Material der Läuferstäbe hat einen Einfluss. Verwendet man Widerstands-

werkstoff (Widerstandsläufer), dann hat man zwar ein gutes Anlaufverhalten, aber einen schlechten Wirkungsgrad und einen großen Schlupf. Großer Schlupf bedeutet, dass die Drehzahl sehr lastabhängig ist.

Anwendungen des Kurzschlussläufer-Motors

• Antriebe für Werkzeugmaschinen

• Antriebe für Kräne, Pumpen und Gebläse mit Leistungen bis zu einigen MW

• Fahrmotoren für Schienenfahrzeuge mit Leistungen bis weit über 1000 kW

Damit der Wirkungsgrad günstig ist und der Schlupf kleine Werte annimmt, muss während des Betriebes der Läuferwiderstand klein sein.

2.2.3.3 Schleifringläufer-Motor

Der Ständer des Schleifringläufer-Motors gleicht dem des Kurzschlussläufer-Motors. Der Läufer besitzt allerdings statt der kurzgeschlossenen Stäbe eine Wicklung, die meist dreisträngig ist. Die Enden der drei Stränge sind im Inneren des Läufers zu einem Sternpunkt zusammengefasst. Die Spulenanfänge sind zu den auf der Welle sitzenden Schleifringen ① (Abb. 6) geführt. Darauf schleifen die Kohlebürsten ②. Diese sind im Klemmenkasten zu den Anschlüssen K, L und M herausgeführt ③.

Um die Stromstärke im Läufer und das Widerstandsverhalten der Läuferwicklung zu verändern, werden an den Klemmen externe Widerstände über eine Spannungsquelle angeschlossen (Abb. 1, nächste Seite).

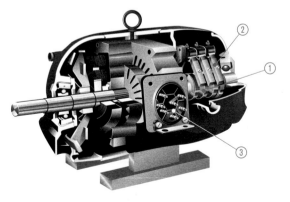

Abb. 6: Schleifringläufer-Motor

Bei Schleifringläufer-Motoren fließen kleine Anlaufströme. Das Anzugsdrehmoment ist hoch. Der Läufer des Motors besteht aus Spulen, die an Schleifringe geführt sind.

Anlassen von Schleifringläufer-Motoren

Widerstände im Läuferkreis werden dazu benutzt, die

- Läuferstromstärke zu begrenzen und
- hohe Anlaufstromstärken zu verringern.

$$R_{Anl} \uparrow \Rightarrow I_{Läufer} \downarrow \Rightarrow I_{Stator} \downarrow$$

Die Anlasswiderstände vergrößern den Wirkanteil des Läuferwiderstandes. Das Anzugsmoment wird dadurch größer (Abb. 2 ①).

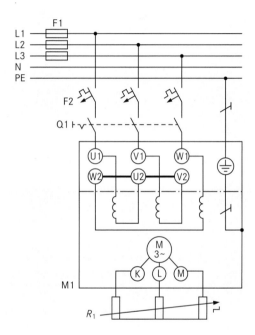

Abb. 1: Schleifringläufer-Motor mit Anlasswiderständen

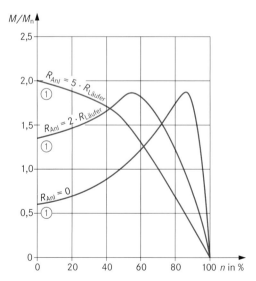

Abb. 2: Drehmomente beim Schleifringläufer-Motor

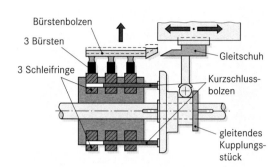

Abb. 3: Abhebevorrichtung für Bürsten

Um den Verschleiß und die Reibungsverluste zu verringern, werden die eingeschalteten Widerstände nur für den Anlassvorgang verwendet. Deshalb hebt man bei großen Maschinen im Betrieb die Bürsten von den Schleifringen ab. Gleichzeitig wird der Läufer kurzgeschlossen. Diese beiden Aufgaben übernimmt eine Abhebevorrichtung (Abb. 3).

❗ Mit verschiedenen Widerständen können die Anlassstromstärke und im Betrieb die Drehzahl eingestellt werden.

Betriebsverhalten

Im Bemessungsbetrieb mit kurzgeschlossener Läuferwicklung verhalten sich die Schleifringläufer-Motoren wie die Kurzschlussläufer-Motoren. Werden die Widerstände im Bemessungsbetrieb nicht abgehoben, kann eine stufenlose Drehzahleinstellung mit Hilfe der Widerstände erreicht werden. Die Widerstände müssen dann allerdings für Dauerlast bemessen sein. Der Läuferwiderstand wird dazu über einen Drehzahlsteller eingestellt.

Nachteil: Die Bürsten liegen dauernd auf und verursachen zusätzliche Verluste.

Schleifringläufer-Motoren werden eingesetzt, wenn eine

- stufenlose Drehzahleinstellung benötigt wird,
- nur kleine Anlaufströme auftreten dürfen und
- große Anzugsdrehmomente erforderlich sind.

❗ Das Verhalten eines Schleifringläufer-Motors im Bemessungsbetrieb mit kurzgeschlossener Läuferwicklung gleicht dem des Kurzschlussläufer-Motors.

Aufgabe

1. Beschreiben Sie die Unterschiede der Kennlinien in Abb. 2.

2.2.4 Drehstrommotor an Wechselspannung

Drehstrommotoren mit der Bemessungsspannung von 230/400 V können auch am Einphasen-Wechselspannungsnetz betrieben werden. Dazu sind die Motoren in einer Steinmetzschaltung anzuschließen (benannt nach Charles P. Steinmetz, deutsch-amerikanischer Elektroingenieur, 1865–1923).

> **!** Bei der Steinmetzschaltung wird ein Drehstrom-Asynchronmotor für den Betrieb an einer einphasigen Wechselspannung mit einem Kondensator angepasst.

Die Motoren können im Dreieck oder im Stern geschaltet sein (Abb. 4). Durch Umschalten des Kondensators (Abb. 5) kann die Laufrichtung geändert werden.

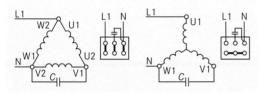

Abb. 4: Steinmetzschaltung

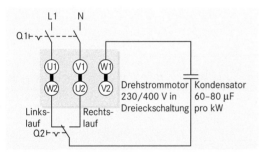

Abb. 5: Steinmetzschaltung mit Drehrichtungsänderung

Der zugeschaltete Kondensator verschiebt eine Phase um etwa 90°. Es entstehen dadurch drei gegeneinander verschobene Spannungen, die jedoch nicht den Idealwert von gleichmäßigen 120° erreichen. Das Drehmoment des Motors liegt bei etwa 10–50 % des Bemessungsdrehmomentes (Abb. 6). Dieses geringe Drehmoment resultiert aus dem elliptischen Drehfeld, mit dem der Drehstrommotor betrieben wird.

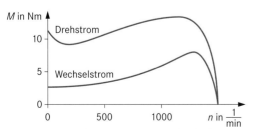

Abb. 6: Kennlinie eines Drehstrommotors bei Drehstrom- bzw. Wechselstromanschluss

Auch die Motorleistung reduziert sich bei der Steinmetzschaltung. Das Anlaufdrehmoment liegt bei etwa 30 % des normalen Anlaufdrehmoments. Die Steinmetzschaltung ist deshalb für Schweranlauf ungeeignet. Soll das Anlaufdrehmoment gesteigert werden, ist während des Anlaufens ein weiterer Kondensator parallel zu schalten. Beim Erreichen der Bemessungsdrehzahl muss dieser wieder entfernt werden (Abb. 7).

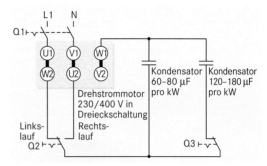

Abb. 7: Steigerung des Anlaufdrehmomentes

Aus wirtschaftlichen Gründen ist die Steinmetzschaltung nur für Motoren bis 2 kW sinnvoll. Die Kapazität des Kondensators hängt von der Motorleistung und der Netzspannung ab. In Abb. 8 sind die in der DIN 48 501 festgelegten Werte für die Kondensatoren aufgeführt.

Der Drehstrommotor an Wechselspannung hat insgesamt schlechte Betriebseigenschaften. Um sie trotzdem effektiv an Wechselspannung zu betreiben, wird beim Kondensatormotor der Kondensator fest eingebaut und der Aufbau etwas verändert (s. Kap. 2.2.5).

Tab. 1: Auswahl der Betriebskondensatoren

Leistung des Drehstrommotors in W	Erforderliche Kondensatorkapazität in µF bei Netzspannung		
	110 V	230 V	400 V
100	28	7	2
200	52	13	4
300	80	20	7
400	104	26	9
500	132	33	11
600	160	40	13
700	184	46	15
800	212	53	18
900	236	59	20
1000	264	66	22
1100	–	73	24
1200	–	79	26
1300	–	86	29

2.2.5 Kondensatormotor

Im Unterschied zum Asynchronmotor arbeitet der Kondensatormotor (Abb. 1) mit Wechselspannung und benötigt kein Drehstromnetz. Er ist ähnlich wie ein Asynchronmotor aufgebaut und besitzt einen kurzgeschlossenen Käfigläufer. Durch das Ständerdrehfeld wird ein Drehmoment erzeugt.

 Kondensatormotoren besitzen zusätzlich zur Hauptwicklung eine Hilfswicklung und einen Kondensator.

Beim Motor mit Hilfsphase befinden sich im Ständer zwei um 90° versetzt angeordnete Wicklungen. Die Ströme müssen aus diesem Grund auch um 90° verschoben werden. Dieses erreicht man durch einen Kondensator.

Abb. 1: Kondensatormotor

Der Schaltplan in Abb. 2 zeigt, dass zusätzlich eine Hilfswicklung mit vorgeschaltetem Kondensator vorhanden ist. In der Hilfswicklung Z1–Z2 wird durch den Kondensator der Strom phasenverschoben. Dadurch entsteht ein Drehfeld.

Arbeitsweise

Die Hilfswicklung ist oft nicht für den Dauerbetrieb ausgelegt. Deshalb werden beim Erreichen der Bemessungsdrehzahl die Hilfswicklung und der Kondensator C1 mit Hilfe eines

- Fliehkraftschalters (z. B. Q1 in Abb. 2 ①),
- temperaturabhängigen Schalters oder
- Zeitrelais abgeschaltet.

Das Betriebsverhalten hängt auch von der Kapazität ab. Je größer diese ist, desto größer ist das Anlaufdrehmoment. Bei einer sehr großen Kapazität wird aber die Stromstärke in der Wicklung groß, so dass es zu einer unzulässigen Erwärmung kommt. Deshalb sollte der Kondensator während des Betriebs eine Blindleistung von 1 kvar je kW Motorleistung besitzen.

Drehrichtungsänderung

Das Klemmenbrett (Abb. 3) eines Kondensatormotors zeigt die Anschlüsse der Hauptwicklung U1–U2 und der Hilfswicklung Z1–Z2. Durch Umkehren des Hilfsfeldes erreicht man eine Änderung der Drehrichtung. Hierzu muss der Kondensator anstatt an Z2–U2 an Z2–U1 angeschlossen werden.

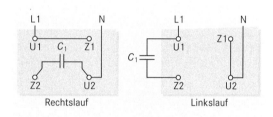

Abb. 3: Schaltungen zur Drehrichtungsumkehr

Anwendungen

Kondensatormotoren sind kostengünstig und wartungsfrei. Wegen ihres geringen Wirkungsgrades werden sie nur für Leistungen bis ca. 1500 W verwendet. Man findet sie z. B. in Wärmepumpen, Hausgeräten und Elektrowerkzeugen. Die Laufruhe und hohe Lebensdauer haben Kondensatormotoren auch zum Standardantrieb für Umwälzpumpen in Heizungsanlagen gemacht.

 Kondensatormotoren sind kostengünstig und wartungsarm, und werden nur für Leistungen bis etwa 1,5 kW eingesetzt.

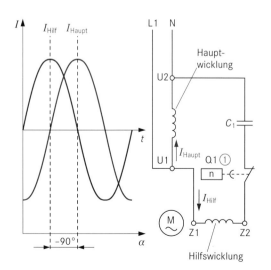

Abb. 2: Stromverlauf beim Kondensatormotor

**bau/
ktion**

2.2.6 Synchronmotoren

Synchronmotoren sind Drehfeldmaschinen. Im Ständer befindet sich die das Drehfeld erzeugende Dreiphasenwicklung. Der Läufer (Polrad) besitzt die Gleichstromerregerwicklung und ist entweder ein Vollpolläufer (auch Walzen- oder Zylinderläufer genannt) oder ein Schenkelpolläufer mit ausgeprägten Polen. Bei Synchronmotoren mit kleiner Leistung (<100 W) wird als Läufer auch ein Permanentmagnet verwendet.

> **!** Synchronmotoren besitzen einen Ständer mit einer Drehstromwicklung, ein Polrad mit einem Dauermagneten oder einer Gleichstromwicklung.

Der Vollpolläufer (Abb. 4) wird für Antriebsmaschinen mit hohen Drehzahlen (Schnellläufer) verwendet. Die Gleichstromerregerwicklung befindet sich im Läufereisen in eingefrästen Nuten. Die Polpaarzahl eines Vollpolläufers ist oft $p = 1$, seine Drehzahl am Drehstromnetz beträgt damit $n = 3000$ min^{-1}.

Abb. 4: Vollpolläufer

Der Schenkelpolläufer (Abb. 5) besitzt Erregerwicklungen mit ausgeprägte Polen. Sie werden vom Gleichstrom durchflossen. Die Polpaarzahl von Schenkelpolläufern ist $p \geq 2$. Schenkelpolläufer werden eingesetzt, wenn die Maschine langsame Drehzahlen liefern soll. Im Beispiel des abgebildeten Läufers (Abb. 5) mit der Polpaarzahl 2 ist die Drehzahl $n = 1500$ min^{-1}.

> **!** Der Läufer des Synchronmotors dreht sich mit der Drehzahl des Drehfeldes.

Abb. 5: Schenkelpolläufer

Wirkungsweise

Schließt man die Ständerwicklung an das Drehstromnetz an, entsteht ein umlaufendes Drehfeld. Wird der Läufer nicht beschleunigt, kann aufgrund des großen Drehzahlunterschiedes (Statorfeld-Drehzahl 3000 min^{-1} und Läuferdrehzahl 0 min^{-1}) keine Kopplung stattfinden. Der Läufer bleibt in Ruhe.

Wird der Läufer in Drehfeldrichtung bis etwa zur Drehfelddrehzahl beschleunigt, findet eine magnetische Kopplung zwischen dem umlaufenden Drehfeld und dem Nord- und Südpol des Polrades statt. Das Polrad dreht sich dann genauso schnell wie das Ständerdrehfeld weiter, mit synchroner Drehzahl. Der Anlauf des Polrades ist deshalb nur mit Hilfseinrichtungen möglich.

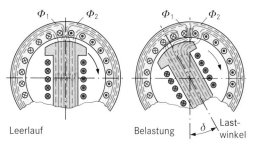

Abb. 6: Polrad bei Leerlauf und Belastung

Das Polrad dreht sich im Leerlauf genau unter den ausgebildeten Magnetpolen des Drehfeldes (Abb. 6). Wird der Synchronmotor belastet, entsteht zwischen Drehfeld und Polrad eine Verschiebung, die als Lastwinkel δ bezeichnet wird. Das Polrad eilt dem Drehfeld nach (Abb. 6).

Betriebsverhalten

Mit größer werdender Belastung vergrößert sich der Lastwinkel. Das Drehmoment steigt (Abb. 7). Der Grund dafür ist das Zusammenwirken des vorauseilenden Magnetpols mit dem nacheilenden abstoßenden Pol des Ständerdrehfeldes. Wird die Belastung über den Lastwinkel $\delta = 90°$ ① gesteigert, fällt der Motor außer Tritt und bleibt stehen. Beim Lastwinkel 90° hat der Motor sein maximales Drehmoment (Kippdrehmoment M_K).

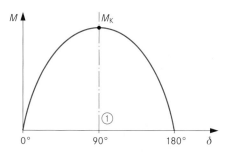

Abb. 7: Drehmomentkennlinie

Anlaufverfahren

Synchronmotoren größerer Leistung werden durch Anwurfmotoren in Gang gesetzt. Dreht sich das Polrad mit der Drehfelddrehzahl, schaltet sich der Anwurfmotor ab und wird von der Motorwelle abgekoppelt.

Synchronmotoren kleinerer Leistung sind in der Regel mit einer Anlasswicklung (Dämpferwicklung) versehen. Der Motor verhält sich dann im Anlauf wie ein Kurzschlussläufer-Motor. Das Anlassen erfolgt deshalb wie beim Asynchronmotor. Dabei wird im Anlauf die Gleichstromerregung abgeschaltet und die Erregerwicklung kurzgeschlossen. Hat das Polrad die Drehfelddrehzahl erreicht, wird der Kurzschluss entfernt und die Gleichstromerregung eingeschaltet. Das Polrad wird in die Drehfelddrehzahl gezogen (synchronisiert). Die Dämpferwicklung hat bei der Bemessungsdrehzahl des Motors keine Wirkung.

- Synchronmotoren können nur mit einer Anlaufhilfe anlaufen.
- Als Anlaufhilfen verwendet man bei Synchronmotoren zusätzliche Anwurfmotoren oder eine eingebaute Anlasswicklung.

Anwendungen

Wegen des Synchronlaufs zwischen Läufer und Drehfeld wird der Motor vor allem dort angewendet, wo eine konstante Drehzahl gefordert wird. Im mittleren Leistungsbereich findet man ihn selten. Bei höheren Antriebsleistungen (10 kW bis 1000 kW) hingegen trifft man den Synchronmotor öfter an, z. B. als Antrieb für Kompressoren und Pumpen. Synchronmotoren finden auch Verwendung als „Blindleistungsmaschinen" (Phasenschieber).

Kleine Synchronmotoren

Synchron-Kleinmotoren haben gegenüber anderen Motoren den Vorteil, dass die Drehzahl bei Belastung konstant bleibt. Sie ist nur abhängig von der Frequenz der Netzspannung. Bei kleinen Leistungen nutzt man diese Motoren dann, wenn eine hohe Laufgenauigkeit verlangt wird und die Drehzahl sehr genau gesteuert werden muss. Das Drehfeld wird mit Wechselstrom und einem Kondensator in der Hilfsphase erzeugt. Im Läufer besitzen die Motoren Dauermagnete. Sie sind deshalb wartungsarm und werden für Leistungen bis etwa 5 W gebaut.

Beim Hysteresemotor wird im Ständer ebenfalls ein Drehfeld erzeugt. Im Läufer befindet sich aber statt einer Wicklung ein Zylinder aus hartmagnetischem Werkstoff. Nach dem Einschalten läuft der Motor asynchron an, denn der Magneteisenzylinder wirkt als Kurzschlusswicklung. Da der Läufer aus Magneteisen mit hoher Remanenz besteht, ist er magnetisch gepolt. Er geht deshalb nach dem Anlauf in den synchronen Lauf über. Der Ständer wird oft mit Spaltpolen ausgeführt. Motoren dieser Art verwendet man z. B. in der Automatisierungstechnik.

Der Reluktanzmotor ist ein Drehfeldmotor mit einem Läufer, der ausgeprägte Pole besitzt, die jedoch über keine Erregerwicklung verfügen. Er läuft asynchron an, da der Läufer als Kurzschlussläufer anzusehen ist. Danach geht er in den synchronen Lauf über, denn der magnetische Fluss des Drehfeldes verläuft durch den kleinen Luftspalt und durch die Läuferpole. Hier ist der kleinste magnetische Widerstand. Wegen ihrer schlechten Betriebseigenschaften werden Motoren dieser Art nur für kleine Leistungen gebaut.

Grundlagen

Blindleistungsmaschine (Phasenschieber)

Synchronmotoren sind in der Lage, eine induktive oder kapazitive Blindleistung an das Drehstromnetz abzugeben. Als Beispiel dient die folgende Schaltung:

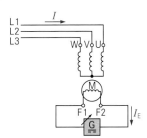

Durch Verändern der Erregerspannung kann die Stromstärke I_E stufenlos verstellt werden. Die unterschiedliche Erregung der Läuferwicklung bewirkt eine unterschiedliche Stromstärke im Ständer. Sie hängt also nicht nur von der Belastung ab. Bei einer kleinen Erregerstromstärke ist auch die

Gegeninduktionsspannung des Läufers gering. In der Ständerwicklung entsteht die zum Aufbau des Magnetfeldes erforderliche induktive Blindleistung in Form eines der Netzspannung nacheilenden Stromes. Der Motor wirkt wie eine Spule. Wird die Erregerstromstärke bei gleicher Last erhöht, wächst die Gegeninduktionsspannung im Ständer. Es kommt zur Abgabe kapazitiver Blindleistung. Der Motor wirkt wie ein Kondensator.

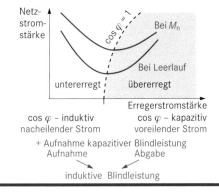

ählen

2.2.7 Motorauswahl

Bei der Auswahl von Motoren müssen die Anforderungen an diese Arbeitsmaschinen mit den notwendigen Eigenschaften abgeglichen werden. Neben wichtigen Motordaten (Abb. 1) muss auch geklärt werden,

• wo der Motor installiert werden soll und
• welche Personen ihn bedienen werden.

Motordaten

➤ **Elektrisch:** Spannung, Stromstärke, Frequenz

➤ **Mechanisch:** Leistung, Drehmoment, Drehzahl

➤ **Örtlich:** Bauform, Aufstellung

➤ **Wärme:** Betriebsart, Kühlung

Abb. 1: Motordaten

Eine wichtige Informationsquelle für Motordaten ist das Leistungsschild (früher Typenschild). Im Beispiel der Abb. 2 sind folgende Daten aufgeführt:

• Bemessungsspannung in V: 400 V AC
• Schaltung der Wicklung: Sternschaltung
• Bemessungsleistung: 4 kW

Bei elektrischen Maschinen ist die mechanisch abgegebene Leistung an der Motorwelle die Bemessungsleistung. Die elektrische Leistung ist größer, da ein Motor Verluste (z. B. Reibungsverluste) hat.

• Isolierstoffklasse: B (Abb. 3)
• Schutzart: IP 54
• Bemessungsdrehzahl: 1435/min

Sie gibt an, wie viele Umdrehungen pro Minute die Welle unter Bemessungsbedingungen ausführt.

• Betriebsart:
  S1 (s. übernächste Seite)

Isolierstoffklassen und Kühlung

Beim Motor wird die Erwärmung hauptsächlich durch

• Reibung,
• elektrische Verluste und
• magnetische Verluste verursacht.

Eine zu hohe Temperatur würde z. B. die Isolation der einzelnen Windungen zerstören und damit Kurzschlüsse verursachen. Aus diesem Grund dürfen im Motor bei Bemessungsbetrieb bestimmte Temperaturen nicht überschritten werden. Je nach Isolierwerkstoff sind höchstzulässige Temperaturen festgelegt (DIN VDE 0530-1). Die Isolationsmaterialien sind in Klassen eingeteilt (Tab. 1).

Tab. 1: Isolierstoffklassen

Tempe-ratur	Klas-se	Verwendete Isolationsmaterialien
90 °C	Y	Holz, Baumwolle, Seide, Papier
105 °C	A	Seide, Holz, Textilien, Papier
120 °C	E	PC-CTA-Folie, Drahtlacke, CTA-Folie
130 °C	B	Glasfaser, Asbest, Glasfasertextilien
155 °C	F	Glasfaser, Asbest, Drahtlacke
180 °C	H	Glasfaser, Asbest, Glimmerprodukte
>180 °C	C	Glimmer, Porzellan, Glas, Quarz

Für jede dieser Klassen sind einzuhaltende Temperaturbereiche festgelegt (Abb. 3). Die Kühlmitteltemperatur in der Isolierstoffklasse B ① beträgt bei Motoren 40 °C. Die Motorwicklungstemperatur darf dann wegen der Temperaturbelastung der Isolierung eine bestimmte Grenztemperatur (Abb. 3 ②) nicht überschreiten.

! Je nach Isolierstoffklasse darf die zulässige Höchsttemperatur nicht überschritten werden.

Sie ist die höchstzulässige Dauertemperatur an der heißesten Stelle der Motorwicklung. Da es eine unterschiedliche Temperaturverteilung innerhalb des Motors gibt, wird aus Sicherheitsgründen ein Zuschlag von 5 °C bis 15 °C berücksichtigt ③.

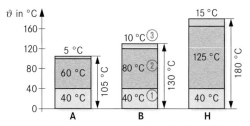

Abb. 3: Zulässige Temperaturgrenzen von Isolierstoffen

Bemessungsspannung   Bemessungsstromstärke

Schaltung der Wicklungen

H e r s t e l l e r
Typ
3 ~ Mot. Nr:
Y 400 V | 8,7 A — Betriebsart
4 kW | S1 | cos φ 0,8
1435/min | 50 Hz
V | A — Bemessungsdrehzahl
Isol.-Kl. B | IP 54 | 29 kg
DIN VDE 0530 Teil 1, 1995

Bemessungsleistung

Isolierstoffklasse   Schutzart

Abb. 2: Leistungsschild eines Motors

Weichen die Umgebungstemperatur des Motors oder die Höhenlage des Aufstellortes von den Standardwerten ab, muss eine Korrektur der Temperaturwerte erfolgen. Um die Temperatur im Motor so gering wie möglich zu halten, ist eine ausreichende Kühlung erforderlich. DIN VDE 0530 unterscheidet dabei die Art und Wirkungsweise der Kühlung. Folgende Kühlungsarten werden unterschieden:

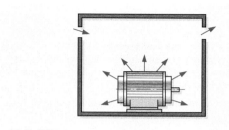

a) Selbstkühlung

• Selbstkühlung

Der Motor gibt seine Wärme nur durch Strahlung ab (Wärmestrahlung, Abb. 1a). Es wird kein Lüfter verwendet. Diese Kühlungsart wird nur in Ausnahmefällen genutzt.

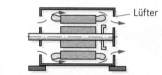

b) Eigenkühlung

• Eigenkühlung

Die Eigenkühlung ist die häufigste Art der Motorkühlung. Mit Hilfe von Lüftungselementen wird die Motortemperatur niedrig gehalten (Abb. 1b). Sie werden direkt mit der Kraft der Maschine betrieben. Die Kühlluftmenge ändert sich mit der Drehzahl.

• Fremdkühlung

Die Kühlungskomponenten werden mit externer Kraft angetrieben (Abb. 1c). Es kommen dabei auch andere Kühlmittel, z. B. Wasser und Gase, zum Einsatz. Die Kühlqualität kann individuell eingestellt werden.

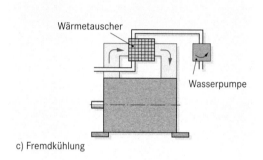

c) Fremdkühlung

Abb. 1: Kühlungsarten

 Beim Betrieb von Motoren muss die Art und Wirkungsweise der Kühlung berücksichtigt werden.

Die Wirkung der Kühlung kann sehr unterschiedlich sein. Folgende Arten werden unterschieden:

• Innenkühlung

Das durch die Maschine strömende Kühlmittel (Luft) nimmt die Wärme auf und transportiert sie fort.

• Oberflächenkühlung

Der Motor besitzt große Lamellenflächen an den Außenseiten. Die Wärme wird durch Strahlung an das umgebende Kühlmittel abgegeben.

• Kreislaufkühlung

Die Abwärme wird durch einen zweiten Kühlkreislauf mit Wärmetauscher an die Umgebung abgegeben.

• Flüssigkeitskühlung

Die Maschine wird durch ein flüssiges Kühlmittel gekühlt, das die Maschine durchströmt. Auch Eintauchen in flüssiges Kühlmittel ist möglich.

• Direkte Kühlung

Die wärmeproduzierenden Leiter und Wicklungen werden von dem flüssigen oder gasförmigen Kühlmittel direkt umströmt.

Schutzarten

Ein wichtiges Motorkennzeichen ist die Schutzart. Sie kennzeichnet den Schutz des Objektes vor Fremdeinwirkungen. Je nach Verwendungszweck und Aufstellungsort des Motors ist ein entsprechender Berührungs- und Fremdkörperschutz sowie ein Schutz gegen Eindringen von Wasser erforderlich.

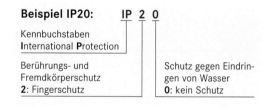

 Der Verwendungszweck und der Aufstellungsort bedingen die Schutzart eines Motors.

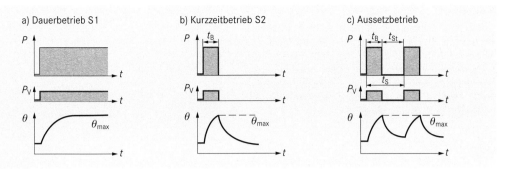

Abb. 2: Betriebsarten

Betriebsarten

Motoren werden unterschiedlich belastet und verschiedenartig eingesetzt. Sie befinden sich im Dauerbetrieb, werden kurzzeitig eingesetzt oder häufig ein- und ausgeschaltet. Nach DIN VDE 0530 unterscheidet man zehn Betriebsarten, die durch den Buchstaben S und eine nachfolgende Zahl gekennzeichnet sind (Tab. 1).

In Abb. 2a ist der Dauerbetrieb S1 durch Kennlinien verdeutlicht. Die Belastung ist konstant und groß, so dass die Motortemperatur einen Höchstwert θ_{max} erreicht und sich dann nahezu nicht mehr ändert.

Ein Kurzzeitbetrieb S2 liegt vor, wenn die Belastung nicht lange andauert (Abb. 2b). Die Höchsttemperatur θ_{max} wird zwar erreicht, auf Grund der nachfolgenden Pause kühlt sich der Motor jedoch wieder ab.

Beim Aussetzbetrieb S3 bis S5 wird der Motor ebenfalls nur kurzzeitig belastet (Abb. 2c). Die Betriebspause reicht aber nicht mehr aus, um den Motor abzukühlen. Er wird mit einer Folge gleichartiger Spiele betrieben. Unter Spiel versteht man die zeitliche Folge verschiedener Betriebszustände. Hat der Anlaufvorgang einen Einfluss, ist das der Betriebszustand S4. Wird dazu z. B. noch elektrisch abgebremst, ergibt sich der Betriebszustand S5.

 Die Betriebsart richtet sich nach der Belastungsart des Motors.

Tab. 1: Betriebsarten von Motoren nach DIN VDE 0530

Dauerbetrieb S1	Kurzzeitbetrieb S2	Aussetzbetrieb S3 bis S5	ununterbrochener Betrieb S6 bis S10
Unter Dauerbetrieb versteht man die unterbrechungsfreie Belastung einer Maschine unter Bemessungsbedingungen. Die im Motor entstehende Erwärmung wird abgeführt. Es stellt sich ein Gleichgewichtszustand im erlaubten Temperaturbereich zwischen Erwärmung und Wärmeabgabe ein. Die sich einstellende Temperatur führt zu keinem Motorschaden.	Übersteigt die Erwärmung die Wärmeabgabe, darf der Motor einer Dauerbelastung nicht mehr ausgesetzt werden. Die sich einstellende Temperatur würde den Motor schädigen. Es müssen Pausen eingehalten werden. Dem Kurzzeichen S2 folgt die Angabe der Betriebsdauer (z. B. S2 20 min.). In der Pause kühlt sich der Motor ab, bis sich Motortemperatur und Kühlmitteltemperatur höchstens um 2 Kelvin voneinander unterscheiden.	Der Phase der Belastung folgt immer eine Phase der Abkühlung. Dem Kurzzeichen wird die prozentuale Einschaltdauer (z. B. S3 25 % ≙ 25 % Einschaltzeit) angefügt. Die Summe aus Einschaltzeit und Pausenzeit nennt man Spieldauer. **S3** Kein Einfluss der Trägheitsmomente des Motors und der Last. **S4** Einfluss der Trägheitsmomente des Motors und der Last. **S5** Einfluss der Trägheitsmomente des Motors und der Last mit Berücksichtigung der elektrischen Bremsung.	Es treten keine Pausenzeiten auf. Um den Motor zu entlasten, werden Leerlaufphasen gefordert: **S6** Der Betrieb unter Belastung und im Leerlauf wechseln einander gleichmäßig ab. **S7** Wie S6, aber mit Berücksichtigung des Anlaufträgheitsmomentes und der Bremsung. **S8** Wie S7, aber mit zusätzlicher Berücksichtigung der Drehzahl des Motors. **S9** Betrieb mit nichtperiodischer Last- und Drehzahländerung. **S10** Betrieb mit einzelnen konstanten Belastungen.

Bauformen

Elektrische Maschinen (Abb. 1) werden unabhängig von der Größe in verschiedenen Betriebslagen eingesetzt. Ihre elektrischen Betriebseigenschaften ändern sich dadurch nicht. Ihre mechanischen Konstruktionsteile wie Lager, Gehäuse, Befestigung, Lüfter usw. müssen für die verlangte Betriebslage ausgesucht werden.

> ❗ Die Auswahl der Bauform richtet sich nach Befestigungsmöglichkeiten und Lage der Motorwelle.

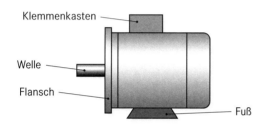

Abb. 1: Lage der Motorbestandteile

Die Bauformen der umlaufenden elektrischen Maschinen sind in DIN IEC 34-7 festgelegt. Man unterscheidet dort zwischen dem Code I und dem Code II. Weil mit dem einfachen Code I die Mehrzahl aller umlaufenden elektrischen Maschinen erfasst werden, soll dieser bevorzugt angewendet werden. Der ausführliche Code II soll nur dann angewendet werden, wenn Code I nicht mehr ausreicht. Beide Codes haben das Grundkennzeichen IM.

Beispiel: **IM B 3**

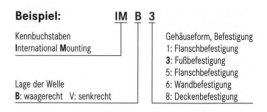

Der Code I kann nur auf Maschinen mit zwei Lagerschilden angewendet werden. Der dritte Buchstabe gibt die Betriebslage an. Dabei steht B für waagerechte Anordnung und V für senkrechte Anordnung. Die nachfolgende Zahl gibt Auskunft über die Befestigungsart und das Wellenende.

Der Code II besitzt neben dem Grundkennzeichen vier Ziffern. Die erste Ziffer gibt die Bauform, die zweite Ziffer die Art der Befestigung (Fußbefestigung, Flanschbefestigung usw.) und die Lagerung (Lagerschild, ohne Lager, Stehlager usw.), die dritte Ziffer die Lage des Wellenendes und die vierte Ziffer die Art des Wellenendes an.

Tab. 1: Bauformen von elektrischen Maschinen (DIN IEC 34-7)

Code II						
	IM 1001	IM 3001	IM 1051	IM 1071	IM 3011	IM 1011
Code I						
	IM B 3	IM B 5	IM B 6	IM B 8	IM V 1	IM V 5
Erläuterungen	zwei Schildlager, freies Wellenende, Gehäuse mit Füßen	zwei Schildlager, freies Wellenende, Befestigungsflansch, Gehäuse ohne Füße	zwei um 90° gedrehte Schildlager, Wandbefestigung, Gehäuse mit Füßen	zwei um 180° gedrehte Schildlager, Deckenbefestigung, Gehäuse mit Füßen	zwei Führungslager, Befestigungsflansch, freies Wellenende unten	zwei Führungslager, freies Wellenende unten, Gehäuse mit Füßen, Wandbefestigung

2.3 Steuerung von Drehstrommotoren

2.3.1 Motorschutz

Wie alle anderen Objekte muss auch ein Motor gegen zu hohe Temperaturen geschützt werden. Dieser Schutz kann direkt durch Überwachung der Temperatur oder indirekt durch Überwachung der Stromstärke erreicht werden (Abb. 2).

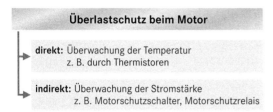

Überlastschutz beim Motor

direkt: Überwachung der Temperatur
z. B. durch Thermistoren

indirekt: Überwachung der Stromstärke
z. B. Motorschutzschalter, Motorschutzrelais

Abb. 2: Motorschutz

Motorschutzschalter

Diese Schutzgeräte arbeiten nach dem gleichen Wirkungsprinzip wie Leitungsschutz-Schalter. Deshalb könnte man meinen, dass vorgeschaltete LS-Schalter auch den Motor schützen. Dies trifft jedoch nicht zu.

Leitungsschutz-Schalter sind für feste Werte ausgelegt, die der höchstzulässigen Stromstärke der betreffenden Leitung entsprechen. Sie können nicht wie Motorschutzschalter individuell eingestellt werden. Die Betriebsstromstärken von Motoren und damit auch deren höchstzulässige Stromstärken liegen darunter. Erst wenn ein Vielfaches der Bemessungsstromstärke der Motoren vorhanden ist, lösen LS-Schalter aus. Die Beispielrechnung in der rechten Spalte belegt diesen Sachverhalt.

Der Motorschutzschalter hat nicht nur eine Schutz-funktion, sondern wird auch häufig zum Ein- und Ausschalten benutzt. Er besitzt deshalb eine EIN-(Abb. 3 ②) und eine AUS-Taste ①. Beim Einschalten wird die Feder am Stößel ⑤ zusammengedrückt. Das Kontaktstück ④ schließt den Stromkreis.

Die Schutzfunktion wird über die Betriebsstromstärke hergestellt. Der Strom fließt wie beim LS-Schalter durch eine Wicklung um einen Bimetallstreifen ⑥. Dieser wird warm und biegt sich nach unten. Bei einer bestimmten Stromstärke und damit bei einer bestimmten Temperatur wird das Schaltstück ⑨ nach unten verschoben und der Stößel wird frei. Dadurch unterbricht das Kontaktstück den Stromkreis.

Wie auch beim LS-Schalter hat der Motorschutzschalter eine magnetische Schnellauslösung ⑦. Bei großen Stromstärken (z. B. Kurzschluss) erzeugt die Spule ein starkes Magnetfeld. Der Anker ⑧ betätigt das Schaltstück und öffnet mit Hilfe

des Kontaktstücks den Stromkreis. Mit einer Einstellschraube ③ kann die Bemessungsstromstärke des Motors eingestellt werden.

Wenn der Schalter ausgelöst hat, kann er nur von Hand wieder eingeschaltet werden. Er hat also eine Begrenzerfunktion.

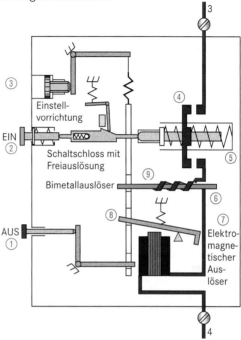

Abb. 3: Prinzipieller Aufbau eines Motorschutzschalters

Beispiel:

Motor:

$P = 3$ kW $\quad \cos \varphi = 0,8 \quad \eta = 0,9 \quad U = 230$ V
Leitung: NYM $3 \times 1,5$ mm^2 unter Putz

$$P_{zu} = \frac{P_{ab}}{\eta} \qquad P_{zu} = \frac{3 \text{ kW}}{0,9} \qquad P_{zu} = 3,3 \text{ kW}$$

$$P_{zu} = U \cdot I \cdot \cos \varphi \qquad I = \frac{P_{zu}}{U \cdot \cos \varphi}$$

$$I = \frac{3300 \text{ W}}{230 \text{ V} \cdot 0,8} \qquad I = 18,1 \text{ A}$$

LS-Schalter:
Charakteristik C
$I_B = 18,1$ A $\rightarrow I_n = 20$ A

Nach den Auslösekennlinien (siehe Kap. 2.9.7) löst der LS-Schalter unverzögert bei der 5- bis 10-fachen Bemessungsstromstärke aus. Das sind in unserem Beispiel 100 A bis 200 A.

Im günstigsten Fall müsste der Motor also mindestens das 5,5-fache (100 A : 18,1 A) seiner Bemessungsstromstärke aushalten, bevor der Schutzschalter auslöst.

Anschluss des Motorschutzschalters

Da der Motorschutzschalter (Abb. 1) auch zum betriebsmäßigen Schalten verwendet wird, ist er meistens direkt am Motor oder in der unmittelbaren Nähe installiert. So kann der Motor beim Einschalten beobachtet werden.

In Abb. 2 ist beispielhaft der Anschluss eines Drehstrommotors M1 mit einem Motorschutzschalter Q1 dargestellt. Seine Eingangsklemmen (1, 3, 5) sind mit den Abgängen der vorgeschalteten Sicherungen verbunden. An die Ausgangsklemmen (2, 4, 6) werden die Motorzuleitungen (U1, V1, W1) angeschlossen. So fließt der Motorstrom (Laststrom) durch das Schutzgerät und kann dort „überwacht" werden.

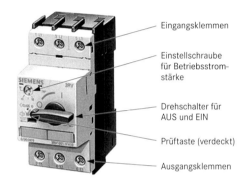

Eingangsklemmen

Einstellschraube für Betriebsstromstärke

Drehschalter für AUS und EIN

Prüftaste (verdeckt)

Ausgangsklemmen

Abb. 1: Motorschutzschalter mit Drehschalter

Motorschutzrelais

Werden die Motoren durch Schütze gesteuert, wird als Motorschutz ein Motorschutzrelais verwendet. In Abb. 3 befindet sich ein Motorschutzrelais B2 mit einem Hauptschütz Q1 in einer Steuerschaltung für einen Drehstrommotor M1. Das Motorschutzrelais besteht dabei aus zwei Teilen:

• Sensor ① im Hauptstromkreis
• Kontakt ② im Steuerstromkreis

Die Arbeitsweise vollzieht sich in den folgenden drei Schritten:

• Der Strom des Hauptstromkreises fließt über Bimetallstreifen, die dann den Wechslerkontakt betätigen.

• Der Kontakt 95–96 öffnet und unterbricht den Haltestromkreis für das Hauptschütz Q1.

• Die Hauptkontakte des Schützes unterbrechen die Zuleitungen zum Motor.

> „Messen" im Hauptstromkreis
>
> ↓
>
> Schalten im Steuerstromkreis
>
> ↓
>
> Abschalten im Hauptstromkreis

Da die Motorschutzrelais nur den Überstromschutz übernehmen können, müssen als Kurzschlussschutz Überstrom-Schutzorgane davor geschaltet werden.

Motorschutzrelais arbeiten auch wie Begrenzer, denn nur mit Hilfe einer Entsperrtaste kann der Auslösemechanismus wieder in die Ruhelage gebracht und damit der Kontakt 95–96 wieder geschlossen werden.

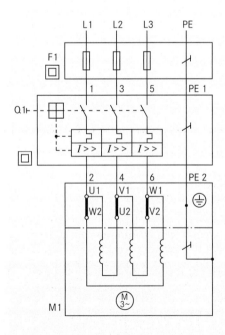

Abb. 2: Drehstrommotor mit Motorschutzschalter

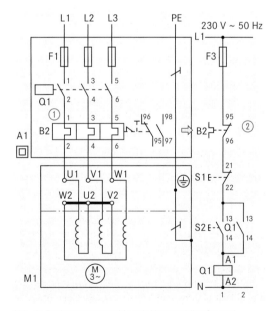

Abb. 3: Drehstrommotor M1 mit Hauptschütz Q1 und Motorschutzrelais B2

Abb. 4: Motorschutzrelais

Wie beim Motorschutzschalter wird auch das Motorschutzrelais auf die Bemessungsstromstärke des Motors eingestellt (Abb. 4 ①).

Anschluss des Motorschutzrelais

Das Motorschutzrelais wird unter das Hauptschütz gesteckt. Dazu dienen die Kontaktstifte ②. Die Ausgangsklemmen 2, 4 und 6 werden mit den Motoreingangsklemmen U1, V1 und W1 verbunden. Somit fließt der Laststrom durch das Schutzgerät und kann dort überprüft werden.

Die Kontaktklemmen 95 und 96 werden im Steuerstromkreis zwischen der Sicherung und dem AUS-Taster des Hauptschützes angeschlossen.

❗ Motorschutzschalter „überwachen" die Motorstromstärke und schalten im Fehlerfall den Laststromkreis ab.
Motorschutzrelais schützen Motoren nur vor Überlast. Sie werden auf die Bemessungsstromstärke des Motors eingestellt.

Schutz durch Thermistoren

Motorschutzschalter und Motorschutzrelais überwachen den Motorstrom und damit indirekt die Temperatur der Motorwicklung.

Wenn aber die Wicklungen aus anderen Gründen unzulässig heiß werden, z. B. durch ungenügende Kühlung (Lüftungsschlitze abgedeckt oder verstopft), „merken" das die bisher behandelten Schutzeinrichtungen nicht und schalten nicht ab. Der Motor würde zu heiß werden.

Um diesen Fall auszuschließen, werden an den Wicklungen Sensoren eingebaut. Diese temperaturabhängigen Widerstände (Thermistoren, s. Kap. 6.1.3) signalisieren ihren geänderten Widerstand und damit die veränderte Temperatur an ein entsprechendes Schutzgerät, das dann mit Hilfe eines Relais das Hauptschütz des Motors abschaltet.

Thermistoren als Schutz gegen Übertemperatur

Das Relais K1 (Abb. 5) zieht nach dem Einschalten der Anlage an. Dadurch kann das Motorschütz Q1 mit Hilfe von S2 in Betrieb gesetzt werden. Die Leuchte P1 leuchtet nicht. Wird die Stromstärke durch die Thermistoren (PTC) wegen des erhöhten Widerstandes geringer, schaltet K1 um. Die Klemme 14 ist spannungslos und Q1 schaltet den Motor ab. Die Klemme 12 hat jetzt Spannung und die Leuchte P1 signalisiert: „Motorschutz hat ausgelöst".

❗ Bei Motorvollschutz mit Thermistoren wird die Wicklungstemperatur direkt gemessen.

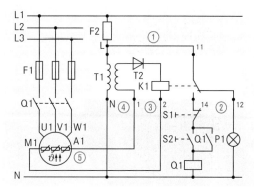

Abb. 5: Schaltung mit Motorvollschutz (PTC)

Anschluss von Motorvollschutzgeräten

Zur Stromversorgung wird das Motorschutzgerät an einen Außenleiter (Klemmen L und 11 ①) und den Neutralleiter (Klemme N ④) angeschlossen. Die Klemmen 1 und 2 ③ werden mit den entsprechenden Klemmen ⑤ der Temperaturfühler im Motor verbunden. An die Klemme 14 ② wird die Steuerschaltung für das Hauptschütz Q1 gelegt. Die Klemme 12 ist mit der Signalleuchte P1 verbunden.

1. Nennen Sie die beiden Aufgaben eines Motorschutzschalters.

2. Warum können LS-Schalter keinen Schutz gegen Überlast von Geräten übernehmen?

3. Begründen Sie, warum Motorschutzschalter und Motorschutzrelais die Motoren nur indirekt gegen Überlast schützen.

4. Warum müssen Überstrom-Schutzorgane vorgeschaltet werden, wenn Motorschutzrelais installiert werden?

5. Wofür könnte der Kontakt 97–98 eines Motorschutzrelais benutzt werden?

Grundlagen

Elektronischer Motorschutz

Die verschiedenen Motorschutzfunktionen können auch durch elektronische Baugruppen realisiert werden.

Aufbau

Elektronische Motorschutzgeräte bestehen aus:

- Stromwandlerbaugruppen ①
- Zentraleinheit mit Mikroprozessor für Schutz- und Steuerfunktionen ②
- Digitale Ein-/Ausgänge ③
- Busschnittstelle (PROFIBUS) ④
- Bei Bedarf Erweiterungsgeräte für zusätzliche Ein-/Ausgänge ⑤ oder Vor-Ort-Bedienung ⑥

Die einzelnen Baugruppen in der Abbildung lassen sich nach Bedarf kombinieren und ergänzen.

Funktion

Mit einem PC kann das Schutzgerät parametriert werden. Dabei werden Informationen über den Antrieb gespeichert. Dies sind z. B.:

- Antriebstyp (Direktstarter, Wendeschütz, ...)
- Antriebsleistung
- Auswahl der Schutzfunktionen
- Auswahl von Überwachungsfunktionen

Über die Stromwandler ① wird der Motorstrom erfasst. Diese Wandler haben einen deutlich größeren Strombereich als konventionelle Motorschutzrelais. Es können viele verschiedene Motorbemessungsstromstärken mit einem Wandlersatz erfasst werden.

Die digitalen Ausgänge ③ steuern die Schütze der Motorsteuerung an.

Aus den aktuellen Motorströmen wird die Belastung und Erwärmung des Motors errechnet. Nach vorgegebenen Grenzwerten wird über das Motorschütz abgeschaltet.

Neben der Überstromauslösung ist auch ein direkter Übertemperaturschutz möglich, indem ein analoger Messfühler (z. B. PT100) oder ein Thermistor angeschlossen wird ⑦.

Über ein Bussystem ⑧ werden Informationen zwischen Leitsystem und Motorsteuerung ausgetauscht. Dies sind Steuerbefehle zum Antrieb sowie Betriebsdaten zur Leittechnik.

Es genügt eine Busleitung für die Anbindung zahlreicher Motoransteuerungen.

Die leistungsfähige Steuerung und Kommunikation ermöglicht zahlreiche weitere Funktionen.

Dies sind z. B. die

- Erfassung des Betriebszustandes,
- Blockierüberwachung,
- Überlastwarnung (vor Auslösung),
- vorbeugende Instandhaltung durch Erfassung der
  - Anzahl der Starts,
  - Anzahl Überlastabschaltungen und
  - Betriebsstunden.

Einsatz

Vorteile ergeben sich durch diese Technik dann, wenn viele Antriebe in einer Anlage vorhanden sind. Durch eine Standardisierung werden die Projektierung vereinfacht und eine gezielte Fehlersuche erleichtert. Der Installationsaufwand verringert sich durch den Einsatz von Bustechnik.

Diese Einsparungen rechtfertigen bei umfangreichen Anlagen den Einsatz dieser teureren Schutzgeräte.

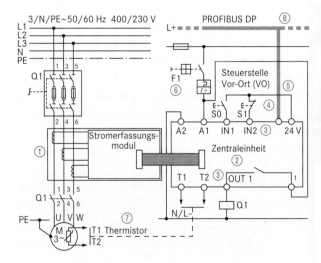

2.3.2 Anlassverfahren

2.3.2.1 Grundsätzliche Probleme

Motoren mit großen Leistungen verursachen beim Einschalten hohe Stromstärken. Dadurch können unzulässige Spannungsfälle auftreten. Um dies zu verhindern, haben die VNBs in ihren Technischen Anschlussbedingungen (TAB) „Richtlinien für das Anschließen von Motoren" festgelegt. Motoren mit großen Leistungen müssen deshalb angelassen werden (Abb. 3).

Danach dürfen folgende Motoren nicht direkt eingeschaltet werden:

- Leistungsstarke Motoren:
  Wechselstrommotoren > 1,7 kW
  Drehstrommotoren > 5,2 kW
- Motoren mit gelegentlichem Anlauf mit über 60 A Anlaufstromstärke
- Motoren mit schwerem Anlauf mit über 30 A Anlaufstromstärke

Abb. 3: Anlassverfahren

Die Verringerung der Anlaufstromstärke wird im Allgemeinen durch Spannungsabsenkung erreicht. Diese verursacht eine Schwächung des Drehmoments. Die folgende Herleitung belegt diesen Zusammenhang:

$$P = \sqrt{3} \cdot U \cdot I \cdot \cos \varphi = \frac{\sqrt{3} \cdot U^2 \cdot \cos \varphi}{R} \qquad I = \frac{U}{R}$$

$$M = \frac{P}{2 \cdot \pi \cdot n} = \frac{\sqrt{3} \cdot U^2 \cdot \cos \varphi}{R \cdot 2 \cdot \pi \cdot n} \qquad M \sim U^2$$

Da das Drehmoment direkt proportional zur Leistung ist, hängt das Drehmoment vom Quadrat der Spannung ab. So hat z. B. eine Spannungsverringerung auf die Hälfte eine Verringerung des Drehmoments auf ein Viertel zur Folge. Motoren haben demzufolge beim Anlassen geringere Drehmomente als im Betrieb. Sie können daher nicht mit voller Last anlaufen.

 Zur Verringerung der Stromstärken im Einschaltmoment müssen Motoren großer Leistung angelassen werden.

Auf die Vorgänge in der Läuferwicklung von Kurzschlussläufer-Motoren kann man von außen keinen Einfluss nehmen. Alle Anlassverfahren wirken deshalb auf die Ständerwicklung.

2.3.2.2 Vorwiderstände

Die Vorwiderstände werden zum Anlassen vor die Wicklungen geschaltet (Abb. 4). Sie verringern damit die Stromstärke. Nach dem Hochlaufen werden sie kurzgeschlossen.

Nachteilig bei diesem Verfahren sind die Verluste durch die Wärmeabgabe an den Widerständen. Benutzt man statt der Wirkwiderstände Spulen, so ist dieser Nachteil zwar geringer, dafür verkleinert sich der Leistungsfaktor cos φ und die Blindleistung wird größer. Wegen dieser Nachteile und weil die Widerstände relativ viel Platz einnehmen, wird diese Anlassart nur noch selten angewendet.

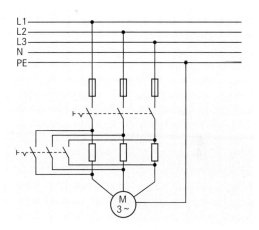

Abb. 4: Anlassen mit Vorwiderständen

2.3.2.3 Anlasstransformator

Der Anlasstransformator wird vor die Wicklungen geschaltet (Abb. 5). Aus wirtschaftlichen Gründen wird er als Spartransformator ausgeführt. Diese Schaltungsvariante hat den Vorteil, dass die Verluste geringer sind als bei Vorwiderständen. Sie ist aber teuer und wird deshalb nur für Spezialanwendungen eingesetzt.

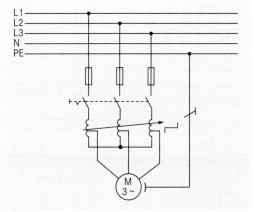

Abb. 5: Anlasstransformator

2.3.2.4 Stern-Dreieck-Anlassen

Dieses Verfahren wird häufig eingesetzt, weil hierbei außer einem Schalter oder entsprechenden Schützen keine zusätzlichen Objekte – wie Widerstände oder Transformatoren – benötigt werden.

Die Wicklungen des betreffenden Motors müssen für die Netzspannung ausgelegt sein. Das ist immer dann der Fall, wenn

- die Bemessungsspannung gleich der Netzspannung ist (z. B. U = 400 V, U_L = 400 V),
- bei der angegebenen Bemessungsspannung das Symbol zu finden ist (z. B. U = 400 V, U_L = 400 V) oder
- der niedrigste Wert der Bemessungsspannung gleich der Netzspannung ist (z. B. U = 400 V / 690 V, U_L = 400 V).

Motorschaltung

Zuerst werden die Motorwicklungen im Stern an das Netz gelegt und dann im Dreieck. Da die Strangspannung im Stern niedriger ist als bei Dreieckschaltung, verringert sich auch die Stromstärke entsprechend. Somit wird eine Verringerung der Anlaufstromstärke erreicht. Sie sinkt auf ein Drittel. In Abb. 1 sind die Verhältnisse dargestellt.

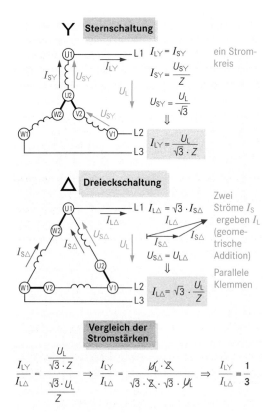

Abb. 1: Stromstärkeverhältnisse beim Stern-Dreieck-Anlassen

Da die Leiterspannung U_L gleich bleibt, die Stromstärke $I_{L\Delta}$ aber auf 1/3 sinkt, wird auch die Leistung und damit das Drehmoment auf 1/3 verringert.

$$I_{LY} = \frac{1}{3} I_{L\Delta} \;\Rightarrow\; P_Y = \frac{1}{3} P_\Delta \;\Rightarrow\; M_Y = \frac{1}{3} M_\Delta$$

Bei diesem Anlassverfahren betragen die Anlaufstromstärke und das Anlaufdrehmoment immer 1/3 der entsprechenden Bemessungswerte.

> **!** Beim Anlassen mit der Stern-Dreieck-Schaltung werden Stromstärke, Leistung und Drehmoment auf ein Drittel reduziert.

Nachteile

Dieses Verfahren ist kostengünstig, besitzt aber auch einige Nachteile:

- Der Motor hat nur ein geringes Anlaufmoment.
- Anlaufstromstärke und Anlaufdrehmoment sind stets 1/3 des betreffenden Bemessungswertes.
- Beim Umschalten entstehen Funken an den Kontakten und Stromspitzen, die das Netz belasten.
- Ein wesentlicher Nachteil ist, dass das Umschalten von Stern auf Dreieck nicht ruckfrei erfolgt. Beispielsweise ist dieses Verfahren für Lastenaufzüge mit empfindlichen Gütern nicht geeignet.

Stern-Dreieck-Schaltung

Das Stern-Dreieck-Anlassen wird entweder durch einen mechanischen Stern-Dreieck-Schalter (Abb. 2) oder mit Hilfe einer Schützschaltung durchgeführt. In Abb. 4 ist die Schaltung des Hauptstromkreises dargestellt. Die Abb. 3 zeigt eine mögliche Steuerschaltung.

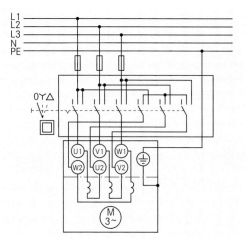

Abb. 2: Stern-Dreieck-Schalter

Funktion der Stern-Dreieck-Schützschaltung

Die Steuerung (Abb. 3) ist so angelegt, dass mit S1 nur das Sternschütz Q2 eingeschaltet werden kann. Q2 schaltet dann mit Q2:13/14 das Netzschütz Q1 ein. Durch das Öffnen von Q2:21/22 ist gewährleistet, dass das Dreieckschütz Q3 nicht anziehen kann, solange das Sternschütz eingeschaltet ist.

Die Dreieck-Umschaltung erfolgt durch den Öffner S2, der Q2 abschaltet. Dadurch kann das Dreieckschütz Q3 anziehen. Diese Steuerung erlaubt nur die Reihenfolge:

Sternschütz EIN ⇒ Netzschütz EIN ⇒
Sternschütz AUS ⇒ Dreieckschütz EIN

Das Motorschutzrelais F2 (Abb. 4) liegt im Stromkreis des Netzschützes. Es überwacht also die Strangstromstärke. Sie ist auf 60 % (1 : 3 = 0,58) der Bemessungsstromstärke des Motors einzustellen. Diese Schaltung ist für den normalen Anlauf vorgesehen.

Bei schwerem Anlauf wird das Motorschutzrelais vor die gesamte Schaltung geschaltet, also direkt hinter die Sicherungsgruppe (F1 in Abb. 4). Hierbei ist die Einstellstromstärke gleich der Bemessungsstromstärke des Motors.

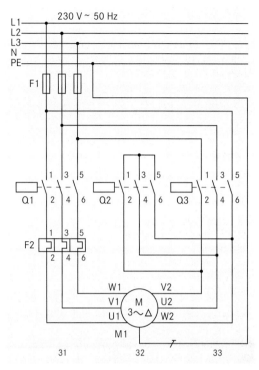

Abb. 4: Hauptstromkreis der Stern-Dreieck-Schützschaltung

Zu beachten ist, dass nur Motoren mit dem Stern-Dreieck-Anlassverfahren betrieben werden können, die bei der Netzspannung im Dreieck zu schalten sind, z. B. an unserem 400 V/230 V-Netz nur mit den Bemessungsspannungen 400 V oder 400 V/ 690 V.

Neben Schützschaltungen können auch handbetätigte Schalter zum Umschalten verwendet werden.

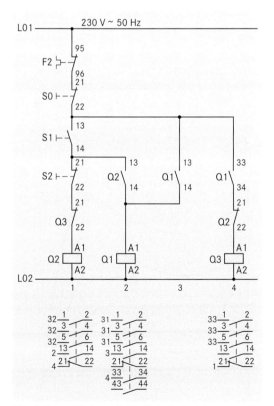

Abb. 3: Steuerschaltung für die Stern-Dreieck-Schützschaltung

---

Aufgaben

1. Die Anlaufstromstärke eines Drehstrom-Asynchronmotors mit U = 400 V; I = 3,1 A beträgt das 7-fache seines Bemessungswertes. Wie groß ist die Anlaufstromstärke beim Anlassen über einen Stern-Dreieck-Schalter?

2. Ein Drehstrommotor besitzt folgende Daten: 400 V; 15 A; 7,5 kW; cos φ = 0,91; 2835 min^{-1}

a) Berechnen Sie den Schlupf.

b) Berechnen Sie die Anlaufstromstärke bei I_{Anl} = 4,5 · I_N.

c) Berechnen Sie die Anlaufstromstärke und die Leistung beim Anlassen über einen Stern-Dreieck-Schalter.

d) Berechnen Sie das Bemessungsdrehmoment.

e) Berechnen Sie den Wirkungsgrad.

2.3.2.5 Sanftanlaufgeräte

Das Anlassen von Motoren mit Vorwiderständen bzw. Transformatoren verursacht große Verluste (s. Kap. 2.3.2.2 u. 2.3.2.3). Beim Stern-Dreieck-Anlassen sind die Verluste gering und es ergibt sich eine langsame, gleichmäßig steigende Drehzahl (Abb. 1a). Bei der Umschaltung von Stern- auf Dreieckbetrieb wird aber die Motorspannung schlagartig geändert. Dadurch treten rasche Änderungen beim Motorstrom und Motordrehmoment auf (Abb. 1b, c).

Diese Änderungen verursachen im speisenden Netz Spannungsschwankungen, die die Spannungsqualität des Netzes beeinträchtigen können. Am Drehmomentverlauf in Abb. 1c lassen sich Schwingungen erkennen. Bei der Stern-Dreieck-Umschaltung kommt es zusätzlich noch zu großen Drehmomentstößen, die zu Schäden an mechanischen Komponenten führen können.

Um diese schlagartige Änderung des Betriebszustandes zu vermeiden, wird eine Einrichtung benötigt, die die Eingangsspannung der Asynchronmaschine stetig, also ohne Sprünge, ändern kann.

Sanftanlaufgeräte erfüllen diese Anforderungen. Sie können den Effektivwert der Ausgangsspannung zwischen 0 V und U_1 stetig ändern (Abb. 2). Die Frequenz der Spannung bleibt dabei unverändert.

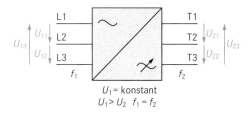

U_1 = konstant
$U_1 > U_2$ $f_1 = f_2$

Abb. 2: Sanftanlaufgerät

Wirkungsweise

Wie bereits dargestellt wurde (s. Kap. 2.3.2.1), besteht zwischen dem Drehmoment und Spannung ein quadratischer Zusammenhang. Es gilt:

$$M \sim U^2$$

Wenn z. B. die Motorspannung auf die Hälfte reduziert wird, steht nur noch ein Viertel des ursprünglichen Drehmoments zur Verfügung. Durch eine Verringerung der Spannung verkleinern sich daher auch das

- Anlaufdrehmoment ($n = 0$, Abb. 3 ①) und
- Kippdrehmoment (M_K = max. ②, s. Kap. 2.3.2.3).

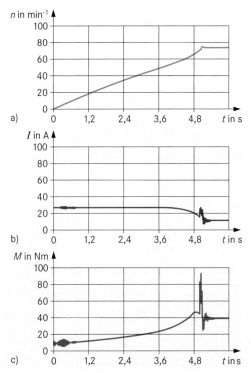

a)

b)

c)

Abb. 1: Verhalten bei Stern-Dreieck-Umschaltung

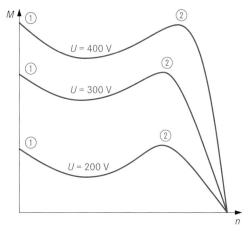

Abb. 3: Drehmomentverlauf einer Asynchronmaschine bei unterschiedlichen Spannungen

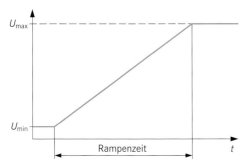

Abb. 4: Rampenzeit

Im einfachsten Fall wird die Motorspannung linear in einer bestimmten, einstellbaren Zeit von 0 V auf die volle Netzspannung gesteigert. Diese Zeit ist am Sanftanlaufgerät einstellbar und wird als Rampenzeit bezeichnet (Abb. 4).

Geschieht die Spannungsänderung sehr schnell, können die Drehmomentschwingungen beim Einschalten vermieden werden. Die Anlaufstromstärke wird jedoch nur geringfügig begrenzt, da bei Erreichen der vollen Spannung die Drehzahl noch niedrig ist (Abb. 5 ③). Diese Steuerungsart liefert ein großes Drehmoment, was zu einem schnellen Anlaufvorgang führt.

Ein langsameres Ansteigen der Motorspannung (Abb. 6) ermöglicht der Maschine eine Drehzahlsteigerung proportional zur Spannungssteuerung. Dadurch wird die Stromstärke während des gesamten Anlaufvorganges begrenzt.

Ist das Sanftanlaufgerät mit einer Strommessung und einer internen Regelung ausgestattet, besteht die Möglichkeit, die Spannung so zu steigern, dass ein bestimmter Strom fließt, z. B. die Bemessungsstromstärke (Abb. 7). Sie wird hier auf einen Sollwert geregelt, der gemäß einer vorgegebenen Rampe langsam ansteigt.

Die Änderung der Stromstärke geschieht relativ langsam, wodurch Beeinträchtigungen der Spannungsqualität vermieden werden. Das Drehmoment ist jedoch lange Zeit gering, was zu erheblich größeren Anlaufzeiten führt.

Das Verhalten von Sanftanlaufgeräten kann durch unterschiedliche Parameter angepasst werden. Es lassen sich maximale Grenzwerte einstellen und Rampenzeiten vorgeben. Hierbei verändert das Sanftanlaufgerät den Sollwert einer bestimmten Größe (z. B. U, I, P) in der vorgegebenen Zeit vom Minimal- zum Maximalwert oder umgekehrt.

Mögliche Regelungsgrößen bei Sanftanlaufgeräten sind die

- Motorspannung (Effektivwert),
- Motorstromstärke (Gesamtstromstärke oder Wirkanteil) und
- Leistung (Wirkleistungsanteil).

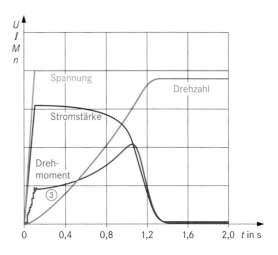

Abb. 5: Anlauf mit kurzer Spannungsrampe

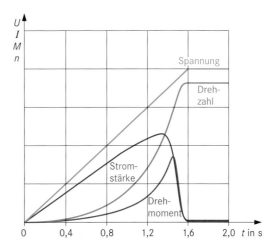

Abb. 6: Anlauf mit langer Spannungsrampe

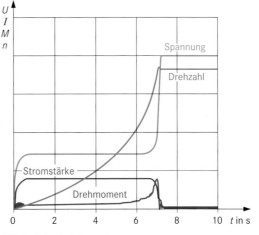

Abb. 7: Anlauf mit Strombegrenzung

Veränderung der Ausgangsspannung

Zum Verändern der Motorspannung werden Drehstromsteller verwendet. Diese bestehen z. B. aus zwei antiparallel geschalteten Leistungs-Thyristoren, die in jeden Außenleiterkreis geschaltet werden (Abb. 1). Die Thyristoren arbeiten als elektronische Schalter, die durch einen Impuls am Gate eingeschaltet werden können. Nach der Zündung bleibt der Thyristor leitfähig, bis die Stromstärke Null wird.

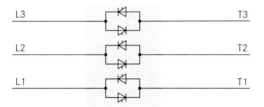

Abb. 1: Drehstromsteller

Die interne Steuerung erzeugt zu einem vorgegebenen Zeitpunkt jeder Halbschwingung einen Zündimpuls. Er wird auch als Winkel angegeben und liegt zwischen $\alpha = 0°$ und $\alpha = 180°$ der zugehörigen Sinuskurve.

Wird der Thyristor im Nulldurchgang der Leiterspannung gezündet ($\alpha = 0°$), liegt während der kompletten Halbschwingung die Spannung am Motor an (Abb. 2a). Durch ein verzögertes Zünden der Thyristoren liegt die Netzspannung nicht mehr die ganze Zeit an der Motorwicklung an. Bildet man den zeitlichen Mittelwert der Motorspannung, so ergibt sich ein geringerer Effektivwert (Abb. 2b). Der Zusammenhang zwischen dem Steuerwinkel α und der Ausgangsspannung wird in einer Steuerkennlinie dargestellt (Abb. 3).

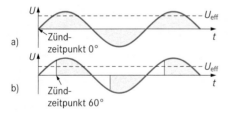

Abb. 2: Spannungsverlauf am Drehstromstellerausgang

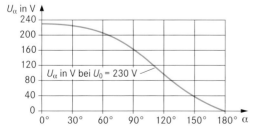

Abb. 3: Steuerkennlinie

 Drehstromsteller verändern die Motorspannung und können so die Stromstärke des Motors verändern.

Anschluss

In den meisten Fällen wird das Sanftanlaufgerät in Reihe mit den Anschlussleitungen geschaltet. Der Verdrahtungsaufwand ist dadurch gering (Abb. 4a). Die 3-Schaltung (Abb. 4b) wird angewendet, um die Bemessungsstromstärke des Sanftanlaufgerätes gering zu halten. Sie beträgt hier nur ca.

$$58\ \% \cdot I_{rM}\left(\frac{1}{\sqrt{3}} \approx 0{,}58\right).$$

Dadurch werden die Beschaffungskosten verringert, da die internen Leistungshalbleiter entsprechend der Bemessungsstromstärke gewählt werden. Je größer sie ist, desto teurer werden die Bauelemente. Muss das Sanftanlaufgerät in größerer Entfernung vom Motor installiert werden, vermindert sich der Kostenvorteil durch das Installieren der doppelten Leitungszahl.

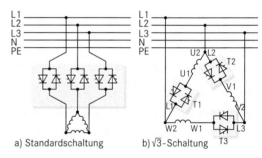

a) Standardschaltung   b) √3-Schaltung

Abb. 4: Schaltungsvarianten

Auch in Sanftanlaufgeräten entstehen Verluste, da über die leitenden Thyristoren die Vorwärtsspannung abfällt. Um die Verluste nach Abschluss des Anlaufvorgangs zu vermeiden, wird ein Bypass-Schütz verwendet. Es schließt mit seinen Kontakten die Thyristoren kurz. Der Bypass ist entweder im Gerät integriert oder kann extern aufgebaut werden.

Aufgab

1. Welche Vorteile bietet ein Sanftanlaufgerät mit Bypass-Schütz?

2. Die Bemessungsstromstärke eines Sanftanlaufgerätes beträgt $I_r = 20$ A. Wie groß kann die Leiterstromstärke sein, wenn die 3-Schaltung verwendet wurde?

3. Ein Antrieb mit Sanftanlaufgerät soll nach dem Einschalten ein Drehmoment von $M = 100$ Nm aufbringen. Welche minimale Spannung muss hierfür erreicht werden?

2.3.2.6 Frequenzumrichter

Neben Sanftanlaufgeräten werden zur Motorsteuerung Frequenzumrichter eingesetzt (Abb. 5). Mit ihnen lässt sich die

- Ausgangsspannung von 0 V bis U_{max} und
- Frequenz von 0 Hz bis f_{max} verändern.

Abb. 5: Frequenzumrichter

Erreicht wird ein hohes Anlaufdrehmoment mit einer stufenlos veränderbaren Drehzahl. Ein sanftes Anfahren und Abbremsen ist möglich, da Frequenzumrichter am Ausgang eine sinusförmige Spannung mit veränderbarer Amplitude und veränderbarer Frequenz abgeben (Abb. 6).

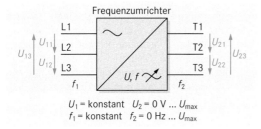

Abb. 6: Frequenzumrichter

Motorverhalten bei Frequenzänderung

Motoren bestehen hauptsächlich aus Induktivitäten. Der Blindwiderstand X_L der Induktivität ändert sich mit der Frequenz. Folgende Wirkungskette ergibt sich:

$$X_L = 2 \cdot \pi \cdot f \cdot L \qquad I = \frac{U}{2 \cdot \pi \cdot f \cdot L}$$

$$f \downarrow \Rightarrow X_L \downarrow \Rightarrow I \uparrow$$

Wird die Frequenz am Motor abgesenkt, sinkt der Blindwiderstand. Bei konstanter Spannung würde dadurch die Motorstromstärke steigen. Motoren sind jedoch auf eine bestimmte Bemessungsstromstärke ausgelegt, die nicht überschritten werden darf. Aus diesem Grund wird mit sinkender Frequenz die Motorspannung proportional abgesenkt. Für das Verhältnis von U durch f muss also gelten:

$$\frac{U}{f} = \text{konstant}$$

Folgende Merkmale sind zu beobachten:

- Das Kippdrehmoment ist für alle Frequenzen gleich (Abb. 7a, ①, ②, ③).
- Wird die Frequenz um ⅓ auf 33,3 Hz verringert, sinkt auch die Leerlaufdrehzahl um ⅓, ④→⑤.
  Die Leerlaufdrehzahl sinkt also proportional zur Frequenz der Eingangsspannung.
- Unter Belastung sinkt die Drehzahl bei konstantem Lastdrehmoment linear zur Frequenz (AP1 – AP3).
- Bei nichtlinearen Lastkennlinien sinkt die Drehzahl überproportional (AP4, AP2, AP5).
- Das Anfahrdrehmoment kann bis zum Kippdrehmoment gesteigert werden (Abb. 7b).

Durch Verschieben der n-M-Kennlinie (Abb. 7b) kann für jede Drehzahl das Motordrehmoment M zwischen 0 Nm und dem Kippdrehmoment verändert werden.

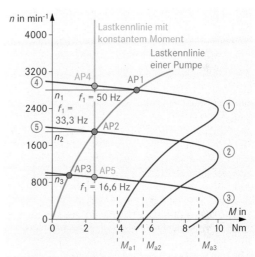

a) Beschleunigungsvorgang

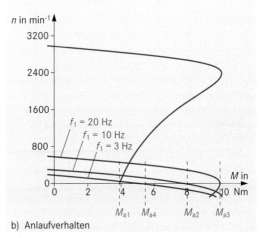

b) Anlaufverhalten

Abb. 7: Drehzahl-Drehmoment-Kennlinien bei unterschiedlichen Frequenzen

Komponenten eines Frequenzumrichters

Frequenzumrichter (Abb. 1) bestehen aus einem

- Gleichrichter,

- Zwischenkreis und

- Wechselrichter.

Die Zwischenkreise bestehen entweder aus einem Kondensator (Abb. 1a) oder einer Spule (Abb. 1b). Sie glätten entweder die Spannung (Spannungs-zwischenkreis-Umrichter) oder den Strom (Strom-zwischenkreis-Umrichter).

Am weitesten verbreitet ist der Frequenzumrichter mit Spannungszwischenkreis. Hierbei können ungesteuerte Gleichrichterschaltungen eingesetzt werden. Diese Gleichrichter benötigen keine Steuerelektronik, was zu Kostenvorteilen führt.

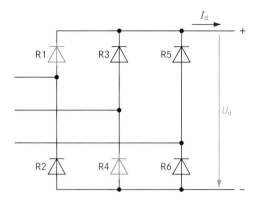

Abb. 2: Sechspuls-Brückenschaltung

a) Gleichspannungszwischenkreis

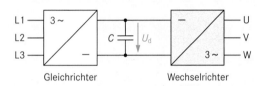

b) Gleichstromzwischenkreis

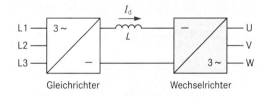

Abb. 1: Frequenzumrichter mit Zwischenkreis

Diese Schaltung wird daher als Sechspuls-Brücken-schaltung (B6U) bezeichnet. Die Ausgangsspannung ergibt sich aus den Kuppen der Außenleiter-spannungen (Abb. 3). So entsteht eine Spannung mit geringer Welligkeit. Da die Ausgangsspannung direkt den Sinuskurven der Eingangsspannung folgt, ist sie weitgehend konstant und von der Last-stromstärke unabhängig.

Bei Umrichtern mit einem Stromzwischenkreis ist die Stromstärke in der Spule lastabhängig. Je nach Belastung im Ausgang muss der Gleichrichter die Stromstärke im Zwischenkreis einstellen. Hierzu müssen gesteuerte Gleichrichter eingesetzt werden, die z. B. Thyristoren mit Zündelektronik enthalten. Diese Umrichter kommen z. B. in der Servotechnik als Spezialanwendung vor.

Gleichrichter

Zur Erzeugung der Zwischenkreis-Gleichspannung wird ein Gleichrichter verwendet (Abb. 2). Dieser hat bei größeren Leistungen drei Eingänge zum Anschluss an das Drehstromnetz. Der Ausgang wird durch zwei Leiter mit dem Zwischenkreis verbunden. Da bei den Gleichspannungszwischenkreisen ungesteuerte Gleichrichter ausreichen, werden ausschließlich Dioden verwendet.

Durch die Leiterspannung mit dem größten positiven Momentanwert wird eine der oberen Dioden leitend (z. B. R1). Durch die Leiterspannung mit dem negativsten Momentanwert wird die zugehörige untere Diode R4 leitend. Am Ausgang liegt dadurch immer die verkettete Leiterspannung. Während einer Netzperiode verändert der Gleichrichter sechsmal seinen Leitzustand.

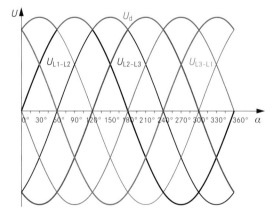

Abb. 3: Ausgangsspannung einer B6-Brückenschaltung

Wechselrichter

Aus der nahezu konstanten Gleichspannung im Zwischenkreis wird im Wechselrichter wieder eine Wechselspannung erzeugt. Hierzu werden Leistungshalbleiter benötigt, die ein- und ausgeschaltet werden können (z. B. MOSFETs oder IGBTs).

In zwei Pfaden werden jeweils zwei Transistoren in Reihe geschaltet (z. B. Q1 und Q2 sowie Q3 und Q4 in Abb. 4). Von diesen zwei Transistoren darf jeweils nur einer leiten. Die Transistoren in beiden Wechselrichterzweigen werden immer diagonal eingeschaltet, d. h., Q1 und Q4 bzw. Q2 und Q3 leiten gleichzeitig. Die Ausgangsspannung U_L kann so zwischen $+U_Z$ und $-U_Z$ und 0 V gewechselt werden.

Solange Q1 und Q4 leitend sind, liegt an der Last die Spannung $+U_Z$ und es wird sich ein positiver Strom I_L einstellen. Wechseln die Transistoren ihren Leitzustand, muss der in der Last fließende Strom weiter fließen können. Da die Transistoren den Strom nur in einer Richtung leiten können, gibt es keinen möglichen Strompfad über die Transistoren. Durch die parallel geschalteten Dioden kann der Strom weiter fließen (R2, R4). Da jetzt die Spannung $-U_Z$ an der Last anliegt, nimmt die Stromstärke I_L ab. Sobald I_L negativ wird, übernehmen die Transistoren Q2 und Q3 den Laststrom.

Der Schaltzustand der Transistoren wechselt mit einer sehr hohen Fequenz (z. B. 10 kHz). Die Zeit, in der $+U_Z$ bzw. $-U_Z$ an der Last anliegt, wird hierbei verändert. Am Ausgang der Frequenzumrichter

befinden sich Filter (Tiefpass), die aus der rechteckförmigen Spannung einen Mittelwert bilden. Je nach zeitlicher Verteilung der Zustände $+U_Z$ und $-U_Z$ ergibt sich eine mittlere Spannung (Abb. 5). Liegt in einem bestimmten Zeitraum länger die positive als negative Spannung an, ergibt sich ein positiver Mittelwert ①. Ist die Zeitdauer der positiven und negativen Spannung gleich, wird der Mittelwert U_L = 0 V ②. Bei längeren negativen Ausgangsspannungen sinkt die Ausgangsspannung auf einen negativen Mittelwert ③.

Der erzielte Spannungsmittelwert kann durch die Steuerelektronik verändert werden. Die Veränderung entspricht der geforderten Kurvenform, Frequenz und Spannung am Ausgang. Üblicherweise wird eine sinusförmige Ausgangsspannung erzeugt (Abb. 6).

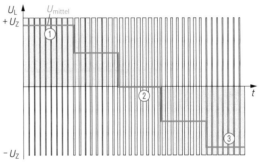

Abb. 5: Veränderte Spannungsmittelwerte

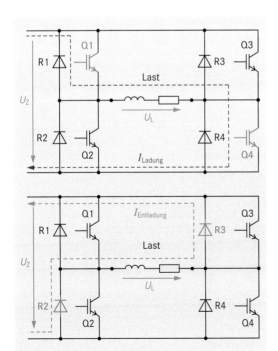

Abb. 4: Zweiphasiger Wechselrichter

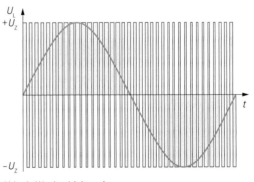

Abb. 6: Wechselrichter-Ausgangsspannung

Soll eine dreiphasige Wechselspannung erzeugt werden, sind drei Wechselrichterpfade erforderlich. Jeder der drei Pfade erzeugt eine sinusförmige Ausgangsspannung. Um ein symmetrisches Drehstromnetz zu speisen, werden die drei Ausgangsspannungen jeweils um 120° in der Phase verschoben. Durch Veränderung der Phasenverschiebung lässt sich auch das Drehfeld und damit die Drehrichtung des Motors ändern.

Beeinträchtigungen von RCDs durch elektronische Betriebsmittel

keine Auslösung trotz Fehlerstrom   **ungewollte Auslösung ohne Fehlerstrom**

Treten innerhalb elektronischer Betriebsmittel, z. B. bei Frequenzumrichtern, Fehler auf, kommt es durch das geerdete Gehäuse zu einem Fehlerstrom. Je nach Objekt und Fehlerort können diese Fehlerströme unterschiedliche Frequenzen haben. Tritt der Fehler im Eingangskreis auf, ergibt sich ein sinusförmiger Fehlerstrom I_{F1} mit der Netzfrequenz ①.

Ein Schluss zwischen Zwischenkreis und Gehäuse erzeugt einen fast glatten Strom als Fehlerstrom I_{F2} ②. Ein Erdschluss am Ausgang eines Frequenzumrichters sowie der Motorleitung hat Fehlerströme I_{F3} ③ und I_{F4} ④ mit der Ausgangsfrequenz zur Folge. Diese Frequenz kann zwischen wenigen Hz bis ca. 100 Hz variieren. Durch die hohe Schaltfrequenz im Wechselrichter können zusätzlich noch Fehlerströme I_{F3} mit Frequenzen im kHz-Bereich auftreten.

Pulsstromsensitive RCDs (Typ A)

Die am weitesten verbreiteten RCDs gehören zum Typ A und lediglich für Wechselströme (f = 50 Hz) und pulsierende Gleichströme geeignet. Treten reine Gleichfehlerströme auf, sind diese RCDs durch gesättigte Stromwandler blockiert und reagieren auch auf Fehlerströme mit 50 Hz nicht mehr.

Allstromsensitive RCDs (Typ B)

RCDs vom Typ B sind allstromsensitiv. Das bedeutet, dass sie auch bei auftretenden Gleichfehlerströmen und Fehlerströmen mit hohen Frequenzen zuverlässig arbeiten. Es kommt hier zu keinen Blockierungen durch Gleichfehlerströme. Bei Frequenzen oberhalb 100 Hz steigt

der Auslösestrom bis auf 300 mA. Die RCDs vom Typ B werden damit unempfindlicher gegenüber hochfrequenten Ableitströmen.

Am Ein- und Ausgang von elektronischen Betriebsmitteln sind häufig Filter eingebaut. Diese Filter besitzen Kondensatoren, die zwischen Außenleiter und Schutzleiter geschaltet sind ⑤. Hierüber fließen Ableitströme I_{Abl}. Diese Ströme werden um so größer, je höher die Frequenz der Spannung ist.

Ableitströme

Am Eingangsfilter fließen hauptsächlich geringe 50 Hz-Ströme ⑥. Das Ausgangsfilter führt durch die schnell geschalteten Transistoren auch Ströme im kHz-Bereich ⑦.

Fehlauslösung

Alle Ableitströme fließen über den PE-Leiter zurück. Obwohl diese Ströme im ungestörten Normalbetrieb fließen, interpretiert sie eine RCD als Fehlerstrom.

Bei einer Häufung von elektronischen Betriebsmitteln summieren sich die Ableitströme und sie können dadurch zu einer ungewollten Auslösung der RCDs führen.

Diese Fehlauslösungen können vermieden werden, indem die Anzahl der Betriebsmittel mit Ableitströmen je RCD-Stromkreis begrenzt wird.

Reicht diese Maßnahme nicht aus, ist es möglich, spezielle RCDs vom Typ B einzusetzen, die ein spezielles Auslöseverhalten haben. Diese RCDs werden mit zunehmender Frequenz unempfindlicher. Oberhalb von 1 kHz beträgt die Auslösestromstärke 300 mA.

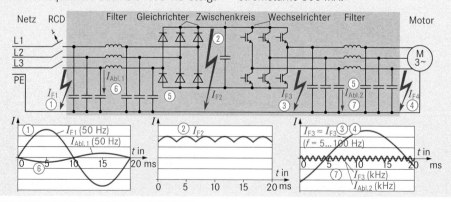

2.3.3 Bremsbetrieb

In bestimmten Fällen müssen Motoren in kurzer Zeit nach dem Abschalten zum Stillstand kommen (Unfallvorschriften, z. B. Werkzeugmaschinen). Dabei werden Bremseinrichtungen verwendet. Das Bremsen kann

- mechanisch mit einem Bremsmotor oder Bremslüfter sowie
- elektrisch durch Gegenstrom oder Gleichstrom erfolgen

Bremsmotor

Hierbei handelt es sich um einen Motor, der sich selbst abbremsen kann. In der Abbildung 1 ist er in Betriebsstellung dargestellt. Wird er abgeschaltet, drückt die Bremsfeder ① den Läufer nach rechts. Dadurch wird die Bremse mit dem Belag ② wirksam.

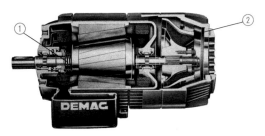

Abb. 1: Bremsmotor

Bremslüfter

Diese Bremseinrichtung besteht aus der

- mechanischen Bremse (Abb. 2 ③) und der
- elektromagnetischen Entriegelung ④, ⑤.

Wenn der Elektromagnet stromlos ist, drückt die Feder ⑥ mit den Bremsbacken ⑦ gegen die Bremsscheibe. Der Motor wird daher auch bei Stromausfall abgebremst. Wird der Bremslüfter eingeschaltet, so zieht der Magnet die Bremsfedern auseinander und die Motorwelle kann sich drehen. Da die Spule des Lüftermagneten während des Betriebes ständig eingeschaltet ist, muss sie für Dauerlast ausgelegt sein.

Gegenstrombremsen

Nach dem Abschalten des Motors wird die entgegengesetzte Drehrichtung eingeschaltet (Abb. 3). Der Läufer wird damit sehr stark abgebremst. Natürlich muss dafür gesorgt werden, dass der Läufer nach dem Stillstand nicht etwa in die andere Drehrichtung anläuft.

Der Nachteil dieses Verfahrens ist die hohe Stromstärke beim Bremsen. Das bedeutet eine große thermische Belastung der Wicklungen. Außerdem muss die Absicherung entsprechend ausgelegt sein.

Gleichstrombremsen

Hierbei wird Gleichspannung an die Ständerwicklungen gelegt (Abb. 4). Durch die Drehung werden in den Eisenkernen des Läufers Wirbelströme erzeugt. Die dadurch entstandenen Magnetfelder werden vom Ständer angezogen und bremsen den Motor ab. Der notwendige Gleichstrom wird mit Hilfe von Dioden aus dem Wechselstrom erzeugt (Abb. 4).

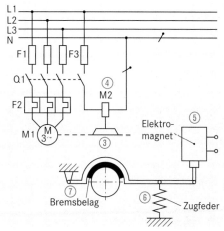

Abb. 2: Prinzip und Schaltung eines Bremslüfters

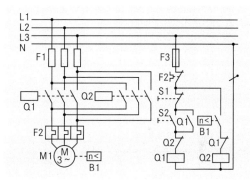

Abb. 3: Motor mit Gegenstrombremsung

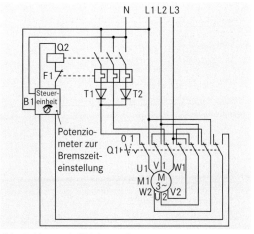

Abb. 4: Motor mit Gleichstrombremsung

2.3.4 Drehrichtung

Nach DIN 42 401-2 liegt Rechtslauf vor, wenn die

- Außenleiter in numerischer Reihenfolge und
- Motorklemmen in alphabetischer Reihenfolge angeschlossen sind, also L1 an U1 usw. (Abb. 1).

! Zur Drehrichtungsänderung bei Drehstrommotoren müssen zwei der drei Außenleiter getauscht werden.

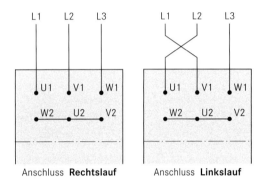

Anschluss **Rechtslauf**   Anschluss **Linkslauf**

Abb. 1: Drehrichtungen nach DIN 42 401-2

Die Abb. 2 zeigt eine handbediente Steuerung zur Drehrichtungsumkehrung. An dieser Steuerung soll die grundsätzliche Funktion verdeutlicht werden. Im Hauptstromkreis kann man erkennen, dass beide Hauptschütze den Außenleiter L2 ① an die Mo-

torklemme V1 ② legen. Q1 verbindet dann L1 mit U1 und L3 mit W1, so dass sich Rechtslauf ergibt. Q2 tauscht für den Linkslauf diese beiden Außenleiter-Anschlüsse.

- Im Steuerstromkreis ist zu sehen, dass S3 das Hauptschütz Q1 und damit den Rechtslauf einschaltet.
- Mit S2 wird über Q2 der Motor in den Linkslauf geschaltet.
- Bei dieser Art der Steuerung kann entweder im Rechts- oder im Linkslauf begonnen werden. Es gibt keine Vorrangstellung.
- Ein direktes Umschalten von Rechts- auf Linkslauf bzw. umgekehrt ist nicht möglich, weil sich die Hauptschütze mit ihren jeweiligen Kontakten 13/14 ⑤, ⑥ eine Selbsthaltung geschaltet haben. Das Umschalten geht also nur über AUS mit Hilfe von S1.
- Auf keinen Fall dürfen Q1 und Q2 gleichzeitig anziehen, da sonst die Außenleiter L1 und L3 kurzgeschlossen werden. Um dies zu verhindern, sind hier Tasterverriegelungen (Taster 21/22 ③, ④) sowie Schützverriegelungen vorgesehen.

! Die Drehrichtungsänderung muss bei Motoren mit großen Leistungen indirekt (d. h. über AUS) erfolgen.

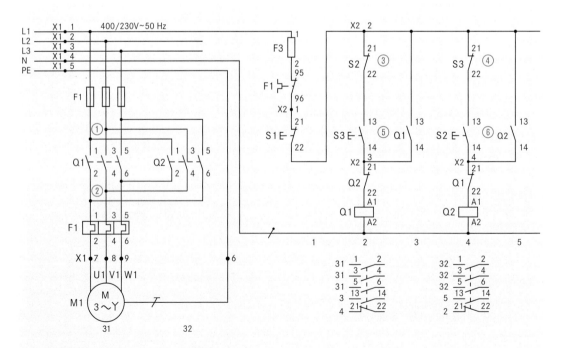

Abb. 2: Handbediente Drehrichtungsumkehrsteuerung

Bei Motoren mit großer Leistung muss das Umsteuern der Drehrichtung immer über AUS erfolgen, weil bei der Drehrichtungsänderung große Stromstärken auftreten und die dabei auftretenden mechanischen Kräfte zu einer Zerstörung an der Welle führen können. Wird ein Motor mit großer Leistung mit Hilfe einer SPS angesteuert, reichen die Schaltzeiten der verwendeten Hauptschütze nicht aus, um vor der Zerstörung zu schützen. In diesem Fall werden sogenannte Umsteuerpausen vorgesehen, die dazu führen, dass das jeweils andere Hauptschütz erst mit einer definierten Verzögerung schaltet.

Motoren mit kleiner Leistung hingegen werden häufig direkt umgeschaltet (Abb. 3). Dies kann dadurch erreicht werden, dass die jeweilige Selbsthaltung

- also der entsprechende Kontakt 13/14 des Hauptschützes
- nur parallel zum entsprechenden Schließerkontakt 13/14 des Tasters ⑦ installiert wird. Der Öffner 21/22 ⑧ des jeweiligen Tasters darf nicht überbrückt werden.

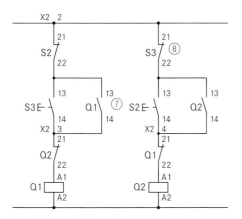

Abb. 3: Direktes Umschalten (Planausschnitt)

Funktion

- Hat das Hauptschütz Q1 durch Betätigen von S3 angezogen, hält sich Q1 durch die Parallelschaltung von S3:13/14 und Q1:13/14.
- Wird S2 betätigt, öffnet S2:21/22 und Q1 wird spannungslos. Der Motor liegt nicht mehr am Netz. Q1:21/22 geht wieder in die Ruhestellung zurück, d. h., der Kontakt schließt wieder.
- Jetzt liegt Q2 an der Spannung und schaltet den Motor in den Linkslauf. Q2:13/14 schließt die Selbsthaltung.

2.3.5 Drehzahländerung

Die Zahl der Rotorumdrehungen pro Zeit hängt bei Asynchronmotoren von der Drehfelddrehzahl n_f und dem Schlupf s ab. Führt man beide Gleichungen zusammen, ergibt sich eine Formel für die Drehzahl n, in der der Schlupf s, die Frequenz f und die Poolpaarzahl p vorkommen. Mit diesen drei Größen lässt sich also eine Drehzahlsteuerung vornehmen.

$$n_f = \frac{f}{p} \qquad n_s = n_f - n \qquad s = \frac{n_f - n}{n_f}$$

$$n = (1 - s) \cdot \frac{f}{p}$$

 Die Drehzahl von Asynchronmotoren kann durch Änderung von Frequenz, Polpaarzahl oder Spannung gesteuert werden.

Drehzahländerung durch Schlupfänderung

In Kap. 2.2.3.3 wurde bereits beschrieben, dass bei Schleifringläufer-Motoren eine Steuerung mit Hilfe von Drehzahlstellern möglich ist.

Die zusätzlichen Widerstände R_{anl} verringern die Stromstärke I_L des Läufers. Damit wird auch das Drehmoment geringer. U_m dem entgegenzuwirken, muss die Stromstärke wieder steigen. Das gelingt nur durch eine höhere induzierte Spannung U_L in den Läuferwicklungen. Diese hängt von der Magnetfeldänderung ab. Sie wird größer, wenn die Schlupfdrehzahl n_S höher wird. Das kann nur durch Verringerung der Läuferdrehzahl geschehen. Demzufolge wird der Läufer langsamer.

$$R_{anl} \uparrow \Rightarrow I_L \downarrow + M = \text{konstant} \Rightarrow$$
$$I_L \uparrow \Rightarrow U_L \uparrow \Rightarrow n_S \uparrow \Rightarrow nL \downarrow$$

Eine Verringerung der Läuferdrehzahl bei konstantem Drehmoment (gleicher Belastung) bedeutet natürlich eine Leistungsverringerung. Diese Steuerung wird daher nur von etwa der halben bis zur vollen Bemessungsdrehzahl angewendet.

Außerdem wird durch die Widerstände elektrische Energie in Wärme umgewandelt, die abgeführt werden muss. Der Vorteil dieser Steuerung ist, dass die Drehzahl stufenlos verändert werden kann.

Drehzahländerung durch Frequenzänderung

Aus der entwickelten Formel ergibt sich auch, dass die Drehzahl proportional zur Netzfrequenz ist. Wird beispielsweise die Frequenz verdoppelt, wird auch die Drehzahl doppelt so groß.

Die Frequenzänderungen haben noch andere Auswirkungen. Die konstante Frequenz des Versorgungsnetzes $f = 50$ Hz wird durch Frequenzumrichter verändert. Jede Frequenzänderung hat eine Änderung des induktiven Blindwiderstandes des Motors zur Folge. Daraus resultiert eine Änderung der Motorstromstärke. Somit ändert sich das Drehmoment.

$$X_L = 2 \cdot \pi \cdot f \cdot L \qquad Z = \sqrt{R^2 + X_L^2} \qquad I = \frac{U}{Z}$$

$$I^2 \sim M \qquad U = \text{konstant}$$

$$f \uparrow \Rightarrow X_L \uparrow \Rightarrow I \downarrow \Rightarrow M \downarrow$$

Da das Drehmoment aber nicht geändert werden soll, muss die Spannung entsprechend gesteuert werden. Das Verhältnis von Frequenz und Spannung muss deshalb konstant bleiben.

Drehzahländerung durch Polpaaränderung

Während die beiden bisher beschriebenen Möglichkeiten mit „normalen" Motoren auskommen, muss der polumschaltbare Motor entsprechend gebaut sein. Auf dem Ständer sind mehrere Wicklungen aufgebracht, die unterschiedlich geschaltet werden können. Hierfür gibt es zwei Arten. Entweder werden

- mehrere getrennte Wicklungen auf dem Ständer oder

- nur eine Wicklung mit Anzapfungen aufgebracht, die unterschiedlich geschaltet wird.

Bei der ersten Möglichkeit handelt es sich praktisch um mehrere Ständer in einem Gehäuse. Die Abb. 1 zeigt eine mögliche Schaltung für zwei Drehzahlen und die dazugehörigen Schaltzeichen.

Bei der zweiten Möglichkeit können durch besondere Anordnungen der Wicklungen unterschiedliche Polpaarverhältnisse ermöglicht werden, z. B. 4:5, 4:3 oder 4:1,5. Diese Maschinen heißen Motoren mit Polamplitudenmodulation (PAM).

 Sehr unterschiedliche Polpaarzahlen können geschaltet werden bei Motoren mit
- getrennten Wicklungsgruppen und
- einer PAM-Schaltung.

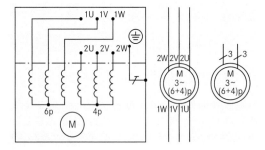

Abb. 1: Motor mit zwei Wicklungsgruppen

Die einfachste Schaltung dieser Art ist die Dahlanderschaltung. Hierbei ist allerdings nur ein Polpaarverhältnis von 2:1 möglich. Die Abb. 2 zeigt die Schaltung sowie die entsprechenden Schaltzeichen.

 Motoren mit Dahlanderschaltung verfügen über ein Drehzahlverhältnis von 2:1.

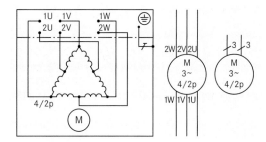

Abb. 2: Motor mit Dahlanderschaltung

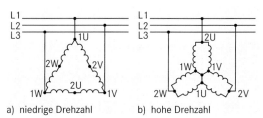

a) niedrige Drehzahl   b) hohe Drehzahl

Abb. 3: Wicklungsschaltungen

Für die niedrige Drehzahl werden die sechs Spulen im Dreieck geschaltet und 1U, 1V und 1W werden mit den Außenleitern verbunden (Abb. 3a). Die Anschlüsse 2U, 2V und 2W bleiben frei.

Für die hohe Drehzahl sind 2U, 2V und 2W an die Außenleiter angeschlossen, während 1U, 1V und 1W miteinander verbunden werden. Die Wicklungen sind damit als Doppelstern geschaltet (Abb. 3b). Das Verhältnis der Leistungen ist dabei ungefähr 1:1,5. Das Drehmoment liegt etwa bei 1:0,7.

Auf dem Leistungsschild eines Motors mit Dahlanderschaltung wird die Spannungsangabe entsprechend gekennzeichnet: △/Y Y 400

Eine Drehzahländerung lässt sich auch erreichen, wenn die Motorspannung in bestimmten Zeitabschnitten ein- und ausgeschaltet wird. Mit elektronischen Drehstromstellern kann eine entsprechende Spannungsdosierung vorgenommen werden.

Aufgab

1. Welcher Drehstrommotor kann stufenlos in seiner Drehzahl gesteuert werden? Begründen Sie Ihre Antwort.

2. Erläutern Sie, warum bei der Drehzahlsteuerung mit Hilfe der Frequenz die Spannung entsprechend verändert werden muss.

3. Beschreiben Sie, woran man am Schaltzeichen erkennt, ob es sich um einen Drehstrommotor mit zwei getrennten Wicklungsgruppen oder mit einer Dahlanderschaltung handelt.

2.4 Stromwendermaschinen

2.4.1 Gleichstromgeneratoren

Mit Stromwender, der auch als Kollektor oder Kommutator bezeichnet wird, kennzeichnet man bei Motoren oder Generatoren eine Vorrichtung, mit der man auf mechanischem Wege die Stromrichtung in einem Läufer umkehren kann. Im einfachsten Fall handelt es sich dabei um zwei voneinander elektrisch isolierte Halbringhülsen (Abb. 4), auf denen zur Stromzuführung bzw. -abnahme Kohlebürsten schleifen. Es gibt Drehstrom-, Wechselstrom- und Gleichstrommaschinen mit Stromwendern.

> **!** Bei Gleichstromgeneratoren kommt es durch den Stromwender zu einer mechanischen Gleichrichtung der Wechselspannung.

Das Prinzip der Spannungserzeugung durch Induktion wurde in Kap. 2.1.1 ausführlich behandelt. In einer Leiterschleife, die in einem Magnetfeld rotiert, wurde eine Wechselspannung induziert. Die Spannung entstand, weil sich der magnetische Fluss in der durch die Leiterschleife gebildeten Fläche änderte.

Das Modell in Abb. 4 stellt einen Gleichspannungsgenerator dar. Der Unterschied zum Wechselspannungsgenerator besteht darin, dass ein Stromwender vorhanden ist. Mit ihm wird die entstehende Wechselspannung auf mechanischem Wege gleichgerichtet und nach außen übertragen. Durch die angeschlossene Glühlampe fließt somit ein pulsierender Gleichstrom.

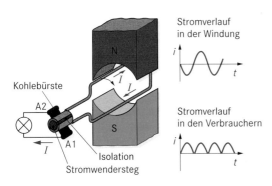

Abb. 4: Modell eines Gleichstromgenerators

Um die Arbeitsweise des Stromwenders zu erklären, werden mit den Schnittdarstellungen von Abb. 5 einzelne Zeitaugenblicke (t_1 bis t_6) genauer betrachtet.

Zu den Zeitpunkten t_1 und t_2 befinden sich der Leiter ① unter dem Nordpol und der Leiter ② unter dem Südpol. Nach der Rechten-Hand-Regel (s. Kap. 2.1.3) ergeben sich dann die eingezeichneten Strom- und Spannungsrichtungen.

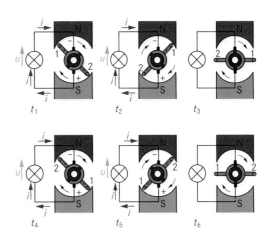

Abb. 5: Funktion des Stromwenders

Zum Zeitpunkt t_3 befindet sich die Spule in dem Bereich, in dem sich der magnetische Fluss in der Spulenfläche nicht ändert. Es wird keine Spannung induziert. Dieser Bereich wird deshalb als magnetisch neutrale Zone bezeichnet.

Wenn sich die Spule jetzt weiter dreht, ändert sich der magnetische Fluss und es wird wieder Spannung induziert. Zu den Zeitpunkten t_4 und t_5 befinden sich der Leiter ① unter dem Südpol und der Leiter ② unter dem Nordpol. Dadurch ändern sich die Strom- und Spannungsrichtungen in der Spule im Vergleich zu den Zeitpunkten t_1 und t_2. Die Strom- und Spannungsrichtung im äußeren Stromkreis bleibt aber erhalten, da sich der Stromwender mitgedreht hat.

Zum Zeitpunkt t_6 befindet sich die Spule wieder in der neutralen Zone des Magnetfeldes. Es wird keine Spannung induziert.

Diese Vorgänge wiederholen sich, solange die Spule gedreht wird. Im äußeren Stromkreis fließt ständig ein pulsierender Gleichstrom (Abb. 4).

In der Praxis setzt sich die Läuferwicklung aus mehreren Spulen mit vielen Windungen zusammen (Abb. 6). Diese werden in die Nuten des Läuferblechpaketes eingelegt. Die Spulenenden werden

Abb. 6: Läufer

an die Stromwenderstege (Lamellen) angelötet. Je nach Schaltung sind die Spulen in Reihe und parallel geschaltet. Die Bürsten sind in der neutralen Zone des Stromwenders angeordnet. Dort ist die Spannung zwischen zwei benachbarten Lamellen nahezu gleich Null.

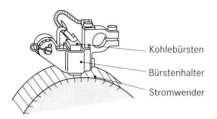

Kohlebürsten

Bürstenhalter

Stromwender

Abb. 1: Kohlebürsten-Haltevorrichtung

Die Kohlebürsten sind so breit, dass sie zwei Lamellen überbrücken (Abb. 1). Dadurch wird eine Stromunterbrechung vermieden. Besteht zwischen den Lamellen eine Spannung, so wird diese durch die Bürsten überbrückt. In der kurzgeschlossenen Wicklung fließt Strom, der ein Magnetfeld aufbaut. Wird die Überbrückung aufgehoben, baut sich das Magnetfeld ab und es entsteht eine Selbstinduktionsspannung. Der dadurch fließende Strom erzeugt am Stromwender das Bürstenfeuer. Um dieses zu vermeiden, verschiebt man die Bürsten auf dem Stromwender geringfügig in Drehrichtung.

Das Magnetfeld wird durch die Hauptwicklung im Ständer erzeugt. In herkömmlichen Maschinen handelt es sich um Ringspulen, die auf den Polkernen stecken. Der magnetische Fluss tritt aus den auf den Polkernen aufgeschraubten Polschuhen heraus bzw. herein.

Magnetfelder

Die im Generator auftretenden Magnetfelder sollen jetzt genauer betrachtet werden. Dazu wird zunächst von dem Erregerfeld (Hauptfeld) ausgegangen. Es durchsetzt den Läufer (Abb. 2a).

Wird der Generator belastet, fließt Strom durch die Ankerwicklung. Es entsteht ein Magnetfeld, das quer zum Hauptfeld gerichtet ist (Abb. 2b). Die

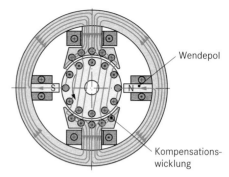

Wendepol

Kompensationswicklung

Abb. 3: Gleichstrommaschine mit Wendpol- und Kompensationswicklungen

Stärke dieses Ankerquerfeldes hängt von der Ankerstromstärke I_a ab, d. h. von der Belastung.

Erreger- und Ankerquerfeld wirken nicht einzeln, sondern überlagern sich zu einem Gesamtfeld (Abb. 2c). Dadurch kommt es an den Polkanten zu Feldverstärkungen und -schwächungen.

Es handelt sich also dabei um eine Rückwirkung des Ankerfeldes auf das Erregerfeld (Ankerrückwirkung). Die neutrale Zone verschiebt sich um den Winkel α (Abb. 2c). Die Kohlebürsten stehen dann in einem Bereich, in dem zwischen den Lamellen Spannungen entstehen. Dadurch verstärkt sich das Bürstenfeuer. Um dies zu vermeiden, müssten die Bürsten um den Winkel α in Drehrichtung verschoben und bei jeder Laständerung angepasst werden.

 Durch die Ankerrückwirkung verschiebt sich die neutrale Zone bei Gleichstrommaschinen.

Die Ankerrückwirkung lässt sich beseitigen, wenn man das Ankerquerfeld durch gleich große, entgegen gerichtete Magnetfelder aufhebt. Dazu werden Spulen in der elektrisch neutralen Zone der Maschine eingebaut, die als Wendepolwicklungen bezeichnet werden (Wendepole, Abb. 3).

Auch unter den Polschuhen entstehen Feldverzerrungen durch das Ankerfeld, die das Motorverhalten beeinträchtigen. Deshalb werden bei größeren Maschinen unter den Polschuhen zusätzliche Kompensationswicklungen eingebaut (Abb. 3).

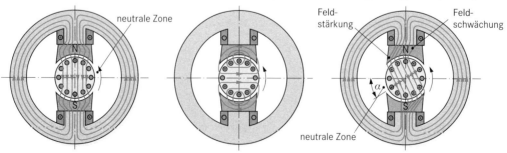

a) Hauptfeld des unbelasteten Generators

b) Ankerquerfeld des belasteten Generators

c) Gesamtfeld des belasteten Generators

Abb. 2: Ankerrückwirkung

Die Ströme in den Wendepol- und Kompensationswicklungen müssen so gerichtet sein, dass ihre
Magnetfelder Verzerrungen in den jeweiligen Bereichen aufheben. Die Größe des Ankerquerfeldes
hängt von der Ankerstromstärke ab. Schaltet man
die Wendepol- und die Kompensationswicklung mit
der Ankerwicklung in Reihe, so hängen deren Felder ebenfalls von der Ankerstromstärke ab. Dem
Ankerquerfeld stehen dadurch immer Magnetfelder
entsprechender Größe entgegen (Abb. 4). Das erhöhte Bürstenfeuer wird damit nahezu vermieden.
Bei Maschinen kleiner Leistung wird oft nur eine
Wendepolwicklung eingebaut.

! Durch eine Wendepolwicklung hebt man die
   Verschiebung der neutralen Zone auf und
   verhindert Bürstenfeuer. Mit der Kompensationswicklung korrigiert man die Feldver-
   schiebung unter den Polschuhen.

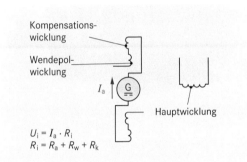

Abb. 4: Schaltung einer Gleichstrommaschine

Moderne Gleichstrommaschinen werden nicht
mehr mit ausgeprägten Polen wie in Abb. 2 hergestellt. Die Erregerfeld-, Wendepol- und Kompensationswicklungen liegen in den Nuten eines genormten Drehstromständers (Abb. 5).

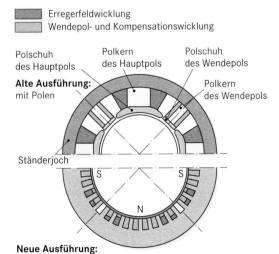

Abb. 5: Schnitt durch Gleichstrommaschinen

Betriebsverhalten und Schaltungen

Zur Erzeugung des Ständermagnetfeldes wird elektrische Energie benötigt. Wenn diese von einer
fremden Spannungsquelle geliefert wird, spricht
man von Fremderregung. Erzeugt der Generator
sein Magnetfeld selbst, spricht man von Selbster-
regung.

Fremderregter Generator

Beim fremderregten Generator sind die Erregerwicklung und der Anker elektrisch nicht miteinander verbunden (Abb. 6). Die Ströme werden von
getrennten Spannungsquellen geliefert. Die Erregung kann auch durch einen Permanentmagneten
erfolgen. Aufgrund des Ankerwiderstandes sinkt
bei größer werdender Belastung die abgegebene
Spannung. Angewendet werden diese Maschinen
z. B. bei Notstromanlagen.

! Bei einem fremderregten Generator werden
   die Ströme für die Erreger- und Ankerfelder
   in getrennten Spannungsquellen erzeugt.

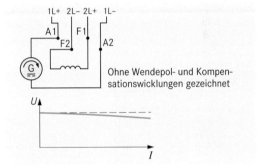

Abb. 6: Fremderregter Generator

Nebenschlussgenerator

Der Nebenschlussgenerator ist eine selbsterregte
Maschine. Die Stromstärke für die Erregerleistung
wird vom Generator selbst erzeugt. Dazu liegt die
Feldwicklung parallel (im Nebenschluss) zur Ankerwicklung (Abb. 7). Bei Belastung sinkt die abgegebene Spannung stärker als beim fremderregten
Generator. Anwendungen sind Notstromanlagen,
Haupterregermaschinen, Inselbetrieb und Schweiß-
generatoren.

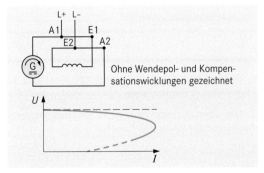

Abb. 7: Nebenschlussgenerator

Doppelschlussgenerator

Der Doppelschlussgenerator besitzt zwei Erregerwicklungen (Abb. 1). Sie befinden sich auf den gleichen Hauptpolen. Es handelt sich um eine Nebenschluss- und eine Reihenschlusswicklung. Der Generator wird auch als Compound-Generator (engl.: zusammengesetzt) bezeichnet.

> **!** Der Doppelschlussgenerator besitzt zwei Erregerwicklungen.

Wird die Reihenschlusswicklung so dimensioniert, dass die abgegebene Spannung bei konstanter Drehzahl nahezu belastungsunabhängig ist, nennt man den Generator compoundiert (Abb. 1, a). Wenn der Generator übercompoundiert ist, kommt es zu einem Spannungsanstieg (Abb. 1, b). Bei einem untercompoundierten Generator (Abb. 1, c) kommt es zu einem schwächeren Absinken der Spannung als beim Nebenschlussgenerator.

Doppelschlussgeneratoren sind wichtige Generatoren. Mit ihnen wird z. B. die Stromstärke für die Erregerwicklung von Synchrongeneratoren erzeugt.

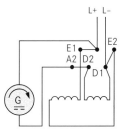

Ohne Wendepol- und Kompensationswicklungen gezeichnet

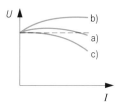

Abb. 1: Doppelschlussgenerator

Aufgaben

1. Beschreiben Sie den grundsätzlichen Aufbau einer Gleichstrommaschine.

2. Was versteht man bei einem Gleichstromgenerator unter der neutralen Zone?

3. Wodurch kann die Ankerrückwirkung aufgehoben werden?

2.4.2 Gleichstrommotoren

2.4.2.1 Arbeitsweise

Die grundsätzlich Arbeitsweise des Gleichstrommotors wurde im Kapitel 2.1.3 behandelt. Er besitzt die gleichen Komponenten wie der Gleichstromgenerator (s. Kap. 2.4.1), so dass jetzt nur noch wesentliche Merkmale unter dem Motorgesichtspunkt behandelt werden sollen. In dem aufgeschnittenen Modell der Abb. 2 sind die wesentlichen Teile gekennzeichnet.

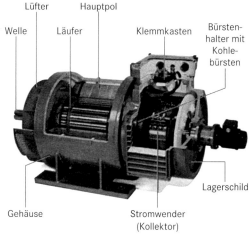

Abb. 2: Aufbau eines Gleichstrommotors

Ständer

Der Ständer besteht aus einem Joch und den daran befestigten Hauptpolen. Diese können bei kleineren Gleichstrommotoren aus Permanentmagneten bestehen. Bei Maschinen größerer Leistung werden die Pole mit Wicklungen versehen (Erregerwicklung). Es entstehen ein Nord- und ein Südpol, deren Stärke sich über die Stromeinstellung der Erregerwicklung steuern lässt. Die Hauptpole führen den magnetischen Fluss der Maschine so, dass sich ein geschlossener magnetischer Kreis ergibt.

Das Joch ist meist aus Gusseisen oder Stahlguss hergestellt. Für die Hauptpole werden Einzelbleche verwendet.

Läufer

Der Läufer, oft als Anker bezeichnet, besteht aus der Welle und dem darauf befestigten Blechpaket. Dieses Blechpaket ist mit Nuten versehen, in denen die Ankerwicklung eingebettet ist. Das Blechpaket ist aus papier- oder lackisolierten Elektroblechen mit ca. 0,5 mm Dicke aufgebaut. Dies ist notwendig, da durch die Stromrichtungsänderungen im Anker wechselnde Magnetfelder entstehen und damit Ströme induziert werden, die der Ursache (also den Magnetfeldern) entgegenwirken (Wirbelströme).

Stromwender (Kommutator)

Der Kommutator besteht aus voneinander isolierten Kupfersegmenten, die mit der Ankerwicklung verbunden sind. Auf ihm schleifen die aus Kohle gefertigten Bürsten. Diese Bürsten sind Verschleißteile, die in regelmäßigen Intervallen ersetzt werden müssen.

Im Klemmenkasten befinden sich die Anschlüsse für den Anker und für die Erregerwicklung.

Ankerrückwirkung

Um die Verzerrungen durch das Ankerfeld auszugleichen, werden wie beim Generator (s. Kap. 2.4.1) Wendepol- und Kompensationswicklungen eingefügt (Abb. 3). Sie werden in Reihe mit der Ankerwicklung geschaltet.

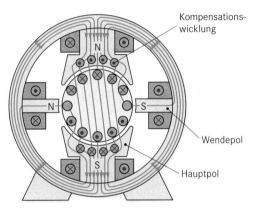

Abb. 3: Feldverlauf im Motor

Gegenspannung

Dreht sich der Anker des Gleichstrommotors im Erregermagnetfeld, so wird auch in der Ankerwicklung eine Spannung induziert. Sie ist zur angelegten Betriebsspannung U_B entgegengesetzt gerichtet und wird deshalb als Gegenspannung U_G bezeichnet.

Auswirkungen der Gegenspannung

Im Moment des Motoranlaufs befinden sich die Ankerleiter noch im Stillstand. Da keine Flussänderung vorhanden ist, entsteht keine Induktionsspannung. Die Gegenspannung ist gleich Null. Sie steigt mit größer werdender Drehzahl ($U_G \sim n$). Die Gegenspannung kann aber nie den Wert der Betriebsspannung annehmen, da dann keine Spannung mehr im Anker vorhanden wäre ($U_B - U_G = 0$ V). Der Ankerstrom wäre dann gleich Null und damit wäre kein Ankermagnetfeld mehr vorhanden.

Da die Gegenspannung von der Drehzahl des Ankers abhängt, ändert sie sich auch bei der Belastungsänderung des Motors. Wird er stärker belastet, sinkt seine Drehzahl. Folglich wird die Gegenspannung kleiner.

Durch die geringere Gegenspannung kann wiederum ein größerer Ankerstrom fließen, der ein stärkeres Magnetfeld aufbaut. Das vom Motor entwickelte Drehmoment steigt. Aus diesen Betrachtungen ergibt sich folgende Wirkungskette:

$$M_{Welle}\uparrow \Rightarrow n\downarrow \Rightarrow U_G\downarrow \Rightarrow I_A\uparrow \Rightarrow \Phi_A\uparrow \Rightarrow M_{Motor}\uparrow$$

Die Größe der Gegenspannung U_G errechnet sich aus der Bemessungsspannung U_B und der Ankerspannung U_A wie folgt:

$$U_G = U_B - U_A \qquad U_A = R_A \cdot I_A$$
$$\mathbf{U_G = U_B - R_A \cdot I_A}$$

R_A: Ankerwiderstand

Abb. 4: Gegenspannung beim Motor

Beispiel: Gegenspannung und Ankerstrom

Ein Gleichstrommotor für 220 V hat einen Ankerwiderstand von 0,5 Ω.

a) Welche Gegenspannung entwickelt der Motor, wenn die Ankerstromstärke im Leerlauf 2 A und unter Bemessungsbelastung 30 A beträgt?

b) Wie groß ist die Stromstärke in der Ankerwicklung im Moment des Anlaufs?

Geg.: $U_B = 220$ V; $R_A = 0{,}5$ Ω; $I_{ALeer} = 2$ A;
$\qquad I_{ABel} = 30$ A

Ges.: U_{GLeer} in V; U_{GBel} in V; I_{Anlauf} in A

a) $U_{GLeer} = U_B - R_A \cdot I_A$; $U_{GLeer} = 220$ V $- 0{,}5$ Ω $\cdot 2$ A
$\underline{U_{GLeer} = 219\ V}$

$U_{GBel} = U_B - R_A \cdot I_A$; $U_{GBel} = 220$ V $- 0{,}5$ Ω $\cdot 30$ A
$\underline{U_{GBel} = 205\ V}$

b) $U_{GAnlauf} = U_B - R_A \cdot I_A$; $\quad I_A = \dfrac{U_B - U_G}{R_A}$

Da im Anlauf keine Gegenspannung herrscht ($U_G = 0$), gilt

$$I_A = \frac{220\ V - 0\ V}{0{,}5\ \Omega}; \quad \underline{I_A = 440\ A}$$

Wie Teilaufgabe b) im vorangehenden Berechnungsbeispiel zeigt, ist die Anlaufstromstärke eines Gleichstrommotors sehr groß. Ursache ist die fehlende Gegenspannung im Einschaltmoment. Der Stromfluss wird nur durch den kleinen Ankerwiderstand begrenzt.

$$n = 0 \Rightarrow U_G = 0\ V \Rightarrow U_B = U_A \Rightarrow I_A \uparrow\uparrow, \text{da } R_A \downarrow\downarrow$$

Der Motor kann deshalb nicht ohne weiteres direkt an das Versorgungsnetz angeschlossen werden.

 Der Anker erzeugt eine Gegenspannung, die der Klemmenspannung entgegengerichtet ist. Die Gegenspannung begrenzt die Ankerstromstärke.

Anlasswiderstand

Die einfachste Lösung zur Begrenzung der Anlauf-stromstärke sind Anlasswiderstände (Abb. 1). Sie werden in Reihe zur Ankerwicklung geschaltet. So-bald der Motor seine Drehzahl erreicht hat, werden die Anlasswiderstände wieder aus dem Stromkreis entfernt.

Damit es zu einer möglichst gleichmäßigen Be-schleunigung des Motors kommt, besitzen Anlass-widerstände mehrere Schaltstufen.

> **!** Hohe Anlaufstromstärken bei Gleichstrom-motoren werden durch Anlasswiderstände im Ankerstromkreis begrenzt. Bei Erreichen einer ausreichenden Drehzahl werden sie wieder entfernt.

Abb. 1: Anlasswiderstand

Beispiel: Anlasswiderstand

Für den Motor aus dem Beispiel auf der vorhe-rigen Seite soll der Anlasswiderstand so berech-net werden, dass die 1,5-fache Bemessungs-stromstärke ($I_{max} = 1,5 \cdot I_A$) im Einschaltmoment nicht überschritten wird.

Geg.: $U_B = 220$ V; $R_A = 0,5$ Ω; $I_A = 30$ A
Ges.: R_{Anl} in Ω

$I_{max} = 1,5 \cdot I_A$; $I_{max} = 1,5 \cdot 30$ A; $I_{max} = 45$ A

$R_{ges} = R_{Anl} + R_A$; $R_{Anl} = R_{ges} - R_A$

$R_{ges} = \dfrac{U_B}{I_{max}}$; $R_{ges} = \dfrac{220 \text{ V}}{45 \text{ A}}$; $R_{ges} = 4,89$ Ω

$R_{Anl} = R_{ges} - R_A$; $R_{Anl} = 4,89$ Ω $- 0,5$ Ω;

$\underline{R_{Anl} = 4,39 \text{ Ω}}$

Aufgaben

1. Ein Gleichstrommotor liegt an einer Spannung von 110 V. Die Gegenspannung beträgt 100 V bei einer Ankerstromstärke von 15 A.
Berechnen Sie den Ankerwiderstand.

2. Berechnen Sie den Anlasswiderstand für einen Gleichstrommotor mit folgenden Kenndaten:
Bemessungsspannung: 110 V
Bemessungsstromstärke: 8 A
Ankerwiderstand: 0,7 Ω
Maximale Anlassstromstärke:
1,4-fache Bemessungsstromstärke

2.4.2.2 Motorschaltungen

Je nachdem wie Anker- und Statorspule (Erreger-spule) zueinander geschaltet sind, ergeben sich die in Abb. 2 aufgeführten Gleichstrommotoren.

Abb. 2: Motorarten

Die einzelnen Wicklungen sind durch Buchstaben und Zahlen gekennzeichnet (Abb. 3). Der Motor be-sitzt

- eine Ankerwicklung,
- eine bzw. zwei Erregerfeldwicklungen (Reihen-schluss- oder Nebenschlusswicklung bzw. Wick-lung zur Fremderregung) sowie
- Wendepol- und Kompensationswicklungen.

In Installationsschaltungen werden die Wendepol- und Kompensationswicklungen oft nicht mitge-zeichnet, weil in der Regel die interne Verdrahtung nicht verändert werden kann.

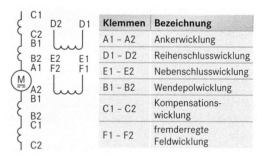

Klemmen	Bezeichnung
A1 – A2	Ankerwicklung
D1 – D2	Reihenschlusswicklung
E1 – E2	Nebenschlusswicklung
B1 – B2	Wendepolwicklung
C1 – C2	Kompensations-wicklung
F1 – F2	fremderregte Feldwicklung

Abb. 3: Kennzeichnung der Anschlüsse

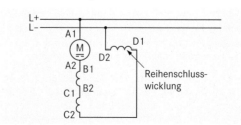

Abb. 4: Reihenschlussmotor

Reihenschlussmotor

Wenn die Erregerwicklung in Reihe zur Ankerwicklung liegt, handelt es sich um einen Reihenschlussmotor (Abb. 4). Der belastungsabhängige Ankerstrom fließt hier auch durch die Erregerwicklung. Da im Augenblick des Anlaufs die im Anker erzeugte Gegenspannung Null ist, ist die Anlaufstromstärke groß. Es entstehen große magnetische Flussdichten und ein großes Anzugsdrehmoment.

Die Drehzahl bei einem Reihenschlussmotor ist von der Belastung abhängig (Abb. 5). Mit steigender Belastung sinkt die Drehzahl stark ab. Man sagt: Die Maschine hat eine „weiche" Drehzahl-Kennlinie ①.

Bei einer Belastungszunahme wird durch den größeren Stromfluss das Erregermagnetfeld verstärkt. Damit müsste die induzierte Gegenspannung im Anker ansteigen. Bei konstanter Betriebsspannung und erhöhter Ankerstromstärke steigt aber der Spannungsfall am Ankerwiderstand. So muss die Gegenspannung kleiner werden. Dies ist nur möglich, wenn sich die Drehzahl verringert.

Wird der Reihenschlussmotor nicht belastet, steigt die Drehzahl auf einen unzulässig hohen Wert an (Abb. 5 ②). Der Motor kann „durchgehen" und zerstört werden. Reihenschlussmotoren dürfen deshalb nie ohne Last betrieben oder über Keilriemen mit der Last verbunden werden.

Aufgrund seines Betriebsverhaltens wird der Reihenschlussmotor bevorzugt dort eingesetzt, wo ein großes Anzugsdrehmoment gefordert ist und keine konstanten Drehzahlen verlangt werden. Er ist demnach besonders für den Schweranlauf geeignet.

 Der Reihenschlussmotor besitzt eine stark lastabhängige Drehzahl. Durch sein großes Anzugsdrehmoment ist er für den Anlauf unter Schwerlast geeignet.

Anwendungen:
Elektrofahrzeuge, Hebezeuge, Anlasser im Kfz

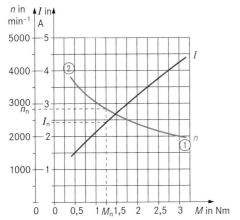

Abb. 5: Kennlinien eines Reihenschlussmotors

Nebenschlussmotor

Werden die Erregerspule und die Ankerspule parallel angeschlossen, wird der Motor als Nebenschlussmotor bezeichnet (Abb. 6).

Das Verhalten des Motors ist bei dieser Anschlussart durch eine nahezu konstante Drehzahl (Abb. 7 ①) bei unterschiedlichen Belastungen charakterisiert (Nebenschlussverhalten). Dies kommt daher, dass die Erregerwicklung an eine Versorgung mit konstanter Spannung angeschlossen ist. Der Erregerstrom, das Erregerfeld und die davon abhängige Gegenspannung im Anker ändern sich kaum.

Anwendungen:
Werkzeugmaschinen, Förderanlagen

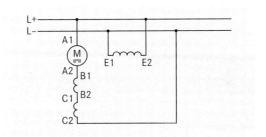

Abb. 6: Nebenschlussmotor

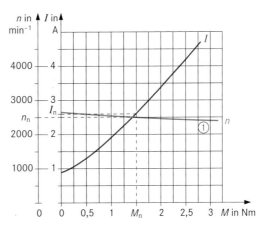

Abb. 7: Kennlinie eines Nebenschlussmotors

 Der Nebenschlussmotor hat eine nahezu lastunabhängige Drehzahl.

Aufgaben

1. Ermitteln Sie aus den Kennlinien der Abb. 5 und 7 (vorherige Seite) die Drehzahländerungen zwischen 0,5 bis 3 Nm.

2. Welche Bedeutung haben die Buchstaben A bis F im Klemmenkasten eines Gleichstrommotors?

Doppelschlussmotor

Dieser Motor hat eine Nebenschluss- und eine Reihenschlusswicklung. Er verbindet die positiven Eigenschaften der Reihenschluss- mit denen der Nebenschlussmaschine. Er hat demnach ein großes Anzugsmoment und eine relativ konstante Drehzahl.

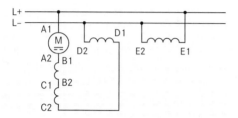

Abb. 1: Doppelschlussmotor

Das Betriebsverhalten kann durch die Auslegung beider Erregerwicklungen beeinflusst werden. Man bezeichnet dies als Kompoundierung.

Fremderregter Motor

Die Erregerwicklung ist an eine zweite („fremde") Spannungsquelle angeschlossen.

Da auch hier in der Erregerwicklung die Spannung konstant bleibt, ist die Drehzahl bei Belastungsänderung nahezu konstant. Fremderregte Gleichstrommotoren verhalten sich daher wie Nebenschlussmotoren.

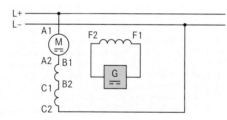

Abb. 2: Fremderregter Motor

 Der Doppelschlussmotor vereint die Eigenschaften der Reihen- und Nebenschlussmotoren durch eine parallele und eine in Reihe geschaltete Erregerwicklung.

Der fremderregte Gleichstrommotor benötigt eine zweite Spannungsquelle für den Anschluss der Erregerwicklung. Sein Verhalten gleicht dem eines Nebenschlussmotors.

Aufgaben

1. Im Klemmenkasten eines Motors finden Sie folgende Klemmenbezeichnungen: A1 und D2. Begründen Sie, um welchen Gleichstrommotor es sich handelt.

2. Nennen Sie Unterschiede im Aufbau und Verhalten des Reihenschluss- und Nebenschlussmotors.

2.4.2.3 Motorsteuerung

Drehrichtung

Die Drehrichtung eines Gleichstrommotors ergibt sich durch das Zusammenwirken zwischen den Feldrichtungen aus der Erregerwicklung mit der Ankerwicklung. Durch das Umdrehen der Richtung eines der beiden Felder kann die Drehrichtung umgekehrt werden. Meistens wird die Ankerstromrichtung umgekehrt, weil eine Änderung der Erregerstromrichtung eine hohe Induktionsspannung in der Erregerwicklung zur Folge hätte. Ein Vertauschen der Netzanschlussleitungen L+ und L– hat keine Auswirkung auf die Drehrichtung, da dabei sowohl die Stromrichtung im Anker als auch die Stromrichtung in der Erregerwicklung wechselt.

Die Welle des Motors dreht sich rechts herum, wenn die Erregerwicklung und die Ankerwicklung in der Reihenfolge der Ziffern vom Strom durchflossen werden. Dies ist nach DIN VDE 0650 festgelegt.

Tab. 1: Drehrichtungen bei Gleichstrommotoren

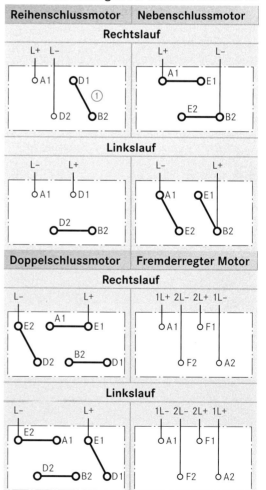

Die Festlegung der Drehrichtung der Gleichstrommotoren kann durch entsprechendes Setzen der Kontaktbrücken im Klemmenkasten erfolgen. Die Tabelle 1 zeigt für Gleichstrommotoren mit Wendepolwicklungen, wie die Anschlüsse bei Drehrichtungsumkehr erfolgen müssen.

Beispiel:

Wie verläuft der Stromweg eines Reihenschlussmotors bei Drehrichtung rechts?
Beginn: Anschluss L+ an A1

→ Strom durch die Ankerwicklung von A1 nach A2 und Wendepolwicklung von B1 nach B2 (Die Wendepolwicklung ist im Motor verschaltet.)

→ Brücke auf D1 (Abb. 1 ①)

→ Strom durch die Erregerwicklung von D1 nach D2

→ Anschluss L−

Drehzahleinstellung

Die Drehzahl von Gleichstrommotoren lässt sich in weiten Bereichen einstellen. Folgende Möglichkeiten bestehen:

• Änderung der Klemmenspannung

• Erregerfeldschwächung

• Ankerfeldschwächung

Eine Änderung der Klemmenspannung lässt sich mit Gleichstromstellern durchführen. Es handelt sich dabei um gesteuerte Stromrichter, die eine konstante Eingangsgleichspannung in eine veränderliche Ausgangsgleichspannung umwandeln. Dies erfolgt mit periodisch betätigten Gleichstromschaltern. Als Schaltelemente im Gleichstromsteller werden Transistoren oder Thyristoren verwendet. Abb. 3 zeigt vereinfacht die Schaltung des Gleichstromstellers.

Liegt am Basisanschluss des Transistors Q1 ein Taktimpuls an, so schaltet der Transistor durch

und der Laststrom steigt allmählich an (Abb. 4 ①, Induktionsvorgang in den Wicklungen des Motors). Die Freilaufdiode F1 ist erforderlich, weil in der Impulspause der Transistor sehr schnell abschaltet und er aufgrund der Selbstinduktionsspannung des Motors zerstört werden würde. Die Freilaufdiode sorgt außerdem dafür, dass der Strom in der gleichen Richtung weiterfließen kann ②.

Die Ansteuerung des Transistors kann grundsätzlich durch unterschiedlich breite Pulse (Pulsbreitensteuerung oder Pulsweitenmodulation) oder durch unterschiedliche Impuls- und Pausenzeiten (Pulsfolgesteuerung) erfolgen.

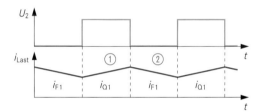

Abb. 4: Spannungs- und Stromverlauf im Gleichstromsteller

Pulsbreitensteuerung/Pulsweitenmodulation

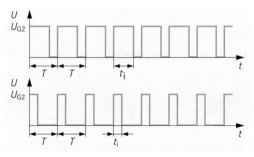

Abb. 5: Pulsbreitensteuerung

Die Durchlasszeit des Transistors wird gesteuert. Dabei ist die Periodendauer T konstant und die Einschaltdauer t_i wird verändert. So ist in Abb. 5 bei beiden Spannungsverläufen zwar die Periodendauer konstant, die Impulsbreite t_i unterschiedlich, so dass ein unterschiedlich großer Strom fließt. Dies ist im Beispiel Abb. 6 verdeutlicht.

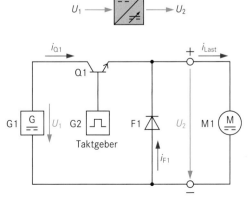

Abb. 3: Gleichstromsteller

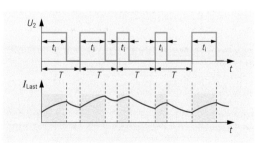

Abb. 6: Beispiel einer Pulssteuerung

Pulsfolgesteuerung

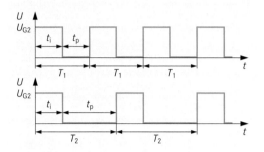

Abb. 1: Pulsfolgeschaltung

Die Frequenz der Pulsfolgen wird gesteuert. Dabei bleibt die Einschaltdauer t_i konstant und die Periodendauer T wird verändert.

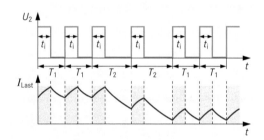

Abb. 2: Beispiel für eine Pulsfolge

 Gleichstromsteller verändern die Größe von Gleichspannungen durch Pulsbreiten- oder Pulsfolgesteuerung.

Erregerfeldschwächung

Durch die Schwächung des Erregerfeldes wird die Leerlaufdrehzahl größer und das Anzugsdrehmoment des Motors kleiner. Die Drehzahländerung erfolgt durch einen Widerstand im Erregerstromkreis (Feldsteller). Er beeinflusst die Erregerstromstärke I_E und damit das Feld. Dadurch wird die Gegenspannung im Anker kleiner. Dieses hat eine Vergrößerung der Ankerstromstärke zur Folge. Eine größere Ankerstromstärke bewirkt eine größere Drehzahl.

$$I_E \downarrow \Rightarrow U_G \downarrow \Rightarrow I_A \uparrow M \uparrow \Rightarrow n \uparrow$$

Ergebnis: Durch eine Verringerung der Erregerstromstärke I_E erhöht man die Drehzahl n.

Beim Nebenschlussmotor wird dieser Widerstand in Reihe (Abb. 3) und beim Reihenschlussmotor parallel zur Erregerfeldwicklung eingesetzt (Abb. 4).

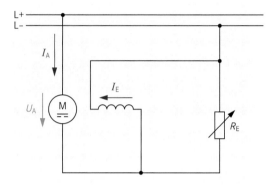

Abb. 4: Reihenschlussmotor mit Feldsteller

Ankerfeldschwächung

Die Drehzahl lässt sich auch durch Verringern der Ankerstromstärke verkleinern. Hierzu wird ein Widerstand in den Ankerkreis (Abb. 5 ①) eingeschaltet. Die Leerlaufdrehzahl bleibt unverändert, da der Stromfluss durch den Anker im Leerlauf klein ist und damit auch der Spannungsfall am Ankerwiderstand gering wird. Allerdings wird dann das Anzugsdrehmoment kleiner.

Zu beachten ist, dass beim Reihenschlussmotor auch die Stromstärke der Erregerwicklung verändert wird. Dies hat Einfluss auf die Drehzahl.

Der Nachteil dieser Drehzahleinstellung besteht darin, dass elektrische Energie am Widerstand in Wärme umgesetzt wird (verlustbehaftete Einstellung).

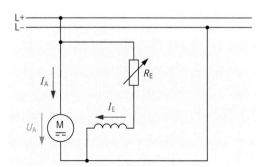

Abb. 3: Nebenschlussmotor mit Feldsteller

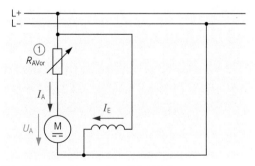

Abb. 5: Nebenschlussmotor mit Feldsteller

2.4.2.4 Bremsbetrieb

Der Gleichstrommotor kann durch mechanische oder elektrische Maßnahmen zum Stillstand gebracht werden (Abb. 6).

! Motoren können mechanisch oder elektrisch abgebremst werden.

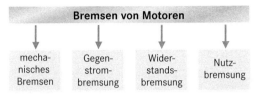

Abb. 6: Bremsmöglichkeiten bei Gleichstrommotoren

Beim mechanischen Bremsen werden folgende Bremsen eingesetzt:

- Scheibenbremse
- Kegelbremse
- Lamellenbremse

Bei der Scheibenbremse (Beispiel einer Aufzugsbremse in Abb. 7) wird die Kraft durch zwei Bremsbacken ② übertragen, die auf eine am Motor befestigte Scheibe drücken. Über eine Hebelmechanik kann die Bremse am Bremslüfter ③ ein- und ausgeschaltet werden. Der Bremslüfter führt dazu elektromagnetisch oder hydraulisch eine Hubbewegung aus.

Da die Bremse fest mit dem zweiten Wellenende des Motors verbunden ist, besteht eine unmittelbare mechanische Verbindung zwischen der Seiltrommel mit der Last und der Bremseinrichtung.

Gegenstrombremsung

Bei der Gegenstrombremsung wird die Drehrichtung eines Gleichstrommotors durch Vertauschen der Stromrichtung in der Ankerwicklung verändert.

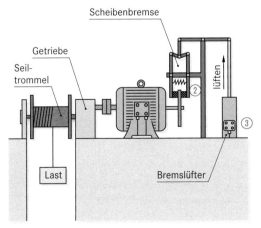

Abb. 7: Bremsvorgang mit Scheibenbremse

Wird die Stromrichtung im laufenden Betrieb geändert, will der Motor die Drehrichtung umkehren. Die Drehzahl geht auf Null, um dann in die Gegenrichtung anzusteigen. Damit der Motor nicht in die andere Drehrichtung anläuft, muss ein Drehzahlwächter bei $n = 0$ den Motor abschalten.

Bei dieser Bremsart wird die Stromstärke im Motor sehr groß. Es entsteht eine hohe thermische Belastung.

Widerstandsbremsung

Bei einer elektrischen Widerstandsbremse macht man sich die Tatsache zunutze, dass jeder Elektromotor auch als Generator wirken kann.

Wird der Ankerwicklung Strom zugeführt und im Ständer ein Magnetfeld erzeugt, so dreht sich der Anker und kann zum Antreiben benutzt werden (Motorprinzip). Wird umgekehrt der Anker bewegt und dafür gesorgt, dass im Ständer ein Magnetfeld erzeugt wird, so wird im Anker eine Spannung induziert, die in einem Stromkreis einen Strom hervorrufen kann (Generatorprinzip).

Dazu wird die Zuleitung abgeschaltet und ein Bremswiderstand (Abb. 6 ④) in den Ankerkreis geschaltet. Im Widerstand wird der Strom in Wärmeenergie umgewandelt. Der Motor wird dabei abgebremst und der Anker bleibt stehen.

Die Bremsleistung des Motors wird bei diesem Verfahren durch die Größe des Bremswiderstandes beschränkt. Der Vorteil der Widerstandsbremse liegt in ihrer Verschleißfreiheit.

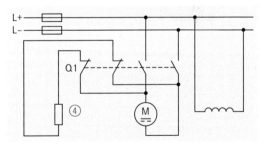

Abb. 8: Abbremsen durch Bremswiderstand

Nutzbremsung

Bei der Widerstandsbremsung wurde die Bewegungsenergie des Motors in Wärme umgewandelt. Es ist aber auch möglich, diese Energie dem Energieversorgungsnetz wieder zuzuführen. Man spricht dann von Nutzbremsung. Sie ist bei Antriebsmotoren zu finden, die häufig abgebremst werden müssen. Zur Nutzbremsung sind spezielle, rückspeisefähige Stromrichter erforderlich.

! Bei elektrischer Bremsung unterscheidet man Gegenstrom-, Widerstands- und Nutzbremsung.

2.4.3 Universalmotor

Der Universalmotor (Abb. 1) kann an Gleich- oder Wechselspannung betrieben werden. Sein Ständer besteht aus einem Blechpaket mit zwei ausgeprägten Polen und der Feldwicklung. Diese Reihenschlusswicklung hat wenige Windungen mit einem großen Drahtquerschnitt. Der Läufer ist wie ein üblicher Gleichstromanker aufgebaut. Die Wicklungen sind in Reihe geschaltet. Je eine Hauptwicklung liegt vor der Ankerwicklung. Diese Wicklungen wirken für die bei der Kommutierung entstehenden hochfrequenten Spannungen wie Drosselspulen. Die Ausbreitung der Störspannungen in das Energieversorgungsnetz wird dadurch stark eingeschränkt. Der Universalmotor besitzt keine Wendepol- und Kompensationswicklung.

 Universalmotoren sind Reihenschlussmotoren und können an Gleich- und Wechselspannung betrieben werden.

Abb. 1: Universalmotor

Das Diagramm in Abb. 2 dokumentiert das Lastverhalten eines Universalmotors an Gleich- und Wechselspannung. In beiden Fällen zeigt die Maschine Reihenschlussverhalten. Die Drehzahl ist beim Anschluss an Gleichspannung immer höher als beim Anschluss an Wechselspannung. Sie kann über die Spannung in einem großen Bereich gesteuert werden.

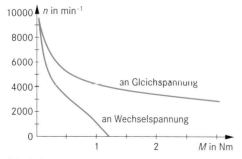

Abb. 2: Betriebskennlinie eines Universalmotors

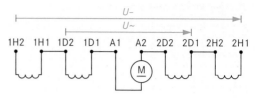

Abb. 3: Anschlüsse des Universalmotors (Linkslauf)

Die Wicklungen des Universalmotors haben an Wechselspannung auf Grund des Blindwiderstandes X_L einen größeren Widerstand als an Gleichspannung. Dies führt zu einem geringeren Stromfluss durch den Motor und folglich zu einer geringeren Leistung. Da der Blindwiderstand frequenzabhängig ist und bei steigender Frequenz größer wird, können Gleichstrom-Reihenschlussmotoren nur bei niedrigen Frequenzen effektiv an Wechselspannung arbeiten.

Wegen dieses zusätzlichen induktiven Widerstandes an Wechselspannung (Frequenz 50 Hz) haben Universalmotoren Anschlüsse für Gleichspannung (viele Windungen: 1H2 – 2H1 (Abb. 3) und Anschlüsse für Wechselspannung (wenige Windungen: 1D2 – 2D1).

 Universalmotoren arbeiten nur bei niedrigen Frequenzen (bis 50 Hz) wirtschaftlich.

Einsatzbereiche

Man verwendet Universalmotoren unter anderem zum Antrieb von elektrisch betriebenen Werkzeugen, Haushaltsgeräten, Waschmaschinen und Staubsaugern.

Drehrichtung bei
Gleich- und Wechselspannung

Der Universalmotor ist wie ein Gleichstrommotor aufgebaut. Es soll geklärt werden, wie er sich bei Wechselspannung verhält.

In der Abbildung 4a) und 4b) sind die Magnetflussrichtungen eingezeichnet, die bei einem Polaritätswechsel eintreten. Weil sich das Ankerfeld mit dem Läufer auf dem kürzesten Weg (90°) in Richtung des Erregerfeldes dreht, ist auch bei einem Polaritätswechsel die Drehrichtung rechts herum.

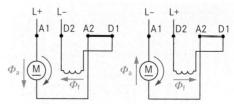

a) L+ an A1 und L– an D2   b) L– an A1 und L+ an D2

Abb. 4: Drehrichtung bei Gleich- und Wechselspannung

2.5 Sondermotoren

2.5.1 Spaltpolmotor

Der Spaltpolmotor (Abb. 5) ist ähnlich aufgebaut wie ein Asynchronmotor. Der Ständer besteht aus einem Dynamoblechpaket, auf dem die Wechselstromerregerwicklung (Hauptwicklung) aufgebracht ist. Der Ständer hat zudem zwei Spaltpole (Abb. 6 ①), in denen jeweils die Spaltpolwicklung (Kurzschlussring) eingelagert ist. Der Kurzschlussring ist aus Kupfer oder Aluminium gefertigt und stellt eine Wicklung mit nur einer Windung dar. Sie ist um einen Winkel β räumlich versetzt zur Hauptwicklung angeordnet.

Der Läufer besteht wie bei den anderen Kurzschlussläufer-Motoren aus der Welle, dem Blechpaket und der in den Nuten liegenden Wicklung.

Wirkungsweise

Der Spaltpolmotor läuft im Unterschied zum Drehstrom-Asynchronmotor mit einphasigem Wechselstrom. Zur Erzeugung eines Drehfeldes sind zwei phasenverschobene magnetische Felder nötig. Daher muss eine Verschiebung erst erzeugt werden. Dies geschieht folgendermaßen:

Das von der Hauptwicklung (Ständerwicklung) gebildete Feld durchdringt den Kurzschlussring. Dort wird eine Spannung induziert und die Stromstärke I_2 hat ein Magnetfeld zur Folge. Dieses Magnetfeld wirkt im Spaltpol ① dem Hauptfeld entgegen. Es ergibt sich dadurch eine Phasenverschiebung. Auf diese Weise entsteht ein elliptisches Drehfeld, das den Läufer bewegt. Er dreht sich vom Hauptpol in Richtung zum Spaltpol (Abb. 6).

> ! Spaltpolmotoren sind vom Prinzip her Asynchronmotoren und werden mit Einphasen-Wechselspannung betrieben.

Da es sich beim Spaltpolmotor um einen Asynchronmotor handelt, besitzt der Läufer die gleiche Drehrichtung. Durch Umschalten kann sie nicht geändert werden, da aufgrund einer Spannungsumpolung das Feld des Hauptpols und des Spaltpols umgekehrt werden. Abhilfe schafft eine zweite Spaltpolwicklung oder der umgekehrte Einbau des Läuferrades.

Maschinen dieser Art zeigen das typische Betriebsverhalten einer Asynchronmaschine. Aufgrund der Ständerform entstehen große Streufelder. Die Verluste im Kurzschlussring sind relativ hoch. Die Maschinen haben deshalb einen schlechten Wirkungsgrad und einen kleinen Leistungsfaktor $\cos \varphi$.

Auch hier verwendet man bei kleinen Leistungen statt des Käfigläufers einen Läufer aus massivem Eisen, Kupfer oder Aluminium.

Einsatzgebiete

Die Herstellungskosten des Spaltmotors sind aufgrund der einfachen Bauweise gering. Da wegen der großen Streufelder die Verluste sehr groß sind, wird er nur für Leistungen bis etwa 200 W verwendet. Der Wirkungsgrad beträgt nur etwa 10–20 %. Die Verwendung des Spaltpolmotors für größere Leistungen ist unwirtschaftlich. Sein Betrieb an Wechselspannung, seine Laufruhe, Wartungsfreiheit und hohe Lebensdauer haben ihn jedoch zum Standardantrieb von kleinen Lüftern (Abb. 5), Ventilatoren oder auch Pumpen in Waschmaschinen gemacht.

> ! Spaltpolmotoren werden für Leistungen bis ca. 200 W hergestellt. Sie sind kostengünstig und wartungsfrei.

Abb. 5: Spaltpolmotor

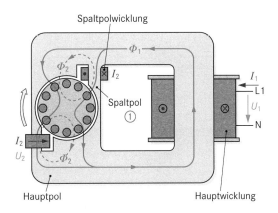

Abb. 6: Magnetische Flüsse beim Spaltpolmotor

2.5.2 Linearmotor

Beim Linearmotor wird keine Drehbewegung, sondern eine lineare Bewegung erzeugt. Sie entsteht nach dem gleichen Prinzip wie beim Asynchronmotor.

Die Umwandlung eines Asynchronmotors in einen Linearmotor kann man sich wie folgt vorstellen: Ein Käfigläufermotor wird in Längsrichtung bis zur Mittelachse aufgeschnitten (Abb. 1a). Werden nun der Ständer und der Läufer geradegebogen, erhält man den Typ 1 eines Linearmotors.

 Linearmotoren arbeiten im Prinzip wie Asynchronmotoren. An Stelle eines Drehfeldes entsteht ein lineares Wanderfeld.

Zerschneidet man den Motor dagegen in zwei Hälften und biegt die Ständer- und Läuferhälften gerade, dann entsteht der andere Typ des Linearmotors (Abb. 1b, Typ 2). Man hat in beiden Fällen ein Primärteil, auch Induktorkamm genannt, und ein Sekundärteil, das Läufer- oder Reaktionsschiene genannt wird.

 Beim Linearmotor sind Ständer und Läufer eines Asynchronmotors auf einer Ebene ausgebreitet („abgewickelt"). Sie werden als Primär- (beweglich) und Sekundärteil (fest) bezeichnet.

Die Wirkungsweise des Linearmotors entspricht sehr der drehenden Asynchronmaschine. Im Primärteil wird die Drehstromwicklung mit Drehstrom gespeist. Bei einer drehenden Maschine würde ein Drehfeld entstehen. Hier kann das Magnetfeld nur in eine Richtung wandern. Es entsteht ein Wanderfeld (Abb. 2). Dieses Feld induziert im Sekundärteil eine Spannung, es fließt Strom.

Diese stromdurchflossenen Leiter befinden sich im Magnetfeld des Primärteils. Zwischen beiden wirkt eine Kraft. Diese würde das Sekundärteil in die gleiche Richtung wie das Wanderfeld bewegen (s. Kap. 2.2.3.2). Beim Linearmotor wird aber das Sekundärteil festgehalten. Das freibewegliche Primärteil wird damit in die entgegengesetzte Richtung zur Wanderfeldrichtung bewegt.

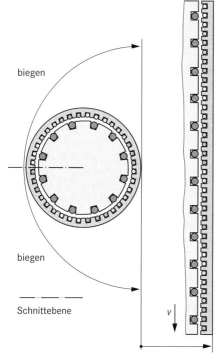

a) Typ 1

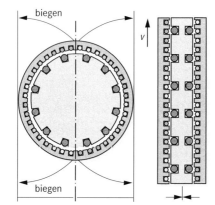

b) Typ 2

Abb. 1: Entstehung des Linearmotors aus dem Drehstrom-Asynchronmotor

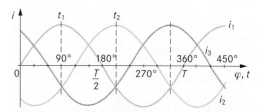

a) Liniendiagramm der Ströme

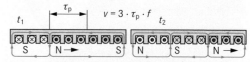

$v = 3 \cdot \tau_\mathrm{p} \cdot f$

b) Magnetfeldverlauf zu den Zeitpunkten t_1 und t_2

Abb. 2: Entstehung des Wanderfeldes beim Linearmotor

Die Geschwindigkeit, mit der sich das Wanderfeld bewegt, hängt von der Polteilung τ_p und der Frequenz f ab (Abb. 2). Die Bewegungsgeschwindigkeit v des Motors liegt unterhalb der Wanderfeldgeschwindigkeit v_f. Es muss wie bei der Asynchronmaschine ein Schlupf s vorhanden sein, damit eine Kraft entsteht.

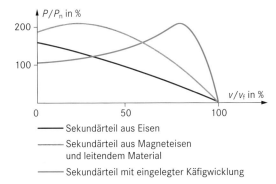

Abb. 3: Schubkraft in Abhängigkeit von der Geschwindigkeit

Das Primärteil enthält die Wicklung zur Erzeugung des Wanderfeldes, die in ein Dynamoblechpaket eingelegt wird. Das Wanderfeld kann außer mit einer Drehstromwicklung auch durch eine einphasige Wechselstromwicklung mit einer Hilfsspannung erzeugt werden. Man verwendet in beiden Fällen nicht die üblichen Spulenwicklungen. Aus Platzersparnis werden Scheibenwicklungen eingefügt.

Der Sekundärteil ist sehr unterschiedlich aufgebaut. Er besteht entweder nur aus Magneteisen, aus Magneteisen und leitendem Material, aus Magneteisen mit eingelegter Käfigwicklung oder nur aus leitendem Material wie Kupfer oder Aluminium. Der Luftspalt zwischen dem Primär- und dem Sekundärteil muss klein sein. Da zwischen beiden Teilen große Kräfte auftreten, müssen die Befestigungen so ausgeführt werden, dass der Luftspalt eingehalten wird. Je nach Bauart hat man bei einer Maschine mehrere Primärteile und mehrere Sekundärteile.

Das Betriebsverhalten ist ähnlich wie bei Drehstrom- Asynchronmaschinen. Der Leistungsfaktor cos φ und der Wirkungsgrad η hängen sehr von der Bauart des Sekundärteiles ab. Beide Werte liegen aber niedriger als bei normalen Asynchronmotoren. Die Schubkraft-Geschwindigkeits-Kennlinie (Abb. 3) ist als Hochlaufkennlinie zu bezeichnen. Sie hängt ebenfalls sehr von der Bauart der Maschine ab.

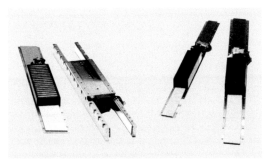

Abb. 4: Eisenbehaftete Linearmotoren in der Automatisierungstechnik

Anwendungen

Linearmotoren werden als Antrieb für Schiebetüren, Werkstore, Werkzeugmaschinen mit Wechselbewegungen, Magnetschwebebahnen, Flugzeugstartrampen auf Flugzeugträgerschiffen usw. verwendet. Sie werden auch eingesetzt als Linearantriebe in der Automatisierungstechnik. Dabei wird zwischen eisenbehafteten (Abb. 4) und eisenlosen Linearmotoren unterschieden.

Eisenbehafteter Linearmotor

Anstelle von Wicklungen werden im Sekundärteil ein- oder zweiseitige Magnetanordnungen verwendet (Abb. 5). Der Primärteil besteht aus einer dreiphasigen Wicklung, die in Nuten eingelegt und vergossen ist. Die Ansteuerung kann durch einen Servoregler erfolgen.

Anwendung:

Hauptachse für Werkzeugmaschinen

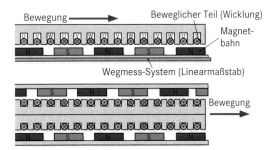

Abb. 5: Aufbau eines eisenbehafteten Linearmotors

Eisenloser Linearmotor

In Abb. 6 ist der grundsätzliche Aufbau dargestellt. Der Sekundärteil besteht aus einem U-förmigen Profil, das auf beiden Seiten mit Magneten bestückt ist. Nord- und Südpole sind abwechselnd angeordnet. Der Primärteil besteht aus einer dreiphasigen Wicklung. Sie wird von einem Servoregler angesteuert. Das Kommutierungssignal wird über ein angebrachtes Längenmesssystem oder durch Hallsensoren erzeugt (im Läufer integriert).

Anwendung:

Schnelle und hochgenaue Aufgaben, z. B. für Bestückungsmaschinen

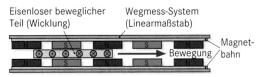

Abb. 6: Aufbau eines eisenlosen Linearmotors

 Bei Linearantrieben der Automatisierungstechnik werden eisenbehaftete und eisenlose Linearmotoren unterschieden.

**Aufbau/
Funktion**

2.5.3 Servoantriebe

Unter Servoantrieben versteht man elektrische Antriebe für Hilfszwecke. Dabei handelt es sich meist
um Geräte zum Bewegen und Positionieren von
kleineren Lasten in der Automatisierungstechnik.
Der Leistungsbereich dieser Antriebe geht bis etwa
5 kW.

Einsatzgebiete von Servoantrieben

* Antriebssysteme mit mehreren zu koordinie-
renden Bewegungen
* Positionieraufgaben mit hoher Genauigkeit (z. B.
Roboter, Werkzeugmaschinen, Handhabungsgeräte)
* Verkettung mehrerer Antriebe mit hohen Anforderungen an Winkelgleichlauf (z. B. Druck-
maschinen, Transportanlagen, Schneideeinrich-
tungen)
* Elektronische Kurvenscheiben

Anforderungen

Damit die Antriebe in den genannten Anwendungs-
bereichen eingesetzt werden können, müssen sie
folgende Anforderungen erfüllen:

* Großer Drehzahlstellbereich $0,01 \ldots 10\,000$ min^{-1}
* Hohes Drehmoment und Dynamik (kurzzeitige
Spitzendrehmomente)
* Hohe kurzzeitige Überlastbarkeit
* Gute Rundlaufeigenschaften im gesamten Dreh-
zahlbereich
* Hohe Genauigkeit bei Positionierung bzw. Win-
kelgleichlauf

Ein Servoantrieb besteht aus den in Abb. 1 skiz-
zierten Baugruppen, die im Folgenden beschrieben
werden.

Motor

Der Servomotor (Abb. 2) kann verschiedene vorgegebene Positionen anfahren (Positionierung) und
diese Lage dann beibehalten. Das Anfahren und
Beibehalten der vorgegebenen Positionen wird
durch den Servo-Umrichter vorgenommen.

Zum genauen Einstellen der Position sind der Servomotor und seine Regelung mit einer Messeinrichtung (Drehgeber, Abb. 1 ①) versehen.

Abb. 2: Servomotoren

Aufbau

Servomotoren werden als Gleichstrom- oder Wechselstrommotoren ausgeführt. Ab einer Leistung
von ca. 100 W werden bevorzugt AC-Servomotoren
eingesetzt. Im Folgenden wird nur der AC-Servomotor behandelt.

Motoren dieser Bauart sind wie bürstenlose Synchronmotoren aufgebaut und werden mit Dreipha-
sen-Wechselstrom gespeist. Der Ständer besteht
aus Eisen (Abb. 3), in dem die Dreiphasen-Wech-
selstromwicklung eingelegt ist. Diese Wicklung
kann wie bei einem Synchronmotor z. B. vierpolig
oder sechspolig sein. Der Rotor im Inneren ist aus
Läuferblechen hergestellt, auf denen Permanent-
magnete aufgesetzt wurden (Abb. 3).

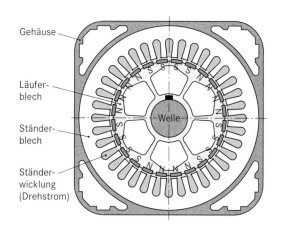

Abb. 3: AC-Servomotor

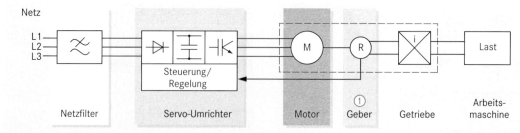

Abb. 1: Bestandteile eines Servoantriebs

Wirkungsweise

Das Drehfeld des Ständers wird durch Anschluss des Motors an einen Wechselrichter (s. Kap. 2.3.2.6) erzeugt, der dem Motor die drei um 120° versetzten Ströme zuführt. Wie beim Synchronmotor bestimmt auch beim Servomotor die Drehzahl des Ständerdrehfeldes die Läuferdrehzahl. Mit Hilfe des Servo-Umrichters kann die Drehzahl so stufenlos von $n = 0$ auf beliebige Werte eingestellt werden. Zum Bremsen des Motors wird die Frequenz des Drehfeldes schnell auf $f = 0$ Hz heruntergefahren.

Für Positionierungsaufgaben muss der Motor die Motorwelle in einer bestimmten Lage halten. Dies wird durch Anlegen einer Gleichspannung an die Drehstromwicklung erreicht, die den Läufer in dieser Position hält.

Servo-Umrichter

Der Servo-Umrichter besteht aus einem Gleichstromsteller oder 3-Phasen-Wechselrichter mit integriertem Brems-Chopper oder rückspeisefähigem Zwischenkreisgleichrichter.

Er enthält die Regelung, mit der das Fahren, Stoppen und Halten des Motors gesteuert wird. Dazu muss das System über einen PC parametriert werden. Folgende Standardwerte werden eingestellt:

- Motor- und Geberkenndaten
- Reglereinstellungen (Drehzahlen, Zeitwerte, Rampenzeitwerte)
- Grenzwerte (maximale Drehzahlen und Ströme)
- Bremswerte (Zeitverzögerung)

Nach der Parametrierung werden die Fahrkurven des Motors durch z. B. ein SPS-Programm festgelegt. Die Verbindung zum SPS-Umrichter wird über eine Busschnittstelle hergestellt.

Die Informationen zur Regelung erhält der Servo-Umrichter von einem Geber. Er ermittelt die

- Winkellage des Läufers
- Drehzahl
- Drehrichtung

Arten von Gebern sind Resolver, Inkrementalgeber oder Absolutwertgeber (s. Kap. 1.6).

Netzfilter

Um Netzrückwirkungen des Servo-Umrichters zu vermeiden, wird ein Netzfilter installiert. Dieser filtert mit Hilfe von Kondensatoren und Drosseln die Oberschwingungen heraus. Das Versorgungsnetz wird so nicht zusätzlich belastet.

Geber

Resolver

Im Stator sind zwei um 90° versetzte Spulen ②, ③ angeordnet.

Auf der Rotorachse befindet sich die Rotorwicklung ④, deren Anschlüsse über Schleifringe und Bürsten nach außen geführt sind.

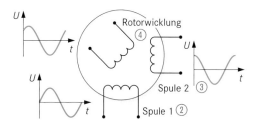

Die Rotorwicklung wird mit einer sinusförmigen Wechselspannung erregt. Dadurch werden in beiden Spulen Spannungen induziert. Die Höhe der induzierten Spannung hängt von der Lage des Rotors zur Spule 1 und Spule 2 ab. Die Amplituden der in den Spulen induzierten Spannungen entsprechen dem Sinus bzw. Kosinus der Winkellage des Rotors.

Inkremental-Drehgeber

Als Inkremental-Drehgeber werden Sensoren zur Erfassung von Lageänderungen (linear oder rotierend) bezeichnet, die sowohl Wegstrecke als auch Wegrichtung erfassen können. Am häufigsten werden rotierende optische Geber verwendet.

Es wird ein Lichtstrahl (LED) durch eine mit Strichen versehene Lochblende ⑤ und eine zweite Spur ⑥ auf einen Fotosensor ⑦ geleitet.

Die zweite Spur ist um ¼ der Schrittweite versetzt. Verschiebt bzw. dreht sich die Lochplatte, so wird der Fotosensor abwechselnd beleuchtet und abgedunkelt. Die Anzahl der Hell-Dunkel-Impulse wird gezählt und ausgewertet.

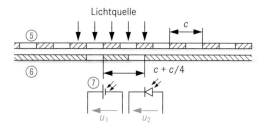

2.5.4 Schrittmotor

Ein Schrittmotor besteht aus einem feststehenden Ständer und einem Läufer. Im Gegensatz zu anderen Motoren befinden sich beim Schrittmotor die Spulen nur im feststehenden Ständer. Der Läufer ist ein Dauermagnet mit einem Nord- und Südpol. Das Drehfeld entsteht durch gezieltes Ein- und Ausschalten einzelner Wicklungsstränge (Abb. 1). Dadurch lassen sich auf einfache Weise auch der Drehsinn und die Drehzahl des Motors steuern.

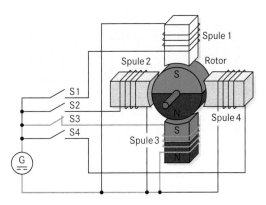

Abb. 1: Schaltung eines Schrittmotors

Wirkungsweise

Wird z. B. Schalter S3 geschlossen (Abb. 1), so dreht sich der Nordpol des Polrades zum Südpol der Spule 3. Werden dann S3 geöffnet und S2 geschlossen, dreht sich der Läufer um 90° im Uhrzeigersinn weiter zu Spule 2.

Um die Position des Läufers zu bestimmen, genügt es – ausgehend von einer Ausgangslage – die Anzahl der Steuerimpulse zu zählen und mit dem Schrittwinkel zu multiplizieren. Durch eine hohe Frequenz der Steuerimpulse lässt sich eine kontinuierliche Drehbewegung erzeugen.

Der Schrittwinkel α ergibt sich aus der Polpaarzahl p des Läufers und der Phasenzahl m des Ständers.

$$\alpha = \frac{360°}{2 \cdot m \cdot p}$$

α: Schrittwinkel
p: Polpaarzahl
m: Phasenzahl

Abb. 2: Läufer eines Schrittmotors

 Schrittmotoren können durch eine Steuerung um einen bestimmten Schrittwinkel gedreht werden.

Um die Schrittwinkel zu verkleinern, muss die Phasenzahl oder die Polpaarzahl erhöht werden. Da die Phasenzahl in der Regel schwer zu beeinflussen ist, erhöht man in der Praxis die Polpaarzahl. Man fertigt dazu den Läufer aus zwei versetzten Einzelzahnrädern, einem Nord- und einem Südpolrad aus permanent magnetischem Material. Beide sind genau um eine halbe Polteilung zueinander verschoben (Abb. 2).

Ändert sich nun das Ständerspulenfeld, wird durch die Poländerung das Polrad jeweils um den Schrittwinkel α weitergedreht. Die Ansteuerung der Ständerwicklungen erfolgt mit Hilfe elektronischer Schaltungen. Eine einfache Schaltung stellt die Transistorleistungsstufe für Schrittmotoren dar (Abb. 3). Durch die Steuerung wird jeweils die Basis eines bestimmten Transistors angesteuert. Die Kollektor-Emitter-Strecke wird niederohmig und durch die Motorwicklung fließt Strom.

Schrittmotoren können bis ca. 1 kW wirtschaftlich eingesetzt werden. Sie finden Verwendung in der Regelungstechnik, in Druckern (Abb. 4) oder auch als Antrieb für den Schreib-/Lesekopf in der Festplatte.

 Schrittmotoren sind für kleine Leistungen einsetzbar.

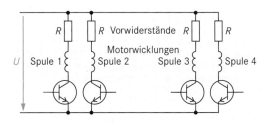

Abb. 3: Steuerung für Schrittmotoren

Abb. 4: Schrittmotor

1. Weisen Sie nach, dass sich bei der Gleichung für die Kraft mit den Einheiten der rechten Seite für U_i eine Spannung ergibt ($U_i = B \cdot l \cdot v \cdot z$).

2. Was ändert sich in der Abbildung, wenn der Magnet um 180° gedreht wird?

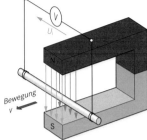

3. Warum wird im Ständer des Motors ein geblechtes Eisenpaket eingelegt?

4. Skizzieren Sie die Entstehung eines Drehfeldes.

5. Ergänzen Sie die Tabelle 1 um die Polzahlen 14 und 16.

Tab. 1: Polpaarzahlen, Zeiten und Drehzahlen

Polpaarzahl	Polzahl	Spulenanzahl	Winkel zwischen den Spulen	Zeit für eine Umdrehung	Drehfelddrehzahl bei $f = 50$ Hz
1	2	3	120°	$1 \cdot T$	3000
2	4	6	60°	$2 \cdot T$	1500
3	6	9	40°	$3 \cdot T$	1000
4	8	12	30°	$4 \cdot T$	750
...	...	...	...	...	...
p	$2 \cdot p$	$3 \cdot p$	$360°/3 \cdot p$	$p \cdot T$	$3000/p$

6. Ermitteln Sie aus dem Leistungsschild (Kap. 2.2.2) die dort aufgeführten Kenngrößen des Motors.

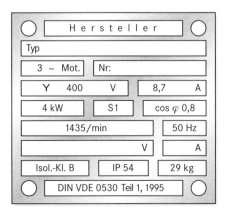

7. Beschreiben Sie, wie beim Asynchronmotor das Läufermagnetfeld entsteht.

8. Warum kann beim Asynchronmotor die Läuferdrehzahl nicht gleich der Statordrehzahl sein?

9. Was ist der Schlupf eines Asynchronmotors? Wie kann er berechnet werden?

10. Beschreiben Sie die Drehzahl-Drehmomentkennlinie eines Kurzschlussläufer-Motors.

11. Warum hat der Asynchronmotor mit einem Rundstabläufer eine große Anlaufstromstärke?

12. Welchen wichtigen Vorteil hat eine Bremseinrichtung mit Bremslüfter?

13. Warum muss der Lüftermagnet für Dauerlast ausgelegt sein?

14. Skizzieren Sie eine Schützschaltung, mit der die Drehrichtung eines Drehstrommotors gesteuert werden kann. Es soll immer erst Rechtslauf eingeschaltet werden können.

15. Die Abb. 1 zeigt eine Auswahl gängiger Motorbauformen. Stellen Sie mit Hilfe des Tabellenbuches weitere Bauformen von Motoren in einer Tabelle zusammen.

16. Berechnen Sie den Leistungsfaktor für folgenden Drehstrommotor: 400 V; 5,9 A; 2,5 kW; 1425 min–1; 50 Hz; $\eta = 80$ %

17. Wodurch lässt sich die Drehrichtung eines Gleichstrommotors verändern?

18. Welche Möglichkeiten gibt es, um die Drehzahl eines Gleichstrommotors einzustellen?

19. Erklären Sie den Unterschied zwischen einer Pulsbreiten- und Pulsfolgesteuerung.

20. Warum sollte ein Universalmotor nur unter Last betrieben werden?

21. Warum ist es sinnvoll, Universalmotoren nur bis 50 Hz zu betreiben?

22. Wie können Geschwindigkeit und Bewegungsrichtung des Linearmotors geändert werden?

23. Wodurch unterscheiden sich Sanftanlaufgeräte und Frequenzumrichter während des Motoranlaufs? Erklären Sie dies mit Hilfe der Begriffe Spannung, Frequenz, Drehmoment und Drehzahl.

24. Aus welchen Komponenten besteht ein Servo-Antriebssystem?

25. Nennen Sie Anwendungen für Servo-Antriebssysteme.

26. Von welchen Größen hängt der Schnittwinkel α beim Schrittmotor ab?

27. Beschreiben Sie die Funktionsweise eines Schrittmotors.

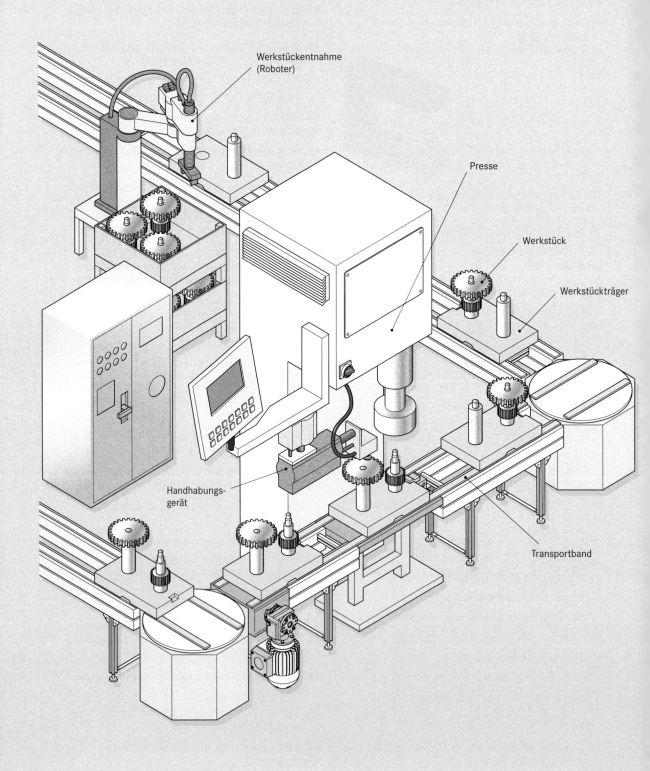

Werkstückentnahme
(Roboter)

Presse

Werkstück

Werkstückträger

Handhabungs-
gerät

Transportband

en

3.1 Automatisierte Systeme am Beispiel Montagestation

3.1.1 Systembeschreibung

In einer Montagestation werden Zahnräder auf Getriebewellen gefügt.

Die Station enthält die Teilsysteme Transportband, hydraulische Presse, Handhabungsgerät, Steuerung sowie elektrische, pneumatische und hydraulische Energieversorgung.

Die Presse ist in einen umfangreichen Fertigungsprozess eingebunden. Von einem Förderband werden Werkstückträger mit je einem Zahnrad und einer Getriebewelle zugeführt. An der Montagestation wird der Werkstückträger gestoppt und das Zahnrad durch ein Handhabungsgerät auf die Getriebewelle gesetzt. Mit der hydraulischen Presse werden Zahnrad und Getriebewelle gefügt. Anschließend läuft das Transportband weiter und transportiert den Werkstückträger zum Roboter. Dieser entnimmt das fertige Werkstück und setzt es auf einer Palette ab.

Das Betreiben, Programmieren und Optimieren der Anlage erfordert ein entsprechendes Verständnis über den Aufbau und die Wirkungsweise des Gesamtsystems sowie der einzelnen Teilsysteme.

Umfangreichere Systeme werden in überschaubare Teilsysteme zerlegt, um die jeweils interessierenden Baugruppen und Bauglieder zu betrachten.

Die Presse hat:

- Mechanische Einheiten,

  das sind die Stütz- und Transporteinheiten und Energieübertragungseinheiten. Sie sind erforderlich, um der Anlage einen festen Stand zu sichern, die Werkstückträger zu transportieren und Bewegungsenergie zu übertragen.

- Elektrische Einheiten,

  das sind die elektrischen Antriebsmotoren sowie die Signalglieder zur Positionserfassung des Handhabungsgerätes und die Ansteuerung der elektromagnetischen Pneumatikventile.

- Pneumatische Einheiten,

  sie bewegen das Handhabungsgerät mit pneumatischen Zylindern und steuern den Vakuumsauger.

- Hydraulische Einheiten,

  das sind das Hydraulikaggregat, Hydraulikventile sowie der Pressenstempel.

- Steuerungstechnische Einheiten,

  das sind in erster Linie die Steuerung, das Bedienfeld und die Signalglieder.

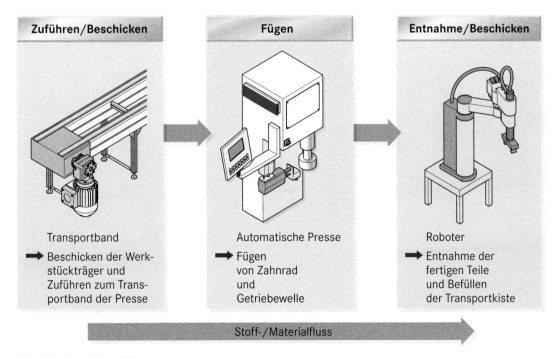

Zuführen/Beschicken	Fügen	Entnahme/Beschicken
Transportband	Automatische Presse	Roboter
➡ Beschicken der Werkstückträger und Zuführen zum Transportband der Presse	➡ Fügen von Zahnrad und Getriebewelle	➡ Entnahme der fertigen Teile und Befüllen der Transportkiste

Stoff-/Materialfluss

Abb. 1: Stoff- und Materialfluss

3.1.2 Funktionsbeschreibung

Die Funktionsbeschreibung der Montagestation dient dazu, die Arbeitsschritte des Montagevorgangs zu beschreiben. Sie ist ein Bestandteil der Anlagendokumentation.

Funktion der Montagestation:

Der automatische Arbeitsablauf kann gestartet werden, wenn die Station betriebsbereit ist und sich in ihrer Grundstellung befindet (Abb. 1, 3).

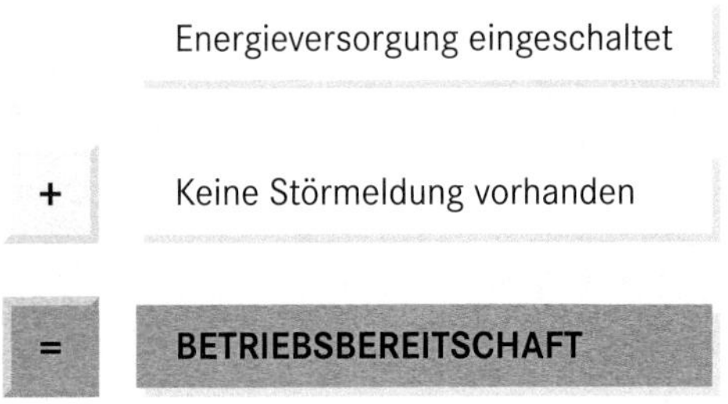

Energieversorgung eingeschaltet
+
Keine Störmeldung vorhanden
=
BETRIEBSBEREITSCHAFT

Abb. 1: Betriebsbereitschaft der Montagestation

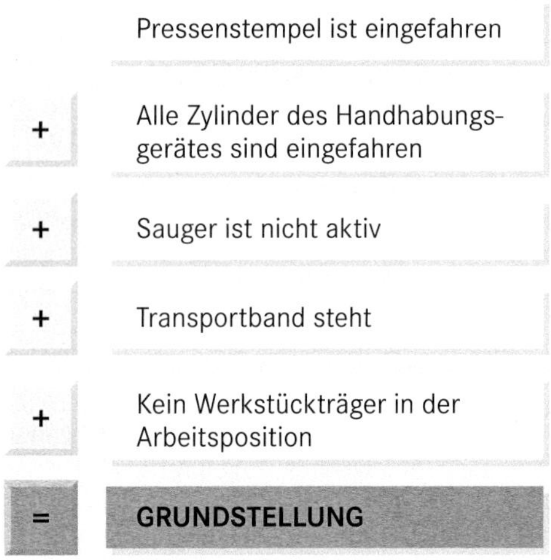

Pressenstempel ist eingefahren
+
Alle Zylinder des Handhabungsgerätes sind eingefahren
+
Sauger ist nicht aktiv
+
Transportband steht
+
Kein Werkstückträger in der Arbeitsposition
=
GRUNDSTELLUNG

Abb. 3: Grundstellung der Montagestation

Sind diese Bedingungen erfüllt und wird das Startsignal gegeben, läuft die automatisierte Montage ab. Sie erfolgt in festgelegten Schritten, dem Arbeitszyklus.

Steuerung
Pressenstempel
Stopper
Vertikalzylinder
Horizontalzylinder
Arbeitsposition
Vakuumsauger
Bandmotor

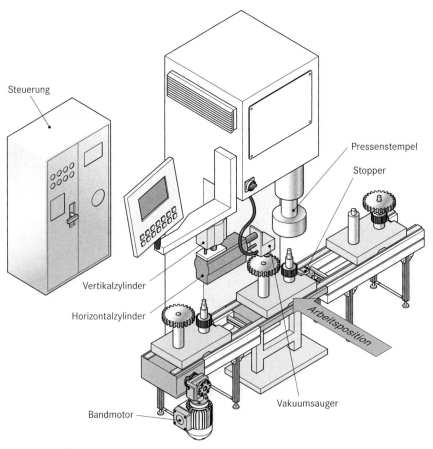

Abb. 2: Komponenten der Montagestation

Arbeitszyklus

1. Steht ein Werkstückträger am Transportband bereit, wird durch die Lichtschranke ein Startsignal gegeben. Der Bandmotor wird gestartet.

2. Der Werkstückträger wird auf dem Transportband in die Arbeitsposition gefahren und vom Stopper angehalten. Das Transportband wird ausgeschaltet.

3. Danach fährt der Vertikalzylinder des Handhabungsgerätes abwärts (Abb. 4a).

4. Anschließend wird der pneumatische Sauger aktiviert und das Zahnrad angesaugt.

5. Das so gehaltene Zahnrad wird vom Vertikalzylinder nach einer kurzen Verzögerungszeit angehoben und vom Horizontalzylinder über der Welle positioniert, dort abgesenkt und durch Deaktivierung des Saugers abgesetzt (Abb. 4b–d).

6. Um sicherzustellen, dass das Zahnrad sicher losgelassen wurde, fährt das Handhabungsgerät erst nach einer kurzen Verzögerungszeit wieder in seine Ausgangsposition zurück (Abb. 4 e und f).

7. Anschließend fährt der Pressenstempel mit schneller Geschwindigkeit, dem Eilgang, aus. Kurz vor dem Zahnrad erfolgt durch eine Positionsmeldung die Umschaltung auf langsame Geschwindigkeit zum Aufpressen des Zahnrades.

8. Danach fährt der Pressenstempel im Eilgang nach oben in die Ausgangsposition.

9. Der Stopper gibt nun den Werkstückträger frei und das Transportband wird wieder gestartet.

10. Sobald der Werkstückträger die Montagestation verlassen hat, befindet sie sich wieder in Grundstellung und der Arbeitszyklus ist abgeschlossen.

Sofern weitere Werkstückträger vom Zuführsystem auf das Transportband übergeben werden, wiederholt sich der automatische Arbeitsablauf.

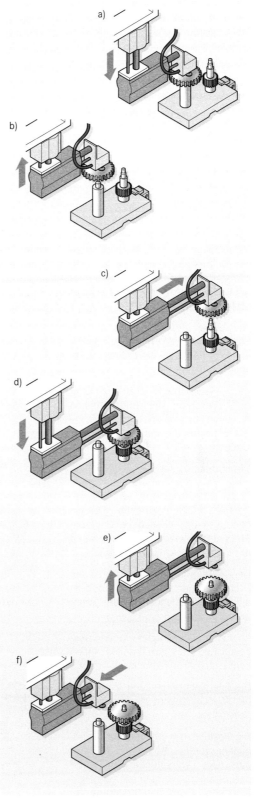

Abb. 4: Arbeitszyklen des Handhabungsgerätes

3.1.3 Blockschaltbild

Im Blockschaltbild werden die Teilsysteme der Montagestation und ihre Zusammenhänge grafisch dargestellt.

Zur Entwicklung des Blockschaltbildes werden die Teilsysteme der Montagestation in Blöcken angeordnet. Diese Teilsysteme sind:

• Elektrische Energieversorgung,

• Steuerung,

• Hydraulikaggregat,

• Drucklufterzeugung,

• Presse,

• Transportband und

• Handhabungsgerät.

Die Zusammenhänge zwischen den Blöcken werden durch Funktionspfeile dargestellt.

3.1.3.1 Entwicklung des Blockschaltbildes

Die Aufgabe der Montagestation ist das Fügen von Zahnrad und Getriebewelle. Dazu durchlaufen die Werkstücke in einer vorgegebenen Reihenfolge verschiedene Phasen der Bearbeitung. Diese ergeben sich aus der Funktionsbeschreibung der Anlage. Man bezeichnet dies als den Stofffluss ①, Abb. 2.

Zum Fügen des Zahnrades auf die Getriebewelle wird hydraulische Energie ② benötigt, die im Hydraulikaggregat erzeugt wird.

Das Handhabungsgerät benötigt zum Ausführen der erforderlichen Bewegungen pneumatische Energie ③. Sie wird in einem Kompressor erzeugt.

Die Hydraulikpumpe im Hydraulikaggregat und der Kompressor werden durch Elektromotoren angetrieben, welche dazu elektrische Energie benötigen ④. Ebenso benötigt die Steuerung sowie der Bandmotor und der Stopper elektrische Energie.

Der Bandmotor wird über einen Drehzahlsteller betrieben, mit dem die Drehzahl verändert werden kann.

Der Motor für den Kompressor wird über einen Druckregler ein- und ausgeschaltet. Dies gewährleistet einen konstanten Arbeitsdruck.

Die Energiebereitstellung, Zuführung und Verteilung wird als Energiefluss bezeichnet.

Die Position der Zylinder des Handhabungsgerätes, des Hydraulikstempels, der Werkstückträger sowie des Stoppers werden mit Signalgebern erfasst und der Steuerung gemeldet ⑤.

Auch das Bedienfeld tauscht mit der Steuerung Informationen aus ⑥. In der Steuerung werden diese Informationen verarbeitet und dann entsprechende Ansteuerbefehle an die Ventile und sonstige Stellglieder gegeben, um den Funktionsablauf zu realisieren. Diesen Informationsaustausch zwischen Anlage und Steuerung nennt man Informationsfluss.

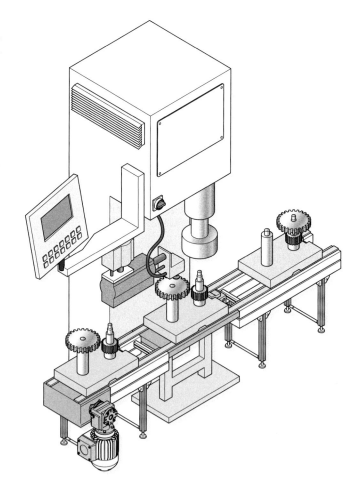

Abb. 1: Teilsysteme der Montagestation

Das Zusammenwirken von Stoff-, Energie- und Informationsfluss lässt sich mit Funktionspfeilen im Blockschaltbild der Montagestation übersichtlich darstellen.

Durch eine unterschiedliche Farbgebung ist sofort erkennbar, in welchen Teilsystemen entsprechende Einheiten zu finden sind.

- Steuerungstechnische Einheiten

- Elektrische Einheiten

- Pneumatische Einheiten

- Hydraulische Einheiten

Blockschaltbilder stellen in übersichtlicher Form die Gesamtheit einer Anlage dar. Die einzelnen Teilsysteme und ihre Komponenten werden als Blöcke dargestellt und deren Zusammenwirken durch Funktionspfeile beschrieben.

Jeder Block im Blockschaltbild bildet ein Teilsystem ab, das gegenüber seiner Umgebung abgegrenzt ist. Die Systemübergänge zwischen Teilsystemen werden als Schnittstellen bezeichnet.

! Das Blockschaltbild ist eine Möglichkeit, Funktionsprozesse grafisch darzustellen. Es gibt eine Gesamtübersicht über das technische System und die ablaufenden Prozesse.

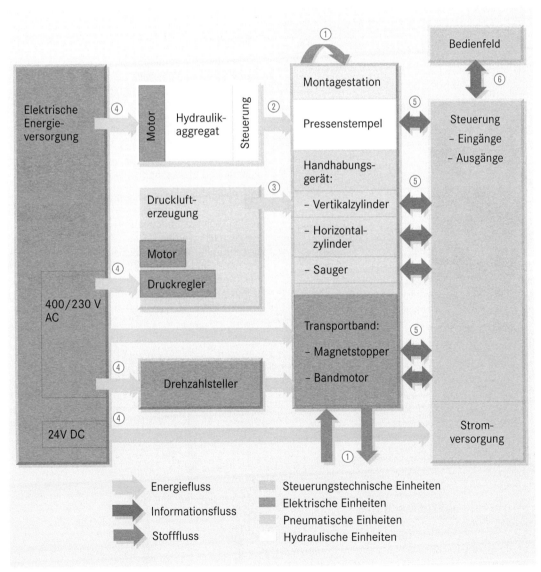

Abb. 2: Blockschaltbild der Montagestation

Blockschaltbilder

Mit Blockschaltbildern können technische Systeme übersichtlich dargestellt werden. Dabei werden nur die für die jeweilige Betrachtung wichtigen Komponenten und Zusammenhänge dargestellt.

Die Systeme können aus verschiedenen Blickwinkeln heraus beschrieben werden. Man unterscheidet nach Funktions-, Produkt- und Ortssicht.

Funktionssicht
Was macht das System?
Wie wirken einzelne Komponenten zusammen?
Wie verlaufen die Energie-, Stoff- und Informationsflüsse?

Produktsicht
Wie ist das System zusammengesetzt?
Welche Komponenten/Teilsysteme beinhaltet das System?

Ortssicht
Wo befindet sich das System?
Welche Komponenten/Teilsysteme sind räumlich beieinander angeordnet?

Beispiel Drucklufterzeugung:

Das vorliegende Blockschaltbild der Drucklufterzeugung liefert folgende Informationen:

Funktionssicht:

Elektrische Energie wird in pneumatische Energie umgewandelt. Dies geschieht durch einen Motor, der den Verdichter antreibt. Der Motor wird von einem Druckregler geschaltet.

Produktsicht:

Anhand der farblichen Gestaltung sowie der ausgewiesenen Funktionsblöcke ist ersichtlich, dass das Teilsystem Drucklufterzeugung elektrische (Motor und Druckregler) und pneumatische Komponenten enthält.

Ortssicht:

Durch das Zusammenfassen zu einem Funktionsblock wird deutlich, dass die Komponenten räumlich beieinander angeordnet sind. Diese Informationen aus Funktions-, Produkt- und Ortssicht reichen aus, um die *Aufgabe* der Drucklufterzeugung in der Gesamtanlage zu beschreiben. Soll jedoch die Funktion und der *Aufbau* der Druckerzeugung genauer beschrieben werden, so muss das vorliegende Blockschaltbild verfeinert werden.

Zur Durchführung einer exakten Funktionsanalyse der Drucklufterzeugungsanlage müssen deren Funktionseinheiten und ihr Zusammenwirken dargestellt werden. Das Zusammenwirken ist gekennzeichnet durch die verschiedenen Stoff-, Energie- und Informationsflüsse zwischen den Funktionseinheiten. Die Verknüpfung der Funktionseinheiten ergibt die Funktionsstruktur der Drucklufterzeugungsanlage.

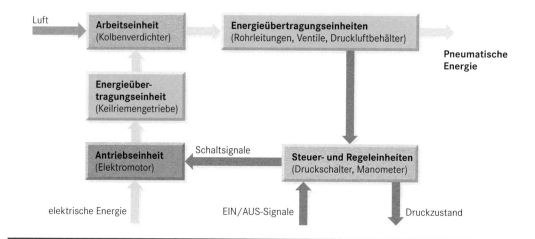

3.1.3.2 Auswahl relevanter Systeme

Bei der Lösungsentwicklung der Steuerungsaufgabe wird die Betrachtung auf die Teilsysteme Steuerung und Montagestation reduziert (Abb. 1). Sie liefern die zur Entwicklung des Steuerungsprogramms notwendigen Informationen. Diese sind:

- der Datenaustausch (Informationsfluss) zwischen Montagestation und Steuerung

sowie

- die Montagevorgänge in der Montagestation (Stofffluss).

Bei der Betrachtung der Steuerungsaufgabe der Montagestation wird die Energieversorgung (Energiefluss) der einzelnen Teilsysteme nicht berücksichtigt. Dadurch kann man sich auf das Lösen der Steuerungsaufgabe besser konzentrieren.

Zur Beschreibung des Steuerungsablaufes (Grundlage für die Programmierung) ist das Blockschaltbild ungeeignet, da es zwar einen guten Überblick über die Anlage liefert, aber nicht die für die Steuerungsprogrammerstellung notwendigen exakten Daten enthält.

Für die Erstellung des Steuerungsprogramms wird eine Darstellung benötigt, aus der der Montageablauf klar hervorgeht.

Diese Darstellung muss aber die Anlage nicht in der Gesamtheit abbilden. Es reicht aus, wenn lediglich die zur Funktion notwendigen Elemente abgebildet werden. Deshalb wird ein Technologieschema erstellt, welches diese Forderungen erfüllt (Kap. 3.1.4).

Die verbale Beschreibung des Funktionsablaufes führt zu langen und schwer zu handhabenden Texten, wenn sie mit der für die Programmerstellung geforderten Exaktheit ausgeführt wird. Aus diesem Grund erfolgt die Beschreibung in grafisch schriftlicher Form, dem Funktionsplan (Kap. 3.1.5).

Weiterhin muss genau bekannt sein, zu welchem Steuerungseingang jeder Positionsschalter (Sensor) sein Signal schickt.

Genauso muss bekannt sein, welcher Steuerungsausgang welches Stellglied anspricht. Diese Informationen liefern die Schnittstellen (Kap. 3.1.6).

Mit diesen Informationen kann jetzt das Steuerungsprogramm für die Montagestation in einer von der Steuerung bereitgestellten Programmiersprache entwickelt werden.

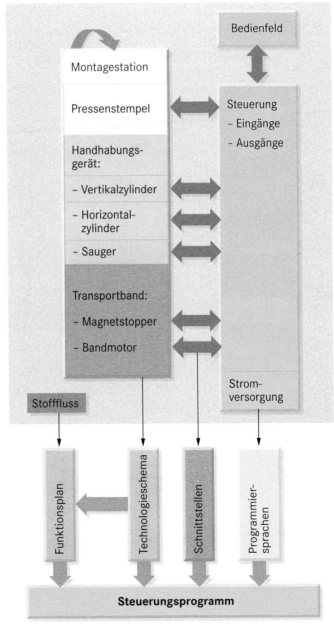

Abb. 1: Ausgewählte relevante Systeme

3.1.4 Technologieschema

Im Technologieschema werden nur die Baugruppen und Bauglieder der einzelnen Teilsysteme dargestellt, die für den Funktionsablauf notwendig sind (Abb. 2).

Ein Technologieschema stellt nicht den tatsächlichen Aufbau einer Anlage dar. Es dient als Grundlage für den Entwurf der Steuerung. Deshalb werden nur die für den Steuerungsablauf erforderlichen Komponenten dargestellt.

 Für den Funktionsablauf notwendige Teilsysteme:

- der Pressenstempel,

- das Handhabungsgerät mit Vertikal- und Horizontalzylinder sowie dem Sauger und den Ansteuerventilen (Stellgliedern),

- das Transportband mit Antriebsmotor und dem Stopper sowie

- alle für den Steuerungsablauf notwendigen Signalglieder.

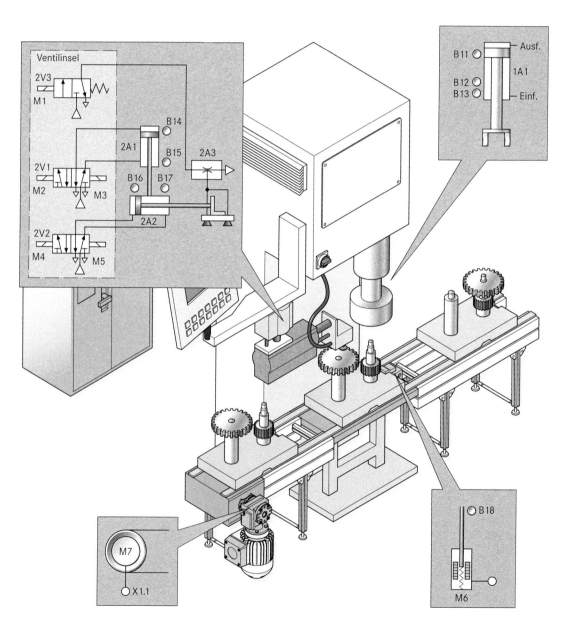

Abb. 2: Komponenten des Technologieschemas

Die Komponenten werden vereinfacht abgebildet. Soweit möglich, werden die genormten Schaltzeichen verwendet und so angeordnet, dass der Funktionsablauf möglichst einfach abgeleitet werden kann. Die Art der Konstruktion, Montage etc. sind bei der funktionalen Betrachtung nicht erforderlich. Deshalb gibt das Technologieschema nicht den tatsächlichen Aufbau der Anlage wieder. Die Anlage wird nur schematisch dargestellt. Die dargestellten Elemente erhalten im Technologieschema die gleiche Bezeichnung wie in der Anlage und der Dokumentation. Außerdem müssen sämtliche für den Entwurf des Steuerungsprogramms erforderlichen Schnittstellen festgelegt werden können.

> Ein Technologieschema stellt eine technische Anlage schematisch dar. Es enthält alle für den Funktionsablauf notwendigen Komponenten.
>
> Der tatsächliche Aufbau der Anlage wird nicht wiedergegeben.

Aufgaben

1. Technische Systeme können mit Hilfe von Blockschaltbilder aus drei Blickwinkeln heraus beschrieben werden. Erläutern Sie diese drei Sichtweisen.

2. Wozu wird ein Technologieschema erstellt?

3. Nach welchen Gesichtspunkten wird ein Technologieschema erstellt?

4. Was versteht man unter der Grundstellung?

5. Beschreiben Sie, was man unter dem Begriff Arbeitszyklus versteht.

6. Warum werden umfangreiche Anlagen in Teilsysteme zerlegt?

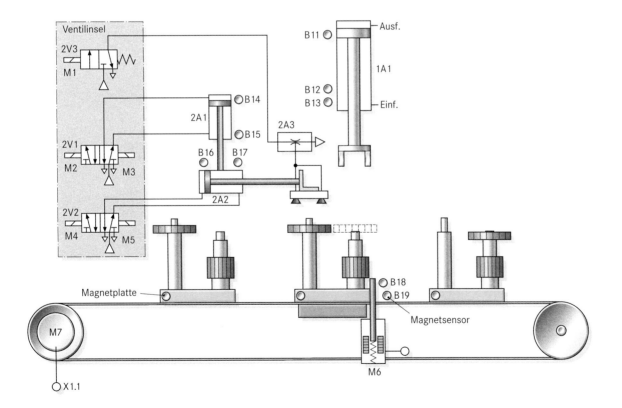

Abb. 1: Technologieschema der Montagestation

3.1.5 Ablaufpläne

Der Montageablauf auf der Montagestation läuft in festgelegten nacheinander zu durchlaufenden Schritten ab. Steuerungen, bei denen der Ablauf in Schritten nacheinander erfolgt, bezeichnet man als Ablaufsteuerungen. Das Weiterschalten von einem Schritt in den nächsten erfolgt durch Weiterschaltbedingungen. Weiterschaltbedingungen werden als Transitionen bezeichnet.

Da an der Projektierung und der Realisierung einer Steuerung Fachleute aus unterschiedlichen Fachbereichen beteiligt sind, ist eine allgemein verständliche, genormte Darstellung erforderlich.

Die Beschreibung von Steuerungsabläufen erfolgt deshalb mit Hilfe von Funktionsplänen. In Funktionsplänen werden sämtliche Funktionen durch definierte Symbole beschrieben. Dadurch bleibt auch bei umfangreichen Steuerungen die Darstellung übersichtlich.

Funktionsplan nach GRAFCET

Die seit April 2002 gültige Norm für Funktionspläne ist Grafcet (DIN EN 60848). Sie ersetzt in Deutschland die nationale DIN 40719, Teil 6. Der Funktionsplan nach DIN 40719 darf seit April 2005 nicht mehr angewendet werden.

Ein Funktionsplan beschreibt eine Steuerungsaufgabe in grafischer Form. Er ist für eine erste Planung von automatisierten Anlagen entwickelt. Dabei ist die technische Realisierung der Steuerung (z. B. Realisierung mit pneumatischen, hydraulischen, kontaktbehafteten oder speicherprogram-

mierbaren Steuerungen) oft noch nicht festgelegt. Der Funktionsplan beschreibt daher den Bewegungsablauf der Aktoren.

Ablaufsprache nach DIN EN 61 131-3

DIN EN 61 131-3 ist eine Programmiersprache für Ablaufsteuerungen. Ablaufsteuerungen werden mit Ablaufsprachen programmiert. Der Zweck der Ablaufsprache ist dabei die Darstellung von Ablauffunktionen in SPS-Programmen.

Verwendung

Geht man entsprechend der Intentionen beider Normen vor, so wird man zuerst den Funktionsplan mit Grafcet entwerfen. Die Beschreibung der Anlage ist unabhängig von der Steuerung. Danach erfolgt die Realisierung der Steuerung. Anschließend wird das Steuerungsprogramm erstellt. Der Funktionsplan nach Grafcet wird bei speicherprogrammierbaren Steuerungen mit einer Programmiersprache nach DIN EN 61 131-3 umgesetzt.

Diese Vorgehensweise ist jedoch sehr zeitaufwändig. Da beide Darstellungen große Ähnlichkeit aufweisen, genügt meistens ein Plan (Abb. 1). Daher können beide Darstellungen über ihren eigentlichen Anwendungsbereich hinaus angewendet werden. Das heißt:

• Grafcet wird auch für die Beschreibung und Programmierung von Ablaufsteuerungen verwendet.

• DIN EN 61 131-3 wird auch für die allgemeine Beschreibung von Ablaufsteuerungen verwendet.

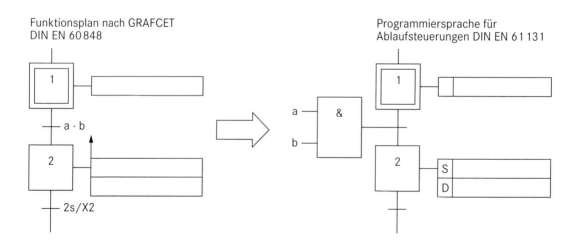

Abb. 1: Gegenüberstellung: Funktionsplan – Programmiersprache

Darstellungen in GRAFCET

Schritte

Ein Schritt hat immer ein Speicherverhalten und ist einem bestimmten Prozessschritt zugeordnet. Als Symbol für einen Schritt wird bevorzugt das Quadrat verwendet. Ein Rechteck ist jedoch auch zulässig. Gekennzeichnet wird ein Schritt durch seine Schrittnummer (Abb. 2a). Wird ein Schritt im aktiven (gesetzten) Zustand dargestellt, wird dieses durch einen Punkt im Symbol visualisiert (Abb. 2b).

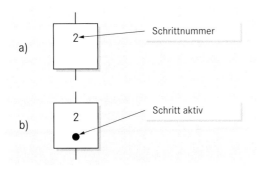

Abb. 2: Darstellung eines Schrittes

Übergänge zwischen Schritten

Die einzelnen Schritte werden durch

• Wirkverbindungen und

• einen Übergang

verbunden.

Dem Übergang wird eine Weiterschaltbedingung (Transitionsbedingung) zugeordnet, die erfüllt sein kann oder auch nicht (Abb. 3).

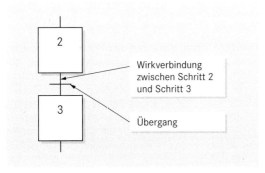

Abb. 3: Verbindung von Schritten

Die Weiterschaltbedingung kann als Text oder logischer Ausdruck mit dem Ergebnis TRUE oder FALSE dargestellt werden.

• **TRUE** entspricht einer logischen „1"
  → Weiterschaltbedingung erfüllt

• **FALSE** entspricht einer logischen „0"
  → Weiterschaltbedingung nicht erfüllt

Der nachfolgende Schritt wird gesetzt, wenn der vorhergehende Schritt gesetzt ist und die Weiterschaltbedingung erfüllt ist. Durch das Setzen des nachfolgenden Schrittes wird der vorhergehende Schritt zurückgesetzt. Dies stellt sicher, dass immer nur ein Schritt gesetzt ist (Abb. 4).

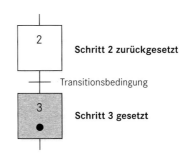

Abb. 4: Übergang von einem Schritt zum Nächsten

Soll erst nach Ablauf einer festgelegten Zeit in den nächsten Schritt weitergeschaltet werden, so ist als Weiterschaltbedingung

• die Zeit

und

• der boolesche Zustand (X = BOOL) des aktiven Schrittes (TRUE), getrennt durch einen Schrägstrich,

anzugeben.

Im vorliegenden Beispiel wird 2 Sekunden nach Aktivieren von Schritt 5 in den Schritt 6 weitergeschaltet. Das bedeutet, dass Schritt 5 zwei Sekunden aktiv ist (Abb. 5).

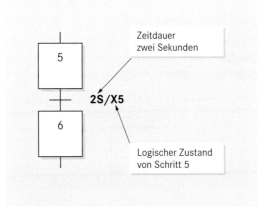

Abb. 5: Zeitabhängiger Übergang

Ablaufkette

Die Gesamtheit aller Schritte wird als Ablaufkette oder Schrittkette bezeichnet. Die Schritte werden nacheinander von oben nach unten durchlaufen und es ist immer nur ein Schritt gesetzt. Besteht eine Rückführung vom letzten Schritt zum Startschritt, spricht man von einer geschlossenen Ablaufkette (Abb. 1).

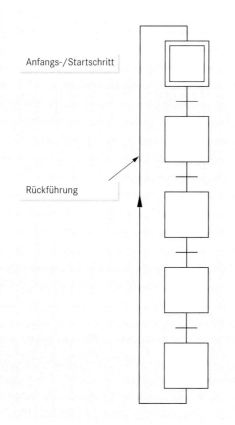

Anfangs-/Startschritt

Rückführung

Abb. 1: Ablauf- oder Schrittkette

Der Startschritt oder Anfangsschritt wird mit einer Doppelumrandung gezeichnet (Abb. 2).

Abb. 2: Anfangs- oder Startschritt

Aktionen

Jeder Schritt löst eine oder mehrere Aktionen aus. Eine Aktion wird in einen Aktionskasten eingetragen. Der Aktionskasten wird bevorzugt als Rechteck gezeichnet. Man unterscheidet *kontinuierlich* wirkende Aktionen und *gespeichert* wirkende Aktionen.

Kontinuierlich wirkende Aktion

Aktionskasten,
in ihm wird die auszuführende
Aktion eingetragen

Kontinuierlich wirkende Aktionen wirken nur so lange, wie der auslösende Schritt aktiv ist.

Beispiel Montagestation:

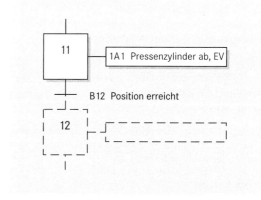

Das Signal zum Abfahren des Pressenzylinders im Eilvorschub wird nur so lange ausgegeben, wie der Schritt 11 aktiv ist. Wenn die Position B12 erreicht wird, ist die Transitionsbedingung für das Setzen von Schritt 12 erfüllt und Schritt 12 wird gesetzt. Schritt 12 setzt nun wiederum Schritt 11 in den inaktiven Zustand zurück. Folglich wird das Signal für das Abfahren des Pressenzylinders im Eilvorschub nicht mehr ausgegeben.

Speichernd wirkende Aktion bei Aktivierung

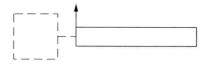

Die übliche Darstellung einer Aktion durch ein Rechteck wird durch einen an der linken Seite angeordneten aufwärts gerichteten Pfeil ergänzt.

Die Aktion wird ausgeführt, wenn der zugehörige Schritt aktiviert wird, und bleibt über diesen Schritt hinaus wirksam (gespeichert). Sie muss zwingend an einer anderen Stelle in der Ablaufkette durch einen anderen Schritt wiederum speichernd zurückgesetzt werden.

Beispiel Montagestation:

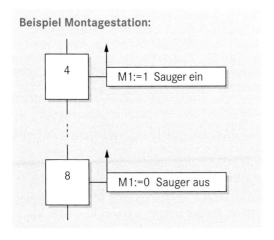

Der Sauger des Handhabungsgerätes wird im Schritt 4 durch Anlegen von Spannung an die Ventilspule M1 eingeschaltet und bleibt so lange in diesem Zustand, bis er im Schritt 8 ausgeschaltet wird. Die Aktion wirkt also über mehrere Schritte hinweg.

Verknüpfung mehrerer Aktionen mit einem Schritt

Werden von einem Schritt mehrere Aktionen ausgelöst, so kann dieses in GRAFCET unterschiedlich dargestellt werden.

Darstellung 1:

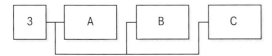

Die Grafik bringt zum Ausdruck, dass vom Schritt 3 die Aktionen A, B und C ausgelöst werden.

Eine vereinfachte Grafik ist Darstellung 2.

Darstellung 2:

Darstellung 3:

Die Aktionskästen können auch untereinander angeordnet werden.

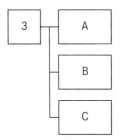

Beispiel Montagestation:

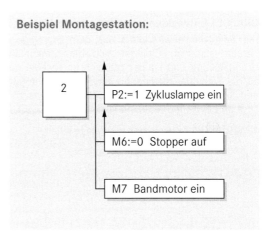

Die Zykluslampe, der Bandmotor und der Motor des Transportbandes werden im Schritt 2 gleichzeitig eingeschaltet. Im Falle der *Zykluslampe* und des *Stoppers* handelt es sich um speichernd wirkende Aktionen bei Aktivierung. Das bedeutet, dass diese Aktionen auch nach dem Rücksetzen von Schritt 2 weiterhin aktiviert sind. Bei *Bandmotor Ein* handelt es sich um eine kontinuierliche Aktion, die nur so lange aktiviert ist, wie der Schritt 2 gesetzt ist.

Neben dieser ausführlichen Darstellung ist auch die nachfolgende vereinfachte Darstellung zulässig.

Darstellung 4:

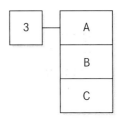

❗ Alle vier Darstellungen sind vollständig gleichbedeutend.

Funktionsplan der Montagestation

Anhand des Arbeitszyklus aus Kap. 3.1.2 sowie des Technologieschemas wird nun mit den Symbolen und Regeln von GRAFCET der Funktionsplan für die Montagestation entwickelt (Abb. 1). Damit ersichtlich wird, dass sich die Anlage im Arbeitszyklus befindet, wird dies durch eine Zykluslampe angezeigt.

Im Funktionsplan werden alle Transitionsbedingungen und auszuführenden Aktionen exakt aufgeführt. Dieses ist notwendig, damit später anhand des Funktionsplanes ein Steuerungsprogramm entwickelt werden kann.

GRAFCET-Entwicklung für die Schritte 1 bis 4

Die Schrittkette wird stets aus dem *Startschritt* heraus gestartet. Befindet sich die Station in Grundstellung und ist der Startschritt gesetzt, so ist die Transitionsbedingung nach Schritt 2 erfüllt und *Schritt 2* wird gesetzt. Schritt 2 löst zwei *gespeichert wirkende* Aktionen aus:

1. Aktion: Die Zykluslampe wird eingeschaltet.

2. Aktion: Der Stopper wird ausgefahren.

Außerdem wird die *kontinuierlich wirkende* Aktion *Bandmotor ein* ausgelöst, wodurch der Bandmotor eingeschaltet wird. Das Transportband transportiert nun den Werkstückträger bis zur Arbeitsposition und aktiviert dort den Positionsgeber B18. Durch das Meldesignal von B18 und das Verstreichen einer Verzögerungszeit von einer Sekunde wird die Transitionsbedingung für den Schritt 3 erfüllt. *Schritt 3* wird gesetzt und setzt Schritt 2 zurück. Dadurch wird die kontinuierliche Aktion *Bandmotor ein* deaktiviert und der Motor ausgeschaltet. Die gespeichert wirkenden Aktionen bleiben davon unberührt. Schritt 3 löst die *kontinuierlich wirkende* Aktion *Vertikalzylinder 2A1 ab* aus. Wenn Vertikalzylinder 2A1 eingefahren ist, wird dies durch den Signalgeber B15 gemeldet. Die Transitionsbedingung für Schritt 4 ist erfüllt und *Schritt 4* wird gesetzt. Die *gespeichert wirkende* Aktion *Sauger ein* wird gesetzt und der Sauger eingeschaltet.

Die Transitionsbedingung von Schritt 4 nach Schritt 5 ist zeitabhängig. Schritt 4 ist 2 Sekunden lang aktiviert, dann wird in den Schritt 5 weitergeschaltet.

Entsprechend werden nun die Schritte weiterentwickelt, bis der komplette GRAFCET erstellt ist.

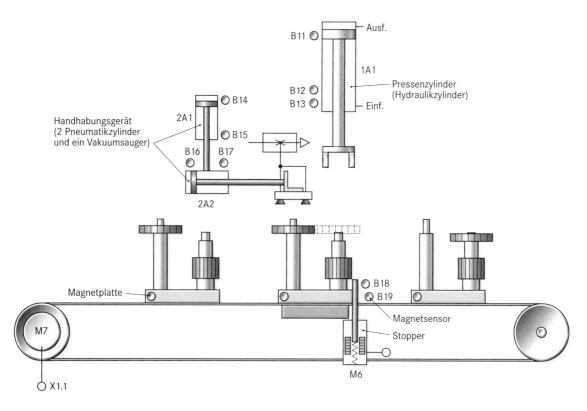

Abb. 1: Technologieschema

Arbeitszyklus:

Bandmotor und Zykluslampe werden eingeschaltet
und der Stopper ausgefahren.

Nach Ablauf einer Verzögerungszeit von 1 Sekunde
wird der Bandmotor ausgeschaltet und der Vertikalzylinder fährt ab.

Anschließend wird der Vakuumsauger eingeschaltet.

Nach Ablauf einer Verzögerungszeit von 2
Sekunden fährt der Vertikalzylinder wieder auf.

Danach fährt der Horizontalzylinder aus.

Hat der Horizontalzylinder seine Position über
dem Zahnrad erreicht, fährt der Vertikalzylinder
wieder ab.

Nachdem der Vertikalzylinder das Zahnrad über
der Welle positioniert hat, wird der Vakuumsauger
abgeschaltet.

Nach Ablauf einer Verzögerungszeit von 1
Sekunde fährt der Vertikalzylinder wieder auf.

Anschließend fährt der Horizontalzylinder wieder
zurück.

Nun fährt der Pressenzylinder im Eilvorschub bis
zum Geber B12 schnell ab.

Dann presst der Pressenzylinder das Zahnrad mit
dem Arbeitsvorschub langsam ein.

Nach dem Einpressen fährt der Pressenzylinder
wieder im Eilvorschub aufwärts.

Danach fährt der Stopper ein und der
Werkstückträger wird wieder freigegeben.

Anschließend wird der Bandmotor wieder
eingeschaltet und der Werkstückträger aus der
Arbeitsposition gefahren. Die Anlage befindet sich
jetzt wieder in Grundstellung.

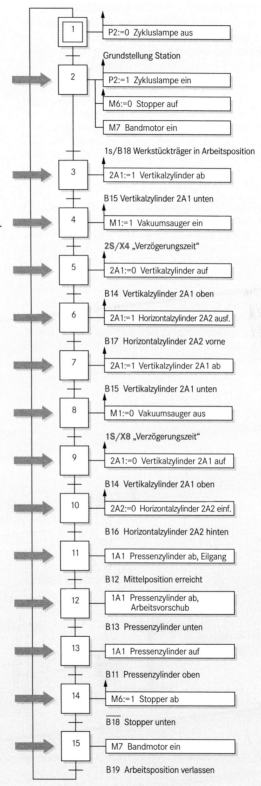

Steuerungsprogramm der Montagestation

Nachdem im Funktionsplan die Gesamtfunktion der Montagestation beschrieben ist, muss für die Umsetzung der Bewegungsabläufe die Ansteuerung der Aktoren festgelegt werden (Abb. 1).

Das Handhabungsgerät und der Vakuumsauger werden über eine Ventilinsel pneumatisch angesteuert. Der Pressenzylinder wird hydraulisch gesteuert. Die Magnetspulen der Ventile werden an die Ausgänge der SPS angeschlossen. Die Sensoren werden an die Eingänge der SPS angeschlossen. Das Förderband und der Stopper werden ebenfalls von der SPS gesteuert.

Für das Steuerungsprogramm wird die Ablaufsprache nach DIN EN 61 131-3 für programmierbare Steuerungen verwendet. Im Unterschied zum Funktionsplan nach Grafcet, muss jetzt das Verhalten der Stellglieder berücksichtigt werden. Ein Ventil mit Federrückstellung muss z. B. häufig mit einem speichernden Befehl angesteuert werden, damit es dauerhaft in der gewünschten Stellung bleibt. Bei Ventilen mit beidseitiger Magnetbetätigung, genügt ein kurzer Impuls, um das Ventil zu betätigen. Es speichert seinen Zustand „mechanisch". Daher erhalten Aktionen Bestimmungszeichen nach Tabelle 1.

Tab. 1: Bestimmungszeichen nach DIN EN 61 131-3

Bestimmungszeichen:	
N	Nicht Speichernd Die Aktion wirkt nur, solange der Schritt aktiv ist.
S	Setzen, Speichern Die Aktion wirkt auch über den Schritt hinaus. Sie muss in einem nachfolgenden Schritt zurückgesetzt werden.
R	Rücksetzen Eine speichernd wirkende Aktion wird zurückgesetzt.
D	Zeitverzögert Die Aktion tritt erst mit einer entsprechenden Zeitverzögerung ein.
L	Zeitbegrenzt Die Aktion ist auf eine bestimmte Zeit begrenzt.
Bestimmungszeichen können auch kombiniert werden. Zum Beispiel:	
SD	Zeitverzögert und speichernd
SL	Zeitbegrenzt und speichernd

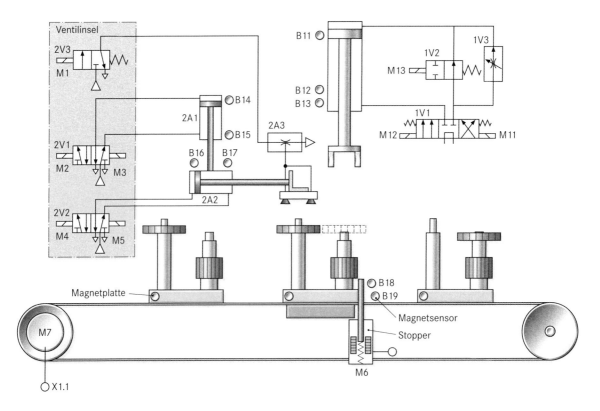

Abb. 1: Technologieschema

Programmentwicklung

Die Schrittkette startet mit dem Initialschritt. Die Zykluslampe P1 wird dabei zurückgesetzt.

Die Anlage befindet sich in der Grundstellung, wenn die Zylinder (1A1, 2A1 und 2A2) eingefahren sind. Dann melden die Sensoren B11, B14 und B16 ein „1"-Signal an die Steuerung. Die UND-Bedingung für die Grundstellung ist erfüllt. Dies ist die Weiterschaltbedingung von Schritt 1 in den Schritt 2. Schritt 2 wird aktiviert, Schritt 1 wird zurückgesetzt.

Im Schritt 2 finden mehrere Aktionen statt:

Die Zykluslampe wird speichernd eingeschaltet. Sie bleibt während des gesamten Zyklus eingeschaltet, bis sie im Schritt 1 des nächsten Zyklus ausgeschaltet wird.

Die Ansteuerung des Stoppers M6 wird zurückgesetzt. Dadurch ist der Magnet des Stoppers nicht mehr aktiviert und die Feder drückt den Stopper nach oben. Der Stopper dient als Anschlag. Ankommende Werkstückträger bleiben hier stehen. Der Stopper bleibt oben, bis er im Schritt 14 wieder angesteuert wird. Dort fährt der Stopper ab und der Werkstückträger verlässt die Station.

Der Bandmotor M7 wird eingeschaltet. Der Befehl ist nicht speichernd, das heißt, der Motor dreht sich nur so lange der Schritt 2 aktiv ist. Die Zeitdauer des Schrittes 2 wird über das Zeitglied T2 gesteuert. Dadurch wird gewährleistet, dass ein Werkstückträger sicher am Stopper anliegt. Erst wenn die Zeit T2 abgelaufen ist und der Sensor B18 meldet, dass ein Werkstückträger am Stopper anliegt, wird in den Schritt 3 weitergeschaltet.

Im Schritt 3 fährt der Vertikalzylinder ab. Die Magnetspule M2 wird dabei nicht speichernd angesteuert. Da das Ventil keine Federrückstellung besitzt, bleibt es in der Position und der Vertikalzylinder bleibt auch im Schritt 4 ausgefahren.

In seiner Endlage betätigt der Vertikalzylinder den Sensor B15. Dies ist die Weiterschaltbedingung.

Im Schritt 4 wird der Vakuumsauger speichernd eingeschaltet. Das Rücksetzen erfolgt im Schritt 8. Da das Ventil 2V3 eine Federrückstellung besitzt, muss die Magnetspule M1 dauerhaft aktiviert werden. Damit der Vakuumsauger das Zahnrad sicher greift, wird das Zeitglied T4 eingesetzt. Erst nachdem die Zeit T4 abgelaufen ist, wird der Schritt 5 aktiviert. Und der Vertikalzylinder fährt auf. Hierzu wird die Magnetspule M3 angesteuert. Dieser Befehl ist nicht speichernd, da das Ventil 2V1 beidseitig mit Magnetspulen gesteuert wird.

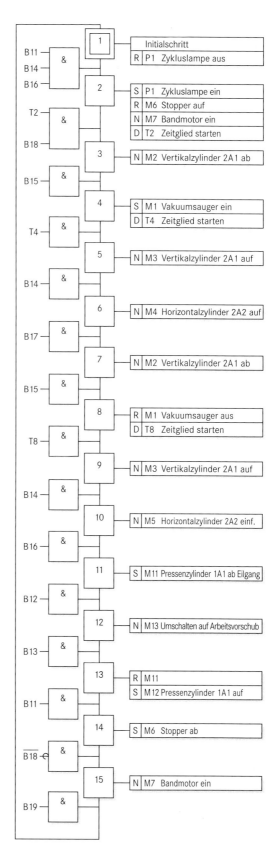

3.1.6 Schnittstellen

Eine Schnittstelle (Systemgrenze) befindet sich immer am Übergang unterschiedlicher Funktionseinheiten. Für jede Schnittstelle lässt sich die Funktion beschreiben. Weiterhin gehört zu jeder Schnittstelle eine *physikalische Größe*.

Die Schnittstellen des Handhabungsgerätes werden folgendermaßen definiert:

Schnittstelle Ventil-Zylinder ① – ④

Die Zylinder des Handhabungsgerätes sind mit den zugehörigen Ventilen der Ventilinseln über Druckluftschläuche verbunden. Sie bilden die Schnittstellen zu der Ventilinsel.

Wenn an der Schnittstelle ①/③ der Arbeitsdruck ansteht, fährt der zugehörige Zylinder aus.

Steht der Arbeitsdruck an der Schnittstelle ②/④ an, fährt der Zylinder ein.

Schnittstelle Ventil-Sauger ⑤

Bei vorhandenem Arbeitsdruck entsteht an den Saugnippeln ein Unterdruck.

Schnittstelle Steuerung-Näherungsschalter ⑥ – ⑨

Der eingefahrene Zustand wird über die Näherungsschalter (B14, B16) an die Steuerung gemeldet. Bei betätigtem Schalter liegt ein 24-V-DC Signal am Eingang der Steuerung an. Gleiches gilt für die Überwachung des ausgefahrenen Zustandes.

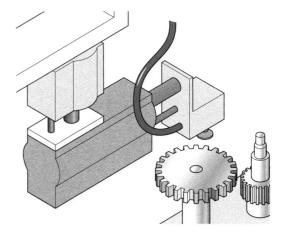

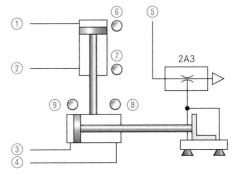

Abb. 1: Funktionsstruktur und Schnittstellen des Handhabungsgerätes

Tab. 1: Schnittstellen

Funktionseinheit A	Funktionseinheit B	Schnittstelle	physikalische Größe
Handhabungseinheit (Arbeitseinheit)	Maschinengestell	Schraubverbindung	Kraft
– Sauger	Ventilinsel (2V3 – 2) Hinweis: Ventil 2V3 Anschluss 2	Schlauch	Druck
– Vertikalzylinder (ab)	Ventilinsel (2V1 – 4)	Schlauch	Druck
B14	Steuerung (E1.3)	Steuerleitung	Spannung
– Vertikalzylinder (auf)	Ventilinsel (2V1 – 2)	Schlauch	Druck
B15	Steuerung (E1.4)	Steuerleitung	Spannung
– Horizontalzylinder (aus)	Ventilinsel (2V2 – 4)	Schlauch	Druck
B16	Steuerung (E1.5)	Steuerleitung	Spannung
– Horizontalzylinder (ein)	Ventilinsel (2V2 – 2)	Schlauch	Druck
B17	Steuerung (E1.6)	Steuerleitung	Spannung
Stopper	Maschinengestell	Schraubverbindung	Kraft
usw.	usw.	usw.	

In gleicher Weise lassen sich für sämtliche Funktionseinheiten der Montagestation die Schnittstellen definieren. Die vollständige Schnittstellentabelle ist eine wichtige Hilfe bei der Inbetriebnahme.

Schnittstellenauswahl

Für die Erstellung des Steuerungsprogramms ist lediglich der Informationsaustausch zwischen Anlage und Steuerung bedeutend. Daher werden aus der vollständigen Schnittstellentabelle nur die Schnittstellen ausgewählt, die sich am Übergang zur Steuerung befinden (Abb. 1).

Dieses sind Schnittstellen zu

- Signalgliedern (z. B. Näherungsschalter) sowie
- Stellgliedern (z. B. Magnetventil).

Diese reduzierte Schnittstellentabelle enthält die Zuordnung

- der Signalglieder zu den Eingängen sowie
- der Stellglieder zu den Ausgängen

der Steuerung.

Üblicherweise wird diese Liste mit zusätzlichen Kommentaren versehen und als Zuordnungsliste bezeichnet (Tab. 2). Die Kommentare ergeben sich aus der Steuerungsaufgabe und dienen der besseren Übersicht.

Mit der Fertigstellung der Zuordnungsliste sind die Vorbereitungen für die Programmerstellung abgeschlossen.

Abb. 2: Schnittstellenauswahl

 Zuordnungslisten enthalten die Zuordnung von Objekten oder Objektkennzeichen, Adresse, Funktion und einen Kommentar. Sie sind Bestandteil der Steuerungsdokumentation.

Die Zusammenfassung zeigt die schrittweise Aufbereitung von Informationen, die zur Programmerstellung benötigt werden.

Ausgehend von der Anlage mit ihrer technischen Dokumentation werden folgende Dokumente erstellt:

- Blockschaltbild,
- Technologieschema,
- Funktionsplan,
- Schnittstellentabelle,
- Zuordnungsliste.

Die SPS stellt Programmiersprachen bereit. Hiermit kann der Funktionsplan in ein Programm umgesetzt werden.

Tab. 2: Zuordnungsliste

Objekt	Adresse	Funktion	Kommentar
B14	E1.3	Schließer	HHG*-Vertikalzylinder eingefahren
B15	E1.4	Schließer	HHG-Vertikalzylinder ausgefahren
B16	E1.5	Schließer	HHG-Horizontalzylinder eingefahren
B17	E1.6	Schließer	HHG-Horizontalzylinder ausgefahren
...	...	...	...
M1	A6.0		Sauger aktivieren (2A3)
M2	A6.1		Vertikalzylinder ausfahren (2A1)
M3	A6.2		Vertikalzylinder einfahren (2A1)
M4	A6.3		Horizontalzylinder ausfahren (2A2)
M5	A6.4		Horizontalzylinder einfahren (2A2)

* Handhabungsgerät

Automatische Bohranlage

Auf einer automatisierten Bohranlage werden Löcher in Distanzplatten gebohrt. Die Bohreinheit ist mit einem hydraulischen Vorschub ausgestattet. Das Zuführen und Auswerfen der Distanzplatten wird durch die Pneumatikzylinder 2A1 und 2A2 realisiert.

Als Spindelantrieb ist ein drehzahlgesteuerter Drehstromasynchronmotor eingesetzt.

Die Anlage wird mit einer SPS gesteuert.

Funktionsbeschreibung

Nach dem Aktivieren der Anlage über die Starttaste wird der Arbeitszyklus aus der Grundstellung heraus gestartet. Der Zuführzylinder 2A1 schiebt eine Platte aus dem Magazin und drückt sie gegen den Endanschlag. Dadurch wird die Platte fixiert. Danach beginnt der Bohrvorgang, wobei der Hydraulikzylinder 1A1 zunächst im Eilvorlauf (EV) die Bohrspindel bis zum Endschalter B13 abwärts fährt und dann den eigentlichen Bohrvorgang im Arbeitsvorschub (AV) ausführt. Nach einer Verweilzeit von einer Sekunde bewegt der Hydraulikzylinder 1A1 die Bohrspindel im Eilrücklauf (ER) wieder nach oben. Nun fährt Zylinder 2A1 zurück und das fertig gebohrte Teil wird durch den Auswurfzylinder 2A2 in den Teilebehälter ausgeworfen. Die Anlage befindet sich jetzt wieder in Grundstellung.

Solange sich die Anlage im Arbeitszyklus befindet, wird dies durch die Lampe P3 angezeigt.

Grundstellung

- Zuführzylinder 2A1 hinten
- Auswurfzylinder 2A2 hinten
- Bohreinheit oben
- Kein Teil am Anschlag B15

Arbeitszyklus

1. Zuführzylinder 2A1 fährt aus und spannt Teil gegen Anschlag → Meldung über B15, Zykluslampe wird eingeschaltet

2. Hydraulikzylinder 1A1 fährt Bohrspindel im EV ab bis B13 und Spindelmotor wird eingeschaltet

3. Hydraulikzylinder 1A1 fährt Bohrspindel im AV ab bis B12

4. Nach Ablauf einer Verweilzeit T1 fährt Hydraulikzylinder 1A1 die Bohrspindel im ER auf

5. Spindelmotor wird ausgeschaltet und Zuführzylinder 2A1 fährt ein

6. Auswurfzylinder 2A2 wirft Teil in Teilebehälter aus und fährt wieder ein

Erstellen Sie anhand der Funktionsbeschreibung und des Arbeitszyklus den kompletten Funktionsplan in GRAFCET.

Technologieschema

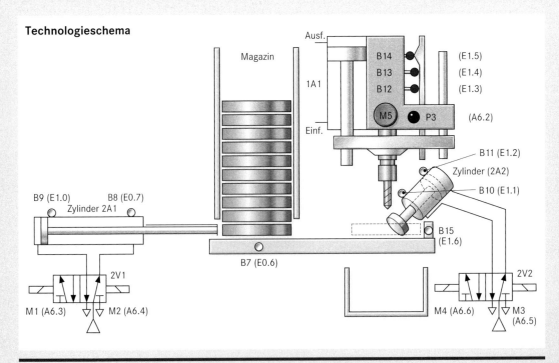

ieren

3.2 Speicherprogrammierbare Steuerungen

Die Montage der Zahnräder auf die Getriebewellen ist automatisiert. Der Ablauf wird durch eine **SPS** (**S**peicher**P**rogrammierbare **S**teuerung) gewährleistet.

Zu dieser Steuerung gehören

- Bedienelemente, z. B. der Start-Schalter, um die Anlage in Betrieb zu nehmen,
- elektrische Signalglieder, z. B. Grenztaster, um die Positionen des Handhabungsgerätes zu erfassen,
- Stellglieder, z. B. Wegeventile, die das Ausfahren der Zylinder steuern,
- Aktoren, z. B. der Hydraulikzylinder der Presse

und eine

- SPS mit einem Programmiergerät und einem Automatisierungsgerät (Abb. 1).

Die Steuerung erfasst die von der Montagestation eingehenden Signale der Signalglieder und Bedienelemente. Mit Hilfe eines Steuerungsprogrammes werden die Signale ausgewertet und verarbeitet. Anschließend werden die Stellglieder angesteuert, damit die Aktoren die entsprechenden Bewegungen ausführen können. Der Steuerungsablauf wird durch das Steuerungsprogramm festgelegt. Es muss sichergestellt sein, dass die Reihenfolge der Arbeitsschritte eingehalten wird.

3.2.1 Steuerungsarten

Steuerungen arbeiten nach dem EVA-Prinzip. Alle Steuerungen haben eine Signaleingabe, eine Signalverarbeitung und eine Signalausgabe.

Die Signalverarbeitung erfolgt auf unterschiedliche Arten. Daher unterteilt man Steuerungen in

- speicherprogrammierbare Steuerungen (SPS)

und

- verbindungsprogrammierte Steuerungen (VPS).

Speicherprogrammierbare Steuerungen

Bei speicherprogrammierbaren Steuerungen werden die elektrischen Signalglieder und Bedienelemente sowie die Stellglieder und Aktoren direkt an die SPS angeschlossen. Eine umfangreiche Verdrahtung entfällt.

Die *Eingabe* erfolgt durch die Signalglieder. Sie melden ein Signal an die SPS. Ein geöffneter Schalter meldet das Signal „0", ein geschlossener Schalter meldet das Signal „1" an die SPS.

Die *Verarbeitung* der Signale erfolgt im Steuerungsprogramm. Das Steuerungsprogramm wird über ein Programmiergerät (PC) zum Automatisierungsgerät übertragen. Das Automatisierungsgerät ist die Schaltzentrale der Steuerung.

Nachdem das Steuerungsprogramm die Anweisungen abgearbeitet hat, erfolgt die *Ausgabe*. Den Ausgängen der SPS werden die entsprechenden Signale, z. B. „0" oder „1" zugewiesen. Erhält ein Ausgang ein „1"-Signal, wird das angeschlossene Bauteil mit Spannung versorgt.

 Bei speicherprogrammierbaren Steuerungen wird der Steuerungsablauf durch ein Programm vorgegeben. Eine Änderung des Steuerungsablaufs ist durch eine Programmänderung einfach durchführbar.

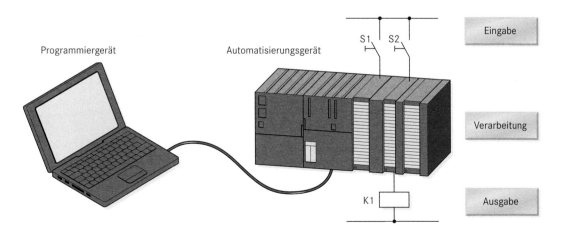

Abb. 1: Steuerung mit SPS

Verbindungsprogrammierte Steuerungen

Bei verbindungsprogrammierten elektrischen Steuerungen werden Bedienelemente, elektrische Signalglieder, Schütze und Relais sowie elektronische Baugruppen durch Leitungen miteinander verbunden. Die *Signalverarbeitung* erfolgt durch die Art der Bauelemente und durch die Verdrahtung. Im Beispiel erhält man durch die Reihenschaltung der Schalter S1 und S2 eine UND-Verknüpfung (Abb. 1).

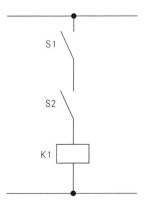

Abb. 1: Stromlaufplan einer UND-Verknüpfung

Je nach Anzahl der Signaleingänge, der notwendigen Verknüpfungen und der Signalausgänge der Steuerung ist die Zahl der notwendigen Bauteile in der Signalverarbeitung unterschiedlich hoch. Umfangreiche Steuerungen z. B. für Werkzeugmaschinen erfordern deshalb einen eigenen Schaltschrank (Abb. 2).

Abb. 2: Schaltschrank

 Bei verbindungsprogrammierten Steuerungen wird der Steuerungsablauf durch die Art der Bauteile und durch deren Leitungsverbindungen vorgegeben. Eine Änderung des Steuerungsablaufs erfordert eine Änderung der Schaltung. Dies ist aufwändig.

3.2.2 Aufbau der SPS

Eine SPS kann kompakt oder modular aufgebaut sein. Die modular aufgebaute SPS wird am häufigsten verwendet (Abb. 5). Sie besteht aus einzelnen Baugruppen, welche unterschiedliche Aufgaben wahrnehmen. Sie kann an beliebige Steuerungsaufgaben angepasst und bei Bedarf erweitert werden.

Eine modular aufgebaute SPS benötigt

* eine Spannungsversorgung,

* eine Zentraleinheit,

* eine Eingabebaugruppe und

* eine Ausgabebaugruppe.

Weitere Baugruppen sind möglich. Sie sind von der Steuerungsaufgabe abhängig und können in der Art und in der Anzahl variieren. Alle Baugruppen werden auf einer Tragschiene montiert. Sie sind über elektrische Steckverbindungen miteinander verbunden.

Spannungsversorgung

Die Spannungsversorgung erfolgt mit einem Netzteil (Abb. 3). Dieses wandelt die Netzspannung (230 V ~) in eine Gleichspannung von 24 Volt um. Mit dieser Gleichspannung werden die angeschlossenen Baugruppen versorgt.

Abb. 3: Spannungsversorgung

Zentraleinheit (CPU)

Die Zentraleinheit, auch **CPU** (**C**entral **P**rocessing **U**nit) genannt, übernimmt die eigentliche Steuerungsfunktion (Abb. 4). Sie besitzt Speicherbausteine, einen leistungsfähigen Prozessor und ein Bussystem, auf welchem die Daten ausgetauscht werden. Um eine Anlage mit einer SPS zu steuern, wird zuerst das Steuerungsprogramm zur SPS übertragen. Dies erfolgt über die serielle Schnittstelle des Programmiergerätes (PC) zur Schnittstelle der SPS. Die SPS besitzt hierzu die **MPI**-Schnittstelle (**M**ulti **P**oint **I**nterface) ①.

Vor der Programmübertragung muss die SPS über den Schalter ② oder durch die Steuerungssoftware in die Schaltstellung „STOP" geschaltet werden. Dadurch ist die Programmbearbeitung in der SPS unterbrochen. Jetzt kann das Programm in den Speicher der SPS übertragen werden. Schaltet man in die Schaltstellung „RUN", startet die SPS den Arbeitszyklus.

Die Eingangssignale gelangen über das Bussystem zum Prozessor. Dieser verarbeitet die Eingangssignale im Steuerungsprogramm. Anschließend werden die Ausgangssignale über das Bussystem zu den Ausgabebaugruppen gesendet.

Ein einmal übertragenes Programm bleibt so lange im Speicher der SPS, bis es gelöscht wird. Das vollständige Löschen des Speichers nennt man Urlöschen.

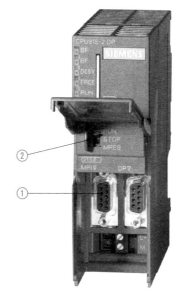

Abb. 4: Zentraleinheit

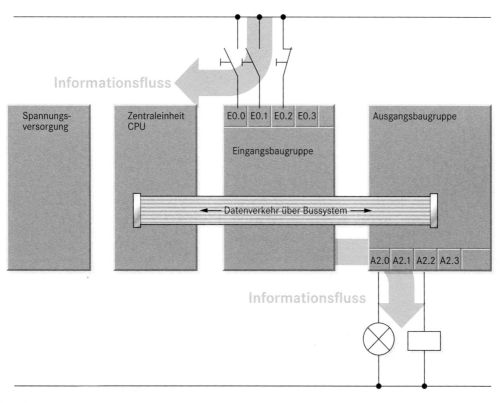

Abb. 5: Baugruppen einer SPS

Signalarten

Signalglieder liefern unterschiedliche Arten von Signalen. Ein elektrischer Schalter erzeugt ein binäres Signal. Binäre Signale unterscheiden nur die Zustände „0" oder „1". Diese Informationseinheit nennt man ein Bit. Es ist die kleinste Informationseinheit.

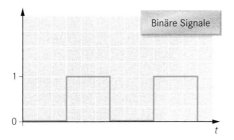

Erfasst ein Signalglied z. B. einen hydraulischen Druck, erhält man ein *analoges Signal*. Dem Messbereich des Signalgliedes (z. B. 0 bar bis 100 bar) wird eine Spannung (z. B. 0 V bis 10 V) zugeordnet. Es treten beliebige Zwischenwerte auf.

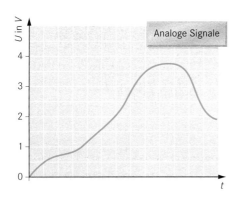

Analoge Signale müssen vor der Verarbeitung durch ein Automatisierungsgerät häufig in *digitale Signale* umgewandelt werden. Dadurch entsteht ein treppenförmiges Signal.

Das analoge Signal, z. B. die Spannung U, wird dabei in gleichmäßigen Zeitabständen abgetastet. Jedem Spannungswert U wird ein Zahlenwert zugeordnet.

Die Zahlenwerte werden meist verschlüsselt, z. B. im *Dualcode*, angegeben. Sie bestehen aus einer bestimmten Anzahl von binären Signalen.

Digitale Signale verändern ihren Wert in gleichbleibenden Stufen. Es gibt keine Zwischenwerte.

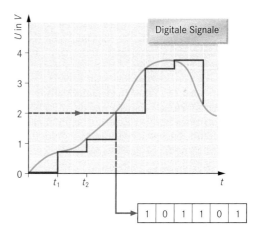

Zahlendarstellung im Dualcode:

Mit einem binären Signal kann man 2 (= 2^1) Zahlen – die Zahlen 0 und 1 – darstellen.

Mit zwei binären Signalen kann man 4 (= 2^2) Zahlen – die Zahlen 0, 1, 2, 3 – darstellen.

Mit drei binären Signalen kann man 8 (= 2^3) Zahlen – die Zahlen 0, 1, 2, 3, 4, 5, 6, 7 – darstellen.

usw.

Mit acht binären Signalen kann man 256 (= 2^8) Zahlen – die Zahlen 0, 1, 2, ... bis 255 – darstellen.

Tab. 1: Zahlendarstellung im Dualcode

8	7	6	5	4	3	2	1	Zahlenwert
							0	0
							1	1
						1	0	2
						1	1	3
					1	0	0	4
					1	0	1	5
					1	1	0	6
					1	1	1	7
				1	0	0	0	8
	1	1	0	0	1	0	0	100
1	1	0	0	1	0	0	0	200
1	1	1	1	1	1	1	1	255
2^7 = 128	2^6 = 64	2^5 = 32	2^4 = 16	2^3 = 8	2^2 = 4	2^1 = 2	2^0 = 1	

Anzahl der Bits (Spaltenüberschrift 8–1) — Wertigkeit

Eingabebaugruppen

Mit Hilfe von digitalen Eingabebaugruppen werden Signalglieder an die SPS angeschlossen (Abb. 1). Sie besitzen meist 8 oder 16 binäre Eingänge. Jeder Eingang hat eine Schnittstelle, über die er Signale empfangen kann. Die binären Eingangssignale werden von der Baugruppe an die Zentraleinheit weitergeleitet und dort verarbeitet. Für analoge Eingangssignale (z. B. Drucksensor 0 bis 100 bar) müssen analoge Eingabebaugruppen verwendet werden. Da die Zentraleinheit nur digitale Signale verarbeiten kann, wandelt die Baugruppe das analoge Signal in ein digitales Signal um.

Bezeichnung der Ein- und Ausgänge

Um eine Baugruppe ansprechen zu können, muss deren Adresse bekannt sein. Eine digitale Eingangsbaugruppe mit 16 Eingängen belegt 16 Bit. Damit belegt sie 2 Byte, z. B. das Byte 0 mit den Adressen E0.0 bis E 0.7 und das Byte 1 mit den Adressen E1.0 bis E1.7. Die erste Zahl gibt das jeweilige Byte an, die zweite Zahl das Bit (Abb. 2).

Abb. 1: Digitale Ein- und Ausgabebaugruppe

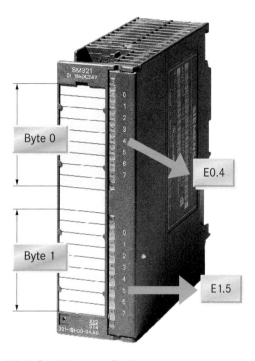

Abb. 2: Bezeichnung von Eingängen

Ausgabebaugruppen

Mit Hilfe von digitalen Ausgabebaugruppen werden Stellglieder und Aktoren angesteuert (Abb. 1). Die Zentraleinheit sendet ein binäres Ausgangssignal (0 oder 1) an die Baugruppe. Wird dann der entsprechende Ausgang von „0" auf „1" gesetzt, wird das angeschlossene Bauteil mit Spannung versorgt. Digitale Ausgabebaugruppen besitzen meist 8 oder 16 Ausgänge. Jeder Ausgang hat eine Schnittstelle, über die er Signale senden kann. Für analoge Ausgangssignale (z. B. für Proportionalventile) werden analoge Ausgabebaugruppen verwendet. Sie wandeln das digitale Ausgangssignal der Zentraleinheit in ein analoges Signal um.

Spezielle Baugruppen

Für besondere Steuerungsaufgaben, z. B. schnelle Zählvorgänge bei Wegmesssystemen oder die Ansteuerung von Feldbussystemen, stehen spezielle Baugruppen zur Verfügung.

Aufgaben

1. Welchen Vorteil hat eine speicherprogrammierbare Steuerung gegenüber einer verbindungsprogrammierten Steuerung?

2. Beschreiben Sie die grundsätzlichen Aufgaben der einzelnen Baugruppen einer modularen SPS.

3. Unterscheiden Sie binäre, analoge und digitale Signale.

4. Wandeln Sie die nachstehenden Zahlenwerte in den Dualcode um.

8, 16, 32, 64, 128

12, 20, 40, 75, 155

5. Wandeln Sie die dual codierten Zahlen in dezimale Zahlenwerte (Dezimalcode) um.

10101010, 10000001

10010000, 11111110

3.2.3 Signalverarbeitung in der SPS

Die Arbeitsweise der SPS ist zyklisch, das heißt, das Steuerungsprogramm wird ununterbrochen abgearbeitet.

Jeder Zyklus beginnt mit dem Einlesen der Eingänge. Die Eingangssignale an der Eingabebaugruppe werden erfasst und in das *Prozessabbild der Eingänge* (PAE) übertragen. Das Prozessabbild der Eingänge ist ein kurzzeitiger Speicher. In diesem Speicher wird der momentan aufgenommene Signalzustand an den Eingängen für einen Zyklus festgehalten. Im Beispiel wird das Eingangsbyte 0, bestehend aus den 8 binären Eingängen E0.0 bis E0.7 eingelesen.

Die Eingänge mit der Adresse E0.1 und E0.2 bekommen von den Signalgliedern der Anlage ein „1"-Signal. Die übrigen Eingänge des Eingangsbytes 0 bekommen ein „0"-Signal. Im Prozessabbild der Eingänge werden diese Signale abgespeichert. Sie bilden die Grundlage für den anstehenden Zyklus. Für diesen Zyklus können sie nicht mehr verändert werden.

Mit dem Prozessabbild der Eingänge wird anschließend das Steuerungsprogramm Anweisung für Anweisung abgearbeitet. Da im Beispiel beide Eingänge „1"-Signal haben, ist die UND-Verknüpfung erfüllt. Das Programm weist dem Ausgang A2.6 ein „1"-Signal zu. Die anderen Ausgänge des Ausgangsbytes 2 werden hier nicht berücksichtigt.

Mit den Programmanweisungen für die Ausgänge wird das *Prozessabbild der Ausgänge* (PAA) erzeugt. Das Prozessabbild der Ausgänge ist ebenfalls ein momentaner Speicher, der nur für diesen Zyklus seine Gültigkeit hat. Er wird in die digitale Ausgabebaugruppe übertragen. Der Ausgang A2.6 wird mit Spannung versorgt und schaltet durch.

Damit ist ein Zyklus abgeschlossen. Die SPS startet anschließend sofort einen neuen Zyklus und beginnt wieder mit dem Einlesen der Eingänge. Das Prozessabbild der Eingänge und das Prozessabbild der Ausgänge wird erneut erzeugt.

Die Zeit für einen Zyklus nennt man die Zykluszeit. Sie ist ein Maß für die Geschwindigkeit der SPS und liegt im Bereich von Mikrosekunden (z. B. 5 µs für 1024 kB).

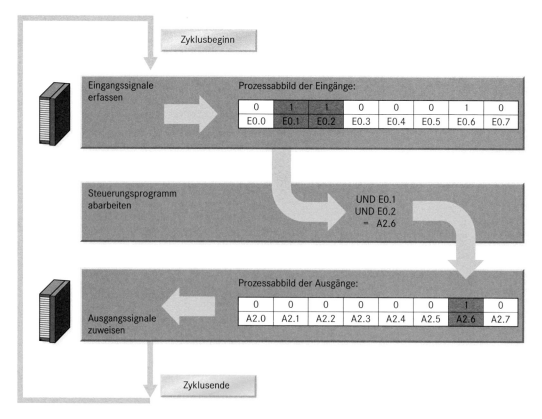

Abb. 1: Signalverarbeitung in der SPS

3.2.4   Programmierung der SPS

3.2.4.1 Programmiersprachen

Die Programmierung der SPS erfolgt in einer Programmiersprache. Gemäß **DIN EN 61 131-3** gibt es fünf Programmiersprachen (Abb. 2):

- Anweisungsliste AWL
- Funktionsbausteinsprache (FBS)
- Kontaktplan (KOP)
- Ablaufsprache (AS)
- Strukturierter Text (ST)

Anweisungsliste und Strukturierter Text sind textuell orientierte Sprachen. Die Steueranweisungen werden als Text erstellt.

Funktionsbausteinsprache, Kontaktplan und Ablaufsprache sind grafisch orientierte Sprachen. Die Steueranweisungen werden mit Hilfe von Symbolen erstellt.

Die *Anweisungsliste* wird mit einem Texteditor erstellt. Für jede Anweisung wird eine Zeile verwendet. Eine Anweisung besteht aus einer Operation, gefolgt von einem Operand. Große Programme, die in AWL erstellt werden, sind sehr unübersichtlich.

Programme in *Strukturiertem Text* haben große Ähnlichkeit mit einer Hochsprache, z. B. der Programmiersprache C.

Die *Funktionsbausteinsprache* verwendet grafische Symbole. Sie ist leicht verständlich und weit verbreitet. Bei manchen Herstellern wird die Funktionsbausteinsprache (FBS) auch als Funktionsplan (FUP) bezeichnet.

Der *Kontaktplan* verwendet grafische Symbole, die an einen Stromlaufplan angelehnt sind.

Die *Ablaufsprache* wird für umfangreiche Steuerungen verwendet. Mit ihr lassen sich die Steuerungsschritte eines Ablaufes gut darstellen.

Hinweis:

Die nachfolgenden Programmierbeispiele werden mit der Software Step 7 der Firma Siemens dargestellt. Die Darstellungen sind vom Hersteller abhängig und variieren, da sich nicht alle Hersteller exakt an die vorgegebene **DIN IEC 61 131-3** halten.

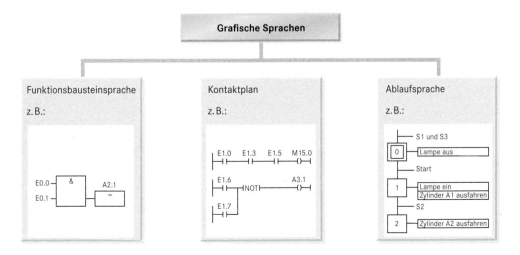

Abb. 2: Übersicht Programmiersprachen

3.2.4.2 Binäre Grundverknüpfungen

Aufbau einer Steueranweisung

Steueranweisungen bestimmen, wie Signale logisch miteinander verknüpft werden. Eine Steueranweisung besteht aus einer Operation und einem Operanden mit einer zugeordneten Adresse (Abb. 1).

Abb. 1: Steueranweisung

Die Operation bestimmt, wie die Operanden miteinander verknüpft werden. Aus den Operationen UND, ODER, NICHT lassen sich durch Kombination weitere Verknüpfungen ableiten.

Die Operation bezieht sich auf den Operand. Jeder Operand hat eine eindeutige Adresse. Im Beispiel ist der Operand der Eingang mit der Adresse 1.2. Operanden sind Eingänge, Ausgänge, Merker, Zähler und Zeitglieder.

Die Operanden finden sich in der *Zuordnungsliste* (Tab. 1) wieder. Aus der Zuordnungsliste ist ersichtlich,

- an welchen Eingängen die jeweiligen Signalglieder angeschlossen sind,
- an welchen Ausgängen die jeweiligen Stellglieder oder Aktoren angeschlossen sind,
- welche Merker im Programm verwendet werden,
- welche Objektkennzeichnung die Signalglieder, Stellglieder und Aktoren haben

und

- welche symbolischen Bezeichnungen im Programm verwendet werden.

UND-Verknüpfung

Der Steuerungsablauf der Montagestation startet mit dem Grundschritt (Schritt 1). Im Grundschritt wird die Zykluslampe P2 ausgeschaltet. Anschließend wird überprüft, ob alle Bedingungen für die Grundstellung erfüllt sind. Erst dann beginnt der eigentliche Steuerungsablauf. Im Schritt 2 wird der Bandmotor eingeschaltet. Er transportiert einen Werkstückträger zur hydraulischen Presse. Gleichzeitig wird die Zykluslampe P2 eingeschaltet. Sie zeigt an, dass sich die Anlage im Arbeitszyklus befindet.

Der Übergang vom Grundschritt zum Schritt 2 wird nur dann ausgeführt, wenn die Bedingungen für die Grundstellung erfüllt sind. Alle erforderlichen Bedingungen für die Grundstellung werden überprüft. Das Ergebnis wird im Merker „Grundstellung" abgelegt.

Aus der Zuordnungsliste kann entnommen werden, dass der Merker „Grundstellung" die Adresse M15.0 belegt. Dies ist ein interner Speicherplatz, welcher das Signal „0" oder das Signal „1" führen kann.

Die Grundstellung wird durch eine UND-Verknüpfung erreicht.

 Der Ausgang einer UND-Verknüpfung hat dann „1"-Signal, wenn alle Eingänge ein „1"-Signal führen.

Für die Grundstellung bedeutet dies, dass der Merker „Grundstellung" (bzw. der Merker M15.0) dann ein „1"-Signal führt, wenn

- das Signalglied B11 meldet, dass der Hydraulikzylinder in der oberen Endlage ist,
- das Signalglied B14 meldet, dass der Vertikalzylinder des Handhabungsgerätes eingefahren ist,

und

- das Signalglied B16 meldet, dass der Horizontalzylinder des Handhabungsgerätes eingefahren ist.

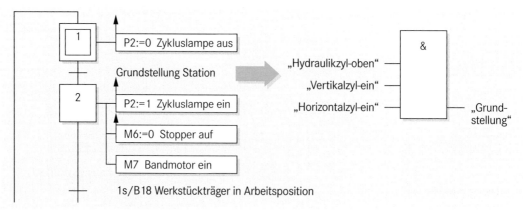

Abb. 2: UND-Verknüpfung für die Grundstellung

Tab. 1: Auszug aus der Zuordnungsliste der Montagestation

Adresse	Objektkennzeichnung	Symbolische Bezeichnung	Datentyp	Kommentar
Eingänge				
E1.0	B11	„Hydraulikzyl-oben"	BOOL	Hydraulikzylinder oben, Schließer
E1.3	B14	„Vertikalzyl-ein"	BOOL	HHG-Vertikalzylinder eingefahren, Schließer
E1.5	B16	„Horizontalzyl-ein"	BOOL	HHG–Horizontalzylinder eingefahren, Schließer
Ausgänge				
A6.5	M6	„Stopper-aus"	BOOL	Stopper ausfahren
A7.1	P2	„Lampe-Arbeitszyklus"	BOOL	Signallampe Arbeitszyklus
A7.2	P3	„Signallampe"	BOOL	Signallampe Drucküberwachung
A8.0	X1.1	„Bandmotor"	BOOL	Ansteuerung Band-Motor (M7)
Merker				
M15.0		„Grundstellung"	BOOL	

Das entsprechende Steuerungsprogramm für diese Verknüpfung ist in der Programmiersprache Funktionsbausteinsprache (Abb. 3 und Abb. 4) erstellt.

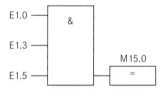

Abb. 3: UND-Verknüpfung mit absoluter Adressierung

Bei der Programmerstellung kann zwischen der absoluten Adressierung und der symbolischen Bezeichnung gewählt werden. Die symbolische Bezeichnung stellt einen besseren Bezug zur Anlage her.

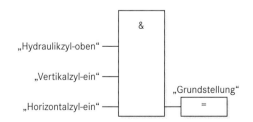

Abb. 4: UND-Verknüpfung mit symbolischer Bezeichnung

Die Anweisungsliste kann ebenfalls mit absoluter Adressierung (Abb. 5) oder mit symbolischer Bezeichnung (Abb. 6) erstellt werden.

```
U        E        1.0
U        E        1.3
U        E        1.5
=        M        15.0
```

Abb. 5: UND-Verknüpfung mit absoluter Adressierung

```
U        „Hydraulikzyl-oben"
U        „Vertikalzyl-ein"
U        „Horizontalzyl-ein"
=        Grundstellung
```

Abb. 6: UND-Verknüpfung mit symbolischer Bezeichnung

Für die Lösung von Steuerungsaufgaben wird häufig die Wahrheitstabelle verwendet. Dort werden die möglichen Kombinationen der Eingänge erfasst. Diese erhält man, indem man die Dualzahlen bei „0" beginnend der Reihe nach auflistet. Dem Ausgang bzw. dem Merker wird entsprechend der Steuerungsaufgabe das Signal „0" oder „1" zugewiesen. Tabelle 2 zeigt die Wahrheitstabelle der UND-Verknüpfung für die Grundstellung.

Tab. 2: Wahrheitstabelle der UND-Verknüpfung

Zeile	E1.5	E1.3	E1.0	M15.0
0	0	0	0	0
1	0	0	1	0
2	0	1	0	0
3	0	1	1	0
4	1	0	0	0
5	1	0	1	0
6	1	1	0	0
7	1	1	1	1

ODER-Verknüpfung

Die Montagestation ist mit einer Signallampe P3 ausgestattet. Fällt der hydraulische Druck p_{hyd} der Presse oder der pneumatische Druck p_{pneu} des Handhabungsgerätes unter eine Mindestgrenze, so leuchtet die Signallampe. Die Überwachung erfolgt mit zwei binären Druckschaltern (B_{hyd} und B_{pneu}), die als Schließer ausgeführt sind. Diese melden ein „1"-Signal an die SPS, wenn der vorhandene Druck unter die Mindestgrenze absinkt (Abb. 1).

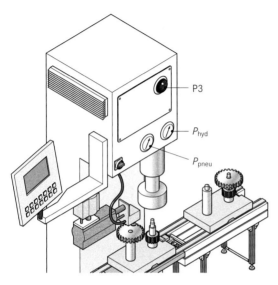

Abb. 1: Drucküberwachung

Für die Verknüpfung der beiden Druckschalter wird die ODER-Verknüpfung angewendet.

! Der Ausgang einer ODER–Verknüpfung hat dann „1"-Signal, wenn mindestens einer der Eingänge ein „1"-Signal führt.

Das entsprechende Steuerungsprogramm ist in Anweisungsliste (Abb. 2) und in Funktionsbaustein-sprache erstellt (Abb. 3).

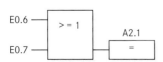

O	E0.6
O	E0.7
=	**A2.1**

Abb. 2: ODER-Verknüpfung in AWL

```
E0.6 ──┐ ┌──────┐
       │ │ >= 1 │        A2.1
       │ │      │─────┌──────┐
E0.7 ──┘ └──────┘     │  =   │
                      └──────┘
```

Abb. 3: ODER-Verknüpfung in FBS

Tab. 1: Wahrheitstabelle der ODER-Verknüpfung

E0.7	E0.6	A2.1
0	0	0
0	1	1
1	0	1
1	1	1

Die Wahrheitstabelle zeigt, dass der Ausgang A2.1 (= Signallampe P3) dann „1"-Signal hat, wenn mindestens einer der beiden Eingänge ein „1"-Signal führt.

Negation einer Verknüpfung

Im vorangegangenen Beispiel sind die beiden Druckschalter B_{hyd} und B_{pneu} als Schließer ausgeführt. Der Befehl für die Signallampe P3 erfolgt, wenn der Signalzustand eines Druckschalters am Eingang der SPS von „0"-Signal auf „1"-Signal wechselt (Abb. 4).

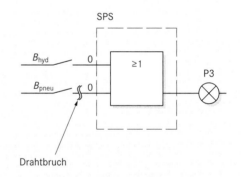

Abb. 4: Drucküberwachung mit Schließern

Tritt in der elektrischen Leitung des Druckschalters B_{hyd} ein Drahtbruch auf, kann das Signal nicht mehr zur SPS gelangen. Der Druck in der Anlage wird nicht mehr überwacht. Dies kann zu Störungen an Bauteilen bis hin zum Ausfall der gesamten Anlage führen.

Aufgrund dieser Überlegungen werden die Druck-schalter B_{hyd} und B_{pneu} als Öffner ausgeführt (Abb. 5).

Bei Betätigung eines Öffners *oder* bei Drahtbruch wird der Stromkreis unterbrochen. Der Befehl für die Signallampe erfolgt also dann, wenn der Signal-zustand eines Druckschalters am Eingang der SPS von „1"-Signal auf „0"-Signal wechselt.

Bei der Programmierung wird dies durch die Nega-tion berücksichtigt.

❗ Die Negation wandelt ein „1"-Signal in ein „0"-Signal um und umgekehrt.

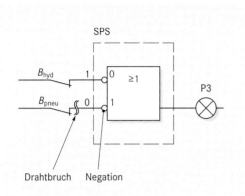

Abb. 5: Drucküberwachung mit Öffnern

Bei der Programmierung muss also grundsätzlich berücksichtigt werden, ob ein Signalglied als Öffner oder als Schließer ausgeführt ist und ob der Schalter betätigt oder nicht betätigt ist (Abb. 6).

- Ein nicht betätigter Schließer liefert ein „0"-Signal an die SPS.
- Ein nicht betätigter Öffner liefert ein „1"-Signal an die SPS.
- Ein betätigter Schließer liefert ein „1"-Signal an die SPS.
- Ein betätigter Öffner liefert ein „0"-Signal an die SPS.

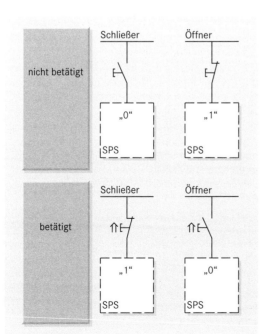

Abb. 6: Öffner- und Schließersignale

Das entsprechende Steuerungsprogramm ist in Anweisungsliste (Abb. 7) und in Funktionsbausteinsprache erstellt (Abb. 8). Dabei wurden jeweils die Eingänge negiert.

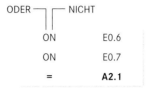

Abb. 7: ODER-Verknüpfung in AWL mit negierten Eingängen

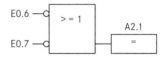

Abb. 8: ODER-Verknüpfung in FBS mit negierten Eingängen

Tab. 2: Wahrheitstabelle der ODER-Verknüpfung mit negierten Eingängen

E0.7	E0.6	A2.1
0	0	1
0	1	1
1	0	1
1	1	0

Entsprechend den Eingängen können auch Ausgänge negiert werden (Abb. 9). Dabei ist zu beachten, dass dies zu einem völlig anderen Verknüpfungsergebnis führt (Tab. 3).

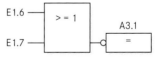

Abb. 9: ODER-Verknüpfung mit negiertem Ausgang

Tab. 3: Wahrheitstabelle der ODER-Verknüpfung mit negiertem Ausgang

E1.7	E1.6	A3.1
0	0	1
0	1	0
1	0	0
1	1	0

Beispiel 1: Steuerung einer pneumatischen Presse

Mit einer pneumatischen Presse werden Lagerbuchsen in Gehäuseteile eingepresst. Der Pressenzylinder 1A1 fährt aus, wenn der Handtas-
ter S1 oder der Fußtaster S2 betätigt wird. Der
Pressenzylinder darf jedoch nur dann ausfahren,
wenn das Schutzgitter geschlossen ist (B3 = 1)
und wenn ein Gehäuseteil auf dem Pressentisch
positioniert ist (B4 = 1). Ist die Startbedingung
nicht mehr erfüllt, fährt der Pressenzylinder ein.

Alle Schalter (S1, S2, B3, B4) sind Schließer.

Das Programm soll in FBS und AWL erstellt werden.

Technologieschema:

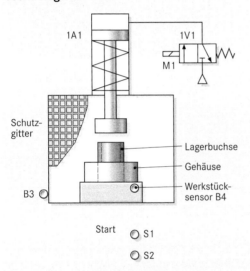

Bei umfangreicheren Steuerungsaufgaben werden die Grundverknüpfungen UND, ODER, NICHT
miteinander kombiniert.

Vor der Erstellung des Steuerungsprogramms
wird die Zuordnungsliste erstellt. Sie zeigt die
Belegung der Eingänge und der Ausgänge an der
SPS.

Wahrheitstabelle:

Zeile	E0.4	E0.3	E0.2	E0.1	A6.1
0	0	0	0	0	0
1	0	0	0	1	0
2	0	0	1	0	0
3	0	0	1	1	0
4	0	1	0	0	0
5	0	1	0	1	0
6	0	1	1	0	0
7	0	1	1	1	0
8	1	0	0	0	0
9	1	0	0	1	0
10	1	0	0	1	0
11	1	0	1	1	0
12	1	1	0	0	0
13	1	1	0	1	1
14	1	1	1	0	1
15	1	1	1	1	1

Anschließend wird die Wahrheitstabelle erstellt.
Zunächst werden die möglichen Kombinationen
der Eingänge erfasst. Bei vier Eingängen ergeben
sich $2^4 = 16$ Möglichkeiten. Diese entsprechen
den Dualzahlen von 0 bis 15. Jeder Eingangs-
kombination muss nun, entsprechend der Aufga-
benstellung, das Ausgangssignal „0" oder „1" zugewiesen werden.

Die Presse fährt aus, wenn einer der beiden Start-
taster S1 *oder* S2 betätigt ist *und* das Schutzgitter (B3) geschlossen ist *und* ein Gehäuseteil (B4)
auf dem Pressentisch liegt (Zeile 13/Zeile 14).

Die Presse fährt aus, wenn beide Starttaster S1
und S2 betätigt sind *und* das Schutzgitter (B3) geschlossen ist *und* ein Gehäuseteil (B4) auf dem
Pressentisch liegt (Zeile 15).

Da nur für diese Zustände die Presse ausfahren
darf, wird hier ein „1"-Signal für die Ausgänge
eingetragen. Die anderen Ausgänge erhalten ein
„0"-Signal.

Die *UND-vor-ODER-Normalform*, auch *disjunktive
Normalform* genannt, ist eine geeignete Methode,
um aus der Wahrheitstabelle ein Steuerungsprogramm zu entwickeln. Diese Methode basiert auf
den Zeilen, bei denen der Ausgang ein „1"-Signal
hat.

Zuordnungsliste:

Adresse	Objektkennzeichnung	Symbolische Bezeichnung	Datentyp	Kommentar
Eingänge				
E0.1	S1	„Handtaster"	BOOL	Handtaster, Schließer
E0.2	S2	„Fußtaster"	BOOL	Fußtaster, Schließer
E0.3	B3	„Schutzgitter"	BOOL	Abfrage Schutzgitter, Schließer
E0.4	B4	„Werkstück"	BOOL	Abfrage Werkstück, Schließer
Ausgänge				
A6.1	M1	„Magnetventil"	BOOL	Zylinder fährt aus bei M1 = 1

Innerhalb jeder Zeile, bei der der Ausgang „1"-Signal hat, werden die Eingänge mit UND verknüpft.

Hat ein Eingang den Signalzustand „0", so wird er negiert in die UND-Verknüpfung aufgenommen.

Hat ein Eingang den Signalzustand „1", so wird er nicht negiert in die UND-Verknüpfung aufgenommen.

Das komplette Steuerungsprogramm erhält man, indem man anschließend alle UND-Verknüpfungen auf eine ODER-Verknüpfung führt.

Für die Zeile 13 bedeutet dies, dass alle vier Eingänge mit UND verknüpft werden, wobei der Eingang E0.2 negiert werden muss. In der Zeile 14 muss der Eingang E0.1 negiert werden, in Zeile 15 kommt keine Negation vor. Anschließend werden die UND-Verknüpfungen auf eine ODER-Verknüpfung geführt.

Das Programm ist in Funktionsbausteinsprache und als Anweisungsliste dargestellt. Die Funktionsbausteinsprache zeigt die Logik in übersichtlicher Form. Jede UND-Verknüpfung entspricht dabei einer Zeile der Wahrheitstabelle.

Ausführliches Programm in FBS:

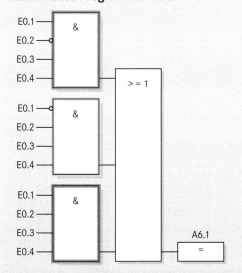

Die UND-vor-ODER-Normalform liefert häufig ein sehr umfangreiches Steuerungsprogramm. In vielen Fällen kann das Programm anschließend vereinfacht werden.

Eine erste Vereinfachung ergibt sich, indem man die UND-Verknüpfung der Zeile 15 einspart. Diese Kombination ist bereits in den Zeilen 13 und 14 enthalten, wenn man dort die negierten Eingänge E0.1 und E0.2 entfernt.

Ausführliches Programm in AWL:

U	E	0.1
UN	E	0.2
U	E	0.3
U	E	0.4
O		
UN	E	0.1
U	E	0.2
U	E	0.3
U	E	0.4
O		
U	E	0.1
U	E	0.2
U	E	0.3
U	E	0.4
=	A	6.1

Erste Vereinfachung des Programms:

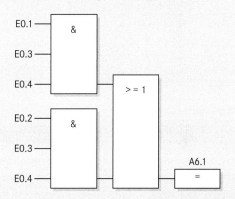

Eine weitere Vereinfachung ergibt sich durch die folgende Überlegung: Der Pressenzylinder fährt nur dann aus, wenn das Schutzgitter geschlossen ist und der Werkstücksensor ein „1"-Signal meldet. Zusätzlich muss einer der beiden Starttaster betätigt sein.

Zweite Vereinfachung des Programms:

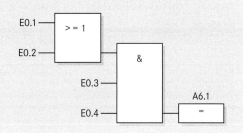

Beispiel 2: Temperaturüberwachung

In einem Härteofen wird die Temperatur aus Sicherheitsgründen durch zwei Signalglieder (B1, B2) überwacht. Ist die Temperatur zu hoch, so wird dies von den Signalgliedern gemeldet. Sobald die Temperatur überschritten wird, soll die Signallampe P5 leuchten. Um die Funktion der Signallampe P5 zu überprüfen, wird ein weiterer Taster S3 eingesetzt. Wird der Taster S3 betätigt, so leuchtet die Signallampe P5.

Die Signalglieder B1 und B2 sind Öffner und liefern bei Betätigung ein „0"-Signal. Der Taster S3 ist ein Schließer und liefert bei Betätigung ein „1"-Signal.

Das Programm soll in FBS und AWL erstellt werden.

Technologieschema:

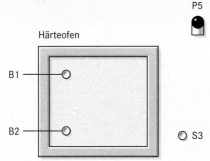

Wahrheitstabelle:

Zeile	E1.3	E1.2	E1.1	A7.1
0	0	0	0	1
1	0	0	1	1
2	0	1	0	1
3	0	1	1	0
4	1	0	0	1
5	1	0	1	1
6	1	1	0	1
7	1	1	1	1

Die Wahrheitstabelle zeigt, dass bis auf die Zeile 3 alle Eingangskombinationen am Ausgang ein „1"-Signal führen. Erstellt man entsprechend dem Beispiel 1 die UND-vor-ODER-Normalform, so würde dies zu einem sehr umfangreichen Steuerungsprogramm führen.

Für diese Art von Wahrheitstabellen wird daher die *ODER-vor-UND-Normalform*, auch *konjunktive Normalform* genannt, angewandt. Diese Methode basiert auf den Zeilen, bei denen der Ausgang ein „0"-Signal hat.

> ! Innerhalb jeder Zeile, bei der der Ausgang „0"-Signal hat, werden die Eingänge mit ODER verknüpft.
>
> Hat ein Eingang den Signalzustand „0", so wird er nicht negiert in die ODER-Verknüpfung aufgenommen.
>
> Hat ein Eingang den Signalzustand „1", so wird er negiert in die ODER-Verknüpfung aufgenommen.
>
> Das komplette Steuerungsprogramm erhält man, indem man anschließend alle ODER-Verknüpfungen auf eine UND-Verknüpfung führt.

Da im vorliegenden Beispiel lediglich die Zeile 3 entsprechend den Vorschriften umgesetzt werden muss, entfällt die UND-Verknüpfung.

Programm in FBS:

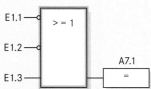

Programm in AWL:

ON	E	1.1
ON	E	1.2
O	E	1.3
=	A	7.1

Zuordnungsliste:

Adresse	Objektkennzeichnung	Symbolische Bezeichnung	Datentyp	Kommentar
Eingänge				
E1.1	B1	„Temp-1"	BOOL	Temperatur zu hoch, Öffner
E1.2	B2	„Temp-2"	BOOL	Temperatur zu hoch, Öffner
E1.3	S3	„Funktionsprüfung"	BOOL	Funktionsprüfung von P5, Schließer
Ausgänge				
A7.1	P5	„Signallampe"	BOOL	Signallampe Temperaturüberwachung

**Beispiel 2: Pneumatische Biegepresse
(zusammengesetzte Verknüpfungen mit Speicherfunktion)**

Der Pressenzylinder einer pneumatischen Biegepresse soll ausfahren, wenn der Taster S1 (Start)
betätigt wird, das Schutzgitter geschlossen ist
(Abfrage durch den Positionsschalter B2) und
sich der Zylinder in der hinteren Endlage befindet.
Nach dem Start fährt der Pressenzylinder langsam aus. Sobald der Positionsschalter B5 meldet,
dass die vordere Endlage erreicht ist, fährt der
Pressenzylinder mit maximaler Geschwindigkeit
wieder ein. Der Ablauf kann jederzeit durch den
Taster S3 (Stopp) unterbrochen werden. Sobald
der Taster S3 (Stopp) betätigt wird, soll der Pressenzylinder einfahren.

Aus Sicherheitsgründen wird der Taster Stopp
(S3) als Öffner, der Positionsschalter (B2) am
Schutzgitter als Schließer ausgeführt. Beim Öffnen des Schutzgitters und bei Ausfall der elektrischen Energie soll der Pressenzylinder ebenfalls einfahren.

Erstellen Sie den pneumatischen Schaltplan, die
Zuordnungsliste und das Programm in Funktionsbausteinsprache und als Anweisungsliste.

Technologieschema:

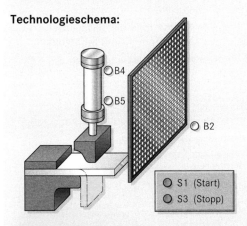

Pneumatischer Schaltplan:

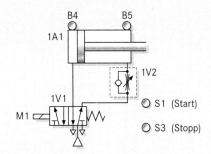

Interpretation:

Da der Zylinder mit unterschiedlichen Geschwindigkeiten verfährt, kommt ein doppeltwirkender
Zylinder zum Einsatz. Die Geschwindigkeit wird
über das Drosselventil 1V2 eingestellt. Als Stellglied wird ein 5/2-Wegeventil mit elektrischer Ansteuerung und Federrückstellung verwendet. Bei
Ausfall der elektrischen Energie fährt der Zylinder
aufgrund der Federrückstellung in die Ausgangsposition.

Das Ausfahren des Zylinders erfolgt,
- wenn der Taster Start (S1) betätigt wird
- und das Schutzgitter (B2) geschlossen ist
- und der Positionsschalter (B4) meldet, dass
  der Zylinder eingefahren ist.

Für das Ausfahren wird die UND-Verknüpfung benötigt. Aufgrund der Federrückstellung muss das
Signal „Ausfahren" gespeichert werden. Der Signalzustand wird im Merker M10.3 abgelegt.

Das Einfahren des Zylinders erfolgt,
- wenn das Schutzgitter (B2) geöffnet wird
- oder der Taster Stopp (S3) betätigt wird
- oder die vordere Endlage (B5) erreicht ist.

Für das Einfahren wird die ODER-Verknüpfung benötigt. Das Signal des Tasters Stopp (S3) und des
Schutzgitters (B2) muss negiert werden.

Zuordnungsliste:

Adresse	Objektkennzeichnung	Symbolische Bezeichnung	Datentyp	Kommentar
Eingänge				
E0.1	S1	„Start"	BOOL	Starttaster, Schließer
E0.2	B2	„Schutzgitter"	BOOL	Schutzgitter, Schließer
E0.3	S3	„Stopp"	BOOL	Stopp, Öffner
E0.4	B4	„Endlage-eingefahren"	BOOL	hintere Endlage erreicht, Schließer
E0.5	B5	„Endlage-ausgefahren"	BOOL	vordere Endlage erreicht, Schließer
Merker				
M10.3		„Speicher"	BOOL	
Ausgänge				
A6.1	M1	„Magnetventil"	BOOL	Zylinder fährt aus bei M1 = 1

Funktionsbausteinsprache:

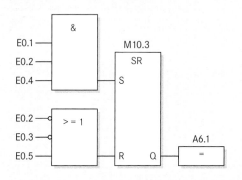

Anweisungsliste:

U	E	0.1
U	E	0.2
U	E	0.4
S	M	10.3
U (		
ON	E	0.2
ON	E	0.3
O	E	0.5
)		
R	M	10.3
U	M	10.3
=	A	6.1

Aufgaben

1. Nennen und unterscheiden Sie die Programmiersprachen der SPS.

2. Beschreiben Sie die Unterschiede von Speichern mit vorrangigem Setzen und Speichern mit vorrangigem Rücksetzen.

3. Die pneumatische Steuerung soll durch eine SPS-Steuerung ersetzt werden. Das Stellglied (1V3) wird durch ein elektrisch betätigtes Ventil mit Federrückstellung ersetzt. Die Signalglieder 1S1, 1S2 und 1S3 werden durch elektrische Taster (S1, S2 und S3) ersetzt, die als Schließer ausgeführt sind.

Pneumatische Steuerung:

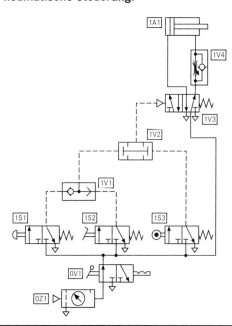

4. An einer Presse befinden sich drei Taster (S1, S2 und S3), die als Schließer ausgeführt sind. Aus Sicherheitsgründen darf die Presse erst herunterfahren, wenn 2 der 3 Taster gleichzeitig betätigt sind. Das Hochfahren erfolgt, sobald weniger als 2 Taster betätigt sind.

a) Erstellen Sie mit Hilfe der disjunktiven und der konjuktiven Normalform das SPS-Programm.

b) Vereinfachen Sie das Programm so weit als möglich.

Pneumatischer Schaltplan:

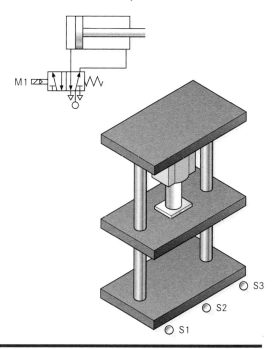

Datentypen

Beim Anschluss eines Signalgebers an die SPS müssen die unterschiedlichen Signalarten berücksichtigt werden.

Die SPS kann nur digitale Signale verarbeiten. Daher werden analoge Signale durch spezielle Baugruppen innerhalb der SPS in digitale Signale umgewandelt.

Bei der Programmierung werden die Signalarten durch den Datentyp berücksichtigt.

Bit-Datentypen:

Datentyp BOOL

Binäre Signale erhalten den Datentyp BOOL. Sie enthalten die Information „0" oder „1". Es können nur zwei Zustände unterschieden werden.

Datentyp BYTE

0	1	1	1	0	0	1	1

Ein Byte besteht aus einer Folge von acht Bits. Damit lassen sich 256 (= 2^8) verschiedene digitale Signalzustände darstellen.

Datentyp WORD

0	1	1	1	0	0	1	1		1	1	1	0	0	0	1	1

Der Datentyp WORD belegt 2 Byte bzw. 16 Bit. Es lassen sich 65536 (= 2^{16}) verschiedene digitale Signalzustände darstellen.

Arithmetische Datentypen:

Datentyp INTEGER

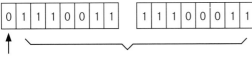

Vorzeichen   Zahlenwert

Der Datentyp INTEGER wird für ganze Zahlen verwendet. Er wird z. B. für das Zählen der Werkstücke in der Montagestation verwendet. Er belegt ebenfalls 2 Byte bzw. 16 Bit. Dabei wird ein Bit für das Vorzeichen verwendet. „0" bedeutet ein positives Vorzeichen, „1" bedeutet ein negatives Vorzeichen. Es lassen sich 65535 verschiedene Zahlen darstellen. Dies sind die Zahlen von –32767 bis +32767.

Datentyp REAL

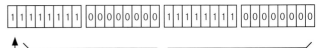

Vorzeichen   Zahlenwert

Der Datentyp REAL wird für reelle Zahlen (= Gleitpunktzahlen) verwendet. Er belegt 4 Byte bzw. 32 Bit. Die Zahlen haben ein Vorzeichen und werden in exponentieller Schreibweise dargestellt. Der Zahlenwert wird durch ein Vorzeichen, einen Exponenten und eine Mantisse bestimmt. Mit diesen Zahlen lassen sich Rechenoperationen durchführen.

BCD-Zahlen

BCD-Zahlen sind **b**inär **c**odierte **D**ezimalzahlen. Sie werden häufig bei Ziffernanzeigen oder Zahleneinstellern verwendet. Es gibt mehrere BCD-Codes. Am häufigsten wird der 8421-Code verwendet. Zahlen, die nach diesem Code verschlüsselt sind, werden nachfolgend BCD-Zahlen genannt.

Dezimalzahlen sind nach dem System Einer, Zehner, Hunderter, Tausender, ... aufgebaut. Jede Stelle kann mit der Ziffer 0 bis 9 belegt sein. Für die Darstellung der Zahlen 0 bis 9 benötigt man im Dualsystem 4 Bits. Die Zahlen 10 bis 15 werden nicht verwendet.

Beispiel: Darstellung der Dezimalzahl 795
Die Dezimalzahl 795 besteht aus 5 Einern, 9 Zehnern und 7 Hundertern. Jede Ziffer wird durch einen Block mit 4 Bits dargestellt.

Hunderter	Zehner	Einer
7	9	5
0 1 1 1	1 0 0 1	0 1 1 1

Datentypen für Zeitfunktionen:

Für das Programmieren von Zeiten gibt es den Datentyp TIME oder S5TIME. Die Zeitangaben müssen dabei in einem festgelegten Format eingegeben werden. Benötigt man z. B. in einem Programm eine Zeit von 20 Sekunden mit dem Datentyp S5TIME, so lautet die Eingabe:

S5T#20S

3.2.4.4 Zeitfunktionen

Die Steuerung des Handhabungsgerätes der Montagestation erfordert den Einsatz von Zeitgliedern. In der Schrittkette der Montagestation sind zwei Verzögerungszeiten programmiert (①, ②, Abb. 1).

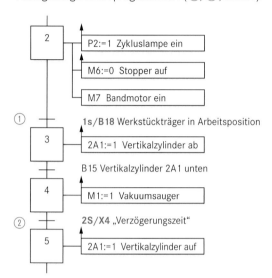

Abb. 1: Schrittkette mit Verzögerungszeiten

Die Verzögerungszeit T1 ist notwendig, um einen sicheren Prozessablauf zu gewährleisten.

Das Förderband transportiert den Werkstückträger unter das pneumatische Handhabungsgerät. Durch den ausgefahrenen Stopper wird der Werkstückträger angehalten und positioniert. Damit der Werkstückträger sicher am Anschlag des Stoppers anliegt, muss das Förderband eine bestimmte Zeit weiterlaufen, bevor es anhält. Erst nach Ablauf der Verzögerungszeit T1 wird der Bandmotor ausgeschaltet (Abb. 2).

Die Verzögerungszeit T2 erfüllt zwei Aufgaben:

1. Sie gewährleistet einen sicheren Prozessablauf. Nachdem der Vertikalzylinder mit dem Sauger im Schritt 3 über das Zahnrad gefahren ist, wird im Schritt 4 der Sauger eingeschaltet. Damit das Zahnrad sicher angesaugt wird, muss in der Saugleitung ein Unterdruck aufgebaut werden. So lange muss der Vertikalzylinder in der unteren Position warten.

2. Sie liefert die Weiterschaltbedingung für den Schritt 5. Der Ansaugvorgang bewirkt keine Signaländerungen an der Anlage, da der pneumatische Druck nicht gemessen wird. Dadurch steht zunächst keine Weiterschaltbedingung zum Schritt 5 zur Verfügung. Die Verzögerungszeit T2 wird am Zeitglied eingestellt. Nach Ablauf der Verzögerungszeit T2 wird die Weiterschaltbedingung durch das Zeitglied geliefert.

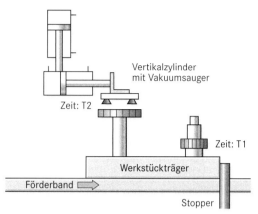

Abb. 2: Technologieschema

Nach **DIN EN 61 131-3** werden drei Standardbausteine für Zeitfunktionen unterschieden:

- die Einschaltverzögerung,
- die Ausschaltverzögerung und der
- Impuls.

Mit der *Einschaltverzögerung* wird ein Ausgang Q zeitverzögert eingeschaltet.

Mit der *Ausschaltverzögerung* wird ein Ausgang Q zeitverzögert ausgeschaltet.

Mit dem *Impuls* erhält der Ausgang für eine bestimmte vorgegebene Zeit ein „1"-Signal. Ist die Vorgabezeit abgelaufen, wechselt der Ausgang Q wieder auf „0".

Zeitfunktionen werden mit speziellen Bausteinen programmiert. Die genaue Funktion und Belegung der Eingänge und der Ausgänge muss dem jeweiligen Handbuch der Steuerung entnommen werden. Je nach Hersteller gibt es weitere Zeitfunktionen.

Für die Programmierung der Schrittkette wird die Einschaltverzögerung verwendet. In der Programmiersprache Step 7 wird der Baustein mit „S_EVERZ" bezeichnet (Abb. 3).

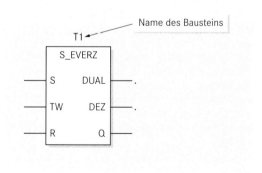

Abb. 3: Einschaltverzögerung mit STEP 7

Der Baustein hat folgende Eingänge und Ausgänge:

S: Starteingang des Zeitgliedes: Das Zeitglied startet, wenn der Eingang auf „1" wechselt.

TW: Vorgabewert der Zeitdauer: An diesem Eingang wird die Vorgabezeit eingegeben.

R: Rücksetzeingang: Die abgelaufene Zeit und der Ausgang Q werden zurückgesetzt.

Q: Ausgang des Zeitgliedes: Der Ausgang wechselt nach Ablauf der Zeit TW von „0" auf „1".

Dual: An diesem Ausgang wird die ablaufende Zeit als Dualzahl angezeigt.

DEZ: An diesem Ausgang wird die ablaufende Zeit als BCD-Zahl angezeigt.

Bei der Einschaltverzögerung S_EVERZ wird der Ausgang Q zeitverzögert auf „1" gesetzt. Das Impulsdiagramm stellt den Signalverlauf des Ausgangs Q in Abhängigkeit von den Eingangsvariablen S, TW und R dar (Abb. 4).

③ Wechselt der Eingang S von „0"-Signal auf „1"-Signal, so startet die Vorgabezeit TW. Ist die Vorgabezeit TW abgelaufen und hat der Eingang S immer noch „1"-Signal, dann wechselt der Ausgang Q von „0"-Signal auf „1"-Signal. Wird der Eingang danach auf „0" gesetzt, wechselt der Ausgang sofort auf „0".

④ Wird der Eingang S für eine kurze Zeit betätigt, so dass die eingestellte Vorgabezeit TW nicht erreicht wird, dann bleibt der Ausgang Q auf „0". Wird der Eingang S anschließend nochmals betätigt, startet die Vorgabezeit TW erneut.

⑤ Wird am Rücksetzeingang R ein „1"-Signal angelegt, wird der Ausgang Q sofort auf „0" zurückgesetzt. Anschließend bleibt der Ausgang Q auf „0", auch wenn am Eingang S ein „1"-Signal anliegt.

⑥ Die Verzögerungszeit TW kann anschließend nur durch einen erneuten Signalwechsel von „0" auf „1" am Setzeingang gestartet werden.

Im folgenden Beispiel ist die Verzögerungszeit T2 der Schrittkette programmiert (Abb. 5).

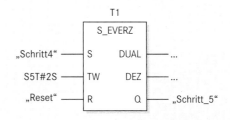

Abb. 5: Einschaltverzögerung S_EVERZ

Ist der „Schritt4" der Schrittkette gesetzt, dann wechselt der Signalzustand am Setzeingang S von „0" auf „1". Damit wird die Vorgabezeit TW gestartet. Die Vorgabezeit beträgt 2 Sekunden. Sie muss mit dem Datentyp S5TIME im dargestellten Format eingegeben werden (siehe Grundlagen: Datentypen). Ist die Vorgabezeit von 2 Sekunden erreicht, dann wechselt der Signalzustand am Ausgang Q von „0" auf „1".

Dem Zeitglied T2 wird damit ein „1"-Signal zugewiesen und der „Schritt_5" ist aktiviert. Der Operand kann bei der nachfolgenden Programmbearbeitung verwendet werden. Über den Rücksetzeingang „Reset" kann das Zeitglied T2 auf „0" gesetzt werden. Die Ausgänge DUAL und DEZ werden in diesem Beispiel nicht verwendet. Sie sind optional.

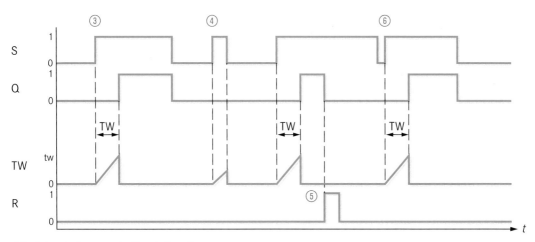

Abb. 4: Impulsdiagramm der Einschaltverzögerung

3.2.4.5 Zählerfunktionen

Nachdem die Getriebewellen die Montagestation durchlaufen haben, werden sie mit einem weiteren Band zur Entnahmestation transportiert (Abb. 1). Dort werden sie von einem Roboter vom Band genommen und auf Paletten gesetzt. Ist eine Palette komplett bestückt, ertönt ein Signal. Eine neue Palette muss bereitgestellt werden. Für diese Aufgabe werden Zählerfunktionen benötigt.

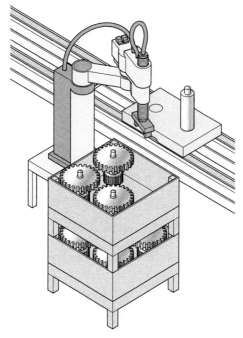

Abb. 1: Werkstücke zählen

Nach **DIN EN 61 131–3** werden drei Zähler unterschieden:

• der Vorwärtszähler,

• der Rückwärtszähler und

• der Vor- und Rückwärtszähler.

Für einfache Zählaufgaben gibt es die vereinfachte Zählfunktion ZV (Abb. 2).

Abb. 2: Einfacher Vorwärtszähler ZV

Wechselt der Signalzustand am Eingang E 0.0 von „0"- auf „1"-Signal, wird der Wert des Zählers Z1 um „1" erhöht. Dem Zähler Z1 wird eine Zahl zugewiesen. Im weiteren Programmablauf kann der Zähler abgefragt und z. B. mit einer anderen Zahl verglichen werden.

Für das Zählen der Getriebewellen wird ein Rückwärtszähler verwendet (Abb. 3). Die Programmiersprache Step 7 stellt hierzu den Baustein „Z_RUECK" zur Verfügung.

Der Baustein hat folgende Eingänge und Ausgänge:

Eingänge:

ZR: Zähle rückwärts: Eingang für das Rückwärtszählen. Bei jedem Impuls wird der Zähler um eins vermindert.

S: Setzen: Der Zähler wird auf den Vorgabewert gesetzt und aktiviert.

ZW: Zählwert: Der Zähler wird mit einem Vorgabewert geladen.

R: Rücksetzen: Der Zähler wird auf den Wert Null zurückgesetzt. Damit wird auch der Ausgang Q auf „0"-Signal gesetzt.

Ausgänge:

DUAL: An diesem Ausgang wird der momentane Zählwert als Dualzahl angezeigt.

DEZ: An diesem Ausgang wird der momentane Zählwert als BCD-Zahl angezeigt.

Q: Der Ausgang Q hat „1"-Signal, wenn der Zählwert größer als 0 ist. Ist der Zählwert gleich 0, liegt am Ausgang Q ein „0"-Signal an.

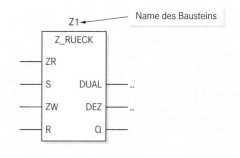

Abb. 3: Rückwärtszähler Z_RUECK

Der Zustand des Ausgangs Q wird im Baustein „Z1" gespeichert und kann im weiteren Programmablauf aufgerufen und verwendet werden.

Beispiel: Getriebewellen zählen

Mit einem Rückwärtszähler werden die bearbeiteten Getriebewellen der Montagestation gezählt. Der Zähler Z1 erfasst die Anzahl der Getriebewellen, die der Roboter auf die Palette setzt. Mit jeder Getriebewelle wird der Zählwert um „1" vermindert. Auf jeder Palette werden 4 Getriebewellen positioniert. Ist die Palette komplett bestückt, soll eine Hupe ertönen. Die bestückte Palette muss dann gegen eine leere Palette ausgetauscht werden. Der Zähler Z1 muss anschließend auf den Zählwert „4" zurückgesetzt werden.

Der Vorgabewert für den Zähler wird mit der konstanten Zahl C#4 vorgegeben. Über den Eingang E0.1 wird der Zähler Z1 aktiviert.

Wenn der Roboter eine Getriebewelle auf die Palette setzt, erhält der Eingang E0.0 ein „1"-Signal. Bei jedem Wechsel von „0" auf „1" am ZR-Eingang wird der Zählwert um „1" vermindert. Hat der Zähler den Wert 0 erreicht, wird der Ausgang Q auf „0" gesetzt. Dem Zähler Z1 wird ebenfalls die „0" zugewiesen. Die Signalhupe P5 (A8.1) wird mit einem SR-Speicher angesteuert. Durch die Negation setzt der Zähler Z1 den Speicher (M15.0) auf „1" und das Signal ertönt. Die bestückte Palette wird abtransportiert und eine neue Palette muss bereitgestellt werden.

Der Eingang E0.1 setzt den Zähler auf den Vorgabewert „4". Gleichzeitig wird mit dem Eingang E0.1 der Merker M15.0 zurückgesetzt und das Signal der Hupe ausgeschaltet. Jetzt kann eine neue Palette bestückt werden. Mit dem Eingang E1.0 kann der Zähler jederzeit zurückgesetzt werden.

Das Beispiel zeigt, dass der Ausgang Q des Zählers nicht unbedingt belegt sein muss. Im dargestellten Programm ist der Ausgang nicht belegt, statt dessen wird der Baustein Z1 für die weiteren Programmschritte verwendet.

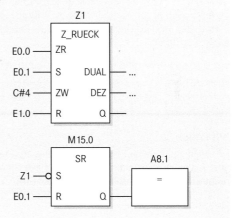

1. Welche Zeitfunktionen werden grundsätzlich unterschieden? Erläutern Sie die Funktion an je einem Beispiel.

2. Informieren Sie sich im Handbuch Ihrer SPS, welche weiteren Zeitfunktionen Ihre SPS zur Verfügung stellt.

3. In welchem Datenformat muss die Zeitvorgabe TW = 60 Sekunden eingegeben werden?

4. In welchem Datenformat muss die Zeitvorgabe TW = 1 Stunde, 10 Minuten und 25 Sekunden eingegeben werden?

5. Wird der Taster S1 (= Schließer) betätigt, soll nach einer Zeit von 20 Sekunden die Signallampe P1 aufleuchten. Wird der Taster S2 (= Schließer) betätigt, erlischt die Signallampe. Erstellen Sie die Zuordnungsliste und das SPS-Programm.

6. Welche Zählerfunktionen werden grundsätzlich unterschieden? Erläutern Sie die Funktion an je einem Beispiel.

7. Informieren Sie sich über die Hilfe-Funktion Ihrer SPS-Software, auf welche Weise die Zähler Ihrer SPS programmiert werden.

8. Mit einem pneumatischen Zylinder werden Werkstücke in ein Reinigungsbad getaucht. Der Start erfolgt über den Taster S1 (= Schließer). Anschließend soll der Ablauf selbständig erfolgen. Eine Unterbrechung ist nicht möglich. Die Endlagen des Zylinders werden mit den Endschaltern B4 und B5 (= Schließer) erfasst.

a) Nach dem Start durch S1 soll der Zylinder einmal ausfahren. Die Werkstücke bleiben 15 Sekunden im Reinigungsbad. Dann fährt der Zylinder wieder ein.

b) Nach dem Start durch S1 soll der Zylinder dreimal aus- und wieder einfahren. Das Einfahren erfolgt, sobald der Zylinder seine vordere Endlage (B5 =1) erreicht hat.

Erstellen Sie den pneumatischen Schaltplan, die Zuordnungsliste und das SPS-Programm.

3.2.4.6 Analogwertverarbeitung

Der hydraulische Druck der Montagestation soll mit der SPS überwacht werden. Für das Einpressen der Wellen soll der Druck zwischen 60 und 80 bar liegen. Der Druck wird mit einem analogen Drucksensor erfasst. Liegt der Druck außerhalb dieses Bereiches, soll die SPS ein Warnsignal ausgeben.

Der Druck wird mit einem analogen Drucksensor (0 bis 100 bar) erfasst. Der Sensor wandelt das Signal in einen elektrischen Strom von 4 bis 20 mA um. Mit einer Analogeingabebaugruppe kann das Signal in die SPS eingelesen werden. Da die Zentraleinheit der SPS nur digitale Signale verarbeiten kann, ist es notwendig, das analoge Signal in ein digitales Signal zu wandeln. Diese Aufgabe übernimmt der Analog-Digital-Wandler der Analogeingabebaugruppe.

Die Signalverarbeitung erfolgt in drei Schritten.

Abtastung
Die Analogeingabebaugruppe erfasst das analoge Signal I_A des Drucksensors. Hierzu wird das Signal in regelmäßigen Zeitintervallen abgetastet (Abb. 1a).

Quantisierung
Die Signale werden nun festgelegten Stromwerten, den Quantisierungsstufen, zugeordnet. Die Genauigkeit, mit der das analoge als digitales Signal nachbildet wird, ist von der Auflösung des AD-Wandlers abhängig. Die Auflösung gibt an, in wie viele Intervalle das Eingangssignal unterteilt wird (Abb. 1b).

Die in Abb. 2 dargestellte 3-Bit-Auflösung ermöglicht eine Unterteilung des Eingangssignals in 2^3 = 8 Quantisierungsstufen. Der Strombereich ΔI = 16 mA (20 mA – 4,0 mA) des analogen Eingangssignals lässt sich somit in acht Stufen mit einer Stufenhöhe von $\frac{16\,\text{mA}}{8}$ = 2,0 mA unterteilen.

Die Werte des quantisierten Signals bleiben für die Zeit zwischen den einzelnen Abtastzeitpunkten konstant, obwohl sich das Analogsignal durchaus ändert.

Codierung
Anschließend wird das quantisierte Signal in eine Dualzahl umgewandelt. Diesen Vorgang bezeichnet man als Codierung. Dabei wird jeder Quantisierungsstufe eine Dualzahl zugewiesen. Dem Wertebereich 4 mA – 6 mA wird die kleinste Dualzahl zugewiesen (000), 18 mA – 20 mA die höchste (111).

Tabelle: Zuordnung Quantisierungsstufe-Dualzahl

3-Bit-Auflösung (2^3 = 8 Stufen)			
Quantisierungsstufe	Dualzahl		
4 mA bis < 6 mA	0	0	0
6 mA bis < 8 mA	0	0	1
8 mA bis < 10 mA	0	1	0
10 mA bis < 12 mA	0	1	1
12 mA bis < 14 mA	1	0	0
14 mA bis < 16 mA	1	0	1
16 mA bis < 18 mA	1	1	0
18 mA bis < 20 mA	1	1	1

Bei der Quantisierung eines analogen Signals wird das Signal verfälscht. Zum Abtastzeitpunkt t_3 wird der Analogwert 10,2 mA ermittelt, zum Abtastzeitpunkt t_4 wird der Analogwert 11,8 mA ermittelt. Obwohl sich die Analogwerte um 1,6 mA unterscheiden, werden sie der gleichen Dualzahl 011 zugeordnet.

Für die Erfassung des hydraulischen Druckes wäre eine 3-Bit-Auflösung zu ungenau. Ein Analogwert wird umso genauer erfasst, je kleiner die Schrittweite der Quantisierungsstufe ist. Dies erfordert eine hohe Auflösung. Übliche Auflösungen in der Automatisierungstechnik sind 8 Bit bis 15 Bit plus Vorzeichen.

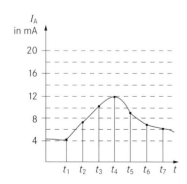

a) Abtastung

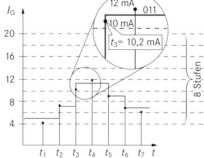

b) Quantisierung

Dualzahl		
Bit 3	Bit 2	Bit 1
1	1	1
1	1	0
1	0	1
1	0	0
0	1	1
0	1	0
0	0	1
0	0	0

c) Codierung

Abb. 1: Signalabtastung

Messwerte normieren

Nachdem die Eingangswerte des Analogsensors in digitaler Form vorliegen können sie in der CPU verarbeitet werden. Für die Auswertung und Weiterverarbeitung der digitalen Signale mit einem Steuerungsprogramm ist es zweckmäßig, die Signale zu normieren. Bei der Normierung werden die Signale auf einen anderen Wertebereich umgerechnet. Dabei ist es sinnvoll, auf den ursprünglichen Wertebereich, also den tatsächlichen Messwert, umzurechnen.

Beispiel (8-Bit-Auflösung)

Der Drucksensor (Abb. 2, Tab. 1) misst einen Druck von 60,0 bar. Dies entspricht einem Stromwert von 9,6 mA. Der Sensor ist an die Analogeingabebaugruppe der SPS angeschlossen. Dort wird der Stromwert in einen digitalen Wert umgewandelt. Bei einer Auflösung von 8 Bit können $2^8 =$ 256 Quantisierungsstufen erreicht werden. Damit ergeben sich für den Strombereich

$$\frac{16\,\text{mA}}{256} = 0{,}0625\,\text{mA je Quantisierungsstufe.}$$

Für den Druckbereich ergeben sich

$$\frac{100\,\text{bar}}{256} = 0{,}390625\,\text{bar je Quantisierungsstufe.}$$

Dem Stromwert wird durch den A/D-Wandler die entsprechende Dualzahl 1000 0111, welcher der Dezimalzahl 153 entspricht, zugewiesen. Mit einem SPS-Programmbaustein wird der Messwert umgerechnet und normiert. Um die Genauigkeit zu erhalten, wird dabei mit Real-Werten (reelle Zahlen, Gleitpunktzahlen) gerechnet. Das Ergebnis muss dann entsprechend weiterverarbeitet werden.

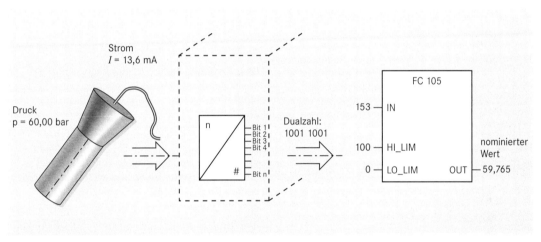

Abb. 2: Einlesen von Analogwerten

Tab. 1: Darstellung der verschiedenen Wertebereiche am Beispiel eines Drucksensors

Quantisierungsstufen bei einer 8-Bit-Auflösung				
Physikalischer Messwert Druck in bar	Signal des Sensors (4–20 mA) Strom in mA	Dualzahl	Dezimalzahl	Normierter Wert
0 bis < 0,390625 bar	4 bis < 4,0625 mA	0000 0000	0	0
0,3906 bis < 0,78125 bar	4,0625 bis 4,125 mA	0000 0001	1	0,390625
0,78125 bis < 1,1718 bar	4,125 bis < 4,1875 mA	0000 0010	2	0,78125
1,1718 bis < 1,5625	4,1875 bis < 4,25 mA	0000 0011	3	1,171875
1,5625 bis < 1,953125	4,25 bis < 4,3125 mA	0000 0100	4	1,5625
59,7656 bis < 60,156 bar	13,5625 bis < 13,625 mA	1001 1001	153	59,765625
60,0 bar	**13,6 mA**	**1001 1001**	**153**	**59,765625**
...	...		...	
99,609375 bis < 100 bar	19,9375 mA bis < 20 mA	1111 1111	255	100,00

Für die Normierung der Eingangswerte können vorgefertigte, bibliotheksfähige Bausteine des Herstellers verwendet werden. Beim nachfolgend dargestellten Baustein „Scale" (FC 105 aus der Step7 Standard-Bibliothek) der Fa. Siemens müssen die Eingabebaugruppen der Fa. Siemens verwendet werden. Baustein und Auflösung sind aufeinander abgestimmt. Diese Baugruppen verwenden eine 16-Bit-Auflösung (15 Bit + Vorzeichen).

Der Baustein (Abb. 1) hat folgende Ein- und Ausgänge:

IN:　　　Einlesen des digitalisierten Messwertes von der Analogeingabebaugruppe (Datentyp: Integer)

HI_LIM:　Oberer Grenzwert in physikalischen Einheiten. Im Beispiel wurde der Wert 100.0 (Datentyp: Real) gewählt, der unten in exponentieller Schreibweise dargestellt ist: $1{,}0 \cdot 10^2$

LO_LIM:　Unterer Grenzwert in physikalischen Einheiten. Hier wurde der Wert 0.0 (Datentyp: Real) gewählt: $0{,}0 \cdot 10^0$

BIPOLAR:　Gibt an ob der Wert bipolar oder unipolar ist. Ein bipolarer Wert kann positive und negative Werte annehmen, ein unipolarer nur positive. Die Auswahl richtet sich nach dem angeschlossenen Sensor (0–10 V oder ±10 V)

RET_VAL:　Gibt Fehlerinformationen aus.

OUT:　　Ergebnis der Normierung
　　　　　Das Ergebnis der Normierung wird in das Merkerdoppelwort 20 (Datentyp: Real) ausgegeben.

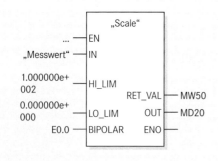

Abb. 1: Normierungsbaustein FC 105

Bei der Verarbeitung von analogen Werten muss auf die richtigen Datentypen geachtet werden. Sie können der Beschreibung des Bausteins entnommen werden. Durch die Verarbeitung mit reellen Zahlen wird sichergestellt, dass die Auflösung ausgenutzt wird.

Vergleichsfunktionen

Für die Verarbeitung von analogen Signalen in einem SPS-Programm werden häufig Vergleichsfunktionen benötigt.

Mit Vergleichsfunktionen (CMP $\triangleq$ compare) werden die Werte zweier Operanden miteinander verglichen. Folgende Vergleichsfunktionen stehen zur Verfügung:

- > 　größer
- >= größer oder gleich
- == gleich
- <> ungleich
- <= kleiner oder gleich
- < 　kleiner

Die Operanden müssen den gleichen Datentyp haben. Zur Verfügung stehen:

- I Integer, ganze Zahlen, (16 Bit)
- D Doppelinteger, ganze Zahlen (32 Bit)
- R Real, reelle Zahlen, (32 Bit)

Das Ergebnis einer Vergleichsoperation ist ein boolscher Wert. Entweder ist das Ergebnis wahr (boolscher Wert = 1), oder es ist falsch (boolscher Wert = 0).

Im vorliegenden Beispiel soll der Druck der Anlage zwischen 60 und 80 bar liegen. Hierzu sind zwei Vergleichsoperationen notwendig. Der Messwert muss mit dem unteren Grenzwert (60 bar) und dem oberen Grenzwert (80 bar) verglichen werden.

Im dargestellten Funktionsbaustein (Abb. 2) werden Integer-Werte mit einer Vergleichsfunktion verarbeitet:

Ist der „Messwert" kleiner als die Integerzahl 60 ① – oder – ist der Messwert größer als die Integerzahl 80 ②, dann ist das Ergebnis wahr. Die Warnlampe erhält „1"-Signal, wenn eine der beiden Vergleichsfunktionen erfüllt ist.

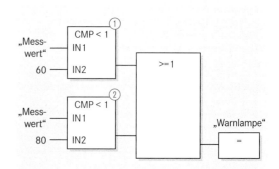

Abb. 2: Vergleichsfunktionen

Ausgabe von Analogwerten

Damit das Transportband der Montagestation mit variabler Geschwindigkeit betrieben werden kann, muss die Drehfrequenz des Antriebsmotors stufenlos einstellbar sein. Der Motor wird von einem Frequenzumrichter angesteuert. Er ist das Stellglied, das von der SPS mit einer Spannung von 0 bis 10 V angesteuert wird. Entsprechend der angelegten Spannung gibt der Frequenzumrichter eine Drehfrequenz vor. Anhand der Abb.3 wird die prinzipielle Vorgehensweise zur Ausgabe von Analogwerten erläutert.

Beispiel:

Die Ausgangsfrequenz des Frequenzumrichters soll im Bereich von 20 bis 100 Hz liegen. Wird der Frequenzumrichter von der Analogausgabebaugruppe der SPS mit 0 V angesteuert, so gibt er die niedrigste Frequenz 20 Hz aus, wird er mit 10 V angesteuert, so gibt er die höchste Frequenz 100 Hz aus (Tab. 1). Bei einer Auflösung von 8 Bit ergeben sich für die Frequenz eine Schrittweite von (100-20)/256 = 0,3125 Hz und für die Spannung 10 V/256 = 0,0390625 V. Zwischenwerte müssen durch das SPS-Programm gerundet werden.

Um im SPS-Programm mit den Frequenzwerten rechnen zu können, sind diese üblicherweise normiert. Mit dem Baustein „Unscale" (FC 106 aus der Step7 Standard-Bibliothek) können die normierten Werte in einen Dualwert umgerechnet werden. Dieser Wert wird von dem Digital-Analog-Wandler der SPS-Baugruppe in eine elektrische Spannung umgewandelt. Sie steht am SPS-Ausgang zur Verfügung.

In Abb. 3 wurde der Frequenzwert „60, 15" auf den Wertebereich 20 bis 100 normiert. Dies entspricht der Dualzahl 1000 0000, bzw. der Dezimalzahl 128. Damit gibt die Analogausgabebaugruppe eine Spannung von 5 V an den Frequenzumrichter ab, welcher mit 60 Hz den Motor ansteuert.

Aufgaben

1. Wie viele Quantisierungsstufen erreicht man mit einer Auflösung von 12 Bit und 16 Bit?

2. Warum müssen analoge Signale codiert werden?

3. Warum werden analoge Messwerte normiert?

4. Welche Ausgangsspannung liegt an der SPS an, wenn der Frequenzumrichter (Tab. 1) 80 Hz ausgeben soll.

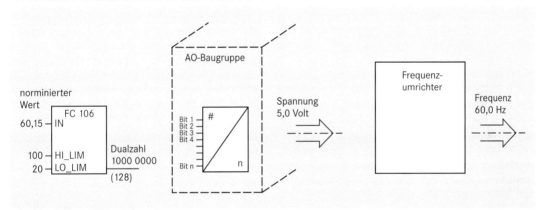

Abb. 3: Ausgabe von Analogwerten

Tab. 1: Darstellung der Wertebereiche

Quantisierungsstufen bei einer 8-Bit-Auflösung				
Analoger Ausgabewert „Frequenz"	Dualzahl	Dezimalzahl	Ausgangsspannung der Analogausgabebaugruppe	Frequenz des Frequenzumrichters
20 bis < 20,3125	0000 0000	0	0 V	20 Hz
20,3125 bis < 20,625	0000 0001	1	0,0392156 V	20,3125 Hz
20,625 bis < 20,9375	0000 0010	2	0,0784313 V	20,625 Hz
60,0 bis < 60,3125	1000 0000	128	5,0 V	60,0 Hz
60,15	**1000 0000**	**128**	**5,0 V**	**60,0 Hz**
...				
99,6875 bis 100	1111 1111	255	10 V	100 Hz

Program-mieren

3.2.5 Strukturierte Programmierung

3.2.5.1 Programmierumgebung

Für die Steuerung der Montagestation ist ein umfangreiches Steuerungsprogramm erforderlich. Ein Steuerungsprogramm besteht aus unterschiedlichen Programmbestandteilen, die in einem Projekt zu einer Gesamtheit zusammengefasst sind.

Der Aufbau von Projekten und die Bezeichnung der einzelnen Bestandteile eines Projektes sind je nach Hersteller unterschiedlich. Im Folgenden wird daher auf die Software STEP 7 der Fa. Siemens Bezug genommen. STEP 7 ist die Standardsoftware für das Projektieren der speicherprogrammierbaren Steuerungen der Bauart S7.

Ein STEP 7–Projekt besteht immer aus einer Hardwarekonfiguration und den Anwenderprogrammen (Abb. 1).

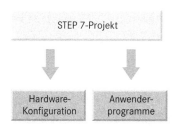

Abb. 1: STEP 7-Projekt

In der *Hardwarekonfiguration* werden die verwendeten Baugruppen der SPS, wie z. B. Spannungsversorgung, Zentraleinheit, Ein- und Ausgabebaugruppen, … festgelegt. Die *Anwenderprogramme* sind Softwarebausteine, die den Steuerungsablauf bestimmen.

Nach dem Start der STEP 7-Software wird der Anwender aufgefordert, sein Projekt anzulegen. Zunächst muss ein Projektname festgelegt werden. Anschließend wird die Hardwarekonfiguration durchgeführt. Dabei werden die verwendeten Baugruppen der SPS angegeben. Der Anwender gibt die Baugruppen entsprechend dem realen Aufbau der SPS an. Die Daten werden in einer Tabelle abgelegt (Abb. 2).

Steckplatz		Baugruppe	Bestellnummer	M...	E...	A...	K...
1		PS 307 5A	6ES7 307-1EA00-0AA0				
2		CPU 314IFM(1)	6ES7 314-5AE00-0AB0	2	124...	124...	
3							
4		DI16xDC24V	6ES7 321-7BH80-0AB0		0...1		
5		DO16xDC24V/0.5A	6ES7 322-1BH01-0AA0			4...5	
6							
7							

Abb. 2: Hardwarekonfiguration

Der Ordner *S7-Programm* sowie die Unterordner *Quellen* und *Bausteine* werden automatisch erzeugt. In diesem Ordner werden alle Bestandteile des Steuerungsprogramms abgelegt (Abb. 3).

Nachdem das Steuerungsprogramm komplett erstellt ist, kann es zur SPS übertragen werden. Die SPS muss dabei im STOPP-Zustand sein. Der STOPP-Zustand kann durch Softwaresteuerung oder durch den Schalter an der SPS erfolgen. Schaltet man anschließend die SPS in den Zustand RUN (per Software oder durch den Schalter), wird das Programm ununterbrochen abgearbeitet. Die programmierten Ausgänge werden angesteuert. Mit Hilfe der Funktion Beobachten von Bausteinen kann der Programmablauf verfolgt werden.

Für die Fehlersuche werden häufig Simulationsprogramme eingesetzt. Um Programme zu testen, kann z. B. die Simulationssoftware S7-PLCSIM verwendet werden. Da die Simulation nur auf der Softwareebene erfolgt, wird keinerlei Hardware benötigt. Damit lassen sich vor allem in der Entwicklung von Programmen Fehler vermeiden.

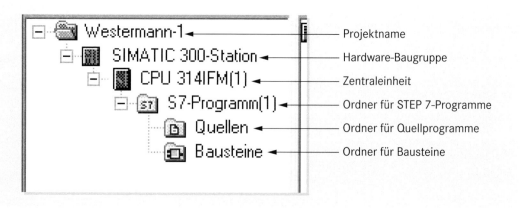

Abb. 3: Bildschirmausschnitt eines STEP 7-Projektes

3.2.5.2 Programmstrukturen

Unter der Programmstruktur versteht man den Aufbau und die Gliederung eines Steuerungsprogrammes. Ein Steuerungsprogramm lässt sich in kleine, in sich abgeschlossene Einheiten gliedern. Dies erhöht die Übersichtlichkeit und ermöglicht eine einfachere Fehlersuche.

Bei einfachen Programmen wendet man die *lineare Programmierung* an (Abb. 4).

Abb. 4: Lineare Programmierung

Eine Gliederung in einzelne Programmbausteine erfolgt dabei nicht. Man schreibt das gesamte Programm in einen einzigen Baustein, den sogenannten Organisationsbaustein mit der Bezeichnung OB 1. Die Befehle werden nacheinander Zeile für Zeile abgearbeitet.

Die lineare Programmierung ist nur für Programme mit geringem Umfang geeignet. Dabei erfolgt ein starrer Ablauf, der stets die Abarbeitung aller Befehle verlangt. Bei umfangreichen Steuerungsaufgaben geht schnell der Überblick verloren.

Bei der *strukturierten Programmierung* wird das Anwenderprogramm in mehrere Bausteine gegliedert (Abb. 5). Der Aufruf des Organisationsbausteins OB 1 erfolgt zyklisch durch das Betriebssystem. Er legt den Rahmen für das Steuerungsprogramm fest. Der Aufruf aller anderen Bausteine erfolgt durch den Organisationsbaustein.

Die strukturierte Programmierung weist gegenüber der linearen Programmierung folgende Vorteile auf:

- Der gegliederte Aufbau des Programms verschafft einen besseren Überblick.
- Paralleles Programmieren (Teamwork) ist möglich.
- Die einzelnen Programmteile können bestimmten Anlagenteilen, Gruppen oder Maschinen zugeordnet werden.
- Standardisierte Bausteine aus Bibliotheken können verwendet werden. Dadurch verringert sich der Programmieraufwand.
- Programmteile können (mit verschiedenen Parametern) mehrfach verwendet werden.
- Die Inbetriebnahme kann schrittweise (ein Baustein nach dem anderen) erfolgen.

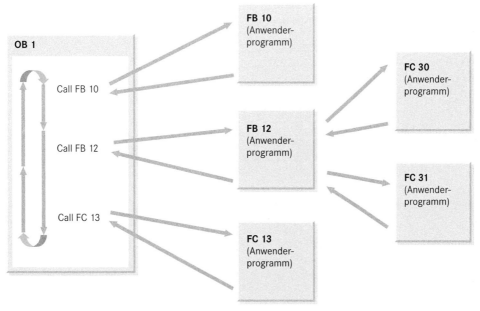

Abb. 5: Strukturierte Programmierung

3.2.5.3 STEP 7 Bausteintypen

Zur Strukturierung von Programmen stellt STEP 7 unterschiedliche Arten von Bausteinen mit unterschiedlichen Eigenschaften zur Verfügung.

Organisationsbausteine OBs:

Organisationsbausteine sind die Schnittstellen zwischen dem Betriebssystem und dem Anwenderprogramm. Üblicherweise beginnt jedes Programm mit dem Organisationsbaustein OB 1. Mit diesem Baustein wird das Programm strukturiert. Die einzelnen Programmteile werden immer von diesem Organisationsbaustein aufgerufen. Neben dem OB 1 gibt es noch eine Reihe von weiteren Organisationsbausteinen. Die weiteren Organisationsbausteine werden bei umfangreichen Programmierarbeiten verwendet. Die Aufgabe des jeweiligen Organisationsbausteins geht aus seiner Nummer hervor. In den meisten Fällen werden OBs aufgerufen bei

- Alarmen (z. B. OB10)
- Fehlern (z. B. OB 80) oder
- Anlauf der SPS (z. B. OB 101).

Funktionen FCs:

Funktionen stellen das Kernstück der Programmierung von SPS-Steuerungen dar. Hier werden die logischen Verknüpfungen der Ein- und Ausgänge erstellt. Funktionen sind parametrierbare Programmbausteine „ohne Gedächtnisfunktion". Ihre Verknüpfungsergebnisse stehen im nächsten Programmzyklus nicht mehr zur Verfügung.

Funktionsbausteine FBs:

Funktionsbausteine sind parametrierbare Programmbausteine „mit Gedächtnisfunktion". Als Gedächtnis dient dabei ein dem Funktionsbaustein zugeordneter Datenbaustein. Die logischen Zustände bleiben damit auch im nächsten Zyklus erhalten.

Datenbausteine DBs:

In Datenbausteinen werden nur Daten, jedoch keine Befehle abgelegt. Sie haben die Funktion eines Schreib-/Lesespeichers. Man kann sich Datenbausteine als Tabellen vorstellen, in denen Werte gespeichert sind. Der Zugriff auf die Werte erfolgt absolut oder symbolisch.

Systemfunktionen SFCs und Systemfunktionsbausteine SFBs:

Dies sind vorgefertigte Bausteine, die in das Betriebssystem der CPU integriert sind. Sie werden von Anwenderprogrammen aus aufgerufen. Ein Verändern der Bausteine ist nicht möglich.

3.2.5.4 Programmieren von Ablaufsteuerungen

Umfangreiche Anlagen, wie die Montagestation, werden als Ablaufsteuerung programmiert. Steuerungen werden dann als Ablaufsteuerung bezeichnet, wenn sie schrittweise ablaufen. Dabei ist immer nur ein Schritt aktiv. Der nächste Schritt kann nur dann erfolgen, wenn die Anlage meldet, dass der aktive Schritt vollständig ausgeführt ist und dass die Weiterschaltbedingung erfüllt ist. Die Weiterschaltbedingungen werden auch als Transitionen bezeichnet.

Eine Ablaufsteuerung lässt sich in 4 Programmteile gliedern (Abb. 1). In

- den Betriebsartenteil,
- die Schrittkette,
- die Befehlsausgabe und
- die Meldungen.

Im Betriebsartenteil werden die Signale des Bedienfeldes verarbeitet. Der Bediener wählt auf einem Bedienfeld aus, ob er die Anlage im Automatikbetrieb oder im Einzelschrittbetrieb betreibt. Diese Signale müssen im Betriebsartenteil verarbeitet werden. Anschließend erfolgt ein Freigabesignal an die Schrittkette. Das Freigabesignal legt fest, ob die Schrittkette dann im Automatikbetrieb oder im Einzelschrittbetrieb abläuft. Daher ist der Betriebsartenteil auch die Schnittstelle zwischen dem Bedienfeld und der Schrittkette. Auf dem Bedienfeld zeigen Meldeleuchten an, welche Betriebsart gerade ausgewählt ist.

Die Schrittkette legt die Reihenfolge der Schritte fest. Die einzelnen Schritte werden nacheinander, in einer festgelegten Reihenfolge aktiviert. Die Weiterschaltbedingung (Transition) aktiviert immer den nächsten Schritt.

Die Befehlsausgabe steuert die Stellglieder einer Anlage an. Jedem Schritt werden dabei eine oder mehrere Aktionen zugeordnet.

Die Meldungen dienen in erster Linie einem sicheren Prozessablauf. Durch Meldeleuchten auf dem Bedienfeld werden dem Bediener der Anlage Informationen angezeigt, z. B. Steuerung ist eingeschaltet, Anlage ist im Automatikbetrieb, Anlage befindet sich im Schritt 4 oder auch Störungsmeldungen.

Bei großen Anlagen können Störmeldungen auch über das Netzwerk oder das Internet weitergeleitet werden.

Die Befehlsausgabe und die Meldungen können auch in einem Programmteil zusammengefasst werden.

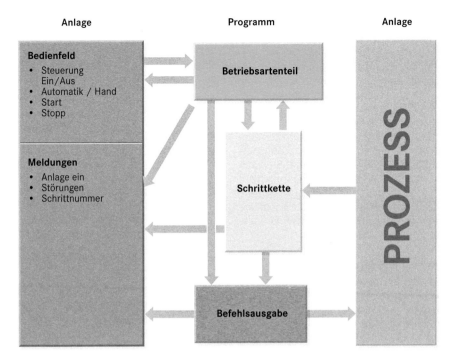

Abb. 1: Struktur einer Ablaufsteuerung

Darstellung von Schrittketten

In einer Schrittkette wird jeder mögliche Zustand einer Anlage durch einen Schritt erfasst. Es kann jeweils nur ein Schritt aktiv sein. Ist ein Schritt aktiv, werden die ihm zugewiesenen Aktionen ausgeführt. Die Weiterschaltbedingung (Transition) führt zum nächsten Schritt. Eine übersichtliche Darstellung von Schrittketten liefert der Funktionsplan nach GRAFCET (Abb. 2).

Der Grundschritt wird durch eine doppelte Umrahmung dargestellt. Er muss zu Beginn der Schrittkette aktiv sein. Alle anderen Schritte sind nicht aktiv.

Die Schrittkette beginnt mit der Transition 1-2. Ist die Transition 1-2 erfüllt, dann wird der Schritt 2 aktiviert und gleichzeitig wird der Grundschritt 1 zurückgesetzt. Jetzt wird die Aktion 2, die dem Schritt 2 zugeordnet ist, ausgeführt.

Ist anschließend die Transition 2-3 erfüllt, dann wird der Schritt 3 aktiviert und gleichzeitig wird der Schritt 2 zurückgesetzt. Jetzt wird die Aktion 3, die dem Schritt 3 zugeordnet ist, ausgeführt.

Transitionen sind logische Verknüpfungen, die eine logische „1" oder eine logische „0" liefern. Wird ein „1"-Signal geliefert, dann ist die Transition erfüllt und es wird zum nächsten Schritt weitergeschaltet.

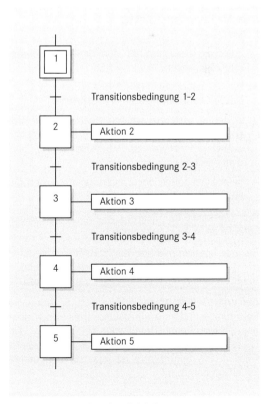

Abb. 2: Funktionsplan einer Schrittkette

Programmieren des Betriebsartenteils

Der Betriebsartenteil richtet sich immer nach dem Bedienfeld der Anlage. Die meisten Anlagen verfügen über einen Automatikbetrieb und einen Einzelschrittbetrieb. Beim Automatikbetrieb wird die Schrittkette ohne weitere Eingaben des Bedieners automatisch durchlaufen. Die Schrittkette wird durch das „Freigabe"-Signal dauerhaft freigegeben. Beim Einzelschrittbetrieb erfolgt das Weiterschalten zum nächsten Schritt ebenfalls durch das „Freigabe"-Signal. Der Bediener gibt das Signal z. B. durch den Start-Taster ein. Mit jedem Tastendruck wird der nachfolgende Schritt freigegeben. Für den Betriebsartenteil werden häufig Programmbausteine verwendet, die auf das jeweilige Bedienfeld abgestimmt sind.

Programmieren der Schrittkette

Schrittketten werden bevorzugt in Ablaufsprache programmiert. Sie können jedoch auch in den anderen Programmiersprachen der SPS (FBS, AWL, ...) programmiert werden. Da die Ablaufsprache (Graph7) nicht standardmäßig im Grundpaket der STEP 7-Software enthalten ist, soll sie hier nicht verwendet werden. Für die Programmierung der Schrittkette wird die Funktionsbausteinsprache verwendet.

Zunächst muss der Funktionsplan der Schrittkette in ein Programm umgesetzt werden. Hierbei sind folgende Regeln zu beachten:

- Jedem Schritt des Funktionsplans wird ein S-R-Speicher (Speicher mit dominantem Rücksetzen) zugewiesen.

- Die Transitionsbedingungen werden durch logische Grundverknüpfungen bestimmt.

- In der Schrittkette werden Schrittmerker programmiert und keine Ausgänge. Die Ausgänge werden im Programmteil Befehlsausgabe programmiert.

- Beim Einschalten der Steuerung muss sich die Anlage in der Grundstellung befinden.

Das *Umsetzen der Schritte in Funktionsbausteinsprache* ist in Abb. 1 dargestellt.

Bei der Programmierung der Schritte unterscheidet man zwischen dem ersten Schritt, dem letzten Schritt und den dazwischen liegenden Schritten.

Der erste Schritt ist der *Initialschritt*. Er bringt die Schrittkette in den Grundzustand. Dies erfolgt über das „Reset"-Signal. Damit wird der Schritt 1 gesetzt, während alle anderen Schritte zurückgesetzt werden. Die Schrittkette ist jetzt für den ersten Durchlauf bereit.

Wird die Schrittkette ein weiteres Mal durchlaufen, muss die Transitionsbedingung „T_8-1" erfüllt und das Freigabesignal muss vorhanden sein. Die Transitionsbedingung „T_8-1" ist die Weiterschaltbedingung vom letzten Schritt zum ersten Schritt.

Alle weiteren Schritte besitzen die gleiche Struktur wie der Schritt 2. Deshalb kann man jeden Schritt auch mit einer allgemeinen Form beschreiben. Dies ist durch den Schritt n dargestellt.

Der *letzte Schritt* hat ebenfalls die gleiche Struktur wie die vorhergehenden Schritte. Es muss jedoch beachtet werden, dass der nachfolgende Schritt des letzten Schrittes der erste Schritt der Schrittkette ist. Für das Rücksetzen des Schrittmerkers muss also der Schritt 1 verwendet werden.

Im Folgenden wird der Schritt 2 stellvertretend für alle anderen Schritte ausführlich vorgestellt:

Jeder Schritt wird jeweils in einem Merker, dem sogenannten *Schrittmerker*, abgelegt. Diese werden im weiteren Programmablauf von der Befehlsausgabe verarbeitet.

Der Schrittmerker „Schritt 2" wird *gesetzt*, wenn

- der vorhergehende Merker „Schritt 1" aktiv ist

und

- das „Freigabe"-Signal vorhanden ist

und

- die Transitionsbedingung 1-2 erfüllt ist.

Der Schrittmerker „Schritt 2" wird *zurückgesetzt*, wenn

- der nachfolgende Schritt 3 aktiviert wird

oder

- das Signal „Reset" eine logische „1" hat.

 Das Setzen eines Schrittes erfolgt immer durch eine **UND-Verknüpfung**, das Rücksetzen eines Schrittes erfolgt immer durch eine **ODER-Verknüpfung**.

Eine Ausnahme bildet der Initialschritt.

Programmieren der Befehlsausgabe

In dem Programmteil Befehlsausgabe werden jedem Stellglied der Anlage die entsprechenden Schrittmerker zugewiesen. Je nach Anlage kann ein Stellglied auch in mehreren Schritten aktiviert sein.

Programmieren des Meldeteils

Im Meldeteil werden Meldeleuchten angesteuert, die sich auf dem Bedienfeld oder in der Umgebung der Anlage befinden. Der Meldeteil kann entfallen, wenn er innerhalb der Befehlsausgabe programmiert wird.

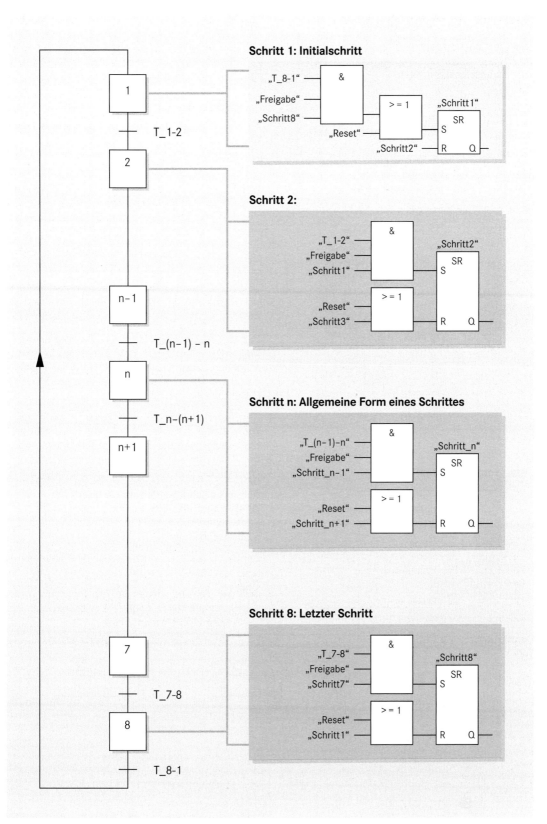

Abb. 1: Umsetzen der Schrittkette in Funktionsbausteinsprache

Beispiel: Pneumatische Presse

Bei der pneumatischen Presse mit Rundtisch ergibt sich folgender *Steuerungsablauf* zum Ein- pressen der Lagerbuchsen:

Schritt 1: Initialschritt

Schritt 2: Der Pressenzylinder fährt aus, die Lagerbuchse wird eingepresst.

Schritt 3: Der Pressenzylinder fährt ein.

Schritt 4: Der Taktzylinder fährt aus, der Rundtisch wird gedreht.

Schritt 5: Der Taktzylinder fährt ein.

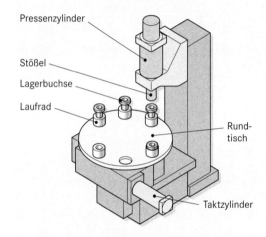

Weg-Schritt-Diagramm:

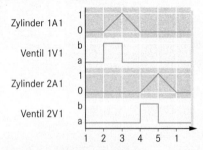

Ablaufplan der Schrittkette:

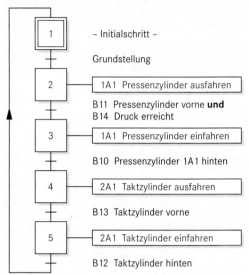

Der Steuerungsablauf ist durch das Weg-Schritt- Diagramm und durch den Funktionsplan be- schrieben. Über das Bedienfeld wird die Presse gesteuert. Sie kann im Automatikbetrieb oder im Einzelschrittbetrieb arbeiten.

Der Automatikbetrieb ist aktiviert, wenn der Wahlschalter auf „Automatik" steht. Durch den Start-Taster wird der Steuerungsablauf gestartet. Der Programmzyklus wird dabei ununterbrochen durchlaufen.

Der Einzelschrittbetrieb ist aktiviert, wenn der Wahlschalter auf „Einzelschritt" steht. Durch den Start-Taster wird jeweils in den nächsten Schritt weitergeschaltet.

Der Stopp-Taster bewirkt, dass beide Zylinder ein- fahren und die Schrittkette zurückgesetzt wird.

Befindet sich die Anlage im Arbeitsablauf, wird dies durch die Meldeleuchte P1 angezeigt.

Schaltplan mit Bedienfeld:

Pressenzylinder 1A1

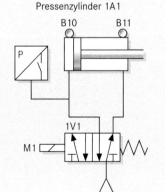

Taktzylinder 2A1

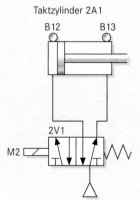

Programm:

Betriebsartenteil:

Schrittkette:

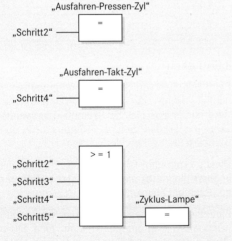

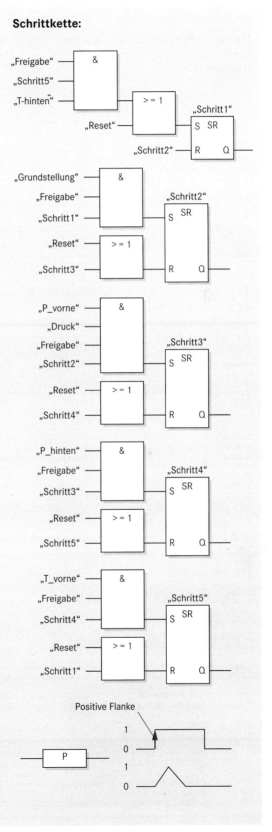

Befehlsausgabe mit Meldungen:

① Beim Einzelschrittbetrieb muss sichergestellt sein, dass durch das Signal des Starttasters jeweils nur ein Schritt weitergeschaltet wird. Das Signal darf daher nur einen Zyklus lang anliegen. Man erreicht dies, indem man den Wechsel des Starttasters von 0 (Aus) auf 1 (Ein) erfasst. Dies nennt man eine *Flankenauswertung*.

Positive Flanke

Zuordnungsliste:

Adresse	Objektkenn-zeichnung	Symbolische Bezeichnung	Datentyp	Kommentar
Eingänge				
E0.1	S1	„Start"	BOOL	Start-Taster, Schließer
E0.2	S2	„Auto"	BOOL	Automatik = 1/Einzelschritt = 0, Schalter
E0.3	S3	„Stopp"	BOOL	Stopp-Taster, Öffner
E1.0	B10	„P_hinten"	BOOL	Pressenzylinder hinten, Schließer
E1.1	B11	„P_vorne"	BOOL	Pressenzylinder vorne, Schließer
E1.2	B12	„T_hinten"	BOOL	Taktzylinder hinten, Schließer
E1.3	B13	„T_vorne"	BOOL	Taktzylinder vorne, Schließer
E1.4	B14	„Druck"	BOOL	Abfrage, ob Druck erreicht, Schließer
E1.5	B15	„Werkstück"	BOOL	Abfrage Werkstück, Schließer
Ausgänge				
A4.1	M1	„Ausfahren-Pressen-Zyl"	BOOL	Ausfahren bei M1 = 1, Federrückstellung
A4.2	M2	„Ausfahren-Takt-Zyl"	BOOL	Ausfahren bei M2 = 1, Federrückstellung
A5.0	P1	„Zyklus-Lampe"	BOOL	Meldeleuchte – Anlage im Zyklus
Merker				
M10.1		„Schritt1"	BOOL	
M10.2		„Schritt2"	BOOL	
M10.3		„Schritt3"	BOOL	
M10.4		„Schritt4"	BOOL	
M10.5		„Schritt5"	BOOL	
M11.0		„Grundstellung"	BOOL	
M11.1		„Automatik"	BOOL	
M11.2		„Freigabe"	BOOL	
M11.3		„Reset"	BOOL	

3.2.5.5 Programmierung mit Bausteinen aus Bibliotheken

Das Programm der pneumatischen Presse (vorige Seite) gliedert sich in

- den Betriebsartenteil,

- die Schrittkette und

- den Ausgabeteil mit Meldungen.

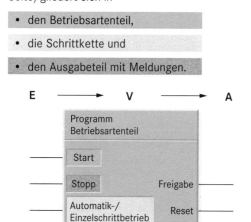

Abb. 1: Prinzip eines bibliotheksfähigen Bausteins

Beim Erstellen von Steuerungsprogrammen treten häufig gleiche oder ähnliche Programmteile auf. Wird immer das gleiche Bedienfeld verwendet, so kann immer das gleiche Programm für den Betriebsartenteil verwendet werden.

Dieses Programm kann nach der Programmierung in einer Bibliothek als sogenannter bibliotheksfähiger Baustein abgelegt werden.

Bibliotheken dienen zur Ablage von wiederverwendbaren Programmbausteinen. Eine Bibliothek stellt einen eigenen Bereich innerhalb einer Programmiersoftware dar. Nachdem ein Programm erstellt ist, kann es in die Bibliothek kopiert und dort abgelegt werden. Durch die Verwendung von Programmbausteinen kann der Programmieraufwand erheblich reduziert werden.

Bibliotheksfähige Bausteine sind nach dem EVA-Prinzip aufgebaut (Abb. 1). Damit der Baustein auch für andere Steuerungsprogramme verwendet werden kann, werden die Ein- und Ausgänge mit Parametern versehen. Bei der Wiederverwendung des Bausteins müssen lediglich die Parameter neu belegt werden, das heißt, die Ein- und Ausgänge müssen entsprechend zugewiesen werden.

Umsetzung der Programmbausteine in bibliotheksfähige Bausteine

Der Betriebsartenteil erfasst die Schaltzustände der Bedienelemente einer Anlage. Das Bedienfeld der pneumatischen Presse (s. vorige Seiten) besitzt einen Start-Taster, einen Stopp-Taster und einen Wahlschalter für Automatik-/Einzelschrittbetrieb. Je nachdem wie die Taster oder Schalter betätigt werden, muss der Betriebsartenteil einen Freigabebefehl oder einen Resetbefehl an die Schrittkette ausgeben.

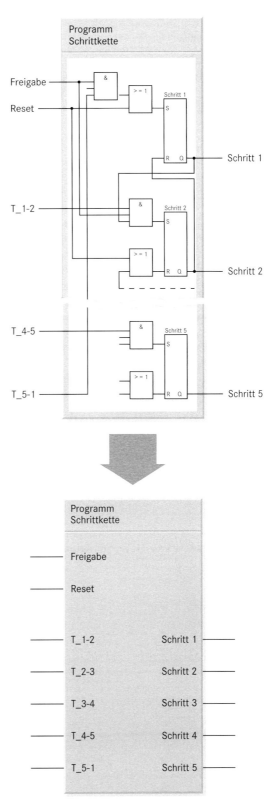

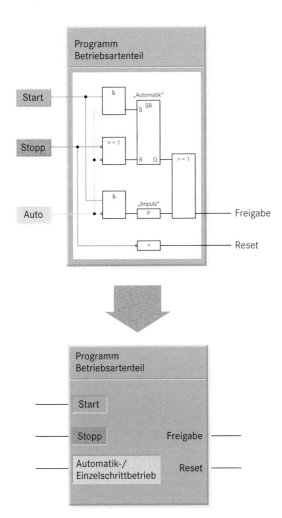

Abb. 2: Umsetzen des Betriebsartenteils

Abb. 3: Umsetzen der Schrittkette

Durch die *Schrittkette* wird sichergestellt, dass die Schritte nacheinander in der richtigen Reihenfolge abgearbeitet werden. Der innere Aufbau einer Schrittkette erfolgt immer nach dem gleichen Prinzip. Schrittketten unterscheiden sich daher lediglich

- durch das Freigabesignal,
- durch das Resetsignal und
- durch die Transitionen.

Diese Signale müssen bei einem bibliotheksfähigen Baustein mit den entsprechenden Parametern belegt werden (Abb. 3, vorige Seite). Auf der Ausgabeseite der Schrittkette wird der jeweilige Schrittmerker aktiviert.

Die *Befehlsausgabe mit den Meldungen* wird nach dem gleichen Prinzip erstellt. Auf der Eingabeseite werden die Schrittmerker abgefragt. Die Aktoren, Stellglieder und Meldeeinrichtungen werden auf der Ausgabeseite angesteuert.

 Der Betriebsartenteil richtet sich grundsätzlich nach dem Bedienfeld.
Die Schrittkette besitzt immer den gleichen inneren Aufbau. Die Anzahl der Schritte ist jedoch unterschiedlich.
Die Befehlsausgabe muss immer individuell an die Anlage angepasst werden.

Erstellen des Gesamtprogramms

Nachdem die einzelnen Programmteile, der Betriebsartenteil, die Schrittkette und die Befehlsausgabe mit den Meldungen in bibliotheksfähige Bausteine umgesetzt sind, kann das komplette Programm erstellt werden (Abb. 1).

Die Eingänge des Bedienfeldes müssen dem Betriebsartenteil zugewiesen werden. Der Freigabe- und Reset-Befehl wird mit dem entsprechenden Eingang der Schrittkette verbunden. Die Eingänge für die Transitionsbedingungen werden von der Anlage geliefert. Die Ausgänge der Schrittkette sind die Schrittmerker. Sie gehen als Eingang in den Programmteil Befehlsausgabe ein. Die Ausgänge der Befehlsausgabe steuern die Ausgänge der SPS. Sie stellen somit die Verbindung zu den Aktoren und Stellgliedern der Anlage her.

Hinweis

Das Erstellen von bibliotheksfähigen Bausteinen muss dem jeweiligen Handbuch der Steuerung entnommen werden. Es ist eine fortgeschrittene Programmiertechnik, auf die an dieser Stelle nicht eingegangen wird.

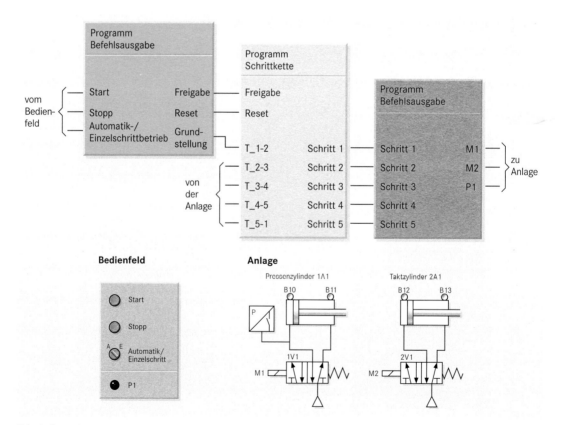

Abb. 1: Gesamtprogramm

Prägestation

In der pneumatisch betriebenen Prägestation werden Werkstücke durch den Zuführzylinder 1A1 gegen den Anschlag gedrückt. Anschließend fährt der Prägezylinder 1A2 aus. Damit sich der Druck im Prägezylinder aufbauen kann, wartet der Prägezylinder in der unteren Endlage, bis der Drucksensor B17 meldet, dass der eingestellte Druck erreicht ist. Bei einem Druck von 5,5 bar meldet der Drucksensor ein „1"-Signal an die SPS. Anschließend fahren der Prägezylinder und der Zuführzylinder ein. Der Auswerfzylinder 1A3 wirft nun das geprägte Teil aus, indem er zuerst ausfährt und dann sofort wieder einfährt.

Für die Steuerung werden einfachwirkende Zylinder verwendet. Als Stellglieder werden 3/2-Wegeventile mit elektromagnetischer Betätigung und Federrückstellung eingesetzt.

Die Prägestation wird über das Bedienfeld gesteuert. Sie kann in die Betriebsarten Automatikbetrieb oder Einzelschrittbetrieb geschaltet werden. Die Auswahl erfolgt über einen Schalter. Der Einzelschrittbetrieb und der Automatikbetrieb werden über den Start-Taster gestartet und durch den Stopp-Taster angehalten. Ein Start der Anlage darf nur erfolgen, wenn sich die Anlage in der Grundstellung befindet. In der Grundstellung sind alle Zylinder eingefahren und der Werkstücksensor B16 meldet ein „1"-Signal.

Technologieschema:

1. Erstellen Sie den pneumatischen Schaltplan.

2. Erstellen Sie das Weg-Schritt-Diagramm für die Aktoren und Stellglieder.

3. Erstellen Sie das Programm

a) der Schrittkette und

b) der Befehlsausgabe mit den Meldungen

in Funktionsbausteinsprache.

4. Erstellen Sie das Programm mit bibliotheksfähigen Bausteinen. Verwenden Sie den Betriebsartenteil aus dem vorhergehenden Beispiel. Orientieren Sie sich dabei an dem Gesamtprogramm (folgende Seiten).

Ablaufplan der Schrittkette:

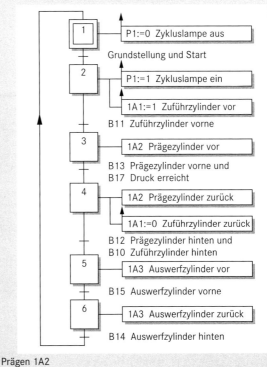

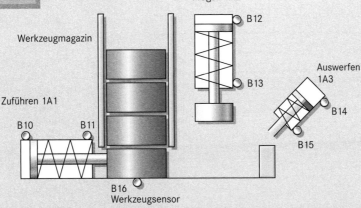

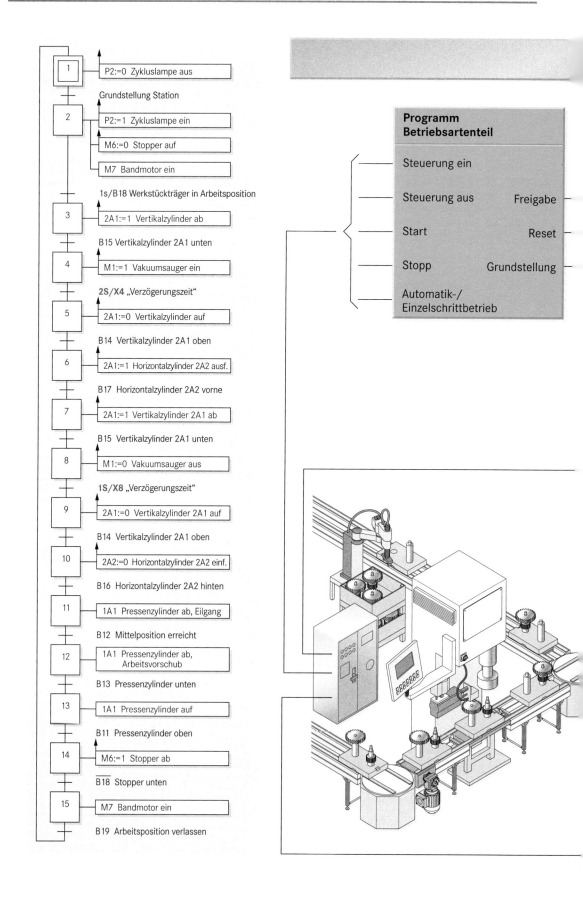

| 1 | P2:=0 Zykluslampe aus |

Grundstellung Station

2	P2:=1 Zykluslampe ein
	M6:=0 Stopper auf
	M7 Bandmotor ein

1s/B18 Werkstückträger in Arbeitsposition

| 3 | 2A1:=1 Vertikalzylinder ab |

B15 Vertikalzylinder 2A1 unten

| 4 | M1:=1 Vakuumsauger ein |

2S/X4 „Verzögerungszeit"

| 5 | 2A1:=0 Vertikalzylinder auf |

B14 Vertikalzylinder 2A1 oben

| 6 | 2A1:=1 Horizontalzylinder 2A2 ausf. |

B17 Horizontalzylinder 2A2 vorne

| 7 | 2A1:=1 Vertikalzylinder 2A1 ab |

B15 Vertikalzylinder 2A1 unten

| 8 | M1:=0 Vakuumsauger aus |

1S/X8 „Verzögerungszeit"

| 9 | 2A1:=0 Vertikalzylinder 2A1 auf |

B14 Vertikalzylinder 2A1 oben

| 10 | 2A2:=0 Horizontalzylinder 2A2 einf. |

B16 Horizontalzylinder 2A2 hinten

| 11 | 1A1 Pressenzylinder ab, Eilgang |

B12 Mittelposition erreicht

| 12 | 1A1 Pressenzylinder ab, Arbeitsvorschub |

B13 Pressenzylinder unten

| 13 | 1A1 Pressenzylinder auf |

B11 Pressenzylinder oben

| 14 | M6:=1 Stopper ab |

$\overline{B18}$ Stopper unten

| 15 | M7 Bandmotor ein |

B19 Arbeitsposition verlassen

**Programm
Betriebsartenteil**

Steuerung ein

Steuerung aus   Freigabe

Start   Reset

Stopp   Grundstellung

Automatik-/
Einzelschrittbetrieb

samtprogramm der Montagestation

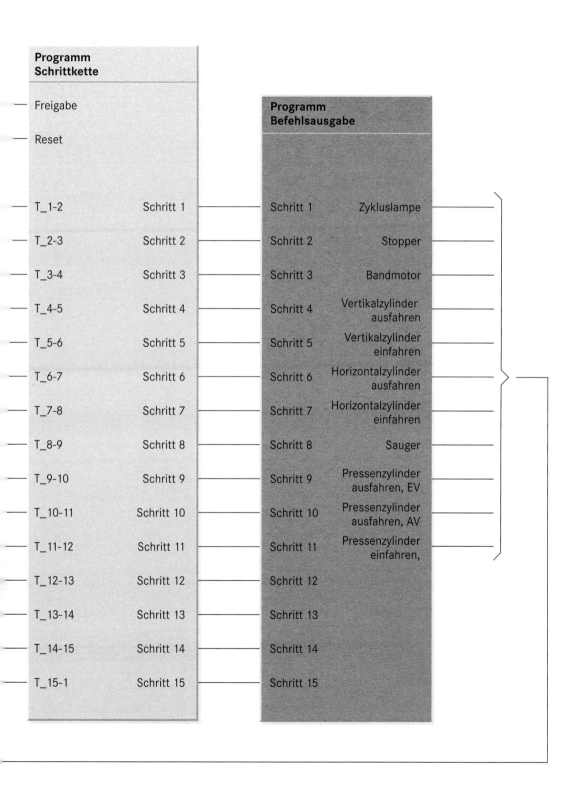

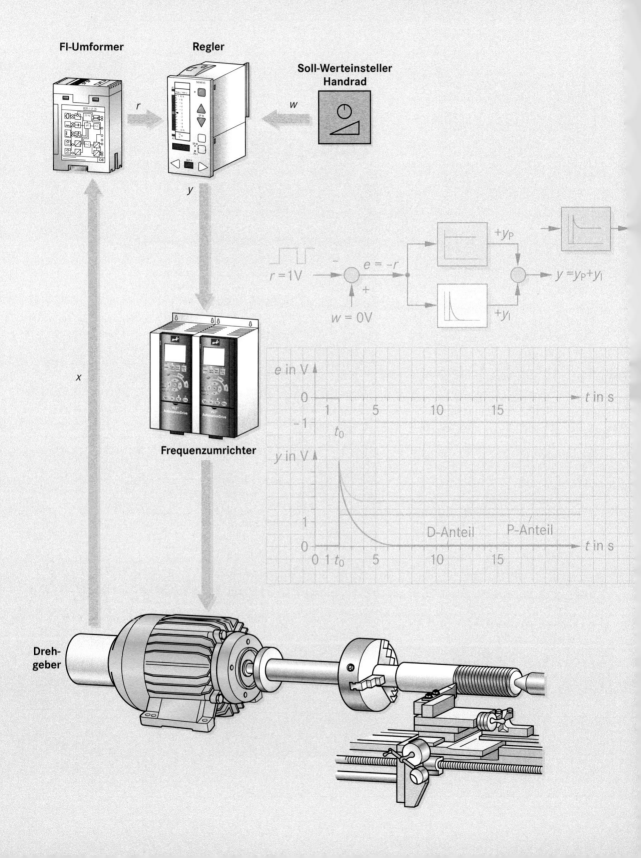

FI-Umformer

Regler

Soll-Werteinsteller Handrad

r

w

y

x

$r = 1V$

$-$

$e = -r$

$+$

$w = 0V$

$+y_P$

$+y_I$

$y = y_P + y_I$

e in V

0

-1

t_0

1   5   10   15

t in s

y in V

Frequenzumrichter

1

0

0 1 t_0 5   10   15

D-Anteil   P-Anteil

t in s

Dreh-geber

4.1 Steuern und Regeln

Steuern und Regeln sind Vorgänge, die dazu dienen, in Anlagen und Prozessen bestimmte Größen zu verändern. Beim Regeln werden physikalische Größen trotz störender Einflüsse konstant gehalten.

Beide Begriffe Steuern und Regeln werden umgangssprachlich oft gleich lautend verwendet, stellen aber grundsätzlich unterschiedliche Prinzipien dar. Dies soll an dem Hauptantrieb einer Fräsmaschine verdeutlicht werden.

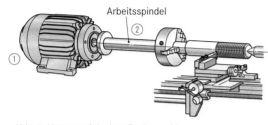

Abb. 1: Hauptantrieb einer Drehmaschine

Funktion

Bei einer Drehmaschine wird mit Hilfe eines Elektromotors ① die Arbeitsspindel ② direkt angetrieben. Der Bediener kann dabei die Umdrehungsfrequenz der Arbeitsspindel für den jeweiligen Arbeitsschritt beliebig wählen. Die unterschiedliche Umdrehungsfrequenzen des Motors werden mit Hilfe eines Frequenzumrichters (FU) erreicht, der mit einem Strom zwischen 4 und 20 mA angesteuert wird.

Steuern

Im Folgenden wird nun beschrieben, wie die Umdrehungsfrequenz der Arbeitsspindel mit Hilfe einer Steuerung verändert wird.

Dabei ist die Umdrehungsfrequenz die sogenannte Steuergröße x und die vom Bediener oder dem Programm vorgegebene Umdrehungsfrequenz (Drehzahl) die Führungsgröße w. Je nach gewünschter Umdrehungsfrequenz muss der Motor mit einer bestimmten Spannung und Frequenz versorgt werden. Dies geschieht mit Hilfe des FUs. Dieser wird als Stellglied bezeichnet. Die Größe, die dem FU die Information mitteilt, wird als Stellgröße y bezeichnet. In dem Beispiel ist dies ein Strom zwischen 4 und 20 mA.

Die Umdrehungsfrequenz der Arbeitsspindel kann durch den Spanabtrag abgebremst werden. Diese Einflüsse auf den Prozess werden als Störgrößen z bezeichnet. Eine Steuerung kann auf die Störgrößen nur dann reagieren, wenn diese als Führungsgrößen der Steuerung zugeführt werden.

> **!** Eine Steuerung verfügt über einen offenen Wirkungsweg, weil die Ausgangssignale nicht auf den Eingang zurückgeführt werden. Eine Steuerung kann daher nur in Ausnahmefällen auf Störgrößen reagieren. Steuerungen werden dann eingesetzt, wenn Störgrößen vernachlässigt werden können.

Regeln

Die Umdrehungsfrequenz der Arbeitsspindel einer Drehmaschine muss äußerst konstant sein, um eine optimale Werkstückoberfläche zu erhalten. Daher können die Störgrößen nicht vernachlässigt werden. Die Energieversorgung des Motors muss somit kontinuierlich angepasst werden, um eine gleichmäßige Umdrehungsfrequenz zu erhalten. Dies kann mit Hilfe einer Regelung erreicht werden.

In einer Drehzahlregelung wird daher die reale Umdrehungsfrequenz (IST-Wert) mit der Vorgabe (SOLL-Wert) verglichen.

Die Umdrehungsfrequenz der Arbeitsspindel wird mit Hilfe eines Sensors ③ gemessen. Dieser Messwert wird in einer Regeleinrichtung ④ mit dem vorgegebenen SOLL-Wert ⑤ (Führungsgröße w) verglichen. Das Vergleichsergebnis wird so aufbereitet, dass der FU den Motor so beschleunigt oder abbremst, dass SOLL- und IST-Wert übereinstimmen.

Die Rückführung der Ausgangsgröße ③ auf den Eingang des Reglers ④ führt dazu, dass man von einem geschlossenen Wirkungsweg spricht. Ohne das Messen der Ausgangsgröße kann kein Regeln der Eingangsgröße stattfinden, welche dann die Ausgangsgröße beeinflusst. Man spricht daher auch von einem Regelkreis.

> **!** Da in einer Regelung die Ausgangsgröße ständig überwacht wird, können Abweichungen in Folge von Störgrößen ausgeglichen werden. Man spricht daher von einem geschlossenen Wirkungsweg.

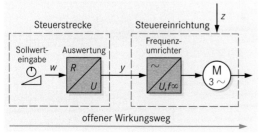

Abb. 2: Drehzahlsteuerung

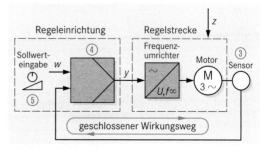

Abb. 3: Drehzahlregelung

Informieren # 4.2 Regelkreis

Der Regelkreis für Umdrehungsfrequenz der Drehmaschine auf der vorherigen Seite soll nun genauer
betrachtet werden.

Die Drehzahlregelung besteht aus der Messeinrichtung, der Regeleinrichtung und der Regelstrecke.

Regelstrecke

Die Regelstrecke ist der Frequenzumformer und
der Elektromotor sowie die mit dem Motor verbundene Arbeitsspindel. An der Arbeitsspindel soll die
Umdrehungsfrequenz als Regelgröße x auch dann
konstant bleiben, wenn in Folge des Drehvorgangs
unterschiedliche Kräfte der Drehbewegung entgegen wirken (Störgröße z). Die Regelstrecke umfasst den Bereich vom Stellort mit dem Stellglied
(im Frequenzumformer) und endet am Messort, an
dem die Umdrehungsfrequenz der Spindelachse
erfasst wird.

Messeinrichtung

Die Messeinrichtung besteht aus einem Sensor
und einem fl-Umformer (Frequenz in Stromstärke,
Abb. 6).

Der inkrementale Drehgeber stellt die Umdrehungsfrequenz der Arbeitsspindel (Regelgröße x) in
Form einer Spannung dar, deren Frequenz die Umdrehungsfrequenz wieder spiegelt. Die vorhandene
Regeleinrichtung verarbeitet jedoch nur Informationen in Form von Stromstärken (Einheitssignal
4 … 20 mA), sodass eine Anpassung mit Hilfe eines
Messumformers erfolgen muss (Abb. 1b).

Regeleinrichtung

Um die Umdrehungsfrequenz der Arbeitsspindel
(Regelgröße) konstant zu halten, wird in der Regeleinrichtung das Stellsignal gebildet. Die Regeleinrichtung besteht aus Sollwertsteller und dem
Regler.

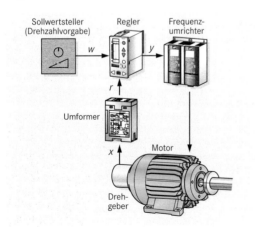

Abb. 1: Prinzip der Drehzahlregelung

Funktion

Der Drehgeber (①, Abb. 2, 3) misst die aktuelle
Umdrehungsfrequenz der Arbeitsspindel (Regelgröße x in Hz). Diese Frequenz wird mit Hilfe des Messumformers ② in ein elektrisches Einheitssignal
umgewandelt und der Regeleinrichtung (Rückführungsgröße r in mA) zugeführt. Als Symbol für den
elektrischen Einheitswert verwendet man E.

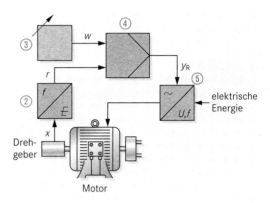

Abb. 2: Drehzahlregelung mit Sinnbildern der
         Verfahrenstechnik

Die SOLL-Umdrehungsfrequenz der Drehmaschine
wird vom CNC-Programm oder der Handeingabe
vorgegeben (Führungsgröße w) ③. Auch diese Vorgabe wird dem Regler als elektrischer Einheitswert
zugeführt.

Der elektronische Regler ④ vergleicht nun kontinuierlich seine Eingangswerte w und r also IST-
Wert mit SOLL-Wert. Bei Abweichungen ändert er
das an seinem Ausgang bereitgestellte Stellsignal
(Stellgröße y_R in mA).

Das Reglerstellsignal y_R wird dem Frequenzumformer ⑤ zugeführt. In Abhängigkeit der Stromstärke
des Signals verändert der Frequenzumformer die
Spannung und die Frequenz der Versorgungsspannung des Motors und damit seine Drehfrequenz.

In einem Wirkungsplan wird der Weg der Signalverarbeitung in einer Regelung verdeutlicht. Dieser
vereinfacht die Darstellung noch weiter, weil weder
der Masse- noch der Energiestrom in diesem Plan
dargestellt werden.

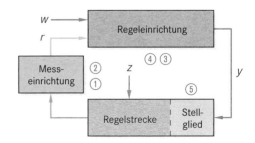

Abb. 3: Wirkungsplan einer Regelung

Regeln bedeutet also, dass die Regelgröße x gemessen wird und daraus die Rückführungsgröße r gebildet wird. In einem Regler wird die Rückführungsgröße r mit der Führungsgröße w verglichen und daraus die Stellgröße y_R gebildet, um zu erreichen, dass die Regelabweichung Null ist ($r = w$).

 Bei einer Regelung werden sämtliche, auf eine Regelstrecke einwirkenden Störgrößen, ausgeglichen.

Regler

Der Regler ist das zentrale Objekt der Regeleinrichtung. Als System betrachtet, besteht er aus zwei Objekten mit unterschiedlichen Aufgaben:

- Vergleicher und
- Regelglied.

Im Vergleicher oder Differenzbilder (Abb. 4) wird aus der Rückführungsgröße r und der Führungsgröße w die Regeldifferenz e bestimmt: $e = w - r$.

Die Regeldifferenz e, auch Regelabweichung genannt, stellt also dar, wie stark der Ausgangswert (IST-Wert) der Steuerstrecke von dem SOLL-WERT abweicht. Die Eingänge des Vergleichers sind meist mit + und – gekennzeichnet um zu verdeutlichen, welcher Wert von welchem subtrahiert wird.

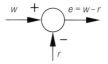

Abb. 4: Vergleicher oder Differenzbilder

Im Regelglied wird die Regeldifferenz verstärkt und falls erforderlich umgeformt. Die Auswahl des Regelgliedes erfolgt dabei z. B. unter folgenden Gesichtspunkten:

- wie schnell und
- in welcher Form

auf eine Regeldifferenz reagiert werden soll.

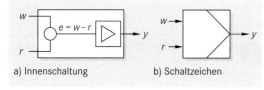

a) Innenschaltung   b) Schaltzeichen

Abb. 5: Elektronischer Regler

Signalumformer

Eine Anpassung der Signale ist notwendig, wenn z. B. die durch den Sensor ausgegebene Signalform nicht direkt vom Regler verarbeitet werden kann. Im Beispiel der Drehzahlregelung ist dies eine veränderliche Frequenz als Ausgangssignal des Drehgebers (Abb. 1 und 6), die in das Einheitssignal umgewandelt wird.

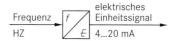

Abb. 6: Schaltzeichen für einen fl-Umformer

Das Schaltzeichen ist wie bei allen Wandlern ein Quadrat mit einer diagonalen Trennlinie. In den jeweiligen Ecken werden die Eingangs- und Ausgangsgröße dargestellt.

 Der Signalumformer kann entfallen, wenn der Regler beziehungsweise das Stellglied das Signal direkt verarbeiten kann.

Weitere Beispiele für gebräuchliche Signalumformer sind der PI-Umformer und der IP-Umformer. In einem PI-Umformer wird ein Druck in einen Strom (hier das Einheitssignal 4 ... 20 mA, Abb. 7a) umgewandelt. Der IP-Umformer wandelt einen Strom in ein Drucksignal (Abb. 7b).

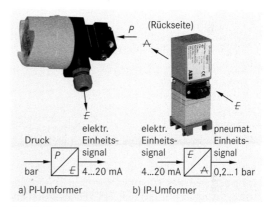

a) PI-Umformer   b) IP-Umformer

Abb. 7: Signalumformer

Stellglied

Als Stellglied wird in der Vorschubregelung ein Frequenzumrichter verwendet. Der Frequenzumrichter kann direkt von dem Regler angesteuert werden, weil dieser über einen Eingang verfügt, der das elektrische Einheitssignal verarbeitet. Alternativ verfügen die meisten Frequenzumrichter über einen Bus-Anschluss für z. B. Profibus oder Profinet.

In dem Frequenzumrichter wird in Abhängigkeit des Eingangssignals der Motor so angesteuert, dass die gewünschte Umdrehungsfrequenz der Arbeitsspindel erreicht wird.

Abb. 8: Frequenzumrichter

4.3 Regelstrecken

Ziel einer Regelung ist es, die Regelgröße konstant zu halten. Da diese aber von der Regelstrecke abhängt und daher anlagenbedingt ein bestimmtes Verhalten besitzt, muss die Regelung darauf abgestimmt werden.

 Das Verhalten einer Regelstrecke muss bekannt sein, damit das Verhalten des Reglers angepasst werden kann. Ggf. muss das Verhalten der Regelstrecke ermittelt werden.

Grundlage dafür ist eine möglichst genaue Beschreibung, wie sich die Regelstrecke bei Veränderungen verhält. Ist dieses Verhalten bekannt, kann die Regelung so dimensioniert werden, dass die Regelabweichung schnellst möglich verringert wird. Die Art und Weise, wie die Regelgröße in Abhängigkeit der Stellgröße ausgeglichen wird und wie schnell dies geschieht, beschreibt man als Regelbarkeit.

Die Regelbarkeit einer Regelstrecke wird durch drei Eigenschaften beschrieben:

- Ausgleich,
- Ordnungszahl und
- Totzeit.

Ausgleich

Bei einer Regelstrecke ohne Ausgleich ändert sich die Regelgröße x kontinuierlich, wenn die Regelung ausfällt und die Stellgröße dadurch unverändert bleibt oder auf das Minimum absinkt. Ein stabiler Zustand wird sich in diesem Fall nicht einstellen. Ein Beispiel dafür ist ein Kessel mit einem geregelten Zulauf und einem kontinuierlichen Ablauf. Fällt die Regelung aus und sperrt dadurch den Zulauf, leert sich der Kessel.

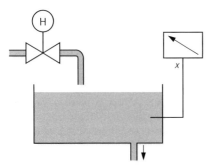

Abb. 1: Regelstrecke ohne Ausgleich

Bei Regelungen mit Ausgleich bleibt die Regelgröße x auf dem eingestellten Wert, sodass man von einem Beharrungszustand spricht. Ein Beispiel dafür ist ein Mischerventil mit Schrittmotorantrieb einer Heizung. Bei Ausfall der Regelung, bleibt die aktuelle Ventilstellung unverändert, weil der Mischermotor in seiner Position verharrt.

Abb. 2: Warmwassermischer mit Stellmotor

 Regelstrecken ohne Ausgleich sind nicht in der Lage ihren aktuellen Zustand von allein zu halten. Regelstrecken mit Ausgleich wechseln immer von einem stabilen Zustand in einen anderen stabilen Zustand.

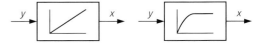

a) ohne Ausgleich   b) mit Ausgleich

Abb. 3: Blockschaltbild für Regelstrecken

Ordnungszahl *n*

Die Ordnungszahl n gibt an, in welcher Form eine Regelstrecke auf eine Änderung der Stellgröße y reagiert. Gibt es keine Energiespeicher, wird die Regelgröße x der Änderung der Stellgröße in gleicher Form folgen. Je mehr Energiespeicher jedoch in der Strecke enthalten sind, desto träger verändert sich die Regelgröße x. Die Anzahl der Speicher in der Regelstrecke wird durch die Ordnungszahl wiedergegeben.

Bei einem Brennofen muss z. B. der gesamte Ofenkörper mit erwärmt werden, um eine höhere Temperatur zu erreichen. Soll die Temperatur sinken, muss sich zunächst auch der Ofenkörper abkühlen, weil er die höhere Temperatur speichert. Ein Brennofen wird daher als Regelstrecke 1. Ordnung bezeichnet.

 Die Ordnungszahl n gibt die Anzahl der Energiespeicher in einer Regelstrecke an.

Totzeit T_t

Die Totzeit T_t gibt an, wie lange es dauert, bis sich nach der Änderung der Stellgröße y die Regelgröße x verändert. Derartige Totzeiten treten z. B. auf, wenn die Messeinrichtung und das Stellglied örtlich weit von einander entfernt liegen. Problematisch ist die Totzeit, weil Veränderungen erst zeitverzögert erfasst werden können. Störgrößen können in dieser Totzeit jedoch kontinuierlich auf die Regelstrecke einwirken.

! Die Totzeit T_t gibt die Signallaufzeit zwischen Änderung der zu messenden Größe und deren tatsächlicher Erfassung wieder.

Deutlich wird dies am Beispiel in Abbildung 4: Mit einem Sensor wird die Schüttgutmenge auf einem Förderband erfasst. Befindet sich zu viel Schüttgut auf dem Förderband, schließt die Regelung mit dem Stellglied den Silo-Auslass. Da Stellglied und Sensor sehr weit auseinander liegen (Abstand l), kann die Regelung erst mit starker Verzögerung erfassen, ob das Stellglied ausreichend geschlossen wurde (Totzeit). Die Folge ist, dass eine Regelstrecke mit Totzeit oft zu schwingendem Verhalten neigt, weil Veränderungen des Stellgliedes erst deutlich verzögert am Sensor erfasst wird.

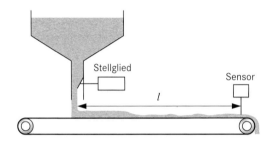

Abb. 4: Förderband: Regelstrecke mit Totzeit

Verhalten von Regelstrecken

Um eine Regelstrecken beurteilen zu können, wird zunächst meist auf zwei Verhaltensweisen untersucht:

- statisches Verhalten
- dynamisches Verhalten.

Das statische Verhalten stellt dar, in welcher Weise die Regelgröße x reagiert, wenn die Stellgröße y verändert wird. Dieses Verhältnis wird in der statischen Kennlinie verdeutlicht (Abb. 5)

Bei einer Regelstrecke mit Ausgleich und ohne Speicher, wird sich ein linearer Verlauf ergeben, weil eine Änderung von x eine proportionale Änderung von y hervorruft. Man spricht daher von Proportionalstrecken (P-Strecken). Der Übertragungsbeiwert K_S gibt die Steigung der statischen Kennlinie an.

Befinden sich in dieser Regelstrecke ein oder mehrere Speicher, wird sich die Änderung nicht linear verhalten, sodass für jeden Regelgrößenwert x ein anderer Stellgrößenwert y besteht (Abb. 5a). Die Folge ist, dass sich bei jedem Wert von y ein anderer Wert für K_S einstellt.

Weil Regelstrecken ohne Ausgleich keinen Beharrungszustand besitzen, wird hier betrachtet, mit welcher Geschwindigkeit v sich bei Änderung der Stellgröße y die Regelgröße x ändert. Daraus wird dann der Übertragungsbeiwert K_{SI} ermittelt (Abb.

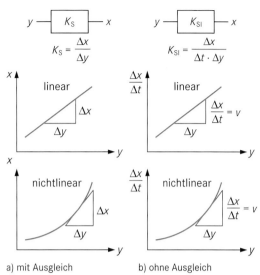

a) mit Ausgleich   b) ohne Ausgleich

Abb. 5: Statische Kennlinien von Regelstrecken

5b). Auch hier ist zwischen einem linearen Verlauf (ohne Speicher) und einem nicht linearen Kennlinienverlauf (mit Speichern) zu unterschieden.

Die zweite Untersuchung stellt dar, wie sich eine Regelstrecke verhält, wenn die Stellgröße y sprunghaft verändert wird. Auf diese Sprungfunktion der Regelstrecke antwortet die durch einen Verlauf der Regelgröße x der als Sprungantwort bezeichnet wird. Daraus lässt sich das Ausgleichsverhalten vom alten Zustand in den neuen Zustand erkennen.

PT_0-Strecken

Regelstrecken ohne Speicher folgen einer Änderung der Stellgröße y (Abb. 6a: Sprungfunktion) praktisch ohne zeitliche Verzögerung, sodass die Sprungantwort Abb. 6b) der Sprungfunktion entspricht. Derartige Regelstrecken werden als Strecken 0. Ordnung oder PT_0-Strecken bezeichnet.

Ein Beispiel ist hier ein Getriebe, dass auf Grund seiner starren Konstruktion ohne Verzögerungen reagiert.

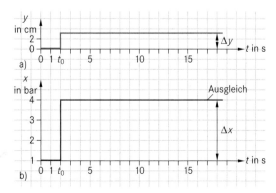

Abb. 6: Zeitverhalten einer PT_0-Strecke

PT₁-Strecken

Regelstrecken 1. Ordnung verfügen über einen Speicher. Eine sprunghafte Änderung der Stellgröße y hat eine sofortige Änderung der Regelgröße x mit einer bestimmten Anfangsgeschwindigkeit zur Folge. Im Verlauf der Zeit sinkt diese Geschwindigkeit bis ein neuer Beharrungszustand erreicht ist (⑥ Abb. 4).

Ein Beispiel für eine PT₁-Strecke ist ein Wassermischsystem für einen chemischen Prozess (Abb. 1). Ziel ist eine gleichmäßige Wassertemperatur zu erhalten.

Warmes oder kaltes Wasser wird über ein Mischventil in den ersten Behälter eingeleitet und dort vermischt. Über eine Verbindung gelangt das vorgemischte Wasser in den zweiten Behälter, in dem es weiter vermischt wird. Da kontinuierlich Wasser aus dem zweiten Behälter abfließt, findet ein fortwährender Wasseraustausch vom ersten in den zweiten Behälter statt.

Da die Temperatur erst im zweiten Behälter gemessen wird, wirkt der erste Behälter wie ein Speicher. Bis die Temperaturänderung im zweiten Behälter wirksam wird, muss zuerst das vermischtes, neu temperiertes Wasser aus dem ersten in den zweiten Behälter fließen.

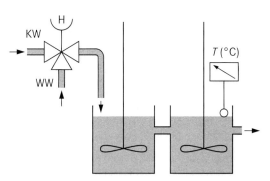

Abb. 1: Mischbehälter

Abbildung 2 zeigt eine PT1-Strecke mit Totzeit. Der Ausgleichsverlauf ist identisch mit dem Verlauf einer PT₁-Strecke, erfolgt aber erst nach einer zeitlichen Verzögerung, der Totzeit T_t. Nach einer Totzeit kann jede Strecke 1. oder höherer Ordnung folgen. Derartige Regelstrecken lassen sich nur schwierig regeln, weil es leicht zu Schwingungen und Regelabweichungen kommt (siehe nächstes Kapitel).

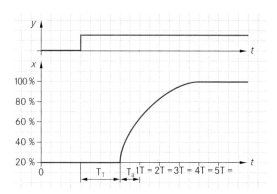

Abb. 2: PT₁-Strecke mit Totzeit

PTₙ-Strecken

In der Praxis sind meist Regelstrecken zu finden, die über mehr als einen Speicher verfügen. Bei diesen Strecken n-ter Ordnung wirkt sich eine Änderung der Stellgröße erst nach einer deutlichen Verzögerungszeit aus.

> ❗ Je mehr Speicher in einer Regelstrecke enthalten sind, desto träger verhält sie sich.

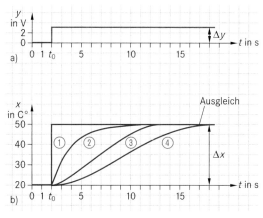

Abb. 3: Sprungfunktion und Sprungantworten von Regelstrecken mit Ausgleich

Streckenkennwerte

Wie auf der vorherigen Seite schon beschrieben, ist statische Übertragungsbeiwert K_S eine wichtige Kenngröße. An dem Beispiel in Abb. 3 wird nun die Bestimmung dieses Wertes verdeutlicht:

Die Änderung der Stellgröße x kann an der senkrechten Achse abgelesen werden. Sie beträgt Δx = 3 V.

Die daraus resultierende Änderung der Regelgröße beträgt Δy = 30 °C.

Somit kann der Übertragungsbeiwert bestimmt werden. Die Einheit dieses Wertes ist von den Variablen abhängig und daher für jede Regelstrecke unterschiedlich.

$$K_S = \frac{\Delta x}{\Delta y} = \frac{3\ V}{30\ °C} = \frac{0,1\ V}{°C}$$

In diesem Beispiel hat eine Änderung der Stellgröße um 0,1 V eine Temperaturänderung von 1 °C zur Folge.

Bei der PT_1-Strecke (②, Abb. 3) ist darüber hinaus auch noch das zeitliche Verhalten genauer zu betrachten.

Würde die Regelgröße mit der anfänglichen Steigung konstant weiter verlaufen (Tangentensteigung ⑥, Abb. 4), würde sie ihren Beharrungszustand innerhalb der Zeit T ⑧ erreichen. Da der Kurvenverlauf jedoch in Folge des Speichers nicht linear ist, ist nach der Zeit T erst 63,2 % des Maximalwertes erreicht ⑦.

Man bezeichnet diesen Verlauf als e-Funktion. Er entspricht dem Verlauf der Ladekurve eines Kondensators.

Erst nach dem fünffachen Wert der Zeitkonstante T ⑤ ist der neue Beharrungszustand erreicht.

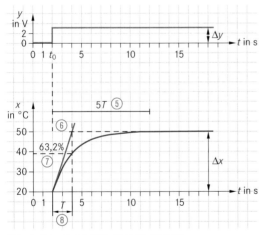

Abb. 4: Sprungverhalten einer PT_1-Strecke

Diese Werte sollen nun an dem Beispiel ermittelt werden (Abb. 5)

Aus der Kennlinie lässt sich ablesen, dass bei 63,2 % gilt:

- Δx = 19 °C und

- T = 2 s.

Der Ausgleich geschieht nach

$$5\ T = 5 \cdot 2\ s = 10\ s.$$

Bei PT_n-Strecken (③ ④, Abb. 3) ist der Verlauf durch weitere Kenngrößen zu beschreiben, weil der Verlauf über einen Wendepunkt verfügt. D. h., dass die Änderung der Regelgröße in Folge der Sprungfunktion anfangs gering ist, dann in einem begrenzten Bereich fast konstant ansteigt und sich schließlich flach dem neuen Beharrungszustand annähert (Abb. 5, nächste Seite).

Zur Bestimmung der relevanten Kenngrößen wird im Wendepunkt der Kennlinie eine Tangente angelegt ⑩. Der Schnittpunkt dieser Tangente mit dem Wert des alten Beharrungszustandes ⑨ ergibt die Verzugszeit T_u, in der die Regelstrecke praktisch keine Reaktion auf die Änderung der Stellgröße zeigt.

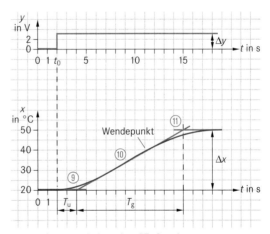

Abb. 5: Sprungverhalten einer PT_n-Strecke

Nach oben hin bildet die Tangente einen Schnittpunkt mit dem Wert des neuen Beharrungszustandes ⑪. Der Zeitraum, der zwischen beiden Schnittpunkten liegt, wird als Ausgleichszeit T_g bezeichnet. Die Ausgleichszeit ist ein Maß für die Geschwindigkeit, mit der sich die Regelgröße ihrem neuen Beharrungswert annähert.

Ein Beispiel für Regelstrecken höherer Ordnung sind Temperaturregelstrecken. Bei diesen sind meist mehr als nur ein Speicher vorhanden. So muss bei einem Brotbackofen neben dem Ofen und seiner Auskleidung selbst, auch die im Ofen enthaltene Luft aber auch das Backgut selbst mit erwärmt werden, bis die neue Zieltemperatur erreicht ist.

Schwierigkeitsgrad

Je mehr Speicher in einer Regelstrecke enthalten sind, desto schwieriger lässt sich diese regeln. Dieser Zusammenhang wird in dem Schwierigkeitsgrad Λ dargestellt. Dabei gilt:

$$\Lambda = \frac{T_\mathrm{u}}{T_\mathrm{g}}$$

Bei Regelstrecken mit nur einem Speicher ist $T_\mathrm{u} = 0$ s und somit auch $\Lambda = 0$. Je größer jedoch die Verzugszeit ist, desto schlechter ist die Regelbarkeit. Als Richtwerte kann Tab. 1 dienen.

Tab. 1: Regelbarkeit von Regelstrecken

Λ	Regelbarkeit
< 0,1	gut regelbar
0,166	noch regelbar
> 0,33	schwierig regelbar
= 1	kaum regelbar

Regelstrecken ohne Ausgleich

Beispiel für eine Regelstrecke ohne Ausgleich, ist eine Flüssigkeitsniveau-Regulierung für einen chemischen Prozess. Ziel ist dabei, dass der Füllstand in dem Kessel trotz unterschiedlicher Flüssigkeitsentnahme konstant bleibt. Dafür kann das Zulaufventil mehr oder weniger geöffnet werden (Abb. 1).

Ist der Zulauf größer als der Ablauf, nimmt der Flüssigkeitsstand linear zu. Ein derartiges Aufsummieren nennt man integrierendes Verhalten. Solche Regelstrecken werden daher auch als I-Strecken bezeichnet.

Die beschreibende Kenngröße für I-Strecken ist die Integrierzeit T_i. Sie gibt an, wie schnell sich die Regelgröße verändert (Abb. 2).

In diesem Beispiel würde der Behälter nach einiger Zeit überlaufen, in anderen Fällen kann es zur Zerstörung einer Regelstrecke kommen.

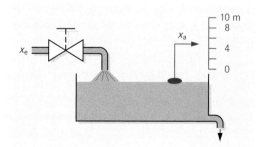

Abb. 1: Füllstandsniveau-Regelung

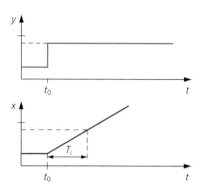

Abb. 2: Sprungantwort einer Regelstrecke ohne Ausgleich mit I-Verhalten

> **!** Ohne Regler können Regelstrecken ohne Ausgleich keinen stabilen Zustand erreichen.

Regelstrecken mit Ausgleich werden beschrieben durch folgende Kenngrößen:

Allgemein:
Übertragungsbeiwert K_S: Er gibt an, wie sich die Regelgröße in Abhängigkeit der Stellgröße ändert.

$$K_\mathrm{S} = \frac{\Delta x}{\Delta y}$$

PT$_1$-Strecken:
Zeitkonstante T: Tangente durch die Anfangssteigung der Sprungantwort. Den Schnittpunkt der Tangente mit dem neuen Beharrungszustand einzeichnen. Die Zeit zwischen dem Regelgrößensprung und dem Schnittpunkt der Tangente mit dem neuen Beharrungszustand zeigt auf der Zeitachse die Zeitkonstante T an.

Der neuen Beharrungszustand wird nach $5\,T$ erreicht.

PT$_\mathrm{n}$-Strecken
Tangente durch den Wendepunkt legen. Schnittpunkt der Tangente mit dem alten Beharrungswert und dem neuen Beharrungswert ermitteln.

Die Verzugszeit T_u stellt den Zeitraum dar, in dem die Regelstrecke fast keine Reaktion auf eine Änderung zeigt.

Die Ausgleichszeit T_g stellt die Zeit dar, die für die Annäherung an den neuen Beharrungszustand notwendig ist.

Regelstrecken mit Ausgleich werden durch die Integrierzeit T_i beschrieben. Sie ist ein Maß für die Anstiegsgeschwindigkeit der Regelgröße.

Zusa
fassu

4.4 Regelkreisverhalten

Nachdem im vorherigen Kapitel das Verhalten von Regelstrecken beschrieben wurde, wird nun das Verhalten eines gesamten Regelkreises genauer betrachtet.

Zwei unterschiedliche Verhalten sind dabei maßgeblich:

- Führungsverhalten
- Störgrößenverhalten

Führungsverhalten

Das Führungsverhalten eines Regelkreises beschreibt den Verlauf einer Regelgröße, nachdem die Führungsgröße w sprunghaft von einem Niveau auf ein anderes verändert wurde. Der Regelkreis reagiert auf diese Veränderung des SOLL-Wertes um den Betrag Δw ① und versucht den neuen Beharrungswert zu erreichen. Dabei wird die Regelgröße x zunächst deutlich über den neuen Beharrungszustand überschwingen ② und sich diesem dann allmählich annähern.

Die Ausregelzeit T_a ③ gibt an, wie lange die Regelgröße nach dem Führungssprung benötigte, um den neuen Beharrungszustand zu erreichen. Dabei ist es ausreichend, wenn die Regelgröße sich innerhalb des Toleranzbereichs $\pm \Delta x$ befindet.

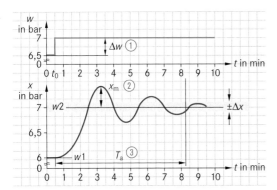

Abb. 3: Führungsverhalten der Regelgröße

Störverhalten

Das Störgrößenverhalten beschreibt das Verhalten des Regelkreises, nachdem dem eine Störgröße z, z. B. kalte Luft in einem Ofen, sprunghaft zugeschaltet wurde, weil die Ofentür geöffnet wurde. Dem Störgrößensprung Δz ④ folgt die Regelgröße ähnlich wie bei einem Wechsel der Führungsgröße, jedoch mit einer deutlich schnelleren Ausregelzeit, weil nicht zusätzlich das neue Regelgrößenniveau erreicht werden muss.

Auch bei dem Störverhalten ist die Überschwingweite x_m ⑤ und die Ausregelzeit T_a ⑥ ein Qualitätsmerkmal für den Regelkreis.

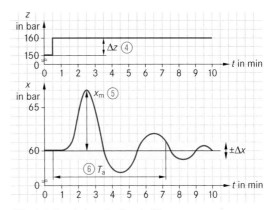

Abb. 4: Störverhalten der Regelgröße

Einschwingverhalten

In Abb. 5 ist das optimale Verhalten eines Regelkreises nach einer Änderung der Führungsgröße oder der Störgröße dargestellt: Die Regelgröße schwingt um etwa 20 % über den Sollwert hinaus und anschließend höchstens noch zwei Mal um den Sollwert. Alle weiteren Schwingungen liegen dann innerhalb des geduldeten Toleranzbereichs.

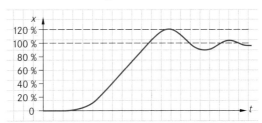

Abb. 5: Optimaler Einschwingvorgang

Im Vergleich zum optimalen Einschwingvorgang ⑦ ist auch der deutlich flachere Verlauf ⑧ akzeptabel. Bei diesem Verlauf ist zwar die Überschwingweite deutlich geringer, die Ausregelzeit jedoch deutlich höher. Da es Ziel einer Regelung ist, so schnell wie möglich den SOLL-Wert zu erreichen bzw. diesen zu halten, ist der flachere Verlauf nicht optimal. Bei dem Kurvenverlauf ⑨ bleibt eine dauerhafte Schwingung vorhanden. Derartige Verläufe nennt man ungedämpfte Schwingungen. Dies ist ebenso unerwünscht, wie eine sich anfachenden Schwingung ⑩.

! Regelkreise mit ungedämpftem oder anfachendem Verhalten sind völlig unbrauchbar.

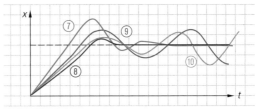

Abb. 6: Einschwingvorgänge

4.5 Stetige Regler

Stetige Regler sind in der Lage die Stellgröße y mit jeden beliebigen Zustand innerhalb des Stellbereichs anzusteuern.

4.5.1 P-Regler

Bei einem P-Regler ist die Stellgröße y proportional der Regeldifferenz e. Am Beispiel der Füllstandsregeleinrichtung in Abb. 1 soll das Prinzip eines P-Reglers verdeutlicht werden.

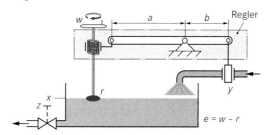

Abb. 1: Beispiel für das Prinzip einer P-Regeleinrichtung

Funktion

Der Flüssigkeitsstand wird durch einen Schwimmer erfasst, der fest über einem Hebelarm mit dem Zulaufventil verbunden ist. Senkt sich der Flüssigkeitsstand, weil über den Ablauf mehr Flüssigkeit abläuft (Störgröße z), senkt sich der Schwimmer. Dadurch wird sich das Zulaufventil öffnen (Stellgröße y). Mit Hilfe des Handrades wird der Sollwert (Führungsgröße w) vorgegeben.

Im Normalbetrieb (Störgröße $z = 0$) ist das Ablaufventil und das Zulaufventil jeweils zu 50 % geöffnet und die Flüssigkeit befindet sich auf einem stabilen Niveau. Dabei gilt $e = w - r$. Da die Führungsgröße w der Rückführungsgröße r entspricht, ist die Regeldifferenz $e = 0$.

Nun wird der Fall betrachtet, dass das Ablaufventil spontan etwas weiter geöffnet wird (Störgröße $z > 0$). Durch den stärkeren Ablauf senkt sich das Flüssigkeitsniveau ab und mit ihm der Schwimmer. Die Rückführungsgröße r wird also kleiner und die resultierende Regeldifferenz $e = w - r$ größer.

Das Zulaufventil wird sich nun öffnen. Die Stellgröße y wird also ebenfalls größer.

Je weiter sich der Schwimmer absenkt, weil der Ablauf größer als der Zulauf ist, desto weiter wird der Zulauf geöffnet, bis sich Ab- und Zulauf gleich weit geöffnet haben. Die Folge ist, dass sich eine Abweichung zwischen Soll-Niveau und IST-Niveau einstellen wird. Man spricht bei dieser Abweichung von einer Regeldifferenz.

Für eine exakte Füllstandsregelung ist ein P-Regler somit nicht geeignet, weil eine bleibende Regeldifferenz Voraussetzung für die Funktion des P-Reglers ist.

! Bei einem P-Regler folgt die Stellgröße der Regeldifferenz proportional und eine Regeldifferenz bleibt erhalten.

Bestimmung des Proportionalbeiwertes K_p

Auch das Regler-Verhalten kann mit Sprungfunktionen untersucht werden. Dazu wird die Führungsgröße w konstant gehalten (hier: $w = 0$) und die Rückführungsgröße r ① sprunghaft verändert. Mit einem Schreiber ② wird die Sprungantwort auf diese Sprungfunktion erfasst (Abb. 2)

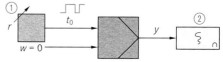

Abb. 2: Messschaltung zur Sprungantworterfassung

Abbildung 3 stellt das Zeitverhalten eines P-Reglers dar. Dem Sprung der Regeldifferenz e folgt die Stellgröße y unmittelbar.

! P-Regler sind sehr schnelle Regler, die ohne Verzögerung reagieren.

Auf den Sprung der Regeldifferenz antwortet der Regler also mit einem Stellgrößensprung. Der Proportionalbeiwert K_p ist dabei ein Maß für die Sprunghöhe:

$$K_p = \frac{\Delta y}{\Delta e}$$

Am Beispiel in Abb. 3: $K_p = \dfrac{3\ \text{cm}}{1\ \text{cm}} = 3$

Dimensionierung von K_p

Um einen P-Regler auf eine Regelstrecke anzupassen, muss der Proportionalbeiwert K_p angepasst werden.

Wird K_p sehr groß gewählt, hat dies zur Folge, dass der Regler bei Auftreten einer Regeldifferenz die Stellgröße sofort sehr stark verändert. Dadurch wird zwar die Sollwertabweichung sehr gering, schwingt aber deutlich.

Wird K_p sehr klein gewählt, reagiert der Regler sehr träge auf Regeldifferenzen. Ein Schwingen ist nicht vorhanden. Die Sollwertabweichung ist jedoch groß.

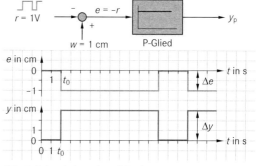

Abb. 3: Zeitverhalten eines P-Reglers

4.5.2 I-Regler

Das Füllstandssystem (Abb. 1) wird nun mit einem I-Regler versehen. Dessen Regelverhalten wird nun wieder durch eine Sprungfunktion untersucht (Abb. 5). Dabei ist zu sehen, dass die Stellgröße y nach dem Sprung der Regeldifferenz e ③ so lange ansteigt, bis die Regeldifferenz $e = 0$ ist. Der Stellgrößenwert bleibt dann solange unverändert (gespeichert), wie $e = 0$ ④ ist. Ändert sich die Regeldifferenz e erneut, steigt die Stellgröße weiter an. Ist jedoch der Sprung der Regeldifferenz e doppelt so groß ⑤, ist auch die Anstiegsgeschwindigkeit der Stellgröße y doppelt so groß ⑥. Dieses Verhalten wird als Integriererverhalten bezeichnet.

! Bei einem I-Regler ändert sich die Stellgröße solange eine Regeldifferenz besteht. Ist sie null, speichert der I-Regler den Stellgrößenwert. Die Stellgeschwindigkeit ist proportional zur Regeldifferenz.

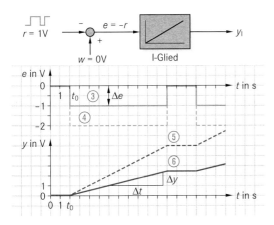

Abb. 4: Zeitverhalten des stetigen I-Reglers

Als Kenngröße des I-Reglers wird der Integrationsbeiwert K_i verwendet. Die Berechnung erfolgt über die folgende Formel:

$$K_i = \frac{\frac{\Delta y}{\Delta t}}{\Delta e} = \frac{\Delta y}{\Delta e \cdot \Delta t} = \frac{1}{T_i}$$

Dabei stellt das Verhältnis von $\frac{\Delta y_R}{\Delta t}$ die Änderungsgeschwindigkeit der Stellgröße dar und den Betrag der Regelabweichung.

Der Wert T_i wird als Integrierzeit bezeichnet und ist der Kehrwert des Integrationsbeiwertes K_i.

Vorteilhaft ist bei I-Reglern, dass sie in der Lage sind Regeldifferenzen sehr genau auszugleichen. Für die Füllstandsregelung ist dies jedoch wenig sinnvoll, weil der Regler bereits auf kleine Regeldifferenzen reagiert und dadurch zu einem Schwingungsverhalten neigt.

4.5.3 D-Regler

Der D-Regler (Differenzierer) soll nun auf seine Eignung geprüft werden.

Da der ideale D-Regler in der Praxis nicht vorkommt, soll hier auch der DT_1-Regler betrachtet werden.

Der D-Regler hat folgendes Zeitverhalten:

$$y = K_D \cdot \frac{\Delta e}{\Delta t} = T_D \cdot \frac{\Delta e}{\Delta t}$$

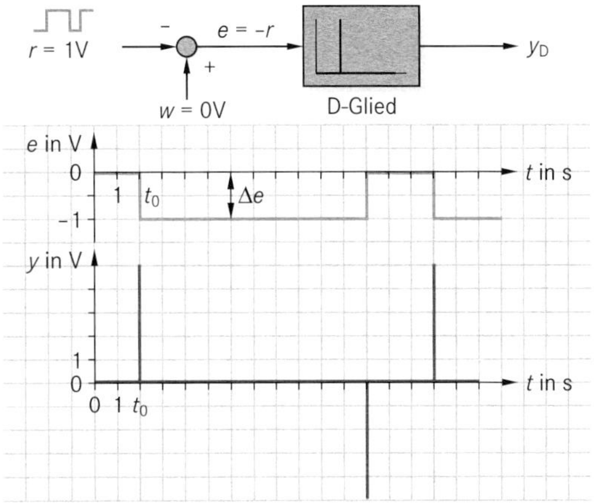

Abb. 5: Zeitverhalten eines idealen D-Reglers

Wie aus Abb. 5 und der Gleichung zu erkennen ist, reagiert der D-Regler ausschließlich auf Veränderungsgeschwindigkeit des Eingangssignals. Dabei entsteht bei einem Regelgrößensprung ein Stellgrößenimpuls mit unendlicher Amplitude am Ausgang des Reglers.

Betrachtet man die obenstehende Formel wird so auch verständlich, dass der Differenzierbeiwert K_D und die Differenzierzeit T_D identisch sind.

! Differenzierbeiwert K_D und Differenzierzeit T_D sind bei D-Reglern identisch.

Der Differenzierbeiwert K_D berechnet sich mit folgender Formel:

$$K_D = \frac{\Delta y}{\frac{\Delta e}{\Delta t}} = \frac{\Delta y \cdot \Delta t}{\Delta e} = T_D$$

In der Praxis führt dieses Zeitverhalten zu intensiven Schwingungen, weil die Ausschläge des Ausgangssignals theoretisch unendlich sind. Auch die technische Realisierbarkeit des D-Gliedes ist kaum möglich. Aus diesen Gründen werden vorwiegend DT_1-Glieder verwendet, bei denen der Abfall des Ausgangssignals verzögert wird.

! D-Regler reagieren nur auf die Veränderung der Regeldifferenz. Am Ausgang eines D-Reglers müsste dann theoretisch ein Impuls unendlicher Amplitude anliegen.

DT₁-Regler

Bei einem DT_1-Glied sinkt nach dem ansteigenden Impuls der Ausgangswert entsprechend einer e-Funktion auf den Ausgangswert Null zurück.

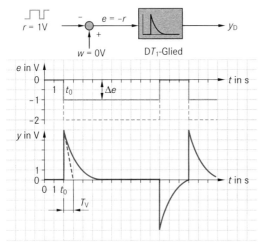

Abb. 1: Zeitverhalten des (realen) DT_1-Reglers

Kenngrößen

Neben dem Differenzierbeiwert ist auch die Vorhaltezeit T_v bei einem DT_1-Regler wichtig, weil damit das Abklingen des Impulses beschrieben wird.

Dieses Zeitverhalten hat zur Folge, dass mit Hilfe eines DT_1-Reglers sehr schnell auf Veränderungen der Regelgröße reagiert werden kann, durch die Verzögerung T_1 jedoch einem Schwingverhalten entgegen gewirkt werden kann.

 Bei einem D-Regler ändert sich die Stellgröße impulsartig auf eine Sprungfunktion. Er reagiert also lediglich auf Veränderungen der Stellgröße

Durch die Verzögerung T_N wird das Schwingverhalten reduziert.

Da ein D-Regler lediglich auf Veränderungen der Eingangsgröße reagiert, bietet es sich an, statt der Sprungantwort die Anstiegsantwort auszuwerten (Abb. 2). Dabei wird deutlich, dass man bei einem linearen Anstieg des Eingangswertes einen konstante Ausgangswert erhält.

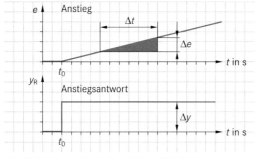

Abb. 2: Anstiegsantwort eines D bzw. DT_n-Reglers

4.6 Zusammengesetzte Regler

Durch Kombination der drei beschriebenen Regler können Verhaltensweise kombiniert werden. Am Beispiel der Füllstandsregelung in Kap. 4.5.1 soll deren Funktion nun beschrieben werden.

4.6.1 PI-Regler

Der PI-Regler ist eine parallele Kombination aus einem P-Regler mit einem I-Regler.

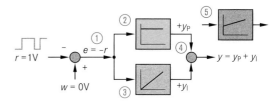

Abb. 3: Blockschaltbild PI-Regler

Nach der Bildung der Regeldifferenz e ① wird das Signal den parallel geschalteten Reglern zugeführt. Dadurch reagieren und sowohl der P-Regler ②, als auch der I-Regler ③ in „gewohnter" Weise auf die Regeldifferenz. Anschließend werden beide Antworten addiert ④.

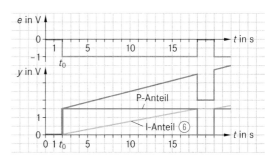

Abb. 4: Sprungantwort des stetigen PI-Reglers

Mit der Messschaltung in Abbildung 3 ist die Sprungantwort (Abb. 4) des PI-Reglers aufgenommen worden ⑥. Analysiert man den Verlauf, indem man ihn in seine Bestandteile zerlegt, wird deutlich, dass der Anteil des P-Reglers für eine sofortige Änderung der Stellgröße verantwortlich ist. Der Anteil des I-Reglers gleicht hingegen die zurückbleibende Regeldifferenz allmählich aus. Die Addition der einzelnen Stellgrößenverläufe ergibt den Verlauf des PI-Reglers, welcher auch im Blocksymbol verwendet wird ⑤.

 Der PI-Regler reagiert sehr schnell auf Regeldifferenzen (P-Anteil) und gleicht Regeldifferenzen aus (I-Anteil).

Für die Füllstandsregelung ist der PI-Regler auf Grund des oben genannten Verhaltens gut geeignet.

Kenngrößen des PI-Reglers

Da der PI-Rgeler aus zwei Reglern kombiniert ist, sind auch beide spezifischen Kenngrößen der einzelnen Regler hier von Bedeutung, um diesen Regler korrekt einzustellen:

Der Proportionalbeiwert lässt sich aus dem Verhältnis des Ausgangssprungs Δy zum Eingangssprung Δe ermitteln:

$$K_p = \frac{\Delta y}{\Delta e}$$

Für den I-Anteil ist auch hier der Integrierbeiwert oder die Integrierzeit relevant:

$$K_i = \frac{\frac{\Delta y}{\Delta t}}{\Delta e} = \frac{\Delta y}{\Delta e \cdot \Delta t} = \frac{1}{T_i}$$

Tipp: Wird die Nachstellzeit auf den maximal einstellbaren Betrag eingestellt, $T_i \rightarrow \infty$, führt dies dazu, dass ein PI-Regler wie P-Regler arbeitet, weil der I-Anteil vernachlässigbar wird.

In der Praxis ist oft noch die Nachstellzeit T_N als Kenngröße genannt. Diese lässt sich wie folgt berechnen:

$$T_N = K_p \cdot T_i = \frac{K_p}{K_i}$$

4.6.2 PD-Regler

Der PD-Regler ist eine Kombination aus einem P-Regler und einem DT_1-Regler (ein idealer D-Regler ist nicht realisierbar). die korrekte Bezeichnung ist daher PDT_1-Regler.

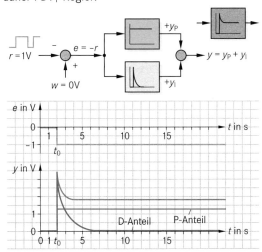

Abb. 5: PD-Regler aus P- und I-Regler und als Blocksymbol

Kenngrößen des PD-Reglers

Neben dem Proportionalbeiwert (siehe oben) ist bei dem PD-Regler auch die Vorhaltezeit T_V für das Verhalten des Reglers prägend.

$$K_D = \frac{\Delta y}{\frac{\Delta e}{\Delta t}} = \frac{\Delta y \cdot \Delta t}{\Delta e} = T_D$$

 PD-Regler reagieren sehr schnell mit starken Stellgrößenänderungen und nehmen diese dann zügig wieder zurück. Es bleibt eine Regeldifferenz zurück.

4.6.3 PID-Regler

Durch Kombination der drei Grundregler können deren Eigenschaften vereint werden. Auf eine Sprungfunktion reagiert der DT_1-Regler zunächst sehr stark und reduziert damit die Regeldifferenz. Zeitgleich setzt das Signal des P-Reglers ein, welches einen konstanten Verlauf hat. Das Signal des I-Reglers gleicht verbleibende Regeldifferenzen allmählich aus.

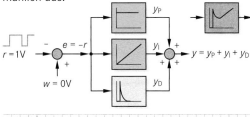

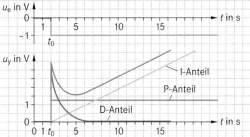

Abb. 6: Sprungantwort eines PID-Reglers

 Der P-Anteil ermöglicht eine schnelle Reaktion auf Regelgrößenänderungen. Der I-Anteil gleicht Regeldifferenzen vollständig aus und der D-Anteil reagiert sehr schnell auf Störeinflüsse und regelt diese aus.

Kenngrößen des PID-Reglers

Da es sich um eine Parallelanordnung der einzelnen Regler handelt, sind alle einzelnen Kenngrößen auch hier relevant.

Der hohe Anfangsstellimpuls eines PID-Reglers ist insbesondere in Regelkreisen mit hohen Verzugszeiten günstig, was zu einer höheren Stabilität führt.

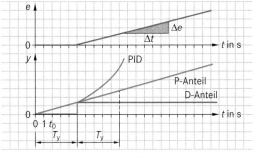

Abb. 7: Anstiegsantwort eines PID-Reglers

Informieren

4.7 Vereinfachte Reglereinstellungen

Zur Einstellung der Reglerparameter werden in der Praxis meist vereinfachte Einstellregeln verwendet, weil die mathematische Bestimmung der Parameter sehr kompliziert ist. Die gebräuchlichsten Einstellregeln sind die nach Ziegler/Nichols und Chien/Hrones/Reswick.

Einstellregeln von Ziegler und Nichols

Ziegler und Nichols gehen davon aus, dass die meisten Regelstrecken in der Praxis durch eine PT_1-Strecke mit Totzeit abgebildet werden können.

Bei unbekannten Streckenparametern wird nach folgendem Vorgehen der Regelkreis parametriert.

1. Der Regler wird als reiner P-Regler betrieben. Die weiteren Anteile (I und/oder D) werden „abgeschaltet" ($T_v = 0$, $T_N \rightarrow \infty$).

2. Der Regler wird in eine Dauerschwingung geführt, in dem K_P nach und nach erhöht wird, bis die Regelgröße ungedämpft schwingt. Der eingestellte Proportionalbeiwert K_P wird als kritische Verstärkung K_{Pkrit} bezeichnet. Die sich einstellende Schwingungsperiodendauer T_{krit} wird gemessen.

3. Mit Hilfe der Tabelle 1 werden die Reglerparameter berechnet.

Einstellregeln von Chien, Hrones und Reswick

Bei diesem Verfahren werden die Streckenparameter K_S, T_g und T_u als bekannt vorausgesetzt. Ggf. müssen diese mit Hilfe einer Sprungfunktion ermittelt werden. Gültig sind diese Regeln für Strecken höherer Ordnung.

Zur Einstellung des Reglers werden die Reglerparameter mit der Tabelle 2 bestimmt. Neben der Unterscheidung, ob die Strecke vorwiegend im Führungs- oder im Störungsverhalten arbeitet, sind auch unterschiedliche Einschwingvorgänge zu unterscheiden:

- Ausgleich mit Überschwingen um 20 %
- Ausgleich ohne Überschwingen

Bei einem Ausgleich ohne Überschwingen dauert der Ausgleich länger. Anwendbar sind die Regeln der Tabelle 2, wenn das Verhältnis $T_g/T_u > 3$ ist.

Zu beachten ist, dass es sich bei den ermittelten Reglerparametern nur um Näherungen handelt, die von einem mehr oder minder allgemeingültigen Streckenverhalten ausgehen. Das in Abb. 1 dargestellte Störverhalten des Regelkreises ① hat dabei ein berechnetes Führungsverhalten ② zur Folge. Der reale Verlauf ③ zeigt jedoch ein deutliches Überschwingen. Es ist also noch eine weitere Optimierung „von Hand" notwendig.

! Einstellregeln für Regler sind nur Näherungen. Eine weitere Anpassung ist notwendig.

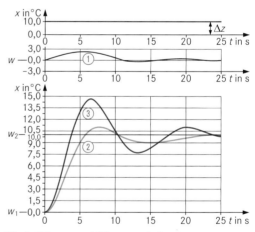

Abb. 1: Störungs- und Führungsverhalten der Reaktionstemperatur

Tab. 1: Reglereinstellung nach Ziegler/Nichols

Regler-typ	Reglerparameter		
	K_P	T_n	T_v
P	$0,5 \; K_{Pkrit}$		
PI	$0,45 \; K_{Pkrit}$	$0,85 \; T_{krit}$	
PD	$0,8 \; K_{Pkrit}$		$0,12 \cdot T_{krit}$
PID	$0,6 \; K_{Pkrit}$	$0,5 \; T_{krit}$	$0,12 \cdot T_{krit}$

Tab. 2: Parametereinstellung nach Chien/Hrones/Reswick

Regler-typ	20 % Überschwingen		Ohne Überschwingen	
	Führung	Störung	Führung	Störung
P	$K_p = \dfrac{0,7 \, T_g}{K_S T_u}$	$K_p = \dfrac{0,7 \, T_g}{K_S T_u}$	$K_p = \dfrac{0,3 \, T_g}{K_S T_u}$	$K_p = \dfrac{0,3 \, T_g}{K_S T_u}$
PI	$K_p = \dfrac{0,6 \, T_g}{K_S T_u} \quad T_n = T_g$	$K_p = \dfrac{0,7 \, T_g}{K_S T_u} \quad T_n = 2,3 \, T_g$	$K_p = \dfrac{0,35 \, T_g}{K_S T_u} \quad T_n = 1,2 \, T_g$	$K_p = \dfrac{0,6 \, T_g}{K_S T_u} \quad T_n = 4 \, T_g$
PID	$K_p = \dfrac{0,95 \, T_g}{K_S T_u}$ $T_n = 1,35 \, T_g, T_v = 0,47 \, T_g$	$K_p = \dfrac{1,2 \, T_g}{K_S T_u}$ $T_n = 2,3 \, T_g, T_v = 0,42 \, T_g$	$K_p = \dfrac{0,6 \, T_g}{K_S T_u}$ $T_n = T_g, T_v = 0,47 \, T_g$	$K_p = \dfrac{0,95 \, T_g}{K_S T_u}$ $T_n = 2,4 \, T_g, T_v = 0,42 \, T_g$

4.8 Unstetige Regler

Die Stellgröße unstetiger Regler kann nur fest vorgegebene Zustände annehmen. Dies macht diese Regler einfach und robust. Die häufigsten Formen sind der Zweipunkt- und der Dreipunktregler.

Zweipunktregler

Der Zweipunktregler kennt nur zwei Stellgrößenzustände: „An" (100 %) und „Aus" (0 %). Sie werden daher meist nur dann eingesetzt, wenn keine präzise Einhaltung des Sollwertes nötig ist.

Die Funktion wird anhand eines Heizkreises erläutert, der eine möglichst konstante Temperatur halten soll.

Funktion

Nach dem Aktivieren des Reglers erfolgt zunächst das Anfahren des Systems. Dabei wird die Stellgröße zunächst geschaltet. Überschreitet nun die Temperatur die obere Schaltschwelle x_o, schaltet der Regler ab. Da Temperaturregelstrecken meist ein Speicherverhalten aufweisen, schwingt die Temperatur noch etwas über, bis die Auswirkung des Abschaltens deutlich wird. Die Verzugszeit T_u verdeutlicht dieses Verhalten.

Sinkt die Temperatur nun unter die untere Schaltschwelle x_u, schaltet der Regler nun wieder den Ausgang. Nach der Verzugszeit T_u steigt die Temperatur wieder an.

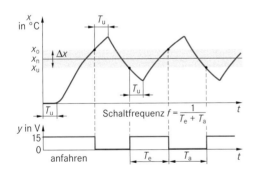

Abb. 2: Schaltverhalten eines Zweipunktreglers

Deutlich wird, dass die Regelgröße kontinuierlich um die Sollgröße x_n herum schwingt. Die Differenz zwischen oberem und unterem Schaltpunkt wird als Hysterese Δx bezeichnet.

Wird die Hysterese sehr klein gewählt, hat dies ein häufiges Schalten zur Folge, was zu Verschleißerscheinungen führen kann. Wird die Hysterese sehr groß gewählt, kann auch die Regeldifferenz entsprechend stark steigen

In Step 7 kann der Zweipunktregler mit dem FC72 (ohne Schalthysterese) und dem FC74 (mit Schalthysterese) programmiert werden.

Dreipunktregler

Durch die Kombination von zwei Zweipunktreglern erhält man einen Regler, der drei Zustände erreichen kann:

• positive Beeinflussung,
• keine Beeinflussung und
• negative Beeinflussung der Stellgröße.

Aufgrund dieser drei Schaltzustände, wir der Regler als Dreipunktregler bezeichnet.

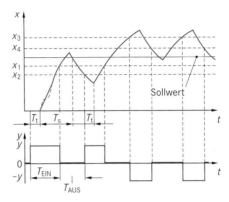

Abb. 3: Schaltverhalten eines Dreipunktreglers

Die Funktion des Dreipunktreglers soll anhand eines Lineartisches verdeutlicht werden, der in Mittelstellung gehalten werden soll. Die Positionierung erfolgt mit einem Motor mit Drehrichtungsumkehr.

Funktion

• In der Grundstellung steht der Lineartisch im Mittelstellung. Die Regeldifferenz e ist 0.
• Wird der Lineartisch nun infolge einer Störgröße nach rechts über eine Schaltschwelle hinweg verschoben, wird der Motor aktiviert (EIN – Linkslauf).
• Der Lineartisch bewegt sich dadurch wieder zurück in seine Grundstellung und der Motor wird abgeschaltet (AUS).
• Wird der Lineartisch nun infolge der Störgröße nach links verschoben, wird bei überschreiten der Schaltschwelle der Motor gegensteuern (EIN – Rechtslauf).
• Mit Erreichen der Grundstellung, wird der Motor abgeschaltet (AUS).

Ein alternatives Beispiel ist ein Heiz-Kühl-System. Wird die Solltemperatur unterschritten, wird das System beheizt. Ist die Solltemperatur erreicht, wird die Heizung abgeschaltet. Wird die Solltemperatur überschritten, wird das System gekühlt, bis die Solltemperatur erreicht wird.

In Step 7 kann der Dreipunktregler mit dem FC73 (ohne Schalthysterese) und FC75 (mit Schalthysterese) programmiert werden.

Aufbau/ Funktion

4.9 Digitale Regler

Digitale Regler werden in der Automatisierungstechnik zunehmend eingesetzt, weil sie in die bestehenden Automatisierungssysteme wie SPSn oder Mikrocontroller integriert werden.

Funktion digitaler Regler

Der Aufbau eines digitalen Reglers gleicht dem eines analogen Reglers. Um eine digitale Verarbeitung zu ermöglichen, müssen die Reglereingangsgrößen w und x_R in digitalisierter Form vorliegen. In Abb. 1 wird dafür die Rückführungsgröße mit einem Analog-Digital-Umsetzer (AD-Umsetzer) ① digitalisiert. Die Führungsgröße wird über die Eingabe bereits in digitaler Form bereitgestellt.

In einem PC, SPS o. ä. wird dann mit Hilfe eines Algorithmus ② das Reglerverhalten berechnet. Das Ergebnis wird dann mit Hilfe eines Digital-Analog-Umsetzers (DA-Umsetzer) ③ wieder in einen Analogwert umgewandelt und dem Stellglied zugeführt.

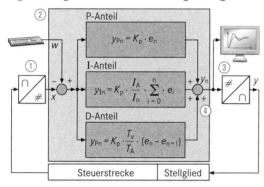

Abb. 1: Digitaler Regler

AD-Umsetzer

In einer SPS erfolgt die Digitalisierung der Rückführungsgröße in einem Analogeingang. In diesem wird das Eingangssignal zu bestimmten Zeitpunkten abgetastet und in einen digitalen Wert umgewandelt (vgl. Kapitel 3.2.4.6).

Regelungsprogramm

In festen Zeitabständen werden die Eingangsgrößen erfasst, um daraus die Regeldifferenz $e = r - w$ zu berechnen. Dieses Ergebnis wird dann in einem Regler-Algorithmus verarbeitet. In einer S7-SPS geschieht dies beispielsweise mit dem FB41.

Abtastzeit

Die Abtastzeit T_A bestimmt, wie häufig der Regler die Eingangssignale erfasst und verarbeitet. In einem analogen Regler geschieht dies kontinuierlich. Um das Verhalten eines analogen Reglers mit einem digitalen Regler nach zu bilden, müsste die Abtastzeit äußerst klein gewählt werden. Dies ist jedoch durch die Zykluszeit des verarbeitenden

digitalen Systems begrenzt. Darüber hinaus sollte die Abtastzeit konstant sein, was jedoch eine konstante Zykluszeit voraussetzt.

In der Praxis hat sich gezeigt, dass die Abtastzeit T_A etwa 1/10 der Ersatzzeitkonstante T_E betragen sollte. Diese setzt sich aus den Einzelkonstanten zusammen:

$$T_E = T_t + T_U + T_g$$

PID-Algorithmus

Der verwendete Algorithmus wird als Stellungsalgorithmus bezeichnet, weil zu jedem Abtastzeitpunkt T_A die Stellgröße y_n neu berechnet wird. Das Regelsystem berechnet dafür alle drei Anteile y_P, y_I und y_D und addiert diese ④.

DA-Umsetzer

Ein Digital-Analog-Umsetzer wandelt das digitale Ausgangssignal des Reglers wieder in ein analoges Signal um. Gebräuchlich sind dabei meist die elektrischen Einheitssignale 0 bis 20 mA oder 0 bis 10 V. Bei Verwendung einer SPS findet dies in einer Analogausgangsbaugruppe statt.

Beispiel

Digitaler Regler mit dem Step 7-Reglerbaustein FB41 „CONT_C"

In der Siemens-Software Step 7 ist der Funktionsbaustein FB41 (in manchen CPUs auch SFB 41 genannt) ein Beispiel für einen PID-Regelalgorithmus. Im Folgenden wird nun die Einbindung in ein Programm und die Parametrierung schrittweise erläutert.

Voraussetzung für eine Regelung in einer S-7-SPS ist eine Hardware mit analogen Ein- und Ausgängen. Im Folgenden wird eine CPU315F-2 PN/DP verwendet.

Organisationsbaustein OB35 aufrufen

Der Aufruf des FB41 sollte aus einem Weckalarm-OB mit fester Zykluszeit (OB 30 bis 38) erfolgen. Dieser unterbricht die Bearbeitung der OBs mit geringerer Priorität zur eingestellten Zykluszeit. In der CPU 315F ist nur der OB35 vorhanden. Eine nicht konstante Zykluszeit könnte ein schwankendes Regelkreisverhalten zur Folge haben.

Die Zykluszeit ist in der Hardwarekonfiguration der CPU315F unter „Eigenschaften" zu parametrieren. Im Beispiel sind 100 ms angegeben.

FB41 einfügen

Um den FB41 verwenden zu können, muss dieser aus der Bibliothek heraus in den OB35 eingebunden werden. Dieser befindet sich unter Bibliotheken → Standard Libary → PID Control Blocks.

Beim Aufruf des FB41 wird automatisch abgefragt, ob der Instanz-Datenbaustein DB41 erzeugt werden soll. Der DB41 ist zwingend notwendig.

Der FB41 ist nun vollständig eingebunden und kann parametriert werden.

FB41 parametrieren

Der Aufruf des FB41 erfolgt im OB35 durch den CALL-Befehl und die Übergabe der notwendigen Parameter. Diese werden in den Instanzdatenbaustein DB41 übernommen ⑤:

CYCLE: #10MS   Zykluszeit: 100 ms
SP_INT   5.00e+001 Führungsgröße w 50 %
PV_PER   PEW132   Analogwert - Sollwertgeber
LMN_PER   PAW128   Analogausgang - Stellwert

Nach dem Speichern werden nun der FB41 und der DB41 in die CPU geladen.

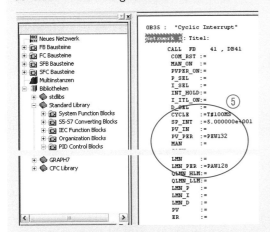

Softwaretool PID Control parametrieren

Das Programm PID Control ist ein eigenständiges Programm, das wie der Simatic Manager aus Windows heraus aufgerufen werden muss (Programme → Step 7 → PID Control).

Nach dem Start wird hier nun der DB41 geöffnet.

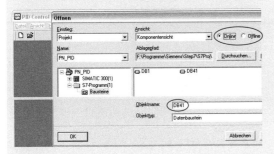

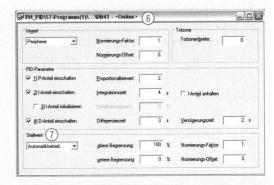

Nach dem Laden des DB41 können nun die Parameter des Reglers eingestellt werden. In der Abbildung oben geschieht dies „online", also im DB41 in der CPU ⑥.

Die einzelnen Regleranteile P, I und D können einzeln aktiviert werden ⑦. Die jeweiligen Parameter werden entsprechend eingetragen:

- Proportionalbeiwert K_p
- Integrationszeit $T_I = T_N$ Nachstellzeit
- Differenzierzeit $T_D = T_V$ Vorhaltezeit
- Verzögerungszeit T_1 Verzögerung des D-Anteils

Im unteren Bereich können noch folgende Einstellungen vorgenommen werden:

- Automatikbetieb/manuell
- Obere und untere Begrenzung
- Normierungsfakor und Offset zur Anpassung der Istwerte

Kurvenschreiber starten

Um die zeitlichen Verläufe beobachten zu können, kann im Online-Modus der Kurvenschreiber ⑧ gestartet werden.

Angezeigt werden darin der Sollwert w (grün), der Istwert x (rot) und der Stellwert y (blau).

Eine Optimierung des Darstellungsbereichs kann unter „Einstellungen" ⑨ vorgenommen werden.

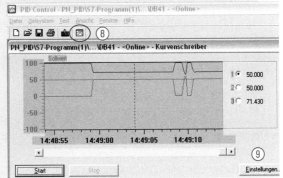

Aufbau/ Funktion

4.10 Fuzzy-Regelfunktion

Fuzzy-Regler werden oft dann verwendet, wenn mehrere Eingangsgrößen vorhanden sind, oder sich die Eingangsgrößen nicht linear oder stark schwankend verhalten. Bei üblichen Reglern hätte dies zur Folge, dass häufig vom Bediener in den Regelprozess eingegriffen werden muss.

Der engl. Begriff Fuzzy bedeutet auf Deutsch „unscharf" oder „fusselig". Technologisch verbirgt sich dahinter eine Denkweise, die sehr menschlich ist. Eine Wassertemperatur kann von uns nicht trennscharf als heiß oder kalt identifiziert werden. Auch eine Festlegung auf eine bestimmte Temperaturschwelle, z. B. 45 °C ist heiß, ist nicht möglich. Beispielsweise können 40 °C noch angenehm sein, aber für manche schon als heiß empfunden werden. Andere empfinden 45 °C noch als angenehm usw. Hier wird der Begriff Fuzzy im Sinn von unscharf deutlich.

Funktion eines Fuzzy-Reglers

Das Stellsignal wird in einem Fuzzy-Regler in drei Schritten gebildet: Fuzzifizierung, Regelbearbeitung und Defuzzifizierung.

Fuzzifizierung

Zunächst werden die Eingangsgrößen und die Ausgangsgrößen fuzzifiziert. Dies bedeutet, dass diese in „linguistischen Thermen" („kalt", „kühl", „angenehm", „warm", „heiß") ausgedrückt werden. Diese beschreiben die Wassertemperatur „unscharf". In Abb. 1 ist dies für die Wassertemperatur und die Ventilstellung eines Wasserkessels dargestellt. Eine Wassertemperatur unter 10 °C wird als kalt definiert. 20 °C sind zu 25 % schon warm, aber noch zu 75 % kalt. 60 °C sind 25 % heiß, und zu 75 % warm.

Ebenso verhält es sich mit dem Ausgangssignal; eine 70 %iges Stellsignal, wird das Ventil etwas mehr öffnen usw.

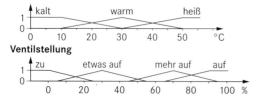

Abb. 1: Fuzzifizierung

Regelbearbeitung (Inferenz)

In der Phase der Regelbearbeitung (Inferenz) wird ein Regelwerk erstellt, wie auf bestimmte Eingangszustände reagiert werden soll. Dies geschieht mit Hilfe von WENN-DANN-Beziehungen. **Beispiel:**

WENN Wasser heiß, DANN Ventil zu
WENN Wasser warm, DANN Ventil etwas auf

Defuzzifizierung

In der dritten Phase werden aus den Zuordnungen zu den Regeln Ausgangswerte berechnet. In technischen Prozessen werden dazu meist die Fuzzy-Therme der Ausgangsgröße (Abb. 1) in Strichfunktionen (schmale „Impulse" bei den Maximalstellen der Fuzzy-Therme) überführt.

Mit deren Hilfe wird dann die Ausgangsgröße berechnet.

In dem Beispiel ist „auf" bei 100 % und „mehr_auf" bei 70 %. Für 60 °C würde dann berechnet werden:

$$y = \frac{0{,}75 \cdot 70\,\% + 0{,}25 \cdot 100\,\%}{0{,}75 + 0{,}25} = 77{,}5\,\%$$

Übersicht Regler

Regler	Reglerantwort	Eigenschaft
P		Regeldifferenz und größenänderung sir proportional
I		Regeldifferenz bewir Änderungsgeschwin keit der Stellgröße
D		Änderungsgeschwin keit der Regeldiffere bewirkt bestimmten der Stellgröße
PI		Regeldifferenz bewir. Stellgrößenänderung P-Anteil und I-Anteil
PD		Regeldifferenz bewirk Stellgrößenänderung P-Anteil und D-Anteil
PID		Regeldifferenz bewirk Stellgrößenänderung P-, I- und D-Anteil (ide ler Regler). Realer Reg besitzt Zeitkonstante

Tab. 1: Variablen in der Regelungstechnik

e	Regeldifferenz oder Regelabweichung	T_D	Differenzierzeit
K_D	Differenzierbeiwert	T_E	Ersatzzeitkonstante bei digitalen Reglern
K_I	Integrierbeiwert	T_g	Ausgleichszeit bei PT_n-Strecken
K_P	Proportionalbeiwert	T_I	Integrierzeit
K_S	Übertragungsbeiwert	T_t	Totzeit
PT_0-Strecke	Regelstrecke ohne Speicher	T_u	Verzugszeit bei PT_n-Strecken
		T_V	Vorhaltezeit
PT_1-Strecke	Regelstrecke mit einem Speicher	w	Führungsgröße (SOLL-Wert)
		x	Regelgröße (IST-Wert)
PT_n-Strecke	Regelstrecke mit n Speichern	x_m	Überschwingweite
		y	Stellgröße des Aktors
r	Rückführungsgröße (Messwandlersignal)	y_R	Stellgröße des Reglers
T	Zeitkonstante	z	Störgröße

...werte	Vorteile	Nachteile	Geeignet für ...	Regler
...oportionalbeiwert $\dfrac{\Delta y}{\Delta e}$	Hohe Stellgeschwindig-keit, geeignet für Regelstrecken mit erheblichen Verzöge-rungen	Bleibende Regeldifferenz Für Regelstrecken mit Totzeit nicht geeignet	alle Regelstrecken mit geringen Einschränkungen	P
...tegrierbeiwert ...tegrierzeit $\dfrac{\Delta y}{\Delta e \cdot \Delta t}$ $K_i = \dfrac{1}{T_i}$	Keine Regeldifferenz Gut geeignet für Strecken mit Totzeit	Starke Schwingneigung für Strecken ohne Ausgleich und Strecken mit großen Verzöge-rungen nicht geeignet	unverzögerte Regel-strecke mit Ausgleich Regelstrecken mit einem Speicher und Ausgleich	I
...ifferenzierbeiwert ...ifferenzierzeit $\dfrac{\Delta y \cdot \Delta t}{\Delta e}$ $K_D = T_D$	Stellgrößenänderung nur bei zeitlicher Veränderung der Regeldifferenz	Ohne Kombination mit anderen Reglern nicht verwendbar	–	D
...roportionalbeiwert ...ntegrierzeit $\dfrac{\Delta y}{\Delta e}$ $T_i = \dfrac{\Delta e \cdot \Delta t}{\Delta y} = \dfrac{1}{K_i}$	Keine Regeldifferenz Schnellere Ausregelung als bei einem I-Regler	–	alle Regelstrecken verwendbar	PI
...roportionalbeiwert ...orhaltezeit $\dfrac{\Delta y}{\Delta e}$ $K_D = \dfrac{\Delta y \cdot \Delta t}{\Delta e}$ $\dfrac{K_D}{K_p}$	Reaktionsschneller als P-Regler	Bleibende Regeldifferenz	alle Regelstrecken mit geringen Einschränkungen	PD
...roportionalbeiwert ...ntegrierzeit ...orhaltezeit $\dfrac{\Delta y}{\Delta e}$ $T_i = \dfrac{\Delta e \cdot \Delta t}{\Delta y} = \dfrac{1}{K_i}$ $\dfrac{\Delta y \cdot \Delta t}{\Delta e}$ $T_V = \dfrac{K_D}{K_p}$	Keine Regeldifferenz Wenn geringe Totzeit, dann sehr gute Regel-ergebnisse	Schwierige Einstellung des Reglers	alle Regelstrecken mit geringen Einschränkungen	PID

Zusammen-fassung

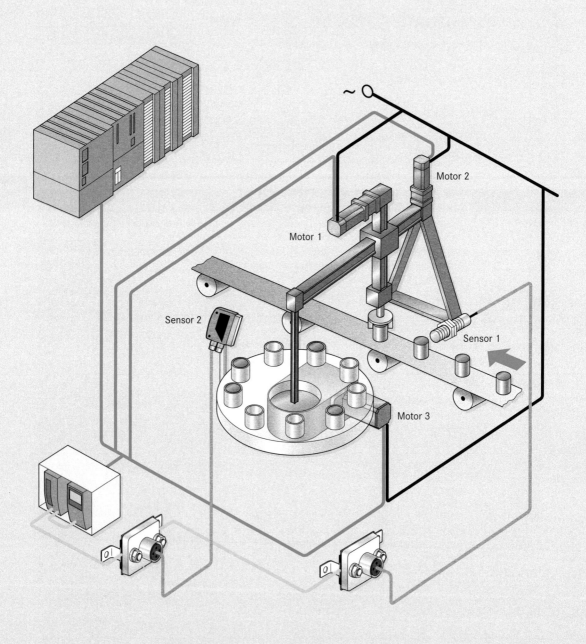

Motor 2

Motor 1

Sensor 2

Sensor 1

Motor 3

5.1 Einführung

Ein Bussystem, kurz Bus, dient der Übertragung von Informationen zwischen einzelnen Teilnehmern. In der Produktionstechnik sind das Geräte wie z. B. Sensoren und Aktoren, Steuergeräte (SPS) oder Rechner. Mit dem englischen Wort *bus* bezeichnete man ursprünglich nur eine Verteiler- bzw. Sammelschiene. Mittlerweile wird es für den gemeinsamen elektronischen Übertragungsweg von mehreren Kommunikationsteilnehmern benutzt.

Herkömmlicherweise verbindet man jedes *Feldgerät* (d. h. jeden Aktor und jeden Sensor) einzeln mit der zentralen Steuereinheit (Abb. 1). Man erhält dadurch eine *parallele* Verdrahtung.

! Ein Bussystem benötigt zur Informationsübertragung nur eine einzige Leitung.

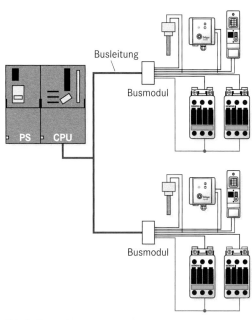

Abb. 2: Bussystem

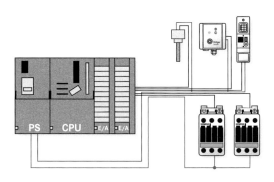

Abb. 1: Konventionelle Einzelverdrahtung

Dazu muss gegebenenfalls ein Kabelbaum von der Steuereinheit zu den Feldgeräten verlegt werden, der den Informations- und Energiefluss sicherstellt. Dadurch entstehen jedoch bei umfangreichen Anlagen eine Reihe von Nachteilen:

• Diese Art der Verkabelung ist teuer

• Das System ist nur aufwendig und kostspielig veränderbar

• Das Auffinden von Leitungsfehlern ist aufwendig

Bei der Verwendung eines Busses entfällt die geschilderte Problematik (Abb. 2), weil alle Informationen in nur einer, gemeinsamen Busleitung übertragen werden. Allerdings gelten nun andere Bedingungen für den Datenverkehr. Denn es muss jetzt für jeden Teilnehmer geklärt werden, wann und wie er an der Datenübertragung beteiligt wird.

Dazu werden die Daten mit Zusatzinformationen versehen und die Übertragung findet nach festen Regeln, den *Protokollen*, statt.

Kommunikations-Ebenen

Der Produktionsprozess erfordert die Übertragung von Informationsdaten auf unterschiedlichen Ebenen (Abb. 3). Die Ebenen entsprechen den Aufgabenbereichen, in die ein Unternehmen gegliedert ist.

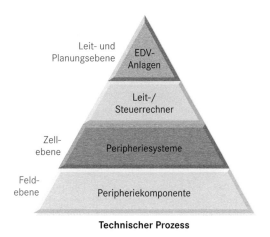

Abb. 3: Kommunikations-Ebenen der Produktionstechnik

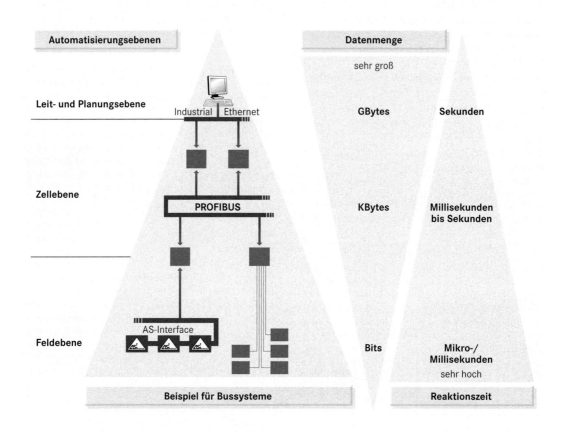

Abb. 1: Anforderungen an ein Bussystem mit Bezug zu den Kommunikationsebenen

Jede Ebene hat ihre besonderen Anforderungen an den Datenaustausch (Abb. 1). Daraus haben sich verschiedene Bussysteme herausgebildet:

- In der *Leit- und Planungsebene* wird der gesamte Produktionsprozess koordiniert. Hier müssen große Datenmengen im Bereich von einigen Sekunden aktualisiert und übertragen werden. Dabei werden etwa Daten über den Lagerbestand bzw. den zu tätigenden Einkauf, Produktionsdaten, Daten zur Produktentwicklung und Qualitätssicherung ausgetauscht. Dies geschieht zwischen gewöhnlichen Rechnersystemen. Als Bussystem wird hier beispielsweise das *Ethernet TCP/IP* oder *Industrial Ethernet* eingesetzt.

- In der *Zellebene* (betriebliche Ebene) werden Daten zwischen Rechnern, Steuergeräten mit Bedienfeldern und Anzeigen ausgetauscht. Bei den Daten handelt es sich z. B. um CNC- oder SPS-Programme. Die erforderliche Reaktionszeit liegt im Millisekunden-Bereich. Dabei werden Datenmengen von einigen kByte übertragen. Geeignet ist hier z. B. der *Profibus*.

- In der *Feldebene* wird die Kommunikation mit den Feldgeräten (d. h. Aktoren und Sensoren) bereitgestellt. Zwar sind nur geringe Mengen an Daten, dafür aber sehr schnell, zu übertragen. Daher wird hier die Zeit, die eine Übertragung in Anspruch nimmt (Zykluszeit des Busses), zunehmend bedeutsam. Das Ziel ist eine Steuerung, die nahezu verzögerungsfrei, d. h. in Echtzeit (engl. Realtime) reagiert. Ein Beispiel dafür ist die Vorschubregelung in Werkzeugmaschinen. Möglichen Datenfehlern wird zudem durch hohe Anforderungen an die *Elektromagnetische Verträglichkeit* (EMV) und Zuverlässigkeit (ggf. durch Fehlertoleranz) der Kommunikation begegnet. Verwendete Feldbussysteme sind z. B. der *AS-Interface, InterBus, CAN* und der *Profibus DP*.

! Für jede Kommunikationsebene wurden geeignete Bussysteme entwickelt.

5.2 Kommunikationsmodelle

Jede Form der Kommunikation läuft nach festgelegten Regeln ab. So nutzen Menschen eine erlernte Sprache mit festgelegter Grammatik, um sich untereinander auszutauschen. In Diskussionsrunden achtet gegebenenfalls ein Moderator darauf, wer gerade reden darf und wer zuhört.

Zwischen den Teilnehmern eines Bussystems müssen ebenfalls Regeln vorgeschrieben werden, um einen Datenaustausch zwischen z. B. einer sendenden Steuereinheit und einem empfangenden Aktor zu ermöglichen. Diese Regeln werden als *Protokolle* bezeichnet. Unabhängig von speziellen Kommunikationsteilnehmern, läuft der Informationsaustausch doch immer nach einem gleichen Schema ab. Ebenso kann die Kommunikation in überschaubare Schichten gegliedert werden. Die am meisten verwendeten Kommunikationsmodelle sind das *OSI-Modell* und das *TCP/IP-Modell*.

5.2.1 ISO/OSI-Referenzmodell

Den Aufbau des OSI-Referenzmodells (**O**pen **S**ystems **I**nterconnection) nach der Norm ISO/IEC 7498 zeigt die Abbildung 2 beispielhaft anhand zweier Busteilnehmer. Dieses Modell teilt die Kommunikation in 7 Schichten ein. Jede Schicht übernimmt eine klar bestimmte Teilaufgabe bei der Informationsübertragung. Man kann sich als kommunizierende Bussysteme eine Steuereinheit (SPS) ① und einen Servomotor ② vorstellen. Dabei tauscht die Steuereinheit z. B. Drehmomentdaten mit einem Servomotor aus. In jedem Busteilnehmer sind alle sieben Schichten enthalten.

Die Schichten 1–4 gewährleisten, dass die Daten vom sendenden Busteilnehmer zum empfangenden Busteilnehmer gelangen (*transportbezogene Schichten*).

Die Schichten 5–7 sorgen dafür, dass Daten mit einem Anwendungsprogramm (z. B. SPS-Programm) ausgetauscht oder dargestellt werden können (*anwendungsbezogene Schichten*).

Für die Übertragung einer Nachricht von einem Sender zum Empfänger durchläuft diese also zuerst alle Schichten von der *Anwendung* bis zur *Bitübertragung* im Sendesystem (z. B. in der SPS ①). Dann wird sie durch eine Übertragungsmedium (Busleitung ④) geleitet, um schließlich beim Empfängersystem (z. B. im Servomotor ②) die 7 Schichten in umgekehrter Reihenfolge bis zur *Anwendungsschicht* zu durchlaufen. Dabei kommt jeder Schicht eine klar umrissenen Teilaufgabe zu, die sie der Nachbarschicht als *Dienst* über eine Schnittstelle zur Verfügung stellt. Manchmal muss dabei die Nachricht von einem auf das andere Bussystem mit Hilfe eines Gateways ③ vermittelt werden. Vergleichen lässt sich der Vorgang mit dem Versenden eines Paketes auf dem Postweg:

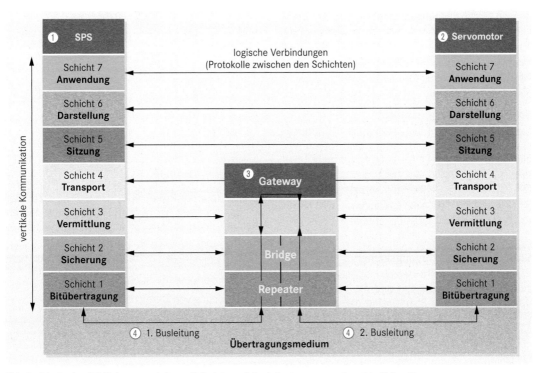

Abb. 2: Prinzip des OSI-Referenzmodells am Beispiel von 2 Busteilnehmern an unterschiedlichen Bussen

Schicht 7: Anwendungsschicht

In der Anwendungsschicht werden von einem Anwendungsprogramm Nachrichten an ein Bussystem übergeben.

Postweg: Zusammenstellen von Gegenständen.

Schicht 6: Darstellungsschicht

Hier werden die Zeichenformatierungen, gegebenenfalls eine Verschlüsselung vorgenommen und die Daten komprimiert.

Postweg: Einschlagen in eine Schutzfolie.

Schicht 5: Sitzungsschicht

Diese Schicht startet und beendet eine Sitzung, legt die Schnittstellen fest und sorgt für die Synchronisation der Endsysteme.

Postweg: Angabe Postfach, Lieferschein.

Schicht 4: Transportschicht

Unter Umständen zerlegt diese Schicht die Daten in mehrere *Segmente* (Einheiten), und verteilt den Versand über mehrere Verbindungen. Ein Gateway kann auf dieser Schicht eingesetzt werden.

Postweg: Verteilung auf mehrere Pakete.

Schicht 3: Vermittlungsschicht

Diese Schicht legt den Transportweg der Daten anhand einer eindeutigen Adressierung der beteiligten Busteilnehmer fest. Sie erzeugt *Datenpakete*, damit zwischengeschaltete Teilnehmer das Paket *nur weiterleiten* an den Adressaten.

Postweg: Palettierung, „per Luftfracht".

Schicht 2: Sicherungsschicht

Sie sorgt dafür, dass die Datenpakete in Rahmen, engl. Frames, eingeschlossen werden. Zudem wird die Übertragung auf Fehler geprüft. Korrekte Übertragung wird quittiert, bei Fehlern wird sie wiederholt. Die Vermittlungseinrichtungen *Bridge* und *Gateway* arbeiten auf dieser Ebene.

Postweg: Palettenwickler, Paketkarte.

Schicht 1: Bitübertragungsschicht

In dieser Schicht wird der physikalische Übertragungskanal (Leitung, Funk) und die Verbindungen (Stecker) festgelegt. Ebenso sind die elektrischen Größen des Bitsignals (Spannungspegel, Frequenzen, Übertragungsrate) bestimmt. Die Vermittlungseinrichtung *Repeater* arbeitet auf dieser Ebene.

Postweg: Postzentren, Lastwagen, Flugzeuge ...

Die Protokolle jeder Schicht sind wiederum nach IEEE-Norm 802.[2–12] bzw. verschiedener ISO-Standards geregelt. Auf der Feldebene spielen oft nur die Schichten 1, 2, 3 und 7 eine Rolle.

5.2.2 Protokolle

Internetanwendungen verwenden z. B. zur Gestaltung von Webseiten Protokolle der Anwendungsschicht. Dazu zählt z. B. das *http* (**H**ypertext **T**ransfer **P**rotocol nach RFC 1945/2616) zur Darstellung formatierter Texte mit einem Browser. Hier werden nun die Protokolle der Transportschicht betrachtet. Alle Schichten versehen mit Ihren Protokollen die eigentlichen Nutzdaten (engl. Data) mit einem Kopf aus Steuerdaten (engl. Header), wie Abbildung 1 zeigt. Dieser Vorgang, bei dem die Daten praktisch wie ein Briefbogen in immer neue Umschläge gesteckt werden, nennt man *Kapselung*. Der Header besitzt, protokollabhängig, einen ganz spezifischen Aufbau.

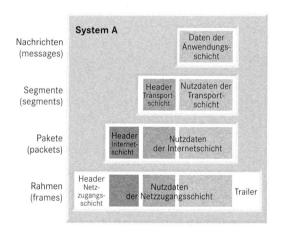

Abb. 1: Kapselung von Nutzdaten nach dem TCP/IP-Protokoll

Internet Protocol IP

Das *IP* (Internet Protocol) ist das auf Höhe der Vermittlungsschicht aktive Protokoll. Im Einzelnen erfüllt das Internet Protokoll folgende Funktionen:

- Übermittlung von Telegrammen vom Sender zum Empfänger
- Adressenverwaltung
- Aufteilung von Daten
- Pfadsuche
- Kontrollfunktion

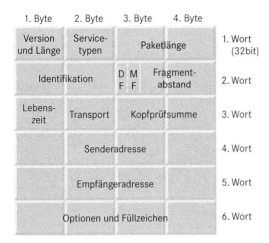

Abb. 2: IP-Protokollkopf

Ob fragmentierte Daten ankommen oder nicht entnimmt der Empfänger den Marker DF und MF (Abb. 2).

Die unter Lebenszeit im 3. Wort in Abb. 2 eingetragen Zahl gibt an, wie lange ein Datagramm ungelöscht im Bus existieren darf. Jedes passierte Gerät verringert den Wert um 1, sodass dadurch einer Überlastung des Busses durch „Geister-Datagramme" vorgebeugt wird. Das Transportfeld gibt an, mit welchem Transportprotokoll-Typ die Datenübertragung vonstattengehen soll. Die Kopfprüfsumme schließt das 3. Wort ab. Sie wird heute oft nicht mehr verwendet. Das 4. und 5. 32-Bit-Wort enthalten die Sender- bzw. die Empfänger-IP-Adresse. Es gibt unterschiedliche Adressklassen. In der Regel stehen die beiden ersten Byte für die Netzwerkadresse, die beiden letzten für die Geräteadressen.

Es sorgt für die Einteilung der Daten in leicht versendbare Datenpakete, die Datagramme. Der Protokollkopf besteht aus sechs 32-Bit-Worten, d. h. jedes Wort des Kopfes besteht aus 4 Byte (Abb. 2). Bis zum 4. Bit des ersten Wortes steht die Versionsnummer des IP-Protokolls. Danach folgt, bis zum 8. Bit, die Länge des Headers. Steht hier z. B. eine 6, werden alle 6 Worte des Header voll genutzt. Im 2. Byte wird die Priorisierung der Bearbeitung festgelegt. Die beiden letzten Bytes (= 16 Bits) des ersten Wortes geben die Gesamtlänge des Datenpaketes an. Sie beträgt demnach maximal 2^{16} Byte = 64 kByte.

Transmission Control Protocol TCP

Das *TCP* verrichtet seine Dienste auf Höhe der *Transportschicht*. Die übernommene Aufgabe besteht in der sicheren, fehlerfreien, vollständigen und der Reihe nach erfolgenden Telegrammübertragung.

Seine zentralen Funktionen sind:

- Datenstrom aus Hin- und Rückinformationen zwischen Teilnehmern herstellen (als *Vollduplex-Betrieb* bezeichnet) (Abb. 4)

- Aufbau, Überwachung und Abbau einer Verbindung zwischen zwei Busteilnehmern

- Zwischenspeicherung und Segmentierung der Nutzdaten

- Vereinbarung von Zugängen zwischen TCP und der Anwendersoftware.

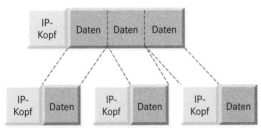

Abb. 3: Fragmentierung von großen Datenmengen in IP-Datagrammen

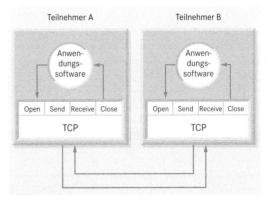

Abb. 4: Modell des Übertragungsmechanismus bei TCP

Größere Dateneinheiten müssen also in Pakete zerlegt (d. h. *fragmentiert*) werden (vgl. Abb. 2). Die kleinste, in einem Datagramm versendbare Datenmenge sind 512 Byte. Um die auf Senderseite zerlegten Daten wieder zusammensetzen zu können, enthält das 2. Wort des Headers eine *Identifikationsfeld*, einen *Marker* (engl. Flag) und eine *Abstandsangabe*.

Insbesondere der gemäß Abbildung 4 (vorherige Seite) angelegte Aufbau einer Verbindung zwischen den Teilnehmern macht eine Übertragung so zuverlässig (verbindungsorientiertes Protokoll). Der Informationsrückweg ermöglicht die sofortige Quittierung korrekt übertragener Daten (engl. Acknowledgement) bzw. die Neuanforderung bei als fehlerhaft festgestellten Prüfsummen (engl. Repeat). Die Überwachung der Verbindungszeit lässt ebenso eine fehlerhafte Verbindung feststellen (engl. Timeout).

Die Verbindung wird anhand der IP-Adresse und einer Portnummer zwischen zwei Endsystemen aufgebaut. Ein Port ist eine Schnittstelle zu einem Anwenderprogramm einer höheren Kommunikationsschicht. Die 16 Bit breiten Portnummern der Sender- und Empfänger-Prozesse stehen am Anfang des TCP-Headers (Abb. 1). Nachfolgend wird die Sequenznummer der aufeinander folgenden Segmente angegeben. Danach ist ein Feld für eine Quittierungsnummer vorgesehen. Es folgen weitere Prüfsummen Parameter-Flags und die Priorisierung der Abarbeitung des insgesamt 20 Bytes langen Headers.

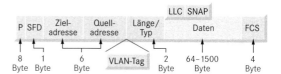

Abb. 1: TCP-Header

Ethernet-Protokoll

Auf den unteren beiden Schichten des OSI-Modells findet man eine ganze Reihe von Telegramm-Standards, die je nach Feldbussystem ihre Anwendung finden. Der älteste Standard ist wohl das *Ethernet*, das durch die IEEE-Norm 802.3 beschrieben wird. Obwohl das Buszugriffsverfahren und die großen Datenmengen pro Datenrahmen (Abb. 2) es nicht als besonders für die Produktionstechnik als geeignet erscheinen lassen, wird es in Feldbussystemen angewendet. Die Übertragungsraten liegen zwischen 10 Mbit/s und 10 Gbit/s. Der Kopf des Datenrahmens startet in der Einleitung (= *Präambel*) (Abb. 2) mit einer wechselnden Folge von Einsen und Nullen. Diese ersten 7 Byte können zur Gleichtaktung zwischen Sender- und Empfänger-

system verwendet werden (Synchronisierung). Das entstehende Rechtecksignal gibt bei vorgegebener Übertragungsrate einen Takt vor, dem sich beide Endsysteme aneinander anpassen. Dieser Headerteil ist manchmal aus Kompatibilitätsgründen vorhanden. Auf die Präambel folgt das Startbyte (SFD, **S**tart **F**rame **D**elimiter), das den Beginn des Frames anzeigt (Abb. 2). Im Anschluss stehen die MAC-Adressen des empfangenden (Ziel-) und des sendenden (Quell-) Teilnehmers. Im nächsten Feld steht die Länge des Datenblocks. Der Frame wird abgeschlossen durch eine Prüfsumme (FCS, **F**rame **C**heck **S**equence). Der Empfänger überprüft durch Gegenrechnung.

Moderne Netzwerkkomponenten können sich an die Möglichkeiten der vorhandenen Teilnehmer optimal anpassen. Dies gilt in Bezug auf die Übertragungsgeschwindigkeit, den Vollduplex-Betrieb und die Flusskontrolle. Die zuletzt genannte Maßnahme kann das Senden eines Endsystems unterbrechen, um den Speicherüberlauf des Empfängers zu verhindern.

5.3 Buszugriffsverfahren

Das Buszugriffsverfahren entscheidet darüber, zu welchem Zeitpunkt ein Teilnehmer auf das gemeinsame Übertragungsmedium zugreifen kann. Prinzipiell sind verschiedene Möglichkeiten denkbar (Abb. 3).

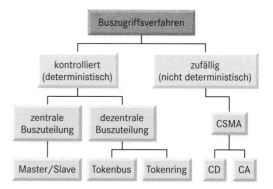

Abb. 3: Möglichkeiten für Buszugriffsverfahren

Erfolgt ein *kontrollierter Buszugriff*, dann steht vor Beginn des Sendens eindeutig fest, welcher Teilnehmer Sendeberechtigung hat. Die anderen Teilnehmer können dann nur noch der laufenden Übertragung „zuhören".

Bei *zufälligem Buszugriff* können alle teilnehmenden Geräte jederzeit Daten über das Bussystem versenden. Bei gleichzeitigen oder sich überlagernden Sendungen können Störungen auftreten. Es muss erneut gesendet werden bzw. solche Situationen müssen in geeigneter Weise vermieden werden.

5.3.1 Master/Slave-Verfahren

Bei diesem Zugriffsverfahren stellt eine Bussteuereinheit als Hauptgerät (engl. Master) aktiv die Verbindung zu anderen Busteilnehmern, den Folgegeräten (engl. Slaves), her. Dazu sendet er eine Datenanforderung (engl. Master Request) an den Slave ab. Dieser antwortet unmittelbar mit einem Antworttelegramm, das den aktuellen Zustand bzw. die Datenwerte des Slaves angibt (engl. Immediate Slave Responce). Wurde die Kommunikation fehlerfrei abgeschlossen, so geht der Master mit dem nächsten Slave genauso vor. Alle Slaves des Bussystems sind in einer sogenannten Polling-Liste (engl. *to poll* – wählen) im Master hinterlegt. Ein Buszyklus ist abgeschlossen, wenn alle Slaves einmal mit dem Master kommuniziert haben. Die Abbildung 4 veranschaulicht das Polling-Verfahren für ein Bussystem mit mehreren Slaves.

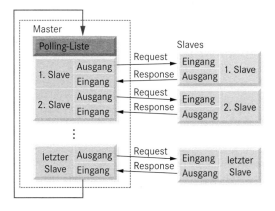

Abb. 4: Buszyklus des Polling-Verfahrens beim Master/ Slave-Buszugriff

Buszykluszeit

Das zyklische Abarbeiten der Polling-Liste braucht für jeden Durchgang eine feste Zeit, die Buszykluszeit. Sie hat für jeden Buszyklus denselben, fes-

ten Wert. Das Bussystem ist also *deterministisch* (Abb. 3). Dadurch ist bei diesem Verfahren im Prinzip die Echtzeitfähigkeit gegeben. Der Nachteil dieses Verfahrens liegt allerdings darin, dass die Reaktionszeit des Systems relativ lange sein kann. Dies wird durch ein Beispiel deutlich:

Beispiel

Ein Näherungssensor an einer motorbewegten Maschinenabdeckung wird gerade vom Master abgefragt. Er liefert ein 0-Signal als Antwort an den Master zurück. Genau in diesem Moment erfasst der Sensor ein Hindernis (1-Signal). Jetzt muss also ein voller Buszyklus abgewartet werden, bis der neue Zustand vom Master erfasst wird. Angenommen, der Master ist Teil einer SPS. Es kann dann vorkommen, dass der neue Zustand des Slaves „Näherungsschalter" gerade im Master ankam, als die SPS das Prozessabbild an den Eingängen neu gelesen hatte. Damit wird erst im nächsten SPS-Zyklus die Änderung verarbeitet. Um die Nachricht an den Master weiterzugeben, dass der Antriebsmotor zu stoppen ist, benötigt man also schlimmstenfalls 2 SPS-Zyklen. Danach benötigt der Master einen weiteren Buszyklus, um den Schließvorgang anzuhalten. Damit ergibt sich die maximale Systemreaktionszeit zu

$$t_\text{Reaktion} = 2 \cdot t_\text{Buszyklus} + 2 \cdot t_\text{SPS-Zyklus}$$

Dieses Zugriffsverfahren findet in der Feldbusebene beim AS-Interface und beim PROFIBUS DP Verwendung.

 Je länger die Polling-Liste, desto größer die Buszykluszeit.

Ausfallsicherheit

Der Master kann ein separates Gerät oder Teil des Automatisierungsrechners sein. Dort ist die ganze „Intelligenz" des Bussystems konzentriert. Die Slaves können somit recht einfach und kostengünstig aufgebaut sein. Ist der Master allerdings defekt, so fällt der Bus komplett aus.

Die Aufteilung in Master und Slave wird bereits bei der Busprojektierung festgelegt und ist später nur mit Aufwand veränderbar.

Der Master ist über die regelmäßige Abfrage aller Slaves auch in der Lage zu erkennen, ob ein Slave ausgefallen ist oder nicht. Ist ein defekter Slave erkannt worden, wird dies gemeldet und der Slave aus der Polling-Liste gestrichen.

 Der Ausfall des Masters legt den gesamten Bus lahm. Der Ausfall eines Slaves wird erkannt und stört den Bus nicht.

5.3.2 Token-Prinzip

In Bussystemen ohne Master kann unter gleichberechtigten Teilnehmern mit dem Token-Prinzip der Buszugriff organisiert werden. Dabei wird durch ein sogenanntes *Token* (= Sprechstein) das Recht zum Buszugriff erteilt. Genau wie zuweilen in Diskussionsrunden durch einen „*Sprechstein*" das Recht zu sprechen erteilt wird, kann der Besitzer des Token als Einziger Nachrichten auf den Bus senden. Die gleichberechtigte Kommunikationsteilnahme stellt allerdings auch höhere Hardwareanforderungen an die einzelnen Stationen.

Token-Ring

Im Token-Ring (IEEE-Norm 802.5 bzw. ISO 8802/5) sind alle teilnehmenden Stationen *physikalisch* zu einer Ringtopologie verknüpft (Abb. 1). In diesem Ring kreist ein *Frei-Token* (Zustand I). Das ist ein Telegramm aus 3 Byte: Eine Startmarke, eine Zugriffskontrolle (Frei-/Besetz-Bit) und eine Endmarke. Möchte nun ein Teilnehmer, z. B. Station 1, eine Nachricht versenden, wartet sie, bis sie das Frei-Token besitzt (Zustand II). Gleichzeitig wandelt Sie es in ein *Belegt-Token* um, versieht es mit der Ziel- und Quelladresse und belädt es mit den Nutzdaten. Alle Stationen, für die die Daten nicht bestimmt sind, reichen das Token wie es ist einfach weiter (Zustand III). Haben hingegen die Daten den Empfänger (Station 4) erreicht, werden Sie in seinen Speicher kopiert (Zustand IV). Danach leitet der Empfänger das Token mit den Daten weiter, bis dieses wieder beim Sender (Station 1) angekommen ist (Zustand V). Dort wird das Frei-Bit wieder gesetzt und die Nutzdaten entfernt, wenn die Sendung fehlerfrei abgelaufen war. Dann wird das Frei-Token zur nächsten Station geleitet (Zustand VI).

Buszykluszeit und Ausfallsicherheit

Die festgelegte, zeitliche Begrenzung des Token-Besitzes macht deutlich, dass auch hier ein *deterministisches Bussystem* vorliegt. Damit ist auch dieses System echtzeitfähig. Problematisch ist allerdings, dass ein Kabelbruch bzw. der Ausfall einer Station zum Zusammenbruch des Bussystems führen kann. Man kann sich durch die Einführung eines zweiten, zusätzlichen Ringes behelfen, wodurch sowohl mit dem Nachfolger als auch mit dem Vorgänger kommuniziert werden kann. Defekte Teilnehmer können so schnell geortet werden. So wird auch das Hinzufügen und Entfernen von Teilnehmern möglich. Sollte allerdings ein Teilnehmer ausfallen, der gerade den Frei-Token bekam, dann bleibt der Bus stehen.

Token-Bus

Bei einer busförmigen Topologie ist zunächst nur eine lineare Struktur erkennbar. Der Token kann aber auch hier in einem Ring geführt werden (Abb. 2): Wenn z. B. die Teilnehmer anhand der Zahlenwerte ihrer Adressen in aufsteigender Zählung den Frei-

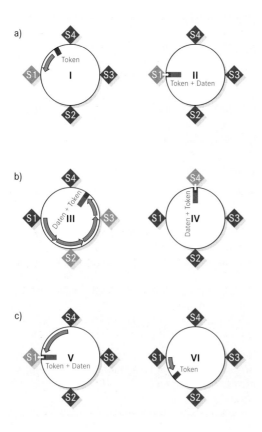

Abb. 1: Datentransport im Token-Ring

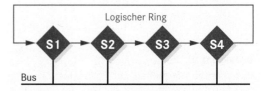

Abb. 2: Token-Bus mit logischem Ring

Token erhalten. Die zahlenmäßig größte Adresse reicht den Token dann an die Kleinste weiter. So entsteht ein *logischer Ring* (IEEE-Norm 802.4). In diesem sind die Verhältnisse vergleichbar zu dem physikalischen Ring. Bei beiden Ring-Bussen, wie beim Master-Slave-Verfahren, nimmt die Buszykluszeit mit der Zahl der Teilnehmer zu. Dauert ein Token-Besitz (*Tokenhaltezeit*) z. B. t_{Token} = 1 ms, dann ist bei 130 angeschossenen Teilnehmer die Buszykluszeit mindestens

$$t_{Buszyklus} = 130 \cdot t_{Token} = 0,13 \text{ s}.$$

Token-Passing

Wegen der erwähnten Ausfallsicherheit werden reinen Token-Zugriffsverfahren eher selten bei Feldbussystemen verwendet. Öfter anzutreffen sind Kombinationen aus Token-Bus und Master-Slave-Zugriff, die man als *Token-Passing* bezeichnet. Ein Master gibt dabei den Token zum nächsten Master weiter (engl. passing). Während er den Token besitzt, kommuniziert jeder Master mit seinen Slaves im Master/Slave-Verfahren. Der Vorteil liegt in der höheren Flexibilität von Anschaltgruppen. Es können für einzelne Teilnehmer verschiedene Tokenhaltezeiten vorgesehen werden, damit sie ihrer Aufgabe gerecht werden können. So kann diese Zeit für eine SPS mit Feldgeräten höher gesetzt werden, während ein PC zum Verändern von Prozessparametern mit niedrigen Zugriffszeiten auskommt.

Dieses Zugriffsverfahren findet Bei PROFIBUS-DP V1 und PROFIBUS PA Verwendung.

5.3.3 CSMA

Das Kürzel steht für engl. **C**arrier **S**ense **M**ultiple **A**ccess. Bei diesem Verfahren sind gleichberechtigte Teilnehmer angeschlossen, die nicht regelmäßig, sondern nur bei Bedarf Nachrichten über den Bus (≙ Carrier) abgeben. Dazu registrieren sie ständig den Datenverkehr auf dem Bus (engl. Carrier Sensing, Abb. 3). Ein sendewilliger Teilnehmer beginnt mit der Datenübertragung, sowie er keinen Datenverkehr auf dem Bus wahrnimmt.

Sollte der Busteilnehmer merken, dass bereits eine andere Nachricht auf dem Bus unterwegs ist, zieht er sich z. B. für einen zufälligen gewählten Zeit raum zurück. Anschließend versucht er das Senden erneut (engl. Multiple Access).

Es ist nicht möglich, im Voraus zu beurteilen, welcher Teilnehmer senden wird. Da zudem die Teilnehmer nur bei Bedarf senden, handelt es sich um ein *zufälliges Zugriffsverfahren*. Es ist aber nicht sichergestellt, dass in dem Moment, in dem ein Sen-

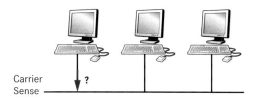

Abb. 3: Abhören des Busses beim CSMA-Zugriff

dewusch besteht, der Bus gerade frei ist. Daher kann auch keine Buszykluszeit berechnet werden und das Verfahren ist so *nicht echtzeitfähig*.

Dennoch gilt auch hier: Je mehr Teilnehmer ein Bussystem hat, desto länger wird eine Datenübertragung dauern.

> **!** Bussysteme mit CSMA-Zugriff haben keine feste Zykluszeit.

CSMA/CD

Das zufällige Abwarten, bis der Bus frei ist, ist nicht die effizienteste Methode der Datenübermittlung. Es kann vorkommen, dass der Teilnehmer sehr lange warten muss, bis er senden kann. Das ist insbesondere der Fall, wenn viele Daten gleichzeitig übertragen werden. Es kann auch passieren, dass alle teilnehmenden Station sich in Wartehaltung befinden und währenddessen der Bus unbenutzt bleibt. Ein anderer Weg (lt. IEEE-Norm 802.3) ist der, direkt im Anschluss an laufende Kommunikationen zu senden. Weil prinzipiell alle Teilnehmer zugreifen können, kann es sein, dass mehrere Geräte quasi gleichzeitig beabsichtigen zu senden (Abb. 4). Wenn das geschieht, kommt es zur Datenkollision (Abb. 1, nächste Seite).

Dadurch zerstören sich die Datenpakete gegenseitig. Das kann erst festgestellt werden, wenn die Nachricht beim Empfänger angekommen ist und auf Fehler überprüft wurde. Um mögliche Kollisionen früher zu entdecken, überprüft der sendende Teilnehmer während des Übertragens die Signale auf dem Übertragungsmedium. Falls sich gesendete und empfangene Daten unterscheiden, ist eine

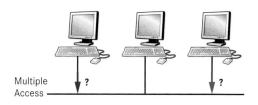

Abb. 4: Zugriff mehrerer Teilnehmer beim CSMA

Kollision aufgetreten. Dieses Vorgehen bezeichnet man englisch *C*ollision *D*etection bzw. das Buszugriffsverfahren mit dem Kürzel CSMA/CD.

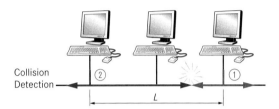

Abb. 1: Datenkollision beim CSMA/CD

Auch für dieses Vorgehen gilt allerdings, dass bei zunehmender Busauslastung die Möglichkeit einer Kollision größer wird. Dadurch geht die effektive Übertragungsleistung des Busses mit der Auslastung stark zurück. Hat ein Sender eine Kollision festgestellt, so zeigt er dies durch ein Störsignal (engl. jam signal) an und zwingt dadurch alle Teilnehmer zu einer zufällig bestimmten Wartezeit. Die Erkennbarkeit von Fehlern hängt von verschiedenen Busparametern ab: Von der Leitungslänge; aber auch von der Nachrichtenlänge. Das soll an einem Beispiel erläutert werden:

Beispiel

Ein Signal breitet sich mit ca. 2/3 der Lichtgeschwindigkeit *c* in einer Leitung aus. Wenn die Leitungslänge in Abb. 1 *L* = 200 m beträgt, dann ist die Signallaufzeit t_{Signal}

$$t_{Signal} = \frac{L}{\frac{2}{3} \cdot c} = \frac{200 \text{ m}}{\frac{2}{3} \cdot 3 \cdot 10^8 \frac{m}{s}} = 1 \text{ } \mu s$$

Liegt die Kollision direkt am Sender des blau dargestellten Signals ① (Abb. 1), „merkt" der Sender des rot markierten Signals ② dies erst, wenn die Störung nach der Leitungslänge *L* wieder bei ihm ankommt. Das dauert hin und zurück also

$$2 \cdot t_{Signal} = 2 \cdot 1 \text{ } \mu s = 2 \text{ } \mu s.$$

Bei einer Übertragungsrate von $\ddot{U}_R$ =10 Mbit/s muss die Nachricht mindestens

$$2 \cdot t_{Signal} \cdot \ddot{U}_R = 2 \text{ } \mu s \cdot 10 \text{ Mbit/s} = \textbf{20 bit}$$

lang sein, damit der Sender der „roten Nachricht", während des Sendens, die Kollision erkennen kann.

 Bei ausreichend langen Nachrichten kann durch CSMA/CD ihre Kollision erkannt werden.

CSMA/CA

Das angehängte Kürzel CA steht hier für eine Maßnahme zur Kollisionsvermeidung (engl. *C*ollision *A*voidance). Ebenso wie beim CSMA/CD-Verfahren verfolgt das sendewillige Gerät die Busaktivität. Findet noch Datenverkehr statt, so wird das Ende der aktuellen Kommunikation abgewartet. Unmittelbar im Anschluss daran sendet das Gerät sein Telegramm ab und verfolgt dabei das Geschehen auf dem Bus weiter. Die ersten Bits des Telegramms sind immer gleich und beeinflussen sich auf dem Bus somit nicht. Sie signalisieren allen anderen Teilnehmern, dass eine Übertragung begonnen hat (Abb. 2). Verschiedene Sender können anhand ihrer Kennung verschiedene Priorität erhalten. Der zweite Teil des Telegramms enthält in Form einer Bit-Folge die Senderkennung (engl. Identifier). Hat die Nachricht des aktuellen Senders höchste Priorität, so ist dies für alle anderen, sendebereiten Teilnehmer das Signal, ihre Nachricht abzubrechen. Dadurch wird eine Kollision vermieden.

Abb. 2: Kollisionsvermeidung beim CSMA/CA

Damit rechtzeitig alle untergeordneten Teilnehmer den Übertragungsbeginn eines priorisierten Gerätes wahrnehmen können, müssen hier sehr kurze Signallaufzeiten realisiert werden, die wesentlich kleiner sind als die für das CSMA/CD-Verfahren. Dieses prinzipiell *nicht deterministische* Verfahren kann allerdings durch Softwaremaßnahmen (vgl. DeviceNet) mit einer berechenbaren Buszykluszeit ausgestattet werden. Das Verfahren findet beim CAN-Bus Anwendung.

Die nachfolgende Tabelle fasst die Zugriffsverfahren verschiedener Bussysteme zusammen.

Tab. 1: Bussysteme und ihre Zugriffsverfahren

Zugriffsverfahren	Beispiele für Bussysteme
Master-Slave	PROFIBUS-DP INTERBUS AS-Interface
Token Token-Passing	ModBus PROFIBUS_PA PROFIBUS-DP V1
CSMA/CD	Ethernet
CSMA/CA	CAN-Bus (DeviceNet)

5.4 Übertragungssicherheit

Die Systeme der Produktionstechnik sind in der Regel sehr komplex. Da Fehler niemals völlig ausgeschlossen werden können, müssen im Fehlerfall Maßnahmen getroffen werden, um das Gesamtsystem vor Zerstörung und das Bedienpersonal vor Gefahren zu schützen. Drohenden Störungen der Datenübertragung – insbesondere im Feldbusbereich – wie durch fehlproduzierte oder alterungsbeschädigte Bauteile, Kabelbrüche, mangelhafte Steckverbindungen, elektromagnetische Störungen, Kurzschlüsse sowie Spezifikations- und Programmierfehlern kann man auf zweierlei Weise begegnen:

- *Fehlervermeidung*
  Durch Baumusterprüfungen, EMV-Prüfungen, Fehlersimulationstests und Programmanalysen werden in der Projektierungsphase geeignete Maßnahmen ergriffen (z. B. Verwendung geschirmter Kabel)

- *Fehlerbeherrschung*
  Durch Schaffung von Ersatzsystemen (lat. *Redundanzen*), und Testverfahren werden die Systeme während des Betriebes überprüft. Bei groben Fehlern kann ein sicherer Zustand des Systems angefahren werden (Fail-Safe-Modus), z. B. werden alle Antriebe angehalten.

Informationsfehler durch Busübertragung sollten erkannt und korrigiert bzw. vermieden werden.

5.4.1 Übertragungsfehler

Bitfehler sind Fehler, bei denen im gesendeten Binärcode anstelle einer „1" eine „0" empfangen wird bzw. umgekehrt, eine „0" statt einer „1". Redet man über die erkennbaren Fehler eines Übertragungskanals, so spricht man auch von der *Bitfehlerrate p*:

$$p = \frac{\text{Anzahl der fehlerhaften Bits}}{\text{Gesamtzahl der gesendeten Bits}}$$

Ein akzeptabler und realistischer Wert in Feldbus-Systemen liegt bei $p = 10^{-4}$. Auch wenn man eine Methode zur Fehlererkennung anwendet, werden nicht alle Fehler mit Sicherheit erkannt.

Schreibt man die gesendete und die empfangene Nachricht als Zeichenketten direkt untereinander, kann man die Anzahl e der unterschiedlichen Stellen sofort erkennen. Mit dem Wert e erhält man ein Maß dafür, wie gut Fehler in einer Datenstruktur erkannt und korrigiert werden können. Bei einem Wert von $e = 1$ können alle 1-Bitfehler sicher korrigiert werden.

Beispiel: Unterschied von Zeichenketten.

Ein Buchstaben-Code

gesendete Nachricht:	R	I	N	D
empfangene Nachricht	H	U	N	D
Anzahl d. unterschiedlichen Zeichen	1	1	0	0

Vergleicht man die gesendete mit der empfangenen Nachricht, findet man insgesamt 2 Übertragungsfehler.

Handelte es sich um eine binäre Zeichenkette, wären 2 Bitfehler erkannt worden, d. h.

$$e = 2.$$

Für Feldbus-Systeme wird ein Wert von $e = 3$ in jeder übertragenen Datenstruktur gefordert.

5.4.2 Strategien zur Fehlererkennung

Wie im Alltag ist auch bei der Datenübertragung die *Wiederholung einer Nachricht* die einfachste und günstigste Möglichkeit der Fehlerkorrektur. Denn es ist sehr unwahrscheinlich, dass beim wiederholten Senden der gleiche Fehler nochmals auftritt. Drei weitere Strategien sollen hier beschrieben werden:

- Paritätsbit
- Blocksicherung
- CRC-Verfahren

Paritätsbit

Eine weitere Möglichkeit ist, den Nutzdaten eine zusätzliche Bit-Information hinzuzufügen.

Tab. 1: Codierung von ASCII-Zeichen

Zeichen	ASCII-Binärcode	Dezimal
A	1000001	65
B	1000010	66
C	1000011	67
D	1000100	68
E	1000101	69

Es soll ein ASCII-Zeichen, etwa der Buchstabe *N*, übertragen werden. Sein Binärcode besteht aus den 7 Bit *1001110*, gebildet wie Tabelle 1 es andeutet. Als achtes Bit ergänzt man das *Paritätsbit* (pariter, lat. gleich). Falls die Quersumme aller mit 1 besetzten Stellen des Bit-Codes gerade ist, erhält das Paritätsbit den Wert 0 (Abb. 1, a), sonst den Wert 1. Dann spricht man von *gerader Parität* (engl. even parity). Vergibt man bei ungerader Quersumme dem Paritätsbit den Wert 0, handelt es sich um *ungerade Parität* (engl. odd parity)

a) Buchstabe N

Bit 7	Bit 6	Bit 5	Bit 4	Bit 3	Bit 2	Bit 1	Paritätsbit
1	0	0	1	1	1	0	0

b) Buchstabe O

Bit 7	Bit 6	Bit 5	Bit 4	Bit 3	Bit 2	Bit 1	Paritätsbit
1	0	0	1	1	1	1	1

Abb. 1: Binärcode eines ASCII-Zeichens mit Paritätsbit

Ändert eine Störung nach dem Senden genau ein Bit, so ist der Wert der Quersumme ungerade geworden (Abb. 1, b). Damit erhält das Paritätsbit den Wert 0. Ein 1-Bit-Fehler wird also erkannt. Sind aber zwei Bit gestört, bleibt die Quersumme gerade.

Bei Daten, die durch ein Paritätsbit gesichert sind, lässt sich demnach maximal ein Bitfehler pro Datenstruktur (Byte) erkennen.

Blocksicherung

Die Paritätsprüfung kann nicht nur auf einzelne Zeichen angewandt werden. Beispielsweise können Daten in Blöcken zu je 64 Bit versendet werden. In diesem Fall kann man auch die *Blocksicherung* anwenden. Dazu wird die Parität nicht nur in der Zeile, sondern auch in der Spalte geprüft. In Abbildung 2 wurde die Nachricht „FELDBUS" binär mit ASCII-Zeichen geschrieben und durch gerade Parität gesichert.

Zeichen	Byte	Bit 7	Bit 6	Bit 5	Bit 4	Bit 3	Bit 2	Bit 1	Paritätsbit
F	Byte 1	1	0	0	0	1	1	0	1
E	Byte 2	1	0	0	0	1	0	1	1
L	Byte 3	1	0	0	1	1	0	0	1
D	Byte 4	1	0	0	0	1	0	0	0
B	Byte 5	1	0	0	0	0	0	1	0
U	Byte 6	1	0	1	0	1	0	1	0
S	Byte 7	1	0	1	0	0	1	1	0
Paritätsbit		1	0	0	1	1	0	0	1

Abb. 2: Fehlerfreie Nachricht des Senders mit Blocksicherung gerader Parität

Ist nun ein Bit fehlerhaft, kann dieser Fehler erkannt , seine Position bestimmt und korrigiert werden (Abb. 3). Denn sowohl in der Zeile (6. Byte) als auch in der Spalte (5. Bit) passt das Paritätsbit nicht zur errechneten Quersumme des Empfängers. Die empfangene, falsche Nachricht lautet jetzt „FELDBES". Mit dieser Art der Sicherung werden bis zu 3 Fehler pro Block sicher erkannt. Blocksicherung wird z. B. beim PROFIBUS angewendet.

Zeichen	Byte	Bit 7	Bit 6	Bit 5	Bit 4	Bit 3	Bit 2	Bit 1	Paritätsbit (Sender)	Parität (Empf...)
F	Byte 1	1	0	0	0	1	1	0	1	
E	Byte 2	1	0	0	0	1	0	1	1	
L	Byte 3	1	0	0	1	1	0	0	1	
D	Byte 4	1	0	0	0	1	0	0	0	
B	Byte 5	1	0	0	0	0	0	1	0	
U	Byte 6	1	0	0	0	1	0	1	0	
S	Byte 7	1	0	1	0	0	1	1	0	
Paritätbit (Sender)		1	0	0	1	1	0	0	1	
Paritätbit (Empfänger)		1	0	1	1	1	0	0	1	

Abb. 3: Empfangene Nachricht bei Blocksicherung gerader Parität mit einem fehlerhaften Bit

CRC-Verfahren

Die zyklische Redundanz-Prüfung (engl. Cyclic Redundancy Check, CRC) nutzt die Division durch einen vorgegeben Teiler, um Fehler zu erkennen. Der Sender und der Empfänger haben sich dazu auf den gleichen Teiler, das sogenannte *Generatorpolynom G*, geeinigt. Die Nachricht ist eine binäre Folge aus Nullen und Einsen und wird als eine Zahl Z aufgefasst (Abb. 4).

Der Sender teilt nun Z durch G, um den Rest dieser Division zu bestimmen ①. Die Restzahl bildet

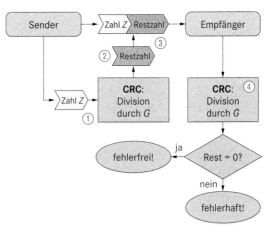

Abb. 4: Schematische Darstellung des CRC-Verfahren

die Prüfsumme für die Nachricht ②. Sie wird an die Nachricht angehängt und mit ihr versendet ③. Zur Prüfung auf Bitfehler teilt der Empfänger ④ die neue Gesamtnachricht wieder durch G.

Gelingt die Division ohne Rest, war die Datenübertragung in Ordnung. Falls nicht, ist mindestens ein Bitfehler aufgetreten.

Beispiel: Das CRC-Prinzip mit Dezimalzahlen

Die Nachricht sei die Zahl Z = 29,
der Divisor G = 13.

Damit errechnet der Sender ①:

$$29 : 13 = 2\ \text{R3}$$
$$\underline{26}$$
$$3$$

Die Restzahl sei hier ②:

$$A = \text{Divisor} - \text{Rest} = 13 - 3 = 10$$

Dann lautet die Gesamtnachricht ③:

$$Z + A = 39$$

Sie wird vom Sender abgeschickt. Kommt sie beim Empfänger genau so an, ergibt ihre Division ④:

$$39 : 13 = 3\ \text{R0}$$

Der Rest ist 0 und die Nachricht damit fehlerfrei übertragen worden.

Durch das CRC-Prüfverfahren wird ein Wert von $e \geq 3$ pro übertragener Datenstruktur erreicht. Bussysteme, die das CRC-Verfahren anwenden, sind z. B. Ethernet und Interbus.

5.5 Datenübertragung

Informieren

Für die Datenübertragung werden verschiedene Medien eingesetzt. Für jede Übertragungsart werden eigene Standards definiert.

5.5.1 Übertragungsmedien

Die Abbildung 5 zeigt Übertragungsmedien, die für Nachrichtentransfer prinzipiell zum Einsatz kommen. Auf welches Medium die Wahl fällt, hängt stark von den Umgebungsanforderungen vor Ort ab und macht eine Kosten-Nutzen-Rechnung nötig. Ebenfalls sind Sicherheitsanforderungen zu beachten.

Kupferleiter

Für die Signalübertragung sind in der Regel Leitungen mit 2 Adern nötig. Meist werden 4 Adern zusammengefasst. Bei größeren Datenmengen und speziellen Übertragungsarten können bis zu 8 Adern nötig werden.

Die Leitungen unterscheiden sich in der Art der „Verseilung" (Zusammenfassung von Adern zu einer Leitung). Heute werden meist verdrillte Leitungen verwendet. Bei verdrillten Leitungen unterscheidet man:

• Sternvierer-Leitungen

• Twisted-Pair-Leitungen

Beim *Sternvierer* werden alle 4 Adern miteinander verdrillt.

Bei *Twisted-Pair-Leitungen* (Abb. 1, nächste Seite) bilden jeweils 2 Adern durch Verdrillung ein Signaladerpaar (engl. Twisted-Pair, TP).

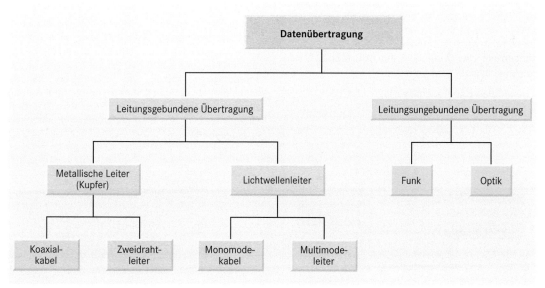

Abb. 5: Übersicht Datenübertragung

a) Längsaufbau (4 Adern)

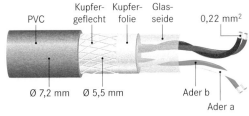

b) Querschnitt-Schliffbild
(CAT-6-STP, 8 Adern)

Abb. 1: Aufbau einer Shielded-Twisted-Pair-Leitung

Es gibt verschieden Bauarten, die sich in geschirmte (Shielded-Twisted-Pair, STP) und nicht geschirmte (Unshielded-Twisted-Pair, UTP) Leitungen unterscheiden lassen. Die Aderdurchmesser liegen bei 0,5 bis 0,6 mm.

Beide Maßnahmen, die Verdrillung und die Schirmung, vermindern den Eintrag von Störsignalen. Die Unterdrückung der Störung wird in Dezibel angegeben und liegt zwischen 40 dB für den UTP-Typ und 90 dB beim STP-Typ.

Die Norm ISO/IEC 11801 teilt Übertragungsleitungen in 7 Kategorien (CAT-1 bis CAT-7) anhand der Bandbreite übertragbarer Frequenzen ein (von CAT-2 mit 1 MHz bis CAT-7 mit 600 MHz, CAT-1 ist nicht spezifiziert). Verwendet werden meist Leitungen mit CAT-5, die auch für 100 MBit/s-Netze geeignet sind.

Twisted-Pair-Kabel werden eingesetzt beim ISDN-Netzen, beim Ethernet und bei Token-Ring-Systemen.

Das *Koaxialkabel* in Abbildung 2 hat den großen Vorteil, dass der Außenleiter gleichzeitig als Schirmung dient. Dieser Aufbau ist grundsätzlich geeignet, auch hochfrequente Signale zu übertragen. Allerdings haben diese Kabel eine höhere Kapazität und sie müssen durch einen Widerstand gegen Reflexionen am Ende abgeschlossen werden. Diese Kabel gelten als veraltet.

Lichtwellenleiter (LWL)

Lichtwellenleiter sind Leiter aus Glas- oder Kunststofffasern (z. B. PMMA), die Signale auf der Basis von Lichtimpulsen transportieren (DIN 50 173, DIN EN 60 794 und VDE 0888). Dazu müssen die elektrischen Signale zur Übertragung in Lichtimpulse umgewandelt werden (Abb. 3).

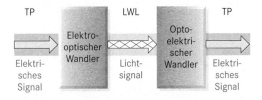

Abb. 3: Elektrisch-optische Signalwandlung

Der Aufbau der Faser ist in Abb. 4 dargestellt. Die Signalübertragung wird möglich durch die Totalreflexion von Licht an Grenzflächen zweier lichtdurchlässiger Materialien.

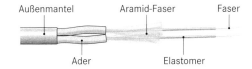

Abb. 4: Aufbau des Lichtwellenleiters

Trifft ein Lichtstrahl flach auf solch eine Grenze zwischen einem optisch dichten und einem optisch dünnen Medium, kommt es an der Grenzfläche zur Totalreflexion (Abb. 5). Die Totalreflexion hält so das Licht im Lichtwellenleiter durch den Aufbau aus *Kern* ① und *Mantel* ②. Dazu wird der Brechungsindex n_M des Mantels kleiner als der Kerns n_K eingestellt.

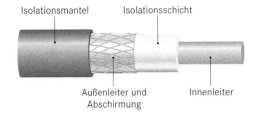

Abb. 2: Aufbau eines Koaxialkabels

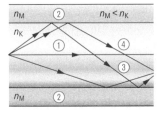

Abb. 5: Totalreflexion in einem Lichtwellenleiter

Lichtwellenleitertypen

Lichtwellenleiter unterscheiden sich in Aufbau und Größe; je nach verwendetem Material (Abb. 6). Polymer-Fasern (engl. Polymer Optical Fibre, POF) mit einem Durchmesser von ca. 1 mm können auch steil auftreffende Lichwellen sehr gut bündeln.

Sie bilden für kurze Distanzen (< 50 m) eine relativ preiswerte und einfach mit Steckern zu verbindende Möglichkeit der LW-Leiter. Sie werden in industriellen Bussystemen und im KFZ-Bereich verwendet. Für Distanzen bis zu 100 m kommen HCS-Leitungen (engl. Hard Clad Silica) bei etwas geringerer Lichtbündelfähigkeit zum Einsatz. Der dünnere Faserkern, ummantelt von einem Hartpolymer, ist empfindlicher gegenüber äußeren mechanischen Einflüssen.

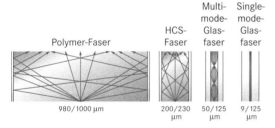

Abb. 6: Material, Aufbau und Größe einzelner Fasertypen

Die kleinsten Faserquerschnitte treten bei den Multi- und Singlemode-Glasfasern auf (Abb. 6 und 7). Mit ihnen werden die größten Übertragungsdistanzen erreicht. Bei den Singlemode-Fasern sind das über 100 km. Dafür steigen für den dünnen Kernquerschnitt die Anforderungen an die Installation, die Verbindungs- und die Lichttechnik.

Die unterschiedlichen, möglichen Übertragungsdistanzen der LWL sind in 2 Phänomenen begründet:

• *Dämpfung* und

• *Dispersion*

Die *Dämpfung* mindert die Impulshöhe eines Eingangssignals. Ähnlich dem ohmschen Widerstand im Stromleiter „schluckt" die Dämpfung des LWL Licht im Material proportional zur Leitungslänge (Abb. 7a). Es gibt für Glasfasern optische Fenster, in denen die Dämpfung besonders gering ist. Diese findet man bei Lichtwellenlängen von 850 nm, 1300 nm, und 1550 nm (Infrarot-Bereich des Lichts).

Die *Dispersion* entsteht z. B. dadurch, dass Lichtstrahlen unter verschiedenen Winkeln in den Lichtwellenleiter eintreten (Abb. 5, Strahl ③ und ④; Abb. 6). Man erkennt die unterschiedlichen Wege, die das Licht im Lichtwellenleiter nimmt. Jeder mögliche Weg des Lichts wird als *Mode* bezeichnet. Rechteckimpulse am Eingang werden durch

Dispersion verbreitert und abgerundet (Abb. 7a, b). Die Bitfehlerrate p steigt.

a) Multimode-Stufenfaser

b) Multimode-Gradientenindexfaser

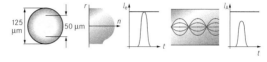

c) Singlemode-Faser

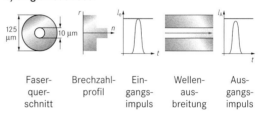

| Faser-querschnitt | Brechzahl-profil | Ein-gangs-impuls | Wellen-aus-breitung | Aus-gangs-impuls |

Abb. 7: Lichtausbreitung in Glasfaser-LWL

Der Wegunterschied wird in längeren Leitungen größer; die Dispersion nimmt also zu. Daher beschreibt man die Qualität von Lichtwellenleitern mit dem *Bitraten-Längen-Produkt* ($B \times L$). Für einen Lichtwellenleiter ist dieses Produkt konstant.

 Steigt in Lichtwellenleitern die Bitrate B, muss die Übertragungsleitung kürzer werden.

Um Dispersion zu vermeiden, wurden verschiedene Leitertypen entwickelt. Gibt es nur eine Reflexionsschicht bei großem Faserquerschitt, ist auch die Zahl der Moden groß (*Multimoden-Stufenfaser* Abb. 7a). Durch die *gleitende* Reflexionsschicht der *Gradientenindexfaser* kann man erreichen, dass sich die Lichtwege im gleichen Punkt in Fasermitte schneiden. Das vermindert die Dispersion. Die geringste Dispersion erreicht die Singlemode-Faser (Abb. 7c), bei der praktisch nur ein Lichtweg möglich wird. Dadurch steigt allerdings auch der Aufwand: Während die Multimode-Fasern mit Infrarot-LED's betrieben werden können, benötigt man für die Singlemode-Faser einen Laser (Nur eine Lichtwellenlänge).

Der Einsatz von Lichtwellenleitechnik im Feldbusbereich hat viele Vorteile, aber auch Nachteile gegenüber dem Einsatz von Kupferleitungen, die in der nachfolgenden Tabelle gelistet sind.

Tab. 1: Vor- und Nachteile von LWL gegenüber Kupferleitungen

Vorteile

- Unempfindlichkeit bei EMV-Einfluss und Potentialdifferenzen
- Höhere Übertragungsraten (1000 Gbit/s)
- Längere Übertragungsstrecken (> 100 km)
- Einsatz im Explosionsschutzbereich
- Größere Abhörsicherheit

Nachteile

- Höhere Kosten
- Größerer Konfektionierungsaufwand
- Enge Biegeradien nicht möglich
- Kraft- und verdrillungsfreie Verlegung zwingend

Daten-Steckverbindungen

Als Verbindungen bei *Kupferkabeln* werden verschiedene Steckertypen eingesetzt. Geräteseitig werden Sie meistens als Buchse ausgeführt. Einfache Geräte werden allerdings auch direkt mittels Klemmen (plus Zugentlastung und Schirmung) angeschlossen.

Bei geringer Anforderung an die IP-Schutzart (IP20) kommen 9-polige Sub-D-Stecker wie in Abbildung 1 zum Einsatz (z. B. beim MPI, Profibus, Interbus, CAN). Diese können mit schaltbarem Busabschluss, festem Busabschluss und ohne Busabschluss ausgeführt sein. In der Mitte einer Busleitung darf kein Busabschluss vorhanden sein und der Anschluss erfolgt über den Kabeleingang (masterseitig) und den Kabelausgang ①. Am Anfang wie am Ende einer Busleitung ist jeweils der Busabschluss vorhanden und nur der Kabeleingang verbunden ②.

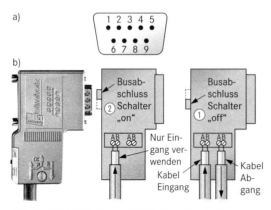

Abb. 1: a) Sub-D-Buchse und b) Stecker mit schaltbarem Busabschluss

Bei höheren Anforderungen an die IP-Schutzart (z. B. IP65 bzw. höher) sind mehrpolige Rundstecker nach Abbildung 2 verbreitet (z. B. AS-Interface, Profibus).

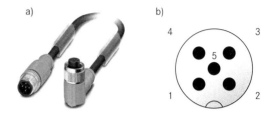

Abb. 2: a) 5-poliger M12 Stecker mit Kabel,
b) Polbild M12 Stecker

Eine weitere Steckerform für Datenleitungen im Ethernet-basierten Feldbusbereich ist der RJ45. Dieser Stecker ist sowohl für IP20 als auch für IP65 erhältlich (Abb. 3).

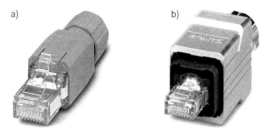

Abb. 3: RJ45-Stecker: a) Schutzart IP20, b) Schutzart IP67

Für *Lichtwellenleiter* sind neben der direkten, festen Verbindung, dem *Spleißen*, auch lösbare Steckverbindungen möglich (Abb. 4). Die Wahl des Steckers ist abhängig vom Fasertyp.

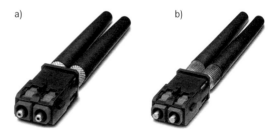

Abb. 4: LWL-Stecker für PROFINET: a) Polymerfaser
(980–1000 µm), b) HCS-Faser (200–230 µm)

Funkübertragung

In räumlichen Bereichen, in denen das Verlegen von Leitungen schwierig ist oder vermieden werden soll, sind Funknetze eine kostengünstige Alternative. Diese werden unterschieden in solche Netze, die im Bereich von Räumen (WPAN, engl. **W**ireless **P**ersonal **A**rea **N**etwork) oder Gebäuden (z. B. WLAN, **W**ireless **L**ocal **A**rea **N**etwork) betrieben werden können (Tab. 2).

Tab. 2: Eigenschaften von Feldbus-Funknetzen

	Bluetooth	ZigBee	WLAN
Frequenzen (in Europa)	2,401 bis 2,483 Ghz, 79 Kanäle	2,401 bis 2,483 Ghz, 13 Kanäle	2,401 bis 2,483 Ghz, 13 Kanäle
Reichweiten	10 m–100 m	10 m–100 m	200 m
Übertragungsverfahren	FSHH	DSSS	z. B. DSSS
Übertragungsgeschwindigkeit	bis 250 kbit/s	bis 2,1 Mbit/s	bis 54 Mbit/s
Sicherungsverfahren	CRC	CRC	CRC
Standard	IEEE 802.15.1	IEEE 802.15.4	IEEE 802.11

Abb. 6: Profibus-Accesspoint für Bluetooth

Die meisten Netze, die im Feldbusbereich zum Einsatz kommen, nutzen Frequenzen der freigegebenen ISM-Bänder (**I**ndustrial, **S**cientific and **M**edical Band). Für diese Frequenzen fallen keine Nutzungs- und Lizenzgebüren an. Allerdings darf die Feldstärke eines Senders eine Leistung von 100 mW in der Regel nicht überschreiten. Dadurch ist Ihre Reichweite beschänkt.

Die Funkübertragung geschieht über die Ausbreitung von elektromagnetischen Wellen. Sie kann aber durch Hindernisse (Zimmerwände, Rohrleitungen, Gebäudeeinrichtungen) gestört werden (Abb. 5). Daher wird die Feldstärkeverteilung von Netzzugangspunkten (engl. Accesspoints, Abb. 6) im Vorfeld gemessen bzw. berechnet.

Wichtig für den Betrieb der Netze ist ebenso, dass sich *verschiedene* Netze bzw. die sendenden Teilnehmer in *einem* Netz nicht gegenseitig stören. Die Fehleranfälligkeit wird durch Übertragungsverfahren verhindert. In der Regel findet dazu die Datenübertragung auf mehreren Frequenzen statt. Man spricht von *Bandspreiztechnik*. Zwei Verfahren kommen hierbei zum Einsatz, die sich anhand der Netze Bluetooth und ZigBee erklären lassen:

- *Bluetooth* teilt z. B. das 2,4 Ghz-Band in 79 Kanäle mit je 1 Mhz Bandbreite auf. Der Sender springt 1600 mal pro Sekunde auf einen anderen Kanal (Bandspreizverfahren mit Frequenzwechsel engl. Frequency Hopping Spread Spectrum, FHSS). Fehlerhafte Telegramme werden auf einem anderen Kanal wiederholt. So kann ein Bluetooth-Netz bis zu 255 Teilnehmer umfassen und 8 gleichzeitig bedienen.

- *ZigBee* nutzt ein Bandspreizverfahren, bei dem Daten in direkter Folge, aber durch eine Codierung gleichzeitig auf allen Kanälen übertragen wird (Bandspreizverfahren in direkter Folge, engl. Direct Sequence Spread Spectrum, DSSS). Die Daten sind nur bei Kenntnis der Sendercodierung vom Empfänger zu entschlüsseln. ZigBee hat schellere Reaktionszeiten als Bluetooth, keine Beschränkung an die Teilnehmerzahl und ist zudem echtzeitfähig.

Auch WLAN hat keine Beschränkung an die Teilnehmerzahl und benutzt das DSSS-Verfahren. Es werden zur Übertragen im 2,4 GHz-Band nur 3 der 13 Frequenzkanäle genutzt. Durch die hohen Datenraten ist WLAN geeignet für die Ethernet-Kommunikation mit Steuerungen.

Es gibt auch firmenspezifische Standards (z. B. Trusted Wireless^TM), die über das FHSS-Verfahren für höhere Reichweiten bei größerer Übertragungssicherheit weiterentwickelt wurden.

Abb. 5: Verteilung der Feldstärke eines Funksenders in den Räumen eines Gebäudes

5.5.2 Übertragungsstandards

Über Schnittstellen tauschen zwei digitale Geräte auf physikalischem Wege Daten aus. Diese Daten werden als eine Folge von Nullen und Einsen übertragen. In der physikalischen Schicht wird über Standards festgelegt, welcher Strom- oder Spannungswert eine „0" oder eine „1" bedeutet.

Die Datenübertragungsrate ist dabei beschränkt durch die Länge der Datenleitung (Widerstand und Kapazität). Eine Beschränkung gilt auch für die Zahl der teilnehmenden Feldgeräte.

RS 232-Schnittstelle

Das Datensignal kann *symmetrisch* oder *unsymmetrisch* zur Erde sein. Ein Beispiel für ein unsymmetrisches Datensignal liefert die Schnittstelle RS 232, bei der die Signalspannung zur Erde gemessen wird. Der Standard schreibt hier vor, dass das Datensignal zwischen – 15 V und 15 V liegt. Eine „0" entspricht einer Spannung U im Bereich 3 V $\leq U \leq$ 15 V, eine „1" einer Spannung von – 15 V $\leq U \leq$ –3 V. Das Übertragungssignal ist nicht *störungssicher*.

RS 485-Schnittstelle

Demgegenüber wird bei der Schnittstelle RS 485 gemäß dem Standard EIA 485 (ISO 8482) die Signalspannung U zwischen den Spannungen U_B und U_A der verdrillten Leiter A (Buchse 8) und B (Buchse 3) gemessen (Abb. 1).

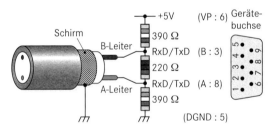

Abb. 1: Aktiver Busabschluss beim Profibus

Dadurch entsteht ein zur Erde *symmetrisches* Differenzsignal (Abb. 2 b). Durch diese Art der Übertragung wird das *Signal störungsfrei* übertragen, da eventuell eingekoppelte Störspannungen auf beide Adern gleich wirken (Abb. 2 a). Durch die Differenzbildung fällt die Störung wieder heraus. Der EIA-Standard für die RS 485 sieht vor, dass der logische Wert „0" bzw. „1" für Differenzspannungen zwischen 1,5 V und 5 V bzw. zwischen –5 V und –1,5 V bestimmt wird. Beim Profibus DP wird das durch den aktiven Busabschluss erreicht.

Durch die Spannungsteilerschaltung mit Abschlusswiderständen ist der Ruhepegel am Leiter A ca.

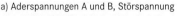

a) Aderspannungen A und B, Störspannung

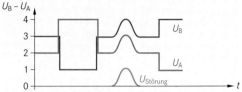

b) Differenzspannung

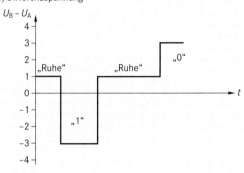

Abb. 2: Spannungssignale an der RS 485-Schnittstelle

2 V, am Leiter B ca. 3 V. Der Ruhepegel der Spannungsdifferenz ist dann 1 V. Für eine logische „1" addiert der Sender 2 V zu U_A und subtrahiert den gleichen Betrag von U_B zur Differenzspannung 3 V. Beide Signale werden gleichzeitig über die Adern A und B versandt bzw. empfangen (Halbduplex-Verfahren). Eine logische „0" entsteht auf umgekehrte Weise.

IEC 61158-2-Schnittstelle (H1-Bus)

Diese Schnittstelle wird von Feldbussystemen benutzt, die eigensicher arbeiten; d. h. sie können in explosionsgeschützten Bereichen eingesetzt werden (z. B. Profibus PA, Foundation Fieldbus). Sie arbeitet mit einem Stromsignal zur Datenübertragung nach der *Manchester-II-Modulation*: Fällt der Stromwert in der Mitte eines Zeittaktes von einem hohen Wert auf einen Niedrigen, so bedeutet dies eine logische „1" (fallende Flanke). Im anderen Fall ein logische „0" (Abb. 3). Diese

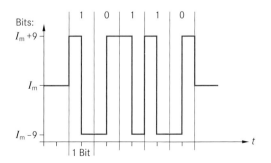

Abb. 3: Stromsignal gemäß IEC 61158-2

Schnittstelle stellt sowohl die Kommunikation als auch die Spannungsversorgung der Feldgeräte her. Die Übertragungsrate ist mit dem festem Takt (*Bitzeit*) $t = 32$ ms auf 31,25 kbit/s festgeschrieben. Die Stromversorgung jedes Feldgerätes soll größer als 10 mA sein, die Eingangsspannung größer 9 V. Damit ist ihre Zahl in einem Bussegment auf 32, im Explosionsschutzbereich sogar auf 10 limitiert. Die maximale Leitungslänge beträgt 1900 m. Ein passiver Busabschluss wird hier durch einen Kondensator (ca. 1 μF) und einen Widerstand (ca. 100 Ω) zwischen den beiden Adern erzeugt.

5.5.3 Übertragungsarten

Um Daten *vieler* Teilnehmer physikalisch und ohne gegenseitige Einflussnahme auf *einer* Busleitung zu übertragen, muss der Bus entweder per *Breitband-* oder per *Basisbandübertragung* betrieben werden. Dazu werden den Teilnehmersignalen entweder verschiedene Frequenzen oder verschiedene Übertragungszeiten zugeteilt. Diese Zuteilung wird als *Multiplexen* bezeichnet.

Mit der Aufteilung auf mehrere Frequenzbänder können mehrere Signale gleichzeitig übertragen werden (vgl. Bandspreiztechnik der Funkübertragung).

Die Basisbandübertragung erlaubt hingegen zu jedem Zeitpunkt nur ein Signal auf der Busleitung. Dies erreicht man durch ein *Zeitmultiplexverfahren*. Mehreren Teilnehmern muss dann eine bestimmte Zeit zur Busnutzung eingeräumt werden (Abb. 4).

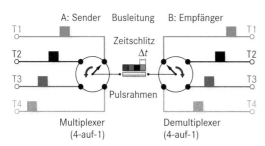

Abb. 4: Zeitmultiplexen bei 4 aktiven Teilnehmern

Der „Zeitschlitz" (engl. Time Slot) muss sowohl beim Sender als auch beim Empfänger gleich groß sein. Sie müssen also synchron arbeiten.

Dazu wird im Frameheader ein Synchronisationssignal vorausgeschickt. Für den nachfolgenden Datenblock ist keine weitere Synchronisation nötig. Diese synchrone Art der Datenübertragung wird beim Profibus PA angewendet.

Bei der im Profibus DP und beim AS-Interface 3.0 angewandten asynchronen Datenübertragung wird der Zeitschlitz zum Senden für jedes einzelne Zei-

chen eingeräumt. Dieses wird mit einem Startbit, einem Paritätsbit und einem Stoppbit versehen, so dass immer 11 Bit große Datenwörter (UART) entstehen.

Das Startbit enthält immer einen anderen Wert als ein sich im Ruhezustand befindlicher Teilnehmer. Durch diesen Wechsel des logischen Zustandes wird der Empfänger umgeschaltet auf „Empfangen" und erwartet ein gesendetes Byte. Das Endbit schaltet dann den Teilnehmer zurück auf Ruhezustand. Die gleiche Übertragungsrate des Senders und Empfängers stellt dabei die Lesezeit für ein Byte sicher.

> Die synchrone Übertragungsart ist bei gleicher Übertragungsrate effektiver, da größere Datenmengen mit nur wenigen zusätzlichen Datenbits versendet werden.

5.6 Bussysteme im Einsatz

Aufbau/ Funktion

5.6.1 AS-Interface

Das AS-Interface (ASI-Bus) nach dem Standard DIN EN 50295 wurde speziell für den Einsatz auf der untersten Feldebene entwickelt. Es entspricht den Anforderungen nach Offenheit (für viele Hersteller) und Austauschbarkeit von Komponenten verschiedener Hersteller.

AS-Interface Konzept

Der als Single-Master-System aufgebaute Bus besteht in der Minimalkonfiguration aus dem Master ①, bis zu 31 Slaves ②, der Leitung ③ und einem Netzteil ④ (Abb. 5). Über Anschlussmodule ⑤ kann mit jeweils 4 Sensoren (②S) bzw. auch mit pneumatischen Aktoren (②A) kommuniziert werden. Der Bus kann in jeder möglichen Topologie

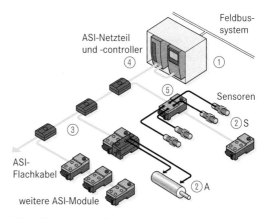

Abb. 5: Prinzipieller Aufbau eines ASI-Systems

(Linie, Baum, Ring oder Stern) aufgebaut sein. Allerdings ist die Länge des Bussegments auf 100 m beschränkt. Eine Erweiterung auf bis zu 600 m ist durch Stabilisierung (passiver Busabschluss) und mit Repeatern möglich.

Der ASI-Bus hat sich über ca. 20 Jahre in 3 Ausbaustufen abwärtskompatibel weiterentwickelt (Tab. 1). Wesentliche Erweiterungen sind:

- in Version 2.1
  - Analogwertübertragung integriert
  - die Adressencodierung zur Verdoppelung der teilnehmenden Slaves (A-und B-Teilnehmer)
  - und verbesserte Fehlererkennung sowie
- in Version 3.0
  - die Erhöhung der Zahl an Ein-und Ausgängen an Slaves und
  - die Verwendung einer asynchronen Übertragungsart.

Tab. 1: ASI-Ausbaustufen

Ver-sion	Slaves digital	Slaves analog	Digital Inputs	Digital Outputs	Zyklus-zeit
2.0	31	31	31×4 $= 124$	31×4 $= 124$	5 ms
2.1	62	31	62×4 $= 248$	62×3 $= 186$	10 ms
3.0	62	62	62×8 $= 496$	62×8 $= 496$	40 ms

Die Zunahme der Zykluszeit (für die maximale Teilnehmerzahl) erklärt sich aus der Erweiterung der Polling-Liste.

Hauptziele des ASI-Busses sind:

- die Übertragung von Energie und Daten auf derselben Leitung,
- die schnelle, direkte Verknüpfung von möglichst einfachen Aktoren und Sensoren (nur 1-Bit-Informationen wie „An"/„Aus") und
- Verwendung schneller, einfacher Kommunikation.

AS-Interface Leitungskonzept

Ein großer Vorteil des ASI-Busses ist sein Leitungskonzept. Prinzipiell kann jede ungeschirmte, verdrillte Zweidrahtleitung verwendet werden, die bis 8 A Gleichstrom ausgelegt ist. Daten und Energie werden gemeinsam übertragen. Ein Abschlusswiderstand ist nicht nötig.

Verwendet man jedoch die gelbe Profilleitung („Flachkabel" Abb. 1), vereinfacht sich der Busaufbau oder -Umbau drastisch: Das Anschließen eines neuen Slaves geschieht in *Durchdringungstechnik* (Klick&Go oder Piercing-Technik genannt), ohne Durchtrennung der Leitung, Abisolieren der Adern und Anbringen von Aderendhülsen.

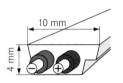 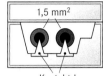

a) ASI-Flachkabel   b) Piercing-Technik

Abb. 1: Profilleitung und elektromechanische Schnittstelle mit Kontaktdornen

Die trapezförmige Profilleitung mit Nase wird passend und verpolsicher in die Unterteile der Elektromechanischen Schnittstelle (EMS) eingelegt und ein Oberteil aufgeklemmt oder -geschraubt. Der Kontakt entsteht beim Durchdringen der Dorne durch den Leitungsmantel in Schutzart IP67. Wegen der selbstheilenden Hülle der Leitung ist diese Verbindung wieder demontierbar.

Wird zusätzliche Energie nötig (z. B. für Magnetventile) kann eine zweite, schwarze Profilleitung mit 24 V DC eingesetzt werden.

AS-Interface-Netzteil

Das ASI-Netzteil versorgt den Master und alle angeschossenen Slaves mit Energie bei einer Gleichspannung von 30 V (oberhalb der üblichen Schaltschrankspannung). Es wird in die Nähe des Masters oder des Repeaters platziert.

Es besteht aus einem herkömmlichen Netzteil und einer Einheit zur Datenentkopplung (Abb. 2).

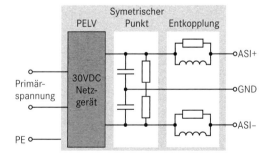

Abb. 2: ASI-Netzteil mit Datenentkopplung

Das Datensignal ist eine Wechselspannung und wird der versorgenden Gleichspannung überlagert. Ohne Entkopplung würden daher alle Busteilnehmer eine schwankende Versorgungsspannung erhalten.

Den gleichen Abstand des Datensignals in den Leitungen ASI + und ASI – von GND sichert der symmetrische Erdpunkt zwischen zwei Kondensatoren. Das Entkopplungsmodul aus Spulen (50 µH) und Widerstand (39 Ω) verhindert den Kurzschluss des Datenstroms über die Energieversorgung.

> **!** Die beiden Adern der ASI-Leitung sind erdfrei und keine darf auf PE gelegt werden.

Die Netzteildimensionierung kann mit Hilfe der Faustformel

$$I_{ges} = \text{Modulzahl} \times 150 \text{ mA}$$

geschehen.

AS-Interface-Slaves

Als Teilnehmer im AS-Interface lassen sich 2 Arten von Slaves unterscheiden (Abb. 3):

- Anwendermodule und

- ASI-fähige (d. h. intelligente) Sensoren (S) und Aktoren (A).

a)

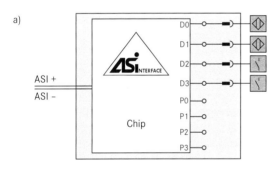

b)

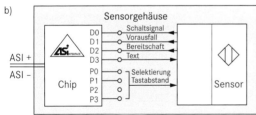

D0–D3: Datenbits
P0–P3: Parameterbits

Abb. 3: AS-Interface-Slaves: a) Anwendermodul,
b) Intelligenter Sensor

In beiden Fällen regelt ein *AS-Interface-Chip* die Kommunikation mit dem ASI-Bus. Als Hauptfunktionen besitzt er:

- Permanentspeicher für die Slave-Adresse,

- eine Ablaufsteuerung,

- Sender-und Empfängereinheit busseitig,

- Einheiten für den Daten-bzw. Parameter-I/O für den Sensor oder Aktor.

Während ein ASI-fähiger Slave *direkt* an die gelbe ASI-Leitung über einen Flachkabelabgriff (Abb. 4) angeschlossen werden kann, werden herkömmliche Aktoren und Sensoren über das Anwendermodul angekoppelt. Aktoren können z. B. Motorstarter, Relais oder Meldegeräte sein. Es können analoge oder binäre Sensoren wie induktive oder kapazitive Näherungsschalter, optische Sensoren, RFID-Lesekopf oder Not-Aus-Taster angeschlossen werden.

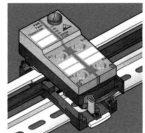

Abb. 4: Flachkabelabgriff M12 (links) und Anwendermodul
(AC5208, Ifm) (rechts)

Das Anwendermodul ist als Oberseite der EMS ausgeführt. Als Standardform besitzt es z. B. 2 digitale Ein-und Ausgänge bzw. 4 Eingänge oder 4 Ausgänge. Die Buchsenbelegung der M12-Verbindung ist für die 2 Ein-/2 Ausgänge-Variante für die Eingänge Pin 1 und 3 und für die Ausgänge Pin 2 und 4. Die 4 Anschlüsse sind den Datenbits D0 bis D3 in Abbildung 3 zugeordnet.

Die Funktion eines Slaves im AS-Interface wird durch ein herstellerunabhängiges Profil hinterlegt. Es besteht aus *IO-Code* (Bedeutung der Datenbits D0 bis D3) und *ID-Code* (Slave-Typ) in binärer oder Hex-Form, die durch einen Punkt getrennt sind. So ist beispielsweise *S-1.1* ein ASI-fähiger Sensor und *S-7.1* ein analoger Sensor.

Jeder Slave muss im Bus eine eindeutige Adresse haben, die bei der Inbetriebnahme zugewiesen wird.

AS-Interface Master

Die zentralen Busfunktionen werden vom AS-Interface-Master übernommen. Das sind

- Kopplung zum übergeordneten System (SPS oder Feldbus, z. B. Profibus, Profinet, CAN)

- Polling

- Überwachung und Diagnose von S/A-Slaves

- Selbstadressierung von neuen oder ausgetauschten Slaves

- Soll-/Ist-Vergleich des ASI-Busses

- Selbständige Konfiguration

Verschiedene Masterkonfigurationen sind in Abbildung 1 (nächste Seite) dargestellt, wobei die flexibelste Art der Anbindung die an einen übergeordneten Bus mittels des Gateways darstellt.

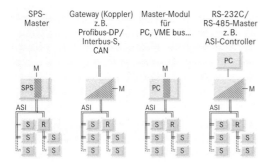

Abb. 1: Verschiedene Masterkonfigurationen mit Netztopologie

Für ein übergeordnetes System-CPU (SPS) verhält sich der Master (Abb. 2) wie ein Busteilnehmer bzw. eine Ein-/Ausgabe Baugruppe mit 16 Byte.

Abb. 2: ASI-Master, Links: SPS-Master CP343-2 (Siemens), rechts: Profibus DP Gateway AC1365 (ifm)

Jeder Slave tauscht 4 Datenbit (D0-D3) mit dem Master aus. Teilt man jedes Byte auf 2 Slaves auf, können die Daten von 31 Slaves in der CPU hinterlegt werden. Die obersten 4 Bit sind für Steuerinformationen des AS-Interface vorgesehen.

Der ASI-Zyklus besteht aus *Datenaufruf* (übliches Polling), *Parameteraufruf* und *Diagnoseaufruf*. Mit dem Parameteraufruf könnte z. B. ein Sensor im laufenden Betrieb von „Öffner" auf „Schließer" umgestellt werden.

Mit jedem Diagnoseaufruf wird eine nichtbelegte Adresse abgefragt und der Master erkennt so selbständig neue Teilnehmer (Adresse 0). Den Ersatz eines defekten Slaves kann der Master mit dem Adressieraufruf automatisch organisieren.

Das asynchron übertragene ASI-Telegramm (Abb. 3) besteht aus Masteraufruf und -pause gefolgt von der Slaveantwort mit -pause. In Aufruf und Antwort sind das Startbit immer 0, das Stoppbit immer 1. In der Slaveantwort stehen *nur* die 4 Datenbits (I0 bis I3 aus D0 bis D3) während im Masteraufruf die Adressen (A0 bis A4) der betroffenen Slaves voran-

Abb. 3: ASI-Telegramm

gestellt sind. Diese 5 Bit reichen aus zur Adressierung von 31 Slaves ($2^5 = 32$).

Inbetriebnahme eines ASI-Masters

Je nach Konfiguration gemäß Abbildung 1 ist für das übergeordnete System (Bus, SPS) ein anderer Installationsweg einzuschlagen.

Nach der Montage von Gateway und Netzteil werden die Modulunterteile und die Profilleitung montiert. Dann werden, je nach Master, die ASI-Slaves (Anwendermodule, Sensoren, Aktoren) mit dem Adressiergerät, dem ASI-Master oder der SPS adressiert (Abb. 4).

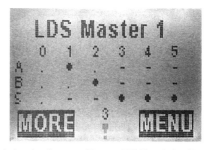

Abb. 4: Anzeige Gateway-Master: LDS-Liste bei 5 Slaves

In erster Linie ist die Inbetriebnahme des ASI-Masters das Erstellen interner Slave-Listen. Es gibt die Liste der am Bus erkannten Slaves (LDS), die Liste der projektierten Slaves (LPS, Sollzustand) und die Liste der aktiven Slaves (LAS, Istzustand). Aus der Differenz erstellt der ASI-Master die Liste der fehlerhaften Slaves (LPF).

Der Master kennt 2 Betriebszustände: *Projektierungsmodus* und *geschützter Betrieb*. Man geht wie folgt vor:

1. Projektierungsmodus einschalten: Der Master liest alle Slave-Addresses in Bus in die LDS-Liste ein.

2. Wechseln in den geschützten Betrieb: Der Master speichert die LDS-Liste in die LPS-Liste. Mit diesen Slaves beginnt das Polling.

3. Für einen Gateway-Master (Abb. 1) muss noch die Busadresse des Gateways eingestellt werden.

5.6.2 Profibus

Der Profibus (engl. *Process Field Bus*) ist die Entwicklung mehrerer Unternehmen und Institute mit dem Ergebnis eines offenen, herstellerunabhängigen Bussystems für die feldnahe Automatisierungstechnik (Abb. 5).

Er arbeitet nach den Standards DIN 19 245, EN 50 170, IEC 61 158 und verbindet Feldgeräte wie Aktoren und Sensoren bis hin zur Prozesssteuerung. Die Anbindung an darüberlegende Netze der Leitebene ist möglich. Er erreicht, verglichen auf der Feldebene mit dem AS-Interface,

- längere Übertragungsleitungen,
- höhere Übertragungsraten,
- unterschiedliche Übertragungsmedien (LWL, Kupferleitung und Funk) und
- verschiedene Telegrammtypen.

Mit Bezug auf die Kommunikations-Ebenen haben sich 3 Varianten entwickelt:

- Profibus FMS (*Field Message Specification*)
- Profibus DB (*Dezentrale Peripherie*)
- Profbus PA (*Prozessautomatisierung*)

Profibus FMS

Profibus FMS ist ein linienstrukturierter Bus. Er nutzt das kombinierte Token-Passing-Verfahren, um durch einen logischen Ring zwischen den Stationen wie SPS-Geräten und Leit-PC's in der Zellebene zu kommunizieren. Diese Stationen des Busses sind die aktiven *Master*, die mit ihren zugeordneten *Slave-Stationen* (Peripheriegeräten) im Master-Slave-Verfahren kommunizieren. Man spricht vom Multi-Master-Bus. Die Zahl der Master ist auf 32 pro Segment beschränkt. Diese Zahl ergibt sich bei der Verwendung von Kupferkabeln aus der Profibus-RS485-Spezifikation.

Die Energieversorgung der Stationen geschieht separat über ein Netzteil bei Schaltschrankspannung (24 V DC). Das Standard-Übertragungsmedium ist eine STP-Leitung. Die Leitungsenden sind über eine RS 485-Schnittstelle mit den Geräten verbunden. Am Busende muss der beschrieben aktive Busabschluss verwendet werden. Bei Datenraten von bis zu 93,75 kBit/s ist die Leitungslänge auf 1200 m beschränkt. Mit Repeatern kann eine Gesamtlänge von 4800 m erreicht werden. Höhere Datenraten verkürzen die maximale Leitungslänge. Die ausgewählte Datenrate muss von den Feldgeräten unterstützt werden.

Aufgrund der unterschiedlichen Arten von Busteilnehmer sind unterschiedliche Telegramme variabler Länge im Übertragungsprotokoll vorgesehen. Durch das Zugriffsverfahren sind Token-Umlaufzeiten (einstellbarer Parameter), Buszykluszeiten (< 100 ms), Reaktionszeiten der Master (< 10 ms) fest vorgegeben, so dass die Voraussetzung für Echtzeitfähigkeit gegeben ist.

Busteilnehmer

Es gibt adressierte und nicht adressierte Busteilnehmer. Zu letzteren gehören z. B. Repeater, LWL-Konverter, DP/PA-Koppler. Stationen müssen jedoch eine eindeutige Adresse erhalten.

Aus einem 7-stelligen Binärcode lassen sich 128 (0 bis 127) Adressen erzeugen. Die Adresse eines Gerätes lässt sich mittels DIP-Schalter oder Taster einstellen. Die Adresse „0" ist für das Programmiergerät vorgesehen. Die Adressen *1-m* sind die Adressen der Masterstationen. Die Adressen *m-125* sind Slavestationen. Die Adresse 126 ist der Auslieferungszustand. Die Adresse 127 ist für Nachrichten an alle Teilnehmer reserviert (engl. Broadcast).

Eine wesentliche Eigenschaft ist, dass eine An- und Abkopplung der Slaves im laufenden Betrieb möglich ist.

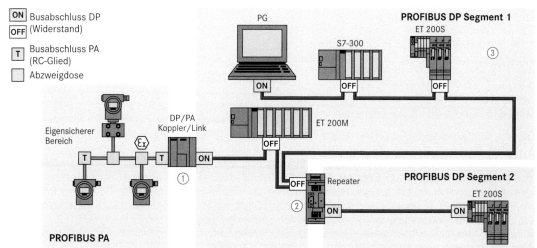

ON	Busabschluss DP
OFF	(Widerstand)
T	Busabschluss PA (RC-Glied)
	Abzweigdose

Abb. 5: Busstruktur mit Segmenten des Profibus DP und Profibus PA

Profibus DP

Profibus DP ist eine Erweiterung von Profibus FMS, insbesondere für den schnellen Datenaustausch mit weit verteilten, anspruchsvollen Feldgeräten in der Fertigung. Die wichtigsten, erreichten Merkmale sind:

- Netzausdehnung:
  - 9,6 km mit Cu-Leiter
  - ca. 90 km mit LWL
- zyklische Datenraten bis 12 Mbit/s
- hohe Flexibilität und
- azyklische Kommunikation
- Diagnose- und Parametrierungsmöglichkeiten.

Für zeitkritische Anwendungen (Reaktion im Bereich von 10 ms) ist es notwendig, dass die Buszykluszeit kürzer ist als die Zeit zum Ablauf eines Steuerprogramms. Die Abhängigkeit der Buszykluszeit von der Anzahl der Slaves bei feste Datenrate zeigt Tabelle 1.

Tab. 1: Buszykluszeiten beim Profibus DP

Slave-Anzahl	5	10	20	30
Buszyklus (bei 1,5 Mbit/s)	2 ms	2 ms	4 ms	6 ms
Buszyklus (bei 12 Mbit/s)	o. A	o. A	o. A.	< 2 ms

Durch azyklische Kommunikation (in Profibus DB V1) kann eine Neuparametrierung im laufenden Bus vorgenommen werden. Z. B. können die Schaltzustände eines Farbsensors von „Öffnen falls gelb" auf „Öffnen falls grün" umgestellt werden.

Eine wesentliche Eigenschaft ist, dass eine An- und Abkopplung der Slaves im laufenden Betrieb möglich ist. Wird während des Buszyklus ein defekter Slave festgestellt, so wird er in einen Failsave-Modus gebracht und als defekt im Polling abgemeldet. Wird er gegen einen neuen Slave gleichen Typs mit der eingestellten Adresse ausgetauscht, so wird das vom Master erkannt und die gespeicherten Mess-parameter an den Slave übertragen.

Es gibt 3 Masterklassen: *Klasse-1-Master* (kontrollieren Slaves, z. B. SPS), *Klasse-2-Master* (Inbetriebnahme, z. B. PG) und *Klasse-3-Master* (Synchronisation im Segment). In der Vergangenheit kam es zu Problem in der Antriebstechnik, falls mehrere Antriebe z. B. die gleiche Drehzahl haben sollten. Mit der Entwicklung von Profibus DPV2 kann jetzt eine Uhrzeitübertragung erfolgen, sodass alle Stationen eines Segmentes mit weniger als 1 ms synchron laufen.

Profibus PA

Profibus PA wurde ausgelegt für den Einsatz im explosionsgeschützten Bereich der Prozessautomatisierung. Ein Profibus PA-Segment benötigt immer einen Profibus DP-Master, auch für die Stationen im eigensicheren Bereich.

Um die Eigensicherheit zu gewährleisten nutzt er die MBP-Übertragungstechnik (*Manchester Bus Powered*) gemäß dem beschriebenen Standard IEC 61 158-2. Das heißt: Energie und Daten werden auf der Busleitung übertragen.

Die Leistung von Geräten im explosionsgeschützten Bereich ist beschränkt (1,8 W, max. Strom 110 mA nach *EEx ia IIC*). Damit können bei einer Stromaufnahme von 10 mA pro Slaves maximal 10 Slaves in einem Segment angeschlossen werden. Die Leitungslänge ist auf max. 1900 m (mit Stichleitungen bis 120 m) begrenzt. Der Busabschluss ist ein passives RC-Glied.

Der Profibus DP/PA-Koppler (Abb. 1) muss die Anpassung leisten für

- die Übertragungsphysik von (RS485 auf IEC 61158-2)
- die Übertragungsrate von 31,25 kbit/s (PA) auf 12 kbit/s (DP)
- Energieeinspeisung in das PA-Segment

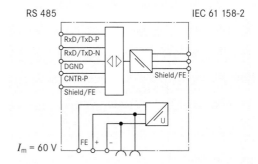

Abb. 1: Blockschaltbild eines DP/PA-Kopplers

Inbetriebnahme von Profibus DP-Stationen

Zur Inbetriebnahme werden GSD-Dateien verwendet, in denen die Geräte-Stammdaten enthalten sind. Sie werden vom Hersteller mitgeliefert bzw. sind bei der Profibus-Nutzerorganisation (PNO) im Internet erhältlich. Diese Datei spezifiziert ein Gerät als Profibus-Station. Diese Datei kann z. B. über die Hardwarekonfiguration mit STEP 7 (bei Simatic CPU) installiert werden und ist anschließend im Hardwarekatalog auswählbar.

5.6.3 Industrial Ethernet

Der Ethernet-Standard IEEE 802.3 für die physikalische Schicht des ISO/OSI-Modells hat sich zusammen mit TCP/IP in der Bürokommunikation durchgesetzt. *Durchgängige Kommunikation* von der Leit- zur Feldebene legt auch die industrielle Anwendung für Feldgeräte nahe.

Wegen der speziellen Anforderungen an ein Netz im Feldbereich (Tab. 2), kann der Bürostandard nicht direkt übernommen werden.

Tab. 2: Vergleich der Anforderungen an Ethernet

Anforderung an	Büro-umgebung	Industrie-umgebung
Topologie	oft: Baum	oft: Ring, Linie
Umweltbelastung (Schmutz, Temperatur, Feuchte, EMV, Chemie)	gering	hoch
Telegrammform	Lang, große Datenmenge	möglichst kurz, kaum Steuerzeichen
Reaktionszeit	Sekunden	Mikrosekunden
Standzeit	5 Jahre	10 Jahre
Netzverfügbarkeit	mittel	hoch
Übertragungsart	azyklisch	zyklisch und azyklisch
Buszykluszeit	nicht fest	fest
Echtzeitfähigkeit	nicht nötig	notwendig

Trotz hundertfach höherer Datenraten gegenüber einem Feldbus (z. B 1 Gbit/s zu 10 MBit/s) bleibt die *Echtzeitfähigkeit* wichtiges Kriterium für den Einsatz des Ethernets im Feldbereich. Echtzeitfähig bedeutet, dass Signale *gleichzeitig*, z. B. an synchron laufenden Motoren ankommen, bzw. *rechtzeitig*, z. B. um noch regelnd einzugreifen, ankommen.

Der nicht deterministische CSMA/CD-Buszugriff und die Mindestlänge der Telegramme (576 Bit) erschweren die Echtzeitfähigkeit des Ethernets. Die

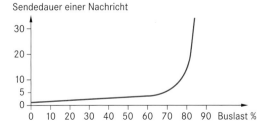

Abb. 2: Sendedauer einer Nachricht bei verschiedenen Busauslastungen (CSMA/CD-Buszugriff)

Sendedauer eines Telegramms steigt stark mit der Busbelastung an (Abb. 2). Daher wurden Maßnahmen entwickelt, um Echtzeitfähigkeit und Zuverlässigkeit des Industrial Ethernets zu erzielen.

Technologien für echtzeitfähiges Ethernet

Folgende Technologien tragen zur Zuverlässigkeit und Echtzeitfähigkeit des Ethernets bei:

- Buslastbegrenzung
- Segmentierung
- Vollduplex-Betrieb
- Switching mit entsprechenden Geräten

Buslastbegrenzung

Durch eine *Lastbegrenzung* des Bussystems kann unter Beibehaltung des CSMA/CD-Verfahrens eine Industrietauglichkeit erreicht werden. Dazu wird in der TCP/IP-Software für jeden Teilnehmer die

- maximale mittlere Anzahl an Telegrammen pro Sekunde,
- maximale mittlere Nachrichtenlänge und die
- minimale, zufällige Sendepause nach Kollision

vorgegeben. Dadurch kann man die Busbelastung sehr niedrig, z. B. unter 10 % halten. So kann zwar nicht die Buszeit, aber die größtmögliche Sendezeitverzögerung angegeben werden. Z. B. können die Übertragungszeiten bei 1 Mbit/s unter der Zeit von 10 ms gehalten werden.

Segmentierung

Die Kommunikation wird in zwei Ebenen eingeteilt. Auf der untergeordneten Ebenen werden alle Busteilnehmer physikalisch oder logisch (VLAN, d. h. Virtual-LAN) zu Segmenten zusammengefasst (Abb. 2, nächste Seite). Das ist sinnvoll, da ein Großteil der Verbindungen nur zwischen wenigen Teilnehmern stattfindet. Den wenigen Busteilnehmern innerhalb eines Segmentes steht dann die gesamte Buskapazität des dezentralen Teilnetzes zur Verfügung. So wird die Busbelastung auf die Segmente (auch „Kollisionsdomäne" genannt) verteilt.

Als Folge nimmt auch die Kommunikation auf übergeordneter Ebene zwischen den Segmenten ab. Eine Gesamtentlastung des Busses wird erzielt.

Es muss jetzt aber entschieden werden, ob eine Nachricht im Segment bleibt oder nicht. Dies kann mit Hilfe der Adressen bzw. der Netzmaske (VLAN-Tag bei logischen Segmenten) geschehen. Die Entscheidung trifft z. B. ein Switch.

Ethernet im Vollduplex-Betrieb

Üblicherweise können alle Teilnehmer eines Ethernet-Busses sowohl schreiben (T×D) als auch lesen (R×D). Allerdings geht beides nicht gleichzeitig und unabhängig voneinander, da ansonsten bei CSMA/CD-Zugriff Kollisionen ständig auftreten. Kann ein Teilnehmer entweder nur senden oder nur empfangen, handelt es sich um *Halbduplex-Betrieb*.

Gleichzeitiges Senden und Empfangen wird durch den *Vollduplex-Betrieb* möglich (Abb. 1).

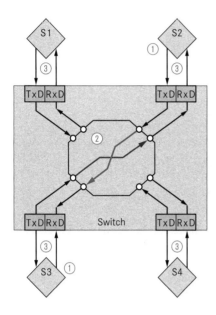

Abb. 1: Vollduplex-Betrieb in einem Switch mit 4 Ports ③

Dazu muss zwischen 2 Teilnehmern ① (hier S2 und S3) eine Verbindung über 2 getrennte Leiterpaare ② hergestellt werden. Dies geschieht durch das Verschalten der Anschüsse ③ (Ports), an denen sich die kommunizierenden Geräte befinden. Es gibt dann keine Datenkollisionen mehr und die volle Übertragungsrate steht in jeder Richtung zur Verfügung. Kollisionsmeldungen treten so ebenfalls nicht mehr auf.

Die Kollisionsfreiheit in den Segmenten eines Switches mit Vollduplexbetrieb ermöglicht den deterministischen Betrieb des Busses.

Die Kontrolle über die Vollduplex-Verbindung übernimmt das TCP-Protokoll.

Switched Ethernet

Ein Switch ist ein Netzteilnehmer der 2. OSI-Schicht (Sicherungsschicht), der physikalisch unterschiedliche Ethernet-Segmente (z. B. Twisted-Pair-Netz und LWL-Netz) miteinander verbinden kann. Dadurch wird die Linienstruktur des Busses aufgebrochen (Abb. 2) und es entstehen sternförmige ① oder ringförmigen ④ Topologien.

Der Switch (Abb. 3) baut durch das Verschalten der Ports eine Punkt-zu-Punkt-Verbindung (Abb. 1) zwischen zwei Feldgeräten auf. Er nutzt dazu einen geräteinternen, schnellen Bus. Er besitzt einen Datenpuffer, damit während des Schaltens keine Daten verloren gehen. Seine Leistungsstärke ist die gleichzeitige Übertragung zwischen mehreren Segmenten bei voller Busgeschwindigkeit an jedem Port.

Abb. 3: 8-Port-Switch

Der Switch untersucht die durchlaufenden Telegramme auf Ihre Zieladresse des Empfangsgerätes und entscheidet dann über ihre Weiterleitung.

Es gibt 2 Switching-Techniken für das Weiterleiten von Nachrichten:

- Cut-Through
- Store-and-Forward

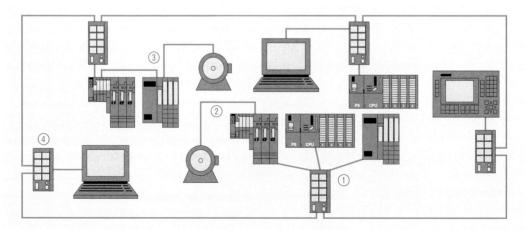

Abb. 2: Switched Industrial Ethernet mit verschiedenen Segmenten

Beim *Cut-Trough* wartet ein Switch nicht, bis er ein Telegramm vollständig gelesen hat. Er liest nur die Zieladresse im Telegrammkopf und reicht es dann sofort an den Empfänger weiter. Mögliche Fehler werden so ebenfalls weitergegeben.

Beim *Store-and-Forward* werden die Daten zuerst gelesen, gespeichert und auf Korrektheit geprüft. Die Zahl an fehlerhaften Telegrammen in einem Segment bleibt daher gering.

Adressierung der Teilnehmer

Die MAC-Adresse ist die weltweit eindeutige Gerätekennzeichnung der Netzwerkkomponenten. Sie wird in jedem Geräte in einem ROM gespeichert. Jeder Header eines Ethernet-Telegramms enthält diese MAC-Adressen als Quell- bzw. Zieladresse. Ein Switch lernt mit der Zeit, welcher Teilnehmer an welchem Port angeschlossen ist. Diese Zuordnung speichert er in einer Tabelle (SAT-Tabelle). Sie wird laufend aktualisiert und lange nicht benutzte Adressen werden wieder gelöscht. Nicht verzeichnete Adressen werden an alle Segmente weitergeleitet. Die Pfadsuche von Quelladresse zu Zieladresse übernimmt die IP-Software. Die lokalen Netzbereiche können durch IP-Adressen und Subnet-Masken zugeteilt werden.

Power over Ethernet (PoE)

Ähnlich den Umsetzungen bei Feldbussystemen, existiert auch beim Ethernet die Möglichkeit zur Energiespeisung der Feldgeräte (laut IEEE 802.3af). Sie eignet sich zum Betrieb von intelligenten Aktoren/Sensoren, RFID-Lesegeräte, bzw. Access Points für Funkübertragung. Es gibt:

- *Power Sourcing Equipment (PSE)*
  zum Einspeisen der Energie und

- *Powered Devices (PD)*
  Endegeräte, die mit der Energie betrieben werden können.

Oft sind die Energieversorgungsgeräte zugleich Switches, die über Ihre Ports Daten und Energie bei Übertragungsraten bis 100 Mbit/s weitergeben können (Abb. 4). Die Leistung von PSE-Geräten beträgt 15,4 W, die der PD-Verbraucher maximal 13 W bei einer zulässiger Einspeisung 350 mA Dauerstrom.

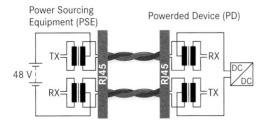

Abb. 4: Schema der Energieeinspeisung bei PoE

> ❗ *Industrial Ethernet* wird durch Vollduplexbetrieb über Switches sicher und echtzeitfähig.

5.6.4 Profinet

Profinet (*Prozess Field Ethernet*) nutzt Industrial Ethernet als Basis. Durch Profinet (kurz PN) werden die folgenden Produktionsaufgaben und -anwendungen gelöst (Abb. 5):

- Echtzeitfähiges Ethernet bis hin zu Motion-Control-Anwendungen ①.
- Durchgängige Ethernet-Verbindungen über alle Kommunikationsebenen ②.
- Direkte Anbindung von Feldgeräten per Ethernet ③.
- Einbindung vorhandener Felbusse (z. B. Profibus, Interbus) mit Proxy-Technologie ④.
- Modulare Anlagenkonzepte
- Sicherheitstechnik (z. B. Lichtgitter, Not-Aus) bis Safety-Integrity-Level (SIL) 3.
- Zugriffssicherung und Verschlüsselung bei der PC-Kommunikation ⑤.
- Geräteprofile für spezielle Anwendungsbereiche.

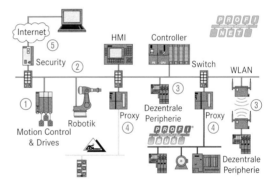

Abb. 5: Netzwerk mittels Profinet IO

Profinet kommt, je nach Art der angeschlossenen Teilnehmer, in 2 Varianten vor:

- *Profinet IO*
  stellt die direkte Anbindung *dezentraler Feldgeräte* an eine Steuerung mittels Ethernet her, wie in Abbildung 5 dargestellt.

- *Profinet CBA (Component Based Automation)*
  lässt eine Gesamtanlage modular aus zuvor zusammengefassten Anlagenkomponenten entstehen (Abb. 1, S. 210). Diese Module fassen mechanische und elektrische Geräte mit einem Programm zusammen, das in einer dezentralen Steuerung läuft. Das Steuerprogramm, herstellerabhängig mit *PC Worx* (Phoenix Contact) oder *Step 7* (Siemens) erstellt, lässt das Modul autark arbeiten und nach außen mit wenigen Signalen kommunizieren. Mit einem Programm (wie dem

CBA-Programm erstellen

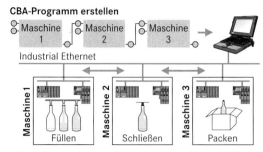

Abb. 1: Verknüpfung zur Gesamtanlage mit Profinet CBA

Verschaltungseditor – Phoenix Contact – oder *Simatic iMap* – Siemens) lassen sich die Komponenten dann auf Softwarebasis zur Gesamtanlage verschalten. Man spricht von verteilter Automatisierung.

Profinet IO

Profinet IO regelt den zyklischen und azyklischen Austausch von Daten zwischen dezentralen Feldgeräten und Steuergeräten (IO-Geräte) mit einer Datenrate von 100 Mbit/s (Fast-Ethernet) und Zykluszeiten unter 10 ms. Die Standard-Verbindung erfolgt über RJ45-Schnittstellen.

Profinet IO orientiert sich in seinem Aufbau aus Sicht des Anwenders am Profibus DP, so dass man viele Entsprechungen findet:

- In den Profinet-Geräteklassen (Abb. 2) lassen sich IO-Controller, IO-Supervisor und IO-Devices unterscheiden und in der Funktion mit den DP-Master Klasse 1, dem DP-Master Klasse 2 und dem DP-Slave vergleichen.

  - Der *IO-Supervisor*, ein PC,HMI oder Programmiergerät, dient zur Inbetriebnahme des Busses, der Diagnose von O-Geräten und Fehlersuche („Engineering-Station"). Er wird nur zeitweilig eingebunden.

  - Im *IO-Controller* (SPS) läuft das Automatisierungsprogramm. Es muss mindestens ein Controller in einer Profinet IO-Aufbau vorhanden sein.

  - Das *IO-Device* als dezentrales Feldgerät tauscht Nutzdaten zyklisch und in Echtzeit mit einem oder mehreren IO-Controllern.

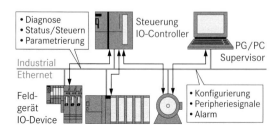

Abb. 2: Profinet IO-Geräteklassen

- Der zyklische Datenaustausch zwischen Master und Slave ist, ethernetbedingt, dem *Provider-Consumer-Verfahren* gewichen. Der Provider (Sender) stellt selbständig mit festem Zeitraster dem Consumer (Empfänger) seine Prozessdaten zur Verfügung.

- Im Unterschied zu Profibus DP liegt die Gerätebeschreibung in der XML-basierten Sprache vor und wird daher als GSDML-Datei bezeichnet. Sie wird z. B. in Step 7 importiert.

Während des Systemanlaufs werden die Automatisierungsaufgaben von IO-Geräten bestimmt und über sogenannte *Applikationsbeziehungen* (engl. Application Relation, AR) hergestellt (Abb. 3). Der Datenaustausch erfolgt dann, funtionsabhängig, über drei Kanäle, den *Kommunikationsbeziehungen* (engl. Communication Relation, CR), über die Record Data CR für die Konfiguration und die Diagnose, azyklisch und zeitunkritisch mit Standardprotokollen (TCP/IP bzw. UDP); die *Alarm CR* für Alarme, azyklisch und in Echtzeit; und die IO Data CR für Prozessdatenaustausch, zyklisch und in Echtzeit.

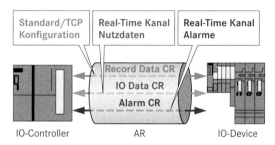

Abb. 3: Datenübertragung mittels Applikations- und Kommunikationsbeziehungen

Der Übertragungszyklus unterscheidet 3 Geschwindigkeitsklassen (Abb. 4): *Non-Real-Time* (*NRT*), in Echtzeit (engl. *Real-Time, RT*) 1 … 10 ms, und taktsynchron (engl. *Isochonous Real-Time, IRT*) 100 µs … 1 ms. IO-Daten werden RT oder IRT übertragen. IRT ist insbesondere für Antriebssteuerungen gleichlaufender Achsen erforderlich und wird über das Zeitmultiplexen bei variablen Sendeintervallen durch extra Hardware-Unterstützung (ERTEC-ASIC) möglich.

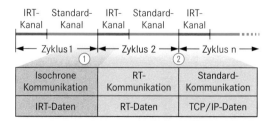

Abb. 4: Zeitaufteilung des Übertragungszyklus

Merkmal	AS-Interface	Profibus DP	Profibus PA	Profinet
Topologie (Optional)	Linie/Baum/ Ring/Stern	Linie (Baum/Ring)	Linie (Stichleitungen)	Stern/Baum (Linie Ring)
Max. Teilnehmerzahl	62 (124 binär/ Segment)	126	126	128 (64 IRT)
Max. Ausdehnung	600 m	9,6 km (Kupfer) ca. 100 km (LWL)	1900 m	100 m (Kupfer) 14 km (LWL)
Buszugriff	Master/Slave	Master/Slave (Token Passing)	Master/Slave (Token Passing)	CSMA/CD
Übertragungs- sicherheit	Wiederholung	Blocksicherung	CRC-Check	CRC-Check
Max. Übertragungsrate	167 kbit/s	12 Mbit/s	31,25 kbit/s	100 Mbit/s
Übertragungs- medien	Gelbes Flachkabel (UTP-Kabel)	STP oder LWL	STP	STP, LWL, WLAN
Übertragungs- verfahren	asynchron	asynchron	synchron	synchron
Übertragungs- physik	30 VDC (Versorgung) 3 ... 8 V_{ss} (Daten)	RS485	IEC 61158-2	0 ... -2.05 V
Eigensicherheit	möglich	keine	gegeben	möglich
Normen/ Standards	DIN EN 50 295 IEC 62 026	DIN 19 245 DIN IEC 61 784 DIN 50 170	IEC 61 158-2 DIN 50 170 DIN V 12 900	IEEE 802.3 ISO 15 745 DIN EN 62 453 ISO/IEC 8802.3
Einige Hersteller	Festo, ifm, Pepperl+Fuchs, Sick, Siemens AG	Bosch, Festo, Pepperl+Fuchs, Siemens AG	Endress+Hauser, Pepperl+Fuchs, Samson, Siemens AG	Phoenix Contact, Siemens AG
Interessen- gruppen	AS-International Association www.as-interface.net	(PNO) Profibus Nutzerorganisation www.profibus.com	(PNO) Profibus Nutzerorganisation www.profibus.com	(PNO) Profibus Nutzerorganisation www.profibus.com

1. Welchen Vorteil bieten Bussysteme gegenüber der konventionellen Verkabelung?

2. Nennen Sie Bussysteme, die im explosionsgeschützten Bereich eingesetzt werden?

3. Was bedeutet Durchdringungstechnik?

4. Arbeitet Profinet innerhalb eines Switch-Bereiches im Vollduplex-Betrieb? (Begründung)

5. Was ist eine Polling-Liste?

6. Erläutern Sie den Unterschied zwischen Zeitmultiplexen und Frequenzmultiplexen!

7. Berechnen Sie die Spannung U_A und U_B in den Leitern A und B einer RS 485-Schnittstelle.

8. Weshalb kann man über Lichtwellenleiter nicht beliebig schnelle Datenübertragung erreichen?

9. Betreibt man das AS-Interface mit Schaltschrankspannung (24 V DC)?

10. Sie müssen Ventilsteuerungen im explosionsgeschützten Bereich einrichten. Welche Bussysteme kommen in Frage?

11. Kupferleiter lassen sich durch Löten direkt und fest verbinden. Ist das mit LWL auch möglich?

12. Beschreiben Sie den Unterschied von FHSS und DSSS in die Funkübertragung?

13. An welchen Steckerpins des 9-poligen Sub-D Steckers wird beim Profibus DP das Signal übertragen?

14. Eine Regelungsaufgabe erfordert Reaktionszeiten von 800 μs. Wählen Sie eine passende Geschwindigkeitsklasse in Profinet.

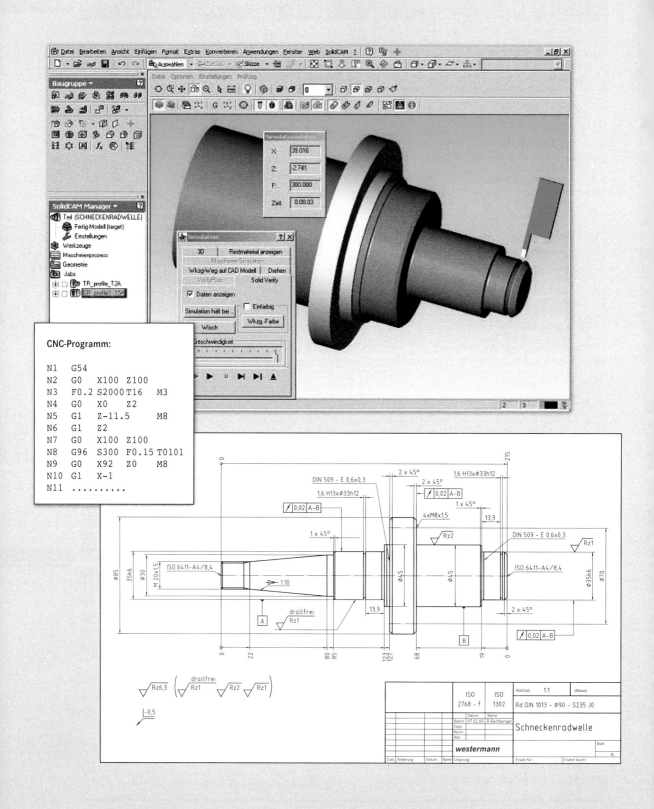

CNC-Programm:

```
N1    G54
N2    G0   X100 Z100
N3    F0.2 S2000 T16  M3
N4    G0   X0   Z2
N5    G1   Z-11.5      M8
N6    G1   Z2
N7    G0   X100 Z100
N8    G96  S300 F0.15 T0101
N9    G0   X92  Z0   M8
N10   G1   X-1
N11   ..........
```

Schneckenradwelle

westermann

6.1 Aufbau von CNC-Maschinen

Gegenüber manuellen oder mechanisch gesteuerten Werkzeugmaschinen benötigen CNC-Maschinen (CNC = Computerized Numerical Control) eine besondere Ausstattung. Abb. 1 zeigt den Aufbau einer CNC-Drehmaschine. CNC-Steuerungen werden bei fast allen Werkzeugmaschinen, z. B. Dreh-, Fräs-, Schleif-, Biege- und Stanzmaschinen eingesetzt.

6.1.1 Antriebe

CNC-Maschinen besitzen einen Hauptantrieb und mehrere Vorschubantriebe. Zum Einsatz kommen Gleichstrom- oder Drehstrommotoren mit stufenlos einstellbarer Umdrehungsfrequenz.

Hauptantrieb

Der Hauptantrieb treibt die Arbeitsspindel mit dem Werkstück (z. B. bei Drehmaschinen) oder dem Werkzeug (z. B. bei Fräsmaschinen) an. Bestimmungsgrößen für die Auswahl des Hauptantriebes sind die Leistung und der Umdrehungsfrequenzbereich.

Vorschubantrieb

Für jede Vorschubrichtung benötigt man einen Vorschubmotor. Die Bewegungen sind gleichzeitig und unabhängig voneinander möglich. Vorschubmotoren sind direkt auf der Antriebsachse angebracht, oder übertragen die Bewegung mit einen Zahnriementrieb auf die Antriebsachse. Die Umwandlung der Drehbewegung in geradlinige Bewegungen erfolgt über Kugelgewindetriebe (Abb. 2). Sie sind besonders verschleißarm. Das Spiel zwischen der Kugelumlaufspindel und der Mutter kann über den Distanzring auf ein Mindestmaß eingestellt werden.

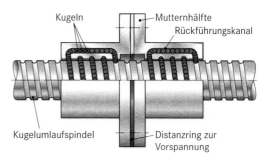

Abb. 2: Kugelgewindetrieb

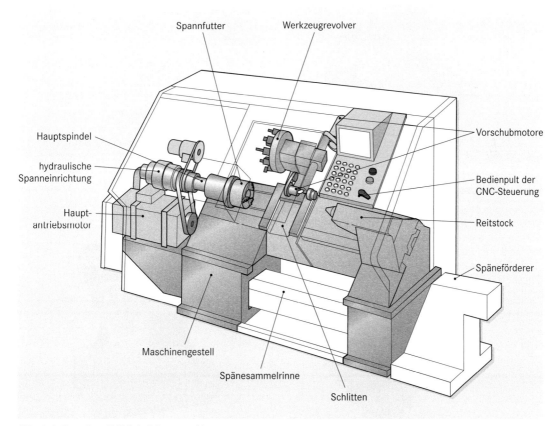

Abb. 1: Aufbau einer CNC-Schrägbettmaschine

Zunehmend werden auch Linearantriebe (Abb. 1) eingesetzt. Sie ermöglichen hohe Vorschubgeschwindigkeiten.

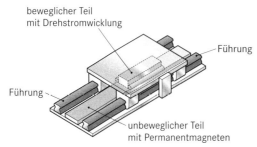

Abb. 1: Linearantrieb

6.1.2 Spannsysteme

Bei der CNC-Fertigung müssen Werkstücke und Werkzeuge eingespannt werden. Zum Einsatz kommen Spannmittel, die für die automatisierte Fertigung geeignet sind. Durch sie kann ein automatischer Werkzeugwechsel oder eine automatische Zuführung des Rohmaterials erfolgen.

Als Spannsysteme werden Kraftspannfutter, hydraulische Spannzylinder (Abb. 2), hydraulische Schraubstöcke oder flexible Spannsysteme verwendet.

Abb. 2: Hydraulischer Spannzylinder

6.1.3 Werkzeugwechselsysteme

Für den automatisierten Ablauf ist es notwendig, dass die Maschine selbständig unterschiedliche Werkzeuge einwechseln kann. CNC-Drehmaschinen sind für diesen Zweck mit einem Werkzeugrevolver ausgestattet (Abb. 3.). Größere Bearbeitungszentren für Fräs-, Bohr- oder Drehbearbeitung besitzen oft ein Werkzeugmagazin.

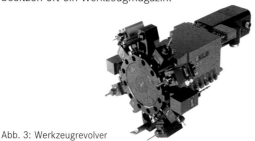

Abb. 3: Werkzeugrevolver

Das entsprechende Werkzeug wird dabei durch einen Roboter oder eine Handhabungsvorrichtung eingewechselt.

Wird ein Werkzeug von der Steuerung aufgerufen und eingewechselt, werden die technologischen Daten des Werkzeugs mit aufgerufen und verarbeitet. Hierzu ist es notwendig die geometrischen Daten des Werkzeuges zu ermitteln. Dafür müssen sie vor dem Bearbeitungsvorgang vermessen werden.

6.1.4 Werkzeugvermessung

Bei der Werkzeugvermessung kommen zwei Verfahren zum Einsatz:

- *interne Vermessung* durch *Messeinrichtung*
- *externe Vermessung* durch *Werkzeugvoreinstellgerät*

Interne Werkzeugvermessung

Bei der internen Vermessung wird das eingespannte Werkzeug in der Maschine vermessen.

Bei Maschinen mit einer *optischen Messeinrichtung* wird die Lage der Werkzeugspitze über ein optisches Fadenkreuz ermittelt.

Außer der optischen Messeinrichtung können auch *mechanische Messeinrichtungen* zum Einsatz kommen. Mit einer Tasteinrichtung wird die Schneide abgetastet.

Nach der Vermessung werden die Daten im Werkzeugspeicher abgelegt.

Externe Werkzeugvermessung

Bei der externen Werkzeugvermessung wird ein *Werkzeugvoreinstellgerät* verwendet (Abb. 4).

Abb. 4: Werkzeugvoreinstellgerät

Das Werkzeug wird in einem genormten Werkzeughalter in das Gerät eingesetzt. Im Messgerät wird die Lage der Werkzeugschneide im Bezug auf den bekannten Bezugspunkt des Werkzeughalters vermessen. Die Vermessung kann optisch oder mechanisch erfolgen.

Die ermittelten Daten werden manuell oder durch Datentransfer an die CNC-Maschine übermittelt.

6.1.5   Steuerung

6.1.5.1 Aufbau einer CNC-Steuerung

Alle für die Fertigung erforderlichen Daten werden in der Steuerung verarbeitet. Sie ist nach dem EVA-Prinzip aufgebaut.

Eingabe

CNC-Programme werden vorwiegend an einem externen Programmierplatz erstellt und dann über eine Datenschnittstelle (serielle Schnittstelle, Ethernet) zur Maschine übertragen. Bei der Inbetriebnahme eines Programms an der Maschine sind zahlreiche manuelle Eingriffe erforderlich. Dies sind:

- Ablauf des Programms im Einzelschrittbetrieb
- Unterbrechen und Fortsetzen des Programms
- Kontrolle des Programms
- Ergänzen des Programms
- Korrektur von Schnittwerten (Umdrehungsfrequenz, Vorschub)

Diese Funktionen werden über das Bedienfeld (Abb. 4) aufgerufen.

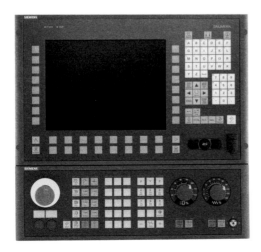

Abb. 4: Bedienfeld einer CNC-Maschine

Verarbeitung

Die Verarbeitung des CNC-Programms erfolgt mit einem Mikroprozessor. Hierzu sind weitere Hardware- und Softwarekomponenten erforderlich. Steuerungshersteller bieten CNC-Steuerungen als fertige Lösungen an (Abb. 5).

Abb. 5: CNC-Steuerung (Hardware)

Das CNC-Programm besteht im Wesentlichen aus Weginformationen und Schaltinformationen. Diese müssen verarbeitet und in entsprechende Maschinenbefehle übersetzt werden.

Weginfomationen steuern die Verfahrbewegungen der CNC-Achsen. Hierzu muss die Steuerung z. B. den Befehl „Fahre im Eilgang auf die Position X100" – verarbeiten. Dies erfolgt durch Interpolation. Interpolation ist ein Verfahren, mit dem Zwischenwerte einer Bahn berechnet werden. Die Steuerung gibt laufend die berechneten Zwischenwerte aus, welche in entsprechende Anweisungen für den Vorschubmotor der X-Achse umgesetzt werden müssen. Nähert sich der Maschinentisch dem Zielpunkt muss die Steuerung rechtzeitig den Maschinentisch abbremsen, damit er nicht über den Zielpunkt hinaus fährt.

Schaltinformationen steuern weitere Baugruppen der CNC-Maschine. Der Befehl „Schalte die Hauptspindel mit einer Umdrehungsfrequenz von 2000 1/min im Rechtslauf ein" ist eine typische Schaltinformation. Die Informationen müssen von der CNC-Steuerung in die entsprechende Maschinensprache umgesetzt und an den Antrieb weitergegeben werden. Weitere Schaltinformationen sind das Ein- und Ausschalten der Kühlmittelzufuhr oder die Durchführung eines Werkzeugwechsels.

Ausgabe

Die Signale der CNC-Steuerung müssen an den Hauptantrieb, die Vorschubantriebe und weitere Stellglieder der Maschine übertragen werden. Hierzu sind eine SPS und eine Anpasssteuerung notwendig (Abb. 1).

Die SPS führt die notwendigen Schaltinformationen durch. Einige Funktionen, z. B. der Werkzeugwechsel laufen immer in der gleichen Reihenfolge ab. Sie werden durch einen Schaltbefehl von der CNC-Steuerung angestoßen und laufen dann schrittweise gesteuert und überwacht durch die SPS ab.

Die Anpasssteuerung hat die Aufgabe, die Steuersignale der SPS in entsprechende Leistungswerte (Strom, Spannung) umzusetzen. Angesteuert werden Schütze für Hilfsantriebe, Verstärker für Hydraulik- und Pneumatikventile oder Frequenzumrichter für die Antriebe.

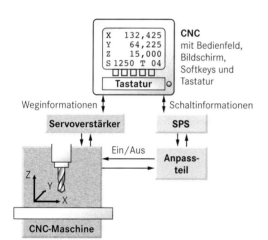

Abb. 1: Prinzip einer CNC-Steuerung

6.1.5.2 Steuerungsarten

An CNC-Werkzeugmaschinen werden verschiedene Steuerungsarten verwendet. Hierbei unterscheidet man *Punktsteuerungen, Streckensteuerungen* und *Bahnsteuerungen*.

Punktsteuerungen kommen z. B. beim Punktschweißen oder bei Bohrarbeiten zum Einsatz. Das Werkzeug fährt im Eilgang auf den Zielpunkt. Anschließend erfolgt die Bearbeitung (Abb. 2).

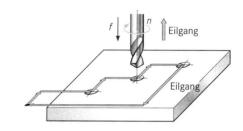

Abb. 2: Punktsteuerung

Streckensteuerungen werden bei einfachen Dreh- oder Fräsmaschinen eingesetzt. Sie ermöglichen nur achsparallele Verfahrbewegungen mit unterschiedlichen Vorschubgeschwindigkeiten.

Bei den meisten Werkzeugmaschinen werden Bahnsteuerungen eingesetzt. Sie ermöglichen während der Zerspanung beliebige Verfahrbewegungen.

Entsprechend den steuerbaren Achsen unterscheidet man 2 D, 2 ½ D und 3 D-Bahnsteuerungen (Tab. 1).

Bei Bearbeitungszentren sind auch 4D- und 5D-Steuerungen im Einsatz.

Tab. 1: Bahnsteuerungen

Bahnsteuerungen		
2 D	**2 ½ D**	**3 D**

Es kann in zwei vom Hersteller festgelegten Achsen gleichzeitig verfahren werden. Dies können z. B. die X- und die Y-Achse sein.	Es kann in zwei von drei vom Maschinenbediener ausgewählten Achsen gleichzeitig verfahren werden. Dies können z. B. die X- und Y-Achse, die Y- und Z-Achse oder die X- und Z-Achse sein.	Es kann in drei Achsen gleichzeitig verfahren werden. Dadurch ist eine gemeinsame Bewegung in der X-, Y- und Z-Achse möglich.

6.1.6 Lageregelung

Die Verfahrbewegungen der Vorschubantriebe müssen mit hoher Genauigkeit ausgeführt werden. Ungleiche Bearbeitungskräfte, Reibung und Spiel in der Spindel, Temperaturschwankungen oder große Massen, die bewegt werden müssen, führen zu Ungenauigkeiten im Antriebssystem. Daher benötigen CNC-Achsen eine Lageregelung.

Der Lageregelkreis ist ein geschlossener Wirkungskreis mit einer ständigen Überprüfung und Rückmeldung der momentanen Position der CNC-Achse. Abb. 3 zeigt das Prinzip einer Lageregelung.

Die CNC-Steuerung gibt den Sollwert (X_{soll}) vor. Die Bahnsteuerung berechnet hierzu laufend neue Positionswerte, denen die Achsen nachlaufen müssen. Die zu regelnde Größe, die Ist-Position (X_{ist}) des Maschinentisches wird über das Wegmesssystem ständig erfasst und mit dem Sollwert verglichen. Die Regeleinrichtung ermittelt die Differenz zwischen dem Sollwert X_{soll} und dem Istwert X_{ist}. Entsprechend der Regeldifferenz gibt der Lageregler einen Umdrehungsfrequenzwert an den Vorschubmotor. Die Gewindespindel bewegt den Maschinenschlitten. Das Wegmesssystem erfasst laufend die Ist-Position am Maschinenschlitten und meldet dies an die Regeleinrichtung zurück.

Jede CNC-Achse besitzt einen eigenen Lageregelkreis. Daher benötigt jede Achse einen

- regelbaren Vorschubantrieb und ein
- elektronisches Wegmesssystem.

Der **Vorschubantrieb** besteht heute überwiegend aus einem Servomotor, der als Synchronmotor ausgeführt wird. Eine Kugelgewindespindel wandelt die Drehbewegung des Motors in eine Linearbewegung um. Zwischen Motor und Gewindespindel kann ein Getriebe angeordnet sein.

Elektronische **Wegmesssysteme** haben die Aufgabe, die Position des Maschinentisches genau und ohne Zeitverzögerung zu bestimmen und an den Lageregelkreis zu übermitteln. Die Position der Spindel wird entweder indirekt über einen Drehgeber oder direkt über ein Wegmesssystem erfasst (Siehe Kap. 1). Bei der direkten Wegmessung werden Fehler, die durch die Vorschubmechanik hervorgerufen werden, ausgeglichen (Abb. 4).

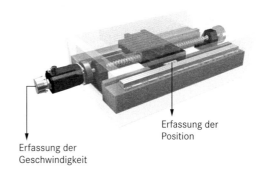

Erfassung der
Geschwindigkeit

Erfassung der
Position

Abb. 4: Weg- und Geschwindigkeitsmessung

Der Lageregelkreis wird durch unterlagerte Regelkreise für die Motorumdrehungsfrequenz und den Motorstrom erweitert. Die Umdrehungsfrequenz wird hierzu mit einem Tachogenerator erfasst, der Motorstrom muss ebenfalls erfasst werden.

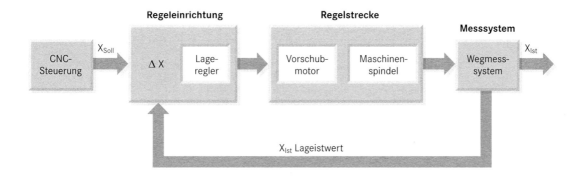

Abb. 3: Lageregelkreis einer CNC-Achse

6.2 Bezugspunkte

Nach DIN 66 217 sind die Richtungen und die Lage der Koordinatenachsen an einer Werkzeugmaschine vorgegeben. Hierzu verwendet man ein kartesisches Koordinatensystem mit den Koordinatenachsen X, Y und Z (Abb. 1).

Die Koordinatenachsen liegen in Richtung der verschiedenen Führungsbahnen der Werkzeugmaschine. In Richtung der Arbeitsspindel ist die Z-Achse festgelegt.

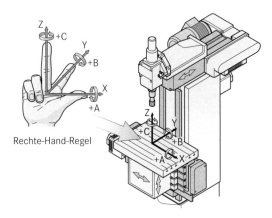

Rechte-Hand-Regel

Abb. 1: Koordinatenachsen und Bezugspunkte einer CNC-Fräsmaschine

Um die verschiedenen Koordinatenachsen sind Drehbewegungen möglich. Es werden Drehbewegungen um die X-Achse, Y-Achse und Z-Achse unterschieden. Diese sind mit A, B und C gekennzeichnet. Zur besseren Orientierung kann die Rechte-Hand-Regel angewendet werden.

Für die Programmierung wird davon ausgegangen, dass das Werkstück still steht und nur das Werkzeug bewegt wird. Bei der Zerspanung dagegen sind sowohl Bewegungen des Werkzeuges als auch des Werkstückes möglich.

Bei CNC-Maschinen werden alle Bewegungen durch das Anfahren von Koordinaten gesteuert. An der Maschine und am Werkstück sind dazu folgende Bezugspunkte zu unterscheiden:

- Maschinennullpunkt M,
- Referenzpunkt R,
- Werkstücknullpunkt W und
- Werkzeugeinstellpunkt E.

Die Bezugspunkte werden durch Symbole gekennzeichnet (Abb. 2). Weitere Bezugspunkte sind möglich.

Symbol	Bedeutung	Symbol	Bedeutung
⊕	Maschinen-nullpunkt **M**	⬤	Referenz-punkt **R**
⊕	Werkstück-nullpunkt **W**	⊕	Werkzeugein-stellpunkt **E**

Abb. 2: Symbole für Bezugspunkte

Der **Maschinennullpunkt** wird vom Hersteller festgelegt. Er liegt im Ursprung des Maschinenkoordinatensystems. Er ist durch das Wegmesssystem festgelegt und kann nicht verschoben werden.

Bei Fräsmaschinen liegt der Maschinennullpunkt meist am Rand des Wegmesssystems und kann daher oft nicht angefahren werden.

Bei Drehmaschinen liegt der Maschinennullpunkt meist auf der Mittelachse der Spindel und im Zentrum der Aufnahme für das Spannmittel (Abb. 3). Da er nicht angefahren werden kann muss nach dem Einschalten der Maschine der Referenzpunkt angefahren werden.

Der **Referenzpunkt** steht in einem bestimmten Maßbezug zum Maschinennullpunkt und kann angefahren werden. Nach dem Einschalten der Maschine muss der Referenzpunkt angefahren werden. Danach kann die Steuerung die genaue Position der einzelnen Achsen bestimmen.

Der **Werkstücknullpunkt** ist der Ursprung des Werkstückkoordinatensstems. Er kann vom Programmierer frei gewählt werden. Mit Hilfe der Nullpunktverschiebung kann die Steuerung den Werkstücknullpunkt bestimmen.

Beim Drehen wird der Werkstücknullpunkt vom Programmierer häufig in das Zentrum der Planfläche gelegt. Muss das Werkstück während der Bearbeitung umgespannt werden ist ein weiterer Werkstücknullpunkt erforderlich.

Der **Werkzeugeinstellpunkt** ist ein festgelegter Punkt der Werkzeugaufnahme. Mit Hilfe der Daten der Werkzeugvermessung berechnet die CNC-Steuerung den Schneidenpunkt eines Werkzeuges.

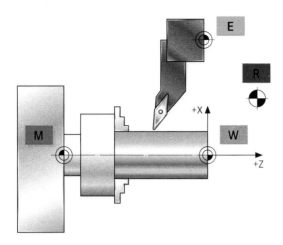

Abb. 3: Koordinatenachsen und Bezugspunkte einer
CNC-Drehmaschine

Beim Einrichten einer CNC-Maschine sind folgende
Arbeitsschritte auszuführen:

- Spannen des Rohteils,
- Vermessen der Werkzeuge,
- Anfahren des Referenzpunktes,
- Bestimmen des Werkstücknullpunktes,
- Aufruf des Programms,
- Testlauf.

Spannen des Rohteils

Das Spannen des Rohteils dient zur Fixierung der
Lage. Je nach den Anforderungen an die Fertigung
werden unterschiedliche Spannmittel verwendet.

Vermessen der Werkzeuge

Alle Werkzeuge müssen vor ihrem Einsatz vermessen werden. Bei Drehmeißeln wird die genaue
Lage der Schneidenecke sowie der Abstand der
Schneidenecke zum Werkzeugeinstellpunkt erfasst. Bei Fräswerkzeugen sind der Durchmesser
und die Länge die bestimmenden Größen. Die ermittelten Maße beziehen sich auf den Werkzeugeinstellpunkt E.

Anfahren des Referenzpunktes

Nach dem Einschalten der Maschine muss bei
inkrementellen Wegmesssystemen der Referenz-
punkt angefahren werden. Dies erfolgt durch das
Verfahren der Maschine in ihren Achsen. Der
Bediener muss hierfür den nötigen Befehl in die
Steuerung eingeben. Erst wenn der Referenzpunkt
angefahren wurde, können Koordinaten in die
Steuerung übernommen werden.

Bestimmen des Werkstücknullpunktes

Im Werkstücknullpunkt liegt der Ursprung des
Werkstückkoordinatensystems. Alle Maße, die bei
der Programmierung eingegeben werden, beziehen
sich auf diesen Punkt.

Beim Fräsen richtet sich die Lage des Nullpunktes
nach der Form des Werkstückes (z. B. Symmetrie)
und nach der Art der Bemaßung (z. B. Bezugsbe-
maßung).

Beim Drehen liegt der Werkstücknullpunkt an der
Planfläche des Werkstücks. Um die genaue Lage
der Planfläche zu ermitteln, wird mit einem ver-
messenen Drehmeißel an der Planfläche leicht an-
gekratzt. Da die meisten Werkstücke plangedreht
werden müssen und der Nullpunkt auf der fertigen
Planfläche liegen soll, wird der Nullpunkt verschoben (Abb. 4).

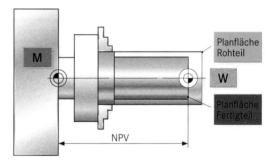

Abb. 4: Nullpunktverschiebung (NPV)

 Die Nullpunktverschiebung ist der Abstand
vom Maschinennullpunkt M zum Werkstücknullpunkt W.

Aufruf des Programms

Sind alle Einrichtarbeiten abgeschlossen, wird das
Programm aufgerufen. Das Programm wird üblicherweise an einem Programmierplatz erstellt und
über Datenleitungen an die Maschine übertragen.
Es kann aber auch direkt in die Maschine eingegeben werden.

Testlauf

Um Werkzeugbruch und Kollision an der Maschine
zu vermeiden wird der erste Programmdurchlauf
im Einzelsatzbetrieb durchgeführt. Dabei wird jeder
Satz einzeln aufgerufen und muss vor der Abarbeitung durch den Bediener bestätigt werden. Bei
kritischen Bewegungen kann der Vorschub oder
die Umdrehungsfrequenz mit einem Potenziometer manuell verändert werden. Nach dem Testlauf
muss das Werkstück auf Maßhaltigkeit und Oberflächengüte kontrolliert werden.

6.3 Programmieren von CNC-Drehmaschinen

6.3.1 Programmaufbau

Der Programmaufbau von CNC-Programmen ist in der DIN 66025 festgelegt. Dabei wird zwischen Weginformationen und Schaltinformationen unterschieden.

Weginformationen enthalten alle Angaben, um die Geometrie des Werkstückes durch Verfahren des Werkzeuges in den Koordinatenachsen der Maschine erzeugen zu können.

Schaltinformationen enthalten die notwendigen technologischen Daten und Zusatzfunktionen. Hierzu gehören die Drehfrequenz, der Vorschub oder die Drehrichtung der Arbeitsspindel.

> **!** Die Weg- und Schaltinformationen in einem CNC-Programm werden in Programmsätzen niedergeschrieben.

> **!** Ein Programmsatz besteht aus mehreren Wörtern. Die Wörter setzen sich aus einem Adressbuchstaben und einer Ziffernfolge zusammen.

Weginformationen

Wegbedingungen haben den Adressbuchstaben G. Sie sind entweder modal (selbsthaltend) und bleiben so lange wirksam, bis sie überschrieben werden, oder sie gelten nur für einen Satz.

Bei der Programmierung der Wegbedingungen für den Verfahrweg gibt es drei Möglichkeiten:

- Verfahren im Eilgang (G0)
- Verfahren auf einer geraden Bahn (G1)
- Verfahren auf einer Kreisbahn (G2, G3)

Die einstelligen G-Befehle können auch mit einer Führungsnull ergänzt werden (z. B. G0 → G00).

Verfahren im Eilgang

Bei dieser Wegbedingung wird in allen Achsrichtungen mit maximaler Vorschubbewegung bis zum angegebenen Zielpunkt verfahren. Die Wegbedingung für das Verfahren im Eilgang wird mit dem Befehl G0 angegeben (Abb. 1). Das Werkzeug ist nicht im Eingriff.

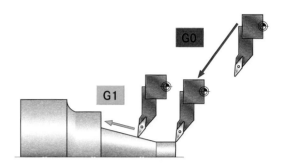

Abb. 1: Verfahren mit den Wegbedingungen G0 und G1

Verfahren auf einer geraden Bahn

Das Verfahren auf einer geraden Bahn wird als Linearinterpolation bezeichnet und mit dem Befehl G1 aufgerufen. Unter der Wegbedingung G1 verfährt das Werkzeug vom Startpunkt zum Zielpunkt. Dabei berechnet und kontrolliert die Steuerung alle nötigen Konturpunkte, die zwischen dem Startpunkt und dem Zielpunkt auf der sie verbindenden Geraden liegen (Abb. 1). Die Länge der Verfahrstrecke wird bestimmt durch Angabe der Zielkoordinaten in X- und Z-Richtung. Die Y-Achse entfällt, bei drehsymmetrischen Werkstücken. Die Geschwindigkeit wird durch den Vorschubwert F bestimmt.

Verfahren auf einer Kreisbahn

Das Verfahren auf einer Kreisbahn wird als Kreisinterpolation bezeichnet. Bei der Kreisinterpolation verfährt das Werkzeug vom Startpunkt zum Zielpunkt auf einer kreisförmigen, von der Steuerung genau berechneten und kontrollierten Bahn. Für das Verfahren auf einer Kreisbahn sind drei Angaben für die Steuerung nötig:

Tab. 1: Programmaufbau

Programm- technische Information	Weginformation		Schaltinformation	
Satznummer	Wegbedingung	Zielkoordinaten	Technologische Daten	Zusatzfunktion
N20	G0	X100	Z0	S800	M04
N30	G1	X-1		F0.1	

- die Drehrichtung,
- die Koordinaten des Zielpunktes und
- die Koordinaten des Kreismittelpunktes.

Für die Drehrichtung gibt es zwei mögliche Wegbedingungen:

→ im Uhrzeigersinn G2

→ im Gegenuhrzeigersinn G3

Die Lage des Drehmeißels hat keinen Einfluss auf die Drehrichtung bei der Kreisinterpolation. Die Programme sind gleich.

Befindet sich der Drehmeißel vor der Drehmitte, blickt man von „unten" auf das Werkstück. Ist der Drehmeißel hinter der Drehmitte, blickt man von „oben" auf das Werkstück (Abb. 2).

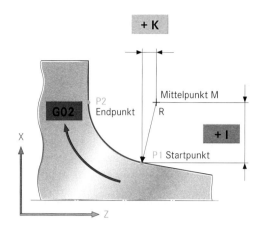

Abb. 3: Interpolationsparameter (inkremantal)

Der Mittelpunkt der Kreisbahn kann auch absolut vom Werkstücknullpunkt angegeben werden. Dann werden die Parameter IA und KA absolut vom Werkstücknullpunkt angegeben (Abb. 4).

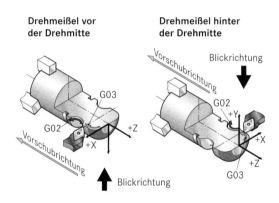

Abb. 2: Lage der Achsen mit Blickrichtung

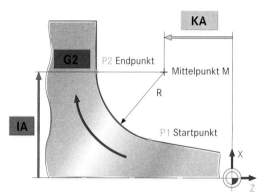

Abb. 4: Interpolationsparameter (absolut)

Die Koordinaten für den Zielpunkt werden im Satz nach der Weginformation G2 bzw. G3 mit X und Z angegeben.

Die Bestimmung des Radius der Kreisbahn kann *inkremental* vom Startpunkt aus durch die Angabe der *Interpolationsparameter I* und *K* für den Mittelpunkt der Kreisbahn erfolgen.

Bei einer inkrementalen Angabe von Punkten wird nicht der Werkstücknullpunkt als Bezugspunkt benutzt, sondern die aktuelle Position. Bei der Kreisinterpolation ist das immer der Startpunkt des Kreises (Abb. 3).

Bei Angabe der Interpolationsparameter sind die Vorzeichen zu beachten.

Die Interpolationsparameter sind den Achsrichtungen X und Z eindeutig zugeordnet:

- X-Achse   Parameter I oder IA
- Z-Achse   Parameter K oder KA

Alternativ kann der Radius auch ohne Angabe von I und K direkt unter der Adresse R programmiert werden.

Wird die Adresse R mit einem *positiven* Vorzeichen versehen, erzeugt die Steuerung einen Kreisbogen kleiner 180°. Mit einem negativen Vorzeichen erzeugt die Steuerung einen Kreisbogen größer 180°.

Ein Kreisbogen kann daher auf drei unterschiedliche Arten programmiert werden:

- Angabe der Interpolationsparameter *inkremental*:
  N 50 G2 X40 Z-30 I10 K-5

- Angabe der Interpolationsparameter *absolut*:
  N 50 G2 X40 Z-30 IA40 KA-25

- Angabe des *Kreisbogenradius*:
  N 50 G2 X40 Z-30 R10

Schaltinformationen

Die Schaltinformationen gliedern sich in technologische Daten und Zusatzfunktionen.

Technologische Daten

Die technologischen Daten enthalten dem jeweiligen Fertigungsschritt zugeordnete Werte für:

- Umdrehungsfrequenz   Adressbuchstabe **S**,
- Vorschub   Adressbuchstabe **F**,
- und Werkzeug   Adressbuchstabe **T**.

Soll mit konstanter Schnittgeschwindigkeit gearbeitet werden, beginnt der Satz mit der Wegbedingung G96. Statt der Umdrehungsfrequenz wird dann die Schnittgeschwindigkeit in m/min angegeben.

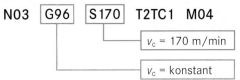

Beispiel:

$$N03 \quad \boxed{G96} \quad \boxed{S170} \quad T2TC1 \quad M04$$

$v_c = 170\ \text{m/min}$

$v_c = \text{konstant}$

Beim Plandrehen erhöht sich dadurch mit abnehmendem Durchmesser die Umdrehungsfrequenz. Dies führt nahe der Werkstückachse zu sehr hohen Umdrehungsfreqenzen. Mit dem Befehl G92 kann die Umdrehungsfrequenz auf einen Maximalwert begrenzt werden.

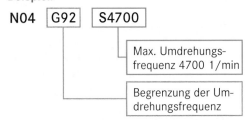

Beispiel:

$$N04 \quad \boxed{G92} \quad \boxed{S4700}$$

Max. Umdrehungsfrequenz 4700 1/min

Begrenzung der Umdrehungsfrequenz

Beim Aufrufen des Werkzeugs wird nach dem Adressbuchstaben eine Ziffernfolge angegeben, die den Platz im Werkzeugrevolver und den zugehörigen Werkzeugkorrekturspeicher angibt (Abb. 1).

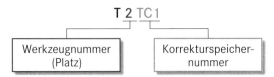

T 2 TC1

Werkzeugnummer (Platz)

Korrekturspeichernummer

Abb. 1: Programmwort für Werkzeugaufruf

Im Werkzeugkorrekturspeicher sind

- die Werkzeuglänge in X- und Z-Richtung
- der Werkzeugschneidenradius und
- die Lagekennzahl der Schneide abgelegt (Abb. 5).

Für jedes Werkzeug stehen mehrere Korrekturspeicher zur Verfügung. Um ein Werkzeug während des Fertigungsprozesses einwechseln zu können (manuell oder automatisch), muss der Werkzeugwechselpunkt angefahren werden.

Zusatzfunktionen

Die Zusatzfunktionen haben den Adressbuchstaben M und eine Ziffernfolge. Zusatzfunktionen werden auch als *Maschinenfunktionen* bezeichnet, da mit ihnen festgelegte Funktionsabläufe an Werkzeugmaschinen aufgerufen werden (Tab. 1).

Tab. 1: Beispiele für Zusatzfunktionen

Zusatzfunktion	Bedeutung
M3	Spindel im Uhrzeigersinn
M6	Werkzeugwechsel
M30	Programmende

6.3.2 Werkzeugbahnkorrektur

Um eine hohe Qualität der Werkstückoberfläche und eine ausreichende Standzeit zu erreichen, ist die Spitze der Werkzeugschneide mit einem kleinen Radius versehen. Dadurch wird ein frühzeitiges Ausbrechen der Schneidenspitze verhindert. Die Größe der Radien liegt zwischen 0,2 und 2 mm.

Ohne Schneidenradiuskompensation führt die Steuerung die Werkzeugschneide entlang der Kontur an ihrer theoretischen Schneidenspitze S. Dies führt zu Fehlern an der Kontur (Abb. 2).

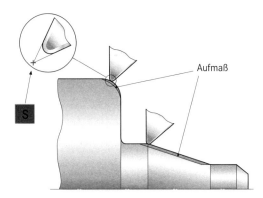

Aufmaß

S

Abb. 2: Konturfehler

Damit die Steuerung der Drehmaschine eine Korrektur des Schneidenradius vornehmen kann, muss der Steuerung mitgeteilt werden, auf welcher Seite der Kontur gearbeitet wird. Es bestehen zwei Möglichkeiten:

Werkzeuglage	Wegbedingung
Links der Kontur	G41
Rechts der Kontur	G42

Betrachtet wird dabei das Werkzeug in Vorschubrichtung (Abb. 3).

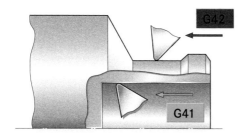

Abb. 3: Werkzeuglage

Die Werkzeugbahnkorrektur kann durch den Befehl G40 wieder aufgehoben werden.

Schneidenradiuskompensation

Durch die Schneidenradiuskompensation wird erreicht, dass die Steuerung den Radius der Schneide berücksichtigt und die Werkzeugbahn entsprechend korrigiert. Sie errechnet eine *Äquidistante* als Bahn des Schneidenradiusmittelpunktes. Sie verläuft parallel zur Werkstückkontur im Abstand des Schneidenradius (Abb. 4).

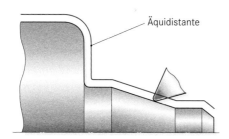

Abb. 4: Verlauf der Äquidistante

Zusätzlich zum Schneidenradius benötigt die Steuerung noch die *Lage der Werkzeugschneide* zur Werkstückkontur, um eine Werkzeugbahnkorrektur durchführen zu können (Abb. 5).

Lage der Werkzeugschneide

Die Lage der Werkzeugschneide wird durch die *Lagekennzahlen* der Werkzeugschneide zu einem theoretischen Werkstück angegeben (Abb. 5). Sie wird mit dem Werkzeugradius im Werkzeugkorrekturspeicher angegeben.

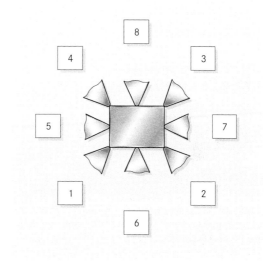

Abb. 5: Lagekennzahlen

6.3.3 Bearbeitungszyklen

Um die Programmierung von immer wiederkehrenden Konturelementen zu vereinfachen, werden beim Drehen Bearbeitungszyklen verwendet.

Der Einsatz von Zyklen bietet dem Programmierer einige Vorteile:

- Vereinfachung des Programms, da die Bearbeitung eines Werkstücks bis zur im Programm beschriebenen Kontur mit nur einem Satz programmiert werden kann,
- alle nötigen Zwischenschritte zur Erzeugung der Kontur werden von der Steuerung erstellt,
- höhere Übersichtlichkeit des Programms,
- einfachere Fehlersuche,
- Zeitersparnis beim Programmieren.

Die Zyklen sind in der Steuerung der CNC-Maschine gespeichert und werden mit einem G-Befehl aufgerufen.

Die Bearbeitungszyklen lassen sich in drei Gruppen einteilen:

Gewindebearbeitung:

- Gewindezyklus (G31)
- Gewindebohrzyklus (G32)
- Gewindestrehlzyklus (G33)

Konturbearbeitung:

- Konturschruppzyklus längs (G81)
- Konturschruppzyklus plan (G82)
- Konturschruppzyklus konturparallel (G83)
- Konturstechzyklus radial (G87)
- Konturstechzyklus (G89)

weitere Bearbeitungszyklen:

- Bohrzyklus (G84)
- Freistichzyklus (G85)
- Stechzyklus radial (G86)
- Stechzyklus axial (G88)

Im Folgenden soll nur eine Auswahl der oben erwähnten Bearbeitungszyklen vorgestellt werden.

Die Zyklen enthalten ein Dialogfenster mit zwei unterschiedlichen Arten von Adressen (Abb. 1), in die der Programmierer entsprechende Werte eingibt.

• notwendige Adressen

Die notwendigen Adressen müssen vom Programmierer angegeben werden. Sie sind die Minimalanforderung für die Bestimmung der Zyklen.

• optionale Adressen

Mit den optionalen Adressen kann der Programmierer je nach Bedarf die Aufgaben des Zyklus näher bestimmen. Wie viele von den optionalen Adressen noch verwendet werden, muss der Programmierer der Fertigungsaufgabe anpassen.

Abb. 1: Dialogfeld Gewindezyklus G31

• Gewindebearbeitung:

Gewindezyklus G31

Der Gewindezyklus wird zum Drehen beliebiger Gewinde verwendet. Der Gewindestartpunkt kann entweder im Satz vor dem Zyklus angegeben werden oder im Zyklus in den optionalen Adressen (Abb. 2).

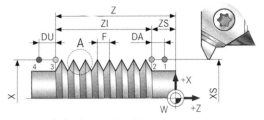

2 Gewindestartpunkt
3 Gewindeendpunkt
1 Gewindestartpunkt mit Gewindeanlauf DA
4 Gewindeendpunkt mit Gewindeüberlauf DU

Abb. 2: Gewindean- und -überlauf = (2 bis 4) × Gewindesteigung

Adresse	Beschreibung	Art
X/XI/ **XA**	X-Koordinate des Gewindeendpunktes • X absolute **(inkrementale)** Angabe • XI inkrementale **(XA absolute)** Angabe (bezogen auf den Startpunkt)	notwendig bei G90 **bei G91**
Z/ZI/ **ZA**	Z-Koordinate des Gewindeendpunktes • Z absolute **(inkrementale)** Angabe • ZI inkrementale **(ZA absolute)** Angabe (bezogen auf den Startpunkt)	notwendig bei G90 **bei G91**
F	Steigung in Gewinderichtung	notwendig
D	Gewindetiefe	notwendig
ZS	Z-Koordinate des Startpunktes (absolut)	optional
XS	X-Koordinate des Startpunktes (absolut)	optional
DA	Gewindeanlauf (achsparallel zu Z)	optional
DU	Gewindeüberlauf (achsparallel zu Z)	optional
Q	Anzahl der Schnitte	optional
O	Anzahl der Leerdurchläufe	optional
H	Auswahl der Zustellart Restschnitte • H1 ohne Versatz aus • H2 Zustellung linke Flanke aus • H3 Zustellung rechte Flanke aus • H4 Zustellung wechselseitig aus • H11 ohne Versatz ein • H12 Zustellung linke Flanke ein • H13 Zustellung rechte Flanke ein • H14 Zustellung wechselseitig ein Restschnitte aus 1/2, 1/4, 1/8 × (D/Q)	optional
S	Umdrehungsfrequenz/ Schnittgeschwindigkeit	optional
M	Drehrichtung/Kühlmittelschaltung	optional

Abb. 3: Befehle und Adressen im G31-Zyklus

• **Konturbearbeitung:**

Bei allen Konturschruppzyklen (G81, G82, G83, G87, G89) erfolgt im Anschluss an die Zyklusprogrammierung, durch eine frei wählbare Kombination von Wegbefehlen, Programmabschnittswiederholungen und Unterprogrammen, die Konturbestimmung.

Ende Konturzyklus G80

Ist eine Konturbestimmung durch einen Konturbearbeitungszyklus abgeschlossen, so wird der Zyklusaufruf mit dem Befehl **G80** beendet. Der Befehl **G80** steht in einer eigenen Programmzeile.

Konturschruppzyklus längs G81

Der Konturzyklus wird zum Drehen beliebiger Konturen in Längsrichtung verwendet (Abb. 4).

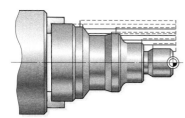

Adresse	Beschreibung	Art
D	Zustellung	notwendig
H	Bearbeitungsart • H1 nur Schruppen, 1×45° abheben • H2 stufenweises Auswinkeln entlang der Kontur • H3 wie H1 mit Konturschnitt am Ende • H4 Schlichten mit programmiertem Aufmaß • H24 Schruppen mit H2, dann Schlichten	optional
AK	Konturparalleles Aufmaß	optional
AZ	Aufmaß in Z-Richtung	optional
AX	Aufmaß in X-Richtung	optional
AE	Eintauchwinkel	optional
AV	Sicherheitswinkelabschlag für AE und AS	optional
O	Bearbeitungsstartpunkt • O1 aktuelle Werkzeugposition • O2 aus der Fertigkontur berechnen	optional
Q	Leerschnittoptimierung • Q1 Optimierung ein • Q2 Optimierung aus	optional
V	Sicherheitsabstand in Z-Richtung	optional
E	Eintauchvorschub	optional
F, S, M		optional

Abb. 4: Befehle und Adressen im G81-Zyklus

Es muss entweder der Wert für **D** oder **H4** programmiert werden. Der Parameter D kann mit **H1**, **H2**, **H3**, oder **H24** ergänzt werden.

Für die Programmierung der Kontur mit **G81** bestehen drei Möglichkeiten:

• Die Kontur kann im Hauptprogramm direkt nach dem Zyklusaufruf (Abb. 5) beschrieben werden.

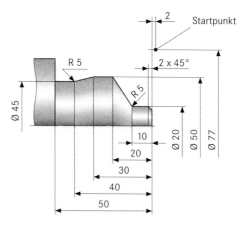

Programmzeile	Bedeutung
N30 ...	
N40 X 77 Z 2	Anfahren des Startpunktes
N50 G81 D2.5 H2	Zyklusaufruf
N60 G1 X16 Z0	Start Programmierung der Außenkontur
N70 X20 Z-2	
N80 Z-10 RN5	
N90 X50 Z-20	
N100 Z-30	
N110 X45 Z-40 RN5	
N120 Z-50	
N130 X75	Ende der Außenkontur
N140 G80	Ende des Konturschruppzyklus
N150 ...	

Abb. 5: Konturbeschreibung direkt nach G81

• Die Beschreibung der Außenkontur erfolgt nach dem Hauptprogramm. Dann muss direkt nach dem Zyklusaufruf mit **G81** mit **G23** (Programmabschnittswiederholung) der entsprechende Abschnitt aufgerufen werden (Abb. 6).

Programmzeile	Bedeutung
N50 G81 D2.5 H2	Zyklusaufruf
N60 G23 N 100 N 190	Programmabschnittswiederholung der Programmzeilen, in denen die Kontur beschrieben wird

Abb. 6: Programmabschnittswiederholung

• Die Beschreibung der Außenkontur erfolgt in einem eigenen Unterprogramm. Dann muss direkt nach dem Zyklusaufruf mit **G81** mit **G22** (Unterprogrammaufruf) das entsprechende Unterprogramm aufgerufen werden (Abb. 1).

Programmzeile	Bedeutung
N50 G81 D2.5 H2	Zyklusaufruf
N60 G22 L200 H1	Unterprogrammaufruf des Unterprogramms, in dem die Kontur beschrieben wird

Abb. 1: Unterprogrammaufruf

• Weitere Bearbeitungszyklen:

Bohrzyklus G84

Der Bohrzyklus wird zur Herstellung von Bohrungen senkrecht zur Planfläche verwendet. Die Bearbeitung kann mit oder ohne Spanbruch und mit oder ohne Spanentleerung durchgeführt werden (Abb. 2).

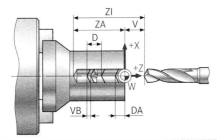

Adresse	Beschreibung	Art
ZI/ZA	Tiefe der Bohrung • ZI inkremental zur aktuellen Werkzeugposition • ZA absolut bezogen auf Werkstücknullpunkt	notwendig
D	Zustelltiefe, ohne Wert für D erfolgt Zustellung bis zur Bohrtiefe	optional
V	Sicherheitsabstand des Werkzeugs zur Werkstückoberfläche	optional
VB	Sicherheitsabstand vor dem Bohrungsgrund	optional
DR	Reduzierwert der Zustelltiefe	optional
DM	Mindestzustellung	optional
R	Rückzugsabstand (normal bis Startpunkt)	optional
DA	Anbohrtiefe	optional
U	Verweildauer	optional
O	Wahl der Verweildauerzeit • O1 Verweilzeit in Sekunden • O2 Verweilzeit in Umdrehungen	optional
FR	Reduzierung der Eilganggeschwindigkeit	optional
E	Anbohrvorschub	optional
F, S, M		optional

Abb. 2: Befehle und Adressen im G84-Zyklus

6.3.3.1 Unterprogramme

Wiederholen sich an einem Werkstück Konturelemente, z. B. ein Freistich, wird die Kontur nur einmal als Unterprogramm geschrieben (Abb. 3). Der Aufruf im Hauptprogramm erfolgt durch den Befehl G22, die Adresse L und die Unterprogrammnummer. Der Parameter H gibt an, wie oft ein Unterprogramm wiederholt werden soll.

Programmsatz für Unterprogrammaufruf:

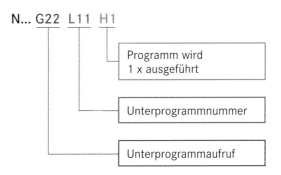

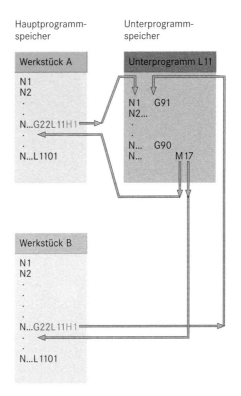

Abb. 3: Unterprogrammaufruf und Programmstruktur

Das Unterprogramm kann mehrmals im Hauptprogramm aufgerufen werden. Es ist auch für andere Werkstücke einsetzbar.

Damit ein Unterprogramm fehlerfrei arbeitet, muss der im Unterprogramm angelegte Startpunkt **S** (Abb. 4) im Hauptprogramm angefahren werden.

Dies geschieht in dem Satz unmittelbar vor dem Unterprogrammaufruf.

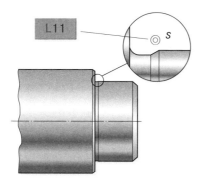

Abb. 4: Drehen eines Freistiches

Unterprogramme werden meist inkremental programmiert. Dadurch sind sie an jeder Stelle der Kontur einsetzbar, da sie sich nicht auf den Werkstücknullpunkt beziehen, sondern auf den Startpunkt.

Im Beispiel (Abb. 4) liegt der Startpunkt 0,5 mm über dem ersten Konturpunkt des Freistiches. Es muss im Hauptprogramm daher dieser Punkt angefahren werden.

Unterprogramme werden mit dem Befehl M17 beendet.

Beispiel:

Unterprogramm für den Freistich (Abb. 4)

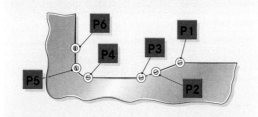

N	G	X	Z	I	K	M
1	91					
2	01	-0,5				P1
3	01	-0,18	-0,671			P2
4	02	-0,02	-0,145	0,58	-0,154	P3
5	01		-0,575			P4
6	02	0,6	-0,6	0,6	0	P5
7	01	0,5	2			P6
8	90					
9						17

Durch den Befehl M17 springt das Unterprogramm zurück auf seinen Anfang und die Steuerung liest den nächsten Satz im Hauptprogramm.

6.3.3.2 Programmabschnittswiederholung

Die Programmabschnittswiederholung wird mit dem Befehl **G23** aufgerufen. Mit dem Befehl G23 ist es möglich, Programmabschnitte mehrmals ablaufen zu lassen. Dadurch kann ein im Hauptprogramm programmiertes Konturelement, das an der Kontur häufiger auftaucht (z. B. eine Hinterschneidung) an verschiedenen Stellen im Hauptprogramm wiederholt werden. Der Vorteil dabei ist, dass das Konturelement nur einmal programmiert werden muss.

Programmsatz für Programmabschnittswiederholung:

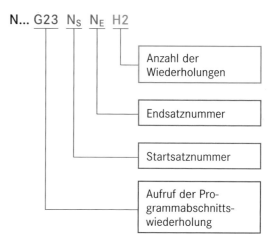

$$N... G23 \quad N_S \quad N_E \quad H2$$

Anzahl der Wiederholungen

Endsatznummer

Startsatznummer

Aufruf der Programmabschnittswiederholung

Der Wert für H muss nur eingegeben werden, wenn der Programmabschnitt mehr als einmal abgearbeitet werden soll.

Aufgaben

1. Machen Sie an einem Beispiel deutlich, aus welchen Teilen ein Programmsatz besteht.

2. Erklären Sie den Begriff modal.

3. Nennen Sie die drei Wegbedingungen an einer CNC-Drehmaschine. Welche Auswirkungen haben diese?

4. Mit dem Befehl G92 wird die Umdrehungsfrequenz begrenzt. Wann wird dieser Befehl beim CNC-Drehen angewendet?

5. Zusatzfunktionen können unterschiedlich wirksam sein. Nennen Sie die Möglichkeiten und geben Sie ein Beispiel an.

6. Weshalb ist eine Schneidenradiuskompensation nötig?

**Planen/
Dokumen-
tieren**

6.3.4 Arbeitsplan

Durch den Arbeitsplan (Abb. 1) wird die Struktur des Programms festgelegt. Zusätzlich finden sich im Arbeitsplan die verwendeten Arbeitsmittel wie Drehwerkzeuge und Spannzeuge. Da während der CNC-Bearbeitung nicht geprüft wird, ist die Welle nach dem Fertigungsdurchlauf zu prüfen.

westermann	Arbeitsplan		Blatt-Nr. 1	Anzahl 1

Benennung: Schneckenradwelle **Zeichn.-Nr. Sach.-Nr.** ____ **Halbzeug:** Rd EN 10278-90x225 S235JO	**Auftragsnr.:** _____ **Stückzahl:** _____ 1 _____ **Termin:** _____		**Name:** _____ **Klasse/Gr.:** _____ **Kontr.-Nr.:** _____
☒ **Einzelteil** ☐ **Montage/Demontage**			

Lfd. Nr.	Arbeitsvorgang	Arbeitsmittel	Arbeitswerte/ Bemerkungen
1	Spannen	Dreibackenfutter	
2	Zentrieren	Zentrierbohrer T16	$n = 2000$ 1/min; $f = 0,2$ mm
3	Querplandrehen	Drehmeißel außen links T01	$v_c = 300$ m/min; $f = 0,15$ mm
4	Längsrunddrehen rechte Wellenseite		
	Schruppen Außenkontur		Abspanzyklus längs G81
5	Schlichten Außenkontur	Drehmeißel außen links T03	$v_c = 320$ m/min; $f = 0,1$ mm
6	Drehen Fase 2 x 45°		
7	Drehen Lagersitz Ø 35k6		Toleranzmitte bei 35,01 mm
8	Drehen Fase 1 x 24°		
9	Drehen Absatz Ø 45		
10	Drehen Absatz Ø 85		
11	Drehen Freistich am Lagersitz		Freistichzyklus G85
12	Einstechdrehen Nut für den Sicherungsring	Einstechmeißel außen T0404	Einstechzyklus G86
13	Umspannen	Dreibackenfutter mit Weichbacken	
14	Zentrieren	Zentrierbohrer T1616	$n = 2000$ 1/min; $f = 0,2$ mm
15	Querplandrehen	Drehmeißel außen links T0101	$v_c = 300$ m/min; $f = 0,15$ mm
16	Spannen	Mitlaufende Zentrierspitze	
17	Längsrunddrehen linke Wellenseite		
	Schruppen Außenkontur		Abspanzyklus längs G81
18	Schlichten Außenkontur	Drehmeißel außen links T03	$v_c = 320$ m/min; $f = 0,1$ mm
19	Drehen Gewindefase		
20	Drehen Nenndurchmesser Gewinde M20		
21	Kegeldrehen		
22	Drehen Absatz Ø 35		Toleranzmitte bei 35,01 mm
23	Drehen Absatz Ø 45		
24	Drehen Freistich am Lagersitz		Freistichzyklus G85
25	Drehen Gewindefreistich für M20 x 1,4		Einstechzyklus G86
26	Einstechdrehen Nut für den Sicherungsring	Einstechmeißel außen T04	$n = 3000$ 1/min; $f = 0,1$ mm
27	Drehen Gewinde M20 x 1,5	Gewindemeißel außen T05	Gewindezyklus
28	Ausspannen und Prüfen		

Abb. 1: Arbeitsplan für das Drehen der Schneckenradwelle

6.3.5 Spannplan

Im Spannplan wird festgelegt, wie das Werkstück zu spannen ist, um die fehlerfreie Herstellung durch das Programm zu ermöglichen.

- **Bearbeitung rechte Seite**

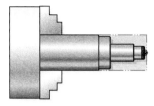

- **Bearbeitung linke Seite**

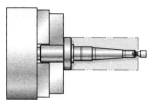

6.3.6 Programm Schneckenradwelle

Das Programm wird entsprechend den im Arbeitsplan festgelegten Schritten und Werkzeugen in die Steuerung eingegeben. Die rechte und die linke Seite der Bearbeitung können in zwei getrennten Programmen abgearbeitet werden. Es besteht aber auch die Möglichkeit, ein Programm für die ganze Welle zu erstellen und nach der Bearbeitung der rechten Wellenseite einen Werkstückwechsel einzuplanen, um das Werkstück umzuspannen. Danach wird mit der Bearbeitung im Programm fortgefahren. Im Folgenden ist das Programm für die rechte Wellenseite dargestellt.

Programm rechte Wellenseite

		Kommentar
% 1265		Name des Hauptprogramms
N1	G54	Nullpunktverschiebung
N2	G0 X100 Z100	Werkzeugwechselpunkt anfahren
N3	F0.2 S2000 T1616 M3	Werkzeugaufruf Zentrierbohrer
N4	G0 X0 Z2	Zentrieren
N5	G1 Z-11.5 M8	
N6	G1 Z2	
N7	G0 X100 Z100	Werkzeugwechselpunkt
N8	G96 S300 F0.15 T0101 M4	Werkzeugaufruf Schruppdrehmeißel außen links
N9	G0 X92 Z0 M8	
N10	G1 X-1	Plandrehen
N11	G1 Z1	
N12	G0 X90	Startpunkt Abspanzyklus
N13	G81 D2 H1 AK0.5	Abspanzyklus außen längs mit konturparallelem Aufmaß
N14	G0 X31.01 Z1	Anfang der Beschreibung der Außenkontur
N15	G1 Z0 M8	
N16	G1 X35.01 Z2	Fase 2 x 45°
N17	G1 Z-19	
N18	G1 X43	
N19	G1 X45 Z-20	Fase 1 x 45°
N20	G1 Z-68	
N21	G1 X81	
N22	G1 X85 Z-70	Fase 2 x 45°
N23	G1 Z-89	
N24	G1 X90	Ende der Beschreibung Außenkontur
N25	G80	Ende des Konturzyklus
N26	G0 X100 Z100 M9	Anfahren Werkzeugwechselpunkt
N27	G96 S320 F0.1 T0303 M4 M8	Werkzeugaufruf Schlichtdrehmeißel außen links
N28	G23 N14 N24 H1	Programmabschnittswiederholung
N29	G85 X35 Z-19 H2	Aufruf Freistichzyklus für DIN 509-E
N30	G0 X100 Z100	Werkzeugwechselpunkt
N31	G97 S1000 F0.1 T0404 M4 M8	Werkzeugaufruf Einstechmeißel
N32	G86 X36 Z-5.1 ET32.92 EB1.6	Aufruf Einstechzyklus
N33	G0 X100 Z100 M5 M9	Werkzeugwechselpunkt, Spindel aus
N34	M30	Programmende

Prüfen

6.3.7 Prüfplan

Für die Serienfertigung ist ein Prüfplan zu erstellen (Abb. 1). Der Prüfplan enthält eine Zeichnung, in der alle zu prüfenden Maße den Prüfschritten zugeordnet sind.

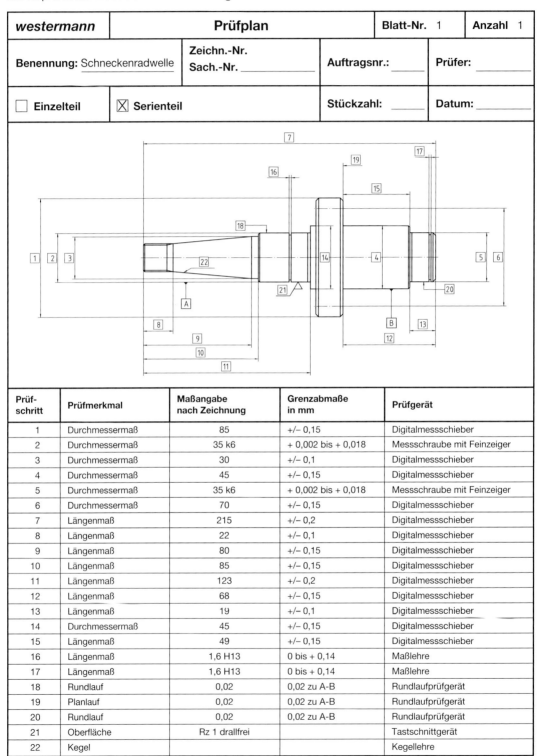

Prüf-schritt	Prüfmerkmal	Maßangabe nach Zeichnung	Grenzabmaße in mm	Prüfgerät
1	Durchmessermaß	85	+/– 0,15	Digitalmessschieber
2	Durchmessermaß	35 k6	+ 0,002 bis + 0,018	Messschraube mit Feinzeiger
3	Durchmessermaß	30	+/– 0,1	Digitalmessschieber
4	Durchmessermaß	45	+/– 0,15	Digitalmessschieber
5	Durchmessermaß	35 k6	+ 0,002 bis + 0,018	Messschraube mit Feinzeiger
6	Durchmessermaß	70	+/– 0,15	Digitalmessschieber
7	Längenmaß	215	+/– 0,2	Digitalmessschieber
8	Längenmaß	22	+/– 0,1	Digitalmessschieber
9	Längenmaß	80	+/– 0,15	Digitalmessschieber
10	Längenmaß	85	+/– 0,15	Digitalmessschieber
11	Längenmaß	123	+/– 0,2	Digitalmessschieber
12	Längenmaß	68	+/– 0,15	Digitalmessschieber
13	Längenmaß	19	+/– 0,1	Digitalmessschieber
14	Durchmessermaß	45	+/– 0,15	Digitalmessschieber
15	Längenmaß	49	+/– 0,15	Digitalmessschieber
16	Längenmaß	1,6 H13	0 bis + 0,14	Maßlehre
17	Längenmaß	1,6 H13	0 bis + 0,14	Maßlehre
18	Rundlauf	0,02	0,02 zu A-B	Rundlaufprüfgerät
19	Planlauf	0,02	0,02 zu A-B	Rundlaufprüfgerät
20	Rundlauf	0,02	0,02 zu A-B	Rundlaufprüfgerät
21	Oberfläche	Rz 1 drallfrei		Tastschnittgerät
22	Kegel			Kegellehre

Abb. 1: Prüfplan

1. Weshalb werden Unterprogramme für manche Anwendungen inkremental programmiert?

2. Schreiben Sie für das Drehen der Radien die Programmsätze N60 und N80, wenn die Kreisinterpolation inkremental mit I und K programmiert wird.

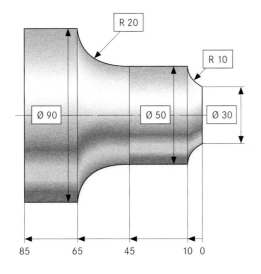

...

...

N50   X30   Z0

N60

N70   X50   Z-31

N80

N90   X80   Z-85

...

...

3. Schreiben Sie einen Konturschruppzyklus längs für die oben abgebildete Außenkontur. Legen Sie dabei die Fertigkontur als Unterprogramm an.

4. Erläutern Sie, welche Vorteile sich aus dem Einsatz von Zyklen bei der Erstellung von CNC-Drehprogrammen ergeben.

5. Beschreiben Sie die vier Möglichkeiten, die für das Verfahren auf einer geraden Bahn bestehen.

6. Das unten dargestellte Drehteil soll gefertigt werden. Schreiben Sie das vollständige Programm. Verwenden Sie alle notwendigen Zyklen. Programmieren Sie die Fertigkontur am Ende des Hauptprogramms.

Werkzeug: Schrupp- und Schlichtdrehmeißel   T02
Gewindedrehmeißel   T03

Schnittwerte: Vorschub 0.1 mm/U
Schnittgeschwindigkeit 250 m/min

Werkstücknullpunkt: rechte Planseite

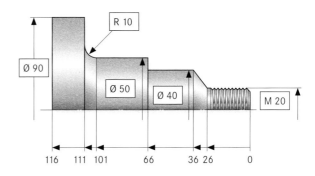

7. Erklären Sie den Unterschied zwischen einem Unterprogramm G22 und der Programmabschnittswiederholung G23.

8. Beschreiben Sie die drei Möglichkeiten, an welcher Stelle die Fertigkontur für den Konturschruppzyklus G81 beschrieben werden kann.

9. Bei der Zyklenprogrammierung gibt es zwei unterschiedliche Arten von Programmadressen. Stellen Sie den Unterschied dar.

10. Erklären Sie, wie sich die Lage des Drehmeißels auf die Programmierung der Drehrichtung G2 und G3 auswirkt.

11. Nennen Sie Maßnahmen, durch die ein bestehender Fertigungsprozess optimiert werden kann.

12. Was wird bei der Programmierung von CNC-Drehmaschinen unter dem Begriff Lagekennzahlen verstanden?

6.4 Programmieren von CNC-Fräsmaschinen

6.4.1 Programmaufbau

Für die Erstellung des Programms zur Fertigung der Motorplatte sind unterschiedliche Befehle notwendig (Abb. 1).

Das Programm enthält verschiedene Weg- und Schaltinformationen. Durch die Weginformationen erhält die Fräsmaschine alle Daten über die Art und Position der notwendigen Bewegungen in der X-, Y- und Z-Richtung. Durch die Schaltinformationen werden die für eine Fräsbearbeitung notwendigen technologischen Angaben und Zusatzfunktionen an die Steuerung übergeben.

Die Zusatzfunktionen bestimmen z. B. die Drehrichtung der Arbeitsspindel (M3) oder das Programmende (M30). Der Programmaufbau von CNC-Fräsprogrammen ist in der **DIN 66 025** festgelegt (Abb. 2) (➜📖). Die Ausführung der Wörter und Adressbuchstaben kann zwischen den verschiedenen Steuerungsherstellern unterschiedlich sein und von der DIN abweichen.

Beispiel:

nach DIN	Hersteller	
DIN 66 025	**Heidenhain**	**PAL**
G00 X10 Y10	L X+ 10 FMAX	G0 X10 Y10
G01 X10 Y10 F100	L X+ 10 Y+ 10 F 100	G1 X10 Y10 F100

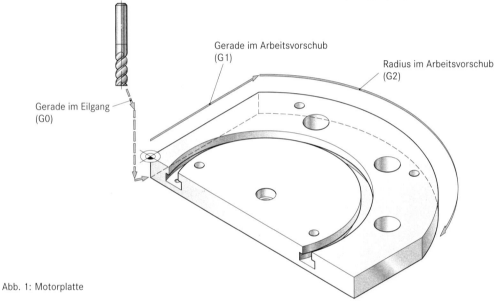

Gerade im Arbeitsvorschub (G1)

Radius im Arbeitsvorschub (G2)

Gerade im Eilgang (G0)

Abb. 1: Motorplatte

Programm-technische Information	Weginformation							Schaltinformation			
Satz-Nr.	Weg-bedin-gungen	Koordinaten			Abstand zum Kreismittelpunkt			Vorschub	Umdrehungs-frequenz	Werkzeug	Zusatz-funktionen
		X	Y	Z	I	J	K	F	S	T	M
N10								F220	S1500	T1TC1	M3
N20	G0	X–10	Y–30	Z50							
N30				Z–25							
N40	G41										
N50	G1	X0	Y0								
N60			Y151,22								
N70	G2	X285	Y93,45		I125	J–115,22					
N80											
...											

Abb. 2: Programmaufbau

Wegbedingungen

Wegbedingungen haben den Adressbuchstaben **G**. Sie sind entweder modal (selbsthaltend) und bleiben so lange wirksam, bis sie überschrieben werden, oder sie gelten nur für einen Satz.

Bei der Programmierung der Wegbedingungen für den Verfahrweg gibt es drei Möglichkeiten:
- Verfahren im Eilgang (G0)
- Verfahren auf einer geraden Bahn (G1)
- Verfahren auf einer Kreisbahn (G2; G3)

Dabei können Koordinaten und Interpolationsparameter absolut oder inkremental programmiert werden.

• Verfahren auf einer geraden Bahn

Für das Verfahren auf einer geraden Bahn gibt es fünf Möglichkeiten.
- Fräsen einer Kontur durch Angabe der Länge der Verfahrstrecke. Diese wird bestimmt durch die Koordinaten in X-, Y- und Z-Richtung,
- Fräsen einer Kontur mit eingelagertem Radius zwischen zwei Geraden,
- Fräsen einer Kontur mit eingelagerter Fase zwischen zwei Geraden,
- Fräsen einer Kontur unter einem Winkel,
- Fräsen einer Kontur durch Angabe von Länge und Winkel.

Das Fräsen einer Kontur unter Angabe von Länge und Winkel erfolgt mit Hilfe von Polarkoordinaten.

Bei der Programmierung mit Polarkoordinaten wird G0 durch G10 und G1 durch G11 ersetzt (Abb. 3).

• Verfahren auf einer Kreisbahn

Zum Verfahren des Fräswerkzeuges auf einer Kreisbahn (Kreisinterpolation) sind folgende Angaben notwendig:
- die Drehrichtung,
- die Koordinaten des Zielpunktes und
- die Koordinaten des Kreismittelpunktes.

Die Drehrichtung wird über die Wegbedingungen G2 oder G3 angegeben. Mit G2 wird auf der Kreisbahn im Uhrzeigersinn verfahren. Durch G3 erfolgt die Bewegung auf der Kreisbahn im Gegenuhrzeigersinn (Abb. 1, nächste Seite).

Nach der Wegbedingung werden die Koordinaten des Zielpunktes bestimmt. Die Lage des Mittelpunktes der Kreisbahn wird inkremental vom Startpunkt (Abb. 1a, nächste Seite) oder absolut vom Werkstücknullpunkt aus angegeben (Abb. 1b, nächste Seite).

Hierzu werden die Interpolationsparameter I, J und K bzw. IA, JA und KA verwendet.

G11 – Gerade im Vorschub

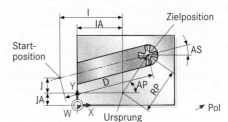

Adresse	Beschreibung	Art
RP	Pollänge	notwendig
AP	Polwinkel (– im Uhrzeigersinn, + entgegen dem Uhrzeigersinn)	notwendig
I, IA	X-Koordinate für den Ursprung des Pols	optional
J, JA	Y-Koordinate für den Ursprung des Pols	optional
Z, ZI, ZA	Z – Koordinate des Zielpunktes ZI – inkrementale Z-Koordinate ZA – absolute Z-Koordinate	optional
RN	Übergangselement (RN+ Verrundungsradius, RN– Fase)	optional
F, S, M, TC	Schaltinformationen	optional

Abb. 3: Verfahren auf einer Geraden über Polarkoordinaten

Die verschiedenen Interpolationsparameter sind den Achsrichtungen zugeordnet (Tab. 1).

Bei der Angabe der Interpolationsparameter sind die Vorzeichen zu beachten.

Tab. 1: Interpolationsparameter

Achse	Interpolationsparameter	
	inkremental	absolut
X	I	IA
Y	J	JA
Z	K	KA

Zusätzlich ist das Fräsen einer Kreisbahn über die Angabe der Zielkoordinaten und des Radius möglich (Abb. 1c, nächste Seite).

Liegen für eine Programmierung des Kreisbogens die Maße in Form von Winkeln und Radien vor, kann eine Kreisinterpolation über Polarkoordinaten erfolgen.

Mit der Wegbedingung **G12** wird eine Drehrichtung im Uhrzeigersinn erzeugt.

Durch den Befehl **G13** wird entgegen dem Uhrzeigersinn auf der Kreisbahn verfahren.

Der Ursprung des Pols liegt im Kreismittelpunkt und wird über die Interpolationsparameter I oder IA bzw. J oder JA angegeben. Dadurch wird der Radius automatisch ermittelt (Abb. 1, nächste Seite).

Kartesische Koordinaten

Kreisbahn im Uhrzeigersinn G2

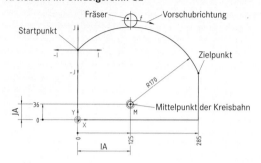

Kreisbahn im Gegenuhrzeigersinn G3

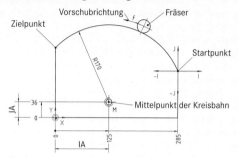

a) inkrementale Angabe der Interpolationsparameter vom Startpunkt des Kreisbogens:

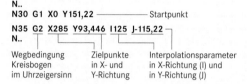

N..
N30 G1 X0 Y151,22 ——————— Startpunkt

N35 G2 X285 Y93,446 I125 J-115,22
N..

| Wegbedingung Kreisbogen im Uhrzeigersinn | Zielpunkte in X- und Y-Richtung | Interpolationsparameter in X-Richtung (I) und in Y-Richtung (J) |

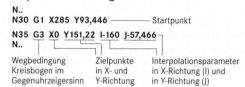

N..
N30 G1 X285 Y93,446 ——————— Startpunkt

N35 G3 X0 Y151,22 I-160 J-57,466
N..

| Wegbedingung Kreisbogen im Gegenuhrzeigersinn | Zielpunkte in X- und Y-Richtung | Interpolationsparameter in X-Richtung (I) und in Y-Richtung (J) |

b) absolute Angabe der Interpolationsparameter vom Werkstücknullpunkt:

N..
N30 G1 X0 Y151,22

N40 G2 X285 Y93,446 IA125 JA36
N...

Interpolationsparameter
in X-Richtung (IA) und
in Y-Richtung (JA)

N..
N30 G1 X285 Y93,446

N40 G3 X0 Y151,22 IA125 JA36
N..

Interpolationsparameter
in X-Richtung (IA) und
in Y-Richtung (JA)

c) Angabe des Radius:

N..
N30 G1 X0 Y151,22

N40 G2 X285 Y93,446 R170
N...

Radius des Kreisbogens

N..
N30 G1 X285 Y93,446

N40 G3 X0 Y151,22 R170
N..

Radius des Kreisbogens

Polarkoordinaten

Kreisbahn im Uhrzeigersinn G12

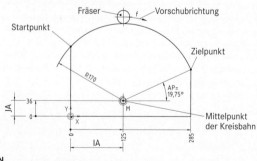

N..
N30 G1 X0 Y151,22 ——————— Startpunkt

N40 G12 IA125 JA36 AP19,75 11
N..
—————————— Winkel des Pols

| Wegbedingung Kreisbogen im Uhrzeigersinn | absoluter Abstand zwischen Startpunkt und Fußpunkt des Drehpols in X-Richtung | absoluter Abstand zwischen Startpunkt und Fußpunkt des Drehpols in Y-Richtung |

Kreisbahn im Gegenuhrzeigersinn G13

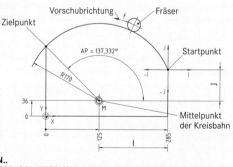

N..
N30 G01 X285 Y93,446 ——————— Startpunkt

N40 G13 I-160 J-57,446 AP137,332° —— Winkel des Pols
N..

| Wegbedingung Kreisbogen entgegen dem Uhrzeigersinn | inkrementaler Abstand zwischen Startpunkt und Fußpunkt des Drehpols in X-Richtung | inkrementaler Abstand zwischen Startpunkt und Fußpunkt des Drehpols in Y-Richtung |

Abb. 1: Verfahren auf einer Kreisbahn

Bei einer Programmierung von Wegbedingungen können die Koordinaten in der X-, Y- und Z-Richtung durch eine Absolutprogrammierung oder Inkrementalprogrammierung angegeben werden.

• Absolutprogrammierung (G90)

In den meisten Anwendungsfällen wird die Absolutprogrammierung mit dem Befehl G90 verwendet (Abb. 2). Bezogen auf den Werkstücknullpunkt werden alle Zeichnungsmaße als Koordinatenwerte angegeben. Die Absolutprogrammierung entspricht dem Einschaltzustand einer Fräsmaschine.

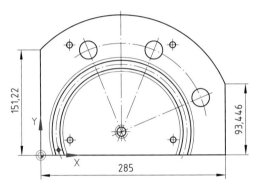

Abb. 2: Maßangabe für Absolutprogrammierung

Bei der Absolutprogrammierung (G90) beziehen sich alle Koordinatenangaben auf einen gemeinsamen Bezugspunkt, den Werkstücknullpunkt.

• Inkrementalprogrammierung (G91)

Werden in der Fertigungszeichnung Kettenmaße verwendet, ist eine Inkrementalprogrammierung (Relativprogrammierung) mit dem Befehl G91 zu verwenden. Ein typischer Anwendungsfall für eine Kettenbemaßung ist die Herstellung mehrerer Bohrungen z. B. in einer Bohrplatte (Abb. 3).

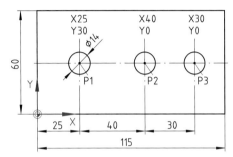

Abb. 3: Maßangabe für Inkrementalprogrammierung

Bei der Inkrementalprogrammierung (G91) beziehen sich alle Koordinatenangaben auf den zuletzt programmierten Punkt.

• Nullpunktverschiebung

An der Motorplatte sind zwei Nullpunkte angegeben (Abb. 4). Der Werkstücknullpunkt (W) wird zur Bearbeitung der Außenkontur verwendet. Um Koordinatenberechnungen zu vermeiden, wird der Nullpunkt auf die Position (W1) für die Fertigung der Bohrungen und der T-Nut verschoben.

Man unterscheidet:

* additive (programmierbare) Nullpunktverschiebungen (Tab. 1, nächste Seite) (➜📖) und

* speicherbare (einstellbare) Nullpunktverschiebungen.

Bei einer additiven Nullpunktverschiebung werden die Werte für die Verschiebung mit kartesischen Koordinaten (z. B. G59) oder mit Polarkoordinaten (z. B. G58) angegeben.

Speicherbare Nullpunktverschiebung
Programmierung:
N..
N5 G54 → **Nullpunktverschieberegister**
N..   X   Y   Z
        G54   125   36   0

Additive Nullpunktverschiebung
Programmierung:
N..
N5 G59 XA125 YA36
N..

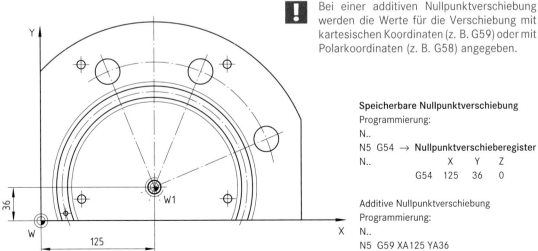

Abb. 4: Speicherbare und additive Nullpunktverschiebungen

Tab. 1: Befehle für Nullpunktverschiebung

Befehl	Bedeutung
G53	Aufheben der Nullpunktverschiebung
G54 ... G59	speicherbare und additive Nullpunktverschiebung

Additive Nullpunktverschiebungen beziehen sich auf den *zuletzt eingegebenen Werkstücknullpunkt* (z. B. W1). Eine additive Nullpunktverschiebung wird z. B. über den Befehl G59 programmiert.

Speicherbare Nullpunktverschiebungen beziehen sich auf den *Werkstücknullpunkt (W)* und verschieben diesen. Auf welche Position er verschoben wird, ist im Nullpunktverschieberegister gespeichert. Im Programm wird nur der Befehl für die Nullpunktverschiebung angegeben (z. B. G54).

Alle Nullpunktverschiebungen wirken modal (selbsthaltend) und werden durch den Befehl G53 aufgehoben.

6.4.2 Fräserradiuskorrektur

Beim Fräsen von Außen- oder Innenkonturen führt der Bezug auf die Fräsermittelpunktsbahn zu Konturfehlern. Das geforderte Maß wird um den Fräserradius kleiner oder größer. Um dies auszugleichen, wird der Fräserradius über die Befehle der Fräserradiuskorrektur G41 oder G42 korrigiert (Abb. 1).

Die Bewegung des Werkzeuges beschreibt die *Fräsermittelpunktsbahn* oder *Äquidistante*. Sie bezieht sich auf den Mittelpunkt des Fräswerkzeuges.

Durch den Befehl G40 wird die Fräserradiuskorrektur aufgehoben.

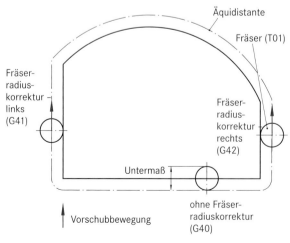

Abb. 1: Fräserradiuskorrektur

6.4.3 Auswahl von Arbeitsebenen

Bei der Verwendung von 2 1/2D-Bahnsteuerungen muss vom Maschinenbediener eine Arbeitsebene ausgewählt werden. Die Arbeitsebene legt fest, welche beiden Achsen gleichzeitig verfahren werden.

Bei der Bearbeitung der Motorplatte ist die XY-Ebene zu wählen (Abb. 2).

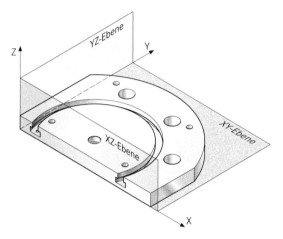

Abb. 2: Arbeitsebenen einer 2 1/2D-Bahnsteuerung

Tab. 2: Befehle für Arbeitsebenen

Befehl	Bedeutung
G17	XY-Ebene
G18	XZ-Ebene
G19	XZ-Ebene

6.4.4 Bearbeitungszyklen

Werkstückkonturen bestehen oft aus Formelementen wie Nuten, Kreistaschen, Rechtecktaschen oder Bohrungen (Abb. 3). Für diese Formelemente werden dem Anwender der Steuerung Bearbeitungszyklen zur Verfügung gestellt. Dadurch kommt es zu einer Vereinfachung der Programmierung.

Der Bearbeitungszyklus wird als Wegbedingung in der Steuerung z. B. mit einem G-Befehl aufgerufen. Für eine maßgenaue Umsetzung von Bearbeitungszyklen ist die Fräserradiuskorrektur aufzuheben (G40).

Man unterscheidet Bearbeitungszyklen zur Herstellung von:

- Konturtaschen,
- Bohrungen,
- Bohrbildern und
- Gewinden.

Bei der Programmierung der Bearbeitungszyklen sind die Parameter für den Bearbeitungszyklus (z. B. Rechtecktasche oder Kreistasche) und der Zyklusaufruf zu programmieren.

Konturtaschen

Konturtaschen sind typische Formen an Frästeilen wie *Nuten*, *Rechtecktaschen* oder *Kreistaschen* (Abb. 3).

Rechtecktaschenfräszyklus, z. B. G72

Kreistaschen- und Zapfenfräszyklus, z. B. G73

Kreistasche

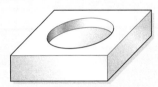

Kreistasche mit Zapfen

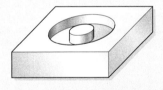

Nutenfräszyklus – Längsnut, z. B. G74

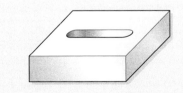

Nutenfräszyklus – Kreisbogen, z. B. G75

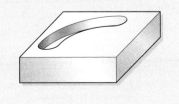

Abb. 3: Beispiele für Konturtaschen

Zyklusaufruf

Der Zyklusaufruf legt die Lage und Anordnung der Fräskontur und die Positionierung der Werkzeuge fest (Abb. 4). Eine Drehung der Fräskontur wird durch eine Winkelangabe (z. B. AR) mit dem Zyklusaufruf festgelegt. Die Parameter für den Bearbeitungszyklus müssen vor dem Zyklusaufruf programmiert werden (Abb. 1, nächste Seite).

Zyklusaufruf auf einer Linie, z. B. G76

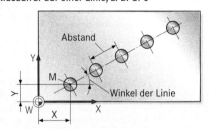

Zyklusaufruf auf einem Teilkreis, z. B. G77

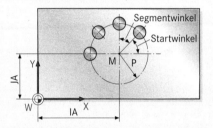

Zyklusaufruf an einem Punkt durch Polarkoordinaten, z. B. G78

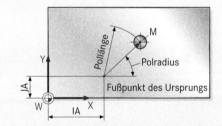

Zyklusaufruf an einem Punkt durch kartesische Koordinaten, z. B. G79

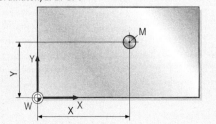

Abb. 4: Zyklusaufrufe

Zur Programmierung von Konturtaschen und Bohrungen wird ein Dialogfenster aufgerufen, in das die geforderten Werte eingegeben werden.

Dialogfenster für Rechtecktaschenfräszyklus – G72

Adresse	Beschreibung	Art
G72	Aufruf des Rechtecktaschenfräszyklus	notwendig
ZA oder ZI	Taschentiefe, ZI inkremental ab Taschenoberkante oder ZA absolut, bezogen auf das Werkstückkoordinatensystem	notwendig
LP	Länge der Tasche	notwendig
BP	Breite der Tasche	notwendig
D	maximale Zustelltiefe	notwendig
V	Sicherheitsabstand	notwendig
W	Rückzugsebene	optional
RN	Eckenradius (Voreinstellung RN0, damit ist der Eckenradius gleich dem Werkzeugradius)	optional
AK	Aufmaß auf dem Taschenrand	optional
AL	Aufmaß auf dem Taschenboden	optional
EP	Aufrufpunkt für den Zyklusaufruf G76 bis G79 (EP0 – Taschenmittelpunkt, EP1 – Eckpunkt im ersten Quadranten; EP2 – Eckpunkt im zweiten Quadranten; EP3 – Eckpunkt im dritten Quadranten; EP4 – Eckpunkt im vierten Quadranten)	optional
DB	Fräserbahnüberdeckung	optional
O	Zustellbewegung (O1 – senkrechtes Eintauchen des Werkzeuges, O2 – Eintauchen des Werkzeuges mit Helix-Interpolation)	optional
RH	Radius der Fräsermittelpunktsbahn der Helix-Interpolation beim Zustellen	optional
DH	Zustellung pro Helixumdrehung	optional
Q	Bearbeitungsrichtung (Q1 – Gleichlauf, Q2 – Gegenlauf, Q3 – Planen im Schruppbetrieb oder Gegenlauf bei der Taschenbearbeitung)	optional
H	Bearbeitungsart (H1 – Schruppen, H2 – Planschruppen, H4 – Schlichten, H14 – Schruppen und anschließendes Schlichten mit dem gleichen Werkzeug)	optional
E	Vorschubgeschwindigkeit beim Eintauchen	optional
F	Vorschubgeschwindigkeit beim Fräsen in der Bearbeitungsebene	optional
S	Drehzahl	optional
M	Zusatzfunktionen	optional

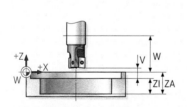 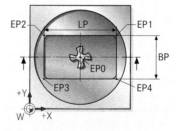

Dialogfenster für Zyklusaufruf an einem Punkt – G79

Adresse	Beschreibung	Art
G79	Zyklusaufruf an einem Punkt	notwendig
X/XI, Y/YI, Z/ZI	Koordinaten bei aktivem G90	notwendig
X/XA, Y/YA, Z/ZA	Koordinaten bei aktivem G91	notwendig
AR	Drehwinkel bezogen auf die positive X-Achse (+ entgegen dem Uhrzeigersinn, – im Uhrzeigersinn)	optional
W	Rückzugsebene (Voreinstellung W = V)	optional

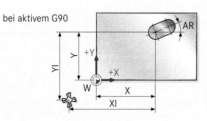 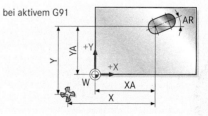

Abb. 1: Dialogfenster mit Parametern

Beispiel: Rechtecktasche

Es ist eine Rechtecktasche 60 mm lang, 40 mm breit und 10 mm tief um 20° verdreht zu fräsen. Zur Bearbeitung wird ein Langlochfräser Ø 6 mm mit einer zulässigen Schnitttiefe von 3 mm verwendet. Für die geforderten Werte ist ein Rechtecktaschenfräszyklus zu programmieren.

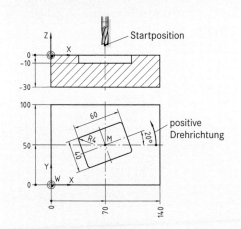

```
N..
N60 G72 ZA-10 LP60 BP40 D2 V1 W4
    RN4 AK0 AL0 EP0 DB80 O1 Q1 H1
    (Bearbeitungszyklus)
N70 G79 X70 Y50 Z0 AR20  (Zyklusaufruf)
N..
```

Bohrzyklen

Bohrzyklen werden zum *Bohren*, *Gewindeschneiden*, *Aufbohren* und *Reiben* verwendet (Abb. 2). Die programmierten Arbeitsbewegungen wirken satzweise oder modal (selbsthaltend).

• Bohren

Der Bohrer verfährt im Eilgang bis auf einen Sicherheitsabstand, fertigt im Arbeitsvorschub die Bohrung und verfährt zurück auf den Startpunkt.

Beim Bearbeiten langspanender Werkstoffe wird ein *Bohren mit Spanbruch* notwendig. Dazu stoppt der Bohrzyklus kurzzeitig den Vorschub und fährt den Bohrer zurück. Dadurch werden Fließspäne vermieden, die zu Produktionsstörungen, Verletzungen und Qualitätsminderungen führen können.

Bei *tiefen Bohrungen* kann es notwendig werden, den Bohrer mehrfach aus der Bohrung zurückzuziehen. Der Grund hierfür ist das Überschreiten der zulässigen Bohrtiefe. Durch das Zurückziehen des Bohrers werden die Späne aus der Bohrung entfernt (Ausspänen).

Beispiel: Bohren mit Bohrzyklus G81

Es ist eine Bohrung mit einem Durchmesser von 5 mm und einer Tiefe von 40 mm herzustellen. Hierzu ist ein Bohrzyklus ohne Spanbruch und Ausspänen zu programmieren.

Die Position der Bohrung ist auf der Zeichnung in X-Richtung mit 70 mm und in Y-Richtung mit 50 mm angegeben.

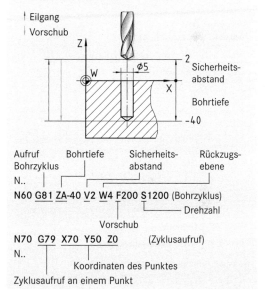

```
Aufruf    Bohrtiefe   Sicherheits-   Rückzugs-
Bohrzyklus            abstand        ebene
N..
N60 G81 ZA-40 V2 W4 F200 S1200 (Bohrzyklus)
                                     Drehzahl
            Vorschub
N70 G79 X70 Y50 Z0        (Zyklusaufruf)
N..
        Koordinaten des Punktes
Zyklusaufruf an einem Punkt
```

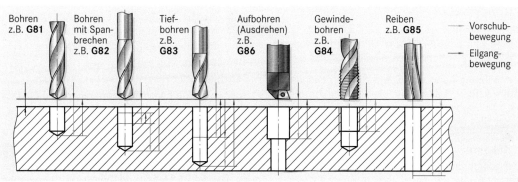

| Bohren z.B. **G81** | Bohren mit Spanbrechen z.B. **G82** | Tiefbohren z.B. **G83** | Aufbohren (Ausdrehen) z.B. **G86** | Gewindebohren z.B. **G84** | Reiben z.B. **G85** |

— Vorschubbewegung

→ Eilgangbewegung

Abb. 2: Bohrzyklen

• Gewindebohren

Beim Gewindebohren sind folgende Größen festzulegen:

- der Sicherheitsabstand,
- die Drehrichtung des Gewindebohrers (M3 oder M4) und
- der Vorschub in Abhängigkeit von der Gewindesteigung (Abb. 1).

Dialogfenster für Gewindebohrzyklus – G84

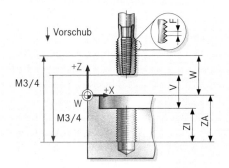

Adresse	Beschreibung	Art
G84	Aufruf des Gewindebohrzyklus	notwendig
ZA oder ZI	Tiefe des Gewindes in der Zustellachse (ZA – absolut, ZI – inkremental	notwendig
F	Gewindesteigung in mm/Umdrehung	notwendig
M	Drehrichtung des Werkzeuges beim Eintauchen (M3 – Rechtsgewinde, M4 – LInksgewinde	notwendig
V	Sicherheitsabstand	notwendig
W	Rückzugsebene	optional
S	Drehzahl	optional
M	weitere Zusatzfunktionen	optional

Nach der Programmierung des Gewindebohrzyklus erfolgt ein Zyklusaufruf G76, G77, G78 oder G79.

Abb. 1: Dialogfenster mit Parametern

• Bohrfräsen

Zyklen zum Bohrfräsen (z. B. G87) werden zur Herstellung großer Bohrungen verwendet.

Die Bohrung kann mit einem Schaftfräser hergestellt werden. Dabei wird die Vorschubbewegung als Schraubenlinienbewegung (Helix-Bewegung) ausgeführt (➜🕮).

• Anbohren

Das Anbohren erfolgt in der Regel mit einem NC-Anbohrer, um das nachfolgende Bohrwerkzeug zu zentrieren.

Zusätzlich kann durch das Anbohren eine Senkung mit 90° oder 120° hergestellt werden. Dazu ist die Bohrtiefe zu berechnen.

Beispiel: Ermittlung der Bohrtiefe für einen NC-Anbohrer

Mit einem NC-Anbohrer Ø 10 mm soll eine 90° Senkung 1,1 mm tief hergestellt werden.

Hierzu ist die Bohrtiefe für den NC-Anbohrer zu ermitteln.

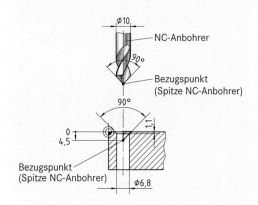

Geg.: Spitzenwinkel δ = 90° Ges.: Bohrtiefe Z
  Senkungstiefe t = 1,1 mm
  Bohrungsdurchmesser d = 6,8 mm

Lösung:

Senkungsdurchmesser

$D = d + 2 \cdot t$
$D = 6,8$ mm $+ 2 \cdot 1,1$ mm $= \underline{9\ \text{mm}}$

Bohrtiefe

$$\tan \alpha = \frac{a}{b} \qquad \tan \alpha = \frac{\frac{D}{2}}{Z}$$

$$Z = \frac{\frac{D}{2}}{\tan \alpha} = \frac{4,5\ \text{mm}}{\tan 45°}$$

$$Z = \frac{4,5\ \text{mm}}{1} = \underline{4,5\ \text{mm}}$$

 Besitzt der NC-Anbohrer einen Spitzenwinkel von 90°, entspricht die Bohrtiefe Z dem halben Senkungsdurchmesser.

Bohrbilder

Bohrungen können auf einem Teilkreis, Rechteck, einer Matrix oder einer Linie angeordnet sein.

Die Bohrbilder Teilkreis und Linie werden durch den Zyklusaufruf bestimmt.

An verschiedenen Industriesteuerungen können die Bohrbilder Matrix und Rechteck programmiert werden (Abb. 2).

Rechteck

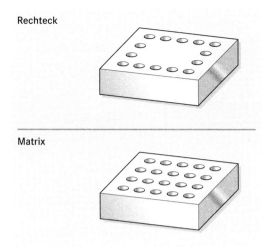

Matrix

Abb. 2: Bohrbilder

Beispiel: Bohrbild Teilkreis-Gewinde-bohrzyklus

Es sind vier Gewindebohrungen M8, 10 mm tief herzustellen. Die Bohrungen liegen um 90° versetzt auf einem Teilkreis mit dem Durchmesser von 25 mm.

Es ist ein Gewindebohrzyklus zu programmieren und durch einen Zyklusaufruf zu ergänzen, der die Anordnung der Bohrungen festlegt.

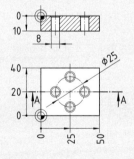

N..
  (Gewindebohrzyklus)
N60 G84 ZA-14 F1,25 M3 V4 W10
  (Zyklusaufruf auf einem Teilkreis)
N70 G77 R12,5 AN0 AI45 O4 I25 J20 Z0
N..

6.4.5 Unterprogramme

Wiederholen sich an einem Werkstück Konturelemente, z. B. Nuten, wird die Kontur nur einmal als Unterprogramm geschrieben.

Der Aufruf im Hauptprogramm erfolgt durch den Befehl **G22** in Verbindung mit der Unterprogrammnummer. Diese ist durch die Adresse L gekennzeichnet.

Anschließend wird die Anzahl der Wiederholungen für das Unterprogramm mit der Adresse H angegeben (Abb. 3).

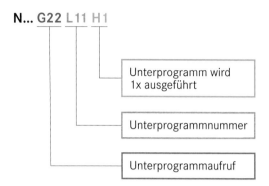

Abb. 3: Unterprogrammaufruf und Programmstruktur

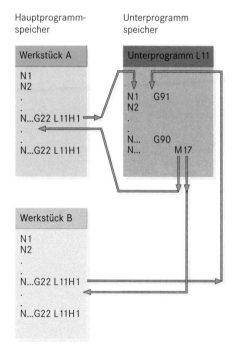

Das Unterprogramm kann mehrmals im Hauptprogramm aufgerufen werden. Es ist auch für andere Werkstücke einsetzbar.

Damit ein Unterprogramm fehlerfrei arbeitet, muss der Startpunkt S im Hauptprogramm angefahren werden. Dies erfolgt in dem Satz unmittelbar vor dem Unterprogrammaufruf.

Unterprogramme werden meist inkremental programmiert.

Mit dem Befehl M17 werden Unterprogramme beendet.

Zur Optimierung von CNC-Programmen können Unterprogramme und Programmabschnittswiederholungen verwendet werden.

Beispiel: Unterprogramm

Mit einem Langlochfräser Ø 8 mm sollen drei Nuten mit gleichen Abmaßen und gleichen Abständen 5 mm tief gefräst werden.

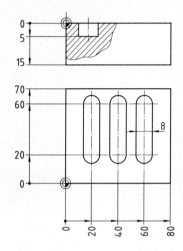

Hauptprogramm
N1 F200 S800 T1TC1 M3
N2 G0 X20 Y20   (Anfahren des Startpunktes S)
N3 Z2
N4 **G22L11H3**   (Unterprogrammaufruf)
N5 G0 Z100
N6 X50 Y50
N7 M30

Unterprogramm L11
N1 G91
N2 G1 Z-7
N3 Y40
N4 Z7
N5 X20   Y-40
N6 G90
N7 M17

6.4.6 Anfahren und Abfahren

Außen- und Innenkonturen sind so an- und abzufahren, dass keine Bearbeitungsspuren an der Werkstückoberfläche entstehen.

In der Regel erfolgt dies durch ein lineares An- und Abfahren (Abb. 1).

Ist dies z. B. auf Grund der Aufspannung nicht möglich, erfolgt das An- und Abfahren auf einer Kreisbahn (Abb. 2).

Damit entsteht ein tangentialer Übergang.

Die Weginformationen zum tangentialen An- und Abfahren werden in der Steuerung aufgerufen.

lineares Abfahren
N..
N100 G40 G46 D20 ——— Länge der Abfahrbewegung
N..

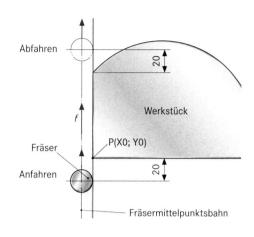

lineares Anfahren
N..
N40 G41 G45 X0 Y0 D20 Länge der Anfahrbewegung
N..
                    Koordinaten des ersten Konturpunktes

Abb. 1: Lineares An- und Abfahren

tangentiales Abfahren im ¼-Kreis
N..
N100 G40 G48 R20 ——— Radius der Abfahrbewegung **N..**
                    (bezogen auf Fräsermittel-
                    punktsbahn)

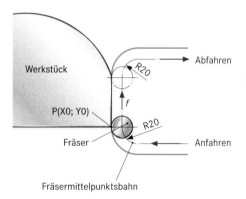

tangentiales Anfahren im ¼-Kreis
N..   Radius der Anfahr-
N40 G41 G47 X0 Y0 R20 bewegung (bezogen auf
N..   Fräsermittelpunktsbahn)
           Koordinaten des ersten Konturpunktes

Abb. 2: Tangentiales An- und Abfahren

1. Ein CNC-Programm besteht aus Weginformationen und Schaltinformationen. Erläutern Sie den Unterschied zwischen beiden Informationsarten.

2. Beschreiben Sie mit Hilfe der Wegbedingungen G1, G2 und G3 den Bearbeitungsweg für die Kontur. Die Bearbeitung soll im Uhrzeigersinn am Punkt P0 beginnen und enden.

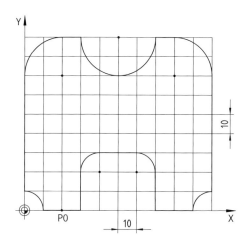

3. Erklären Sie den Unterschied zwischen Absolutprogrammierung und Inkrementalprogrammierung.

4. Die Grundplatte soll durch eine Schrupp- und Schlichtbearbeitung hergestellt werden. Entwickeln Sie das CNC-Programm.

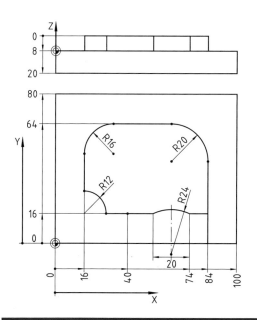

5. Begründen Sie die Notwendigkeit einer Fräserradiuskorrektur und erläutern Sie die Befehle G41, G42 und G40.

6. Wählen Sie die Befehle der Fräserradiuskorrektur für die angegebenen Verfahrwege aus.

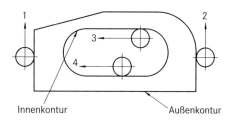

Innenkontur   Außenkontur

7. Warum werden Nullpunktverschiebungen verwendet?

8. Warum werden beim Programmieren Bearbeitungszyklen verwendet?

9. In einem Programmsatz wird G22 L44 H6 programmiert. Erläutern Sie die Bedeutung des Wortes.

10. Erstellen Sie für die nachfolgenden Werkstücke das CNC-Programm unter Verwendung geeigneter Bearbeitungszyklen.

a)
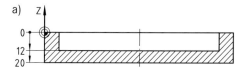

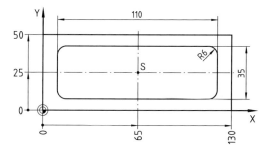

b)
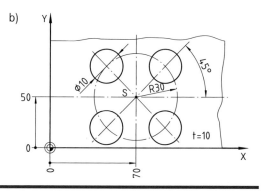

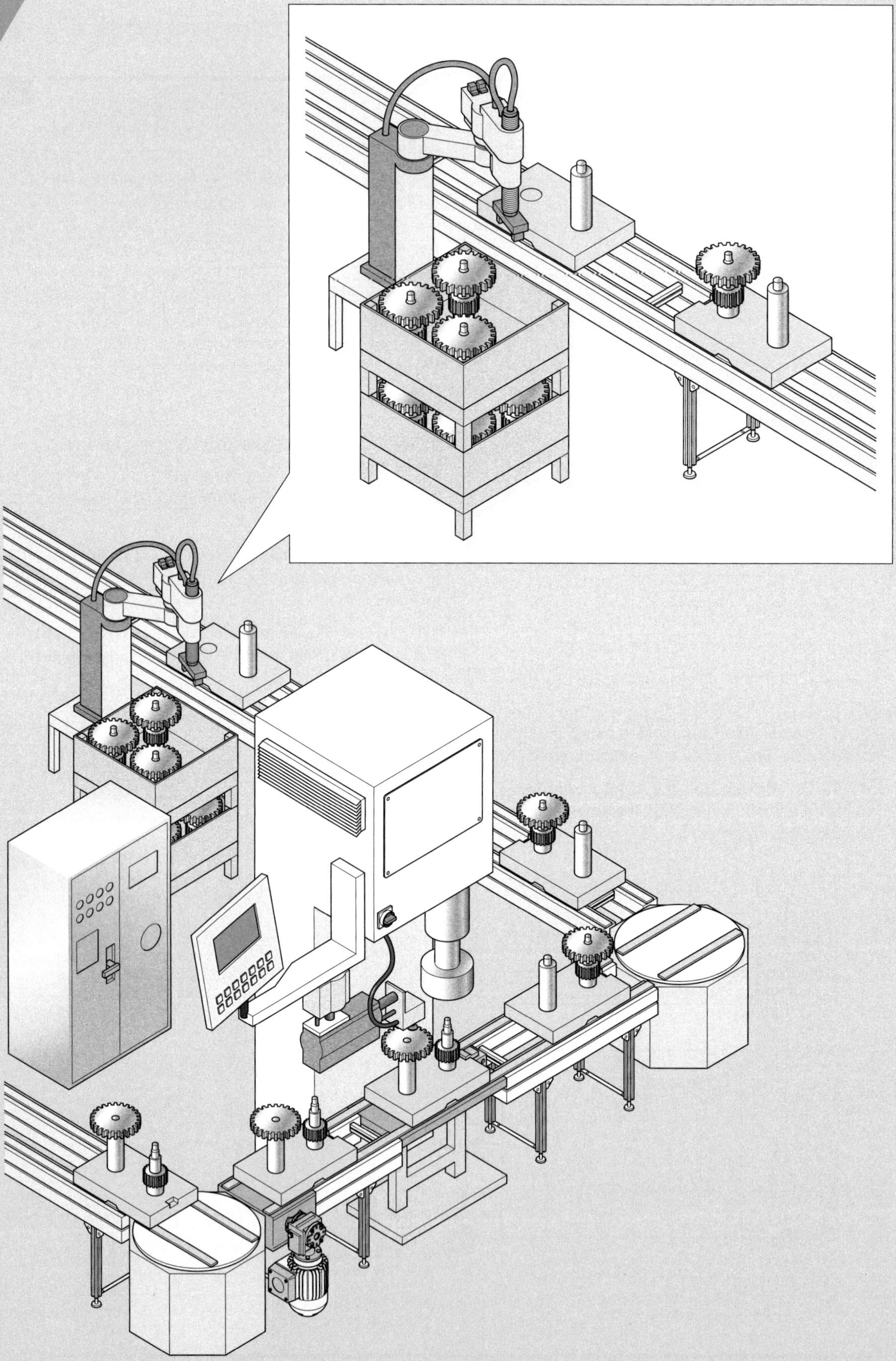

7.1 Einführung

Nach der Bearbeitung in der Montagestation werden die Getriebewellen mit einem Förderband zur Entnahmestelle transportiert. Dort werden sie von einem Roboter entnommen und auf Paletten gesetzt. Der Roboter besitzt mehrere Drehgelenke und eine lineare Achse. Da er frei programmierbar ist, kann jede Achse unabhängig von der anderen angesteuert werden. Dies gewährleistet eine hohe Beweglichkeit.

Der Roboter hat folgende Teilsysteme (Abb. 1):

- Basisgerät mit Antrieben und Messsystemen,
- Effektor (Greifer),
- Sensoren,
- Steuerung und
- Programmiergerät.

Das *Basisgerät* besteht aus starren Gliedern, die durch Drehgelenke oder lineare Achsen miteinander verbunden sind. Der Antrieb erfolgt meist durch Elektromotoren, die mit Messsystemen ausgerüstet sind. Die Messsysteme erfassen die Lage, die Geschwindigkeit und die Beschleunigung der Achsbewegungen.

Der *Effektor* ist das Arbeitsglied des Basisgerätes. Die Handhabungsaufgabe kann durch einen Greifer, ein Werkzeug oder eine Vorrichtung ausgeführt werden.

Die *Sensoren* dienen zur Signalerfassung. Sie können direkt an die Robotersteuerung angeschlossen werden. Sie verarbeitet die Signale intern. Sensoren werden z. B. für die Bestimmung der Lage oder für das Erkennen von Werkstücken eingesetzt.

Die *Steuerung* koordiniert den programmierten Bewegungsablauf. Dabei müssen die Achsbewegungen aufeinander abgestimmt werden.

Für die Programmierung wird ein PC verwendet.

Handprogrammiergeräte dienen der Inbetriebnahme und Feinabstimmung vor Ort.

Roboter sind Handhabungsgeräte.

 Handhaben bedeutet, etwas greifen, spannen, ablegen, bewegen, positionieren oder an einen bestimmten Ort bringen.

Im Fertigungsprozess übernehmen Handhabungsgeräte Aufgaben aus den Bereichen

- Transport,
- Bearbeitung,
- Montage und
- Qualitätssicherung.

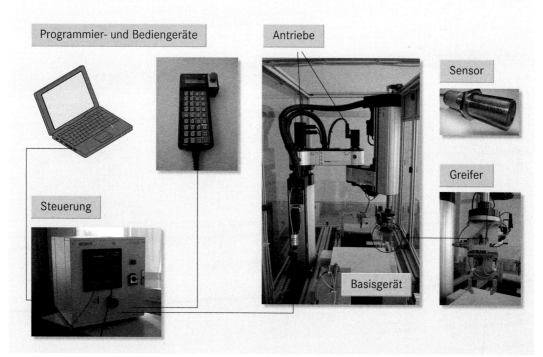

Abb. 1: Teilsysteme eines Industrieroboters

7.2 Freiheitsgrade

Industrieroboter müssen zur Bewältigung ihrer Handhabungsaufgaben unterschiedliche Bewegungen ausführen. Dabei unterscheidet man:

- lineare (translatorische) Bewegungen und

- drehende (rotatorische) Bewegungen.

Maximal gibt es 6 voneinander unabhängige Bewegungsmöglichkeiten (Abb. 1). Diese werden auch als Freiheitsgrade bezeichnet. Um einen Körper im Raum frei zu bewegen, benötigt man:

- 3 translatorische Bewegungen X, Y, Z und

- 3 rotatorische Bewegungen A, B, C.

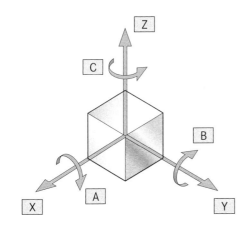

Abb. 1: Freiheitsgrade im Raum

7.3 Bauarten

Roboter werden entsprechend ihrer Kinematik unterschieden. Unter Kinematik versteht man in diesem Zusammenhang die Anzahl und Anordnung der beweglichen Achsen. Dabei werden die Achsen unterschieden in

- T-Achsen (translatorisch) und

- R-Achsen (rotatorisch).

Die Bezeichnung von Robotern erfolgt nach der Kinematik der 3 Hauptachsen (Abb. 2).

Portalroboter besitzen drei translatorische Achsen (TTT-Kinematik) und haben dadurch einen quaderförmigen Arbeitsraum. Sie werden zum Be- und Entladen sowie für einfache Montagearbeiten eingesetzt.

Schwenkarmroboter besitzen zwei rotatorische und eine translatorische Achse (RRT-Kinematik). Sie sind speziell für die Montage entwickelt. Schwenkarmroboter werden auch als **SCARA**-Roboter bezeichnet (engl.: **S**elective **C**ompliance **A**ssembly **R**obot **A**rm = Roboterarm, speziell für die Montage entwickelt, mit gezielter Nachgiebigkeit). Durch die Anordnung der Achsen kann der Roboter in vertikaler Richtung sehr genau arbeiten und hohe Fügekräfte aufbringen. In horizontaler Richtung ist er nachgiebig.

Gelenkarmroboter besitzen drei rotatorische Achsen (RRR-Kinematik). Sie sind aufgrund ihrer Beweglichkeit und Schnelligkeit vielseitig einsetzbar. Man findet sie in der Fertigung als Schweißroboter, als Transportroboter zwischen Maschinen oder beim Bestücken von Platinen.

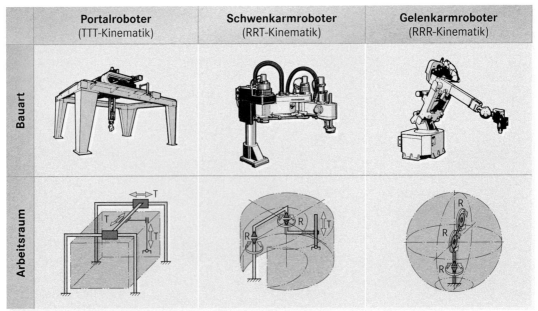

Abb. 2: Roboterbauarten

7.4 Programmierverfahren

Bei der Programmierung von Robotern unterscheidet man unterschiedliche Programmierverfahren (Abb. 3).

Programmierverfahren	
ON-LINE-Programmierverfahren (Direkte Programmierung)	**OFF-LINE-Programmierverfahren** (Indirekte Programmierung)
• Teach-in-Verfahren • Play-Back-Verfahren	• Textuelle Programmierung • Grafische Programmierung

Abb. 3: Übersicht Programmierverfahren

7.4.1 ON-LINE-Programmierverfahren

Bei der ON-LINE-Programmierung ist der Programmierer direkt am Roboter tätig. Dadurch können Umgebungseinflüsse vor Ort erfasst werden. Kollisionen werden somit vermieden. Mit dem Roboter werden die Bahnpunkte für das Roboterprogramm erfasst. Daher kann der Roboter während dieser Zeit nicht arbeiten. Das Programm wird anschließend in der OFF-LINE-Programmierung um weitere Angaben, z. B. Geschwindigkeiten, Bewegungsangaben oder Wartezeiten, ergänzt.

Teach-In-Verfahren

Beim Teach-In-Verfahren (engl.: to teach = einlernen) fährt der Programmierer den Roboter auf eine bestimmte Position und speichert diese in der Steuerung ab (Abb. 4). Hierzu verwendet er das Handprogrammiergerät. Dieser Vorgang wird so lange wiederholt, bis die gewünschte Bahn durch die gespeicherten Punkte beschrieben ist. So entsteht eine Abfolge von Bahnpunkten, die der Roboter nacheinander abfährt.

Play-Back-Verfahren

Beim Play-Back-Verfahren (engl.: to play back = wiederabspielen) wird der Roboterarm kraftlos geschaltet. Ein Facharbeiter führt den Roboterarm von Hand auf der vorgesehenen Bahn. Während der Bewegung werden laufend Punkte erfasst und automatisch (z. B. alle 10 Millisekunden) in der Steuerung abgespeichert. Die Bahn setzt sich somit aus vielen Raumpunkten zusammen. Dieses Verfahren wird bei komplizierten Bewegungsabläufen, z. B. dem Lackieren oder Bahnschweißen, eingesetzt (Abb. 5).

Bei großen Robotern sowie bei schweren Werkzeugen oder Vorrichtungen ist ein exaktes Führen des Roboterarms nicht möglich. Zur leichteren Handhabbarkeit werden für die Erfassung der Bahn Roboter aus Leichtmetall eingesetzt. Werkzeuge und Vorrichtungen werden ebenfalls aus Leichtmetall, Kunststoff oder Holz nachgebildet.

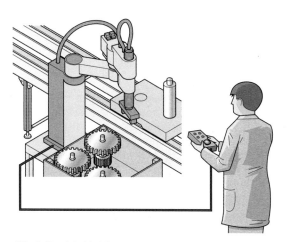

Abb. 5: Play-Back-Verfahren

Abb. 4: Teach-In-Verfahren

7.4.2 OFF-LINE-Programmierverfahren

Bei der OFF-LINE-Programmierung wird das Programm an einem PC-Arbeitsplatz auf der Grundlage von 3D-Simulationsmodellen und mit Hilfe von 3D-Konstruktionszeichnungen programmiert. Der Roboter wird dabei nicht benötigt. Dadurch werden Ausfallzeiten und Produktionsstillstand vermindert.

Textuelle Programmierung

Bei der textuellen Programmierung wird das Programm in einer Hochsprache geschrieben. Das Roboterprogramm besteht aus unterschiedlichen Elementen (Abb. 1). Hierzu gehören:

- der Vereinbarungsteil,
- das Hauptprogramm,
- die Unterprogramme und
- die Punkteliste.

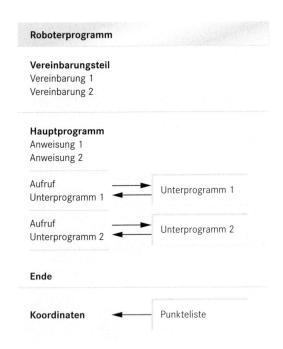

Abb. 1: Aufbau eines Roboterprogramms

Im *Vereinbarungsteil* werden Variablen, Parameter oder Punkte definiert.

Im *Hauptprogramm* stehen die Anweisungen an den Roboter. Hierzu gehören Verfahrbewegungen, Anweisungen an den Greifer, Geschwindigkeitsangaben, Wartezeiten, Bedingungen und Programmwiederholungen. Aus dem Hauptprogramm werden Unterprogramme aufgerufen.

Im *Unterprogramm* stehen häufig vorkommende Anweisungen, z. B. das Ablegen von Werkstücken an einer bestimmten Position.

Die *Punkteliste* enthält die Koordinaten der anzufahrenden Punkte. Die Punkteliste ist meist eine eigene Datei, die mit dem Hauptprogramm verknüpft ist.

Programmierung mit grafischer Unterstützung

Bei der Off-LINE-Programmierung mit grafischer Unterstützung wird das Programm in einer virtuellen Umgebung erstellt (Abb. 2). Der Arbeitsraum des Roboters ist als 3D-Geometrie abgebildet, das Werkstück wird ebenfalls als 3D-CAD-Bauteil in das System integriert.

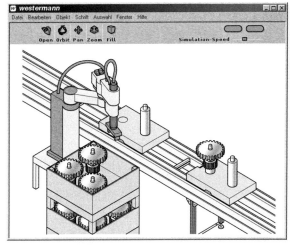

Abb. 2: Programmierung mit grafischer Unterstützung

Anschließend werden die Verfahrbewegungen des Roboters festgelegt. Dabei können spezielle Anforderungen für das Schweißen, Lackieren oder das Verfahren auf einer geraden Bahn berücksichtigt werden. Zusätzliche Angaben über die Bewegungsart, z. B. Punkt-zu-Punkt-Bewegung, Kreisbewegung oder lineare Bewegung, werden hinzugefügt. Dies gilt ebenso für Geschwindigkeits- und Beschleunigungsangaben.

Nach Fertigstellung des Programms können die Verfahrbewegungen des Roboters simuliert werden. Während der Simulation wird die perspektivische Ansicht so verändert, dass der Ablauf von allen Seiten beobachtet und korrigiert werden kann. Auf diese Weise ist eine erste Kollisionskontrolle möglich.

Da in der Simulation nicht alle Gegebenheiten vor Ort berücksichtigt werden können, ist eine vollständige Kollisionskontrolle nur in der realen Arbeitsumgebung des Roboters möglich.

7.5 Programmangaben

Ein Roboterprogramm muss alle Informationen enthalten, die für den Bewegungsablauf notwendig sind. Hierzu gehören:

- Positionsangaben,
- Geschwindigkeitsangaben,
- Bewegungsangaben,
- Eingangs- und Ausgangssignale.

Positionsangaben

Zur Erstellung eines Roboterprogramms benötigt man Positionsangaben. Sie werden als Koordinaten angegeben. Dabei unterscheidet man unterschiedliche Koordinatensysteme (Abb. 3). Zunächst werden die Koordinaten X, Y und Z als Raumkoordinaten angegeben. Um die Orientierung des Greifers zu erfassen, wird z. B. zusätzlich die Drehachse (A4) des Greifers angegeben.

Beispiel: P1 : (X=100, Y=250, Z=300, A4=120°)

Geschwindigkeitsangaben

Sie werden z. B. als Prozentangabe der maximalen Geschwindigkeit angegeben.

Beispiel: v_ptp = 60 %.

Bewegungsangaben

Es stehen lineare oder kreisförmige Bewegungen zur Verfügung. In vielen Fällen kann die Punkt-zu-Punkt-Bewegung (PTP = Point-To-Point) verwendet werden. Hier ist der Bewegungsablauf zwischen zwei Punkten unkontrolliert. Lediglich der Anfangs- und der Endpunkt sind exakt festgelegt.

Eingangssignale

Robotersteuerungen werten Eingangssignale aus.

Beispiel: Ein Roboter wartet an einer Werkzeugmaschine, bis der Bearbeitungsvorgang abgeschlossen ist. Nach der Bearbeitung sendet die Werkzeugmaschine ein Freigabesignal an die Robotersteuerung. Der Roboter entnimmt das Werkstück aus der Werkzeugmaschine.

Ausgangssignale

Robotersteuerungen können Ausgangssignale in Form von Bits ausgeben. Dies wird für die Ansteuerung von Peripheriegeräten verwendet.

Beispiel: Ein Roboter legt ein Werkstück in eine Spannvorrichtung. Anschließend fährt er aus dem Arbeitsbereich. Ist er in seiner Parkposition, sendet die Robotersteuerung ein Freigabesignal an die Steuerung. Die Spannvorrichtung spannt das Werkstück.

Raumkoordinaten

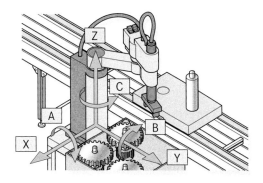

Gelenkkoordinaten

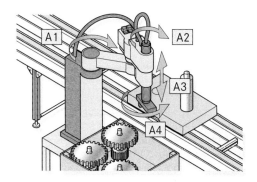

Greiferkoordinaten

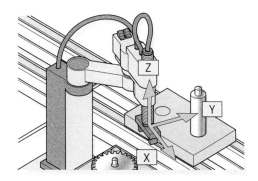

Werkstückkoordinaten

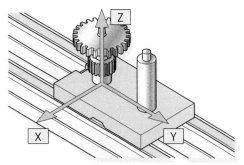

Abb. 3: Koordinatensysteme

7.6 Programmieren des Roboters

Programmieren

Der Roboter der Montagestation setzt die Getriebewellen vom Förderband auf Paletten um. Hierzu werden die beiden Programmierverfahren – das Teach-In-Verfahren und die textuelle Programmierung – miteinander verknüpft.

Mit dem Teach-In-Verfahren werden die Punkte Pos. 1 bis Pos. 5 direkt im Arbeitsraum des Roboters erfasst. Die Punkte werden anschließend in der Punktedatei abgespeichert und stehen für das Programm zur Verfügung (Abb. 1).

Mit der textuellen Programmierung werden die Programmanweisungen für den Bewegungsablauf des Roboters erstellt (Abb. 2).

①　Im Vereinbarungsteil ist der Greifer als binärer Roboterausgang definiert. Die Punkte Pos. 1 bis Pos. 5 werden mit der Punktedatei verknüpft.

②　Im Hauptprogramm fährt der Roboter zunächst auf die Startposition (Pos. 1).

③　Anschließend wird das Unterprogramm *Teil_abholen* aufgerufen. Der Roboter fährt genau über die Getriebewelle (Pos. 2). Der Greifer wird geöffnet. Anschließend fährt der Roboter nach unten (Pos. 3) und greift die Getriebewelle. Nach einer kurzen Wartezeit fährt der Roboterarm wieder nach oben (Pos. 2). Die Wartezeit ist notwendig, damit ein sicheres Greifen gewährleistet ist.

④　Im Hauptprogramm wird erneut die Pos. 1 angefahren.

⑤　Anschließend wird das Unterprogramm *Teil_ablegen* aufgerufen. Entsprechend den Verfahranweisungen wird jetzt das Unterprogramm abgearbeitet.

Auszug: Programmlisting

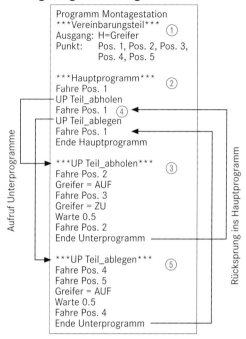

Auszug: Punktedatei

```
Pos. 1: = (200,-150,300,45)
Pos. 1: = (350,-100,450,40)
Pos. 3: = ...
```

Abb. 2: Programmauszug

Hinweis:

!　Mit jeder weiteren Getriebewelle, die auf der Palette abgelegt wird, müssen die Positionen Pos. 4 und Pos. 5 um einen Differenzbetrag in X- bzw. Y-Richtung verschoben werden.

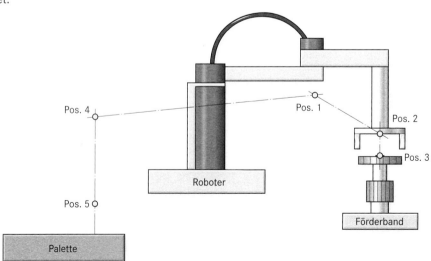

Abb. 1: Bewegungsablauf

7.7 Sicherheitseinrichtungen

Die europäische Maschinenrichtlinie fordert, Maschinen so zu bauen, dass von ihnen keine Gefahr für Mensch und Umwelt ausgeht. Die Gefahren, die von Robotern ausgehen, bestehen in oft völlig überraschenden Bewegungsabläufen und schnellen Geschwindigkeitsänderungen. Sich lösende und umherfliegende Teile stellen eine weitere Gefahrenquelle dar.

Daher muss der Bewegungsraum des Roboters von den Arbeitsbereichen des Menschen getrennt werden. Eine sichere Trennung wird durch Schutzgitter oder Schutzglas mit gesicherten Schutztüren erreicht. An Stelle der Schutztüren werden häufig Lichtvorhänge eingesetzt (Abb. 3).

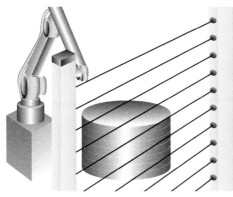

Abb. 3: Lichtvorhang

Ein Lichtvorhang besteht aus einem Sender und einem Empfänger, die einander gegenüber angebracht sind. Infrarotdioden senden Lichtstrahlen aus, die von dem Empfänger aufgefangen werden. Wird ein Lichtstrahl unterbrochen, führt dies zum Stillstand des Roboters.

Eine weitere Möglichkeit, Gefahrenbereiche abzuschirmen, bieten Laserscanner. Der Laserscanner sendet in regelmäßigen Abständen Lichtstrahlen aus. Treffen diese auf eine Person, wertet der Empfänger das reflektierte Licht aus. Ist der zu schützende Bereich betroffen, führt dies zum Stillstand des Roboters (Abb. 4).

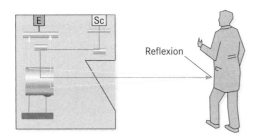

Abb. 4: Funktion eines Laserscanners

Mit Laserscannern können verschiedene Bereiche, z. B. Schutzfelder oder Warnfelder, definiert werden. Je nach Anwendungsfall können einzelne Bereiche aktiviert oder deaktiviert werden (Abb. 5).

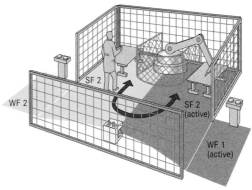

Abb. 5: Schutz- und Warnfelder

Beim Programmieren im Teach-In-Modus muss häufig im Gefahrenbereich des Roboters gearbeitet werden. Schutzeinrichtungen wie Laserscanner sind dabei nicht aktiviert. Um Verfahrbewegungen des Roboters ausdrücklich zu erlauben, muss die Zustimmungstaste am Handprogrammiergerät betätigt sein. Zusätzlich müssen die Geschwindigkeiten auf ein sicheres Maß reduziert werden. Eine weiterer Schutz ist der Not-Aus-Schalter am Handprogrammiergerät.

Aufgaben

1. Nennen Sie Teilsysteme von Robotern und beschreiben Sie deren Aufgaben.

2. Was versteht man unter Handhaben?

3. Für welche Aufgaben werden Roboter eingesetzt?

4. Erläutern Sie den Begriff Freiheitsgrad.

5. Welche Kinematik besitzt ein Portalroboter?

6. Warum ist ein Schwenkarmroboter besonders gut für die Montage geeignet?

7. Skizzieren Sie den Arbeitsraum eines Gelenkarmroboters.

8. Skizzieren Sie einen Gelenkarmroboter und tragen Sie die Koordinatensysteme für Raumkoordinaten und Gelenkkoordinaten ein.

9. Beschreiben Sie das Teach-In-Verfahren und die Programmierung mit grafischer Unterstützung.

10. Erläutern Sie das Programm der Montagestation (Abb. 2).

11. Welchen Vorteil haben Laserscanner gegenüber dem Lichtvorhang?

Technisches System
Antriebsstation

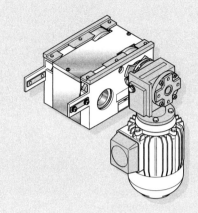

Endmontage
der Baugruppen Drehstrom-
motor, Getriebe, Umlenkstation
und weiterer Teile zur
Antriebsstation

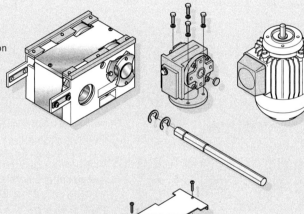

Montage
der vormontierten Baugruppen
Gehäuse und weiterer
Teile zur Umlenkstation

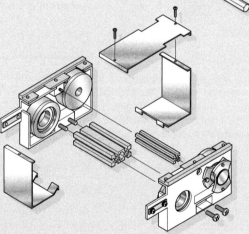

Vormontage
von Einzelteilen
zum Gehäuse
der Umlenkstation

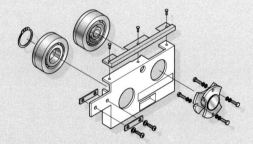

Montageprozess

Demontageprozess

8.1 Montageprozess

Der Montageprozess umfasst die Vorgänge Montage und Demontage.

Durch *Montage* werden Bauteile und Baugruppen zu funktionstüchtigen Maschinen und Geräten zusammengefügt (Abb. 1). Montagearbeiten fallen an

- beim Zusammenbau eines technischen Systems

  oder

- nach einer Instandhaltung.

Durch *Demontage* werden technische Systeme teilweise oder vollständig in Baugruppen und Bauteile zerlegt. Anlass für Demontagearbeiten können

- Wartungs- und Inspektionsarbeiten an technischen Systemen oder

- Instandsetzungsarbeiten (Reparaturen) sein.

8.1.1 Demontage und Montage einer Antriebsstation

Während des Betriebes werden am Antrieb des Transportbandes (Abb. 2) auffällige Geräusche festgestellt. Eine Überprüfung ergibt, dass die Geräusche von einem defekten Lager der Umlenkstation ausgehen, das ausgetauscht werden muss. Nach dem Instandsetzen kann die Antriebsstation geprüft und in Betrieb genommen werden.

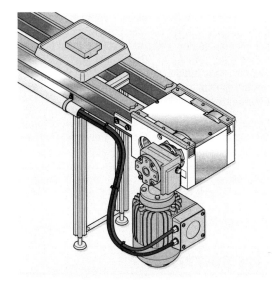

Abb. 2: Antriebsstation Transportband

Die Arbeiten sind in der folgenden Reihenfolge durchzuführen:

- Demontage der Antriebsstation,

- Feststellen des Fehlers,

- Beheben des Fehlers durch Austausch oder Reparatur der beschädigten Bauteile,

- Montage der Antriebsstation,

- Sicht- und Funktionsprüfung.

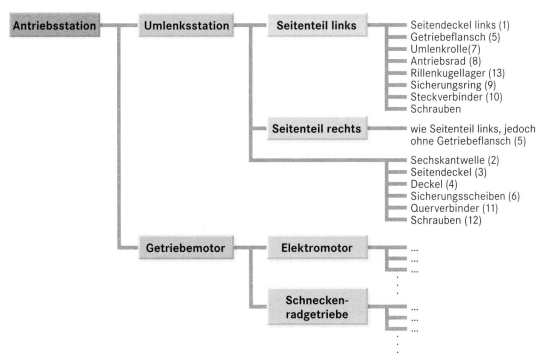

Abb. 1: Aufbauübersicht Antriebsstation

Eine Montage beginnt mit der Sichtprüfung und Reinigung der Einzelteile. Schadhafte Bauteile müssen ersetzt werden. Beschädigte Normteile können anhand der Stückliste identifiziert und beschafft werden. Beschädigte Einzelteile müssen entweder bei der Herstellerfirma bestellt oder anhand einer Einzelteilzeichnung selbst gefertigt werden.

Bei der Montage werden die Einzelteile zu einer Baugruppe zusammengefügt. Anhand der Aufbauübersicht (S. 253, Abb. 1) ergibt sich die Reihenfolge für das Fügen der Bauteile. Sie listet alle Einzelteile mit den Positionsnummern einer Baugruppe auf. Aufgrund der detaillierten Darstellung wird die Aufbauübersicht vor allem bei der Planung von Montagearbeiten verwendet.

Anhand der Gesamtzeichnung und der Stückliste können die verschiedenen Fügetechniken ermittelt werden. Lösbare Verbindungen und deren Fügeteile (z. B. Schrauben, Bolzen oder Stifte) können wieder verwendet werden, sofern sie unbeschädigt sind. Unlösbare Verbindungen (z. B. Klebeverbindungen) müssen neu hergestellt werden.

In einem Montageplan (Abb. 1) wird die Reihenfolge der einzelnen Arbeitsschritte, die benötigten Werkzeuge, Vorrichtungen und Hilfsmittel in tabellarischer Form aufgelistet und dokumentiert.

westermann	**Arbeitsplan**		**Blatt-Nr.** 1	**Anzahl** 1

Benennung: Antriebsstation **Zeichn.Nr. Sach.-Nr.** 026.04.25   **Auftragsnr.:** _____ **Name:** _____

Halbzeug: _____   **Stückzahl:** _____ **Vorname:** _____

☐ Einzelteil ☐ Demontage   **Termin:** _____ **Klasse/Gr.:** _____

☒ Montage   **Kontr.-Nr.:** _____

Lfd. Nr.	Arbeitsvorgang	Arbeitsplatz	Arbeitsmittel	Bemerkungen
1	Rillenkugellager (13) in Antriebsrad (8)	Werkstatt	hydraulische Presse	Nach Angaben des Lagerherstellers
2	Umlenkrolle (7) auf Seitenteil (1) aufschieben und Sicherung durch Sicherungsring (9)	Werkbank	Montagezangen für Wellen	
3	Querverbinder (11) mit Seitenteilen (1) lose verschrauben (12)		Innensechskantschlüssel SW 5	
4	Montage der Sechskantwelle (2)			Sechskantwelle reinigen und ölen
5	Montage der Sicherungsscheiben (6)			
6	Montage der Querverbinder (11) und Schrauben (12)		Innensechskantschlüssel SW 5	Anziehdrehmoment 8 Nm
7	Montage der Umlenkstation durch die Steckverbinder (10) am Gestell des Transportbandes	Transportband	Innensechskantschlüssel SW 8	
8	Gurtmontage		Klebstoff	Abzug verwenden, Topfzeit und Aushärtezeit beachten
9	Gurt spannen und Antriebsstation ausrichten und durch Schrauben der Querverbinder (11) sichern		Innensechskantschlüssel SW 8	Anziehdrehmoment 45 Nm
10	Seitendeckel (3) und Deckel (4) montieren			Kreuzschlitz-Schraubendreher

Abb. 1: Montageplan Antriebsstation

Montagetätigkeiten

Der Montageprozess besteht immer aus den Tätigkeiten (Abb. 2):

- Fügen, Zerlegen,
- Prüfen und
- Handhaben.

Durch *Fügen* werden Verbindungen zwischen Einzelteilen oder Baugruppen hergestellt. Die Verbindungen können lösbare oder unlösbare Verbindungen sein. Lösbare Verbindungen haben den Vorteil, dass sich die verbundenen Bauteile bei einer Demontage ohne Zerstörung wieder zerlegen lassen.

Das *Prüfen* kann vor, zwischen und nach der Montage stattfinden. Art, Anzahl und Beschaffenheit der zu fügenden Bauteile oder Baugruppen müssen kontrolliert werden. Das Prüfen schließt auch die Funktionskontrolle ein. Art und Häufigkeit der Kontrollen hängen von der Organisation des Montageprozesses ab.

Das *Handhaben* umfasst das Lagern, Transportieren und Positionieren der Bauteile und Baugruppen für den Zusammenbau. Je nach Automatisierungsgrad und Beschaffenheit der Teile ergeben sich unterschiedliche Handhabungstätigkeiten. Große, schwere Teile erfordern z. B. Hebezeuge.

Daneben können weitere Tätigkeiten notwendig sein. Solche *Nebentätigkeiten* sind die Oberflächenbehandlung, das Schmieren, das Auswuchten und das Justieren von Teilen. Durch Justieren werden beim Zusammenbau von Bauteilen unvermeidbare Abweichungen der Fertigung ausgeglichen.

 Die Montage umfasst immer die Tätigkeiten Fügen, Prüfen und Handhaben. Außerdem können Nebentätigkeiten erforderlich sein.

 Arbeits- und Unfallschutz bei Montagearbeiten:

- Hersteller- und Firmenangaben beachten
- Sicherheitsvorschriften ermitteln
- Freischalten der betroffenen Stromkreise, gegen Wiedereinschalten sichern (Schild am Schalter, Schlösser), Spannungsfreiheit prüfen, evtl. Erden und Kurzschließen und benachbarte, spannungsführende Teile abdecken oder abschranken
- Persönlichen Körperschutz (PKS) beachten (Kleidungsstücke, Schmuckstücke, Sicherheitsschuhe, Schutzhandschuhe, Gehörschutz, Augenschutz, usw.)
- Bestimmungsgemäßes Verwenden von Werkzeugen und Hilfsmitteln
- Ergonomische Gestaltung des Arbeitsplatzes
- Unverzügliche Beseitigung oder Meldung von Mängeln
- Keine unbefugte Benutzung von Hilfsmitteln und Maschinen
- Gefahrenbereiche sind zu kennzeichnen und abzusperren
- Bei gefährlichen Arbeiten nicht allein oder nur mit einer anderen Person in Sichtweite Arbeiten durchführen
- Zutritts- und Aufenthaltsverbot unter schwebenden Lasten (Kran)
- Maßnahmen gegen Absturz von Beschäftigten bzw. gegen das Herabfallen von Gegenständen treffen
- Eine Funktionsprüfung darf erst erfolgen, wenn die Sicherheits- und Warneinrichtungen betriebsbereit und funktionstüchtig sind.

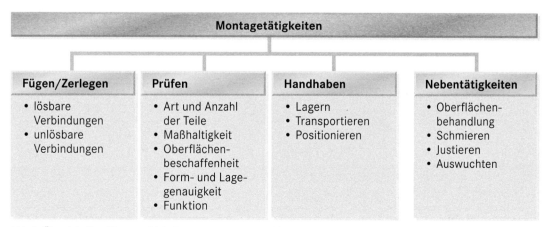

Abb. 2: Übersicht über Montagetätigkeiten

Informieren

8.1.2 Einsatz von Hebezeugen

Zum Anheben und zum Transport schwerer Lasten müssen Hebezeuge eingesetzt werden. Dazu sind oft Krane oder fest eingebaute Hebezeuge vorhanden.

 Stehen diese nicht zur Verfügung, können Handkettenzüge oder Elektroflaschenzüge benutzt werden. Sie können an Dachkonstruktionen befestigt werden. Sie lassen sich mit Trägerklemmen einfach an einem Doppel-T-Träger anbringen (Abb. 1).

Abb. 1: Flaschenzug mit Trägerklemme

 Beim Arbeiten mit Hebezeugen bestehen besondere Gefahren. Gefährdungen entstehen vor allem durch

- unbeabsichtigtes Lösen des Anschlagmittels von der Last,
- unbeabsichtigtes Mitreißen von Gegenständen,
- Eingeklemmt werden durch pendelnde Lasten, besonders beim ersten Anheben,
- Überlastung von Anschlagmitteln wegen zu großer Lasten oder
- Bruch von Anschlagmitteln wegen nicht erkannter Beschädigungen.

Gefährdet sind die Personen, die das Hebezeug bedienen und die Lasten anschlagen, aber auch unbeteiligte Personen in der Nähe. Um Gefahren zu vermeiden, sind die Transportvorgänge sorgfältig zu planen und durchzuführen.

Anschlagmittel und Anschlagpunkte

Die Last wird durch Anschlagmittel mit dem Kranhaken verbunden. Als Anschlagmittel werden Seile, Ketten, Hebebänder und Rundschlingen verwendet.

Bei *Seilen* unterscheidet man Faserseile und Stahldrahtseile. Faserseile bestehen meist aus synthetischen Fasern wie Polyester oder Polyamid. Die Seilenden werden häufig in Form des „flämischen Auges" hergestellt. Den Abschluss der Öse bildet eine Stahlpresshülse (Abb. 2). Die Seilösen können mit Kauschen versehen sein.

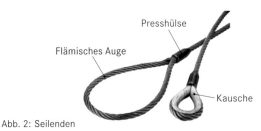

Presshülse

Flämisches Auge

Kausche

Abb. 2: Seilenden

Ketten, Drahtseile und Hebebänder werden im Baukastensystem mit Beschlagteilen wie Aufhängeringen, Ringgabeln oder Haken angeboten. Die Beschlagteile sind auf die jeweilige Tragfähigkeit des Anschlagmittels abgestimmt.

Als Verbindung zwischen Anschlagmittel und Last dienen häufig Anschlagpunkte in Form von anschraubbaren Transportringen oder Ringschrauben (Abb. 3). Fehlen solche Anschlagpunkte, werden die Anschlagmittel um die Last gelegt. Dabei müssen die Anschlagmittel rutschsicher angebracht werden, damit sich der Schwerpunkt nicht verlagern kann und die Last herausrutscht.

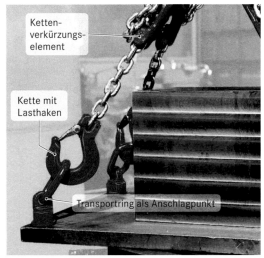

Ketten-verkürzungs-element

Kette mit Lasthaken

Transportring als Anschlagpunkt

Abb. 3: Last mit Anschlagpunkten und Kettengehänge

Auswahl von Anschlagmitteln

Bei der Auswahl des Anschlagmittels ist dessen Beschaffenheit und Tragfähigkeit zu beachten. Faserseile, Hebebänder und Rundschlingen eignen sich für Lasten mit empfindlichen Oberflächen wie Wellen oder lackierte Teile. Ketten können auch bei scharfkantigen Teilen und bei Temperaturen oberhalb 100 °C eingesetzt werden.

Ketten, Drahtseile oder Hebebänder mit Haken eignen sich zum Anschlagen von Lasten mit Anschlagpunkten. Ketten haben den Vorteil, dass sie sich durch Kettenverkürzungselemente um jeweils eine Teilungslänge feinstufig verkürzen lassen. So können Lasten einbaulagegerecht transportiert oder bei schwieriger Schwerpunktlage waagerecht gehängt werden.

Tragfähigkeit von Anschlagmitteln

Anschlagmittel dürfen nur bis zur angegeben *Tragfähigkeit* belastet werden. Die Tragfähigkeit von Drahtseilen und Ketten ist auf Anhängern angegeben, die Tragfähigkeit von Hebebändern und Rundschlingen auf eingenähten farbigen Etiketten.

Die Tragfähigkeit hängt auch davon ab,

- welche Anschlagart gewählt wird und
- welchen Neigungswinkel β die Stränge mit der Senkrechten bilden (Tab. 1).

Als *Anschlagart* für eine Last unterscheidet man das Befestigen mit einem Strang oder mit mehreren Strängen. Nur für senkrecht verlaufende Stränge kann die volle, am Anschlagmittel angegebene Tragfähigkeit angenommen werden. Wird das Anschlagmittel geschnürt, verringert sich die Tragfähigkeit wegen der Biegebeanspruchung im Schnürpunkt auf 80 %. Bei einem drei- oder viersträngigen Gehänge sind bei symmetrischer Belastung (gleiche Stranglänge und gleicher Neigungswinkel pro Strang) drei Stränge als tragend anzunehmen. Der Lastanschlagsfaktor berücksichtigt dabei die Tragfähigkeitsreduzierung für den Schnürgang und den Neigungswinkel β.

Mit zunehmendem Neigungswinkel β nimmt die Tragfähigkeit ab. Üblicherweise wird in den Belastungstabellen die Tragfähigkeit für einen Neigungswinkel bis 45° und einen Neigungswinkel von mehr als 45° bis 60° angegeben. Neigungswinkel über 60° sind verboten, weil die dabei auftretenden Kräfte sehr groß werden.

Treten bei zweisträngigen Gehängen unterschiedliche Neigungswinkel β auf, darf nur die Tragfähigkeit eines Stranges zugrunde gelegt werden. Bei drei- und viersträngigen Gehängen mit ungleichmäßiger Belastung (ungleiche Stranglänge und ungleiche Neigungswinkel pro Strang) darf nur die Tragfähigkeit von zwei Strängen angenommen werden.

Anschlagen von Lasten

 Lasten anschlagen dürfen nur Personen, die entsprechend unterwiesen wurden.

 Zum sicheren Anschlagen von Lasten sind unbedingt folgende Regeln einzuhalten:

- Lasten dürfen nur dann im Hängegang angeschlagen werden, wenn das Zusammenrutschen der Anschlagmittel und eine Verlagerung der Last ausgeschlossen sind.
- Eingehängte Beschlagteile wie Aufhängeringe oder Lasthaken müssen frei beweglich sein, ebenso Aufhängeglieder auf dem Kranhaken.
- Anschlagmittel dürfen auf keinen Fall geknotet werden. Sie dürfen auch nicht durch Umschlingen des Lasthakens gekürzt werden.

Beim Anschlagen muss besonders auf scharfe Kanten an Lasten geachtet werden. Kanten gelten als scharf, wenn der Kantenradius kleiner als die Dicke oder der Durchmesser des Anschlagmittels ist. Hebebänder und Seile dürfen nur mit einem Kantenschutz um scharfe Kanten gelegt werden (Abb. 4). Sie können sonst beschädigt oder regelrecht zerschnitten werden. Anschlagketten, die um scharfe Kanten gelegt werden, sind eine Nenndicke stärker zu wählen, als es die Tragfähigkeit erfordert, oder es ist ebenfalls ein Kantenschutz vorzusehen.

Kantenschoner   Schutzmanschette   Schutzschlauch

Abb. 4: Kantenschutz an Anschlagmitteln

Auswechseln von Anschlagmitteln

Anschlagmittel müssen durch einen Sachkundigen mindestens einmal jährlich überprüft werden. Unabhängig davon sind Anschlagmittel vom Benutzer vor jedem Einsatz auf sichtbare Beschädigungen zu kontrollieren. Diese Kontrollen sollen sich auch auf die Beschlagteile und die Kennzeichnung erstrecken. Bei fehlender oder unlesbarer Kennzeichnung dürfen Anschlagmittel nicht mehr eingesetzt werden. Anschlagmittel dürfen auch nicht mehr verwendet werden, wenn sie folgende Fehler aufweisen:

- **Ketten:** Glieder gebrochen, angerissen oder abgeschliffen, Kette steif, Glieder mit Verformungen oder übermäßiger Korrosion.
- **Faserseile:** Litze oder mehrere Garne gebrochen, Seil stockig, Spleiße gelockert.

Tab. 1: Tragfähigkeit und Anschlagart

Anschlagsart				
1-Strang direkt	1-Strang geschnürt	endlos direkt	endlos geschnürt	Schlaufen-gehänge
Lastanschlagsfaktor				
1	0,8	2	1,6	1,4

Anschlagart			
2-strängig		3- und 4-strängig	
$\beta \le 45°$	$\beta \le 60°$	$\beta \le 45°$	$\beta \le 60°$
Lastanschlagsfaktor			
1,4	1	2,1	1,5

Fügen

8.2 Fügeverbindungen

Das Verbinden von Einzelteilen nennt man Fügen. Nach der Wirkungsweise unterscheidet man

- formschlüssiges Fügen (z. B. Passfedern, Keilwellen, Passschrauben, Stifte, Bolzen, Nieten),

- kraftschlüssiges Fügen (z. B. Schraubenverbindungen, Klemm- und Kegelverbindungen) und

- stoffschlüssiges Fügen (z. B. Schweiß-, Löt- und Klebeverbindungen).

8.2.1 Schraubenverbindungen

Bei der Schraubenverbindung unterscheidet man grundsätzlich zwei Verbindungsarten (Abb. 1). Hat ein Bauteil eine Gewindebohrung und das andere eine Durchgangsbohrung nennt man diese Verbindungsart *Einziehverbindung*. Habe beide zu verbindenden Bauteile eine Durchgangsbohrung spricht man von einer *Durchsteckverbindung*.

a) Einziehverbindung   b) Durchsteckverbindung

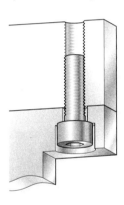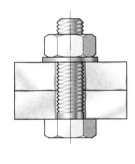

Abb. 1: Verbindungsarten

Für eine einwandfreie Funktion der Schraubenverbindung ist eine Vorspannkraft zwischen dem Schraubenkopf, den Fügeteilen und der Mutter notwendig. Dies wird durch Anziehen der Schraube oder Mutter mit einem geeigneten Schraubenschlüssel oder Schraubendreher erreicht. Bei zu großer Vorspannkraft wird die Schraube plastisch (dauerhaft) verformt und kann brechen. Das maximale Anziehdrehmoment M_A und die daraus resultierende maximale Vorspannkraft F_V müssen bei der Montage beachtet werden. Aus dem Grund werden beim Anziehen der Schraubenverbindung Drehmoment-Werkzeuge verwendet. Es gibt handbetriebene Drehmomentschlüssel und motorbetriebene Dreh- oder Schlagschrauber.

Beim *drehmomentgesteuerten* Anziehen wird das erforderliche Moment angezeigt oder als Grenzwert eingestellt. Einflüsse auf die Vorspannkraft F_V durch die Reibung in den Gewindeflanken und der Reibung und dem Schraubenkopf bzw. der Mutter werden komplett vernachlässigt.

Beim *drehwinkelgesteuerten* Anziehen wird die Schraubenverbindung durch ein eingestelltes Drehmoment (Schwellmoment) so weit angezogen, bis ein mögliches Spiel beseitigt ist. Ab diesem Moment beginnt die Drehwinkelmessung. Aufgrund der zu erzeugenden Vorspannkraft ist auch die Gesamtlängung der Schraube bekannt. Diese Längung lässt sich nun durch ein vielfaches der Steigung ausdrücken, woraus sich wiederum ein bestimmter Anziehwinkel ergibt. Dieser Anziehwinkel wird gemessen. Die Schraube wird bei diesem Verfahren bis über die Streckgrenze hinaus beansprucht und eine Wiederverwendung der Schraube ist nicht mehr möglich.

Beim *streckgrenzengesteuerten* Anziehen wird kontinuierlich das Anziehdrehmoment und der Drehwinkel gemessen. Solange beide zueinander proportional sind, befindet man sich im elasti-

---

Grundlagen

Beim Anziehen einer Schraube oder Mutter wird ein Drehmoment erzeugt. Über die Steigung des Gewindes wird der Schraubenschaft auf Zug beansprucht und gedehnt. Die Fügeteile werden verspannt. Die insgesamt auf die Fügeteile wirkende Kraft ist die Vorspannkraft F_V.

Die Vorspannkraft F_V wird durch das Anziehmoment M_A erzeugt. Beim Anziehen von Hand ist das Anziehmoment M_A das Produkt aus der Handkraft F_H und der Länge des Schraubenschlüssels l. Die Vorspannkraft F_V errechnet sich aus dem Anziehmoment M_A und der Steigung P der Schraube.

Die Reibung zwischen Schrauben- und Mutterngewinde geht über den Wirkungsgrad η mit ein.

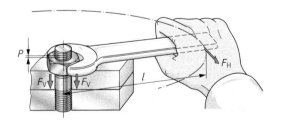

$$M_A = F_H \cdot l \qquad\qquad F_V = \frac{M_A \cdot 2\pi}{P} \cdot \eta$$

$$F_V \cdot P = F_H \cdot l \cdot 2 \cdot \pi \cdot \eta$$

$$F_V \cdot P = M_A \cdot 2\pi \cdot \eta \qquad\qquad F_V = M_A \cdot \frac{2\pi}{P} \cdot \eta$$

schen Verformungsbereich der Schraube. Erreicht man die Streckgrenze des Materials, so nimmt das Anziehdrehmoment nur noch geringfügig zu. Die Streckgrenze der Schraube wird direkt festgestellt. Der Reibfaktor zwischen Schraubenkopf und Bauteil hat daher keinen Einfluss.

> **!** Eine Schraubenverbindung ist eine lösbare, kraftschlüssige Verbindung. Es werden zwei oder mehrere Bauteile miteinander fest verbunden.

Je nach Verwendungszweck, zu verschraubendem Material und anderen Anforderungen gibt es eine Vielzahl von Schraubenarten, die sich durch eine Reihe von Merkmalen unterscheiden. Es wird unterschieden nach:

• Material der Schraube

• Gewindeform/-art

• Schraubenkopfform

• Sonderbauformen

Sichern von Schraubenverbindungen

Das Versagen dynamisch belasteter Schraubenverbindungen ist nicht selten auf selbsttätiges Lösen zurückzuführen.

Dies führt zu Schadensfällen die durch den teilweisen oder vollständigen Verlust der Vorspannkraft in Form von Dauerbruch oder Losdrehen der Schraube verursacht werden.

Verantwortlich für das Losdrehen ist das innere Losdrehmoment der Verbindung. Es entsteht durch die Überwindung des Reibschlusses zwischen Kopfauflage und Bauteil sowie zwischen Bolzen und Mutterngewinde.

Normalerweise genügt der Reibungswiderstand, in Verbindung mit den Klemmkräften zwischen Mutter/Schraube und den verspannten Teilen, um die Verbindung zu sichern.

Mit entsprechender Klemmlänge (Richtwert $> 5 \cdot d$; d = Nennweite des Gewindes) benötigen Schrauben in der Regel auch bei dynamischer Belastung keine zusätzliche Sicherung. Treten Belastungen auf, die dazu führen, dass die konstruktiven Maßnahmen nicht ausreichen, so sind zusätzliche Sicherungselemente (Tab. 1) zu verwenden.

> **!** Alle Schraubensicherungen sind nur einmal verwendbar, da sie sich beim Anziehen der Verbindung plastisch verformen können oder bei der Demontage brechen. Bei erneutem Einsatz ist die Funktionsfähigkeit nicht mehr gewährleistet.

Federringe, Zahnscheiben, Fächerscheiben und Federscheiben sind so genannte Setzsicherungen. Diese Schraubensicherungen werden bis zu einer Festigkeitsklasse 8.8 () der Schraube verwendet. Aus dem Grund sind die entsprechenden DIN-Normen zurückgezogen worden.

Tab. 1: Schraubensicherungen

Setzsicherungen	Losdrehsicherungen	Verliersicherungen
Setzsicherungen gleichen die Abnahme der Klemmlänge durch die plastische Verformung aller Klemmteile aus und verhindern eine Abnahme der notwendigen Vorspannkraft.	Losdrehsicherungen verhindern ein Lockern der Schraube oder der Mutter, sie gleichen die Abnahme der Klemmlänge durch die plastische Verformung aller Klemmteile nicht aus.	Verliersicherungen verhindern nach dem Lockern und dem Verlust der Vorspannkraft ein völliges Auseinanderfallen der Verbindung.
Federring Zahnscheibe	Sperrzahnschraube	Scheibe mit Lappen Drahtsicherung
Fächerscheibe Spannscheibe oder Tellerfeder	klebstoffbeschichtetes Gewinde	Kronenmutter mit Splint Mutter mit Klemmteil

8.2.2 Stiftverbindungen

Im Gehäuse (Pos. 1) des Getriebes und in dem Deckel (Pos. 2) sind Wellen gelagert, die fluchten müssen (Abb. 1). So ist gewährleistet, dass die auf den Wellen montierten Zahnräder verschleißarm ineinander greifen.

Um die Lage der Teile zueinander zu fixieren, werden sie zusätzlich verstiftet.

Ohne Stifte ist nach einer Demontage und einer erneuten Montage einer Schraubenverbindung nicht gewährleistet, dass die Einzelteile in der ursprünglichen Lage zueinander gefügt werden können. Ursache hierfür ist das Spiel zwischen dem Durchmesser des Schraubenschaftes und dem Durchmesser der Durchgangsbohrung.

Vor der Montage wurden die Bohrungen für die Schrauben und die Stifte z. B. auf einem CNC-Bohrwerk gefertigt.

Bei der Montage werden zuerst die Spannstifte (Pos. 31) in die entsprechenden Bohrungen des Gehäuses eingetrieben. Danach wird der Deckel aufgesetzt und durch die Zylinderschrauben (Pos. 28) mit dem Gehäuse verbunden.

Da die Schraubenverbindungen dynamisch belastet werden, sichert man die Schrauben mit Federringen (Pos. 29).

Die Schrauben sind über Kreuz fest anzuziehen (Abb. 2), um ein Verkanten des Deckels gegenüber dem Gehäuse zu verhindern.

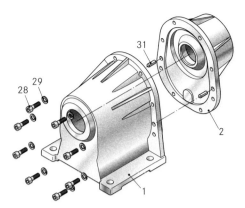

Abb. 1: Lagesicherung durch Verstiften

Zustand der Einzelteile	Montagevorgang
Teile sind vorgefertigt	• Einzelteile montieren • Schrauben einsetzen und anziehen (ggf. Muttern aufsetzen und montieren) • Ggf. Schraubensicherung verwenden
Teile sind nicht vorgefertigt	• Maße anreißen und körnen • Löcher bohren • Bohrungen entgraten • Einzelteile montieren • Schrauben einsetzen und anziehen (ggf. Muttern aufsetzen und montieren) • Ggf. Schraubensicherung verwenden
Teile müssen zusätzlich verstiftet werden	• Maße für Stiftbohrung an einem Einzelteil anreißen und körnen • Löcher wesentlich kleiner vorbohren • Einzelteile montieren und ausrichten • Schrauben einsetzen und anziehen (ggf. Muttern aufsetzen und montieren) • Vorgebohrtes Loch auf ca. 0,2 mm Untermaß (Reibzugabe) aufbohren, dabei das andere Einzelteil mitbohren • Bohrungen entgraten • Montierte Baugruppe in montiertem Zustand aufreiben • Stifte eintreiben

Kreisflansch

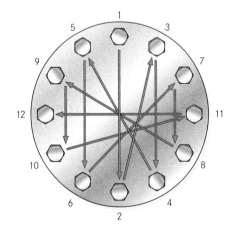

Abb. 2: Verschraubungsfolge

Aufgab

1. Für eine Verbindung mit einer Schaftschraube M16-10.9 ist eine Vorspannkraft von F_V = 100 kN bei geringster Reibung gefordert. Ist diese Vorspannkraft zulässig? Beschreiben Sie die Montage.

2. Ein Getriebegehäuse wird durch Erschütterungen so belastet, dass sich die Schrauben lösen, mit denen der Deckel gefügt wurde. Erläutern Sie unterschiedliche Möglichkeiten, die Schraubenverbindung zu sichern.

Beanspruchung von Schraubenverbindungen

Schrauben werden durch Kräfte beim Anziehen und durch Kräfte im Betrieb belastet. Beim Anziehen werden Schrauben auf Verdrehung und Zug beansprucht. Die Vorspannkraft F_V verspannt die Bauteile.

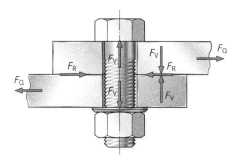

Wird die Schraubenverbindung im Betrieb durch eine Querkraft F_Q belastet, muss die Reibungskraft F_R zwischen den Bauteilen größer sein als die angreifende Querkraft. Andernfalls würden sich die Bauteile gegeneinander verschieben.

$$F_R \geq F_Q$$

Die Größe der Reibungskraft F_R ist von der Vorspannkraft F_V und der Haftreibungszahl μ_0 abhängig.

$$F_R = F_V \cdot \mu_0$$

Durch die Vorspannkraft F_V tritt im Spannungsquerschnitt S der Schraube eine Zugspannung σ_z auf.

$$\sigma_z = \frac{F_V}{S} \leq \sigma_{z\,zul}$$

Die Zugspannung σ_z darf nicht die 0,2 %-Dehngrenze $R_{p0,2}$ des Schraubenwerkstoffes überschreiten. Die 0,2 %-Dehngrenze $R_{p0,2}$ ist die Spannung, bei der nach Entlastung eine Dehnung von 0,2 % der Anfangslänge zurückbleibt.

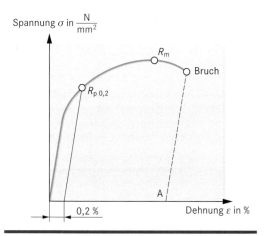

Zur Sicherheit muss die zulässige Zugspannung $\sigma_{z\,zul}$ kleiner als die 0,2 %-Dehngrenze $R_{p0,2}$ sein. Dies wird durch eine Sicherheitszahl ν berücksichtigt.

$$\sigma_{z\,zul} = \frac{R_{p0,2}}{\nu}$$

Wird eine Schraubenverbindung im Betrieb durch eine Längskraft F_z belastet, so erhöht sich die Zugspannung im Schraubenwerkstoff. Auch dann darf die auftretende Zugspannung die 0,2 %-Dehngrenze nicht überschreiten.

Die erforderliche Vorspannkraft F_V und das zugehörige Anziehdrehmoment M_A einer Schraubenverbindung können für verschiedene Reibungszahlen μ_{ges} aus Tabellen entnommen werden (➡📖). Die Reibungszahl μ_{ges} berücksichtigt die Reibung an der Schraubenverbindung und den Schmierzustand.

Beispiel:

Ein Motor mit einem Stahlflansch wird an ein Getriebe aus Gusseisen mit 6 Zylinderschrauben ISO 4762 – M8 x 25 – 8.8 verschraubt.

Mit welchem Anziehmoment M_A sind die Schrauben anzuziehen, wenn die Reibungszahl μ_{ges} = 0,16 beträgt?

Welche Querkräfte F_Q können übertragen werden?

Liegt die Zugspannung σ_z im Schraubenquerschnitt unterhalb der zulässigen Zugspannung $\sigma_{z\,zul}$, wenn die Sicherheit ν = 1,4 betragen soll?

Geg.: $R_{p0,2} = 640$ N/mm²
$\qquad \mu_{ges} = 0,16$
$\qquad i = 6$ (Anzahl der Schrauben)
$\qquad \nu = 1,4$

Ges.: M_A in Nm; F_Q in kN; σ_z in N/mm²; $\sigma_{z\,zul}$ in N/mm²

Tabellenbuch:

$M_A = 27$ Nm $\qquad\qquad S = 36,6$ mm²
$F_V = 15,9$ kN $\qquad\quad \mu_0 = 0,18 ... 0,24$

Rechnung:

$F_Q \leq F_R = F_V \cdot \mu_0 \cdot i$
$F_Q \leq F_R = 15,9$ kN $\cdot 0,18 \cdot 6 = \underline{17,2 \text{ kN}}$

$\sigma_z = \dfrac{F_V}{S} = \dfrac{15\,900 \text{ N}}{36,6 \text{ mm}^2} = \underline{434 \text{ N/mm}^2}$

$\sigma_{z\,zul} = \dfrac{R_{p0,2}}{\nu} = \dfrac{640 \text{ N/mm}^2}{1,4} = \underline{457 \text{ N/mm}^2}$

$\sigma_z = 434$ N/mm² $\leq \sigma_{z\,zul} = 457$ N/mm²

Informieren

8.2.3 Achsen und Bolzen

Die Vorspannung eines Riemens in einem Keilriemengetriebe kann durch eine Spannrolle erfolgen (Abb. 1).

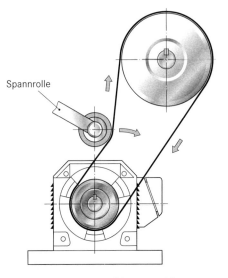

Abb. 1: Spannrolle in einem Keilriemengetriebe

Die Spannrolle ist z. B. mit Hilfe eines Lagers auf einer Achse oder einem Bolzen gelagert. Achse oder Bolzen stehen dabei fest.

Achsen sind Fertigungsteile, Bolzen sind Normteile.

 Achsen und Bolzen stützen und tragen ruhende, drehende oder schwingende Bauteile. Sie übertragen keine Drehmomente, sondern nehmen Kräfte auf. Achsen und Bolzen werden auf Biegung und/oder Abscherung beansprucht.

Bolzen gibt es in verschiedenen Ausführungen (➡️📖). Aus der Bezeichnung kann man die Maße ermitteln.

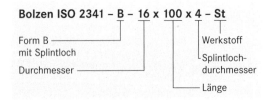

Bolzen ISO 2341 – B – 16 x 100 x 4 – St

Form B mit Splintloch

Durchmesser

Werkstoff

Splintlochdurchmesser

Länge

Montieren

Die Spannrolle mit eingepresster Lagerbuchse wird in die Aufnahme eingelegt, die Achse wird danach durch die Bohrung der Bauteile geschoben. Anschließend ist die Achse gegen axiales Verschieben zu sichern. Dies geschieht mit Hilfe von Scheiben und Sicherungsringen (➡️📖) (Abb. 2a). Die Sicherungsringe werden mit einer Montagezange aufgesetzt.

Wird die Spannrolle auf einen Bolzen montiert, ist dieser auf beiden Seiten der Aufnahme durch Splinte (➡️📖) zu sichern. Zwischen der Aufnahme und dem Splint wird eine Scheibe montiert, um eine Beschädigung der Aufnahme bei Drehbewegungen zu vermeiden.

Nach dem Durchstecken der Splinte durch die Bohrungen sind sie leicht aufzubiegen, um ein Herausfallen zu verhindern.

Bolzen mit Kopf erleichtern die Montage und erfordern nur einen Splint (Abb. 2b).

a) Spannrolle montiert auf Achse

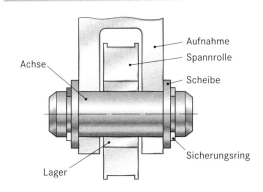

Aufnahme

Spannrolle

Achse

Scheibe

Lager

Sicherungsring

b) Spannrolle montiert auf Bolzen

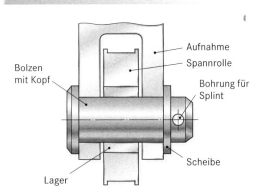

Aufnahme

Spannrolle

Bolzen mit Kopf

Bohrung für Splint

Scheibe

Lager

Abb. 2: Montierte Spannrolle

Beanspruchung von Bolzen- und Stiftverbindungen

Bolzen und Stifte werden durch Querkräfte belastet. Die Querkräfte F_Q beanspruchen die Verbindungen auf Flächenpressung, Abscherung und Biegung.

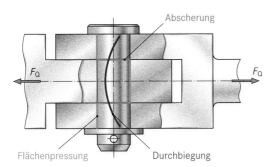

Abscherung

F_Q F_Q

Flächenpressung   Durchbiegung

• Flächenpressung

Die Flächenpressung p in der Aufnahmebohrung ergibt sich aus der Querkraft F_Q, dividiert durch die in Kraftrichtung projizierte Fläche A.

$$p = \frac{F_Q}{A} \leq p_{zul}$$

Die auftretende Flächenpressung p darf nicht größer als die zulässige Flächenpressung p_{zul} sein.

• Abscherung

Durch die wirkende Querkraft F_Q tritt am gefährdeten Querschnitt S des Bolzen bzw. des Stiftes eine Scherspannung τ_a auf.

$$\tau_a = \frac{F_Q}{S} \leq \tau_{a\,zul}$$

Die Scherspannung τ_a darf nicht die zulässige Scherspannung $\tau_{a\,zul}$ überschreiten. Die zulässige Scherspannung $\tau_{a\,zul}$ ergibt sich aus der Scherfestigkeit τ_{aB} und der Sicherheitszahl ν.

$$\tau_{a\,zul} = \frac{\tau_{aB}}{\nu} \qquad\qquad \tau_{aB}\ 0{,}8 \cdot R_m$$

Die Scherfestigkeit τ_{aB} ist etwa 0,8 mal so groß wie die Bruchfestigkeit R_m des Stift- bzw. Bolzenwerkstoffes.

• Biegung

Insbesondere bei längeren Bolzen und bei Achsen treten neben den Beanspruchungen auf Flächenpressung und Abscherung auch erhebliche Biegebeanspruchungen auf.

Beispiel:

Bei der dargestellten Bolzenverbindung ist zu überprüfen, ob die Flächenpressung p und die Abscherung τ_a nicht die zulässigen Werte überschreiten (Sicherheitszahl $\nu = 2{,}4$). Die zu übertragende Querkraft beträgt $F_Q = 9$ kN.

Bolzen ISO 2341–B–16 x 55 x 4–St

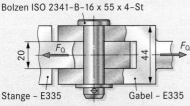

20   F_Q 44 F_Q

Stange – E335   Gabel – E335

Flächenpressung in der Stange (kleinste Fläche)

Geg.: $d = 16$ mm   Ges.: p, p_{zul}
$\quad\quad l = 20$ mm
$\quad\quad F_Q = 9$ kN

Tabellenbuch: $p_{zul} = \underline{170\ \text{N/mm}^2}$ (für E335)

Rechnung:

$p = \dfrac{F_Q}{A}$

$A = d \cdot l = 16\ \text{mm} \cdot 20\ \text{mm} = 320\ \text{mm}^2$

$p = \dfrac{9000\ \text{N}}{320\ \text{mm}^2} = \underline{28{,}3\ \text{N/mm}^2} < p_{zul} = 170\ \text{N/mm}^2$

Abscherung

Geg.: $d = 16$ mm   Ges.: τ_a in N/mm²,
$\quad\quad \nu = 2{,}4$ $\tau_{a\,zul}$ in N/mm²
$\quad\quad F_Q = 9$ kN
$\quad\quad n = 2$ (Anzahl der beanspruchten Querschnitte)

Tabellenbuch: $R_m = 360 \ldots 530$ N/mm²

Rechnung:

$\tau_{aB}\ 0{,}8 \cdot R_m$

$\tau_{aB}\ 0{,}8 \cdot 360\ \text{N/mm}^2 = 288\ \text{N/mm}^2$

$\tau_{a\,zul} = \dfrac{\tau_{aB}}{\nu}$

$\tau_{a\,zul} = \dfrac{288\ \text{N/mm}^2}{2{,}4} = \underline{120\ \text{N/mm}^2}$

$\tau_a = \dfrac{F_Q}{2 \cdot S}$

$S = \dfrac{d^2 \cdot \pi}{4} = \dfrac{(16\ \text{mm})^2 \cdot \pi}{4} = 201\ \text{mm}^2$

$\tau_a = \dfrac{9000\ \text{N}}{2 \cdot 201\ \text{mm}^2} = \underline{22{,}4\ \text{N/mm}^2}$

$\tau_a < \tau_{a\,zul} = 120\ \text{N/mm}^2$

8.3 Stütz- und Trageinheiten

Stütz- und Trageinheiten wie z. B. Maschinengestelle, Rahmen, Führungen oder Lager halten Funktionseinheiten zusammen oder führen diese. Dabei nehmen sie Kräfte auf und leiten diese weiter.

Energieübertragungseinheiten (z. B. Getriebe, Wellen, Kugelgewindegetriebe) können die Bewegungen und Kräfte nur übertragen, wenn sie mit Funktionseinheiten zum Stützen und Tragen verbunden sind.

8.3.1 Führungen

Nach der Form unterscheidet man

- Rundführungen,
- Flachführungen und
- Prismenführungen.

Nach der Art der Reibung unterscheidet man Führungen in

- Gleitführungen (Abb. 1) und
- Wälzführungen (Abb. 2).

An Führungen werden folgende *Anforderungen* gestellt:

- hohe Führungsgenauigkeit,
- große Tragfähigkeit,
- geringe Reibung,
- einfaches Ein- und Nachstellen des Spiels,
- unempfindlich gegen Verschmutzen,
- einfach zu warten.

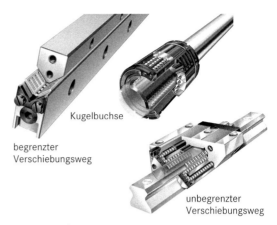

Kugelbuchse

begrenzter
Verschiebungsweg

unbegrenzter
Verschiebungsweg

Abb. 2: Wälzführungen

 Eine Führung besteht aus einem Führungskörper und einem Gleitkörper. Beide müssen formschlüssig zueinander passen.

Montage von Linearführungen

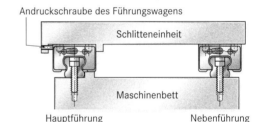

Andruckschraube des Führungswagens

Schlitteneinheit

Maschinenbett

Hauptführung   Nebenführung

Abb. 3: Beispiel für Montage von Linearführungen

Die Befestigungsschrauben der Führungsschiene werden zuerst provisorisch angezogen. Im Bereich der anzuziehenden Befestigungsschraube ist die Führungsschiene z. B. mit einer kleinen Schraubzwinge gegen die Bezugsseite zu pressen (Abb. 4). Die entsprechende Schraube mit vorgesehenem Drehmoment angezogen. Dieser Vorgang wird bei jeder Befestigungsschraube wiederholt.

Rundführung

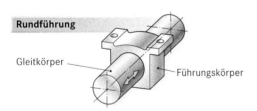

Gleitkörper

Führungskörper

Flachführung

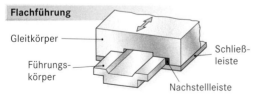

Gleitkörper

Führungskörper

Schließleiste

Nachstellleiste

Prismenführung

Führungskörper

Gleitkörper

Nachstellleiste

Schwalbenschwanz

Abb. 1: Gleitführungen

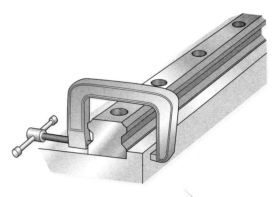

Abb. 4: Montage der Hauptführungsschiene

Anschließend wird die Schlitteneinheit mit den beiden vollständig befestigten Führungswagen der Hauptführungsschiene montiert. Einer der Führungswagen der Nebenführungsschiene wird ebenfalls vollständig befestigt, der zweite nur provisorisch.

Die Schlitteneinheit wird über die gesamte Führungslänge verfahren und auf gleichmäßigen Verschiebewiderstand ausgerichtet (Abb. 5). Dabei werden die Befestigungsschrauben der Nebenführungsschiene nacheinander vollständig festgezogen.

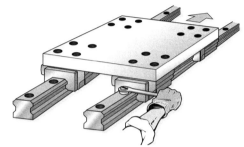

Abb. 5: Montage der Nebenführungsschiene

8.3.2 Lager

Lager dienen zum Tragen und Führen von Achsen und Wellen.

Lager werden in Gleitlager und Wälzlager eingeteilt.

Beim Gleitlager verringert ein geschlossener Schmierfilm die Reibung (z. B. Kurbelwelle, Nockenwelle).

Wälzlager sind genormte, einbaufertige Maschinenelemente. Sie bestehen aus einem Außenring, den Wälzkörpern und einem Innenring. In das Lager kann ein Käfig eingebaut sein. Dieser hält die Wälzkörper in gleichmäßigem Abstand (Abb. 6).

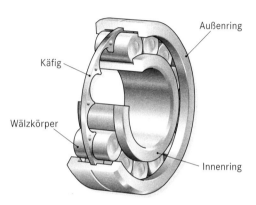

Abb. 6: Aufbau eines Wälzlagers

Wälzlager unterteilt man nach der vorwiegenden Belastungsrichtung in Radiallager und Axiallager (Tab. 1).

Lager werden auch nach der Form ihrer Wälzkörper eingeteilt. Es gibt zerlegbare und nicht zerlegbare Lager.

Tab. 1: Wälzlagerarten

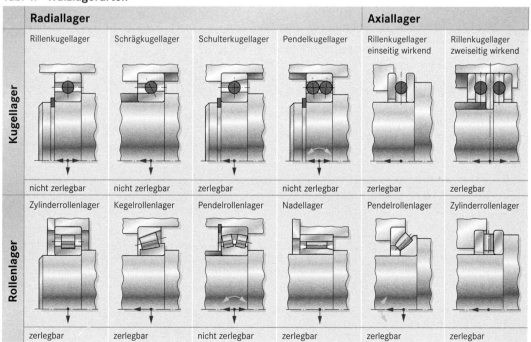

Darstellung von Lagern

Wälzlager werden in Gruppen- und Gesamtzeichnungen dargestellt.

• Bildliche Darstellung

Die Darstellung der Lager erfolgt meist im Vollschnitt (Abb. 1).

Die Lagerringe sind dabei in gleicher Richtung zu schraffieren. Die Wälzkörper werden nicht schraffiert.

Wälzkörper-Käfig, Deck- oder Dichtscheiben sowie Rundungen an den Lagerringen müssen nicht gezeichnet werden.

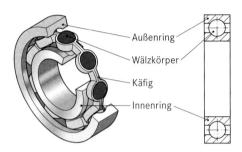

Außenring
Wälzkörper
Käfig
Innenring

Abb. 1: Darstellung eines Rillenkugellagers

• Vereinfachte Darstellung

Wälzlager können nach **DIN ISO 8826** vereinfacht dargestellt werden (Abb. 2).

Bei der vereinfachten Darstellung werden die Umrisse des Wälzlagers allgemein durch ein Rechteck dargestellt. In der Mitte des Rechteckes wird ein freistehendes aufrechtes Kreuz mit breiten Volllinien gezeichnet.

Sollen Einzelheiten über die Ausführung des Wälzlagers in der vereinfachten zeichnerischen Darstellung ersichtlich sein, so verwendet man die detaillierte vereinfachte Darstellung. Genormte Symbole werden dann anstelle des Kreuzes ebenfalls mit breiter Volllinie eingetragen (➡🕮).

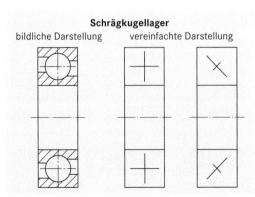

Schrägkugellager

bildliche Darstellung   vereinfachte Darstellung

Abb. 2: Vereinfachte Darstellung von Rillenkugellagern

• Stücklistenangaben

Wälzlager werden mit der Benennung, der DIN-Nr. und einem Kurzzeichen in die Stückliste eingetragen (Abb. 3).

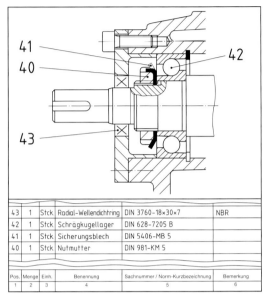

Pos.	Menge	Einh.	Benennung	Sachnummer / Norm-Kurzbezeichnung	Bemerkung
43	1	Stck.	Radial-Wellendichtring	DIN 3760-18×30×7	NBR
42	1	Stck.	Schrägkugellager	DIN 628-7205 B	
41	1	Stck.	Sicherungsblech	DIN 5406-MB 5	
40	1	Stck.	Nutmutter	DIN 981-KM 5	
1	2	3	4	5	6

Abb. 3: Baugruppe mit Stückliste

Das Kurzzeichen besteht aus dem Vorsetzzeichen, dem Basiszeichen und dem Nachsetzzeichen. Durch Vorsetzzeichen werden in der Regel Einzelteile von Lagern gekennzeichnet. Durch Nachsetzzeichen wird der Aufbau von Lagern wie die Abdichtung, die Käfigausführung oder die Lagerluft gekennzeichnet. Aus dem Basiszeichen lassen sich die Lagerart und die wesentlichen Lagerabmaße bestimmen. Es kann, abhängig von der Lagerart, aus vier oder mehr Ziffern und Buchstaben bestehen (➡🕮). Vorsetzzeichen und Nachsetzzeichen müssen nicht angegeben sein.

Pendelrollenlager DIN 625 – 2 2 3 08

Lager-reihe ⎰ Lagerart   (Pendelrollenlager) ⎱
⎱ Maßreihe ⎰ Breitenreihe
⎱ Durchmesserreihe

Bohrungskennzahl (8 · 5 = 40 mm Bohrung)

Als letzte Kennziffer im Basiszeichen steht die Bohrungskennzahl. Sie ist zweistellig und ergibt ab der Kennziffer 4, multipliziert mit dem Faktor 5, den Durchmesser der Lagerbohrung.

Hat die Breitenreihe die Kennziffer 0, wird sie bei den meisten Lagern im Basiszeichen nicht angegeben.

Funktion und Aufbau einer Lagerung

In der Antriebseinheit sind zwei *Wälzlager* eingebaut (Abb. 4 und 5). Aus der Stückliste kann man die Bezeichnung „Rillenkugellager DIN 625 – 6205" entnehmen.

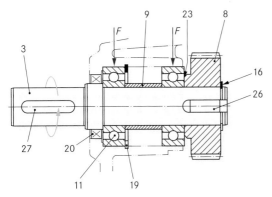

Abb. 4: Antriebseinheit

Die Rillenkugellager lagern die Welle in dem Gehäuse, so dass ein Drehmoment übertragen werden kann. Über das Stirnrad (Pos. 8) wird ein Drehmoment eingeleitet, es kann am Ende der Welle (Pos. 3) abgenommen werden. Die Innenringe der beiden Lager laufen mit der Welle um, sie sind an dem gesamten Umfang der Höchstbelastung ausgesetzt. Man spricht von *Umfangslast*.

Die Außenringe der Kugellager bewegen sich im Gehäuse nicht, die Höchstbelastung wirkt immer gleich an einem Punkt des Umfanges. Man spricht von *Punktlast*.

Um eine einwandfreie Funktion der Lager zu gewährleisten, müssen die Innenringe der Kugellager fest auf der Welle sitzen. Dies erfordert eine Übergangspassung oder Übermaßpassung. Da auf die Außenringe nur eine Punktlast wirkt, werden sie in das Gehäuse mit einer Spielpassung oder Übergangspassung eingebaut. Ein ausreichendes Spiel zwischen den Laufringen und den Wälzkörpern ist dadurch gewährleistet.

> **!** Bei Umfangslast werden Wälzlager mit einem festen Sitz eingebaut.
>
> Bei Punktlast werden die Lager mit einem losen Sitz eingebaut.

Werden Lagerringe mit losem Sitz eingebaut, können sie in der Regel ohne weitere Hilfsmittel montiert werden.

Werden Lagerringe mit festem Sitz eingebaut, müssen besondere Montageverfahren angewendet und Hilfsmittel eingesetzt werden.

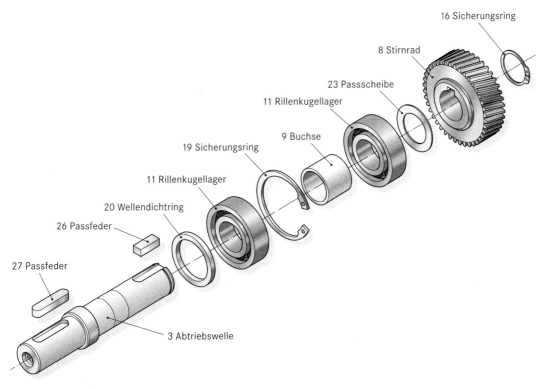

Abb. 5: Antriebseinheit – Explosionszeichnung

Anordnung von Lagern

Lagerringe werden in der Regel so eingebaut, dass sie an einem Wellenabsatz anliegen. Die Sicherung gegen axiales Verschieben auf der Welle erfolgt häufig durch Sicherungsringe oder durch Nutmuttern mit Sicherungsblech (Abb. 1).

Die Sicherung gegen axiales Verschieben in der Lagerbohrung wird einerseits durch eine Abstufung in der Bohrung und andererseits durch Sicherungsringe oder Lagerdeckel erreicht.

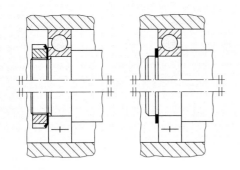

Abb. 1: Axiale Sicherung von Wälzlagern

Für die Lagerung von Wellen sind mindestens zwei Lager erforderlich. Nach der Art des Einbaus unterscheidet man zwischen einer Lagerung mit

- einer Fest-Loslager-Anordnung,
- einer angestellten Lagerung (Stützlagerung) und
- einer schwimmenden Lagerung.

Die Fest-Loslager-Anordnung ist die gängigste Art für eine Lagerung.

• Fest-Loslager-Anordnung

Als Festlager bezeichnet man das Lager, das die Welle axial nach beiden Richtungen fixiert. Außen- und Innenring sind gegen Verschieben gesichert. Das Festlager nimmt dabei Radial- und Axialkräfte auf (Abb. 2).

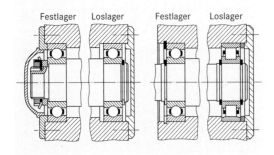

Festlager   Loslager   Festlager   Loslager

Abb. 2: Beispiele einer Fest-Loslager-Anordnung

Als Loslager bezeichnet man das Lager, das axiale Wärmedehnung ausgleicht. Ideale Loslager sind Zylinderrollenlager der Baureihe N und NU. Hier kann sich der Wälzkörperkranz auf den Laufbahnen des bordlosen Lagerringes verschieben. Alle anderen Lager, wie Rillenkugellager und Pendelrollenlager, können nur dann als Loslager eingesetzt werden, wenn einer der beiden Laufringe eine lose Passung und keine axiale Anlagefläche erhält.

• Angestellte Lagerung

Die angestellte Lagerung besteht in der Regel aus zwei spiegelbildlich angeordneten Schrägkugellagern oder Kegelrollenlagern (Abb. 3). Axialspiel, das auf Grund von Fertigungstoleranzen auftritt, kann leicht korrigiert werden. Bei der Montage wird ein Lagerring durch z. B. eine Nutmutter so weit verschoben, bis die Lagerung das gewünschte Spiel hat.

Man unterscheidet zwischen der X-Anordnung und der O-Anordnung der Lager. Durch Wärmedehnung kann sich das eingestellte Lagerspiel verändern. Bei der O-Anordnung führt dies zu einer Spielvergrößerung, während sich bei der X-Anordnung das Spiel verringert.

X-Anordnung   O-Anordnung

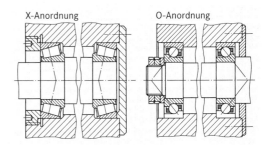

Abb. 3: Beispiele einer angestellten Lagerung

• Schwimmende Lagerung

Die schwimmende Lagerung wird angewandt, wenn die Welle axial nicht geführt werden muss. Die Welle kann sich im Gehäuse in axialer Richtung bewegen (Abb. 4). Der Außenring wird dabei im Allgemeinen mit einer losen Passung versehen.

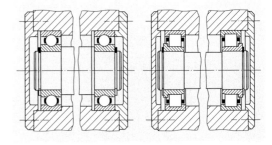

Abb. 4: Beispiele für schwimmende Lagerung

Vorbereitung

Wälzlager sind vor Schmutz und Feuchtigkeit zu schützen. Bereits kleinste Teilchen, die in das Lager gelangen, beschädigen die Laufflächen.

 Der Montageplatz muss staubfrei und trocken, Welle und Gehäuse müssen sauber sein.

Nach den Angaben der Stückliste ist das richtige Wälzlager auszuwählen. Das Kurzzeichen des Lagers ist auf der Verpackung vermerkt und in die Seitenflächen der Lagerringe gestempelt. Aus dem Kurzzeichen kann man Lagerart, Abmessungen und Angaben für besondere Ausführungen erkennen (➡🗋).

Wälzlager sind in der Originalverpackung mit einem dickflüssigen Korrosionsschutzöl konserviert. Vor der Montage ist dieses Öl an den Sitz- und Anlageflächen abzuwischen. Aus kegeligen Bohrungen ist vor dem Einbau der Korrosionsschutz mit Kaltreiniger auszuwaschen. Dadurch ist ein sicherer, fester Sitz auf der Welle oder einer Hülse gewährleistet. Nach dem Reinigen wird die kegelige Bohrung mit einem Maschinenöl mittlerer Viskosität dünn benetzt, um einer möglichen Korrosion vorzubeugen.

Beim Einbau nichtzerlegbarer Lager müssen die Montagekräfte immer an dem fest gepassten Ring angreifen. Dieser Ring wird zuerst montiert (Abb. 5).

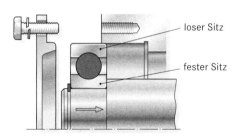

Abb. 5: Einbau nichtzerlegbarer Lager

Beim Einbau zerlegbarer Lager können beide Ringe einzeln montiert werden. Das Lager wird anschließend mit einer schraubenden Drehung gefügt (Abb. 6).

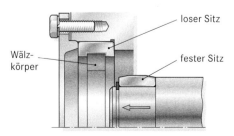

Abb. 6: Einbau zerlegbarer Lager

Mechanische Montage

Wälzlager mit zylindrischen Bohrungen werden mechanisch von Hand oder mit Hilfe einer Presse montiert.

Das Maß der Bohrung des Rillenkugellagers DIN 625-6302 (Pos. 11, Abb. 5, S. 267) und das Maß der Welle bilden eine Übergangspassung. Das Lager wird mit leichten Hammerschlägen auf die Welle getrieben. Weil die Lagerringe gehärtet und schlagempfindlich sind, darf man nicht mit dem Hammer unmittelbar auf die Ringe schlagen. Man verwendet eine Schlagbüchse aus weichem Stahl mit einer ebenen Stirnfläche (Abb. 7).

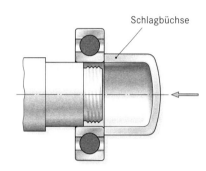

Abb. 7: Einbau mit Hilfe einer Schlagbüchse

Der Innendurchmesser der Büchse soll nur wenig größer als der Durchmesser der Lagerbohrung sein. Der Außendurchmesser der Büchse darf nicht größer als der Außendurchmesser des Innenringes sein. Die Schlagkraft muss gleichmäßig am ganzen Umfang angreifen, um das Lager nicht zu beschädigen.

Statt eines Einbaus von Hand können die Lager auch mit Hilfe einer mechanischen oder hydraulischen Presse montiert werden (Abb. 8).

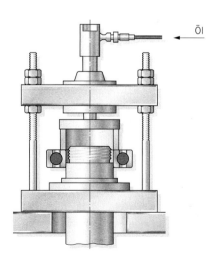

Abb. 8: Einbau mit Hilfe einer hydraulischen Presse

Thermische Montage

Zylindrische Lager, bei denen Übermaßpassungen vorgeschrieben sind, werden thermisch montiert. Die Lager werden auf ca. 100 °C erwärmt. Eine Erwärmung auf über 120 °C ist nicht zulässig, da sich dann die Werkstoffeigenschaften des Lagers ändern können. Lager mit einer Fettfüllung und mit Dichtscheiben dürfen nur bis 80 °C erwärmt werden.

Wälzlager kann man auf einer temperaturgeregelten *Heizplatte* oder in einem *Ölbad* erwärmen. Über den Boden des Ölbehälters legt man ein Sieb, damit sich das Lager gleichmäßig erwärmt und keine Schmutzpartikel in das Lager gelangen (Abb. 1). Nach dem Erwärmen muss das Öl gut abtropfen. Alle Pass- und Anlageflächen sind abzuwischen.

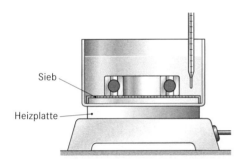

Abb. 1: Anwärmen eines Lagers im Ölbad

Danach wird das Lager zügig, mit einer leicht schraubenden Drehung, auf die Welle geschoben. Als Schutz für die Hände verwendet man Schutzhandschuhe oder nicht fasernde Lappen.

Sicher und schnell kann man Lager mit Hilfe eines *induktiven Anwärmgerätes* auf Montagetemperatur bringen (Abb. 2). Nach dem Erwärmen ist das Lager mit Hilfe des induktiven Anwärmgerätes entsprechend der Betriebsanleitung zu entmagnetisieren, um eine Verschmutzung des Lagers durch Metallteile zu vermeiden.

Ist ein fester Sitz des Außenringes des Lagers (Umfangslast) vorgesehen, erwärmt man das Gehäuse. Ist dies nicht möglich, wird das Lager mit einer Mischung aus Trockeneis und Alkohol auf bis zu –50 °C abgekühlt.

Bei der Montage sind Schutzhandschuhe zu tragen. Das beim Temperaturunterschied entstehende Kondenswasser ist mit Öl aus den Lagern herauszuspülen, da sonst Rostgefahr besteht.

Schmierung von Lagern

Nach der Montage eines Lagers ist dieses nach den Angaben des Lagerherstellers mit Schmierstoff zu schmieren. Der Schmierstoff soll:

- an den Kontaktflächen einen ausreichend tragfähigen Schmierfilm bilden und damit Verschleiß vermeiden,
- bei Ölschmierung die Wärme ableiten,
- bei Fettschmierung das Lager zusätzlich nach außen gegen feste und flüssige Verunreinigungen abdichten,
- das Laufgeräusch dämpfen und
- vor Korrosion schützen.

Tab. 1: Fett-Füllmenge

Kennzahl	Füllmenge
$n \cdot d_m < 50\,000$ min^{-1} mm	100 %
$n \cdot d_m = 50\,000 \ldots 500\,000$ min^{-1} mm	60 %
n : max. Betriebs-Umdrehungsfrequenz in min^{-1} d_m : mittlerer Lagerdurchmesser in mm	

Wird das Lager z. B. in ein Getriebe eingebaut, übernimmt eine Tauchschmierung oder Umlaufschmierung die Versorgung des Lagers mit Schmieröl.

Betriebstemperatur, Belastung der Lagerstelle sowie die Umdrehungsfrequenz sind bestimmend für die Auswahl des geeigneten Schmierstoffes.

Abb. 2: Induktives Anwärmgerät

Aufgab

1. Welche Vorbereitungen sind vor Beginn der Montage eines Lagers zu treffen?

2. Beschreiben sie die Demontage und Montage der Antriebseinheit.

8.4 Energieübertragungseinheiten

In den Energiefluss vom Hauptantrieb zur Endantrieb sind als Energieübertragungseinheiten sehr häufig Keilriemengetriebe, Zahnradgetriebe, Kupplungen und Wellen eingebunden.

 Die mechanische Energie wird durch Energieübertragungseinheiten auf Arbeitseinheiten übertragen.

Bei der Montage müssen die verschiedenen Energieübertragungseinheiten so zusammengefügt werden, dass die Funktionsanforderungen erfüllt werden. Die Energieübertragungseinheiten müssen die Kräfte und Drehmomente zuverlässig übertragen und die Bewegungen genau ausführen. Außerdem sollen die eingebauten Bauteile und Baugruppen eine lange Nutzungsdauer haben und einen geringen Instandhaltungsaufwand erfordern.

Riemengetriebe, Zahnradgetriebe, Kupplungen u. Ä. werden häufig als Energieübertragungseinheiten in technischen Systemen verwendet. Sie sind standardisierte Baugruppen (Abb. 3).

Bei der Montage und Demontage dieser Baugruppen sind bestimmte Tätigkeiten auszuführen. Diese sind unabhängig von der Art des technischen Systems, in dem sie verwendet werden.

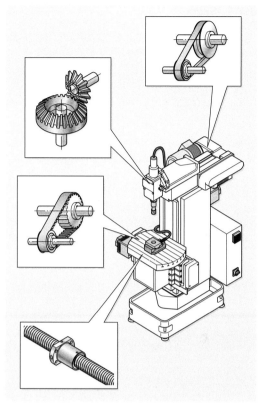

Abb. 3: Energieübertragungseinheiten Fräsmaschine

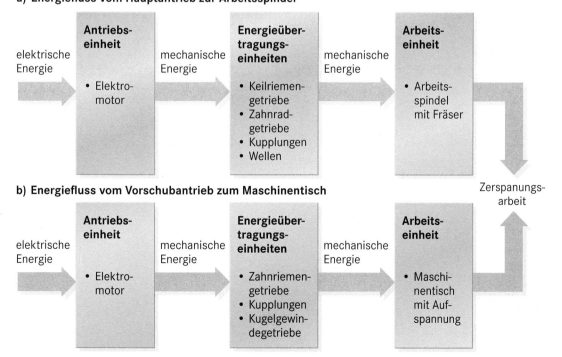

a) Energiefluss vom Hauptantrieb zur Arbeitsspindel

elektrische Energie →

Antriebseinheit
- Elektromotor

→ mechanische Energie →

Energieübertragungseinheiten
- Keilriemengetriebe
- Zahnradgetriebe
- Kupplungen
- Wellen

→ mechanische Energie →

Arbeitseinheit
- Arbeitsspindel mit Fräser

b) Energiefluss vom Vorschubantrieb zum Maschinentisch

elektrische Energie →

Antriebseinheit
- Elektromotor

→ mechanische Energie →

Energieübertragungseinheiten
- Zahnriemengetriebe
- Kupplungen
- Kugelgewindegetriebe

→ mechanische Energie →

Arbeitseinheit
- Maschinentisch mit Aufspannung

Zerspanungsarbeit

Abb. 4: Blockdarstellung der Energieübertragung einer Fräsmaschine

8.4.1 Wellen

Das in Abb. 1 dargestellte Getriebe soll ein Drehmoment über ein Keilriemengetriebe aufnehmen.

Hierzu sind Kegelscheiben auf einer abgesetzten Welle montiert (Abb. 2). Die Welle überträgt das Drehmoment auf das Ritzel. Sie ist mit Wälzlagern im Getriebegehäuse gelagert.

 Wellen dienen
- zur Übertragung von Drehmomenten,
- zum Aufnehmen montierter Bauteile.

Aufgrund der unterschiedlichen Anforderungen werden verschiedene Arten von Wellen verwendet (Tab. 1).

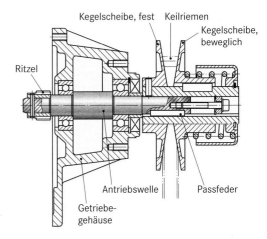

Abb. 1: Getriebe mit montierter Welle

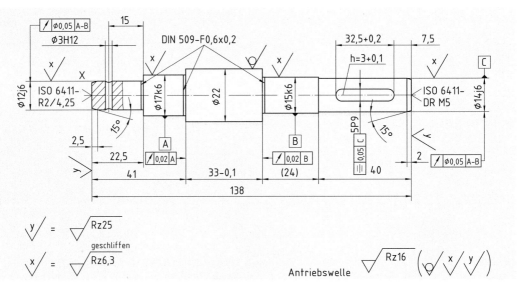

Abb. 2: Antriebswelle

Tab. 1: Wellen

Anforderungen	Wellenart	Anwendung
Drehmomentübertragung	Glatte Welle	Transfersysteme und Krananlagen
Drehmomentübertragung; Abstützung; axiales Positionieren von Bauteilen	Abgesetzte Welle	Kraft- und Arbeitsmaschinen, Pumpen, Elektromotoren
Drehmomentübertragung; Bewegungsumformung	Kurbelwelle	Kurbelpressen, Verbrennungsmotoren, Hubkolbenpumpen

8.4.1.1 Passungen

Bei der Montage von Bauteilen müssen die Maße der zu fügenden Teile zueinander passen. Zu jeder Passung gehört eine Innenpassfläche und eine Außenpassfläche. Passungen ergeben sich zwischen

- zwei kreisrunden Passflächen wie dem Durchmesser von Welle und Bohrung oder

- zwei parallelen Passflächen wie der Breite von Passfedernut und Passfeder (Abb. 3).

⚠️ Eine Passung gibt den Maßunterschied von zwei zu fügenden Teilen an. Die beiden zu einer Passung gehörenden Passteile haben dasselbe Nennmaß.

Der Maßunterschied einer Passung ergibt sich aus der Tolerierung der Nennmaße der beiden Passteile. Bei Passungen erfolgt die Toleranzangabe nach **DIN ISO 286-1** durch Toleranzklassen (➜📖).

ISO-Toleranzen

Ein toleriertes Maß setzt sich zusammen aus dem Nennmaß und einer Toleranzangabe. Die Toleranzangabe bezeichnet man im ISO-System als *Toleranzklasse*. Sie wird durch Buchstaben und Zahlen angegeben.

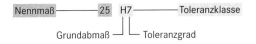

Der *Toleranzgrad* wird mit Zahlen angegeben. Er gibt die Größe der geduldeten Maßtoleranz an. Bei der grafischen Darstellung entspricht er der Höhe des Toleranzfeldes (Abb. 4).

Das *Grundabmaß* wird mit Buchstaben angegeben. Es ist das Abmaß, welches der Nulllinie am nächsten liegt. Bei der grafischen Darstellung kennzeichnet es die Lage des Toleranzfeldes zur Nulllinie.

Das Grundabmaß wird angegeben:

- für Innenmaße wie bei Bohrungen und Nuten mit Großbuchstaben z. B. Ø 25 H7 und

- für Außenmaße wie bei Wellen und Passfedern mit Kleinbuchstaben z. B. Ø 25 k6.

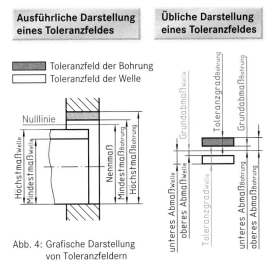

Abb. 4: Grafische Darstellung von Toleranzfeldern

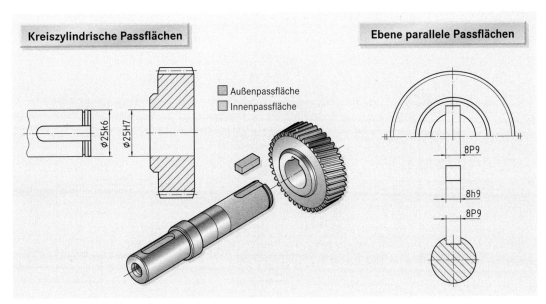

Abb. 3: Passungen beim Fügen eines Stirnrades

Größe der Maßtoleranz

Die Genauigkeit einer Passung wird durch die Größe der Maßtoleranz bestimmt. Die Größe der Toleranz ist abhängig vom Toleranzgrad und vom Nennmaß (Abb. 1).

Im ISO-System sind 20 Grundtoleranzgrade festgelegt: IT 01, IT 0, IT 1 bis IT 18 (➡⬚). Dabei steht IT 01 für die kleinste und IT 18 für die größte Maßtoleranz. Im allgemeinen Maschinenbau wird üblicherweise nach dem Grundtoleranzgrad IT 5 bis IT 13 gefertigt. Die Buchstaben IT werden in Zeichnungen nicht angegeben, da der Toleranzgrad immer im Zusammenhang mit einem Grundabmaß steht.

Die Maßtoleranz ist außerdem vom Nennmaß abhängig. Innerhalb eines Grundtoleranzgrades z. B. IT 6 gilt: Je größer das Nennmaß, um so größer ist die zugeordnete Maßtoleranz. Die Nennmaße sind dazu in 21 Nennmaßbereiche gegliedert. Die Norm legt die Toleranzgrade für Längenmaße bis 3150 mm fest.

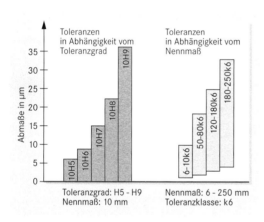

Abb. 1: Einflussgrößen auf die Maßtoleranz

Passungsarten

Je nach Lage und Größe der Toleranzfelder zueinander ergeben sich verschiedene Passungsarten (Abb. 2):

- Spielpassung,
- Übergangspassung oder
- Übermaßpassung.

Bei der *Spielpassung* ergibt sich beim Fügen von Welle und Bohrung ein Spiel. Das Mindestmaß der Bohrung ist größer oder im Grenzfall gleich dem Höchstmaß der Welle.

Bei der *Übergangspassung* kann beim Fügen der beiden Teile ein Spiel oder ein Übermaß entstehen. Die Toleranzfelder von Welle und Bohrung überdecken sich vollständig oder teilweise.

Bei der *Übermaßpassung* liegt beim Fügen von Welle und Bohrung ein Übermaß vor. Das Höchstmaß der Bohrung ist kleiner oder im Grenzfall gleich dem Mindestmaß der Welle.

Übermaßpassungen lassen sich nur unter hohem Druck oder durch Schrumpfen zusammenfügen. Für die Kraftübertragung zwischen den gefügten Teilen ist keine zusätzliche Sicherung in radialer oder axialer Richtung notwendig.

Übergangspassungen müssen in jedem Fall durch zusätzliche Maschinenelemente gegen Verdrehen und in einigen Fällen auch gegen Verschieben gesichert werden. Die Bauteile lassen sich unter geringem Kraftaufwand fügen.

Bei Spielpassungen können die Teile von Hand zusammengebaut werden. Sie lassen sich durch Handkraft gegeneinander verschieben. Spielpassungen wählt man auch bei Teilen, die nach dem Zusammenstecken stoffschlüssig verbunden werden.

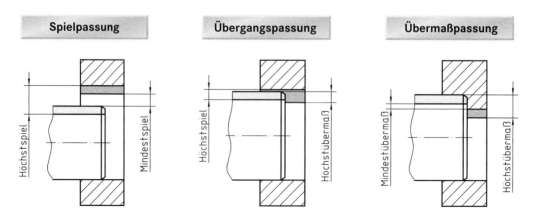

Abb. 2: Passungsarten und Lage der Toleranzfelder

Passungsberechnung

Spielpassung:

Das Höchstspiel P_{SH} ist die Differenz zwischen dem Höchstmaß der Bohrung G_{oB} und dem Mindestmaß der Welle G_{uW}.

$$P_{SH} = G_{oB} - G_{uW}$$

Das Mindestspiel P_{SM} ist die Differenz zwischen dem Mindestmaß der Bohrung G_{uB} und dem Höchstmaß der Welle G_{oW}.

$$P_{SM} = G_{uB} - G_{oW}$$

Übermaßpassung:

Das Höchstübermaß $P_{ÜH}$ ist die Differenz zwischen dem Mindestmaß der Bohrung G_{uB} und dem Höchstmaßmaß der Welle G_{oW}.

$$P_{ÜH} = G_{uB} - G_{oW}$$

Das Mindestübermaß $P_{ÜM}$ ist die Differenz zwischen dem Höchstmaß der Bohrung G_{oB} und dem Mindestmaß der Welle G_{uW}.

$$P_{ÜM} = G_{oB} - G_{uW}$$

Übergangspassung:

Bei Übergangspassungen ist das Höchstspiel P_{SH} und das Höchstübermaß $P_{ÜH}$ zu bestimmen.

Beispiel: Passungsberechnung

Für die Passung zwischen Welle und Bohrung des Stirnrades ist das Höchstspiel und das Höchstübermaß zu berechnen.

Geg.: Passmaß Ø25H7/k6   Ges.: $P_{ÜH}$ in mm, P_{SH} in mm

Tabellenbuch:

Welle Ø25k6:

es = + 15 µm	$G_{oW} = 25{,}015$ mm
ei = + 2 µm	$G_{uW} = 25{,}002$ mm

Bohrung Ø25H7:

ES = + 21 µm	$G_{oB} = 25{,}021$ mm
EI = 0 µm	$G_{uB} = 25{,}000$ mm

Rechnung:

Höchstspiel

$$P_{SH} = G_{oB} - G_{uW}$$
$$P_{SH} = 25{,}021 \text{ mm} - 25{,}002 \text{ mm}$$
$$\underline{P_{SH} = 0{,}019 \text{ mm}}$$

Höchstübermaß

$$P_{ÜH} = G_{uB} - G_{oW}$$
$$P_{ÜH} = 25{,}000 \text{ mm} - 25{,}015 \text{ mm}$$
$$\underline{P_{ÜH} = -0{,}015 \text{ mm}}$$

Passungssysteme

Passungssysteme sind planmäßig und systematisch aufgebaute Reihen von Passungen. In den meisten Fällen wird das international einheitliche ISO-System nach **DIN ISO 286 -1** verwendet (→▢▢).

Das *Grundabmaß* gibt die Maßabweichung zum Nennmaß an. Es entspricht bei der grafischen Darstellung der Lage des Toleranzfeldes zur Nulllinie und wird durch einen oder auch durch zwei Buchstaben gekennzeichnet (Abb. 3):

- Großbuchstaben für Bohrungen (Innenmaße),

- Kleinbuchstaben für Wellen (Außenmaße).

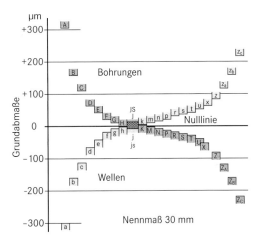

Abb. 3: Grundabmaße und Lage der Toleranzfelder

Toleranzfelder mit Buchstaben vom Anfang und Ende des Alphabetes liegen besonders weit von der Nulllinie entfernt. Das Toleranzfeld H bzw. h berührt die Nulllinie. Mit JS bzw. js werden die Toleranzfelder bezeichnet, deren Lage symmetrisch zur Nulllinie ist.

Das ISO-System schreibt vor, dass eines der Pass-teile mit dem Toleranzfeld H bzw. h herzustellen ist. Man erhält die Passungssysteme

- System Einheitsbohrung und

- System Einheitswelle.

System Einheitsbohrung

Im System Einheitsbohrung werden alle Bohrungen einheitlich mit einer H-Toleranz hergestellt. Das Mindestmaß der Bohrung entspricht dem Nennmaß. Das H-Toleranzfeld liegt im Plusbereich und grenzt an die Nulllinie (Abb. 1, nächste Seite).

Die Art der Passung (Spiel-, Übermaß- oder Übergangspassung) ergibt sich aus der Wahl der Toleranzfelder für die Wellen.

Das Passungssystem Einheitsbohrung wird vor allem im allgemeinen Maschinenbau und im Fahrzeugbau angewendet (Abb. 1). Man schränkt dadurch für die Fertigung und Prüfung von Bohrungen den Bedarf an Bohrwerkzeugen, z. B. Reibahlen, und an Prüfmitteln, z. B. Grenzlehrdornen, auf den Toleranzgrad H ein.

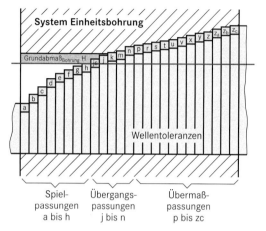

Abb. 1: Passungssystem – Einheitsbohrung

System Einheitswelle

Im System Einheitswelle werden alle Wellen einheitlich mit einer h-Toleranz hergestellt (Abb. 2). Das Höchstmaß der Welle entspricht dem Nennmaß. Das h-Toleranzfeld liegt im Minusbereich und grenzt an die Nulllinie.

Die unterschiedlichen Passungsarten ergeben sich aus der Wahl der Toleranzfelder für die Bohrungen.

Das System Einheitswelle ist dann vorteilhaft, wenn kaltgezogene Wellen (Toleranzfelder h9 … h11) verwendet werden können, die ohne Nacharbeit einbaufertig sind.

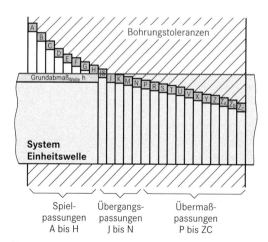

Abb. 2: Passungssystem – Einheitswelle

Durch die einheitliche Normung nach ISO-Toleranzen ist es möglich, Passteile unabhängig voneinander herzustellen und ohne Nacharbeit einzubauen. Eine solche Fertigungsweise ist für eine kostengünstige Serien- und Massenfertigung unerlässlich. Ebenso erfordert eine kostengünstige Reparatur von Maschinen und Geräten die Austauschbarkeit von Passteilen.

Passungsauswahl

Die beliebige Kombination von Toleranzfeldern würde zu einer großen Zahl von Passungen führen. Eine wirtschaftliche Fertigung erfordert eine Einschränkung der Zahl möglicher Toleranzfelder.

In **DIN 7157** sind für den allgemeinen Maschinenbau eine Auswahl von Passungskombinationen zusammengestellt (➡️📖). Andere Passungen sollten nur in Ausnahmefällen benutzt werden.

Beim Einbau von Wälzlagern gilt diese Passungsauswahl nicht. Grundabmaße für Wellen und Bohrungen zum Fügen von Wälzlagern können nach **DIN 5425-1** bestimmt werden.

Aufga

1. Beschreiben Sie typische Montagetätigkeiten.

2. Eine ISO-Toleranzangabe besteht aus Buchstaben und Zahlen. Was geben

a) die Buchstaben und

b) die Zahlen an?

3. Wodurch zeichnen sich die Toleranzfelder H und h aus?

4. Beim Fügen eines Zahnrades auf einer Welle besteht zwischen der Passfeder und der Nut die Passung 8P9/h9.

a) Geben Sie an, welches Passungssystem vorliegt.

b) Geben Sie die Art der Passung an.

c) Berechnen Sie das Höchstübermaß und das Höchstspiel.

5. Eine Distanzbuchse wird auf einer Welle mit der Passung 25H8/d9 gefügt.

a) Geben Sie die Art der Passung an.

b) Ist zum Fügen der Distanzbuchse eine Presskraft erforderlich oder kann sie von Hand auf die Welle geschoben werden?

6. Gehärtete Zylinderstifte nach DIN EN ISO 8734 werden mit der ISO-Toleranz m6 gefertigt. Welche Passung ergibt sich beim Fügen, wenn die Bohrung mit H7 gerieben wurde?

8.4.1.2 Welle-Nabe-Verbindungen

Zahnräder, Lager und Kupplungen werden auf Wellen gefügt. *Wellen* können Drehmomente in wechselnde Richtungen übertragen.

Als *Nabe* bezeichnet man die Maschinenteile (z. B. Zahnrad, Riemenscheibe, Lüfterrad, Laufrad, Kettenrad), die auf einer Welle befestigt werden.

Hierbei werden unterschiedliche Arten der Welle-Nabe-Verbindung angewendet. Welle-Nabe-Verbindungen sind z. B.:

a) formschlüssig

- Federverbindungen
- Profilwellenverbindung

b) kraftschlüssig

- Pressverbindung

Federverbindung

Über eine Welle soll ein Drehmoment auf ein Zahnrad übertragen werden. Hierzu wird ein Verbindungselement zwischen Welle und Zahnrad benötigt. Dieses Verbindungselement ist eine Passfeder (Abb. 3).

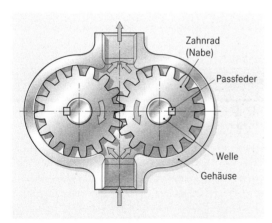

Abb. 3: Passfederverbindung an einer Zahnradpumpe

Federverbindungen setzen eine Nut in Welle und Nabe voraus. In der Nut von Welle und Nabe liegt die Feder, welche das auf der Welle sitzende Bauteil mitnimmt. Aus diesem Grund bezeichnet man Federverbindungen auch als Mitnehmerverbindungen. Federverbindungen sind lösbare, formschlüssige Verbindungen. Zwischen dem Federrücken und dem Nutgrund der Nabe ist Spiel vorhanden. Das Drehmoment wird über die Seitenflächen der Feder übertragen.

Beim Einsatz von Federn erfolgt keine Verspannung von Welle und Nabe. Dies wirkt sich günstig auf den Rundlauf der gefügten Bauteile aus.

Da Federn keine Verspannung erhalten, sind diese für häufig wechselnde stoßartige Belastungen nicht geeignet.

Entsprechend ihrer Verwendung werden unterschiedliche Federn eingesetzt.

Man unterscheidet zwischen *Passfedern* und *Scheibenfedern*. Bei zylindrischen Wellenformen werden Passfedern verwendet. Hierbei ist die Nabe gegen axiales Verschieben auf der Welle zu sichern.

Soll die Nabe auf der Welle verschiebbar sein, muss Spiel zwischen den Bauteilen vorliegen. Die eingesetzte Passfeder nennt man dann *Gleitfeder* (Abb. 4).

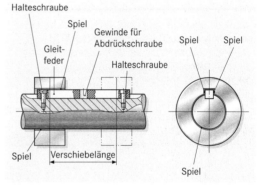

Abb. 4: Gleitfeder

An kegeligen Wellenenden werden Scheibenfedern montiert (Abb. 5). Die Verwendung von Scheibenfedern führt im Vergleich zum Einsatz von Passfedern zu einer starken Reduzierung des Wellenquerschnittes.

Damit ist nur eine geringe Beanspruchung der Welle-Nabe-Verbindung möglich.

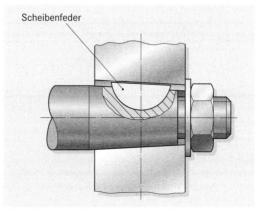

Abb. 5: Scheibenfederverbindung

Montieren

Montage

Vor der Montage einer Federverbindung ist eine Prüfung der Bauteile notwendig. Hierbei werden die Federart und deren Maße mit den Montageunterlagen verglichen.

Eine normgerechte Bezeichnung ist folgendermaßen aufgebaut (➡️▭):

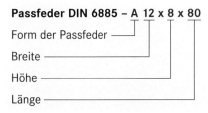

Passfeder DIN 6885 – A 12 x 8 x 80

Form der Passfeder ──────────

Breite ──────────────────

Höhe ───────────────────

Länge ──────────────────

Gleichzeitig ist die Feder auf Beschädigungen und Korrosion zu überprüfen.

Eventuell sind die Bohrung der Nabe, die Nabennut, der Wellendurchmesser sowie die Wellennut auf *Maßgenauigkeit*, *Formgenauigkeit* und *Lagegenauigkeit* zu prüfen.

Durch das probeweise Fügen von Welle und Nabe kann die Paarung der Bauteile kontrolliert werden.

Bei der Montage von Gleitfedern ist eine gute Verschiebbarkeit der Nabe auf der Welle ohne merkliches Spiel zu überprüfen.

Tab. 1: Federarten

Federn		
Passfedern nach DIN 6885		
ohne Bohrungen	mit Bohrung für Halteschraube	mit Bohrungen für Halteschrauben und Gewinde für Abdrückschraube
Form B	Form D	Form F
Form A	Form C	Form E
Scheibenfeder nach DIN 6888		

geradstirnig (Form B, D, F); *rundstirnig* (Form A, C, E)

Grundlagen

Passfedern werden auf Abscherung und Flächenpressung beansprucht. Da die Abscherung gegenüber der Flächenpressung gering ist, kann sie vernachlässigt werden.

Die Flächenpressung p ergibt sich aus der Belastung durch die Umfangskraft F_u auf der Berührungsfläche A zwischen Passfeder und Nabennut bzw. Wellennut. Berechnet wird die Flächenpressung für das Bauteil mit der geringeren Werkstofffestigkeit p_{zul}.

$$p = \frac{F_u}{A} \leq p_{zul}$$

Die Berührungsfläche A ergibt sich vereinfacht aus der halben Passfederhöhe $h/2$ und der nutzbaren Länge l_n.

$$A = \frac{h}{2} \cdot l_n$$

Sind die genormten Passfederabmessungen eingebaut, brauchen Passfederverbindungen nicht berechnet zu werden (➡️▭).

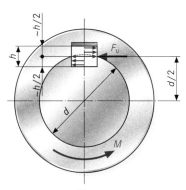

Umfangskraft: $F_u = \dfrac{M}{d/2}$

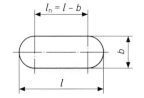

$l_n = l - b$

Profilwellenverbindungen

Zur Übertragung des Drehmomentes werden neben zylindrischen Wellen Profilwellen eingesetzt. Hierbei sind Wellenquerschnitt und die Innenform der Nabe aufeinander abgestimmt (Abb. 1). Profilwellenverbindungen sind formschlüssig und lösbar.

Abb. 1: Polygonwelle mit Zahnrad

Es werden *Keilwellen*, *Polygonwellen* und *Zahnwellen* unterschieden (Tab. 2). Das Drehmoment wird im Vergleich zu den Passfedern über den gesamten Wellenumfang übertragen.

Somit ist bei gleichen Wellendurchmessern eine Übertragung größerer Drehmomente möglich. Profilwellen können mit der Nabe fest oder axial verschiebbar montiert werden.

 Profilwellen sind lösbare und formschlüssige Verbindungen. Sie dienen zur Übertragung großer Drehmomente.

Kontrollieren der Profilwellen

Montieren

Die Maße der Profilwellen sind mit den Angaben der Montageunterlagen zu vergleichen. Die normgerechte Bezeichnung für eine Keilwelle ist folgendermaßen aufgebaut (➝◻):

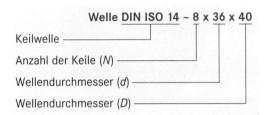

Welle DIN ISO 14 – 8 x 36 x 40

Keilwelle

Anzahl der Keile (N)

Wellendurchmesser (d)

Wellendurchmesser (D)

Zusammenbau

Die Nabe wird von Hand auf die Welle aufgeschoben. Um ein Verkanten zu vermeiden, sind Welle und Nabe ohne große Gewalt zu fügen.

Tab. 2: Einteilung der Profilwellen

Wellenart	Keilwelle	Polygonwelle	Zahnwelle
Wellenquerschnitt		P3G (Gleichdick) P4C (Quadratpolygon)	
Eigenschaften	• stoßartige, wechselnde Drehmomentenübertragung möglich • gute Rundlaufeigenschaften bei großen Stoßbelastungen	• hohe Rundlaufgenauigkeit bei großer Beanspruchung • hohe Zentriergenauigkeit von Welle und Nabe	• stoßartig wirkende Drehmomentenübertragung möglich • genaue Positionierung der Welle zur Nabe • kleine Nabenabmessungen
Verwendung	Wellen in Schaltgetrieben; Gelenkwellen	Antriebswellen in Schleifmaschinen	Wellen in Lamellenkupplungen

Pressverbindungen

Bei der Herstellung einer Pressverbindung erfolgt keine Montage von Mitnehmern wie Passfedern oder Keilen. Dadurch entfallen zusätzliche Bearbeitungen an Welle und Nabe (Abb. 1).

Der Pressvorgang führt zu einem Kraftschluss zwischen Welle und Nabe. Dies geschieht durch die gefertigte Übermaßpassung (→📖). Ein Drehmoment kann übertragen werden.

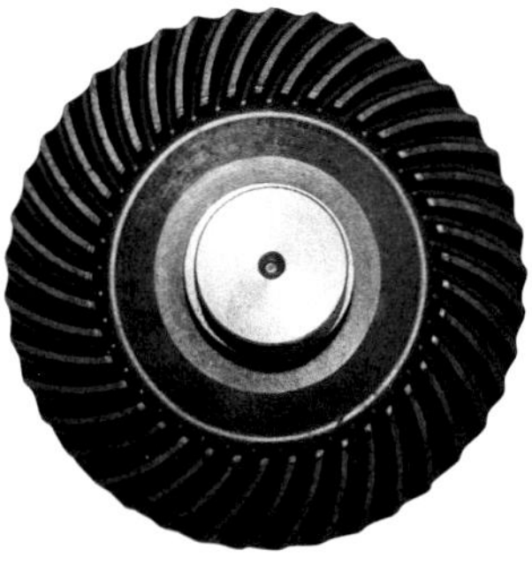

Abb. 1: Welle mit Kegelrad ohne Mitnehmerverbindung

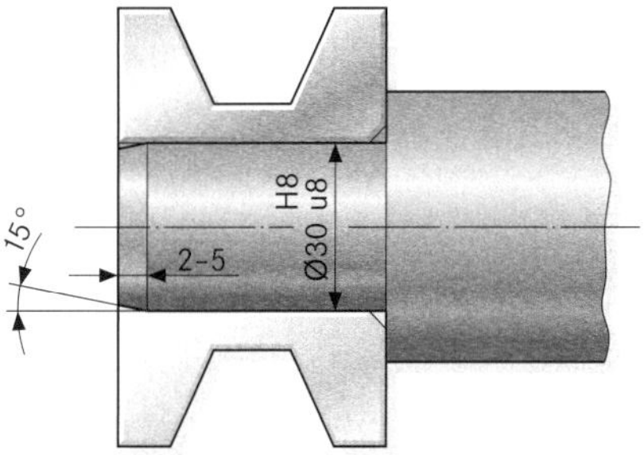

Abb. 2: Pressverbindung

! Pressverbindungen sind kraftschlüssige bedingt lösbare Verbindungen.

Welle und Nabe können mit verschiedenen Verfahren miteinander verpresst werden.

Man unterscheidet *Längspressverbindungen und Querpressverbindungen.* Querpressverbindungen sind Schrumpf- oder Dehnverbindungen.

1. Herstellen von Längspressverbindungen

Prüfen der Bauteile

Die Passung von Welle und Nabe ist maßlich zu prüfen. Ebenso ist das Vorliegen einer Fase an der Welle zu kontrollieren. Die Welle sollte eine 2 bis 5 mm breite Fase mit einer Schräge von 15° aufweisen (Abb. 2).

Einpressen der Bauteile

Vor dem Fügen sind die Passflächen sorgfältig zu reinigen und einzuölen. Anschließend wird die Welle in die Bohrung eingepresst (Abb. 3).

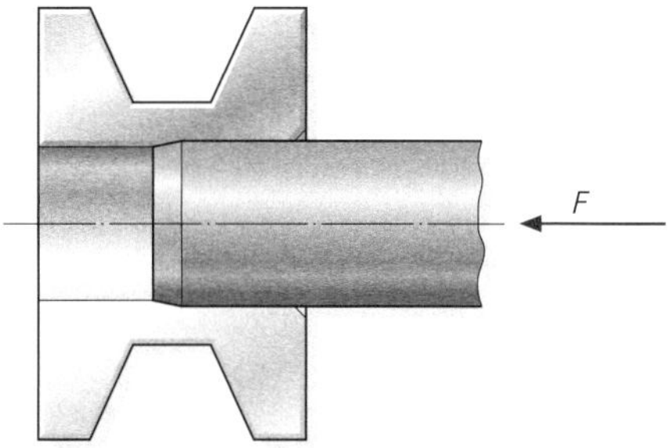

Abb. 3: Herstellen einer Längspressverbindung

Kleine Bauteile mit einem geringeren Übermaß (Bsp.: H7/r6) können durch Hammerschläge eingetrieben werden. Die Hammerschläge sind zentrisch und axial auszuführen, um ein Verkanten der Bauteile zu verhindern. Größere Bauteile werden mit hydraulischen oder mechanischen Pressen gefügt. Dabei ist eine Einpressgeschwindigkeit von 2 mm/s nicht zu überschreiten. Bei dieser Geschwindigkeit hat der Werkstoff genügend Zeit, um auszuweichen, ohne dass ein Schaben oder Fressen auftritt.

! Beim Fügen von Welle und Nabe ist auf einen zentrischen und axialen Kraftangriff zu achten.

2. Herstellen von Schrumpfverbindungen

Schrumpfverbindungen entstehen durch das Erwärmen und Fügen der Nabe sowie deren Abkühlung auf Raumtemperatur.

Erwärmen

Die *Nabe* wird erwärmt (Abb. 4). Dabei dehnt sich die Nabe aus und lässt sich leicht auf die Welle schieben. Die Nabe muss gleichmäßig erwärmt werden. Eine ungleichmäßige Erwärmung bewirkt einen Verzug der Nabe. Dies kann zu Rundlauffehlern führen. Bei kleinen Bauteilen verwendet man Heizplatten. Größere Bauteile können mit Hilfe von Gasbrennern erwärmt werden. Eine gleichmäßige Erwärmung ist besonders gut in Öl- oder Salzbädern möglich. Soll die Haftfähigkeit der Welle-Nabe-Verbindung erhöht werden, sind die Fügeflächen trocken zu halten. In diesem Fall ist eine Erwärmung in einem Heißluftofen vorzuziehen.

Beim Umgang mit erwärmten Bauteilen muss geeignete Schutzbekleidung getragen werden. Handschuhe, Lederschürze und festes Schuhwerk schützen vor Verbrennungen.

Fügen durch Abkühlen

Die erwärmte Nabe wird auf die Welle aufgeschoben. Durch Abkühlen auf Raumtemperatur schrumpft die Nabe. Die Montage hat schnell zu erfolgen. Nach dem Schrumpfen der Nabe ist keine Lagekorrektur mehr möglich.

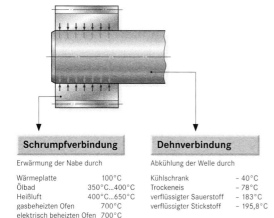

Schrumpfverbindung		Dehnverbindung	
Erwärmung der Nabe durch		Abkühlung der Welle durch	
Wärmeplatte	100°C	Kühlschrank	– 40°C
Ölbad	350°C...400°C	Trockeneis	– 78°C
Heißluft	400°C...650°C	verflüssigter Sauerstoff	– 183°C
gasbeheizten Ofen	700°C	verflüssigter Stickstoff	– 195,8°C
elektrisch beheizten Ofen	700°C		

Abb. 4: Pressverbindungen durch Temperaturänderung

 Bei der Herstellung einer Schrumpfverbindung wird die Nabe erwärmt.

3. Herstellen von Dehnverbindungen

Dehnverbindungen entstehen durch das Abkühlen und Fügen der Welle sowie deren Erwärmung auf Raumtemperatur.

Abkühlen

Die *Welle* wird abgekühlt. Dies kann in Kühlschränken, in Trockeneis, in flüssigem Stickstoff oder flüssigem Sauerstoff erfolgen. Dadurch schrumpft die Welle und lässt sich leicht in die Nabe schieben. Beim Umgang mit abgekühlten Bauteilen ist Schutzbekleidung zu tragen. Besondere Unfallverhütungsvorschriften (UVV) sind beim Einsatz von flüssigem Stickstoff zu beachten. Wird flüssiger Sauerstoff zur Abkühlung eingesetzt, sind die Bauteile gründlich von Ölen und Fetten zu reinigen. Schmierstoffe sind aus dem Arbeitsbereich zu entfernen. Eine Kombination von Öl oder Fett mit flüssigem Sauerstoff führt zu explosionsartigen Verbrennungen.

Sehr niedrige Temperaturen bewirken eine Versprödung der Werkstoffe. Stoßartige Belastungen sind deshalb zu vermeiden.

Fügen durch Erwärmen

Die abgekühlte Welle wird in die Nabe eingeschoben. Das Positionieren der Welle hat schnell zu erfolgen, da die Erwärmung der Welle in kurzer Zeit zu einer Verbindung führt. Das Anbringen von Markierungen kann das Ausrichten der Welle in der Nabe erleichtern. Durch das Erwärmen der Welle auf Raumtemperatur kommt es zum Verpressen von Welle und Nabe.

 Bei der Herstellung einer Dehnverbindung wird das Innenteil abgekühlt.

Sicherheitshinweise beim Umgang mit Stickstoff

1. Eigenschaften

Flüssiger Stickstoff geht an der Luft in den gasförmigen Zustand über. Es entsteht ein farbloses, geruchloses und ungiftiges Gas. Verdampft 1 kg flüssiger Stickstoff, entsteht eine Stickstoffwolke von 800 l.
Stickstoff verdrängt wie andere Gase den Sauerstoff.

2. Gefahren

Hohe Stickstoffkonzentrationen können zum Ersticken führen. Das Opfer bemerkt das Ersticken nicht. Symptome können Bewegungsunfähigkeit und der Verlust des Bewusstseins sein. Durch die niedrigen Temperaturen kann es bei einem Hautkontakt zu Kaltverbrennungen kommen.

3. Reinigung und Entsorgung

Zur Reinigung sind betroffene Räume zu lüften. Die Entsorgung kann an einem gut belüfteten Platz in die Atmosphäre erfolgen.

4. Schutzmaßnahmen

Beim Umgang mit flüssigem Stickstoff sind Handschuhe, Schürze und Gesichtsschutz zu tragen. Für eine ausreichende Belüftung ist zu sorgen. Ein unkontrollierbarer Stickstoffaustritt ist sofort zu stoppen und der Behälter zu entfernen. Das Eindringen in Kanalisation, Keller, Arbeitsgruben und in geschlossene Räume ist zu verhindern. Stickstoffbehälter sind sicher zu verschließen und sicher zu lagern.

5. Erste-Hilfe-Maßnahmen

Einatmen
Nach dem Einatmen hoher Stickstoffkonzentrationen ist das Opfer unter Benutzung eines umluftunabhängigen Atemgerätes an die frische Luft zu bringen. Das Unfallopfer ist warm und ruhig zu halten, wobei schnell ein Arzt informiert werden muss. Bei Atemstillstand sind die Maßnahmen zur künstlichen Beatmung einzuleiten.

Hautkontakt
Bei Kaltverbrennungen ist sofort mindestens 15 Minuten mit Wasser zu spülen. Die Verbrennung ist steril abzudecken und ein Arzt aufzusuchen.

Abb. 5: Umgang mit Stickstoff

Demontage von Pressverbindungen

Eine Demontage führt häufig zur Beschädigung von Welle und Nabe.

Verbindungen durch Spannelemente

Bei der Montage von konischen oder federnden Spannelementen werden Welle und Nabe gegeneinander verspannt.

Vorteile von Spannverbindungen:

- Sie sind kraftschlüssige und lösbare Verbindungen.
- Sie sind geeignet für hohe Drehfrequenzen und wenn große Rundlaufgenauigkeiten gefordert sind.
- Absolut spielfreie Verbindung zwischen Welle und Nabe.

Ringfeder-Spannelemente sind konische Spannelemente (Abb. 1). Diese bestehen aus einem Außen- und einem Innenring. Durch das Anziehen von Schrauben werden die konischen Ringe axial gegeneinander verschoben. Dabei kommt es zu einer elastischen Verformung der Ringe. Es bestehen Radialkräfte zwischen Welle und Nabe.

Die über Spannelemente erzeugten Radialkräfte führen zu einem Anpressdruck zwischen Welle und Nabenbohrung. Die damit erzeugte Reibung ermöglicht die Übertragung eines Drehmoments.

Vorbereiten der Bauteile

Vor der Montage von Spannelementen sind die Kontaktflächen der Welle-Nabe-Verbindung zu kontrollieren und eventuelle Beschädigungen zu beseitigen.

Fügen der Bauelemente

Grundsätzlich wird beim Verspannen der Bauelemente ein Drehmomentschlüssel verwendet. Damit ist sichergestellt, dass die jeweils geforderten Drehmomente eingehalten werden. Bei einer Montage der verschiedenen Spannelemente sind deren Besonderheiten zu berücksichtigen.

Damit das Konus-Spannelement in die Nabe eingesetzt werden kann, sind die Spannschrauben um einige Gewindegänge aus dem Spannelement herauszudrehen (Abb. 1).

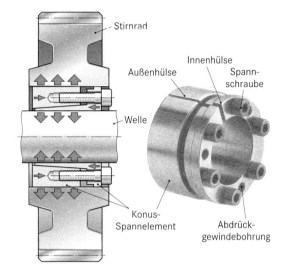

Abb. 1: Konus-Spannelementeverbindung

In alle Abdrückgewindebohrungen sind Spannschrauben einzudrehen. Diese sind vorher aus dem Konus-Spannelement herauszunehmen. Durch das Eindrehen der Spannschrauben in die Abdrückgewindebohrungen kann das Innenteil zum Außenteil auf Abstand gehalten werden (Abb. 2).

Die Konus-Spannelemente werden in die Nabe eingeschoben. Anschließend wird die Nabe auf die Welle geschoben.

Die Spannschrauben sind aus den Abdrückgewindebohrungen zu entfernen und wieder in die Spanngewindebohrungen einzudrehen.

Nachfolgend werden die Spannschrauben leicht über Kreuz angezogen und die Nabe axial ausgerichtet.

Verspannen der Bauteile

Das Verspannen erfolgt in zwei Schritten. Zuerst wird das halbe Anziehdrehmoment aufgewendet. In einem weiteren Durchgang wird mit dem vollen Drehmoment angezogen. Das Anziehen erfolgt über Kreuz. Eine Kontrolle des Anziehdrehmomentes wird in der Reihenfolge der Schraubenanordnung vorgenommen.

Demontage der Bauteile

Bei der Demontage der Spannelemente sind deren Besonderheiten zu beachten. Die Demontage beginnt jedoch immer mit dem Lösen der Spannschrauben.

Beim Konus-Spannelement sind die Spannschrauben (Abb. 1) um einige Gewindegänge herauszudrehen. In allen Abdrückgewindebohrungen sind Spannschrauben einzudrehen (Abb. 2). Die Schrauben werden in mehren Stufen gleichmäßig angezogen. Dadurch wird die äußere Konushülse von der inneren Konushülse geschoben und die Verbindung gelöst. Die Nabe kann von der Welle abgezogen werden.

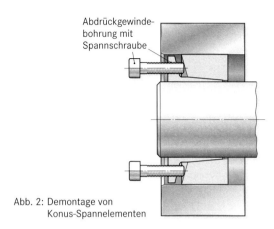

Abdrückgewinde-
bohrung mit
Spannschraube

Abb. 2: Demontage von Konus-Spannelementen

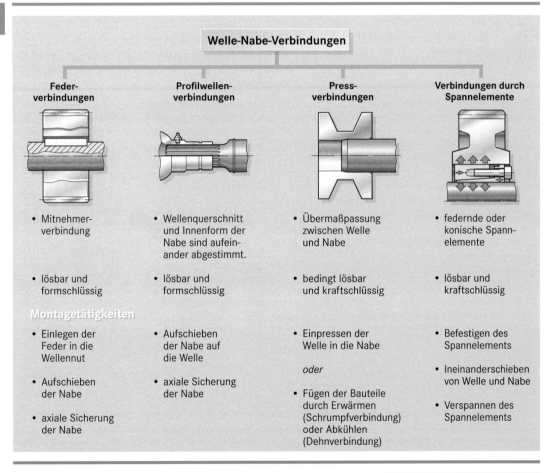

Welle-Nabe-Verbindungen

Feder-verbindungen	Profilwellen-verbindungen	Press-verbindungen	Verbindungen durch Spannelemente
• Mitnehmer-verbindung	• Wellenquerschnitt und Innenform der Nabe sind aufeinander abgestimmt.	• Übermaßpassung zwischen Welle und Nabe	• federnde oder konische Spann-elemente
• lösbar und formschlüssig	• lösbar und formschlüssig	• bedingt lösbar und kraftschlüssig	• lösbar und kraftschlüssig

Montagetätigkeiten

• Einlegen der Feder in die Wellennut	• Aufschieben der Nabe auf die Welle	• Einpressen der Welle in die Nabe	• Befestigen des Spannelements
• Aufschieben der Nabe	• axiale Sicherung der Nabe	*oder*	• Ineinanderschieben von Welle und Nabe
• axiale Sicherung der Nabe		• Fügen der Bauteile durch Erwärmen (Schrumpfverbindung) oder Abkühlen (Dehnverbindung)	• Verspannen des Spannelements

1. Eine Welle und eine Riemenscheibe lassen sich nach dem Einlegen der Passfeder in die Wellennut nicht fügen.

a) Welche Fehler können eine Montage von Welle und Nabe verhindern?

b) Beschreiben Sie das Vorgehen bei einer Prüfung der Passfedernut auf Lagegenauigkeit.

2. Eine Welle soll in eine Nabe eingepresst werden. Welche Maße und Formen sind vor der Montage an den Bauteilen zu prüfen?

3. Beschreiben Sie die Herstellung einer Schrumpf-verbindung.

4. Beschreiben Sie die Montage- und Demontage-folge für eine Schneckenradbefestigung.

8.4.1.3 Elemente zur Sicherung der axialen Lage

Um eine Längsverschiebung von Bauteilen wie Zahnrädern, Lagern und Riemenscheiben auf Wellen oder in Bohrungen zu verhindern, sind Sicherungselemente zu verwenden.

Dies können *Sicherungsringe*, *Sicherungsscheiben* und *Sprengringe* sein (Tab. 1). Entsprechend der Auswahl des Sicherungselements sind Welle oder Nabe zu gestalten. Eine große Anzahl von Sicherungselementen wird in Wellen- oder Bohrungsnuten eingesetzt. Die Auswahl des Sicherungselements erfolgt nach den Angaben der Montageunterlagen.

 Axiale Sicherungselemente sind Normteile. Sie verhindern das Verschieben von montierten Bauteilen auf Wellen oder in Bohrungen.

Montieren

Einsetzen von Sicherungsringen

Sicherungsringe werden federnd in die Wellen- oder Nabennuten eingesetzt. Hierzu werden Montagezangen verwendet (Abb. 1). Sicherungsringe für Wellen werden *gespreizt* und Sicherungsringe für Bohrungen *zusammengepresst*. So wird es möglich, die Sicherungsringe in Achsrichtung über die Welle zu schieben bzw. in die Nabe einzusetzen. Die Sicherungsringe dürfen bei der Montage nicht überdehnt werden. Anschließend ist der freie Sitz des Sicherungselements durch Drehen mit der Zange zu kontrollieren.

Montagezangen
für Wellen   für Bohrungen

Abb. 1: Montage von Sicherungsringen

Aufschieben von Sicherungsscheiben

Sicherungsscheiben werden radial in die Wellennut geschoben. Hierzu kann ein Greifer verwendet werden (Abb. 2a). In der Aufnahme des Greifers wird die Sicherungsscheibe gehalten. Die Scheiben können mit der Hand in den Greifer eingesetzt werden.

Einsetzen von Sprengringen

Sprengringe werden von Hand oder über einen Konus in die Nuten von Bohrung und Welle eingesetzt (Abb. 2b).

Sie können mit Zangen nur eingeschränkt festgehalten und montiert werden. Für Sprengringe mit spitz auslaufenden Enden stehen Montagezangen zur Verfügung.

a) Greifer für Sicherungsscheiben

b) Konusmontage von Sprengringen
— Druckhülse
— Sprengring
— Konus
— Nut
— Welle

Abb. 2: Montage von Sicherungsscheiben und Sprengringen

Tab. 1: Axiale Sicherungselemente

Sicherungsringe		Sicherungsscheibe DIN 6799	Sprengring DIN 7993	
für Wellen DIN 471	für Bohrungen DIN 472		für Wellen	für Bohrungen

8.4.1.4 Dichtungen

Dichtungen verhindern das Eindringen von Staub und Schmutz in Getriebe, Lagerstellen oder Führungen sowie den Austritt von Schmiermitteln.

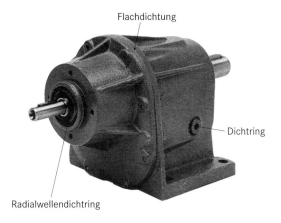

Abb. 3: Dichtungen am Stirnradgetriebe

An dem abgebildeten Stirnradgetriebe (Abb. 3) wird zwischen Lagerdeckel und Gehäuse eine Flachdichtung eingesetzt.

Lagerdeckel und Gehäuse bewegen sich nicht gegeneinander. Dichtungen, die ruhende Bauteile abdichten, sind *statische Dichtungen*.

An der Antriebswelle ist ein Radialwellendichtring montiert. Die Antriebswelle dreht sich im Gehäuse. Dichtungen, die bewegliche Bauteile abdichten, sind *dynamische Dichtungen* (Tab. 2).

 Dichtungen verhindern den Austritt oder das Eindringen von Flüssigkeiten, Gasen und festen Stoffen. Statische Dichtungen dichten ruhende Bauteile ab. Dynamische Dichtungen werden an beweglichen Maschinenteilen verwendet.

Vorbereitung der Bauteile

Vor der Montage von Dichtungen sind grundsätzlich die abzudichtenden Flächen zu kontrollieren.

Es dürfen keine Beschädigungen durch Korrosion, Kratzer, Riefen oder Poren vorhanden sein. Ebenso sind die abzudichtenden Flächen von Spänen, Schmutz und anderen Fremdpartikeln zu reinigen.

Es ist sicherzustellen, dass die Dichtung keine Beschädigungen aufweist.

Montieren

Tab. 2: Dichtungsarten

Dichtungsarten			
statische Dichtungen – keine Bewegung zwischen den Dichtflächen		dynamische Dichtungen – Bewegung zwischen den Dichtflächen	
Flachdichtung	O-Ring	Radialwellendichtring	Nutring
Abdichtung großer Flächen	Abdichtung kleiner Flächen	Abdichtung von drehenden Maschinenteilen	Abdichtung von hin- und herbewegten Maschinenteilen

O-Ringe

• Prüfen

Um für die Montage eine richtige Auswahl des O-Rings sicherzustellen, sind dessen Innendurchmesser und der Durchmesser des Querschnitts zu kontrollieren und mit der O-Ringbezeichnung zu vergleichen (➡️📖).

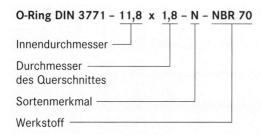

Zum Messen des Innendurchmessers wird ein konischer Messdorn verwendet (Abb. 1a). Das Prüfen des Querschnittdurchmessers erfolgt mit einem Messtaster (Abb. 1b).

a) Messdorn

b) Messtaster

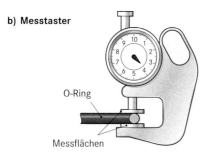

Abb. 1: Messen von O-Ringen

• Einsetzen und Fügen

Ein O-Ring wird in eine Bohrungs- oder Wellennut eingesetzt. Es ist darauf zu achten, dass eine zügige Montage erfolgt, um eine dauernde Dehnung des O-Ringes zu vermeiden (Abb. 2a). Nach dem Einsetzen des O-Ringes sollte diesem Zeit zur Rückverformung gegeben werden.

Dem Einsetzen des O-Ringes folgt das Fügen der abzudichtenden Maschinenteile. Hierdurch wird der O-Ring verformt und es kommt zur Abdichtung der Bauteile (Abb. 2b).

a) vor der Montage

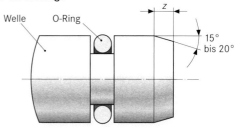

b) nach der Montage

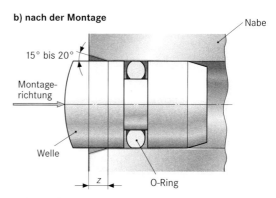

Abb. 2: Einbau von O-Ringen

Um den O-Ring nicht zu verletzen, darf dieser nicht über scharfe Kanten gezogen werden. Eine beschädigungsfreie Montage wird gewährleistet, indem Nabe und Welle mit 15° bis 20° angefast werden.

 Bei der Montage von O-Ringen ist auf Folgendes zu achten:
- nicht überdehnen,
- nicht verdrehen,
- freie Lage in der Aufnahmenut.

Radialwellendichtringe

• Vorbereitung

Entsprechend den Montageunterlagen ist der zu montierende Radialwellendichtring (RWDR) auszuwählen.

Hierbei sind die Angaben der Dichtungsbezeichnung zu prüfen (➡️📖).

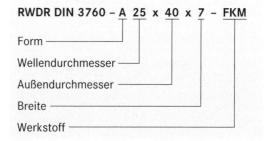

Vor dem Einbau des Radialwellendichtrings ist insbesondere die Dichtlippe auf Beschädigungen zu kontrollieren. Die vom Hersteller vorgeschriebenen Lagerzeiten dürfen nicht überschritten werden. Diese sind am Aufdruck der Dichtungsverpackung zu erkennen. Dabei sollte die Lagerzeit entsprechend dem Dichtungswerkstoff 5 oder 7 Jahre nicht übersteigen.

Vor einer Montage von Radialwellendichtringen sind die Dichtung und die dazugehörige Lauffläche gut einzufetten. Dies sichert die Schmierung für die ersten Wellenumdrehungen. Bei der Verwendung von Wellendichtringen mit einer Schutzlippe (Form AS) ist der Raum zwischen Dicht- und Schutzlippe mit Fett zu füllen. Jedoch darf die Fettmenge maximal 40 % des Volumens betragen (Abb. 3).

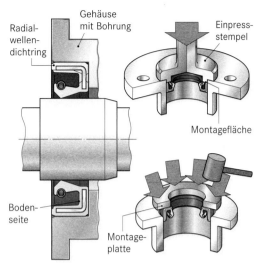

Abb. 4: Einsetzen von Radialwellendichtringen in Bohrungen

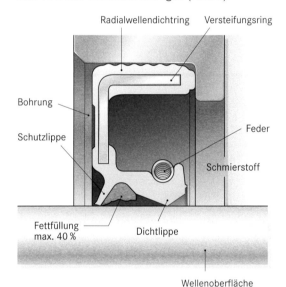

Abb. 3: Fettfüllung von Radialwellendichtringen

Bei der Montage wird die Dichtlippe dem abzudichtenden Bereich zugewendet. Der Radialwellendichtring wird in eine Bohrung oder über eine Welle in eine Bohrung eingesetzt.

• Einsetzen in eine Bohrung

Das Einsetzen von Radialwellendichtringen in Bohrungen erfolgt durch das *Einpressen* mit Hilfe einer mechanischen, pneumatischen oder hydraulischen Einpressvorrichtung. Ebenso kann der Radialwellendichtring durch eine *Hammermontage* in die Bohrung eingesetzt werden. Nach dem Einsetzen der Dichtung wird die Welle montiert (Abb. 4).

Vor dem Einsetzen ist die Bohrung fluchtend zum Einpressstempel auszurichten. Es darf keine Schrägstellung zueinander entstehen. Besonders bei einer Montage über die Bodenseite sollte die Einpresskraft möglichst nah am Außendurchmesser der Dichtung angreifen. Ein zu kleiner Durch-

messer des Montagedorns führt zum Verbiegen der Dichtung. Kurz vor der Endposition des Radialwellendichtrings (ca. 1 mm) sollte dieser vollständig entlastet werden. Anschließend wird die Dichtung in die Endposition gebracht.

Bei der Montage mit dem Hammer ist eine Unterlage oder Schlagbüchse zu verwenden. Diese schützt die Dichtung vor Beschädigungen.

• Einsetzen in eine Bohrung über eine Welle

Bei einer Montage von Radialwellendichtringen über eine Welle sind scharfe Kanten mit einer Schutzkappe abzudecken. Dadurch werden beim Aufschieben des Dichtrings auf eine Welle Beschädigungen der Dichtlippe vermieden. Um eine Überdehnung der Dichtlippe zu verhindern, darf die Wanddicke der Schutzkappe nicht größer als 0,5 mm sein.

Der Wellendichtring wird über eine Welle geschoben und durch Einpressen oder eine Hammermontage in der Gehäusebohrung positioniert (Abb. 5).

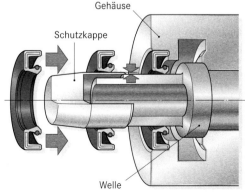

Abb. 5: Montage einer Welle

Aufbau/ Funktion

8.4.2 Riemengetriebe

Bei der Fräsmaschine wird die Antriebsenergie von den Elektromotoren durch Riemengetriebe übertragen. Es sind Keilriemengetriebe und Zahnriemengetriebe eingesetzt.

8.4.2.1 Keilriemengetriebe

Das Keilriemengetriebe an der Fräsmaschine überträgt die Antriebsenergie vom Hauptantrieb auf die Antriebswelle (Abb. 1). Die biegeweichen Keilriemen umschlingen die Riemenscheiben. Sie nehmen die Umfangskräfte als Zugkräfte auf. Zum Übertragen großer Kräfte sind mehrere Keilriemen erforderlich, die in mehrrilligen Riemenscheiben laufen. Keilriemengetriebe dämpfen Schwingungen und stoßartige Belastungen.

Wahl des Keilriemenprofils

Bei der Montage ist darauf zu achten, dass das trapezförmige Keilriemenprofil und das Profil der Keilriemenscheiben übereinstimmen. Keilriemengetriebe übertragen die Kräfte durch Reibung zwischen den schrägen Flanken von Keilriemen und Keilriemenscheibe. Durch die Keilform der Flanken wird die Anpresswirkung der radialen Kraft verstärkt.

❗ Falsch gewählte Keilriemenprofile führen zu funktionsuntüchtigen Antrieben.

Liegt der Keilriemen im Grund auf (Abb. 2a) oder liegt er nicht mit den Flanken an der Riemenscheibe an (Abb. 2b), so kommt die zur Kraftübertragung notwendige Keilwirkung nicht zustande.

❗ Keilriemengetriebe übertragen die Umfangskräfte durch Kraftschluss auch bei größeren Achsabständen.

Abb. 1: Keilriemengetriebe

- Keilriemen zu schmal
- fehlende Keilwirkung
- geringe Kraftübertragung

- fehlerhafter Winkel
- fehlende Keilwirkung
- geringe Kraftübertragung

- Keilriemen zu breit
- erhöhte Verformung
- hoher Riemenverschleiß

Abb. 2: Fehlerhafte Profilzuordnung

Ragt der Keilriemen über den Außendurchmesser der Scheibe hinaus, so wird er durch erhöhte Verformung in kurzer Zeit zerstört (Abb. 2c).

Grundlagen

Kraftwirkung des Keilriemens

Die radiale Kraft F_r erzeugt durch die Keilwirkung zwei gleichgroße Normalkräfte F_N. Die Normalkräfte stehen senkrecht auf den Flanken des Riemens. Die radiale Kraft F_r wird durch die Vorspannung der Keilriemen erzeugt.

$$F_N = \frac{F_r/2}{\sin \alpha/2}$$

Die durch ein Riemengetriebe übertragbare Umfangskraft F_U ergibt sich aus der Reibung zwischen den Flanken des Riemens.

$$F_U \leq F_R = 2 \cdot \mu \cdot F_N$$

Die Reibkraft F_R ist um so größer, je größer die Gleitreibungszahl μ und um so größer die Normalkraft F_N ist.

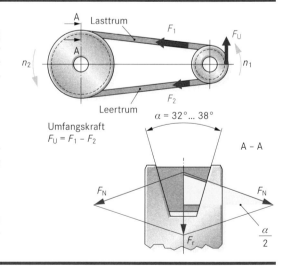

Die Abmessungen der Keilriemen und Keilriemenscheiben sind genormt (Abb. 3). Für Antriebe im Maschinenbau werden hauptsächlich *Normalkeilriemen* und *Schmalkeilriemen* eingesetzt. Beide gibt es auch als *Hochleistungskeilriemen*.[1] Eine normgerechte Riemenbezeichnung ist folgendermaßen aufgebaut (➡📖):

Schmalkeilriemen DIN 7753 – XPZ 900

Art des Riemenprofils ─────────────

Richtlänge des Keilriemens ─────────────

Die jeweiligen Keilriemenabmessungen sind aus Montagezeichnungen und Bestelllisten zu ermitteln.

a) Normalkeilriemen DIN 2215

- Verhältnis obere Riemenbreite zu Höhe ≈ 1,6
- universell einsetzbar
- Riemengeschwindigkeit bis 30 m/s

b) Schmalkeilriemen DIN 7753-1

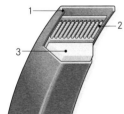

- Verhältnis obere Riemenbreite zu Höhe ≈ 1,2
- raumsparender Antrieb
- Riemengeschwindigkeit bis 40 m/s

c) Hochleistungskeilriemen DIN 2215 oder DIN 7753-1

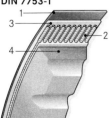

- flankenoffen
- hohe Biegefähigkeit durch Zahnung im Keilriemenunterbau
- hohe Quersteifigkeit durch Elastomer-Fasern quer zur Laufrichtung
- Riemengeschwindigkeit bis 50 m/s

1 Gewebeummantelung
2 Zugstrang aus Polyamid- oder Polyestercord
3 Einbettungsmischung aus Elastomer oder Kautschuk
4 Keilriemenunterbau aus Elastomer-Faser-Mischung

Abb. 3: Ausgewählte Keilriemenprofile

Zustand von Keilriemen und Keilriemenscheibe

Vor der Montage ist der Zustand von Keilriemenscheiben und Keilriemen zu überprüfen. Die Keilriemenscheiben müssen frei von Grat, Rost, Öl und Schmutz sein.

 Unsaubere Keilriemenscheiben zerstören die Keilriemen vorzeitig und vermindern die Flankenreibung.

Durch schlechte Lagerung verformte bzw. hart gewordene Riemen sollten nicht mehr verwendet werden. Verschmutzte Keilriemen können mit einer Glyzerin-Spiritus-Mischung (1:10) gereinigt werden.

Ausrichten der Keilriemenscheiben

Die Keilriemenscheiben werden auf die Wellen von Antrieb und Abtrieb montiert. Antriebs- und Abtriebswelle müssen parallel zueinander liegen. Zur Überprüfung der Wellenparallelität wird der Abstand der Wellen an mehreren Stellen gemessen.

Außerdem müssen die Keilriemenscheiben in einer Ebene zueinander liegen und miteinander fluchten. Das genaue Fluchten der Riemenscheibenstirnflächen kann mit Hilfe eines Lineals überprüft werden (Abb. 4).

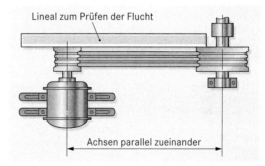

Lineal zum Prüfen der Flucht

Achsen parallel zueinander

Abb. 4: Ausrichten der Keilriemenscheiben

Parallelitätsabweichung der beiden Wellen führt zu erhöhtem Verschleiß an einer Riemenflanke (Abb. 5).

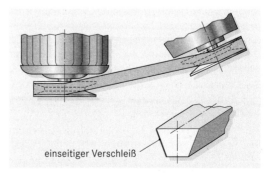

einseitiger Verschleiß

Abb. 5: Auswirkung von Parallelitätsabweichungen

[1] Sie zeichnen sich aus durch einen geringeren Schlupf bei einem höheren Drehmoment und einer höheren Biegefähigkeit. Außerdem dehnen sie sich deutlich geringer, was den Wartungsaufwand vermindert.

Fluchten die Scheiben nicht miteinander, liegt Scheibenversatz vor. *Scheibenversatz* ergibt erhöhten Verschleiß an beiden Riemenflanken (Abb. 1).

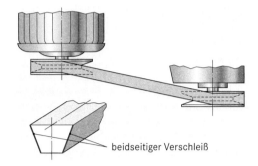

beidseitiger Verschleiß

Abb. 1: Auswirkung von Scheibenversatz

 Eine fehlerhafte Ausrichtung der Keilriemenscheiben zueinander ergibt vorzeitigen Riemenverschleiß und erzeugt übermäßige Laufgeräusche.

Auflegen der Keilriemen

Die Riemen sollten grundsätzlich immer im ungespannten Zustand ohne jeglichen Kraftaufwand aufgelegt werden. Hierzu wird der Achsabstand entsprechend verringert.

 Gewaltsames Aufziehen über die Scheibenkanten oder die Verwendung von Montiereisen beschädigten Zugstrang und Geweebummantelung der Riemen und verringern die Lebensdauer.

Mehrrillige Keilriemengetriebe müssen mit längengleichen Keilriemen ausgerüstet werden. Bei Ausfall einzelner Riemen ist immer ein kompletter neuer Satz zu montieren. Bereits eingesetzte Riemen und neue Riemen können wegen der unterschiedlichen Dehnung nicht in einem Satz verwendet werden. Schon kleinste Längentoleranzen ergeben eine ungleichmäßige Belastung der einzelnen Riemenstränge und führen zu hohen Schwingungen.

Einstellen der Vorspannung

Nur ein vorgespannter Keilriemen kann ein Drehmoment übertragen. Der Riemen wird durch Vergrößerung des Achsabstandes elastisch gedehnt. Dazu muss der Motor auf Spannschienen oder schwenkbar angeordnet sein.

Bei einfachen Keilriemengetrieben wird die notwendige Vorspannkraft und die zugehörige Auslenkung nach Erfahrung eingestellt.

Für hochbeanspruchte Keilriemengetriebe (nah an der Belastungsgrenze) werden Vorspannmessgeräte (siehe Kapitel 10) eingesetzt.

Nach einer Einlaufzeit von etwa 20 Minuten ist die Vorspannung erneut zu kontrollieren und der Riemen ggf. nachzuspannen.

8.4.2.2 Zahnriemengetriebe

Bei den Zahnriemengetrieben greifen Zähne des biegsamen Zahnriemens (Synchronriemen) in die Verzahnung der Zahnscheiben (Synchronscheiben) ein (Abb. 2). Zahnriemengetriebe haben eine schlupffreie synchrone Bewegungsübertragung. Sie dämpfen stoßartige Belastungen und Schwingungen.

 Zahnriemengetriebe übertragen die Antriebsenergie schlupffrei durch Formschluss.

Durch Bordscheiben werden die Zahnriemen (Abb. 2) seitlich geführt.

Bei sachgemäßer Montage sind Zahnriemengetriebe wartungsfrei.

Bestimmen der Zahnriemenabmessungen

Bei der Montage ist darauf zu achten, dass die Profilform des Zahnriemens und die Hauptabmessungen Zahnteilung T, Wirklänge L_w und Breite b mit den Zahnscheiben übereinstimmen. Die Teilung ist der Abstand zwischen zwei benachbarten Zähnen (Abb. 2). Die Wirklänge L_w ist der Umfang des Zahnriemens auf der Wirklinie. Die Wirklänge entspricht nicht der Riemenlänge auf der Außenseite. Die genaue Messung ist nur auf einer geeigneten Messvorrichtung möglich.

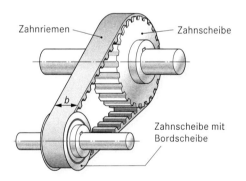

Zahnriemen   Zahnscheibe

b

Zahnscheibe mit Bordscheibe

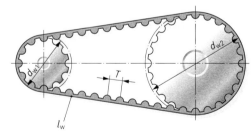

d_{w2}

d_w

T

l_w

Abb. 2: Zahnriemenabmessungen

Eine normgerechte Bezeichnung für Zahnriemen mit trapezförmigem Profil und Teilung in Millimeter ist folgendermaßen aufgebaut:

Zahnriemenbreite

Zahnteilung

Wirklänge des Zahnriemens

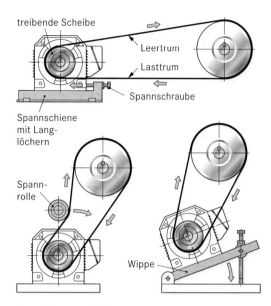

Abb. 3: Spannvorrichtungen

Die jeweiligen Zahnriemenabmessungen sind aus Montagezeichnungen oder Bestelllisten zu ermitteln.

Auflegen der Zahnriemen

Die Montage der Zahnriemen muss zwanglos von Hand erfolgen. Hierzu wird der Achsabstand entsprechend verringert (Abb. 3). Wenn dies nicht möglich ist, müssen die Zahnriemen zusammen mit einer Zahnscheibe oder mit beiden Zahnscheiben montiert werden.

 Zahnriemen dürfen nicht mit Gewalt auf die Zahnscheiben gezwängt oder über die Bordscheiben gerollt werden, weil dadurch Zugstrang und Polyamidgewebe beschädigt werden können.

Zusammen-
fassung

Keilriemengetriebe

- Kraftschluss
- hohe Vorspannung
- geringer Schlupf
- Dämpfung von Schwingungen und stoßartigen Belastungen
- wartungsarm

Montagetätigkeiten

- Keilriemenabmessungen bestimmen
- Zustand von Keilriemen und Keilriemenscheibe prüfen
- Keilriemenscheiben ausrichten
- Keilriemen auflegen
- Vorspannung einstellen

Zahnriemengetriebe

- Formschluss
- geringe Vorspannung
- schlupffreie, synchrone Bewegungsübertragung
- Dämpfung von Schwingungen und stoßartigen Belastungen
- wartungsarm

- Zahnriemenabmessungen bestimmen
- Zahnriemen ordnungsgemäß lagern
- Zahnriemenscheiben ausrichten
- Zahnriemen auflegen
- Vorspannung einstellen

Aufgaben

1. Auf einem Keilriemen steht die Bezeichnung XPB 1600. Erklären Sie die Angaben.

2. An einem Keilriemen werden folgende Maße ermittelt:

Obere Riemenbreite: 13 mm,
Riemenhöhe: 8 mm,
Riemenlänge: 1020 mm.

Geben Sie die vollständige Bestellbezeichnung für den Riemen an.

3. An einem Keilriemengetriebe mit mehreren Keilriemen ist ein Riemen beschädigt und muss ausgewechselt werden. Beschreiben Sie stichwortartig die Montagetätigkeit.

4. In der Bestellliste für ein Riemengetriebe steht für den Riemen folgende Kurzbezeichnung:

Riemen DIN 7721 – 10 T5 x 480.

Erläutern Sie die Angaben.

8.4.3 Zahnradgetriebe

Die Drehbewegung wird vom Antriebsmotor zur Frässpindel übertragen. Dabei werden Drehzahlen, Drehmomente, eventuell die Drehrichtungen bzw. die Wirkrichtung geändert.

Hierzu verwendet man:

- Stirnradgetriebe
- Kegelradgetriebe
- Schneckengetriebe

Die Getriebe sind entweder im Maschinenkörper (z. B. bei Dreh- und Fräsmaschinen) oder als eigenständige Getriebe mit eigenem Gehäuse zwischen dem Antriebsmotor und der Anlage angeordnet.

8.4.3.1 Stirnradgetriebe

Bei Stirnradgetrieben sind die Wellen parallel angeordnet. Die Zähne der Stirnräder greifen ineinander und übertragen die Drehbewegung formschlüssig (Abb. 1). Dabei werden die Umdrehungsfrequenz, das Drehmoment und die Drehrichtung geändert.

> **!** Stirnradgetriebe übertragen Drehbewegungen formschlüssig. Sie ändern Umdrehungsfrequenz, Drehmoment und Drehrichtung.

Stirnräder werden mit Außen- und Innenverzahnung hergestellt. Die Verzahnung der Stirnräder kann gerade, schräg oder pfeilförmig sein (Abb. 2).

Bei der Montage von Zahnradgetrieben ist darauf zu achten, dass die entsprechenden Stirnräder mit den richtigen Zahnradabmessungen montiert werden.

> **!** Zahnräder, die ineinander greifen sollen, müssen den gleichen Modul und den gleichen Eingriffswinkel haben.

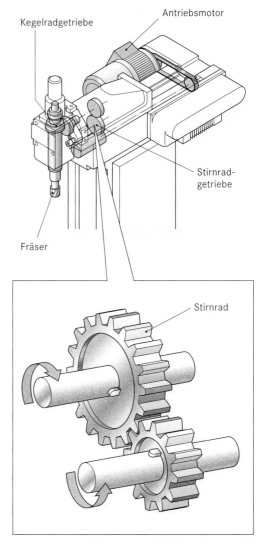

Abb. 1: Stirnradgetriebe an der Fräsmaschine

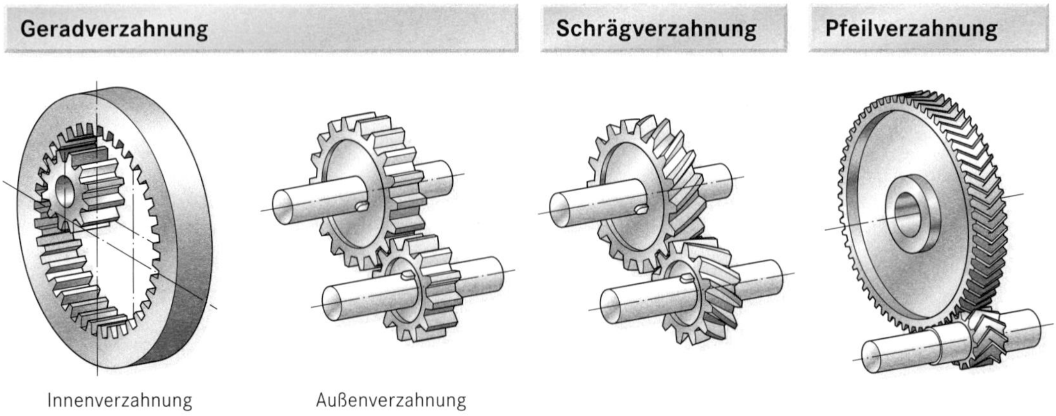

Geradverzahnung   **Schrägverzahnung**   **Pfeilverzahnung**

Innenverzahnung   Außenverzahnung

Abb. 2: Verzahnungsarten bei Stirnrädern

Zahnradabmessungen

Der *Modul m* ist nach **DIN 780** in Modulreihen genormt (➡🗇). Je größer der Modul, desto größer sind die Zähne eines Zahnrades. Der Modul *m* ergibt sich aus der Teilung p geteilt durch die Zahl π.

$$m = \frac{p}{\pi}$$

Der Modul hat die Einheit einer Länge, z. B. 1,5 mm. Die *Teilung p* ist der Abstand von einer Zahnflanke bis zur nächsten gleichgerichteten Zahnflanke auf dem Teilkreisbogen.

Zwischen dem Kopfkreis eines Rades und dem Fußkreis des Gegenrades muss Spiel, das Kopfspiel *c*, vorhanden sein. Das *Kopfspiel c* beträgt im Allgemeinen $0,1 \ldots 0,3 \cdot m$.

Sind der Modul *m*, die Zähnezahl *z* und das Kopfspiel *c* bekannt, können alle anderen Größen eines Stirnrades bestimmt werden (➡🗇).

Teilkreisdurchmesser: $d = m \cdot z$

Kopfkreisdurchmesser: $d_a = d + 2 \cdot m$

Fußkreisdurchmesser: $d_f = d - 2 \cdot (m + c)$

Die Zahnflanken der im Eingriff stehenden Zähne berühren sich auf einer linienförmigen Zone. Während die Zähne aufeinander abwälzen, wandert die Zone über die gesamte Zahnflanke, bis sie außer Eingriff sind. Von der Zahnradseite aus betrachtet, ergibt sich eine punktförmige Berührung der Zahnflanken.

Sämtliche Berührungspunkte eines Eingriffs liegen auf einer Geraden, der Eingriffslinie. Die Eingriffslinie ist um den Eingriffswinkel α geneigt. Bei Normalverzahnung beträgt der Eingriffswinkel $\alpha = 20°$.

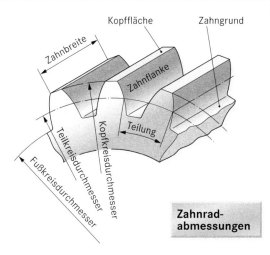

Zahnrad-abmessungen

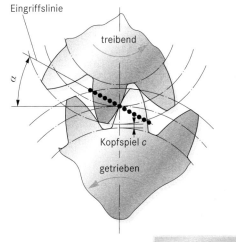

Eingriffswinkel

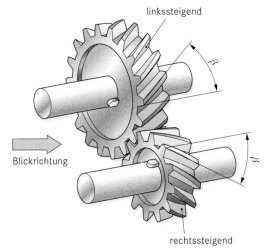

Die Zähne von zwei schrägverzahnten Stirnrädern, die ineinander greifen, müssen den gleichen, aber entgegengesetzt gerichteten Schrägungswinkel β besitzen. Die Zähne des einen Rades verlaufen rechtssteigend, die des anderen Rades linkssteigend. Beurteilt wird die Flankenrichtung von der Stirnseite des Zahnrades aus (Abb. 3).

Die Zahnflanken fehlerhaft eingebauter Zahnräder unterliegen einer größeren Beanspruchung und verschleißen schneller. Nur eine fachgerechte Montage sichert einen ruhigen Lauf und eine lange Lebensdauer von Zahnradgetrieben.

Abb. 3: Schrägverzahnte Stirnräder

Grundlagen

Getriebeübersetzung

Die Umfangsgeschwindigkeit v von zwei ineinander greifenden Zahnrädern ist gleich groß.

$$v_1 = v_2$$

Daraus ergibt sich, dass Räder mit großem Durchmesser d mit kleinerer Umdrehungsfrequenz n laufen als Räder mit kleinem Durchmesser.

$$n_1 \cdot \pi \cdot d_1 = n_2 \cdot \pi \cdot d_2$$
$$n_1 \cdot d_1 = n_2 \cdot d_2$$

Die Umdrehungsfrequenzen zweier Räder verhalten sich umgekehrt wie ihre Durchmesser.

$$\frac{n_1}{n_2} = \frac{d_2}{d_1}$$

Bei Zahnrädern errechnet sich der Teilkreisdurchmesser d aus dem Modul m und der Zähnezahl z. Damit gilt für Zahnräder

$$n_1 \cdot m \cdot z_1 = n_2 \cdot m \cdot z_2$$
$$n_1 \cdot z_1 = n_2 \cdot z_2$$

Die Umdrehungsfrequenzen zweier Zahnräder verhalten sich umgekehrt wie ihre Zähnezahlen.

$$\frac{n_1}{n_2} = \frac{z_2}{z_1}$$

Das Verhältnis der Umdrehungsfrequenz des treibenden Rades n_1 zur Umdrehungsfrequenz des angetriebenen Rades n_2 bezeichnet man als Übersetzungsverhältnis i.

$$i = \frac{n_1}{n_2} = \frac{d_2}{d_1} = \frac{z_2}{z_1}$$

Das Übersetzungsverhältnis i kann aus den Teilkreisdurchmessern d_2/d_1 oder aus den Zähnezahlen z_2/z_1 berechnet werden.

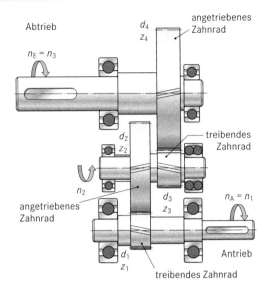

Die Gesamtübersetzung i_{ges} eines mehrstufigen Getriebes ist gleich dem Verhältnis der Anfangsumdrehungsfrequenz n_A zur Endumdrehungsfrequenz n_E.

$$i_{ges} = \frac{n_A}{n_E}$$

Die Gesamtübersetzung ist gleich dem Produkt aller Einzelübersetzungen.

$$i_{ges} = i_1 \cdot i_2 \cdot \ldots$$

Die Gesamtübersetzung von Zahnradgetrieben kann auch aus dem Verhältnis der Zähnezahlen der angetriebenen Räder $z_2 \cdot z_4$ zu den Zähnezahlen der treibenden Räder $z_1 \cdot z_3$ berechnet werden.

$$i_{ges} = \frac{z_2 \cdot z_4}{z_1 \cdot z_3}$$

Beispiel

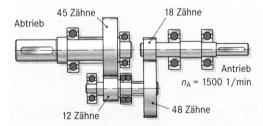

Für das zweistufige Zahnradgetriebe sind die Einzelübersetzungen und die Gesamtübersetzung sowie die Endumdrehungsfrequenz zu berechnen.

Geg.: $n_A = 1500$ 1/min
$z_1 = 18$, $z_2 = 48$
$z_3 = 12$, $z_4 = 45$

Ges.: i_1, i_2, i_{ges},
n_E in 1/min

Rechnung:

$$i_1 = \frac{z_2}{z_1} \qquad i_1 = \frac{48}{18} = \frac{2{,}66}{1} = 2{,}66 : 1 = \underline{\underline{2{,}66}}$$

$$i_2 = \frac{z_4}{z_3} \qquad i_2 = \frac{45}{12} = \frac{3{,}75}{1} = 3{,}75 : 1 = \underline{\underline{3{,}75}}$$

$$i_{ges} = i_1 \cdot i_2 = 2{,}66 \cdot 3{,}75 = \underline{\underline{9{,}99}} \text{ oder}$$

$$i_{ges} = \frac{z_2 \cdot z_4}{z_1 \cdot z_3} \qquad i_{ges} = \frac{48 \cdot 45}{18 \cdot 12} = \frac{10}{1} = 10 : 1 = \underline{\underline{10}}$$

$$i_{ges} = \frac{n_4}{n_E} \qquad n_E = \frac{n_A}{i_{ges}}$$

$$n_E = \frac{1500 \text{ 1/min}}{10} = \underline{\underline{150 \text{ 1/min}}}$$

Drehmoment

Das von einem Getrieberad zu übertragende Drehmoment M ergibt sich aus der Umfangskraft F und dem wirksamen Hebelarm $d/2$.

$$M = F \cdot d/2$$

Die Kräfte F_1 und F_2 von zwei im Eingriff stehenden Rädern sind gleich groß.

$$F_1 = F_2$$

$$\frac{M_1}{d_1/2} = \frac{M_2}{d_2/2}$$

Die Drehmomente zweier Räder verhalten sich wie ihre Durchmesser. Wobei das Durchmesserverhältnis d_2/d_1 dem Übersetzungsverhältnis i entspricht.

$$\frac{M_2}{M_1} = \frac{d_2}{d_1} = i$$

Mit dem Übersetzungsverhältnis lässt sich das theoretische Abtriebsmoment berechnen.

$$M_2 = M_1 \cdot i$$

Reibung zwischen den Zahnflanken und in den Lagern mindert das Abtriebsdrehmoment. Die Verluste werden durch den Wirkungsgrad η berücksichtigt.

$$M_2 = M_1 \cdot i \cdot \eta$$

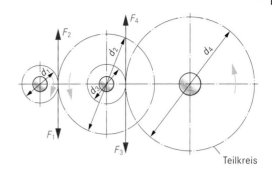

Teilkreis

Leistung

Die Aufgabe von Getrieben ist nicht die Änderung der Leistung P. Leistungsverluste entstehen jedoch durch Reibung zwischen den Flanken der Zahnräder und in den Lagern. Die Verluste werden durch den Wirkungsgrad η berücksichtigt.

$$P_2 = P_1 \cdot \eta$$

Die abgegebene Leistung P_2 ist kleiner als die zugeführte Leistung P_1.

Die Leistung P eines Getriebes lässt sich an jeder Stelle aus dem Drehmoment M und der Umdrehungsfrequenz n errechnen.

$$P = M \cdot 2 \cdot \pi \cdot n$$

Beispiel

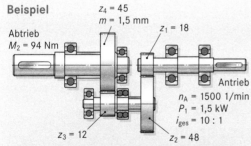

$z_4 = 45$
$m = 1,5$ mm
$z_1 = 18$

Abtrieb
$M_2 = 94$ Nm

Antrieb
$n_A = 1500$ 1/min
$P_1 = 1,5$ kW
$i_{ges} = 10 : 1$

$z_3 = 12$
$z_2 = 48$

Für das zweistufige Stirnradgetriebe ist die abgegebene Leistung, der Wirkungsgrad, das Antriebsmoment und die Umfangskraft am Zahnrad 4 zu berechnen.

Geg.: $n_A = n_1 = 1500$ 1/min
$P_1 = 1,5$ kW $= 1500$ Nm/s
$M_2 = 94$ Nm
$i_{ges} = 10$
$n_E = 150$ 1/min

Ges.: P_2 in W,
η,
M_1 in Nm,
F_4 in kN

Rechnung:

$$P_2 = M_2 \cdot 2 \cdot \pi \cdot n_E = \frac{94 \text{ Nm} \cdot 2 \cdot \pi \cdot 150 \cdot 1 \text{ min}}{\text{min} \cdot 60 \text{ s}}$$

$$P_2 = 1476 \text{ Nm/s} = \underline{1476 \text{ W}}$$

$$P_2 = P_1 \cdot \eta$$

$$\eta = \frac{P_2}{P_1} \qquad \eta = \frac{1476 \text{ W}}{1500 \text{ W}} = \underline{0,984}$$

$$P_1 = M_1 \cdot 2 \cdot \pi \cdot n_1$$

$$M_1 = \frac{P_1}{2 \cdot \pi \cdot n_1} \qquad M_1 = \frac{1500 \text{ Nm min} \cdot 60 \text{ s}}{2 \cdot \pi \cdot 1500 \text{ s} \cdot 1 \text{ min}}$$

$$M_1 = \underline{9,55 \text{ Nm}} \text{ oder}$$

$$M_2 = M_1 \cdot i \cdot \eta$$

$$M_1 = \frac{M_2}{i \cdot \eta} \qquad M_1 = \frac{94 \text{ Nm}}{10 \cdot 0,984} = 9,55 \text{ Nm}$$

$$M_2 = F_4 \cdot d_4/2$$

$$F_4 = \frac{M_2}{d_4/2}$$

$$F_4 = \frac{94\,000 \text{ Nmm}}{33,75 \text{ mm}} = 2785 \text{ N} \quad \underline{7,8 \text{ kN}}$$

$$d_4 = m \cdot z_4$$

$$d_4 = 1,5 \text{ mm} \cdot 45 = 67,5 \text{ mm}$$

$$d_4/2 = 33,75 \text{ mm}$$

Montieren

Prüfen des Achsabstandes

Bei Stirnradpaaren ist der Achsabstand der Wellen maßgebend für ein einwandfreies Eingreifen der Zähne. Zulässige Abweichungen sind von der Größe des Achsabstandes abhängig (Tab. 1). Der Abstand kann mit Hilfe von Endmaßen überprüft werden. Dazu werden die Wellen probeweise in die Lagerstellen eingebaut.

Tab. 1: Zulässige Achsabweichungen

Achsabstand in mm	Toleranz in mm
<40	±0,03
40–100	±0,04
100–250	±0,05
>250	±0,07

Ausgleich von axialem Spiel

Beim Fügen von Zahnrädern kann axiales Spiel durch Passscheiben ausgeglichen werden. Abb. 1 zeigt eine Abtriebswelle, auf der zwei Rillenkugellager mit einer Buchse und einem Stirnrad zu montieren sind. Die Montage ist nur möglich, wenn der Abstand zwischen dem Wellenbund und der Nut für den Sicherungsring mindestens so groß ist, wie alle zu fügenden Bauteile breit sind. Da die Bauteile mit Toleranzen gefertigt werden, ergibt sich in der Regel ein axiales Spiel zwischen Sicherungsring und den gefügten Teilen. Dieses Axialspiel kann durch Passscheiben ausgeglichen werden. Passscheiben sind für gleiche Durchmesser in Dickenstufungen von 0,1 mm genormt (➡🗏).

Um die Dicke der notwendigen Passscheibe zu ermitteln, werden die Bauteile probeweise gefügt. Das axiale Spiel zwischen Zahnrad und Sicherungsring kann dann mit einer Fühlerlehre bestimmt werden.

8.4.3.2 Kegelradgetriebe

Bei der Fräsmaschine wird die Antriebsenergie von der waagerechten Antriebswelle durch ein Kegelradgetriebe auf die senkrechte Arbeitsspindel umgelenkt. Bei Kegelradgetrieben schneiden sich die Wellen in der Regel unter einem Winkel von 90° (Abb. 2).

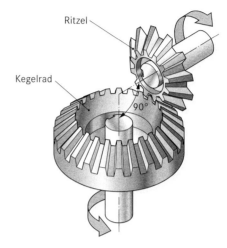

Abb. 2: Kegelradgetriebe

> [!] Kegelradgetriebe werden bei sich schneidenden Wellen zur Kraftumlenkung eingesetzt.

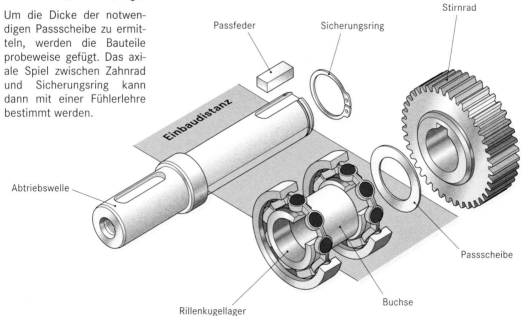

Abb. 1: Einbau von Passscheiben

Die Verzahnung der Kegelräder kann gerade, schräg oder spiralförmig sein (Abb. 3).

Geradverzahnt   Spiralverzahnt

Abb. 3: Verzahnungsarten bei Kegelrädern

Der einwandfreie Eingriff von Kegelrädern wird von der Einbaudistanz A, dem Achswinkel und der Lage der Achsen zueinander (Achsversatz) beeinflusst. Die Einbaudistanz ist der Abstand von der Bezugsstirnfläche eines Kegelrades bis zur Mittelachse des Gegenrades (Abb. 4).

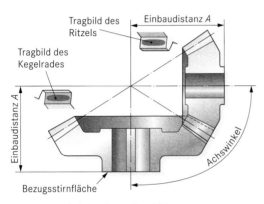

Abb. 4: Fehlerfrei eingebaute Kegelräder

Sichtbarmachen von Tragbildern

Zur Prüfung des richtigen Einbaus kann das Tragbild herangezogen werden. Tragbilder werden durch Auftragen von Tuschierfarbe und langsames Drehen der Kegelräder unter leichter Last sichtbar gemacht.

! Die gesamte Zahnflanke soll gleichmäßig an der Kraftübertragung beteiligt sein.

Fehlerhaft eingebaute Kegelräder tragen nur an den Zahnkanten. Dadurch verschleißt vor allem das kleinere Rad (Ritzel) schneller.

Einstellen der Einbaudistanz

Liegt das Tragbild bei den Zähnen des Ritzels zu weit am Zahngrund und bei den Zähnen des Rades zu dicht an der Kopffläche, ist die *Einbaudistanz* zu groß (Abb. 5a). Liegen die Tragbilder entgegengesetzt, ist die Einbaudistanz zu klein. Die Einbaudistanz von Kegelrädern kann mit Hilfe von Passscheiben eingestellt werden.

Prüfen von Achswinkel und Achsversatz

Liegt das Tragbild bei beiden Kegelrädern am inneren Zahnende, ist der Achswinkel zu groß (Abb. 5b). Liegt das Tragbild bei beiden Kegelrädern am äußeren Zahnende, ist der Achswinkel zu klein.

Liegen die Tragbilder kreuzweise zueinander, schneiden sich nicht die Achsen der beiden Kegelräder (Abb. 5c). Je nach Richtung des Achsversatzes liegen die Tragbilder entgegengesetzt.

Fehlerhafte Achswinkel oder Achsversatz ergeben sich aus ungenauen Lagerstellen im Getriebegehäuse. Sie können durch die Montage nicht korrigiert werden.

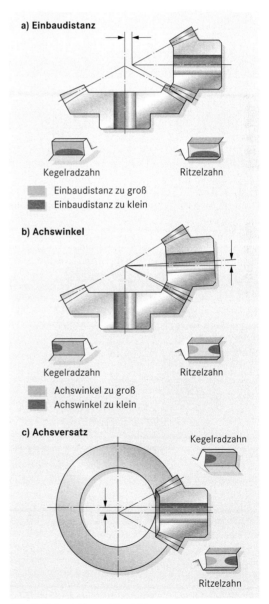

a) Einbaudistanz

Kegelradzahn   Ritzelzahn

Einbaudistanz zu groß
Einbaudistanz zu klein

b) Achswinkel

Kegelradzahn   Ritzelzahn

Achswinkel zu groß
Achswinkel zu klein

c) Achsversatz

Kegelradzahn

Ritzelzahn

Abb. 5: Einbaufehler und Tragbilder

Prüfen des Flankenspiels

Kegelräder werden paarweise eingebaut. Sie werden mit Flankenspiel hergestellt (Tab. 1). Das Flankenspiel ist vom Modul abhängig. Bei der Montage sollte das gleiche Spiel eingestellt werden. Das Flankenspiel kann mit Fühlerlehren geprüft werden.

Tab. 1: Flankenspiel

Modul in mm	Flankenspiel in mm
1,5	0,05-0,1
2-3	0,07-0,13
3,4-4	0,1-0,15
4,5-5	0,13-0,18

8.4.3.3 Schneckenradgetriebe

Bei Schneckengetrieben kreuzen sich die Wellen unter einem Winkel von 90°. Die Energieübertragung erfolgt von der Schnecke auf das Schneckenrad (Abb. 1). Eine eingängige Schnecke bewirkt bei einer Umdrehung eine Drehung des Schneckenrades um einen Zahn. Dadurch erreicht man große Übersetzungen.

 Schneckengetriebe ermöglichen große Übersetzungen bei geringem Platzbedarf.

Abb. 1: Schneckengetriebe

Voraussetzung für die einwandfreie Funktion eines Schneckengetriebes ist das genaue axiale Einstellen des Schneckenrades zur Schnecke.

Prüfen des Tragbildes

Die richtige Einbaulage des *Schneckenrades* lässt sich anhand des Tragbildes kontrollieren. Dazu wird der Schneckenradsatz probeweise montiert und

die Flanken der Schnecke werden dünn mit Tuschierfarbe eingestrichen. Das Tragbild, das beim langsamen Drehen der Schneckenwelle entsteht, soll einen möglichst großen Teil der Zahnflanken des Rades bedecken und etwas mehr zur Auslaufseite hin liegen (Abb. 2). Unter Last verlagert sich das Tragbild zur Einlaufseite hin.

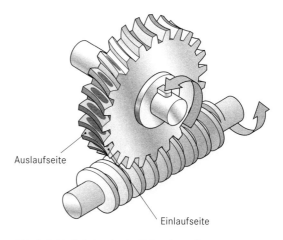

Auslaufseite

Einlaufseite

Abb. 2: Fehlerfrei eingebauter Schneckenradsatz

Axiales Einstellen des Schneckenrades

Liegt das Tragbild nur an einer Stirnseite des Schneckenrades, ist das Rad axial zu verschieben (Abb. 3). Es ist dabei zu der Seite zu verschieben, auf der das Tragbild liegt.

Das axiale Einstellen des Schneckenrades kann mit Hilfe von Passscheiben vorgenommen werden.

Verschieberichtung

Abb. 3: Fehlerhaftes Tragbild eines Schneckenradsatzes

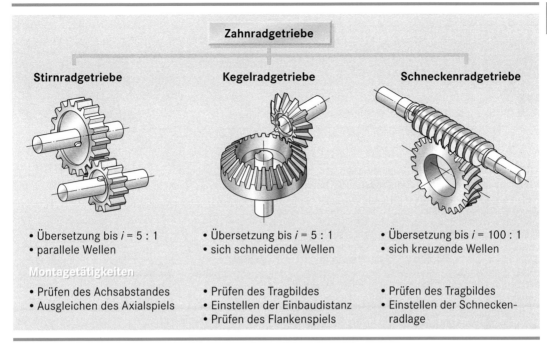

Zahnradgetriebe

Stirnradgetriebe

- Übersetzung bis i = 5 : 1
- parallele Wellen

Montagetätigkeiten

- Prüfen des Achsabstandes
- Ausgleichen des Axialspiels

Kegelradgetriebe

- Übersetzung bis i = 5 : 1
- sich schneidende Wellen

- Prüfen des Tragbildes
- Einstellen der Einbaudistanz
- Prüfen des Flankenspiels

Schneckenradgetriebe

- Übersetzung bis i = 100 : 1
- sich kreuzende Wellen

- Prüfen des Tragbildes
- Einstellen der Schnecken-
  radlage

Aufgaben

1. Geben Sie an, was für ein Zahnradgetriebe jeweils an den Motor angeflanscht ist:

a)

b)

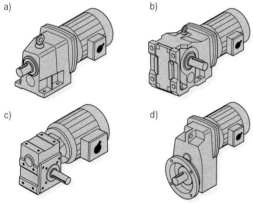

c)

d)

2. An einem demontierten Stirnrad sollen die Zahnradabmessungen bestimmt werden. Beschreiben Sie, wie Sie den Modul m ermitteln.

3. Ein schrägverzahntes Stirnrad hat einen rechtssteigenden Schrägungswinkel von β = 15°. Welchen Schrägungswinkel muss das Gegenrad aufweisen?

4. Ein Stirnrad soll auf einer Welle ohne axiales Spiel gefügt werden. Es wird durch einen Sicherungsring gesichert. Beschreiben Sie, wie man das axiale Spiel ermitteln und ausgleichen kann.

5. In welchen Fällen werden Kegelradgetriebe eingesetzt?

6. Die Kegelräder eines Kegelradgetriebes sollen mit kleinem Spiel eingebaut werden. Wie lässt sich das Spiel überprüfen?

7. Für ein Kegelradgetriebe wird in einem Herstellerkatalog die Einbaudistanz mit A = 36 mm angegeben.

a) Was stellt die Einbaudistanz A dar?

b) Beschreiben Sie, wie sich die Einbaudistanz A bei der Montage überprüfen lässt.

c) Wie kann an einem Kegelradgetriebe die Einbaudistanz eingestellt werden?

d) Welche Folgen hat es, wenn die Einbaudistanz bei der Montage nicht eingehalten wird?

8. Das Tragbild eines Kegelradgetriebes zeigt folgende Lage: Am kleineren Kegelrad liegt es zur Kopffläche hin, beim größeren Kegelrad zum Zahngrund.

a) Welcher Fehler wurde beim Einbau gemacht?

b) Welche Korrekturen müssen vorgenommen werden, damit der Fehler beseitigt wird?

9. Wann werden Schneckengetriebe eingesetzt?

10. Beschreiben Sie das Tragbild bei einem fehlerfrei eingebauten Schneckenrad.

11. Das Tragbild eines Schneckenrades liegt nur an der Stirnseite, die zur Einlaufseite zeigt.

a) Welcher Fehler wurde beim Einbau gemacht?

b) Welche Korrekturen müssen vorgenommen werden, damit der Fehler beseitigt wird?

8.4.4 Kupplungen

Abb. 2 zeigt den Antrieb eines Kegelradgetriebes durch einen Elektromotor. Zwischen der Welle des Motors und der angetriebenen Welle des Getriebes ist eine Kupplung eingebaut.

 Kupplungen verbinden zwei Wellen oder Wellen und Maschinenteile miteinander. Sie übertragen Drehbewegungen und Drehmomente.

Kupplungen bestehen im Wesentlichen aus zwei Kupplungshälften. Eine Kupplungshälfte befindet sich am Wellenende des Antriebs, die andere an der angetriebenen Welle.

Die Kupplungshälften können auf unterschiedliche Weise miteinander verbunden sein und so verschiedene technische Anforderungen erfüllen (Abb. 1).

Starre Kupplungen verbinden zwei Wellen starr miteinander. Sie erfordern ein genaues Fluchten der Wellen miteinander und können keinen Wellenversatz ausgleichen (Abb. 3).

Drehstarre und *elastische Kupplungen* gleichen durch ihren Aufbau axialen, radialen und winkligen Wellenversatz innerhalb bestimmter Toleranzen aus. Elastische Kupplungen dämpfen darüber hinaus Drehmomentenstöße und Schwingungen.

Schaltbare Kupplungen werden verwendet, wenn die Verbindung der Wellen zeitweise unterbrochen werden soll.

Sicherheitskupplungen schützen nachfolgende Getriebeteile, Maschinen und Anlagen vor Beschädigung bei Überlastungen. In die Vorschubantriebe der CNC-Fräsmaschine sind deshalb zwischen Motor und Zahnriemenscheibe Sicherheitskupplungen eingebaut (Abb. 4).

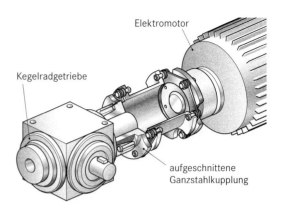

Abb. 2: Einsatz von Kupplungen

Abb. 3: Wellenversatz

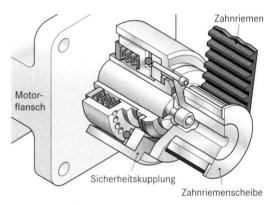

Abb. 4: Sicherheitskupplung

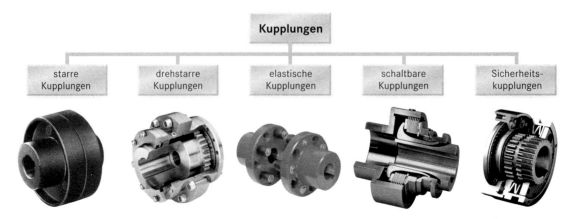

Abb. 1: Kupplungsarten

Aufsetzen der Kupplungshälften

Vor Beginn der Montage müssen die Passbohrungen und die Anlageflächen der Kupplung von jeglichem Rostschutz befreit werden. Die Wellenenden sind sorgfältig zu reinigen.

Die vorliegende Welle-Nabe-Verbindung bestimmt, wie die Kupplungshälften zu fügen sind. Kupplungen werden häufig mit Passfeder-, Spann- oder Schrumpfverbindungen ausgeführt.

• Passfederverbindung

Kupplungsnaben mit Passfederverbindungen haben Übergangspassungen. Daher können die Kupplungshälften nicht von Hand auf die Wellen aufgeschoben werden.

> **!** Die Kupplungsnaben müssen mit einer geeigneten Vorrichtung auf die Wellen aufgezogen werden.

Die Vorrichtung verhindert, dass axiale Kräfte auf die Lager von Motor oder Getriebe wirken und sie dadurch beschädigt werden. Dazu wird eine Gewindestange in das Wellenende mit Gewindezentrierbohrung eingeschraubt und eine Scheibe mit entsprechender Größe über die Gewindestange gelegt (Abb. 5). Durch Aufschrauben und Anziehen der Mutter schiebt sich die Nabe auf die Welle. Bei zusätzlicher Verwendung eines Axiallagers ergeben sich beim Anziehen der Mutter geringere Kräfte.

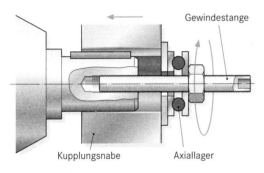

Abb. 5: Aufziehen einer Kupplungsnabe auf eine Motorwelle

Bei Passfederverbindungen müssen die Kupplungsnaben axial gesichert werden. Die axiale Sicherung kann über einen Gewindestift oder über eine Endscheibe und eine Schraube erfolgen (Abb. 6). Der Gewindestift sollte radial auf die Passfeder drücken, um eine Beschädigung der Welle zu vermeiden.

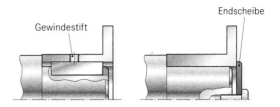

Abb. 6: Axiale Sicherung von Passfederverbindungen

• Spannverbindungen

Bei Spannverbindungen sind die Welle und die Nabenbohrung sorgfältig zu entfetten, da die Kraftübertragung reibschlüssig erfolgt.

Die Spannverbindung wird zusammengebaut geliefert. Vor dem Einbau sind die Spannschrauben leicht zu lösen und der kegelige Klemmring geringfügig von der kegeligen Klemmnabe abzuziehen, so dass der Ring lose aufliegt. Dadurch lässt sich die Nabe von Hand auf die Welle aufschieben (Abb. 7).

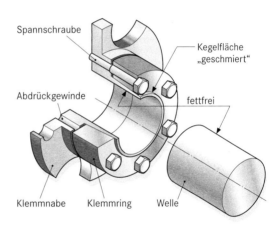

Abb. 7: Aufbau einer Spannverbindung

Anschließend werden die Spannschrauben gleichmäßig über Kreuz in mehreren Stufen angezogen. Es sind mehrere Umläufe notwendig, damit der Klemmring nicht verkantet.

Abschließend werden die Spannschrauben der Reihe nach mit dem vollen Anzugsmoment nachgezogen. Die Spannverbindung ist funktionsfähig, wenn das durch den Hersteller angegebene Anzugsmoment erreicht ist.

> Die Spannschrauben von Spannverbindungen müssen mit dem vorgeschriebenen Drehmoment angezogen werden, um den notwendigen Reibschluss zwischen Welle und Kupplungsnabe zu erreichen.

Ausrichten

Die Maschinen sollten so ausgerichtet werden, dass die Wellen miteinander fluchten. Bei starren Kupplungen darf kein Versatz zwischen den Wellen auftreten. Auch bei drehstarren und elastischen Kupplungen, die Wellenversatz ausgleichen können, sollten die Wellen so gut wie möglich fluchten. Dadurch erhöht sich die Lebensdauer der elastischen Zwischenglieder. Beim Ausrichten ist zu beachten, dass sich während des Betriebes der Ausrichtzustand durch die Wärmedehnung von Maschinenteilen und durch zu übertragende Kräfte verändern kann.

 Eine fehlerhafte Ausrichtung führt zu Schäden an den Lagern und Dichtungen der gekuppelten Wellen sowie an der Kupplung selber.

Der Ausrichtzustand wird über die Lage der beiden Kupplungshälften zueinander bestimmt. Sind nur kleine Abweichungen zugelassen, sollte darum vorher immer eine Rundlauf- und Planlaufprüfung der entsprechenden Kupplungsflächen durchgeführt werden.

Das Ausrichten erfolgt in der Reihenfolge

1. winkliges Ausrichten,

2. radiales Ausrichten und evtl.

3. axiales Ausrichten.

• Winkliges Ausrichten

Die Korrektur von vertikalem Winkelversatz erfolgt durch Unterlegbleche. Je nach Winkelversatz müssen Bleche von unterschiedlicher Dicke unter die vorderen oder hinteren Befestigungspunkte gelegt werden. In horizontaler Ebene wird eine der Maschinen entsprechend gedreht (Abb. 1).

• Radiales Ausrichten

Bei vertikalem Parallelversatz werden unter jeden Befestigungspunkt Bleche gleicher Dicke gelegt. Bei horizontalem Parallelversatz werden die Maschinen seitlich zueinander verschoben.

• Axiales Ausrichten

Der Axialversatz ergibt sich als Unterschied zwischen dem Sollwert und dem Istwert für das Einbaumaß einer Kupplung bzw. den axialen Abstand der Wellenenden zueinander (Abb. 2). Die Einbaumaße von Kupplungen werden vom Hersteller vorgegeben. Beim Ausrichten müssen die zulässigen Toleranzen eingehalten werden.

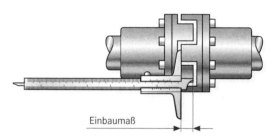

Abb. 2: Messen von Axialversatz

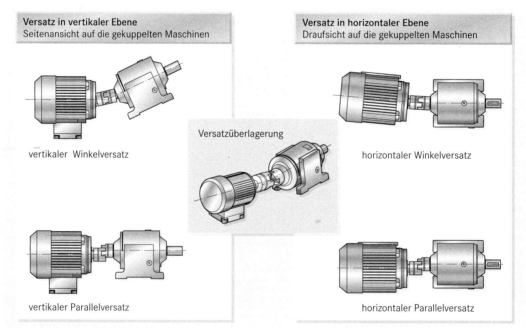

Abb. 1: Winkliger und paralleler Versatz an Maschinen

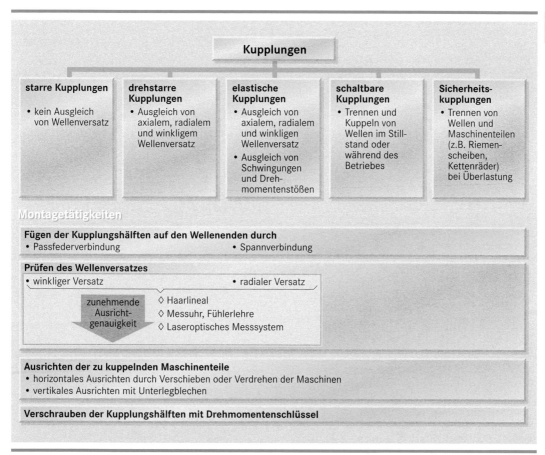

Kupplungen

starre Kupplungen	drehstarre Kupplungen	elastische Kupplungen	schaltbare Kupplungen	Sicherheits-kupplungen
• kein Ausgleich von Wellenversatz	• Ausgleich von axialem, radialem und winkligem Wellenversatz	• Ausgleich von axialem, radialem und winkligen Wellenversatz • Ausgleich von Schwingungen und Dreh-momentenstößen	• Trennen und Kuppeln von Wellen im Still-stand oder während des Betriebes	• Trennen von Wellen und Maschinenteilen (z.B. Riemen-scheiben, Kettenräder) bei Überlastung

Montagetätigkeiten

Fügen der Kupplungshälften auf den Wellenenden durch
• Passfederverbindung   • Spannverbindung

Prüfen des Wellenversatzes
• winkliger Versatz   • radialer Versatz

zunehmende Ausricht-genauigkeit
◇ Haarlineal
◇ Messuhr, Fühlerlehre
◇ Laseroptisches Messsystem

Ausrichten der zu kuppelnden Maschinenteile
• horizontales Ausrichten durch Verschieben oder Verdrehen der Maschinen
• vertikales Ausrichten mit Unterlegblechen

Verschrauben der Kupplungshälften mit Drehmomentenschlüssel

1. Warum können drehstarre und elastische Kupplungen mit einem Lineal ausgerichtet werden?

2. Weshalb dürfen Kupplungen auf Getriebewellen oder Motorwellen nicht mit einer Presse aufgepresst werden?

3. Eine Kupplung mit Passfederverbindung soll durch einen Gewindestift axial gesichert werden. Beschreiben Sie, wie die Gewindebohrung anzubringen ist.

4. Eine Kupplungsnabe hat eine Spannverbindung.
a) Beschreiben Sie die Montage der Nabe.
b) Beschreiben Sie die Demontage von der Welle.

5. Ein Elektromotor und eine Pumpe sollen mit einer Scheibenkupplung verbunden werden. Das winklige und radiale Ausrichten erfolgt mit Messuhr und Fühlerlehre.

Skizzieren Sie eine Kupplungshälfte und geben Sie an, welche Flächen der Kupplung einer Planlauf- oder Rundlaufprüfung unterzogen werden sollten.

6. Welche Schäden können an einem Zahnradgetriebe auftreten, wenn die zu kuppelnden Wellen nicht miteinander fluchten?

7. Erläutern Sie mögliche Auswirkungen auf den Ausrichtzustand von Antriebsmaschine und Getriebe:
a) bei Erwärmung der Maschinenteile während des Betriebes,
b) durch auftretende Getriebekräfte bei einem Zahnradgetriebe.

8. Beim radialen Ausrichten einer Kupplung mit einer Messuhr wurden folgende Abweichungen festgestellt:
– in der horizontalen Ebene 1,24 mm,
– in der vertikalen Ebene 0,82 mm.

Beschreiben Sie, wie der Ausrichtzustand der Maschinen zu korrigieren ist.

9. Eine Kupplungsnabe aus E 335 mit dem Durchmesser 35H8 wird auf 200 °C erwärmt. Bestimmen Sie die Durchmesseränderung.

10. Eine Kupplungsnabe aus EN-GJL-200 soll durch Schrumpfen gefügt werden. Die Kupplung hat die Passung 80 H8/u8.
a) Ermitteln Sie die erforderliche Durchmesserdifferenz zum Fügen.
b) Bestimmen Sie die Erwärmungstemperatur.

8.5 Demontage einer Antriebsstation

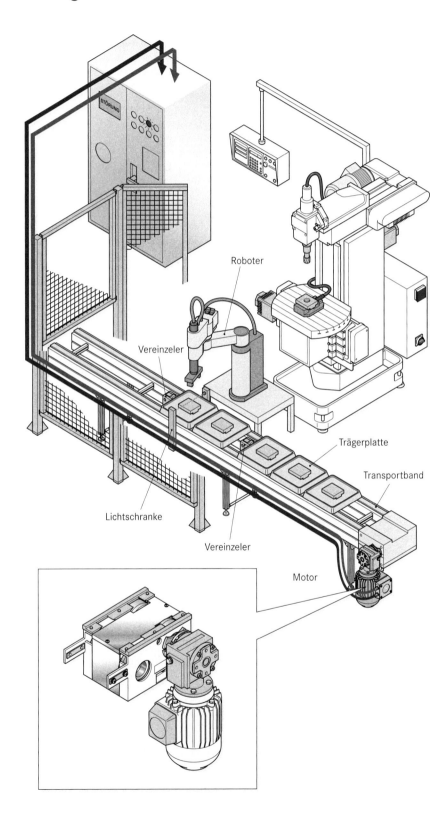

Roboter

Vereinzeler

Trägerplatte

Transportband

Lichtschranke

Vereinzeler

Motor

Während des Betriebes werden am Antrieb des Transportbandes auffällige Geräusche festgestellt. Eine Überprüfung ergibt, dass die Geräusche von einem defekten Lager der Umlenkstation ausgehen, das ausgetauscht werden muss. Nach dem Instandsetzen kann die Antriebsstation geprüft und in Betrieb genommen werden.

8.5.1 Vorbereiten der Instandsetzungsarbeiten

Um den Fertigungsbetrieb möglichst kurz zu unterbrechen, sind die Instandsetzungsarbeiten gut vorzubereiten. Dies beginnt mit dem Festlegen eines geeigneten Stillsetzungszeitpunktes. Für einen effektiven und schnellen Arbeitsablauf sind die folgenden Vorbereitungen zu treffen:

- Hersteller- und Firmenangaben zusammenstellen und lesen,

- Sicherheitsvorschriften ermitteln,

- Werkzeug zusammenstellen,

- Verbrauchsmaterialien zusammenstellen,

- Arbeitsstätte von möglichen Hindernissen befreien, damit der Arbeitsplatz übersichtlich bleibt.

Die Arbeiten am Förderband beginnen mit der Außerbetriebsetzung. Dazu wird zunächst die Steuerung ausgeschaltet. Vor der Arbeit an elektrischen Anlagen sind die fünf Sicherheitsregeln einzuhalten.

1. Freischalten der betroffenen Stromkreise, z. B. durch Entfernen von Schraubsicherungen.

2. Anbringen eines Hinweisschildes, um zu verhindern, dass der betroffene Stromkreis während der Arbeiten wieder eingeschaltet wird.

3. Spannungsfreiheit mit Hilfe eines Spannungsprüfers feststellen.

4. Da die Bemessungsspannung des Antriebs 400 V beträgt, kann auf ein Erden und Kurzschließen verzichtet werden.

5. Das Abdecken/Abschranken unter Spannung stehender Teile entfällt ebenfalls, da sich im Bereich der Arbeiten keine entsprechenden Teile befinden.

During operation, noises in the drive unit of the conveyor belt are noticed. As a check shows, the source of these noises is a faulty ball bearing in the return unit, which has to be replaced. After completing repair work, the drive unit can be tested and put into operation again.

8.5.1 Preparing repair work

To keep downtime as short as possible, repair work has to be prepared carefully. This starts by setting an appropriate time to shut down the equipment. To ensure a fast and efficient repair process, the following steps have to be taken:

- compile and read the available information given by the manufacturer,

- find out relevant safety regulations,

- collect tools needed,

- collect materials needed,

- clear workplace of possible obstacles so that workplace can be kept tidy.

Work on the conveyor belt starts by putting it out of operation. The first step is to switch off the control unit. Before working on electrical equipment the five safety rules have to be obeyed.

1. Disconnect the relevant circuits e. g. by removing the screw-plug cartridge fuses.

2. Install a suitable warning sign to prevent the circuit from being switched on again during work.

3. Make sure that there are no live cables by using a voltage detector.

4. As the rated voltage of the drive unit is 400 V, earthing and shortcircuiting is not necessary.

5. Covering or blocking access to live parts is also unnecessary either, as there are no such parts within the area.

8.5.2 Zerlegen der Antriebsstation

Abklemmen des Getriebemotors

Zuerst sind die Schrauben des Klemmenkastens zu lösen und der Deckel zu entfernen. Danach werden alle belegten Schraubklemmen so weit gelockert, dass der Leiter leicht aus der Klemme gezogen werden kann. Anschließend werden die Durchführungsverschraubungen gelöst und die Energie- sowie Profibusleitung aus dem Klemmenkasten gezogen (Abb. 1).

Alle vorhandenen Leitungen müssen so weit entfernt werden, dass sie bei weiteren Demontage- und Montagearbeiten nicht stören und nicht beschädigt werden können. Die Adern mit offenen, elektrisch leitenden Enden stellen eine Gefahr dar, falls sie trotz Sicherheitsmaßnahmen unter Spannung gesetzt werden. Daher müssen sie

- mit Isolierband umwickelt werden,
- in einem separaten Kasten verwahrt werden oder
- kurzgeschlossen werden.

Falls mehrere leicht zu verwechselnde Leitungen gelöst werden, ist eine Kennzeichnung erforderlich, die ein verkehrtes Anklemmen nach den Instandsetzungsarbeiten verhindert.

8.5.2 Disassembling the drive unit

Disconnecting the geared motor

First the screws of the terminal box are loosened and the cap is removed. Next all used terminal screws are loosened to the point at which all cables can easily be pulled out of the terminal. Then the screws for the cable glands are loosened and the energy cable and the Profi Bus cable are pulled out of the terminal box (Fig. 1).

All cables have to be removed where they cannot disturb further disassembly or assembly work and cannot be damaged. The wire ends of electrically conducting cables represent a danger if they carry a voltage despite the safety precautions taken. Therefore they have to be

- wrapped with insulating tape
- kept in a separate box or
- shortcircuited.

If cables that can easily be mixed up have been disconnected, it is necessary to label them, so that wrong wiring after maintenance work is prevented.

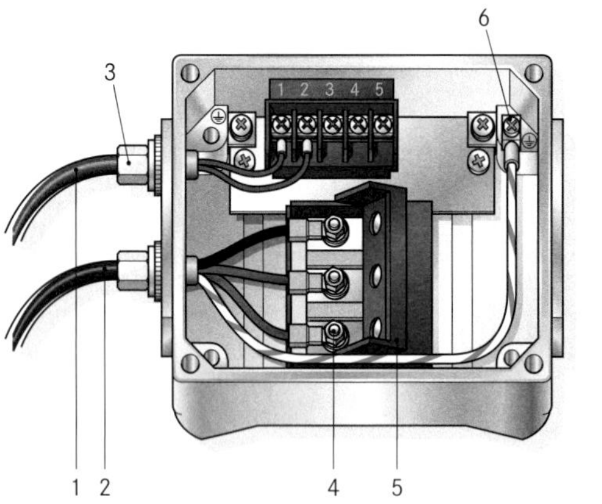

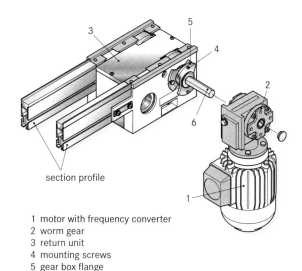

1 cable entry for Profibus cable
2 cable entry for energy cables
3 cabel gland
4 terminal for power supply
5 cover
6 screw for mounting cable for protection earth (PE)

Fig. 1: terminal box of the motor

section profile

1 motor with frequency converter
2 worm gear
3 return unit
4 mounting screws
5 gear box flange
6 hex shaft

Fig. 2: drive unit with gear motor

Ausbau des Getriebemotors

Die Schrauben am Getriebeflansch (Pos. 5) sind zu lösen (Abb. 2 u. 3). Hierbei ist der Getriebemotor so festzuhalten, dass keine Querkräfte an der Sechskantwelle auftreten können. Anschließend wird der Getriebemotor von der Sechskantwelle abgezogen.

Removal of the geared motor

The bolts at the gearbox flange (Pos. 5) are loosened (Fig. 2 and 3). When doing this, the geared motor must be kept in a position in which no lateral forces are exerted on the hex shaft. Then the geared motor is pulled off the hex shaft.

Zerlegen der Umlenkstation

Durch Lösen der Schrauben am Deckel (Pos. 4) wird dieser mit den beiden Seitendeckeln (Pos. 3) entfernt (Abb. 3). Anschließend sind die Transportgurte zu demontieren. Dies kann durch Zerschneiden oder Überdehnen und Abnehmen der Gurte erfolgen. Danach werden die Sicherungsscheiben (Pos. 6) aus den Wellennuten geschoben und die Sechskantwelle (Pos. 2) aus der Umlenkstation gezogen.

Nach dem Lösen der Schrauben (Pos. 10) wird die Umlenkstation vom Streckenprofil der Förderstrecke abgezogen. Durch Lösen der Schrauben (Pos. 12) für die beiden Querverbinder (Pos. 11) werden die Seitenteile (Pos. 1) voneinander getrennt.

Disassembling the return unit

By loosening the screws of the top cover (Pos. 4) the top cover sheet and both side cover sheets (Pos. 3) are removed. Next the conveyor belts must be removed. This can be done either by cutting or by stretching and removing the belts. After that, the lock washers (Pos. 6) are pushed out of the shaft keyway and the hex shaft is pulled out of the return unit.

After loosening the plug connectors to the section, (Pos. 10) the return unit is pulled off the section profile of the conveyor. By loosening the bolts (Pos. 12) for the two cross-connectors (Pos. 11) the side parts of the housing (Pos. 1) are separated.

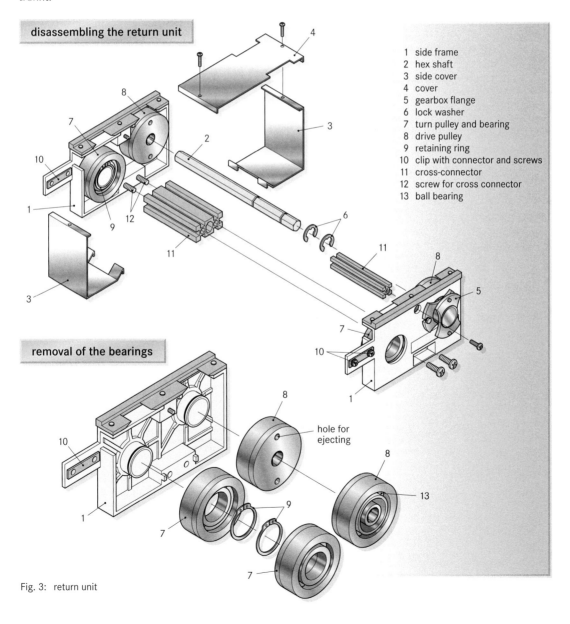

disassembling the return unit

1 side frame
2 hex shaft
3 side cover
4 cover
5 gearbox flange
6 lock washer
7 turn pulley and bearing
8 drive pulley
9 retaining ring
10 clip with connector and screws
11 cross-connector
12 screw for cross connector
13 ball bearing

removal of the bearings

hole for ejecting

Fig. 3: return unit

Ausbau der Lager

• Antriebsrad

Das Antriebsrad (Pos. 8) ist mit einer Abziehvorrichtung vom Seitenteil (Pos. 1) abzuziehen. Anschließend wird das Rillenkugellager (Pos. 13) aus der Bohrung des Antriebsrades herausgedrückt. Dies erfolgt durch das Eindrehen von Schrauben in die Abdrückgewindebohrungen des Antriebsrades.

• Umlenkrolle

Das Rillenkugellager bildet mit der Umlenkrolle (Pos. 7) eine Einheit. Nach dem Herausheben des Sicherungsringes (Pos. 9) wird die Umlenkrolle vom Seitenteil (Pos. 1) abgezogen.

Disassembling the bearing

• drive pulley

The drive pulley (Pos. 8) is pulled off the side part of the housing (Pos. 1) by means of a puller. Then the grooved ball bearing (Pos. 13) is pressed out of the borehole of the drive pulley. This is done by screwing screws into the two theaded holes for ejecting of the drive pulley.

• turn pulley

The grooved ball bearing and the turn pulley form a unit. After taking out the retaining ring (Pos. 9), the turn pulley is pulled off the side part of the housing (Pos. 1).

8.5.3 Zusammenbau der Antriebsstation

Lagereinbau

• Antriebsrad

Das ausgewechselte Rillenkugellager wird in das Antriebsrad (Pos. 8) eingepresst. Anschließend ist das vormontierte Antriebsrad (Pos. 8) mit der Aufnahme des Seitenteils (Pos. 1) zu verpressen.

• Umlenkrolle

Die neue Umlenkrolle (Pos. 7) wird auf das Seitenteil (Pos. 1) aufgeschoben. Anschließend erfolgt die Sicherung durch einen Sicherungsring (Pos. 9).

8.5.3 Assembling the drive unit

Installing the ball bearing

• drive pulley

The new grooved ball bearing is pressed into the drive pulley (Pos. 8). Next, the prepared drive pulley (Pos. 8) is firmly pressed into the opening of the side part of the housing.

• turn pulley

The new turn pulley (Pos. 7) is slid onto the side part of the housing (Pos. 1) and secured by the retaining ring (Pos. 9).

Fügen der Umlenkstation

Nach dem Einbau der Lager werden die beiden Querverbinder (Pos. 11) mit den Seitenteilen (Pos. 1) lose verschraubt. Anschließend wird die gereinigte und eingeölte Sechskantwelle (Pos. 2) durch die Sechskantbohrungen der Antriebsräder (Pos. 8) geschoben. Durch das Aufschieben von Sicherungsscheiben (Pos. 6) wird die Sechskantwelle (Pos. 2) in ihrer axialen Lage gesichert. Damit sind die Seitenteile (Pos. 1) in ihrer Lage zueinander bestimmt.

Nachfolgend werden die Schrauben (Pos. 12) für die Querverbinder (Pos. 11) fest angezogen. Anschließend wird die Umlenkstation über die Steckverbinder (Pos. 10) mit dem Streckenprofil des Transportbandes verbunden.

Wurden die Transportgurte zerschnitten, erfolgt anschließend deren Montage. Sie müssen verklebt und gespannt werden. Vor dem Kleben ist der Gurt an den Enden anzuschrägen. Nach der Gurtmontage werden die Seitendeckel (Pos. 3) eingehängt und mit dem Deckel (Pos. 4) verschraubt.

Joining the return unit

After installing the ball bearings, the two cross-connectors (Pos. 11) are loosely bolted to the side parts of the housing (Pos. 1). Next, the cleaned and lubricated hex shaft (Pos. 2) is pushed through the hexagonal openings of the drive pulleys (Pos. 8). By affixing the retaining rings (Pos. 6), the hex shaft (Pos. 2) is secured in its axial position. Thus, the position of the side parts of the housing (Pos. 1) is determined.

In the following step, the bolts (Pos. 12) for the cross-connectors (Pos. 11) are tightened securely and the return unit is connected with the conveyor section profile, using the plug connectors (Pos. 10).

If the belts have been cut, their installation follows next. They have to be glued and stretched. Before gluing, the ends of the belt must be bevelled. After mounting the belts, the side cover sheets (Pos. 3) are installed and screwed to the top cover sheet (Pos. 4).

Einbau des Getriebemotors

Der Getriebemotor (Abb. 2, vorige Seiten) wird auf die Sechskantwelle (Pos. 2) geschoben. Um Beschädigungen zu vermeiden, ist der Getriebemotor ohne Verkanten aufzuschieben.

Nachfolgend wird der Getriebeflansch (Abb. 3, vorige Seiten) mit dem Aufsteckgetriebe (Abb. 2, vorige Seiten) verschraubt.

Installing the geared motor

The geared motor (Fig. 2, previous pages; Pos. 1 and 2) is slid onto the hex shaft (Pos. 2). To avoid damage, care must be taken not to wedge the geared motor while sliding it onto the hex shaft.

Next the gearbox flange (Fig. 3, previous pages; Pos. 5) is bolted to the slip on gearing (Fig. 2, previous pages; Pos. 2).

Motor anklemmen

Alle abgeklemmten Leitungen werden wieder durch die Leitungseinführung in den Klemmenkasten geführt. Bei der Verschraubung ist darauf zu achten, dass die Dichtungselemente noch in einwandfreiem Zustand sind. Andernfalls sind diese gegen neue Dichtungen auszutauschen. Vor dem Anklemmen müssen alle Leiterenden mit den Aderendhülsen oder Kabelschuhen kontrolliert werden. Bei starken Verformungen oder beschädigten Leitern ist die Ader mit dem Seitenschneider zu kürzen und ein neuer Aderanschluss zu fertigen. Alle Adern müssen wieder so im Klemmenkasten aufgelegt werden, wie sie zuvor demontiert wurden.

Besonders wichtig sind hierbei das richtige Drehfeld der Energieleitung und die korrekte Polarität der Profibusleitung. Alle Klemmenstellen müssen fest angezogen werden. Abschließend wird der Deckel des Klemmenkastens wieder eingesetzt und verschraubt.

Die getroffenen Sicherheitsvorkehrungen sind in vorgegebener Reihenfolge aufzuheben.

Connecting the motor

All disconnected cables are inserted through the cable entries into the terminal box. On re-connection it is important that all seals are still in perfect condition. If not, they have to be replaced by new ones. Before connecting, all wire ends and their end sleeves or cable lugs must be checked. If they are badly deformed or damaged, the wire is shortened using diagonal cutting pliers and a new connector is formed. All wires must be arranged inside the terminal box in exactly the same way as before disconnecting.

A particularly important point here is the right rotating field of the energy cable and the correct polarity of the Profi Bus cable. All terminal screws must be tightened securely. Finally, the cap of the terminal box is put on again and fixed with srews.

All safety precautions taken are lifted in the given order.

8.5.4 Inbetriebnahme der Antriebsstation

Nach Abschluss der Arbeiten wird der Arbeitsplatz geräumt, d. h., alle Werkzeuge, Ersatzteile, Verbrauchsmaterialien und Abfälle müssen entfernt werden. Danach ist der Betreiber über den Abschluss der Arbeiten zu informieren, damit die Wiederinbetriebnahme der Anlage erfolgen kann.

Alle durchgeführten Arbeiten sind gemäß den betriebsinternen Vorschriften zu dokumentieren.

8.5.4 Putting the drive unit into operation

After finishing work, the workplace is cleared, i. e. all tools, spare parts, materials and waste have to be removed. Next, the persons in charge of the equipment have to be informed about the completion of the work, so that the equipment can be put into operation again.

All work performed has to be documented according to the regulations of the company.

Exercises

1. How can an accidental switching on the motor during work in progress be prevented?

2. How do disconnected cables have to be treated?

3. The motor has to be replaced due to a defect in the fequency converter. Describe how work is prepared and performed.

4. Cutting the belt of the conveyor during the disassembly of the return unit is to be avoided. Describe the differences when disassembling and assembling the return unit.

5. What are the possible consequences of sliding the geared motor onto the hex shaft incorrectly?

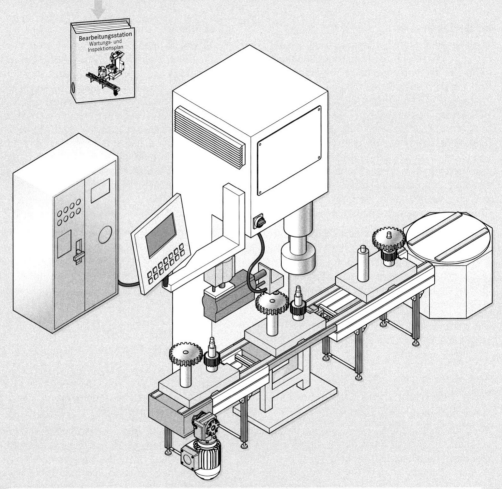

Prüfprotokoll Inbetriebnahme

durchgeführt

1 Elektrische Anlage:
- Prüfung nach VDE 0113 durchgeführt (Prüfprotokoll liegt bei) ☐
- Elektrischer Funktionstest der Komponenten durchgeführt ☐

2 Pneumatische Anlage:
- Funktionstest der Komponenten durchgeführt ☐
- Verfahrgeschwindigkeiten und Drücke eingestellt ☐

3 Hydraulische Anlage:
- Funktionstest des Hydraulikaggregats ☐
- Funktionstest der Komponenten durchgeführt ☐
- Verfahrgeschwindigkeiten und Drücke eingestellt ☐

...

Inbetriebnahme durchgeführt am _____ von _____

9.1 Tätigkeiten bei der Inbetriebnahme

Nach dem Aufbau einer Anlage und dem Ausführen der notwendigen Installationsarbeiten wird diese in Betrieb genommen.

Zur Inbetriebnahme zählen alle Tätigkeiten beim Hersteller und Betreiber, die zum Anlagenbetrieb und zur korrekten Funktion von zuvor montierten und kontrollierten Baugruppen, Maschinen und komplexen Anlagen gehören (Abb. 1).

Die Inbetriebnahme hat die Aufgabe, die Anlage in einen funktionsfähigen Betriebszustand zu versetzen. Aufbau-, Installations- sowie Programmierfehler werden dabei korrigiert.

Bei der Inbetriebnahme muss noch mit Fehlern, die zu Fehlfunktionen (z. B. durch unvorhergesehenen Bewegungen von Anlagenteilen) führen, gerechnet werden. Dabei können Gefahren für den Menschen bzw. Bediener entstehen (z. B. unerwartetes Ausfahren von Zylindern könnte eine Hand oder ein Finger eingequetscht werden). Ein Programmierfehler bei der Koordination der Bewegungen und Abläufe könnte eine Kollision mit möglichen Zerstörungen zur Folge haben.

 Bei der Inbetriebnahme ist mit äußerster Sorgfalt und Vorsicht vorzugehen, um Schäden an der Anlage und Verletzungen von Personen zu vermeiden.

Sichtprüfung

Jede Inbetriebnahme beginnt mit einer Sichtprüfung. Die verwendeten Komponenten werden geprüft auf

- Vollständigkeit anhand einer Stückliste,
- richtigen Einbau und
- Beschädigung.

Prüfung der elektrischen Sicherheit

Bevor die Anlage mit elektrischer Energie versorgt wird, muss sichergestellt sein, dass keine elektrische Gefährdung besteht. Die Prüfung der elektrischen Sicherheit ist deshalb die erste Inbetriebnahmemaßnahme nach der Sichtprüfung. Dabei werden z. B. die Leitungen auf eine feste Klemmverbindung geprüft.

Justierung

Pneumatische und hydraulische Aktoren müssen vor der Inbetriebnahme mechanisch ausgerichtet werden. Die Sensoren werden bei der Inbetriebnahme der einzelnen Teilsysteme eingestellt. Dazu muss die Anlage mit Energie versorgt werden.

Testen und Einstellen

Der Arbeitsdruck von pneumatischen und hydraulischen Anlagen muss überprüft und eingestellt werden. Anschließend werden die Aus- und Einfahrgeschwindigkeiten der Arbeitsglieder, z. B. des Hydraulikzylinders, eingestellt.

SPS-Programm laden

Das vom Programmierer erstellte und getestete Steuerungsprogramm wird in die SPS übertragen.

Funktionstest der Anlage

Bevor die Gesamtfunktion der Anlage getestet werden kann, muss sichergestellt sein, dass sich alle Aktoren in ihrer Grundstellung befinden. Anschließend erfolgt der erste durch die SPS gesteuerte Ablauf im Einzelschrittbetrieb. Wurde dieser erfolgreich durchlaufen, erfolgt ein abschließender Test im Automatikbetrieb.

Dokumentation

Um die Sicherheit und einwandfreie Funktion der Anlage nachweisen zu können, werden alle wichtigen Prüfergebnisse schriftlich dokumentiert. Checklisten geben den Prüfablauf vor und dienen zur Dokumentation der Prüfergebnisse.

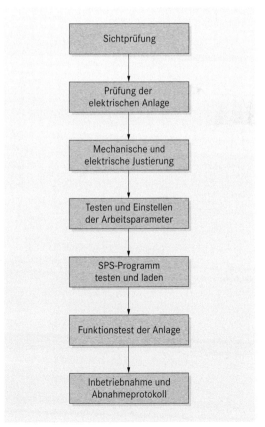

Abb. 1: Ablauf bei Anlageninbetriebnahme

9.2 Teilsysteme

Für die Inbetriebnahme werden entsprechend dem funktionalen und technologischen Zusammenhang geeignete Teilsysteme (Objekte nach DIN 61 346-2) gebildet.

Der Aufteilung in geeignete Teilsysteme wird exemplarisch am Beispiel der Montagestation durchgeführt.

9.2.1 Elektrisches Teilsystem

Alle elektrischen Komponenten der Anlage werden zu einem elektrischen Teilsystem zusammengefasst (Abb. 1). Die Prüfung des elektrischen Teilsystems erfolgt nach DIN EN 60 204-1 (VDE 0113-1: *Prüfung der elektrischen Sicherheit der Ausrüstung elektrischer Maschinen* und Betriebssicherheitsverordnung (BetrSichV).

Diese Norm schreibt folgende Maßnahmen vor:

- Sichtprüfung,
- Überprüfung, dass die elektrische Ausrüstung mit der technischen Dokumentation übereinstimmt,
- Prüfung einer durchgehenden Verbindung des Schutzleitersystems,
- Isolationswiderstandsprüfungen,
- Spannungsprüfungen,
- Schutz gegen Restspannungen prüfen und
- Funktionsprüfungen.

Eine Funktionsprüfung wird z. B. am Motor eines Hydraulikaggregates durchgeführt. Es wird überprüft, ob der Motor läuft und die Drehrichtung stimmt. Ebenso wird der Motor der Druckerzeugungsanlage auf Funktion getestet und der Druckregler auf den geforderten Wert eingestellt.

Das Prüfen der elektrischen Anlage geschieht mit speziellen Messgeräten (Abb. 2) und darf nur von Personen durchgeführt werden, die auf Grund ihrer Ausbildung, Erfahrung und Normenkenntnis Gefahren des elektrischen Stromes beurteilen können. Das sind in der Regel Elektrofachkräfte.

Abb. 2: Prüfgerät nach DIN EN 60 204 bzw. VDE 0113

Elektrische Anlagen

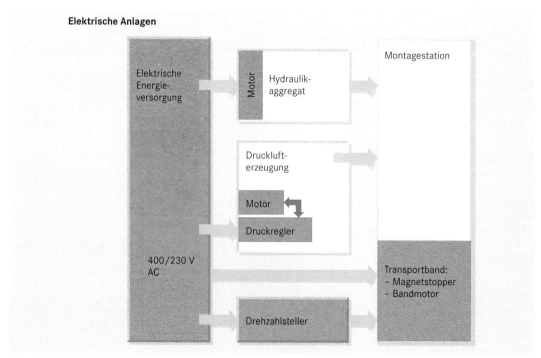

Abb. 1: Elektrisches Teilsystem der Montagestation

Das Prüfgerät dient zur Durchführung von Erst- und Wiederholungsprüfungen. Zu jeder Messung können Grenzwerte vorgegeben werden, um die Vorgaben den aktuellen Vorschriften anpassen zu können. Die Messwerte können über einen internen oder externen Drucker ausgederuckt und abgespeichert werden.

9.2.2 Pneumatisches Teilsystem

Oftmals gehört zu einem pneumatischen Teilsystem die Druckerzeugungsanlage und die pneumatische Steuerung mit Ventilen und Zylindern (Abb. 1).

Pneumatische Anlage

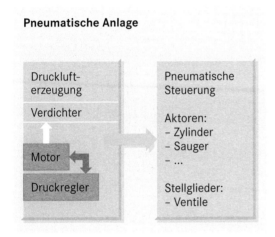

Abb. 1: Pneumatisches Teilsystem der Montagestation

Die Inbetriebnahme beginnt mit einer Sichtprüfung des pneumatischen Teilsystems. Kontrolliert werden die Pneumatikleitungen auf richtige Verlegung und ordnungsgemäßen Anschluss. Insbesondere ist darauf zu achten, dass die Pneumatikleitungen bei beweglichen Anlagenteilen nicht eingeklemmt werden können.

Druckerzeugungsanlage

Vor dem Einschalten der Drucklufterzeugung muss sichergestellt sein, dass der pneumatische Hauptschalter ausgeschaltet ist. Dadurch wird die restliche Anlage nicht mit Druckluft versorgt. Unkontrollierte Bewegungen von Aktoren werden so verhindert.

Es gibt Anlagen, die mit ungeölter Druckluft betrieben werden können, und Anlagen, die mit geölter Druckluft arbeiten. Bei Anlagen, die mit geölter Druckluft arbeiten, ist folgendes zu beachten:

- Der Öler muss mit dem richtigen Öl und der geforderten Menge befüllt werden.

- Die Ölmenge, die der Luft zugeführt werden muss, ist entsprechend den Herstellerangaben einzustellen (ca. 1 bis 2 Öltropfen pro m^3 Luft; üblich sind HLP-Mineralöle).

Grundsätzlich sollte bei der Inbetriebnahme eventuell vorhandenes Kondensat abgelassen werden.

Pneumatische Steuerung

Für die Inbetriebnahme einer pneumatischen Steuerung empfiehlt sich die folgende Vorgehensweise:

1. An der drucklosen Anlage werden die Aktoren (z. B. Zylinder) und die Stellglieder (Wegeventile) in die Grundstellung gebracht. Ventile mit Federrückstellung haben eine definierte Grundstellung. Dagegen haben Impulsventile keine definierte Grundstellung. Sie werden mit der Handhilfsbetätigung in die Grundstellung gebracht.

2. Um die Kolbengeschwindigkeiten beim ersten Betrieb gering zu halten, sind alle Drosselventile weitgehend zu schließen.

3. Der Druck an der Wartungseinheit ist mit dem Druckregler auf $p = 0$ bar zu stellen.

4. Am pneumatischen Hauptschalter ist der Druck einzuschalten.

5. Am Druckregler wird der Druck langsam erhöht, bis der Arbeitsdruck erreicht ist. Hierbei ist darauf zu achten, dass keine unkontrollierten Bewegungen auftreten. Andernfalls ist der Hauptschalter wieder zu schließen und die Ursache zu beheben.

6. Mit der Handhilfsbetätigung können die Stellglieder geschaltet und die Geschwindigkeit der Aktoren an den Drosselventilen eingestellt werden.

7. Beim Bewegen der Aktoren kann auch kontrolliert werden, ob die Sensoren für die Endlagen richtig ansprechen. Gegebenenfalls müssen diese justiert werden.

8. Abschließend sind wieder alle Aktoren und Ventile in Grundstellung zu bringen.

Der vollständige Steuerungsablauf entsprechend dem Funktionsplan oder dem Weg-Schritt-Diagramm wird erst bei Inbetriebnahme der Steuerung getestet.

 Beim der pneumatischen Inbetriebnahme ist darauf zu achten, dass sich keine Personen im Bewegungsbereich des Aktoren befinden.

Grundlagen

Elektromagnetische Verträglichkeit EMV

Die Nutzung elektrischer Energie ist immer mit der Umwandlung in andere Energieformen, z. B. Strahlungsenergie (Glühlampe), mechanische Energie (Motor) oder Wärme, verbunden. Dabei bleiben die elektromagnetischen Felder nicht zwingend innerhalb der elektrischen Betriebsmittel, sondern können sich auch außerhalb ausbreiten. Felder, die sich ausbreiten, können die Funktion von anderen Betriebsmitteln beeinflussen.

Das Störungen erzeugende Betriebsmittel wird als *Störquelle*, das beeinflusste Betriebsmittel wird als *Störsenke* bezeichnet. Damit es zu einer Beeinflussung der Senke durch die Quelle kommen kann, muss die Störung zur Senke gelangen, um dort als *Störgröße* wirken zu können. Den Weg zwischen Quelle und Senke nennt man *Kopplung* oder *Kopplungspfad*.

Die elektromagnetischen Felder können Spannungen bzw. Ströme erzeugen. Diese können im einfachsten Fall zu unvorhergesehenen Störungen, bis zum Ausfall der gesamten Elektronik führen.

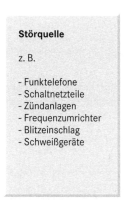

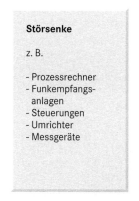

EMV am Beispiel Frequenzumrichter

Frequenzumrichter ① erzeugen starke elektrische Störsignale auf der Motorzuleitung ②. Diese können andere elektrische Betriebsmittel stören oder zu Fehlfunktionen führen. Die üblichen Schutzmassnahmen sind Schirmen und Filtern. Im Normalfall wird der Umrichtereingang gefiltert und das Motorkabel geschirmt ausgeführt. In gewissen Fällen kann eine Filterung des Motorausgangs aktuell werden, wenn es zum Beispiel zu teuer wird ein neues Motorkabel zu verlegen.

• Erdungsmaßnahmen

Sie sind zwingend notwendig, um die gesetzlichen Vorschriften zu erfüllen und Voraussetzung für den wirkungsvollen Einsatz weiterer Maßnahmen wie Netzfilter und Schirmung. Alle leitfähigen, metallischen Gehäuseteile müssen elektrisch leitend mit dem Erdpotential ⑥ verbunden werden. Dabei ist für die EMV-Maßnahme nicht der Querschnitt der Leitung maßgebend, sondern die Oberfläche, auf der hochfrequente Ströme abfließen können. Alle Erdungspunkte müssen, möglichst niederohmig und damit gut leitend, auf direktem Weg an den zentralen Erdungspunkt (Potentialausgleichschiene, sternförmiges Erdungssystem) geführt werden. Die Kontaktstellen müssen farb- und korrosionsfrei

sein ③ (verzinkte Montageplatten und Materialien verwenden).

• Schirmungsmaßnahmen

Schirmungsmaßnahmen dienen zur Reduzierung der gestrahlten Störenergie (Störfestigkeit benachbarter Anlagen und Geräte gegen die Beeinflussung von außen). Der Schirm ④ darf dabei nicht die PE-Leitung ersetzen. Empfohlen werden vieradrige Motorleitungen ② (drei Phasen + PE), deren Schirm beidseitig und großflächig auf Erdpotential

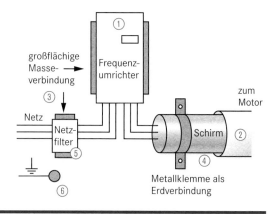

gelegt wird (PES). Der Schirm darf nicht über Anschlussdrähte (Pig-Tails) aufgelegt werden. Schirmunterbrechungen z. B. bei Klemmen, Schützen, Drosseln usw. müssen niederohmig und großflächig überbrückt werden.

- **Filtermaßnahmen**

Netzfilter ⑤ dienen zum Schutz vor hochfrequenten leitungsgebundenen Störgrößen (Störfestigkeit) und reduzieren die hochfrequenten Störgrößen des Frequenzumrichters, die über das Netzkabel oder die Abstrahlung des Netzkabels ausgesendet werden und auf ein vorgeschriebenes bzw. gesetzliches Maß begrenzt werden sollen (Störaussendung).

Filter sollten möglichst in unmittelbare Nähe des Frequenzumrichters montiert und die Verbindungsleitung – zwischen Frequenzumrichter und Filter – kurz gehalten werden (≤ 300 mm).

Filter haben Ableitströme, die im Fehlerfall erheblich größer als die Nennwerte werden können. Zur Vermeidung gefährlicher Spannungen müssen die Filter geerdet sein. Da es sich bei den Ableitströmen um hochfrequente Störgrößen handelt, müssen diese Erdungsmaßnahmen niederohmig und großflächig sein.

Bei Ableitströmen ≥ 3,5 mA muss nach VDE 0160 bzw. EN 60 335 entweder:

- Der Schutzleiter-Querschnitt ≥ 10 mm² sein,

- Der Schutzleiter auf Unterbrechung überwacht werden oder

- Ein zweiter Schutzleiter zusätzlich verlegt werden.

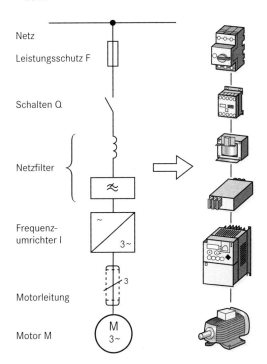

Elektrostatische Entladung ESD (Electro Static Discharge)

ESD (Electro Static Discharge) ist die elektrostatische Entladung und beschreibt die Vorgänge und Auswirkungen beim Ausgleich von elektrischen Ladungen zwischen zwei unterschiedlich geladenen Materialien. Kommen diese in Berührung, werden positive und negative Ladungen ausgetauscht.

Für elektrostatische Auf- und Entladungen besitzt der Mensch nur eine sehr grobe Sensorik, da er erst ab 3 kV ein kribbeln fühlt, ab etwa 5 kV ein Knistern hört und ab etwa 10 kV einen Funken erkennt. Anders reagieren elekronische Bauelement die bereits ab einigen hundert Volt, unkalkulierbare und von aussen unerkennbare Teilbeschädigungen erhalten.

Elektrostatische Aufladung kann aber auch die Herstellung und Verarbeitung von Kunststoff (besonders Kunststofffolie), Papier, Textilien und Glas behindern. Einerseits wird der Transport des Materials behindert, andererseits haften aufgrund der elektrischen Aufladung an dem Material meist unerwünschte Partikel (Staub, Fussel, Puder). Deshalb werden, besonders an schnellen Industriean-

lagen, zur Entladung dieser Materialien Ionisatoren eingesetzt.

Die statische Hochspannung wird auf einem Isolator (z. B. einer Kunststofffolie) „gefangen gehalten", weil kein elektrisch leitfähiger Ableiter zur Verfügung steht. Kommt nun ein Mitarbeiter in die Nähe der Kunststofffolie, entlädt sich die elektrische Ladung. Oder die Folie entlädt sich an einem Teil der Anlage. Beides sind unerwünschte Entladungen. Wird die Folie weder berührt noch die Aufladung rechzeitig erkannt und eliminiert, resultiert daraus eine Ladungsverschleppung – eine permanente Gefahr für Mitarbeiter und Produktionsanlagen.

Bei der richtigen Entladung wird die elektrostatische Aufladung z. B. einer Kunststofffolie kurz nach dem Entstehen beseitigt. Das Material wird an Elektroden vorbeigeführt, die die Luft mit positiv oder negativ geladenen Ionen füllen. Diese Ionen neutralisieren die Ladung auf dem Trägermaterial und verhindern so spontane und unkontrollierte Entladungen.

9.2.3 Hydraulisches Teilsystem

Ein hydraulisches Teilsystem besteht in der Regel aus einem Hydraulikaggregat und der hydraulischen Steuerung (Abb. 1).

Hydraulische Anlage

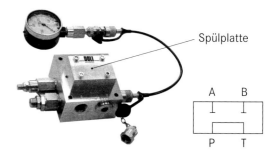

Abb. 1: Hydraulisches Teilsystem der Montagestation

Wie bei allen anderen Teilsystemen beginnt die Inbetriebnahme auch mit einer Sichtprüfung des hydraulischen Teilsystems. Die Hydraulikleitungen werden dabei auf richtige Verlegung und ordnungsgemäßen Anschluss überprüft. Bei Hydraulikschläuchen ist insbesondere auf folgende Punkte zu achten:

- max. Lagerzeit und Verwendungsdauer,
- korrekte Verlegung (kein Verdrehen und Knicken, min. Biegeradius, ...) und
- max. Betriebsdruck.

Hydraulikaggregat

Vor dem Befüllen mit Hydrauliköl muss der Tank gereinigt werden um Verunreinigungen bei der Herstellung, dem Transport, der Lagerung oder der Installation vollständig zu beseitigen. Auch Filter und Saugleitungen müssen frei von Schmutz und Verunreinigungen sein. Der Hersteller gibt ein zu verwendendes Hydrauliköl vor. Dieses Öl wird über einen Ölfilter eingefüllt. Die Porengröße des Filters sollte gleich oder kleiner als diejenige des eingebauten Ölfilters sein.

Vor der Erstinbetriebnahme einer Anlage oder nach Umbauarbeiten am Hydrauliksystem muss dieses sorgfältig gespült werden um die Funktion und eine lange Lebensdauer der Hydraulikventile (Servo- oder Proportionalventile) zu gewährleisten.

Vor dem Spülvorgang sind geeignete Spüleelemente anstelle der Hochdruckfilterelemente zu verwenden. Statt des Hydraulikventils wird eine Spülplatte oder ein handbetätigtes Spülventil aufgebaut. Mit der Spülplatte (Abb. 2) werden die P- und T-Leitungen gespült, mit einem Spülventil kann auch der Aktor (Hydraulikzylinder/-motor) mit den Leitungen A und B gespült werden. Unter Umständen müssen sogar die Anschlüsse am Aktor (A und B) kurzgeschlossen werden um einen geschlossenen Kreislauf zu ermöglichen.

Nach dem Befüllen, Entlüften und Spülen des Hydrauliksystems wird ein Probelauf im Leerlaufbetrieb durchgeführt.

Abb. 2: Verteilerblock mit montierter Spülplatte und Manometer

Dies dient zur Überwachung von

- Leckagen,
- Ölstand und
- Temperatur von Pumpe, Motor und Hydrauliköl bei unterschiedlichen Betriebstemperaturen.

Hydraulische Steuerung

Für die Inbetriebnahme der hydraulischen Steuerung eignet sich folgende Vorgehensweise:

1. Alle Stromventile sind zu öffnen, um ein vollständiges Befüllen des Systems zu erreichen.

2. Das Druckbegrenzungsventil wird auf geringen Druck eingestellt (Arbeitsdruck).

3. Von Leerlauf wird auf Druckbetrieb umgestellt und dabei langsam der Druck erhöht. Dabei können Verfahrbewegungen auftreten. Diese müssen durch Handbetätigungen der Ventile kontrolliert werden. Dabei befüllt sich die Hydraulikanlage. Falls erforderlich, müssen Leitungen und Aktoren entlüftet werden.

4. Nach abgeschlossener Befüllung der Anlage werden über Drosseln und Druckbegrenzungsventile die Verfahrgeschwindigkeiten und Arbeitsdrücke eingestellt.

Beim gesamten Inbetriebnahmevorgang wird die Anlage auf Leckagen, Druckpegel, Geräuschentwicklungen und Temperaturentwicklung überwacht.

> **!** Sind Servo- oder Proportionalventile eingesetzt, ist auf größte Sauberkeit in der Anlage zu achten. Sie sind bei der Befüllung zunächst durch Spülplatten ersetzt. Erst nach der Befüllung und ausreichender Spülung werden die Ventile eingesetzt.

Alle Prüfergebnisse werden in einer Checkliste dokumentiert.

9.2.4 Elektrische Steuerung

Die elektrische Steuerung besteht in der Regel aus der SPS und dem Bedienfeld (Abb. 3).

Zuerst wird die elektrische Versorgung der SPS überprüft. Beim Einschalten der SPS muss sichergestellt sein, dass sie sich im STOPP-Modus befindet. Anschließend wird der Programmspeicher der SPS urgelöscht. Dies gewährleistet, dass kein falsches Programm aufgerufen werden kann.

Das SPS-Programm wurde vor der Inbetriebnahme in einer Simulation getestet (Abb. 4).

Für die Simulation werden folgende Komponenten benötigt:

* Programmier-Software (z. B. STEP 7)

* virtuelle SPS (z. B. PLCSIM) und

* virtuelle Anlage, auf welcher der Prozess dargestellt wird. Die virtuelle Anlage verhält sich gegenüber der SPS wie die reale Anlage. Somit werden z. B. reale Laufzeiten und anlagenbedingte Verzögerungen nahezu korrekt dargestellt.

Alle drei Anwendungen werden auf einem PC gestartet. Das SPS-Programm wird in die virtuelle SPS übertragen und von hier aus gestartet.

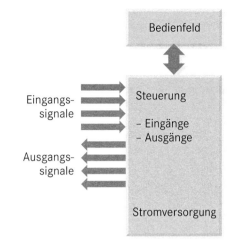

Abb. 3: Steuerung

Der Prozessablauf kann auf der virtuellen Anlage beobachtet werden.

Auftretende Fehler können so erkannt und beseitigt werden. Dadurch werden Anlagenschäden vermieden. Nach erfolgreichem Test wird das Steuerungsprogramm in die SPS übertragen.

Das Testergebnis wird im Prüfprotokoll festgehalten.

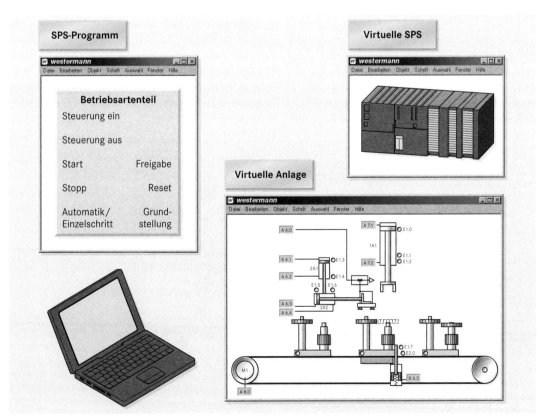

Abb. 4: Simulation des SPS-Programms

9.2.5 Gesamtfunktion

Nach der erfolgreichen Inbetriebnahme der einzelnen Teilsysteme erfolgt die Inbetriebnahme der Gesamtanlage am Beispiel der Montagestation. Dazu wird die Anlage über das Bedienfeld gesteuert (Abb. 1). Über das Bedienfeld können verschiedene Betriebsarten ausgewählt werden:

- Einrichtbetrieb,
- Einzelschrittbetrieb und
- Automatikbetrieb.

Einrichten

In dieser Betriebsart können die Aktoren einzeln angesteuert werden. Über den Wahlschalter *Aktoranwahl* wird der gewünschte Aktor ausgewählt. Mit den Tasten *Aktorbetätigung* kann der Aktor direkt angesteuert werden. Verriegelungen werden dabei nicht berücksichtigt. Deshalb darf nur Fachpersonal in dieser Betriebsart arbeiten. Diese Betriebsart wird dazu benutzt, jeden Aktor auf Funktion und elektrisch korrekte Installation (z. B. Verdrahtungsfehler, Klemmenzuordnung) durch Ansteuern zu prüfen. Außerdem dient sie dazu die Anlage in die Grundstellung zu fahren oder nach einer Störung wieder in eine definierte Position zu bringen.

Einzelschrittbetrieb

Im Einzelschrittbetrieb wird die Anlage mit dem Starttaster Schritt für Schritt durchgetaktet.

Automatikbetrieb

In dieser Betriebsart läuft nach Betätigen der Starttaste der Prozess auf der Anlage automatisch ab.

9.2.5 General functionality

After starting up the different sub-systems the total installation is put into operation. For that purpose the installation is operated via the control unit (figure 1). Via this unit different modes of operation can be selected:

- Setup Mode
- Single Step Mode
- Automatic Mode

Setup Mode

In the setup mode all different actuators can be controlled individually. The respective actuator can be chosen by the selector switch *actuator selection*. Using the *actuator operation* button the actuator can be controlled directly. However, safety interlocking mechanisms will not work. For this reason only qualified personnel is allowed to work in this mode of operation. The setup mode is used to set actuators to their default position or to return them to a predefined position after a fault has occurred.

Single Step Mode

In the single step mode the installation will be operated step by step by pressing the start-key for each next step.

Automatic Mode

When pressing the start-key in automatic mode the installation will automatically run through its sequence of processes.

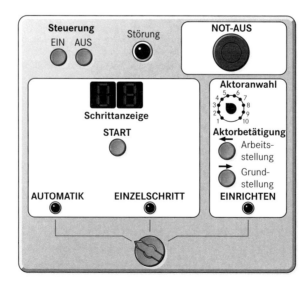

Fig. 1: Control unit

Für den ersten Ablauf wird die Betriebsart Einzelschrittbetrieb gewählt. Die Steuerung wird über den Starttaster *Ein* eingeschaltet. Die einzelnen Schritte werden über die Taste *Start* nacheinander aktiviert. Der Ablauf des Prozesses kann anhand des Funktionsplanes oder eines Weg-Schritt-Diagramms verfolgt und kontrolliert werden.

Für die Montagestation ergibt sich im Einzelschrittbetrieb folgender Ablauf, der überprüft werden muss:

- Nach Betätigen der Starttaste wird der Bandmotor und die Zykluslampe eingeschaltet sowie der Stopper ausgefahren. Das Band transportiert den Werkstückträger in die Arbeitsposition. Der Motor wird ausgeschaltet.

- Durch erneutes Betätigen der Starttaste wird der nächste Schritt aktiviert und der Vertikalzylinder des Handhabungsgerätes fährt aus. Für das Handhabungsgerät der Montagestation gilt das dargestellte Weg-Schritt-Diagramm (Abb. 2).

- Durch erneutes Betätigen der Starttaste wird der nächste Schritt aktiviert und der Sauger eingeschaltet.

- usw.

Auf diese Weise wird der gesamte Prozessablauf im Einzelschrittbetrieb durchgetaktet. Der erste Durchlauf wird häufig ohne Werkstück durchgeführt, um unvorhergesehene Kollisionen zu vermeiden.

Kann ein Schritt nicht aufgerufen werden, muss nach der Ursache gesucht werden. Dies kann z. B. ein nicht korrekt justierter Sensor sein, der neu eingestellt werden muss. Eventuell müssen auch Programmkorrekturen vorgenommen werden.

For the first run the single step mode is selected. The control device is activated by pushing the *on* button. Subsequently the different steps are activated successively by pressing the *start*-key. The operating sequence of the process can now be observed and controlled by using a flow chart or a displacement-step diagram.

In the single step mode the following operating sequence for the assembly station has to be verified:

- After pressing the start-key the belt motor and the cycle signalling light are activated and the stopper is extended. The belt is moving the fixation for the working part in the working position. The motor is switched off.

- By pressing the start-key once more the next step is activated and the vertical cylinder of the handling unit will extend. The displacement-step diagram for the handling unit of the assembly station is shown in figure 2.

- By the next touch on the start-key the next step is activated and the exhaust fan is switched on.

- etc.

This way the total sequence of processes is run through step by step. The first test sequence is often performed without a working part to avoid unforeseen collisions.

If one step cannot be activated during the process the reason for this has to be determined. One reason could be an incorrectly adjusted sensor which then has to be readjusted. Adjustments to the program may also be necessary.

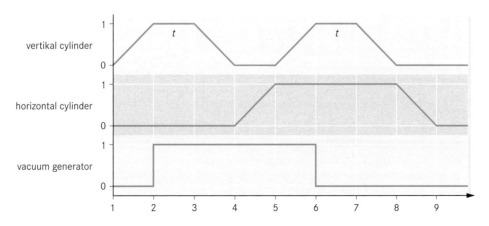

Fig. 2: displacement-step diagram

Wurde der Prozessablauf im Einzelschrittbetrieb mit Werkstück erfolgreich durchlaufen, erfolgt der Testlauf im Automatikbetrieb. Dabei werden die Geschwindigkeiten der Aktoren und die Arbeitsdrücke nochmals überprüft.

Während der gesamten Inbetriebnahme werden alle wesentlichen Ereignisse in der Checkliste festgehalten und dokumentiert.

After the process has successfully been run through with a working part in the single step mode another test run is performed in the automatic mode. This allows for an additional testing of the velocities of the actuators and the working pressure levels.

While putting the installation into operation all relevant events are noted and commented in a checklist.

Dokumen-tieren

9.3 Prüfprotokoll

Das Prüfprotokoll wird anhand der abgearbeiteten Checklisten erstellt (Abb. 2).

In den Checklisten sind detailliert sämtliche Arbeitsschritte der Inbetriebnahme aufgelistet und entsprechend kommentiert (Abb. 1). Diese ausführlichen Angaben sind jedoch nur für den Errichter/Inbetriebnehmer wichtig. Für den Betreiber/Kunden ist die Funktion der Anlage von Bedeutung. Details spielen für ihn eine untergeordnete Rolle. Deshalb werden im Prüfprotokoll nur die wesentlichen Funktionen aufgeführt. Das Prüfprotokoll enthält immer den Tag der Abnahme und die Unterschrift des Inbetriebnehmers.

9.3 Test certificate

The test certificate is produced based on the completed checklists (figure 2).

In the checklists every single process of putting the installation into operation is listed and commented accordingly (figure 1). However, this comprehensive information is only important for the manufacturer/tester. The customer/operator is only interested in the function of the installation and for him details are of minor importance. This is why the test certificate only contains the relevant functions. Furthermore the test certificate always includes the day of the acceptance test and the signature of the responsible tester.

Checkliste zur Anlagenendabnahme				
Prüfanweisung 3: Hydraulische Anlage				
Nr.	Prüfung	i.O.	nicht i.O.	Bemerkungen
3.1	Tankreinigung durchgeführt	x		
3.2	Filter und Saugleitungen sauber	x		Filter ersetzt
3.3	Hydrauliköl HLP 100	x		
	...			
3.8	Alle Stromventile offen	x		
3.9	Druckbegrenzungsventil auf minimalen Druck	x		
	...			

Fig. 1: Checklist

Prüfprotokoll Inbetriebnahme

1 Elektrische Anlage: durchgeführt
- Prüfung nach VDE 0113 durchgeführt (Prüfprotokoll liegt bei) ☐
- Elektrischer Funktionstest der Komponenten durchgeführt ☐

2 Pneumatische Anlage:
- Funktionstest der Komponenten durchgeführt ☐
- Verfahrgeschwindigkeiten und Drücke eingestellt ☐

3 Hydraulische Anlage:
- Funktionstest des Hydraulikaggregats ☐
- Funktionstest der Komponenten durchgeführt ☐
- Verfahrgeschwindigkeiten und Drücke eingestellt ☐

...

Inbetriebnahme durchgeführt am _____ von _____

Fig. 2: Test certificate

Maschinenrichtlinie

Die Maschinenrichtlinie (Richtlinie 2006/42/EG) regelt ein einheitliches Schutzniveau zur Unfallverhütung für Maschinen beim Inverkehrbringen innerhalb des europäischen Wirtschaftsraumes (EWR).

Seit dem 29.12.2009 gilt die neue Maschinenrichtlinie 2006/42/EG und ersetzt die alte Maschinenrichtlinie 98/37/EG.

Ob eine Maschine den Anforderungen der Maschinenrichtlinie entspricht, wird im Rahmen einer Konformitätsbewertung geklärt und bei erfolgreicher Prüfung das CE-Zeichen (Conformité Européenne) an der Maschine bzw. der Anlage angebracht.

! Die CE-Kennzeichnung erfordert eine positive Konformitätsbewertung.

Für die Konformitätsbewertung muss für jedes repräsentative Baumuster einer Maschinenreihe die geforderten technischen Unterlagen erstellt und der Herstellungsprozess in Übereinstimmung mit den technischen Unterlagen und der Maschinenrichtlinie gebracht werden.

Zu den technischen Unterlagen zählen unter anderem

- eine allgemeine Maschinenbeschreibung
- eine Übersichtszeichnung zur Maschine sowie Erläuterung zur Funktionsweise
- die Unterlagen zur Risikobeurteilung
- eine Liste der angewandten Normen
- technische Prüfungsergebnisse
- die Betriebsanleitung der Maschine
- eine Kopie der EG-Konformitätserklärung

Risikobeurteilung als Basis der Konstruktion

Nach Maßgabe der neuen Maschinenrichtlinie muss der Hersteller einer Maschine oder sein Bevollmächtigter dafür sorgen, dass eine Risikobeurteilung vorgenommen wird, um die für die Maschine geltenden Sicherheits- und Gesundheitsschutzanforderungen zu ermitteln.

Die Risikobeurteilung ist kein Prozess, der nach dem Bau einer Maschine stattfindet, indem man die Risiken der bereits konstruierten Maschine austestet. Gefahren, die sich erst dann herausstellen, lassen sich kaum oder nur mit großem Aufwand abstellen oder zumindest abmindern.

Vielmehr müssen bei der Risikobeurteilung und damit schon bei der Konstruktionsplanung sämtliche Lebenszyklen der Maschine bedacht werden, also insbesondere

- die Montage,
- der Einrichtbetrieb,
- der Normalbetrieb,
- die Wartung,
- die Instandsetzung,
- die Außerbetriebnahme,
- die Demontage und schließlich
- die Wiederverwertung/Entsorgung

Maßnahmen zur Risikominderung

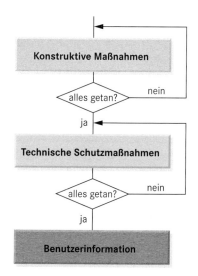

Risikograph nach ISO 13849

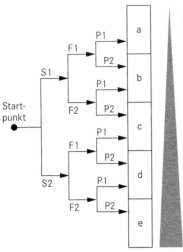

Niedriger Beitrag zur Risiko-reduzierung

Hoher Beitrag zur Risiko-reduzierung

Laut Beschluss der Europäischen Union tritt seit dem 29. Dezember 2009 die Neue Maschinen-richtlinie in Kraft. Sowohl Maschinenbauer als auch -betreiber müssen spätestens ab diesem Zeit-punkt die in der Norm EN ISO 13849 festgelegten Sicherheitsanforderungen einhalten. Sie beurteilt das Risiko nach mehreren Kriterien:

- S = Schwere der Verletzung
  S1 leicht, reversibel
  S2 schwer bis Tod

- F (F: *frequency*) = Häufigkeit und Aufenthalts-dauer
  F1 selten bis öfter mit kurzer Dauer
  F2 häufig oder dauernd

- P (P: *probability*) = Möglichkeit zur Vermeidung von Gefährdung
  P1 möglich unter bestimmten Bedingungen
  P2 kaum möglich

PL-Wert (Performance Level): siehe Tabelle

PL-Wert	Anforderungen	Systemverhalten	Wahrscheinlichkeit gefahrbringender Aus-fälle pro Stunde (1/h)
a	Die sicherheitsbezogenen Teile von Steuerungen und/oder ihre Schutzeinrichtungen sowie ihre Bauteile müssen in Übereinstimmung mit den zutref-fenden Normen so gestaltet, gebaut, ausgewählt, zusammengestellt und kombiniert werden, dass sie den zu erwartenden Einflüssen standhalten können (Basismaßnahmen).	Das Auftreten eines Fehlers kann zum Verlust der Sicherheitsfunktion führen.	$\geq 10^{-5}$ bis $< 10^{-4}$
b	Die Anforderungen von a müssen erfüllt sein. Bewährte Bauteile und bewährte Sicherheits-prinzipien müssen angewendet werden.	Das Auftreten eines Fehlers kann zum Verlust der Sicherheitsfunktion führen. Die Wahrscheinlichkeit des Auftretens ist geringer als in Kategorie a.	$\geq 3 \cdot 10^{-6}$ bis $< 10^{-5}$
c	Die Anforderungen von a und die Verwendung bewährter Sicherheitsprinzipien müssen erfüllt sein. Die Sicherheitsfunktion muss in geeigneten Zeitabständen durch die Maschinensteuerung geprüft werden.	• Das Auftreten eines Fehlers kann zum Verlust der Sicherheitsfunktion zwischen den Prüfungsabständen führen. • Der Verlust der Sicherheitsfunktion wird durch die Prüfung erkannt.	$\geq 10^{-6}$ bis $< 3 \cdot 10^{-6}$
d	Die Anforderungen von a und die Verwendung bewährter Sicherheitsprinzipien müssen erfüllt sein. Sicherheitsbezogene Teile müssen so gestaltet sein, dass • ein einzelner Fehler in jedem dieser Teile nicht zum Verlust der Sicherheitsfunktion führt und • wann immer in angemessener Weise durchführbar, der einzelne Fehler erkannt wird.	• Wenn der einzelne Fehler auftritt, bleibt die Sicherheitsfunktion immer erhalten. • Einige, aber nicht alle Fehler werden erkannt. • Eine Anhäufung unerkannter Fehler kann zum Verlust der Sicherheits-funktion führen.	$\geq 10^{-7}$ bis $< 10^{-6}$
e	Die Anforderungen von a und die Verwendung bewährter Sicherheitsprinzipien müssen erfüllt sein. Sicherheitsbezogene Teile müssen so gestaltet sein, dass • ein einzelner Fehler in jedem dieser Teile nicht zum Verlust der Sicherheitsfunktion führt und • der einzelne Fehler bei oder vor der nächsten An-forderung an die Sicherheitsfunktion erkannt wird. Wenn dies nicht möglich ist, darf eine Anhäufung von Fehlern nicht zum Verlust der Sicherheits-funktion führen.	• Wenn Fehler auftreten, bleibt die Sicherheitsfunktion immer erhalten. • Die Fehler werden rechtzeitig er-kannt, um einen Verlust der Sicher-heitsfunktion zu verhindern.	$\geq 10^{-8}$ bis $< 10^{-7}$

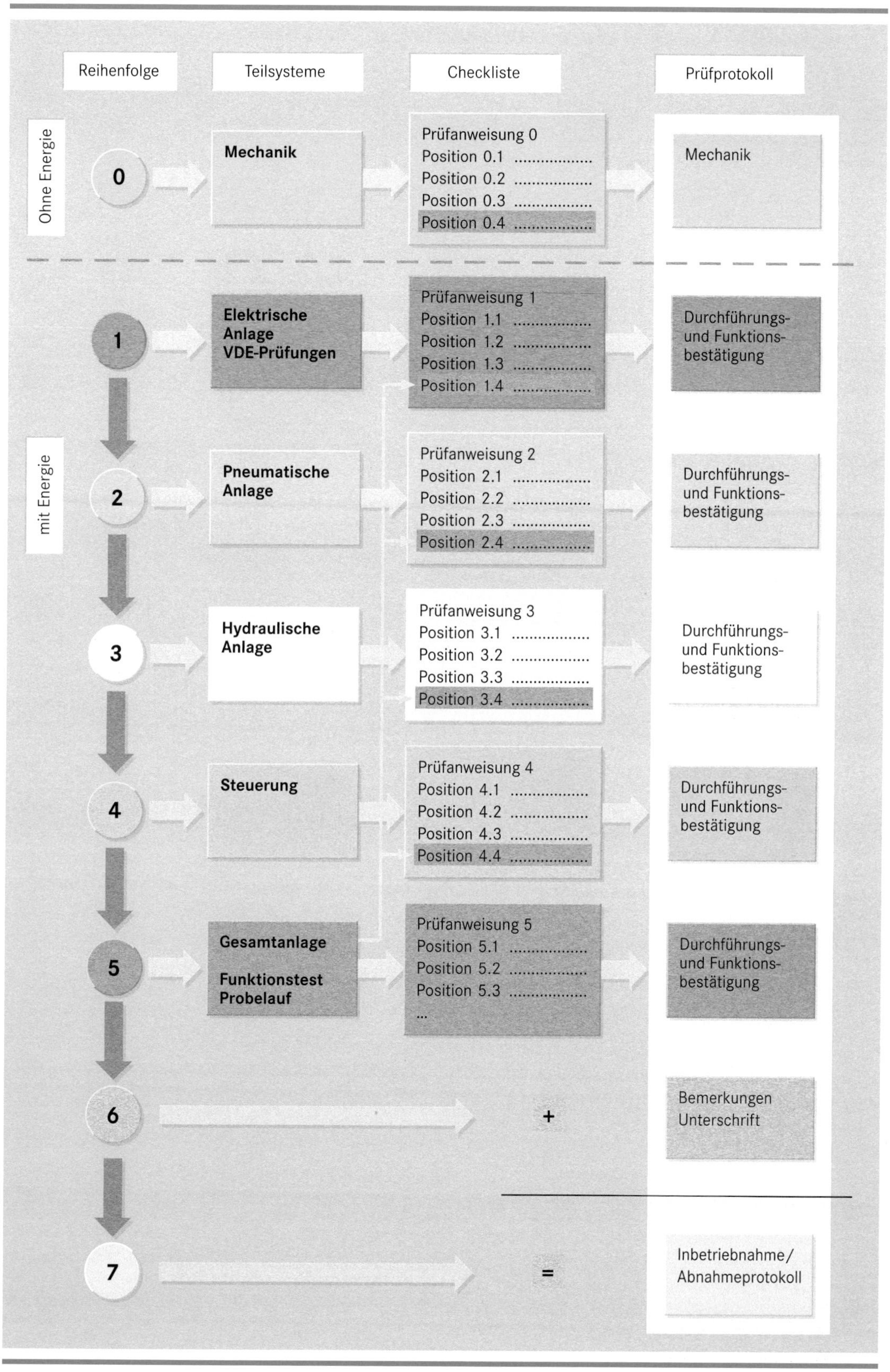

Reihenfolge	Teilsysteme	Checkliste	Prüfprotokoll

Ohne Energie

0

Mechanik

Prüfanweisung 0
Position 0.1 ....
Position 0.2 ....
Position 0.3 ....
Position 0.4 ....

Mechanik

mit Energie

1

**Elektrische
Anlage
VDE-Prüfungen**

Prüfanweisung 1
Position 1.1 ....
Position 1.2 ....
Position 1.3 ....
Position 1.4 ....

Durchführungs-
und Funktions-
bestätigung

2

**Pneumatische
Anlage**

Prüfanweisung 2
Position 2.1 ....
Position 2.2 ....
Position 2.3 ....
Position 2.4 ....

Durchführungs-
und Funktions-
bestätigung

3

**Hydraulische
Anlage**

Prüfanweisung 3
Position 3.1 ....
Position 3.2 ....
Position 3.3 ....
Position 3.4 ....

Durchführungs-
und Funktions-
bestätigung

4

Steuerung

Prüfanweisung 4
Position 4.1 ....
Position 4.2 ....
Position 4.3 ....
Position 4.4 ....

Durchführungs-
und Funktions-
bestätigung

5

Gesamtanlage

**Funktionstest
Probelauf**

Prüfanweisung 5
Position 5.1 ....
Position 5.2 ....
Position 5.3 ....
...

Durchführungs-
und Funktions-
bestätigung

6

+

Bemerkungen
Unterschrift

7

=

Inbetriebnahme/
Abnahmeprotokoll

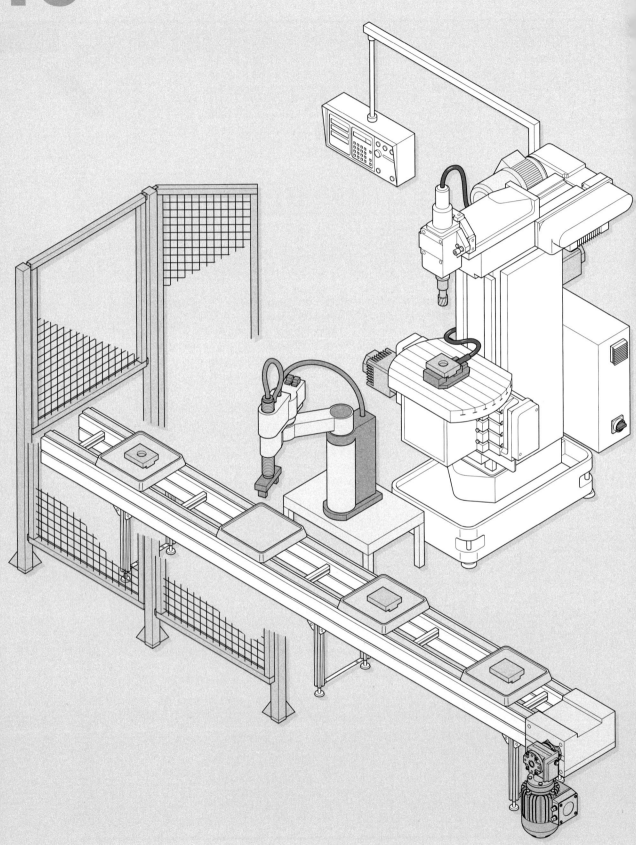

10.1 Begriffe der Instandhaltung

Das System Bearbeitungsstation besteht aus den Teilsystemen Transportband, Schwenkarmroboter und Fräsmaschine. Diese Teilsysteme setzen sich aus vielen unterschiedlichen Baugruppen und Elementen zusammen. Dabei sind mechanische, pneumatische, hydraulische, elektrische, elektronische und Software-Komponenten integriert. Das geordnete Zusammenwirken aller Teile ergibt die Hauptfunktion des Gesamtsystems.

Die Anschaffungskosten der Bearbeitungsstation sind hoch. Da sich die Investition lohnen muss, wird von ihr eine lange Lebenszeit und ein störungs- und ausfallfreier Betrieb über ihre gesamte Nutzungsdauer gefordert. Störungen und Ausfälle lassen sich aber nicht vermeiden. Durch eine geplante Instandhaltung wird dem entgegengewirkt. Ziel ist die Begrenzung von Ausfallzeiten. Voraussetzung ist ein funktionsfähiger Zustand der Bearbeitungsstation. Diesen durch Instandhaltungsmaßnahmen zu bewahren oder gegebenenfalls wieder herzustellen ist die Aufgabe der Instandhaltung.

Die Funktionsfähigkeit der Bearbeitungsstation hängt in erster Linie davon ab, wie zuverlässig die einzelnen Teilsysteme arbeiten. Die Zuverlässigkeit beschreibt die Wahrscheinlichkeit, dass ein System seine Funktion kontinuierlich, ohne Ausfall, für einen festgelegten Zeitraum erfüllt. Eine hohe Zuverlässigkeit bedeutet weniger Ausfälle der Bearbeitungsstation und damit weniger Stillstandzeit und Produktionsverluste.

Die Zuverlässigkeit wird beeinflusst durch:

- Konstruktion,
- Werkstoffeigenschaften,
- Betriebs- und Umgebungsbedingungen,
- Maschinensystem und Instandhaltung.

Eine Zuverlässigkeitsangabe ist für die Instandhaltung von großer Bedeutung, weil sie Aussagen über das wahrscheinliche Eintreffen von Ausfällen macht. Die Bearbeitungsstation ist aber nur so zuverlässig wie ihr schwächstes Element. Deshalb werden einzelne Bauelemente auf ihr Ausfallverhalten hin untersucht.

Betrachtet man z. B. ein Gleitlager unter Betriebsbedingungen, so zeigt sich während des Betriebes, dass sich der Zustand des Lagers ständig verschlechtert.

Das Lager nutzt sich während des Arbeitsprozesses ab. Die Abnutzung wird durch Verschleiß herbeigeführt.

Abb. 1 zeigt den Verlauf der Abnutzung an einem Lager.

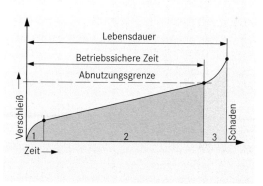

Abb. 1: Verschleißkurve eines Gleitlagers

Die Abnutzung des Gleitlagers verläuft in drei Phasen. Bei Inbetriebnahme des Lagers steigt der Verschleiß in Phase 1 relativ rasch an. In dieser kurzen Phase bewirkt der Einlaufverschleiß eine Verbesserung der Oberflächengüte in der Tragzone des Gleitlagers.

In Phase 2 steigt der Verschleiß sehr langsam an. In dieser Phase ist ein Ausfall des Gleitlagers unwahrscheinlich. Durch den kontinuierlich wachsenden Verschleiß ändert sich die Lagergeometrie für den Schmierspalt.

Mit Erreichen der Abnutzungsgrenze verändert der Verschleiß in Phase 3 die Geometrie der Lagerschalen unzulässig. Führungsgenauigkeit und Rundlauf der Welle sind nicht mehr gewährleistet. Die Funktionsfähigkeit des Lagers ist nicht mehr gegeben. Es sind jederzeit Spontanausfälle möglich.

Die Lagerschalen des Gleitlagers stellen also einen Abnutzungsvorrat bereit, der durch Verschleiß bis zum Erreichen einer Abnutzungsgrenze aufgebraucht wird. Gleiches gilt für die gesamte Bearbeitungsstation, die als Ganzes über einen Abnutzungsvorrat verfügt.

Um den Zuverlässigkeitsverlauf für die Bearbeitungsstation feststellen zu können, werden alle Ausfälle in Fehlersammellisten festgehalten, statistisch ausgewertet und graphisch dargestellt.

Abb. 1 zeigt grafisch den Zusammenhang zwischen der Ausfallwahrscheinlichkeit und der Überlebenswahrscheinlichkeit.

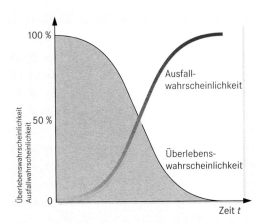

Abb. 1: Ausfallwahrscheinlichkeit und Überlebenswahrscheinlichkeit

Ein wahrscheinlicher Ausfall der Bearbeitungsstation zu Beginn ihres Einsatzes ist gleich Null. In gleichem Maße, wie die Ausfallwahrscheinlichkeit im Laufe der Zeit zunimmt, verringert sich die Überlebenswahrscheinlichkeit. Ab einem kritischen Zeitpunkt ist die Betriebssicherheit der Bearbeitungsstation nicht mehr gegeben. Mit einem unvorhergesehenen Ausfall der Anlage muss ständig gerechnet werden.

Kommt es zu einem Ausfall, wird die Betriebsbereitschaft durch Instandhaltungsmaßnahmen wieder hergestellt. Für die Produktion ist es von großem Interesse, dass die Anlage möglichst schnell wieder ihre Funktion erfüllt.

Die Verfügbarkeit ist für den Produktionsbetrieb von großer Bedeutung. Sie wird in Prozent angegeben. Die Prozentzahl gibt an, mit welcher Wahrscheinlichkeit die Anlage für ihren Einsatz zur Verfügung steht.

 Die Verfügbarkeit ist ein Maß für die Dauer der Einsatzbereitschaft.

Als Beispiel für die Ermittlung der Verfügbarkeit V wird für die Bearbeitungsstation eine geplante Betriebsdauer T = 20 Wochen angenommen. Auf der Zeitachse in Abb. 2 sind die einsatzfähigen Zeiten E und die Ausfallzeiten A eingetragen.

Werden die Einsatzzeiten addiert, erhält man einen Zeitraum von 16 Wochen. Für die Summe der Stillstände 4 Wochen. Aus dem Anteil der Einsatzzeiten an der Gesamtzeit kann die Verfügbarkeit der Bearbeitungsstation ermittelt werden. Dieser

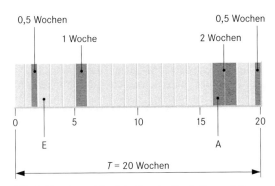

Abb. 2: Einsatz- und Ausfallzeiten der Bearbeitungsstation

Berechnung der Verfügbarkeit für das Beispiel in Abb. 2

Gesamteinsatzzeit

ΣE = (1,5 + 3 + 10 + 1,5) Wochen

    = 16 Wochen

Gesamtausfallzeit

ΣA = (0,5 + 1 + 2 + 0,5) Wochen

    = 4 Wochen

Verfügbarkeit

$$\text{Verfügbarkeit} = \frac{\text{Gesamteinsatzzeit}}{\text{geplante Betriebszeit}} \cdot 100\,\%$$

$$V = \frac{\Sigma E}{T} \cdot 100\,\% = \frac{\Sigma E}{\Sigma E + \Sigma A} \cdot 100\,\%$$

$$V = \frac{16\ \text{Wochen}}{16\ \text{Wochen} + 4\ \text{Wochen}} \cdot 100\,\% = \underline{80\,\%}$$

Wert erhält eine umso größere Aussagekraft, je länger der Beobachtungszeitraum ist.

Die Gesamtausfallzeit beinhaltet Störzeiten und Zeiten für geplante Instandhaltungsarbeiten, dies sind Zeiten für die

• Fehlersuche,

• Ersatzteilbeschaffung,

• eigentliche Reparatur und

• Wiederinbetriebnahme.

10.2 Maßnahmen der Instandhaltung

Die Maßnahmen der Instandhaltung werden nach DIN 31051 unterteilt. Abbildung 3 zeigt die Gliederung der Instandhaltungsmaßnahmen und ihre Definitionen.

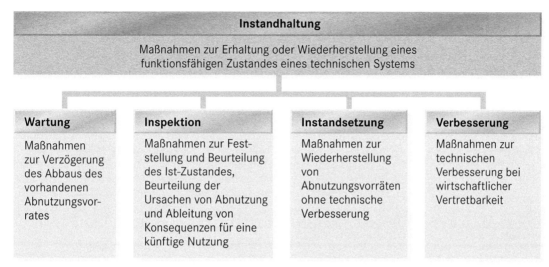

Instandhaltung			
Maßnahmen zur Erhaltung oder Wiederherstellung eines funktionsfähigen Zustandes eines technischen Systems			
Wartung	**Inspektion**	**Instandsetzung**	**Verbesserung**
Maßnahmen zur Verzögerung des Abbaus des vorhandenen Abnutzungsvorrates	Maßnahmen zur Feststellung und Beurteilung des Ist-Zustandes, Beurteilung der Ursachen von Abnutzung und Ableitung von Konsequenzen für eine künftige Nutzung	Maßnahmen zur Wiederherstellung von Abnutzungsvorräten ohne technische Verbesserung	Maßnahmen zur technischen Verbesserung bei wirtschaftlicher Vertretbarkeit

Abb. 3: Maßnahmen der Instandhaltung

10.2.1 Wartung

Die bei einer Wartung durchzuführenden Maßnahmen hängen von dem zu wartenden Anlagenteil ab. Je nach Einsatzbedingungen unterliegen diese Anlagenteile unterschiedlichen Abnutzungsprozessen. Deshalb gibt es vom Hersteller oder von der Instandhaltung gesonderte Wartungspläne. Sie enthalten

• die Beschreibung der Wartungseinheit,

• Wartungsmaßnahmen,

• Wartungsstellen,

• Wartungszeiten sowie

• Hilfsmittel und Hilfsstoffe.

Zu den Wartungsmaßnahmen gehören:

Schmieren:
Zuführen von Schmierstoff zur Schmierstelle, um z. B. die Gleitfähigkeit zu erhalten.

Ergänzen:
Nach- und Auffüllen von Hilfsstoffen.

Auswechseln:
Ersetzen von Kleinteilen und Hilfsstoffen (kurzfristige Tätigkeiten mit einfachen Werkzeugen oder Vorrichtungen).

Nachstellen:
Beseitigung einer Abweichung mit Hilfe dafür vorgesehener Einrichtungen (kein kompliziertes Justieren).

Reinigen:
Entfernen von Fremd- und Hilfsstoffen (durch Saugen, durch Kehren, mit Lösungsmitteln u. a.).

Durch Wartungsmaßnahmen kann die Abnutzung so verzögert werden, dass eine erheblich verlängerte Nutzungszeit erzielt werden kann (Abb. 4).

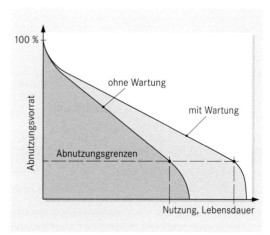

Abb. 4: Abnutzungsvorrat, mit und ohne Wartung

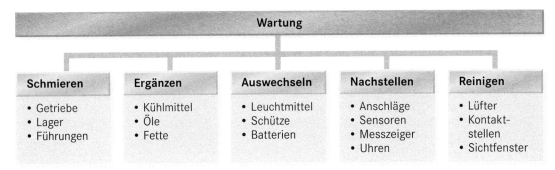

Abb. 1: Maßnahmen der Wartung

Prüfen

10.2.2 Inspektion

Ziel einer Inspektion ist die Früherkennung von Abnutzungserscheinungen, um rechtzeitig geeignete Maßnahmen zu veranlassen:

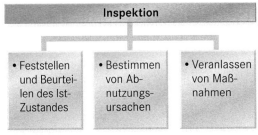

Abb. 2: Maßnahmen der Inspektion

Feststellen und Beurteilen des Ist-Zustandes

Die Durchführung der Inspektion beginnt mit einem Rundgang um die Bearbeitungsstation. Veränderungen und Unregelmäßigkeiten werden zuerst subjektiv durch die Sinnesorgane erfasst und lokalisiert.

Sichtbar sind z. B. Risse, Formänderungen, Flüssigkeitsaustritt, Verstopfungen und Bewegungsänderungen.

Ursachen können Werkstofffehler, Undichtigkeiten, Verunreinigungen und fehlerhafte Einstellungen sein.

Hörbar sind z. B. Knacken, Knirschen, Rauschen, als Folge von Verschmutzung, Trockenlauf und Abrieb.

Fühlbar sind z. B. Temperatur, Vibration, Feuchtigkeit.

Ursachen sind Verschleiß, ungenügende Schmiermittelzuführung, Überlastung, ungenügende Flüssigkeitsabfuhr.

Riechbar sind z. B. das Schmoren einer Leitung oder das Austreten von Gasen.

Objektive Werte für das Erfassen und Beurteilen des Anlagenzustandes liefern Messungen. Die zu messenden Größen sind meist durch den Anlagenhersteller in Wartungs- und Inspektionsplänen vorgegeben.

Mögliche Messgrößen sind

- Temperatur,
- Geschwindigkeit,
- Betriebsspannung/-stromstärke oder
- Widerstände.

Messeinrichtungen, die bei einer automatisierten Fertigung installiert sind, ersetzen oft eigene aufwändige Messungen.

Kann der Zustand eines auffälligen Bauelementes vor Ort erfasst werden, wird dieser sofort beurteilt und die Ursache für die Veränderung festgestellt.

Bestimmen von Abnutzungsursachen

Subjektive Wahrnehmungen und objektive Messwerte ergeben Informationen, welche die Grundlage für eine eingehende Beurteilung des Ist-Zustandes bilden.

Für eine abschließende Beurteilung gilt:

- Werte und Größen gegeneinander abgleichen,
- Soll- und Grenzwerte vergleichen,
- Gesetzmäßigkeiten suchen,
- Rand- und Betriebsbedingungen z. B. Umgebung bedenken,
- wirtschaftliche Gesichtspunkte berücksichtigen,
- Maßnahmemöglichkeiten suchen, bewerten und auswählen.

Veranlassen von Maßnahmen

In Abhängigkeit von der Systembeurteilung beziehen sich diese Maßnahmen auf das

- Anpassen der Wartungs- und Inspektionspläne,
- Einleiten von Instandsetzungsmaßnahmen und
- Anregen von technischen Verbesserungen.

10.2.3 Instandsetzung

Basierend auf den Ergebnissen einer Inspektion erfolgt die Instandsetzung der Anlage. Diese wird innerhalb eines für die Produktion günstigen Zeitraumes durchgeführt. Dazu wird die Anlage zum geplanten Zeitpunkt stillgesetzt und Instandsetzungsmaßnahmen (z. B. Reparatur oder Austausch eines Teils) werden durchgeführt.

Fällt die Anlage aus ungeklärter Ursache aus, ist eine sofortige Instandsetzung notwendig.

10.2.4 Verbesserung

Führen die Erkenntnisse einer Inspektion oder einer Fehlerdiagnose dazu, dass häufig gleiche Teile ausfallen, handelt es sich um eine Schwachstelle. Die anschließende Fehleranalyse zeigt, ob eine technische Verbesserung möglich, sinnvoll und wirtschaftlich ist. Der Einsatz eines Lagers mit besseren Laufeigenschaften, Zahnräder aus einem verschleißbeständigeren Werkstoff oder bessere Dichtungen führen zu einer höheren Funktionssicherheit. Dadurch vergrößert sich der Abnutzungsvorrat gegenüber dem ursprünglichen Abnutzungsvorrat.

Instandsetzung und Verbesserung bilden den umfangreichsten und kostenintensivsten Teil der Instandhaltung.

Außer den Maßnahmen am System zur Wiedererlangung eines neuen Abnutzungsvorrates umfassen die Instandsetzung und die Verbesserung Maßnahmen, die in Bezug stehen zu

- Auftrag und Dokumentation,
- Kalkulation, Terminplanung und Abstimmung,
- Erstellen von Arbeitsschutz- und Sicherheitsplänen,
- Aufzeigen und Planen von Verbesserungen,
- Funktionsprüfung und Abnahme,
- Auswertung und Kostenaufstellung.

Zusammenfassung

Maßnahmen der Instandhaltung stellen die Funktionsfähigkeit einer Anlage sicher. Durch Wartung verzögert sich der Abbau des Abnutzungsvorrats.

Inspektionen dienen der Feststellung des Ist-Zustands und der Früherkennung von Störungen.

Durch eine Instandsetzung wird der Abnutzungsvorrat wieder aufgebaut.

Mittels einer Verbesserung vergrößert sich der Abnutzungsvorrat gegenüber dem anfänglichen Abnutzungsvorrat.

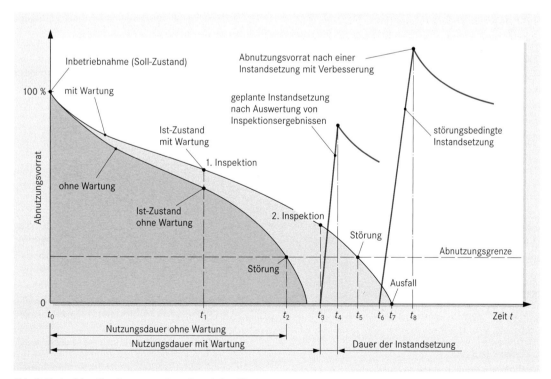

Abb. 3: Verlauf des Abnutzungsvorrates mit und ohne Wartung

**Instand-
halten**

10.3 Instandhaltungskosten

Durch Instandhaltungsmaßnahmen entstehen Kosten. Sie werden dem erzielbaren Nutzen gegenübergestellt und gewichtet. Daraus werden Maßnahmen zur Kostenminimierung abgeleitet.

> **!** Kosten werden minimiert, wenn
> - ein bestimmter Nutzen mit möglichst geringem Aufwand oder
> - mit einem bestimmten Aufwand der größtmögliche Nutzen erzielt wird.

Die durch die Wartung entstehenden Kosten richten sich nach deren Umfang und Häufigkeit. Dies gilt auch für die Kosten durch Inspektionen, wobei der Automatisierungsgrad einer Anlage einen hohen Einfluss auf die Inspektionskosten hat. Einrichtungen für eine technische Diagnostik sind oft teuer. Die Vor- und Nachteile solcher Einrichtungen hinsichtlich der Kosten müssen genau abgewogen werden.

Bei der Instandsetzung richtet sich die Höhe der Kosten danach, ob zu einem geplanten Zeitpunkt oder nach einem Ausfall Bauteile ausgetauscht werden.

Kosten, die durch eine Verbesserung entstehen, richten sich nach dem technischen Aufwand und der wirtschaftlichen Vertretbarkeit.

Hinzu kommen noch Kosten für Hilfsmittel (z. B. Fette und Öle), Ersatzteilkosten sowie Kosten für Spezialwerkzeuge und Prüfmittel.

Aus einem Abgleich von Instandhaltungskosten und erzielbarem Nutzen ergibt sich der kostengünstigste Plan. Dieser bestimmt die Instandhaltungsstrategien, nach denen Instandhaltungsmaßnahmen durchgeführt werden.

Planen

10.4 Instandhaltungsstrategien

10.4.1 Ziele und Kriterien der Instandhaltungsstrategien

Die geeignete Instandhaltungsstrategie für eine Anlage wird so gewählt, dass sich eine möglichst hohe Zuverlässigkeit für die Anlage ergibt.

Welche Instandhaltungsstrategie gewählt wird, hängt von folgenden Kriterien ab:
- Wie ist das Ausfallverhalten von Bauteilen?
- Sind bei einem Ausfall Folgeschäden zu erwarten und wie hoch sind die dadurch entstehenden Kosten?
- Wie wirkt sich eine Störung auf den Produktionsablauf aus?
- Entstehen durch einen Schadensfall Sicherheitsrisiken?

- Ist der Schaden durch Abnutzung entstanden und kann die Abnutzung messtechnisch erfasst werden?
- Welche berufsgenossenschaftlichen und gesetzlichen Bestimmungen bestehen?

Aus diesen Kriterien lassen sich drei typische Instandhaltungsstrategien ableiten.
- Die ereignisorientierte Instandhaltung nach Auftreten einer Störung.
- Die vorbeugende Instandhaltung nach festen Intervallen.
- Die vorbeugende Instandhaltung in Abhängigkeit vom Zustand, der durch Inspektion festgestellt wird.

Mit der Instandhaltungsstrategie wird festgelegt, welche Maßnahmen inhaltlich, methodisch und zeitlich durchzuführen sind.

10.4.2 Ereignisorientierte Instandhaltung

Bei dieser Strategie wird eine Instandsetzung erst dann durchgeführt, wenn es zum Anlagenstillstand durch eine Störung kommt.

Die ereignisorientierte Instandhaltung wird angewandt bei Anlagen, die wenig genutzt werden und nur geringe Anforderungen an die Verfügbarkeit stellen. Wo Stillstände (Produktionsunterbrechungen) keine Lieferschwierigkeiten bewirken, kann sie ebenfalls angewendet werden.

Des Weiteren wird die ereignisorientierte Instandhaltung angewandt, wenn genügend Ersatzteile vorhanden und kurze Austauschzeiten möglich sind. Sie kann auch da angewandt werden, wo keine Sicherheitsanforderungen gestellt sind oder genügend gleiche Systeme vorhanden sind.

> **!** Vorteile:
> - Die Lebensdauer eines Bauteils wird voll genutzt, da ein Austausch erst nach einem Bauteilversagen erfolgt.
> - Geringerer Planungsaufwand als bei den vorbeugenden Instandhaltungsstrategien.
>
> **Nachteile:**
> - Die Instandsetzung muss oft unter hohem Zeitdruck durchgeführt werden.
> - Gelagerte Ersatzteile verursachen Lagerhaltungskosten.
> - Nicht vorrätige Ersatzteile, die nicht kurzfristig beschaffbar sind, können Ausfallkosten verursachen.
> - Die Koordination des Personaleinsatzes für die Instandsetzung wird erschwert. Eine kurzfristige Verfügbarkeit von Instandhaltungspersonal muss gewährleistet werden.

10.4.3 Zustandsabhängige Instandhaltung

Die zustandsabhängige Instandhaltung ist eine vorbeugende Instandhaltungsstrategie. Sie kommt zum Einsatz, wenn die Abnutzung direkt oder indirekt messbar ist. Mit Hilfe der zustandsorientierten Instandhaltung wird die weitgehende Nutzung eines vorhandenen Abnutzungsvorrates ermöglicht.

Der Teiletausch erfolgt entweder kurz vor Erreichen der Abnutzungsgrenze oder durch rechtzeitiges Erkennen einer unzulässigen Veränderung.

Moderne Messtechnik sowie technische Diagnostik ermöglichen eine Zustandserfassung der Maschine oder Anlage während der Produktion. Zusätzlich kann auch die Qualität des hergestellten Produktes als Bewertungskriterium dienen.

 Vorteile:

- Abgenutzte Bauteile können in planbaren Stillstandzeiten ausgewechselt werden.
- Der Abnutzungsvorrat wird weitgehend ausgenutzt.
- Erkenntnisse über den Verschleißzustand tragen zur Betriebssicherheit bei.
- Geringere Lagerhaltung von Ersatzteilen.
- Gegenüber der ereignisorientierten Instandhaltung besteht eine wesentlich höhere Verfügbarkeit der Anlage.

Nachteile:

- Inspektionen können Kosten verursachen, die höher liegen als Kosten für einen vorbeugenden Teiletausch.
- Durch Demontagearbeiten bei Inspektionen können Fehler entstehen.

10.4.4 Intervallabhängige Instandhaltung

Die intervallabhängige Instandhaltung ist ebenfalls eine vorbeugende Instandhaltungsstrategie. Sie geht davon aus, dass der Ausfallzeitpunkt eines Bauteils bekannt ist.

Die intervallabhängige Instandhaltung kommt zum Einsatz, wenn Bauteile auf keinen Fall versagen dürfen und gesetzliche Vorschriften eine regelmäßige Inspektion erfordern. Ferner, wenn durch den Ausfall von Anlagen schwerwiegende Gefährdungen für Personen und Einrichtungen entstehen könnten.

 Vorteile:

- Produktion und Instandhaltungsarbeiten lassen sich gut aufeinander abstimmen. Dies hat zur Folge, dass instandhaltungsbedingte Stillstände einer Anlage in Zeiten geringer Auslastung oder in Zeiten, in denen nicht produziert wird, gelegt werden.
- Unvorhergesehene Ausfälle werden reduziert und Kosten gesenkt.
- Der Ersatzteilbedarf ist absehbar, Ersatzteile können rechtzeitig beschafft werden.
- Fehler, die durch Zeitdruck entstehen, werden reduziert.
- Der Personaleinsatz ist gut planbar.

Nachteile:

- Die Lebensdauer von Bauteilen wird nicht voll ausgenutzt.
- Der Ersatzteilbedarf ist hoch.
- Das Ausfallverhalten von Bauteilen kann nicht ermittelt werden.

Aufgaben

1. Welche Aufgaben hat die Instandhaltung?

2. Welche Faktoren bestimmen die Zuverlässigkeit eines Systems?

3. Bei einer Instandsetzung wurde ein defektes Gleitlager durch ein Gleitlager mit verbesserten Eigenschaften ersetzt.

a) Stellen Sie für beide Gleitlager die Abnutzungskurve in einem Abnutzungsdiagramm dar.

b) Stellen Sie für beide Gleitlager die Verschleißkurve in einem Diagramm dar.

4. Berechnen Sie die Verfügbarkeit einer Anlage nach folgenden Angaben:

Die Verfügbarkeit der Anlage wurde für 10 Wochen bei einem Einsatz von 8 Stunden pro Tag geplant. Die Anlage fiel bereits am gesamten 2. und 3. Tag für die Produktion aus. In der 3. Woche erzwang eine Störung einen Stillstand der Anlage für 3 Stunden. Eine erforderliche Instandsetzung erfolgte in der 5. Woche und benötigte 12 Stunden. Die Inbetriebnahme der Anlage dauerte 1 Stunde.

5. Beschreiben Sie Wartungsmaßnahmen an Anlagen oder Maschinen aus Ihrem Erfahrungsbereich.

6. Inwieweit nimmt die Inspektion eine Sonderstellung innerhalb der Instandhaltung ein?

7. Welche Maßnahmen können aufgrund von Inspektionsergebnissen und deren Auswertung veranlasst werden?

8. Welche Instandhaltungsstrategien gibt es?

Planen

10.5 Instandhaltungsplanung

Die Instandhaltung einer komplexen Anlage wie der Bearbeitungsstation erfordert eine umfangreiche Planung. Die Zerlegung in Teilsysteme (Abb. 1) erleichtert das Vorgehen. Es wird ersichtlich, dass gleichartige Einheiten in mehreren Teilsystemen enthalten sind. Bei der großen Anzahl an Teilsystemen und Baueinheiten erfordert dies eine strukturierte Vorgehensweise. Ziel ist hierbei, die Stillstandszeiten und den Aufwand zu minimieren, wodurch die Verfügbarkeit erhöht wird.

Dazu sind an den Teilsystemen Wartungs- und Inspektionsarbeiten durchzuführen. Da die Teilsysteme von unterschiedlichen Herstellern stammen, gibt es keinen einheitlichen Wartungs- und Inspektionsplan. Für jedes Teilsystem wird ein eigener spezieller Plan mitgeliefert, oft sind es nur Empfehlungen. Diese Pläne und Empfehlungen enthalten z. B. Angaben zu Schmierarbeiten. Ergänzend zu den Vorgaben der Hersteller sind Prüfungen nach behördlichen oder gesetzlichen Auflagen und gegebenenfalls nach Vorschriften der Berufsgenossenschaften (BGV) durchzuführen. Diese Vorgaben sind für jedes Teilsystem in einer Instandhaltungsplanung zu berücksichtigen. Häufig ist die Erfüllung der Wartungs- und Inspektionsanforderungen die Voraussetzung für eine Garantieleistung.

Bei der Auswahl einer Instandhaltungsstrategie sind verschiedene Gesichtspunkte zu berücksichtigen. Grundsätzlich unterscheidet man zwischen der vorbeugenden und der ereignisorientierten Instandhaltung. Bei der vorbeugenden Instandhaltung werden regelmäßig Wartungs- und Instandhaltungsarbeiten durchgeführt. Dadurch soll ein ungeplanter Ausfall vermieden werden. Bei der ereignisorientierten Instandhaltung wird erst eingegriffen, wenn der Schadensfall eingetreten ist.

Empfehlungen und Unterlagen der Hersteller können einen ersten Ansatz liefern. Erfahrungen aus betrieblich notwendigen Instandsetzungsmaßnahmen sind ebenfalls wichtige Größen bei der Auswahl der Instandhaltungsstrategie. Beobachtungen zeigen, dass sich die Ausfälle einer Anlage mit zunehmendem Alter verändern.

> **!** Gut dokumentierte Instandhaltungsmaßnahmen geben viele Hinweise auf mögliche Schwachstellen, erforderliche Reparaturzeiten, Ersatzteile und Ausfallhäufigkeit.

Durch eine Auswertung der Dokumentation ergeben sich Rückschlüsse auf mögliche Schwachstellen. Deren Beseitigung bildet im Sinne der Instandhaltung eine Verbesserung.

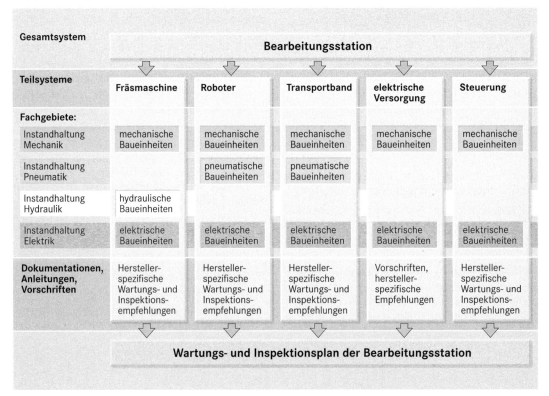

Abb. 1: Struktur der Bearbeitungsstation

10.5.1 Ausfallverhalten

Durch Auswertung der Instandhaltungsdokumentation können verschiedene Abhängigkeiten zwischen Alter und Ausfallhäufigkeit ermittelt werden. Das Ausfallverhalten wird durch Kurven beschrieben. Dabei lassen sich verschiedene Effekte unterscheiden (Abb. 2).

Ein typisches Ausfallverhalten zeigt die Burn-In-Kurve (Abb. 2a), welche Inbetriebnahmeprobleme beschreibt. Zu Beginn der Nutzung zeigen viele technische Systeme eine hohe Ausfallquote. Diese „Kinderkrankheiten" treten durch Fehler, die in der Konstruktion, der Fertigung oder der Montage gemacht werden auf. Mit beginnender Nutzung werden die Fehler erkannt und beseitigt. Somit sind sie für die Instandhaltung wenig bedeutsam.

Ein weiteres Ausfallverhalten zeigt die Verschleißkurve (Abb. 2b). Ab einem bestimmten Alter steigt die Ausfallhäufigkeit stark an. Durch Abnutzungserscheinungen ist die Lebensdauer erreicht und Bauteile fallen aus. Die Verschleißkurve kann wertvolle Hinweise für einen optimalen Zeitpunkt für die Instandhaltung geben.

Die Badewannenkurve (Abb. 2c) ist die Kombination der Burn-In-Kurve und der Verschleißkurve. Nach einer problematischen Inbetriebnahme folgt eine Zeit mit geringem Ausfall, bis dann der Verschleiß einsetzt.

Langsame Alterung (Abb. 2d) und zufälliger Ausfall (Abb. 2e) lassen sich nicht mit vorbeugenden Maßnahmen beherrschen. Hier sind bei hohen Anforderungen Überwachungstechniken erforderlich, die bei auftretenden Fehlern umgehend eine Meldung abgeben, um eine Fehlerausweitung zu vermeiden.

Betriebsbedingter Ausfall (Abb. 2f) zeigt, dass die Ausfallhäufigkeit erst mit beginnender Nutzung einsetzt und dann in eine gleichmäßige Ausfallwahrscheinlichkeit übergeht.

Anhand der Herstellerangaben und der dokumentierten Instandhaltungsmaßnahmen zum Ausfallverhalten kann nun eine Entscheidung über die Instandhaltungsstrategie der einzelnen Teilsysteme getroffen werden. Daraus wird dann der Instandhaltungsplan für die Gesamtanlage entwickelt.

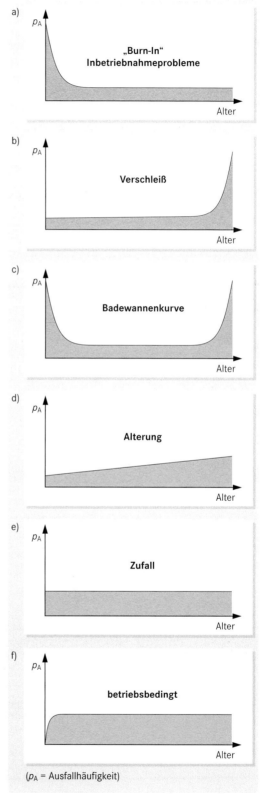

(p_A = Ausfallhäufigkeit)

Abb. 2: Ausfallverhalten

10.5.2 Auswahl der Instandhaltungsstrategie

Die Entscheidung für eine bestimmte Instandhaltungsstrategie hängt von vielen Faktoren ab. Es können auch unterschiedliche Strategien gleichzeitig zum Einsatz kommen.

Transportband

Von Förderbandanlagen existieren allgemein umfangreich dokumentierte Betriebserfahrungen. Diese zeigen, dass die auftretenden Fehler zufällig über das Alter und die Betriebszeit verteilt sind.

Da es sich beim Transportband um ein relativ einfaches System handelt, ist die Reparatur schnell und mit Standardersatzteilen durchführbar.

In diesem Fall sind vorbeugende Maßnahmen nicht sinnvoll, da hierdurch unnötiger Personal- und Materialaufwand entstehen würde. Aufgrund der kurzen Reparaturzeiten ist eine Störungsbehebung schnell möglich. Die Ausfallkosten sind dadurch begrenzt. Auf den Einsatz von Überwachungstechnik wird deshalb verzichtet.

Die wirtschaftlichste Lösung stellt in diesem Fall die *ereignisorientierte Instandhaltung* dar.

Fräsmaschine

Auch bei der Fräsmaschine sind die einzelnen Baueinheiten zu betrachten. Es gibt zahlreiche Baueinheiten, die z. B. in den Bereichen Schmierung und Hydraulik eine regelmäßige Inspektion und Wartung erfordern. Diese werden gemeinsam mit Arbeiten an benachbarten Teilsystemen durchgeführt und somit in einem gemeinsamen Plan vorgegeben (Abb. 1).

Bei der Fräsmaschine handelt es sich um ein sehr komplexes System. Im Störungsfall können Fehlersuche, Reparatur und Ersatzteilbeschaffung sehr lange dauern. Dies führt zu hohen Ausfallkosten, da in dieser Zeit die Produktion nicht läuft. Darum sind Instandhaltungsmaßnahmen rechtzeitig zu planen.

Die vielen unterschiedlichen Komponenten und Bauteile der Fräsmaschine haben jeweils ein unterschiedliches Ausfallverhalten, was eine intervallabhängige Instandhaltung erschwert. Die Instandhaltungsanforderungen des Herstellers zur vorbeugenden Instandhaltung sind für einen wirtschaftlichen Betrieb zu umfangreich, da sie einen großen Sicherheitszuschlag enthalten.

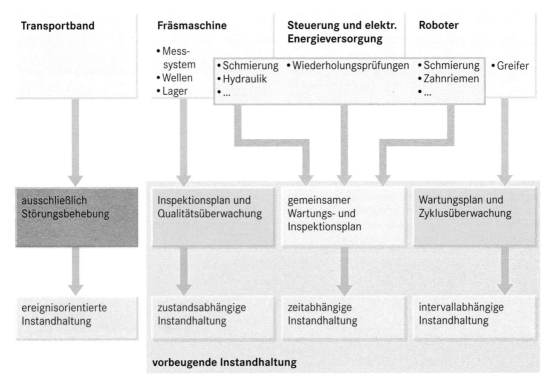

Abb. 1: Zuordnung einzelner Anlagenteile zu Instandhaltungsstrategien

Um eine optimale Lösung zwischen notwendigen Instandhaltungsmaßnahmen und geringen Instandhaltungskosten zu finden, ist eine Überwachung des Anlagenzustandes durch Inspektionen und Überwachungstechnik erforderlich. Bei den Inspektionen können zahlreiche Kriterien überprüft werden, ohne die Anlage stillsetzen zu müssen. Die Überwachungstechnik prüft ständig z. B. Schmierstoffmengen, Temperaturen oder Schwingungsverhalten. Weiterhin kann die Produktqualität durch stichprobenartige Messungen erfasst werden.

Sollten eine oder mehrere überwachte Größen den Normalwert verlassen, ist eine Instandhaltungsmaßnahme erforderlich. Diese ist somit planbar und findet nur bei Bedarf statt. Somit wird die *zustandsabhängige Instandhaltung* angewendet.

Steuerung und elektrische Energieversorgung

Diese Anlagen werden intervallabhängig und zeitabhängig inspiziert. Für elektrische Anlagen schreibt die Berufsgenossenschaft regelmäßige Prüfungen vor. Sie sind jeweils im Abstand von bestimmten Zeiten zu wiederholen. Da diese Prüfungen nicht tagesgenau durchgeführt werden müssen, lassen sie sich mit anderen Wartungs- und Inspektionsmaßnahmen zusammenlegen. Da die elektrischen Baueinheiten alle Teilsysteme der Bearbeitungsstation betreffen, werden diese Arbeiten im gemeinsamen Wartungs-und Inspektionsplan festgelegt (Abb. 1).

Darüber hinaus erfolgt lediglich eine ereignisorientierte Instandhaltung. Die elektrischen Anlagen sind sehr selten von Fehlern betroffen, so dass zusätzliche Wartungs- und Inspektionsmaßnahmen zu teuer sind.

Roboter

Roboter werden vom Hersteller in Serie produziert. Daher liegen umfangreiche Empfehlungen des Herstellers für den Wartungs- und Inspektionsplan vor.

Nach einiger Zeit wird unter den gegebenen Betriebsbedingungen festgestellt, nach wie vielen Bewegungszyklen die Abnutzungsgrenze des Greifers erreicht ist. Ein rechtzeitiger, vorbeugender Austausch des Greifers ist daher planbar. Die Stillstandszeit kann somit in ein für die Fertigung günstiges Zeitintervall, z. B. das Wochenende, gelegt werden.

Unter diesen Bedingungen ist die *intervallabhängige Instandhaltung* für den Greifer die wirtschaftlichste Lösung. So können trotz geringer Ersatzteilbevorratung die Stillstandszeiten auf ein Minimum begrenzt werden.

Gesamtanlage

Darüber hinaus gibt es zahlreiche Bauelemente, die häufigeren und regelmäßigen Instandhaltungsmaßnahmen unterzogen werden müssen. Dies sind z. B. Schmierarbeiten und Sichtkontrollen, die keinen großen Zeitaufwand erfordern. Diese Arbeiten werden gemeinsam mit gleichen Tätigkeiten an anderen Teilsystemen durchgeführt (Abb. 1). Sie finden üblicherweise in festen zeitlichen Abständen statt, die sich an den Herstellerangaben orientieren und mit anderen Teilsystemen zu einem Arbeitsvorgang zusammengefasst werden.

10.5.3 Erstellung des Instandhaltungsplans

Die Bearbeitungsstation erfüllt nur dann ihre Anforderungen, wenn alle Teilsysteme gleichzeitig verfügbar sind. Jeweils einzeln abgearbeitete Wartungs- und Inspektionspläne hätten viele unnötige Stillstände der Gesamtanlage zur Folge. Deshalb ist aus den einzelnen Vorgaben ein einheitlicher Plan für die Gesamtanlage zu entwickeln.

Manche Tätigkeiten erfordern einen Stillstand der Maschine. Da dann die gesamte Bearbeitungsstation nicht funktionsfähig ist, sollte dieser Stillstand möglichst gut genutzt werden. Dies erfolgt durch Ausführen von Tätigkeiten mit erforderlichem Anlagenstillstand an allen Teilsystemen. Wartungs- und Inspektionsintervalle einzelner Teilsysteme müssen eventuell verkürzt oder verlängert werden.

- Gleichartige Wartungs- und Inspektionstätigkeiten an *unterschiedlichen Teilsystemen* sind zusammenzufassen. Hierbei können fachliche Zuordnungen berücksichtigt werden (Schmierarbeiten, elektrische Prüfungen, ...).
- Arbeiten mit *erforderlichem Anlagenstillstand* sind zusammenzufassen.
- Nach jeder Tätigkeit ist eine einheitliche Dokumentation zu erstellen. Diese bildet die Entscheidungsgrundlage für eine spätere Instandhaltungsstrategie.

Aufgaben

1. In welche Teilsysteme kann die Bearbeitungsstation unterteilt werden?

2. Welches Ausfallverhalten beschreibt die Badewannenkurve?

3. Nennen Sie Instandhaltungsarbeiten, die nur im Stillstand durchgeführt werden können.

4. Welche Grundsätze gelten für das Zusammenführen mehrerer Wartungs- und Instandhaltungspläne?

10.6 Instandhaltung von mechanischen Einheiten

Mechanische Einheiten sind vorwiegend Funktionseinheiten zur Energieübertragung, zum Stützen und Tragen. Die Energieübertragungseinheiten leiten die Bewegungsenergie weiter und formen dabei die Drehmomente, Kräfte und Bewegungen um. Zu den Energieübertragungseinheiten einer Fräsmaschine gehören:

- Riemengetriebe,

- Kupplungen,

- Zahnradgetriebe oder

- Kettengetriebe.

Die Stütz- und Trageinheiten führen und tragen die Baugruppen und Bauelemente zur Energieübertragung und nehmen die Kräfte und Drehmomente auf. Zu den Stütz- und Trageinheiten gehören:

- Maschinengestelle,

- Führungen und

- Lager.

Beim Übertragen der Kräfte und Drehmomente nutzen sich die Funktionseinheiten aufgrund ihrer Beanspruchung ab. Um die Abnutzung möglichst gering zu halten, werden die Teilsysteme geschmiert.

Dabei werden unterschiedliche Schmierverfahren und Schmierstoffe eingesetzt. Funktionseinheiten wie Führungen, Lager oder Getriebe müssen entsprechend instand gehalten werden, damit sie die Kräfte und Drehmomente über ihre gesamte Lebensdauer zuverlässig übertragen und die Bewegungen genau ausführen.

Sie sind standardisierte Baueinheiten, die in mechanischen Teilsystemen häufig verwendet werden. Bei der Instandhaltung dieser Teilsysteme sind bestimmte Maßnahmen durchzuführen. Diese Maßnahmen sind weitgehend unabhängig von der Art des technischen Systems, in dem sie verwendet werden.

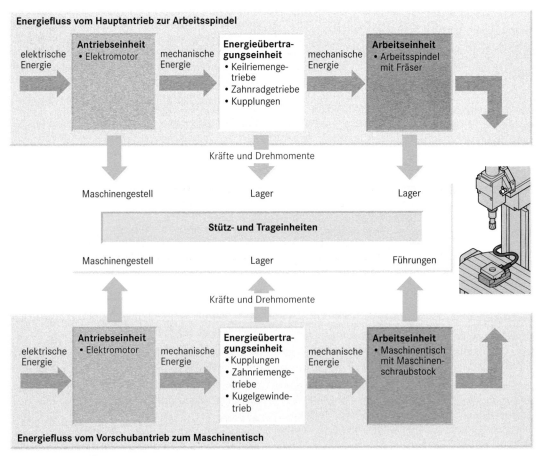

Abb. 1: Blockdarstellung

10.6.1 Führungen, Abdeckungen und Abstreifer

An einer Fräsmaschine führen Maschinentisch und Querschlitten geradlinige Bewegungen aus. Daraufhin kommt es zur Reibung und zum Verschleiß der Führungen (Abb. 2).

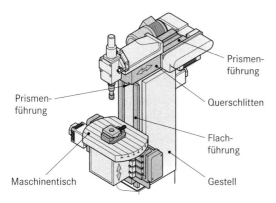

Abb. 2: Führungen an einer Fräsmaschine

Führungen stützen und führen bewegliche Maschinenteile. Die Bewegungen sollen dabei mit geringen Reibungsverlusten übertragen werden. Führungen werden nach ihrer Form oder der Reibungsart unterschieden. Die Form der Führung kann rund, flach oder prismatisch sein. Entsprechend der Reibung unterscheidet man Gleit- oder Wälzführungen.

Zum Schutz von Führungen gegen Verschmutzung oder Zerstörung durch Späne oder aggressive Kühlschmierstoffe werden verschiedene Abdeckungen verwendet.

Man unterscheidet folgende Einzelformen:

- Faltenbalg mit Teleskopblechen
- Teleskopabdeckungen

Ein Faltenbalg mit Teleskopblechen ist zum Schutz der verschiedenen Faltenbalgmaterialien (z. B. Kunststoffe, PU-beschichtete Trägermaterialien oder Leder) mit Teleskopblechen versehen (Abb. 3).

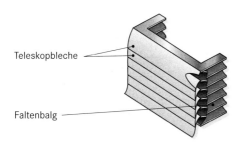

Abb. 3: Faltenbalg mit Teleskopblechen

Entstehen beim Bearbeiten von Werkstücken auf Werkzeugmaschinen glühende oder große Späne, werden Teleskopabdeckungen verwendet (Abb. 4).

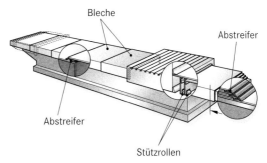

Abb. 4: Teleskopabdeckung

Die einzelnen Abdeckbleche werden durch die Maschinenbewegungen ineinander geschoben. Zum Schutz sind an den Blechen Abstreifer montiert. Es werden Abstreifer an Führungen und Abdeckungen unterschieden. Die Abstreifer beseitigen Späne und Kühlschmierstoffe von der Oberfläche der Führung oder Abdeckung (Abb. 5).

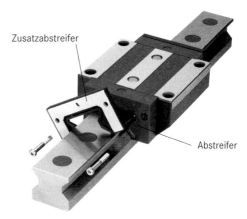

Abb. 5: Abstreifer

Schmieren und Reinigen (Wartung)

Führungen können mit verschiedenen Ölen oder Fetten geschmiert werden. Bei der Verwendung von Öl erfolgt dies direkt von Hand mit der Ölkanne oder über unterschiedliche Öler bzw. durch eine Zentralschmierung.

Beim Einsatz von Ölern ist darauf zu achten, dass ein ausreichender Ölvorrat vorhanden ist.

Werden Zentralschmierungen verwendet, ist der Füllstand am Ölbehälter zu kontrollieren. Hierzu sind die Ölbehälter mit einer Füllstandsmarkierung versehen. Ist die Zentralschmierung mit einer Handpumpe ausgestattet, wird das Öl über die Pumpe an die Schmierstellen gefördert.

Fette können durch eine Fettpresse in verschiedene Schmiernippel eingebracht werden. Über die Schmierung der Führungen werden auch die Abstreifer mit Schmierstoff versorgt.

> **!** Führungen, Abstreifer und Abdeckungen dürfen nicht mit Pressluft gereinigt werden. Es besteht die Gefahr, dass Schmutzanteile oder Späne ins Innere gelangen und dort zu Beschädigungen führen.

Prüfen

Sichtprüfung

Führungen sind in regelmäßigen Abständen auf Verschleiß und Korrosion zu untersuchen. Mit zunehmender Betriebsdauer erhöhen sich die Abnutzung der Führung und somit das Führungsspiel.

> **!** Die Inspektion von Führungen erfolgt durch eine Sichtkontrolle hinsichtlich Verschleiß und Korrosion. Um nicht sichtbaren Verschleiß zu untersuchen, sind Röntgen- oder Ultraschallprüfungen möglich.

Defekte Abstreifer sind an einer Schlierenbildung auf der Führung oder Teleskopabdeckung zu erkennen.

Faltenbälge sind auf Risse und Verformungen zu kontrollieren. Ebenso ist der feste Sitz der Schraubenverbindungen zu prüfen. Teleskopabdeckungen sind auf äußere Beschädigungen zu untersuchen. Ebenso ist die Leichtgängigkeit der Stützrollen zu untersuchen.

Austauschen und Nachstellen

Entsprechend der Abnutzungserscheinung werden an Führungen verschiedene Maßnahmen der Instandsetzung ergriffen:

- Ersetzen durch neue Führungsbahnen oder Austauschen der Wälzführungen,
- Schleifen und Schaben der Führungsbahn,
- Verschleißleisten aufschrauben,
- Ausfräsen schadhafter Stellen und Aufkleben neuer Führungsflächen.

Beschädigte oder zerstörte Abstreifer und Abdeckungen sind auszutauschen. Dies kann einzeln oder in Verbindung mit der Führung ausgeführt werden.

Zusammenfassung

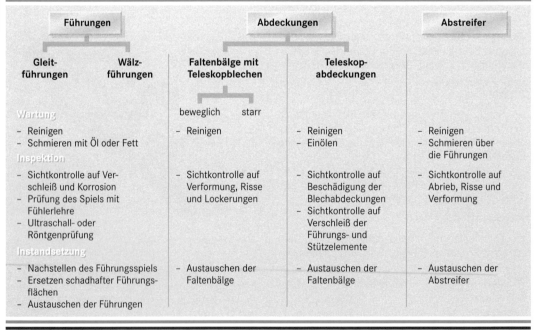

Führungen		Abdeckungen		Abstreifer
Gleitführungen	**Wälzführungen**	**Faltenbälge mit Teleskopblechen** beweglich starr	**Teleskopabdeckungen**	
Wartung - Reinigen - Schmieren mit Öl oder Fett		- Reinigen	- Reinigen - Einölen	- Reinigen - Schmieren über die Führungen
Inspektion - Sichtkontrolle auf Verschleiß und Korrosion - Prüfung des Spiels mit Fühlerlehre - Ultraschall- oder Röntgenprüfung		- Sichtkontrolle auf Verformung, Risse und Lockerungen	- Sichtkontrolle auf Beschädigung der Blechabdeckungen - Sichtkontrolle auf Verschleiß der Führungs- und Stützelemente	- Sichtkontrolle auf Abrieb, Risse und Verformung
Instandsetzung - Nachstellen des Führungsspiels - Ersetzen schadhafter Führungsflächen - Austauschen der Führungen		- Austauschen der Faltenbälge	- Austauschen der Faltenbälge	- Austauschen der Abstreifer

Aufgaben

1. Erklären Sie warum es an Führungen zu Verschleiß kommt.

2. Führungen müssen geschmiert werden.
a) Auf welche Weise kann die Schmierung erfolgen?
b) Erklären Sie die Wirkung einer ausreichenden Schmierung.

3. Warum dürfen Führungen und Abdeckungen nicht mit Pressluft gereinigt werden?

4. Bleche einer Teleskopabdeckung sind einzuölen. Welche Eigenschaften sollte die zu wählende Ölsorte haben?

5. Auf der Oberfläche einer Führung bilden sich Schlieren.
a) Erklären Sie die Ursachen für die Schlierenbildung.
b) Beschreiben Sie die Maßnahmen zur Beseitigung der Schlierenbildung.

10.6.2 Riemengetriebe

Die Antriebsenergie der Elektromotoren wird bei der Fräsmaschine durch Riemengetriebe übertragen. Riemengetriebe dämpfen Schwingungen und stoßartige Belastungen. Bei den Riemengetrieben werden Keilriemengetriebe und Zahnriemengetriebe unterschieden.

Keilriemengetriebe (Abb. 1) übertragen die Umfangskräfte durch Reibung zwischen den schrägen Flanken von Keilriemen und Keilriemenscheibe.

Abb. 1: Keilriemengetriebe

Bei Zahnriemengetrieben (Abb. 2) greifen die Zähne des Zahnriemens in die Verzahnung der Zahnscheiben ein und übertragen dadurch die Kräfte.

Abb. 2: Zahnriemengetriebe

Die ordnungsgemäße Funktion eines Riemengetriebes hängt im Wesentlichen von der richtigen Vorspannung des Keilriemens bzw. Zahnriemens ab.

Eine zu geringe Vorspannung von Keilriemen führt zu ungenügender Kraftübertragung, Durchrutschen mit erhöhter Geräuschbildung und vorzeitigem Verschleiß der Keilriemenflanken durch Schlupf. Eine zu geringe Vorspannung von Zahnriemen führt zu Gleichlaufschwankungen und begünstigt das Überspringen der Riemenzähne.

Eine zu hohe Vorspannung von Keil- und Zahnriemen führt zu erhöhter Beanspruchung der Zugstränge sowie zu hoher Belastung der Lager und Wellen.

Erhöhter Riemenverschleiß ergibt sich auch durch fehlerhafte Ausrichtung der Riemenscheiben. Die Riemenscheiben müssen in einer Ebene zueinander liegen und miteinander fluchten. Fehlerhaft ausgerichtete Riemengetriebe erzeugen außerdem übermäßige Laufgeräusche.

Riemengetriebe reinigen

Warten

Bei Riemengetrieben erstreckt sich die Wartung vorwiegend auf das Reinigen des Getriebes.

Äußeren Zustand des Riemengetriebes prüfen
(Inspektion)

Beim Begutachten sollte auch der Pflegezustand des Getriebes wie Sauberkeit, Korrosionserscheinungen und Zustand der Sicherheitsabdeckungen überprüft werden. Die Prüfung ist bei laufender und stillstehender Maschine durchzuführen. Dabei ist auch auf ungewöhnliche Geräusche und zu hohe Umgebungstemperaturen zu achten.

Zustand des Keilriemens bzw. Zahnriemens prüfen

Nach längerem Einsatz zeigen Riemen meist Abnutzungserscheinungen unterschiedlichster Art. Solche Erscheinungen sind zu begutachten und zu beurteilen. Je nach Zustand muss entschieden werden, ob der Riemen zu wechseln ist und welche weiteren Instandsetzungsmaßnahmen zu treffen sind.

Vorspannung prüfen

Die Vorspannung von Keilriemen und Zahnriemen kann subjektiv durch einfache Methoden erfolgen. Bei Keilriemen wird überprüft, wie weit sich der Riemen durchbiegt, wenn er mit dem Daumen in der Mitte belastet wird (Abb. 3a). Bei Zahnriemen überprüft man, wie weit sich der Riemen verdrehen lässt, wenn er in der Mitte an einer Kante mit dem Daumen belastet wird (Abb. 3b).

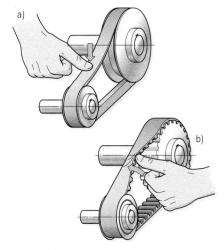

Abb. 3: Subjektive Vorspannungsprüfung

Solche Methoden erfordern viel Erfahrung. Genauer sind Messmethoden. Zum Messen der Vorspannung werden unterschiedliche Verfahren eingesetzt:

• Durchbiegeverfahren

Beim Durchbiegeverfahren wird mit einem Vorspannungsmessgerät in der Mitte des Riemens die auftretende Riemenauslenkung bei einer vorgegebenen Prüfkraft gemessen (Abb. 1). Stimmt die Auslenkung mit dem im Inspektionsplan angegebenen Wert überein, ist der Riemen ordnungsgemäß vorgespannt.

Abb. 1: Durchbiegeverfahren

• Frequenzmessverfahren

Beim Frequenzmessverfahren wird die Eigenfrequenz des durch Anschlagen in Eigenschwingung versetzten Riemens ermittelt (Abb. 2). Diese Eigenfrequenz wird von der Messsonde mittels getaktetem Licht gemessen. Dazu wird die Sonde etwa über die Mitte des Antriebsriemens gehalten. Stimmt die gemessene Frequenz mit der im Inspektionsplan angegebenen Frequenz überein, ist der Riemen ordnungsgemäß vorgespannt.

Abb. 2: Frequenzmessverfahren

• Schallwellenmessverfahren

Bei dem Schallwellenmessverfahren werden die Schallwellen aufgenommen, die der Antriebsriemen abgibt, wenn man ihn anschlägt. Die Eigenfrequenz wird umgerechnet und auf einem Display digital angezeigt.

Sitz der Riemenscheiben prüfen

Es ist zu überprüfen, ob die Riemenscheiben fest auf den Wellenenden sitzen. Die Scheiben dürfen sich in axialer Richtung nicht verschieben lassen. Sind Spannelemente als Welle-Nabe-Verbindungen eingebaut, sollte auch das Anzugsmoment der Spannschrauben überprüft werden (Abb. 2, vorige Seite).

Ausrichtzustand der Riemenscheiben prüfen

Das Fluchten der Riemenscheiben kann mit zwei unterschiedlichen Methoden kontrolliert werden:

• Ausrichten mit Lineal

Hierbei wird auf die Stirnseiten der Riemenscheiben ein Lineal gelegt. Bei fehlerhaftem Ausrichtzustand liegen Lineal oder Stahlband nicht vollständig an den Stirnseiten beider Riemenscheiben an (Abb. 3).

Wellen nicht parallel

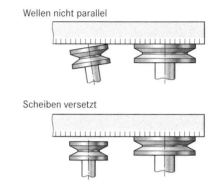

Scheiben versetzt

Abb. 3: Ausrichten mit Lineal

• Ausrichten mit Laser

An einer Riemenscheibe wird der Laser und an der gegenüberliegenden Scheibe werden zwei Zielmarken mit Haftmagneten befestigt (Abb. 4). Die Richtung der Laserlinien auf den Zielmarken zeigt den Ausrichtzustand an. Die Riemenscheiben sind genau ausgerichtet, wenn die Laserlinien auf beiden Zielmarken mittig auftreffen. Um alle horizontalen und vertikalen Abweichungen festzustellen, sind die Zielmarken einmal hintereinander und einmal übereinander anzuordnen (Abb. 5).

Abb. 4: Anbringen der Messeinrichtung

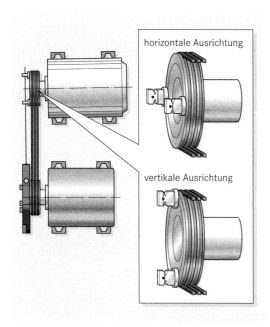

Abb. 5: Messvorgang

Instandsetzung

Riemengetriebe müssen instand gesetzt werden, wenn bei der Inspektion Abweichungen festgestellt wurden. Zeigen die Keil- oder Zahnriemen starke Abnutzungserscheinungen, sind auch die Ursachen zu ermitteln und zu beseitigen. Abnutzungserscheinungen an Riemengetrieben sind

- Riemen angerissen,
- Riemenboden gebrochen,
- starker Flankenverschleiß,
- Riemen aufgequollen.

In diesen Fällen ist der Keil- oder Zahnriemen zu ersetzen.

Zusammen-fassung

Riemengetriebe

Keilriemengetriebe
- kraftschlüssig
- Abnutzung an den Flanken

Zahnriemengetriebe
- formschlüssig
- Abnutzung an den Zähnen

Wartung
- Riemengetriebe reinigen

Inspektion
- äußeren Zustand prüfen
- Abnutzung der Riemen kontrollieren
- festen Sitz der Riemenscheiben prüfen
- Vorspannung prüfen
  - Durchbiegeverfahren
  - Frequenzmessverfahren
  - Schallwellenmessverfahren
- Ausrichtzustand der Riemenscheiben prüfen
  - mittels Lineal
  - durch Laser
- Zustand der Abdeckung kontrollieren

Instandsetzung
- Riemen ersetzen
- Riemenscheiben ausrichten
- Vorspannung einstellen

Aufgaben

1. Beschreiben Sie jeweils die Folgen einer fehlerhaften Vorspannung bei Keilriemengetrieben und bei Zahnriemengetrieben.

2. Bei einem Keilriemengetriebe steht im Inspektionsplan folgende Angabe:

Prüfkraft F_e = 80 N; Eindrücktiefe t_e = 12 mm

Beschreiben Sie, wie Sie die Vorspannung des Keilriemens überprüfen.

3. Bei einem Zahnriemengetriebe steht im Inspektionsplan folgende Angabe:

Sollfrequenz f = 111 Hz

Beschreiben Sie, wie Sie die Vorspannung für das Zahnriemengetriebe überprüfen.

4. Beim Überprüfen der Keilriemenscheiben erzeugt der Laser auf den Zielmarken folgende Anzeige:

a) Welcher Ausrichtfehler liegt vor?

b) Welche Korrekturen müssen am Riemengetriebe vorgenommen werden?

5. Ein Keilriemen zeigt übermäßigen Verschleiß an den Flanken. Geben Sie mögliche Ursachen dafür an.

10.6.3 Zahnradgetriebe

In der Bearbeitungsstation sind unterschiedliche Zahnradgetriebe eingebaut.

Im Maschinenkörper der Fräsmaschine befinden sich Stirnradgetriebe und Kegelradgetriebe zum Übertragen der Antriebsenergie (Abb. 1). Sie sind in den Maschinenkörper integriert und haben kein besonderes Getriebegehäuse. Man bezeichnet sie daher auch als *integrierte Getriebe*.

Beim Transportband wird die Antriebsenergie vom Elektromotor über ein Schneckengetriebe auf das Band übertragen (Abb. 2). Das Schneckengetriebe hat ein eigenes Getriebegehäuse. Man bezeichnet solche Getriebe auch als *eigenständige Getriebe*.

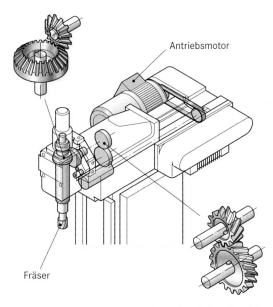

Abb. 1: Im Fräsmaschinenkörper integrierte Zahnradgetriebe

Zahnradgetriebe bestehen aus typischen Maschinenteilen (Abb. 3):

- *Zahnräder* übersetzen die Drehmomente,
- *Wellen* leiten die Drehmomente weiter,
- *Passfedern* verbinden die Zahnradnaben mit den Wellen,
- *Sicherungsringe* verhindern das axiale Verschieben der Zahnräder auf den Wellen,
- *Wälzlager* führen und stützen die Wellen,
- *Radialwellendichtringe* verhindern das Eindringen von Schmutz und den Austritt von Schmierstoff.

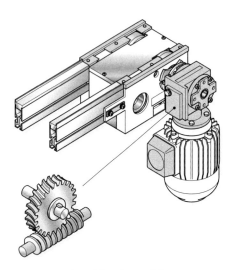

Abb. 2: Eigenständiges Schneckengetriebe

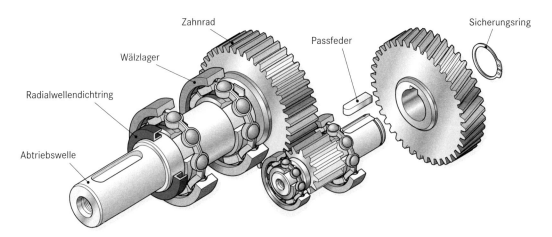

Abb. 3: Aufbau von Zahnradgetrieben

Die Zähne der Zahnräder greifen ineinander und wälzen aufeinander ab. Durch das Abwälzen verschleißen die Flanken der Zähne. Um den Verschleiß gering zu halten, werden Zahnradgetriebe geschmiert. Neben der Verschleißminderung dient die Schmierung auch zur Geräuschminderung sowie zur Kühlung der Zahnräder und der Lager. Im Dauerbetrieb sollen Betriebstemperaturen von 60 °C–80 °C nicht überschritten werden.

Die Wahl der Schmierung richtet sich nach der Bauart des Getriebes und der Umfangsgeschwindigkeit der Zahnräder.

Eigenständige Getriebe mit geringer Umfangsgeschwindigkeit haben meist eine *Tauchschmierung*. Ein Zahnrad taucht in das Schmieröl ein und erzeugt so einen Sprühnebel, der die anderen Zahnräder und häufig auch die Lager schmiert (Abb. 4). Bei zu geringem Eintauchen des Zahnrades werden die Zahnräder und Wälzlager nicht ausreichend geschmiert. Bei zu tiefem Eintauchen schäumt das Öl auf, was ebenfalls zu mangelhafter Schmierung führen kann. Außerdem entstehen Energieverluste, die zur Erwärmung des Getriebes führen.

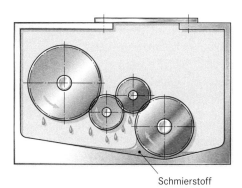

Schmierstoff

Abb. 4: Tauchschmierung eines Zahnradgetriebes

Integrierte Getriebe und eigenständige Getriebe mit hoher Umfangsgeschwindigkeit haben meist eine *Ölumlaufschmierung*.

Die Wartung umfasst den regelmäßigen Wechsel des Schmieröls. Eigenständige Getriebe sind darüber hinaus abhängig vom Verschmutzungsgrad zu reinigen.

Getriebegehäuse reinigen

Getriebegehäuse, die mit einer Staub- oder Schmutzschicht bedeckt sind, müssen gereinigt werden. Staub und Schmutz verhindern die Wärmeabgabe an die Umgebungsluft. Das Getriebe wird nicht mehr ausreichend gekühlt.

Die Entlüftungsschraube sollte je nach Betriebszeit alle 3 bis 6 Monate gesäubert werden. Hierzu wird die Schraube herausgeschraubt und ausgewaschen.

Schmierstoff wechseln

Der Wechsel des Schmieröles sollte bei warmen Getrieben kurz nach dem Außerbetriebsetzen erfolgen. Das noch warme Öl ist dünnflüssiger und fließt gut ab. Außerdem haben sich vorhandene Verunreinigungen noch nicht abgesetzt und fließen so mit ab. Beim Ölwechsel sind die Getriebe mit der vorher verwendeten Ölsorte zu füllen. Menge und Art des verwendeten Schmieröles können dem Wartungsplan oder dem Leistungsschild entnommen werden (Abb. 5).

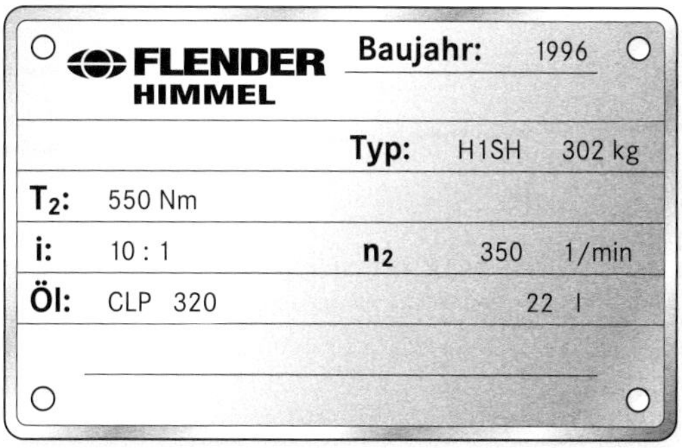

⊙⊙ **FLENDER** HIMMEL	**Baujahr:**	1996	
	Typ:	H1SH	302 kg
T$_2$:	550 Nm		
i:	10 : 1	**n$_2$**	350 1/min
Öl:	CLP 320		22 l

Abb. 5: Leistungsschild eines Zahnradgetriebes

Der Schmierstoffwechsel umfasst folgende Schritte:

1. Abschalten des Antriebsmotors. Antrieb gegen unbeabsichtigtes Wiedereinschalten sichern und Hinweisschild anbringen.

2. Unter die Ölablassschraube ein ausreichend großes Auffanggefäß stellen.

3. An der Oberseite des Getriebegehäuses die Entlüftungsschraube, den Wartungsdeckel u. Ä. entfernen.

4. Ölablassschraube herausschrauben und das Öl vollständig ablassen.

5. Wenn notwendig Getriebegehäuse durch Ölspülung von Ölschlamm, Abrieb und alten Ölresten reinigen. Erst wenn alle Rückstände entfernt sind, darf das frische Öl eingefüllt werden.

6. Ölablassschraube einschrauben. Dabei Zustand des Dichtringes kontrollieren und falls notwendig neuen Dichtring einsetzen.

7. Getriebe unter Verwendung eines Einfüllfilters mit frischem Öl auffüllen. Mengenangaben auf dem Leistungsschild oder im Wartungsplan sind Anhaltswerte. Maßgebend ist der tatsächliche Schmierstoffstand.

8. Ölstand kontrollieren. Zwischen dem Einfüllen und der Kontrolle ist eine ausreichende Zeitspanne vorzusehen. Das Schmieröl muss sich erst am Gehäuseboden sammeln, damit der Schmierstoffstand erkennbar ist.

9. Wartungsdeckel bzw. Entlüftungsschraube schließen. Dabei sind die Dichtfläche und die Dichtung zu kontrollieren und gegebenenfalls auszutauschen.

❗ Arbeitssicherheit/Umweltschutzbestimmungen

- Ölbindemittel bereitstellen, um das Öl sofort aufzunehmen, das beim Ablassen und Auffüllen auf den Boden tropft.
- Schutzhandschuhe tragen. Durch das austretende warme Öl besteht Gefahr von Verbrühungen.
- Verbrauchte Schmieröle, ölgetränkte Putzlappen und eingesetzte Ölbindemittel sind umweltgerecht und vorschriftsmäßig zu entsorgen.

Bei der Inspektion wird der äußere und auch der innere Zustand eines Getriebes begutachtet. Je nach Bedeutung und Größe der Getriebe werden subjektive Verfahren oder objektive Messverfahren angewendet. Subjektive Verfahren, z. B. Erfühlen der Temperatur von Hand, liefern keine vergleichbaren Daten. Außerdem setzt deren Beurteilung viel Erfahrung voraus.

Der Zustand der Lager und Zahnräder wird meist indirekt ermittelt, um eine zeitraubende Demontage des Getriebes zu vermeiden.

Schmierstoffstand kontrollieren

Der Schmierölstand sollte täglich vor Arbeitsbeginn bei stillstehendem Getriebe kontrolliert werden. Der Stand kann an einem Schauglas oder einem Messstab am Getriebegehäuse abgelesen werden (Abb. 1). Starker Schmierölverlust deutet auf eine Leckage hin. Leckagen sollten sofort beseitigt werden.

Abb. 1: Schauglas zur Ölstandskontrolle

Betriebstemperatur prüfen

Die Schmierstofftemperatur sollte täglich während des laufenden Betriebes kontrolliert werden, wenn das Öl seine Betriebstemperatur erreicht hat. Größere Getriebe haben dazu häufig ein Getriebethermometer. Ist kein Thermometer eingebaut, reicht es aus, die Betriebstemperatur mit der Hand zu kontrollieren.

Lagertemperaturen können außerdem mit einem Thermometer gemessen werden. Die Messstelle muss sich möglichst in unmittelbarer Nähe des zu kontrollierenden Lagers befinden (Abb. 2).

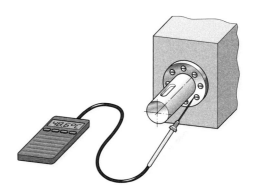

Abb. 2: Messen der Lagertemperatur

Erhöhte Betriebs- und Lagertemperatur weisen auf Schmierstoffmangel, überaltertes oder verschmutztes Öl oder auf erhöhte Reibung zwischen den Zahnrädern bzw. in den Lagern aufgrund mechanischer Schädigungen hin.

Schmierstoffbedingte Schäden können sehr zuverlässig durch die Temperaturmessung erkannt werden.

- Schmierstoffmangel zeigt sich dabei durch einen stetigen Temperaturanstieg.
- Überalterter oder verschmutzter Schmierstoff ergibt einen schwankenden Temperaturverlauf mit ansteigenden Werten.

Mechanische Schädigungen an Zahnrädern und Lagern führen allerdings erst dann zu Temperaturerhöhungen, wenn die Bauteile bereits stark beschädigt sind. Für eine zuverlässige Früherkennung von kleinen Anfangsschäden an Zahnrädern und Wälzlagern ist die Temperaturüberwachung wenig geeignet. Allerdings ist es möglich, Folgeschäden an anderen Bauteilen zu verhindern.

Dichtheit kontrollieren

Durch eine Sichtkontrolle werden alle Dichtstellen eines Getriebes überprüft (Abb. 3). Es darf kein Schmierstoff austreten.

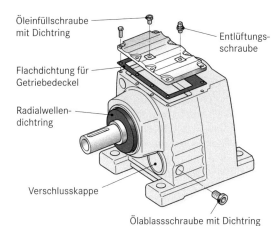

Öleinfüllschraube mit Dichtring

Entlüftungsschraube

Flachdichtung für Getriebedeckel

Radialwellendichtring

Verschlusskappe

Ölablassschraube mit Dichtring

Abb. 3: Dichtstellen an einem Getriebegehäuse

Getriebegeräusche feststellen

Die bewegten Teile eines Getriebes erzeugen spezifische Schwingungen, die als Geräusche und Vibrationen wahrgenommen werden. Abweichungen deuten auf einen veränderten Getriebezustand hin. Ursache dafür können defekte Lager, beschädigte Zahnflanken, ungenügende oder falsche Schmierung sowie ausgeschlagene Passfederverbindungen sein.

Zur besseren Wahrnehmung von Laufgeräuschen werden Stethoskope verwendet. Sie verstärken die Laufgeräusche, die von innen auf das Getriebegehäuse übertragen werden (Abb. 4). Neben einfachen Stethoskopen werden auch elektronische Stethoskope mit einstellbarer Lautstärke eingesetzt.

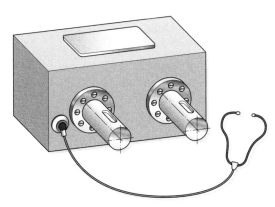

Abb. 4: Überprüfen von Laufgeräuschen mit einem Stethoskop

Da es keine allgemein gültigen Anhaltswerte für die Lautstärke, Tonhöhe und Art der Laufgeräusche eines Getriebes gibt, setzt deren Interpretation viel Erfahrung voraus.

Getriebeschwingungen messen

Mit Schwingungsmessgeräten werden die auftreten Vibrationen eines Getriebes gemessen (Abb. 5). Die ermittelten Werte von Schwingfrequenz und Schwingungsamplitude lassen sich speichern, zur weiteren Analyse auf einen Rechner übertragen, mit einer entsprechenden Software auswerten und grafisch darstellen. Durch den Vergleich mit vorausgegangenen Messungen können Veränderungen festgestellt und deren Verlauf überwacht werden.

Abb. 5: Einsatz eines Schwingungsmessgerätes

Vor dem Einsatz des Gerätes müssen geeignete Messpunkte an der Gehäuseoberfläche festgelegt werden. Geeignete Messpunkte sind starre Bauteile wie Lager- und Getriebegehäuse. Maschinenschwingungen sollten möglichst nah an ihrer Quelle erfasst werden, um Verfälschungen der Messsignale gering zu halten. Insbesondere bei der Wälzlagerüberwachung ist der Abstand zum Lager so klein wie möglich zu wählen. An den Lagerstellen sind die Messwerte in horizontaler, vertikaler und axialer Richtung aufzunehmen (Abb. 6).

vertikal

axial

horizontal

Abb. 6: Messpunkte zur Wälzlagerüberwachung

Der Schwingungsaufnehmer wird mit einem Haft-magneten an das Gehäuse angekoppelt. Die Kop-pelstelle sollte eben sein und mindestens dem Durchmesser des Aufnehmers entsprechen. Dazu kann ein Stahl-Messplättchen auf den Messpunkt geklebt oder geschweißt werden.

Entsprechend den Ursachen ergeben sich zwei un-terschiedliche Schwingungsarten:

1. Erregerfrequenz

Zahneingriff und Unwuchten rotierender Getriebe-teile führen zum Schwingen des ganzen Getriebes mit der Erregerfrequenz. Starke Schwingungen belasten das Getriebe unzulässig und führen zu Schäden am Getriebe. Die **ISO 10 816** liefert Emp-fehlungen für zulässige Schwingstärkewerte bei un-terschiedlichen Maschinenklassen. Werden diese überschritten, muss das Getriebe instand gesetzt werden.

2. Stoßimpuls

Begrenzte Schäden an den Laufringen und Wälz-körpern eines Wälzlagers oder an den Zähnen eines Zahnrades erzeugen kurze Stoßimpulse. Die Stoßimpulsfolgen versetzen das Getriebe in Eigen-schwingungen. Sie sind an der Getriebeoberfläche messbar. Durch Analyse der gemessenen Schwin-gungen können die Stoßanregungen festgestellt und die Schäden ermittelt werden.

Die Analyse und Auswertung der Messwerte sollte von besonders geschultem Fachpersonal durchge-führt werden.

Zahnräderzustand prüfen

Die Sichtkontrolle der Zahnflanken auf Abnutzungs-erscheinungen erfolgt am zusammengebauten, stillstehenden Getriebe. Abnutzungserscheinungen können Risse, Riefen oder Grübchen sein.

Sind Zahnräder nicht direkt einsehbar, können En-doskope eingesetzt werden. Durch das Endoskop wird Licht in das Getriebe eingebracht sowie ein Bild übertragen. Man unterscheidet starre und fle-xible Endoskope. Bei starren Endoskopen werden die Lichtstrahlen über ein Linsensystem weiterge-leitet. Flexible Endoskope arbeiten mit Glasfaser-bündeln. Videoendoskope digitalisieren das Bild im Endoskopkopf und übertragen es elektrisch. Die digitalen Bilder lassen sich auf einem Rechner dar-stellen und abspeichern. Der Schädigungszustand der Zahnflanken kann so dokumentiert werden. Der Umgang mit dem Endoskop erfordert Übung. Es ist schwierig, mit dem Endoskopkopf die zu un-tersuchende Stelle zu finden und an dieser hinrei-chend lange ruhig zu verharren.

Der Zahnflankenzustand lässt sich auch durch Klebstreifenabzüge und Kunststoffabdrücke fest-stellen.

Aus der Art der vorliegenden Störung lassen sich mögliche Ursachen und die zu ergreifenden Maß-nahmen bestimmen (Tab. 1).

Eigenständige Zahnradgetriebe werden meist in der Anlage ausgetauscht und anschließend in der Instandhaltungswerkstatt instand gesetzt.

Tab. 1: Instandsetzungsmaßnahmen an Zahnradgetrieben

Störung	Ursachen	Maßnahmen
ungewöhnliche, gleichmäßige Getriebegeräusche		Lager überprüfen und gegebenen-falls austauschen
• abrollende/mahlende Geräusche	Lagerschaden	Verzahnung kontrollieren und be-schädigte Zahnräder austauschen
• klopfende Geräusche	Verzahnungsschaden	
ungewöhnliche, ungleichmäßige Getriebegeräusche	Fremdkörper im Schmieröl	Antrieb stillsetzen, Schmieröl überprüfen
Getriebe ist von außen verölt	ungenügende Abdichtung des Getriebedeckels bzw. der Öl-ablassschraube	Schrauben an Dichtstellen fest-drehen, falls notwendig Dichtungen auswechseln
	Wellendichtring defekt	Wellendichtring auswechseln
erhöhte Betriebstemperatur	zu niedriger oder zu hoher Schmierölstand	Ölstand kontrollieren und korrigieren
	überaltertes oder stark ver-schmutztes Schmieröl	Öl wechseln
erhöhte Temperatur an den Lagerstellen	zu niedriger Schmierölstand	Ölstand kontrollieren und korrigieren
	Lager defekt	Lager kontrollieren und gegebenen-falls auswechseln

Zahnradgetriebe

integrierte Getriebe — **eigenständige Getriebe**

Stirnradgetriebe — **Kegelradgetriebe** — **Schneckenradgetriebe**

Maschinenteile, Schmierstoff

Zahnräder/Wellen	**Wälzlager**	**Gehäuse/Dichtungen**	**Schmierstoffe**
Änderung von Umdrehungsfrequenz, Drehmoment und Drehrichtung	Abstützen und Führen in radialer und axialer Richtung	Verhindern das Austreten von Schmieröl	Mindern von Verschleiß und Geräusch
			Abfuhr von Wärme

Wartung

		- Getriebegehäuse reinigen	- Schmieröl wechseln
		- Entlüftungsschraube waschen	

Inspektion

- Zahnradzustand prüfen	- Lagertemperatur messen	- Dichtheit kontrollieren	- Schmierölstand kontrollieren
- Getriebegeräusche feststellen	- Lagergeräusche feststellen		- Betriebstemperatur prüfen
- Getriebeschwingungen messen	- Wälzlagerschwingungen messen		

Instandsetzung

- beschädigte Zahnräder auswechseln	- Lager austauschen	- Schrauben an Dichtstellen festdrehen	- Ölstand korrigieren
		- Dichtungen auswechseln	- Schmieröl wechseln

1. Wodurch unterscheiden sich integrierte von eigenständigen Getrieben?

2. Beschreiben Sie die Funktionsweise einer Tauchschmierung bei einem Zahnradgetriebe.

3. Beschreiben Sie die Folgen eines

a) zu niedrigen Schmierölstandes,

b) zu hohen Schmierölstandes im Getriebe mit Tauchschmierung.

4. Welche Aufgaben übernimmt das Schmieröl in einem Zahnradgetriebe?

5. Weshalb sollte der Schmierölwechsel bei einem noch warmen Zahnradgetriebe erfolgen?

6. Weshalb erhalten größere eigenständige Getriebe eine Entlüftungsschraube?

7. Wozu wird die Schwingungsmessung an Getrieben eingesetzt?

8. Ein Zahnradgetriebe wird inspiziert.

a) Welche subjektiven Inspektionsmaßnahmen können eingesetzt werden, um den Zustand des Getriebes zu erfassen?

b) Beschreiben Sie Vor- und Nachteile dieser Maßnahmen.

9. Bei der Inspektion eines Zahnradgetriebes wird eine erhöhte Betriebstemperatur am Getriebethermometer abgelesen.

a) Nennen Sie mögliche Ursachen für den Temperaturanstieg.

b) Mit welchen Maßnahmen lässt sich die tatsächlich vorliegende Ursache ermitteln?

10. Auf welche Weise lässt sich der Flankenzustand von Zahnrädern ermitteln und dokumentieren?

10.6.4 Kupplungen

Kupplungen verbinden zwei Wellen miteinander. Sie übertragen dabei Drehbewegungen und Drehmomente. Im Wesentlichen bestehen sie aus zwei Kupplungshälften. Eine Kupplungshälfte befindet sich am Wellende des Antriebs, die andere an der angetriebenen Welle. Die Wellen müssen miteinander fluchten und dürfen keine oder nur geringe Abweichungen zueinander aufweisen.

Die Kupplungshälften können auf unterschiedliche Weise miteinander verbunden sein und so verschiedene technische Anforderungen erfüllen.

Bei *starren Kupplungen* werden die Kupplungshälften durch Schrauben fest aneinandergepresst (Abb. 1). Das Drehmoment wird durch Reibung übertragen. Da die Wellen starr miteinander verbunden sind, müssen sie genau miteinander fluchten.

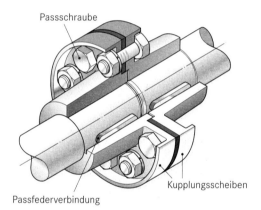

Abb. 1: Starre Kupplung mit Passfederverbindung

Bei *elastischen Kupplungen* sind die Kupplungshälften durch elastische Zwischenglieder miteinander verbunden (Abb. 2). Als Zwischenglieder werden Stahlfedern, Gummi- oder Kunststoffelemente verwendet. Die Übertragung des Drehmomentes erfolgt durch Formschluss. Die elastischen Zwischenglieder gleichen den Versatz innerhalb bestimmter Toleranzen aus. Außerdem dämpfen sie Drehmomentenstöße und Schwingungen. Dies führt allerdings zu erhöhter Abnutzung der elastischen Elemente.

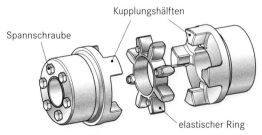

Abb. 2: Elastische Kupplung mit Spannverbindung

Bei *schaltbaren Kupplungen* befinden sich zwischen den Kupplungshälften Reibbeläge (Abb. 3). Die Reibbeläge werden beim Schließen der Kupplung gegeneinander gepresst. Das Drehmoment wird durch Reibung übertragen. Bei Schaltvorgängen oder bei Überlastung reiben die Reibbeläge aneinander. Es entsteht Wärme und die Beläge nutzen sich ab.

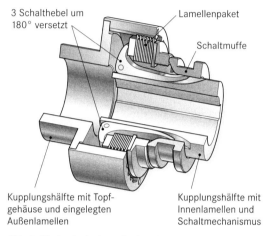

Abb. 3: Mechanische Lamellenkupplung

Kupplungen sind unter normalen Betriebsbedingungen weitgehend wartungsfrei.

Die vielen Arten und Ausführungen von Kupplungen erfordern unterschiedliche Inspektionsmaßnahmen. Generell sollten bei Kupplungen folgende Überprüfungen vorgenommen werden.

Lauf der Kupplung überprüfen
Während des Betriebes ist auf

• veränderte Laufgeräusche und

• auftretende Vibrationen zu achten.

Ursache für starke Laufgeräusche und Vibrationen können lose Schraubenverbindungen, Ausrichtfehler oder starker Verschleiß elastischer Zwischenglieder sein.

Zwischenglieder überprüfen
Bei *elastischen Kupplungen* sind besonders die Zwischenglieder zu überprüfen. Zwischenglieder dürfen keine Haarrisse, abgelöste Vulkanisierung, sichtbare Verformung u. Ä. aufweisen. Beschädigungen deuten auf Überlastung, unzulässigen Wellenversatz, vorzeitige Alterung durch aggressive Umgebungsbedingungen oder auch auf natürliche Alterung infolge langer Einsatzzeit hin. Die elastischen Elemente sind in solchen Fällen auszutauschen. Vorher sollte die Ursache für die Beschädigung behoben werden, sofern keine natürliche Alterung vorliegt.

Bei *schaltbaren Kupplungen* sollten die Reibbeläge regelmäßig kontrolliert werden. Die Reibbeläge haben einen bestimmten Abnutzungsvorrat. Ist dieser verbraucht, sind die Beläge zu erneuern.

Schraubenanzugsmomente kontrollieren

Bei starren Kupplungen müssen die Drehmomente der Schrauben, mit denen die beiden Kupplungshälften verbunden sind, mit einem Drehmomentenschlüssel überprüft werden.

Festen Sitz der Kupplungshälften prüfen

Die Kupplungshälften müssen fest auf den Wellen sitzen. Sie dürfen sich nicht in radialer Richtung verdrehen oder in axialer Richtung verschieben lassen. Je nach vorliegender Welle-Nabe-Verbindung sind unterschiedliche Kontrollen notwendig. Bei Spannverbindungen ist das Anzugsmoment der Klemmschrauben zu überprüfen. Bei Passfederverbindungen ist zu kontrollieren, ob die Passfeder ausgeschlagen bzw. die Wellennut beschädigt ist oder der Gewindestift sich gelöst hat.

Ausrichtzustand kontrollieren

Vor dem Prüfen müssen die Schraubenverbindungen der beiden Kupplungshälften gelöst werden. Das Prüfen kann je nach erforderlicher Genauigkeit mit unterschiedlichen Methoden erfolgen.

• Prüfen mit dem Haarlineal

Werden nur geringe Anforderungen an den Ausrichtzustand gestellt, reicht das Überprüfen mit einem Haarlineal.

• Prüfen mit Messuhr und Fühlerlehre

Liegen Toleranzangaben des Herstellers vor, kann man das Ausrichten mit Winkelmessgeräten und Fühlerlehren vornehmen. Radialer Versatz und Rundlauf der Kupplung kann mit einer Messuhr bestimmt werden (Abb. 4).

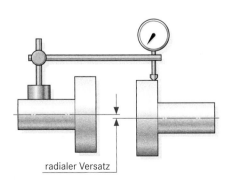

radialer Versatz

Abb. 4: Messen mit der Messuhr

• Laseroptisches Messen

Müssen Wellen sehr genau ausgerichtet sein, sollten die Wellen mit Hilfe eines laseroptischen Ausrichtsystems überprüft werden (Abb. 5). Das Messen erfolgt berührungsfrei über Laserstrahl. Beidseitig der Kupplung werden auf den Wellen ein Gebersystem und ein Reflexionssystem montiert. Das Ausrichtsystem muss vor dem Messen so eingestellt werden, dass der Laserstrahl vom Reflektor wieder zurück zum Geber reflektiert wird. Zur Messung sind die Abstände der Motorbefestigungspunkte und von Geber und Reflektor in den Messcomputer einzugeben.

Das System wird in drei um 90° versetzte Positionen gedreht. Vorhandener Winkel- und Radialversatz werden gemessen. Die Messgenauigkeit beträgt 1/1000 mm. Das Display des Messsystems zeigt die erforderlichen Korrekturwerte direkt an. Zusätzlich können die Messwerte über einen Drucker zur Dokumentation ausgedruckt werden.

Abb. 5: Laseroptisches Messen

Um die Ausdehnung der Maschinenteile durch Erwärmung während des Betriebes zu berücksichtigen, kann es notwendig sein, den Ausrichtzustand bei betriebswarmen Maschinen zu ermitteln.

Wenn bei der Inspektion unzulässige Abweichungen festgestellt wurden, müssen die Kupplungen instand gesetzt werden. Bei auftretenden Störungen sind auch die Ursachen zu ermitteln und zu beseitigen.

Tab. 1: Instandsetzungsmaßnahmen an elastischen Kupplungen

Störung	Ursachen	Maßnahmen
Änderung der Laufgeräusche und/oder auftretende Vibrationen	Ausrichtfehler	Grund des Ausrichtfehlers beheben (z. B. lose Befestigungsschrauben, Wärmeausdehnung von Anlagenteilen) Ausrichtzustand prüfen und korrigieren
	starker Verschleiß oder Bruch der elastischen Zwischenglieder	beschädigte Kupplungsteile austauschen
	Schrauben zur axialen Nabensicherung lose	Schrauben zur Sicherung der Kupplungsnaben anziehen und gegen Selbstlockern sichern
vorzeitiger Verschleiß der elastischen Zwischenglieder	Ausrichtfehler	beschädigte Kupplungsteile austauschen Grund des Ausrichtfehlers beheben (z. B. lose Befestigungsschrauben, Wärmeausdehnung von Anlagteilen) Ausrichtzustand prüfen und korrigieren
	Überlastung oder starke Schwingungen	Kupplung komplett wechseln Grund für Überlastung ermitteln
	Kontakt mit Ölen, aggressive Flüssigkeiten zu hohe Umgebungstemperatur	beschädigte Kupplungsteile austauschen Abdeckung verbessern, bessere Kühlung der Kupplung sicherstellen evtl. anderen Werkstoff für Zwischenglieder einsetzen

Zusammenfassung

Kupplungen

Funktion
- Verbinden von Wellen zum Übertragen von Drehmomenten
- Ausgleichen von Versatz oder Schwingungen
- Schalten nachgeordneter Anlagenteile

Wartung
Kupplungen sind wartungsfrei

Inspektion
- Lauf der Kupplung überprüfen
- Zwischenglieder prüfen
- Schraubenanzugsmomente kontrollieren
- festen Sitz der Kupplungshälften prüfen
- Ausrichtzustand kontrollieren

Instandsetzung
- Ausrichten der Kupplungshälften
- beschädigte Kupplungsteile austauschen
- Schrauben mit vorgeschriebenem Drehmoment anziehen, Schrauben sichern

Aufgaben

1. Die abgebildete elastische Kupplung soll inspiziert werden. Geben Sie die durchzuführenden Inspektionsmaßnahmen an.

2. An einer Kupplung werden starke Laufgeräusche wahrgenommen. Welche Inspektionen sind durchzuführen, um die Ursache dafür festzustellen?

3. Beschreiben Sie das Überprüfen des Ausrichtzustands einer Kupplung mit Messuhr und Fühlerlehre.

4. Warum müssen bei Scheibenkupplungen die Schraubenverbindungen gelöst werden, bevor der Ausrichtzustand überprüft wird?

10.6.5 Schmierung

Eine wichtige Voraussetzung für die Lebensdauer und Betriebssicherheit einer Maschine oder Anlage ist das fachgerechte Schmieren. Dadurch werden Führungen, Lager oder Getriebe vor Reibung und Verschleiß geschützt.

Schmieranleitung und Schmierverfahren

Um eine fachgerechte Schmierung an technischen Systemen zu gewährleisten, sind Schmierpläne zu verwenden (Abb. 3). Schmierpläne enthalten unterschiedliche Symbole, welche verschiedene Schmieranweisungen darstellen (Abb. 1). Aus dem Schmierplan ist die Schmiervorschrift für das technische System zu erkennen (Tab. 1).

Z. B. werden die verschiedenen Lager einer Werkzeugmaschine durch eine Zentralschmierung mit Schmierstoff versorgt (Abb. 2). Dies vereinfacht die Schmierung mehrerer Schmierpositionen und erlaubt die Kontrolle des Schmiermittels an einer zentralen Stelle. Das Öl wird durch eine Pumpe in einem Umlauf gefördert. Das abfließende Öl wird gefiltert, gekühlt und der Schmierstelle erneut zugeführt.

Symbole nach DIN 8659

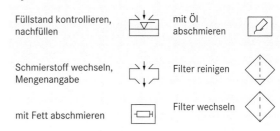

Abb. 1: Symbole im Schmierplan

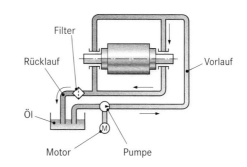

Abb. 2: Zentralschmierung

Tab. 1: Schmiervorschrift einer Fräsmaschine

Intervall in Betriebsstunden	Pos.	Eingriffstelle	Tätigkeit	Symbol
8 h	1	Kühlschmierstoffbehälter	Füllstand kontrollieren	
40 h	2	Zentralschmieraggregat	Ölstand kontrollieren	
200 h	1	Kühlschmierstoffbehälter	Entleeren, reinigen, neu füllen (ca. 240 l)	
	2	Zentralschmieraggregat	Ölstand kontrollieren, nachfüllen	
	3	Hydraulikaggregat	Ölstand kontrollieren	
	4	Spindelschlitten	Ölstand kontrollieren	
1000 h	2	Zentralschmieraggregat	Öl auffüllen	
	3	Hydraulikaggregat	Entleeren, reinigen, Öl neu auffüllen (ca. 2,7 l)	
	4	Getriebe	Öl auswechseln (ca. 8 l)	
	4	Spindelschlitten	Öl auswechseln (ca. 8 l)	
10 000 h	5	Fräskopf und horizontales Spindellager	Öl auswechseln (ca. 2,7 l)	

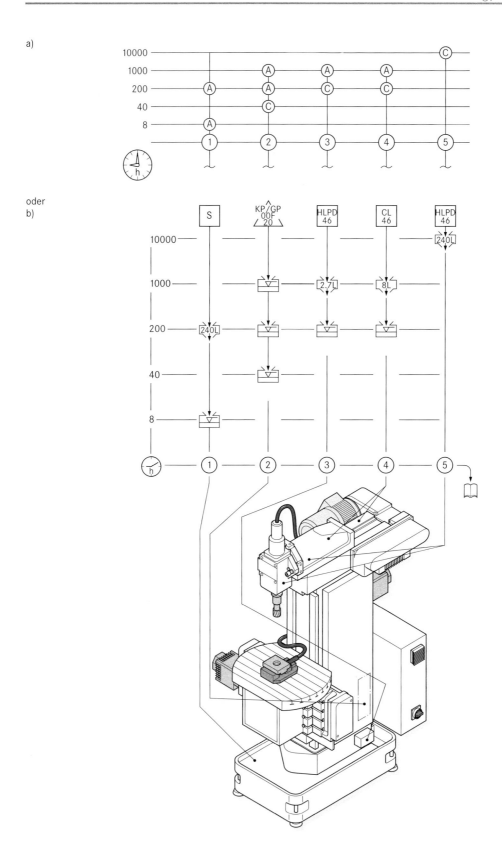

Abb. 1: Schmierplanvarianten einer Fräsmaschine

10.6.6 Schmierstoffe

Je nach Verwendungszweck werden unterschiedliche Arten von Schmierstoffen eingesetzt (Tab. 2). Dabei unterscheidet man:

- Schmieröle,
- Schmierfette,
- Festschmierstoffe.

Die Schmierstoffe müssen gleichmäßig an den zueinander gleitenden Flächen haften, um einen Schmierfilm zu bilden.

1. Schmieröle

Schmieröle sind *mineralische* oder *synthetische* Öle.

Sie werden bei hohen Geschwindigkeiten, hohen Betriebstemperaturen und großen oder niedrigen Drücken eingesetzt. Um die Eigenschaften von Ölen zu verbessern, werden Zusätze (Additive) verwendet. Nach **DIN 51 502** werden Schmieröle folgendermaßen gekennzeichnet (➜):

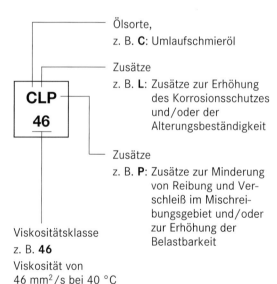

Ölsorte,
z. B. **C**: Umlaufschmieröl

Zusätze
z. B. **L**: Zusätze zur Erhöhung des Korrosionsschutzes und/oder der Alterungsbeständigkeit

Zusätze
z. B. **P**: Zusätze zur Minderung von Reibung und Verschleiß im Mischreibungsgebiet und/oder zur Erhöhung der Belastbarkeit

Viskositätsklasse
z. B. **46**
Viskosität von
46 mm^2/s bei 40 °C

Der Schmierfilm von Ölen wird insbesondere von der Viskosität beeinflusst. Öle mit einer geringen Viskosität sind dünnflüssig und durch eine niedrige Viskositätsklasse gekennzeichnet, z. B. Viskositätsklasse VG2. Öle mit einer hohen Viskosität sind zähflüssig und durch eine hohe Viskositätsklasse gekennzeichnet, z. B. Viskositätsklasse VG 680.

!   Die Viskosität beschreibt die Zähigkeit eines Schmierstoffes.

An schnell laufenden Maschinen werden Schmierstoffe mit einer niedrigen Viskosität eingesetzt.

Für langsam laufende Maschinen mit einer hohen Belastung der Führungen und Lagerungen wird ein Schmieröl mit einer hohen Viskosität benötigt.

Die Viskosität eines Schmieröles ist von dessen Temperatur abhängig. Je geringer die Temperatur ist, umso zähflüssiger wird das Schmieröl. Deshalb müssen bei niedrigen Temperaturen Öle mit einer niedrigen Viskosität verwendet werden. Kann der Schmierstoff nicht mehr fließen, hat dieser seinen Stockpunkt erreicht.

!   Der Stockpunkt eines Schmieröls ist die Temperatur, bei der es seine Fließfähigkeit verliert.

Hohe Temperaturen führen zur Bildung brennbarer Gase, die bei einer Berührung mit einer Flamme zur Entzündung kommen. Das Öl hat seinen Flammpunkt erreicht.

!   Der Flammpunkt ist die Temperatur, bei der sich über der Oberfläche des Schmieröls brennbare Gase bilden.

2. Schmierfette

Fettschmierungen werden bei niedrigen Geschwindigkeiten eingesetzt oder um geschmierte Bauteile vor Verunreinigungen zu schützen. Fette besitzen ein hohes Haftungsvermögen.

Schmierfette sind Lösungen von Seifen (z. B. Calcium-, Natrium- und Lithiumseifen) in Ölen. Somit sind Schmierfette eingedickte Öle.

Schmierfette können unterschiedliche Konsistenzen aufweisen. Diese reichen von halb fließend über weich, salbenartig bis fest und sehr fest.

Die Konsistenz von Schmierfetten wird durch Kennzahlen (NLGI-Klasse) angegeben.

Bei einer niedrigen Kennzahl (z. B. 00) hat das Schmierfett eine weichere Konsistenz. Bei einer hohen Kennzahl (z. B. 6) hat es eine festere Konsistenz. Die Konsistenz kann auch durch die Walkpenetration angegeben werden. Nach **DIN 51 502** werden Schmierfette folgendermaßen gekennzeichnet (➜):

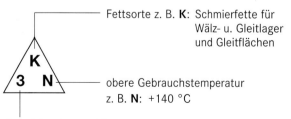

Fettsorte z. B. **K**: Schmierfette für Wälz- u. Gleitlager und Gleitflächen

obere Gebrauchstemperatur
z. B. **N**: +140 °C

Konsistenzkennzahl
z. B. **3**: beinahe fest

3. Festschmierstoffe

Festschmierstoffe werden bei geringen Geschwindigkeiten, hohen Drücken, stoßartigen Belastungen oder sehr niedrigen bzw. sehr hohen Betriebstemperaturen eingesetzt. Sie haften an den zu schmierenden Bauteilen auch dann noch, wenn der Schmierfilm von Fetten oder Ölen abreißt.

Festschmierstoffe sind pulverförmig. Sie erzeugen zwischen den aufeinander gleitenden Bauteilen eine Schmierstoffschicht.

Die Bezeichnung von Festschmierstoffen erfolgt durch chemische Kennbuchstaben (Tab. 2).

Eine gute Schmierwirkung bei Metall wird mit Molybdändisulfit (MoS_2) erreicht. Dessen Eigenschaften auf der Metalloberfläche ergeben kleine Reibwerte und einen großen Verschleißschutz. Bereits dünne Schichten erzeugen eine tragfähige Schicht.

Kontrolle von Schmierstoffen

Schmierstoffe können hinsichtlich ihrer Verunreinigung, Oxidation, Rückstandsbildung und Alterung kontrolliert werden.

In regelmäßigen Zeitabständen ist der Ölstand zu prüfen. Dies kann durch Messstäbe oder durch Ölstandsschaugläser erfolgen. Ebenso ist der Ölstand am Behälter einer Zentralschmierung zu prüfen.

Beurteilen von Schmierölen

Im Einsatz verändert Schmieröl seine Beschaffenheit (Tab. 1).

Die Beurteilung der Beschaffenheit ist durch eine Probenentnahme möglich. Dabei werden die Trübung, Verfärbung, das sich absetzende Wasser und der Anteil von festen Fremdstoffen bewertet. Eine Schmierölprobe kann durch eine Sichtprobe oder durch eine Untersuchung im Labor beurteilt werden.

Daraus können Rückschlüsse auf den Zustand des technischen Systems gezogen werden.

Tab. 1: Beschaffenheit von Ölen

Zustand	Ursache
Trübung	Feuchtigkeit und/oder feinste, in Schwebe befindliche Schmutzteile, feinste Luftbläschen
Verfärbung	Feinster Metallabrieb und/oder Fremdflüssigkeit Alterungserscheinung
starke Dunkelfärbung	Verunreinigungen durch feste Fremdstoffe wie Abrieb oder Staub Alterung durch Rückstandsbildung oder Überhitzung
sich absetzendes Wasser	Anfallen von Kondenswasser Eindringen von Wasser
feste Fremdstoffe in der Ölprobe	Abrieb von aufeinander reibenden Bauteilen, Verschmutzung von außen Alterungsprodukte

Tab. 2: Schmierstoffarten

Schmierstoffe						
Arten	**Schmieröle**		**Schmierfette**		**Festschmierstoffe**	
	Mineralöle	Synthetische Öle	Mineralölbasis	Synthetische Ölbasis	Graphit	Molybdändisulfit
Symbol/ Kennbuchstabe	▭	▭	△	◇	C	MoS_2
Verwendung	Geschwindigkeit	hoch		niedrig		niedrig
	Druck	niedrig		hoch		hoch
	Temperatur	hoch		niedrig		sehr hoch oder sehr niedrig

Beurteilen von Schmierfetten

Eine Beurteilung von Fetten ist durch eine Sichtprobe möglich.

Gealterte Schmierfette sind dunkler gefärbt als Neufette. Kaltverseifte Fette trocknen nach längeren Betriebszeiten aus und werden hart, da sie Wasser enthalten. Sie geben dann nur noch eine ungenügende Menge Schmieröl frei. Lithium-Seifenfette enthalten kein Wasser und sind deshalb alterungsbeständig.

Beurteilung von Festschmierstoffen

Durch eine Sichtkontrolle kann festgestellt werden, ob der Festschmierstofffilm beschädigt ist.

10.6.7 Umgang mit Schmierstoffen

Lagerung

Schmierstoffe behalten ihre Eigenschaften nur, wenn sie fachgerecht gelagert werden. Feuchtigkeit, Frost oder starke Sonneneinstrahlung vermindern die Qualität der Schmierstoffe und sind deshalb zu vermeiden. Die Lagerung von Schmierstoffen unterliegt den Vorschriften aus dem *Gewerbe- und Wasserrecht*, weil sie brennbar und wassergefährdend sind.

Brennbare Flüssigkeiten sind in Gefahrenklassen eingeteilt. Die Festlegung erfolgt in Abhängigkeit vom Flammpunkt (Tab. 1).

Tab. 1: Gefahrenklassen brennbarer Flüssigkeiten

Gefahrenklasse	Flammpunkt
A I	unter 21 °C
A II	21 °C bis 55 °C
A III	55 °C bis 100 °C

Bei den meisten Schmierölen liegt der Flammpunkt über 100 °C, sie werden deshalb keiner Gefahrenklasse zugeordnet.

Alle Schmieröle und Schmierfette sind wassergefährdende Stoffe. Die wassergefährdenden Stoffe werden in vier Gefährdungsklassen gegliedert (Tab. 2).

Tab. 2: Wassergefährdungsklassen

Wassergefähr-dungsklasse	Bedeutung
WGK 0	kaum wassergefährdend
WGK 1	schwach wassergefährdend
WGK 2	wassergefährdend
WGK 3	stark wassergefährdend

Altöle und wassermischbare Öle gehören grundsätzlich zur WGK 3.

Entsorgung

Verbrauchte Schmierstoffe sind ausschließlich in dafür zugelassenen Behältern zu sammeln. Dies erfolgt getrennt nach Sorten für verschiedene Kategorien:

- Kategorie 1 – Aufarbeitung
- Kategorie 2 – Weiterverwertung
- Kategorie 3 – Sondermüll

Die Entsorgung von Schmierstoffen nehmen autorisierte Sammelstellen vor. Gealterte und verunreinigte Schmierstoffe müssen restlos beseitigt werden.

 Die Entsorgung von Schmierstoffen muss nach den gesetzlichen Vorschriften erfolgen. In keinem Fall dürfen Öle in das Abwasser oder Grundwasser gelangen.

Hautschutz

Der Kontakt mit Schmierstoffen reizt die Haut und entzieht ihr Wasser und Fett. Dies kann zu Hauterkrankungen führen.

Zum Schutz sind Hautschutzmittel aufzutragen oder Schutzhandschuhe zu verwenden.

Das zu verwendende Hautschutzmittel ist den betrieblichen Hautschutzplänen zu entnehmen.

Die Auswahl der Schutzhandschuhe muss der Gefährdung am Arbeitsplatz entsprechen.

Zusammen-fassung

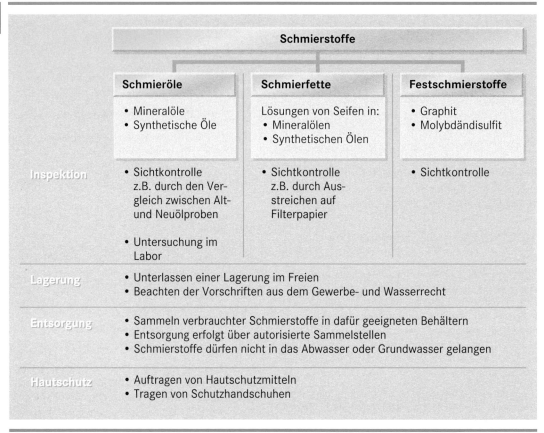

Schmierstoffe

Schmieröle	Schmierfette	Festschmierstoffe
• Mineralöle • Synthetische Öle	Lösungen von Seifen in: • Mineralölen • Synthetischen Ölen	• Graphit • Molybdändisulfit

Inspektion
- Schmieröle: • Sichtkontrolle z.B. durch den Vergleich zwischen Alt- und Neuölproben • Untersuchung im Labor
- Schmierfette: • Sichtkontrolle z.B. durch Ausstreichen auf Filterpapier
- Festschmierstoffe: • Sichtkontrolle

Lagerung
- • Unterlassen einer Lagerung im Freien
- • Beachten der Vorschriften aus dem Gewerbe- und Wasserrecht

Entsorgung
- • Sammeln verbrauchter Schmierstoffe in dafür geeigneten Behältern
- • Entsorgung erfolgt über autorisierte Sammelstellen
- • Schmierstoffe dürfen nicht in das Abwasser oder Grundwasser gelangen

Hautschutz
- • Auftragen von Hautschutzmitteln
- • Tragen von Schutzhandschuhen

Aufgaben

1. Was haben Sie bei der Entsorgung von Mineralölen zu beachten?

2. Es stehen flüssige Schmierstoffe, Schmierfette und Festschmierstoffe zur Verfügung.

a) Beschreiben Sie den Unterschied zwischen den einzelnen Schmierstoffen.

b) Wann verwenden Sie die verschiedenen Schmierstoffarten?

3. Bei der Sichtkontrolle einer Schmierölprobe ist eine Trübung des Öles erkennbar. Erläutern Sie mögliche Ursachen der Trübung.

4. Welche möglichen Rückschlüsse können aus einer Schmierölprobe hinsichtlich des Zustandes eines Getriebes in einer Werkzeugmaschine entnommen werden?

5. Auf einem Schmierölbehälter ist folgende Kennzeichnung angegeben. Erläutern Sie die Kennzeichnung.

HLPD

46

6. Auf einem Behälter für Schmierfette ist folgende Kennzeichnung angegeben. Erläutern Sie die Kennzeichnung.

7. Sie müssen über einen längeren Zeitraum mit Schmierölen arbeiten. Wie schützen Sie sich vor Hautschäden?

8. Warum können kaltverseifte Fette nach einer längeren Betriebsdauer ihre Funktion nicht mehr erfüllen?

9. Welche Bedeutung hat die Viskosität bei der Auswahl des Schmieröls?

10. Wählen Sie einen geeigneten Schmierstoff aus und begründen Sie die Auswahl.

a) Für sehr hohe Temperaturen.

b) Für sehr niedrige Temperaturen.

10.7 Hydraulische und pneumatische Einheiten

10.7.1 Hydraulische Einheiten

Die Werkzeug- und Werkstückspannung erfolgen an der Fräsmaschine hydraulisch. Im Maschinengestell befindet sich das Hydraulikaggregat. Für die erforderliche Spannarbeit wird die Druckenergie genutzt. Die Hydraulikflüssigkeit gelangt über starre oder flexible Leitungen zu den Bauteilen der Hydraulikanlage.

Aufbau und Funktion der Hydraulikanlage zeigt der Hydraulikplan, der auch Bestandteil der Betriebsanleitung des Herstellers ist (Abb. 1). Das Hydraulikaggregat besteht aus

- Hydraulikbehälter (0Z1),
- Pumpenmotor (0M1),
- Hydraulikpumpe (0P1),
- Druckbegrenzungsventil (0V1),
- Rückschlagventil (0V2),
- Ölfilter (0Z2) und
- Überdruckmesser (0Z3).

Über das 4/2-Wegeventil (1V1) wird der Spannzylinder (1A1) angesteuert.

Die Bauteile der Hydraulikanlage werden durch Rohr- oder Schlauchleitungen verbunden. Rohrverschraubungen verbinden die Leitungen mit den hydraulischen Bauteilen.

Beim Arbeiten an hydraulischen Anlagen ist zu beachten:

- Hydraulikpumpe ausschalten.
- Keine Leitungsverschraubungen, Anschlüsse und Geräte lösen, solange die Anlage unter Druck steht.
- Bei allen Arbeiten auf Sauberkeit achten.
- Alle Öffnungen mit Schutzkappen verschließen, damit kein Schmutz in das Hydrauliksystem eindringt.
- Hydraulikanschlüsse nicht verwechseln.
- Keine Putzwolle zum Reinigen von Ölbehältern verwenden.

Beim Wechseln von Hydraulikleitungen ist zu beachten:

- richtige Druckstufe der Schläuche und Armaturen,
- ausreichende Schlauchleitungslänge,
- fachgerechte Verlegung und Montage.

Beim Umgang mit Druckflüssigkeiten und deren Entsorgung die Angaben von Betriebsanweisung und Sicherheitsblättern befolgen. Die Hände sind mit einer Schutzcreme einzucremen.

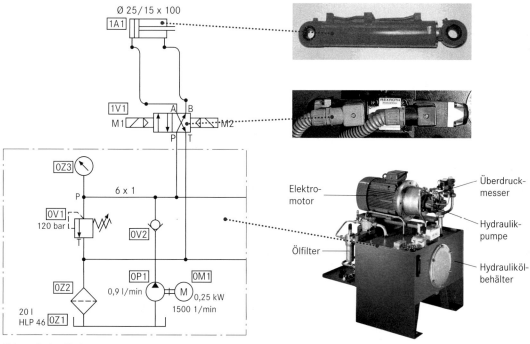

Abb. 1: Hydraulikplan

Warten

Die Wartung von Hydraulikanlagen umfasst folgende Tätigkeiten:

- Hydraulikanlage reinigen,

- Hydrauliköl wechseln,

- Hydrauliköl ergänzen,

- Hydraulikfilter wechseln oder reinigen.

Diese Wartungsarbeiten müssen in bestimmten Intervallen ausgeführt werden. Entscheidend für die Wartungsintervalle ist der Einsatz der Hydraulikanlage (Tab. 1).

Tab. 1: Wartungsintervalle

Einsatzklasse A	
Gelegentliche Nutzung bei langen Stillstandszeiten	alle zwei Jahre bei guten Umgebungsbedingungen (z. B. staubfreie Umgebung, nicht im Freien), sonst jährlich.
Einsatzklasse B	
Regelmäßige Nutzung bei unterbrochenem Betrieb	jährlich
Einsatzklasse C	
Regelmäßige Nutzung im Dauerbetrieb	nach maximal 5000 Betriebsstunden, spätestens jährlich

Hydraulikanlage reinigen

Die Hydraulikanlage muss regelmäßig gereinigt werden. Dadurch wird erreicht, dass

- beim Nachfüllen der Hydraulikflüssigkeit und beim Filterwechsel kein Schmutz in das System gelangt,

- sich bewegende Zylinderstangen vor Verschleiß geschützt werden,

- undichte Stellen besser sichtbar werden.

Beim Reinigen darf die Reinigungsflüssigkeit nicht in das Hydrauliksystem gelangen.

Hydrauliköl wechseln

Das Hydrauliköl wird nach den Vorgaben des Wartungsplans gewechselt (Abb. 1). Ein Ölwechsel muss auch durchgeführt werden, wenn Inspektionsergebnisse dies erfordern.

Bei einem Ölwechsel sind folgende Tätigkeiten auszuführen:

- Ölauffangwanne bereitstellen.

- Ölauffangmatten oder ölbindende Mittel bereitstellen.

- Hydrauliköl aus dem Ölbehälter ablassen oder abpumpen.

- Behälter auf abgesetztes Wasser oder Bodenschlamm überprüfen.

- Falls erforderlich eine Ölprobe entnehmen. Dazu müssen die Entnahmeeinrichtung und die Probeflasche sehr sorgfältig gereinigt sein.

- Ölbehälter reinigen.

- Hydrauliköl über einen Ölfilter nachfüllen. Die Porengröße dieses Filters sollte gleich oder kleiner als diejenige des eingebauten Ölfilters sein.

- Abgelassenes Hydrauliköl und ölverschmutzte Putzlappen müssen nach geltenden Vorschriften gelagert und entsorgt werden.

Abb. 1: Ölwechsel mit einem mobilen Ölfilter

Hydrauliköl ergänzen

Wird bei einer Inspektion ein zu niedriger Ölstand im Ölbehälter festgestellt, muss Hydrauliköl über einen Ölfilter nachgefüllt werden.

Hydraulikfilter wechseln oder reinigen

Es gibt Ölfilter mit wiederverwendbaren Filterelementen oder mit Einwegfilterelementen. Einwegfilterelemente müssen bei einem Ölwechsel ausgetauscht werden. Wiederverwendbare Filterelemente müssen bei einem Ölwechsel gereinigt werden. Heute werden hauptsächlich Ölfilter mit auswechselbaren Filterelementen verwendet. Der Zustand dieser Ölfilter wird mit Hilfe einer Verschmutzungsanzeige überwacht (Abb. 2). Das Überschreiten einer Grenzverschmutzung wird angezeigt.

Abb. 2: Verschmutzungsanzeige

Das Wechseln des Filterelementes umfasst folgende Schritte:

- Hydraulikfilter mit dem verschmutzten Filterelement druckentlasten.
- Filtergehäuse abschrauben bzw. Filterdeckel öffnen. Auf Sauberkeit achten.
- Verschmutztes Filterelement gemeinsam mit dem eingelegten Schmutzauffangkorb entnehmen.
- Die im Filtergehäuse vorhandene Restflüssigkeit vorschriftsgemäß entsorgen. Auf keinen Fall darf diese wegen der hohen Verschmutzung in den Ölkreislauf gelangen.
- Gehäuse mit einem flusenfreien, sauberen Lappen reinigen.
- Dichtung am Filterdeckel oder Filtergehäuse kontrollieren und falls erforderlich auswechseln.
- Dichtung des Filterelementes sowie die Dichtflächen und Gewinde am Filtergehäuse mit sauberem Hydrauliköl dünn bestreichen.
- Neues Filterelement entsprechend den Herstellerangaben einbauen.
- Filtergehäuse aufschrauben oder Filterdeckel schließen.
- Anlage einschalten und den Hydraulikfilter auf äußere Leckage kontrollieren.

Die Inspektionen richten sich nach dem Gesamtinspektionsplan (siehe Kap. 9). Für die Hydraulik gelten hierbei folgende Richtwerte (Tab. 2).

Tab. 2: Inspektionsintervalle

auszuführende Arbeit	Kurz-inspektion (täglich)	Einsatzklassen		
		A	B	C
Gesamtanlage:				
– äußere Leckagen	•	monatlich	wöchentl.	täglich
– Verschmutzung	•	monatlich	wöchentl.	täglich
– Geräusche	•	monatlich	wöchentl.	täglich
– Beschädigungen	•	monatlich	wöchentl.	täglich
Hydrauliköl:				
– Stand	•	monatlich	wöchentl.	täglich
– Temperatur	•	monatlich	wöchentl.	täglich
– Zustand (Ölproben)			1 Jahr	½ Jahr
Filter:				
– Überwachung von Verschmutzungsanzeigen	•	monatlich	wöchentl.	täglich
Einstellwerte:				
– Druckventil		1 Jahr	½ Jahr	½ Jahr
– Spanndruck für Werkzeug	•	1 Jahr	½ Jahr	½ Jahr
– Spanndruck für Werkstück	•	1 Jahr	½ Jahr	½ Jahr
Pumpen:				
– Druck-Volumenstrom-kennlinie			1 Jahr	½ Jahr
– Volumenstrom des Lecköls				

Vor Beginn der Arbeit muss der Anlagenführer eine Kurzinspektion durchführen. Hierbei vergewissert er sich über den ordnungsgemäßen Zustand der Anlage.

Die Inspektionsarbeiten müssen bei eingeschaltetem Hydraulikaggregat durchgeführt werden.

Rohrleitungen und Rohrverschraubungen prüfen

Die Kontrolle des Leitungsnetzes (Abb. 1) besteht aus folgenden Tätigkeiten:

- Rohrleitungen auf Beschädigungen überprüfen,

- Verschraubungen, Einschraub- und Verbindungsverschraubungen auf Dichtigkeit kontrollieren,

- Rohrleitungen auf festen Sitz in ihren Befestigungen prüfen und

- Rohrleitungen auf unzulässige Schwingungen untersuchen.

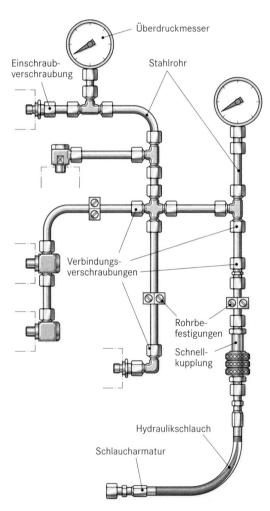

Abb. 1: Rohrleitungen und Rohrverschraubungen

Eine lockere Verbindung in einer Druckleitung führt zur Leckage von Hydrauliköl. Bei Rücklauf- und Ansaugleitungen führen lockere Verbindungen zum Ansaugen von Luft in das Hydrauliksystem. Lose Rohrleitungen können durchscheuern.

Schlauchleitungen prüfen

Schlauchleitungen werden auf folgende Mängel untersucht:

- Beschädigung der Außenschicht bis zur Einlage z. B. durch Risse, Schnitte oder Scheuerstellen,

- Rissbildung durch Versprödung (Alterung) des Schlauchmaterials,

- Verformungen, hervorgerufen durch Schichttrennung, Blasenbildung, Quetsch- oder Knickstellen,

- undichte Schlauchleitung,

- Schlaucharmatur beschädigt oder deformiert,

- Schlauch löst sich aus der Armatur,

- Armatur korrodiert, so dass Festigkeit und Funktion beeinträchtigt werden,

- die Verwendungsdauer ist überschritten.

Die Verwendungsdauer eines Hydraulikschlauches sollte max. 6 Jahre ab Herstelldatum nicht überschreiten. Das Herstelldatum ist auf der Schlaucharmatur vermerkt. Abbildung 2 zeigt den Aufbau eines Hydraulikschlauches.

Abb. 2: Aufbau eines Hydraulikschlauches

Wird einer dieser Mängel festgestellt, so muss die betreffende Schlauchleitung ausgetauscht werden.

Hydrauliköl kontrollieren

Die Kontrolle umfasst den Zustand des Öls und den Ölstand im Ölbehälter. Der Ölstand im Hydraulikbehälter ist am Schauglas zu kontrollieren (Abb. 3). Ein zu niedriger Ölstand deutet auf äußere Leckagen hin. Des Weiteren muss die Öltemperatur kontrolliert werden.

Um eine genaue Auskunft über die vorhandene Ölqualität zu erhalten, werden Ölproben im Labor untersucht (siehe Kap. 10.6). Damit der Betriebszustand des Hydrauliköls erfasst wird, müssen die Ölproben bei betriebswarmer Anlage aus dem

Behälter entnommen werden. Eventuell vorhandene Schwebstoffe haben sich dann noch nicht abgesetzt. Bei komplexeren Hydraulikanlagen sind hierfür extra Ventile eingebaut, die es ermöglichen, während des Betriebes Kontrollmessungen und Ölentnahmen durchzuführen (Abb. 4). Nach der anschließenden Untersuchung des Öls können Aussagen über den Ölzustand und die Schmutzrückstände gemacht werden.

Abb. 3: Ölstand

Abb. 5: Hydraulikzylinder

Hydraulikpumpe und Elektromotor prüfen

Die Inspektion der Hydraulikpumpe und des Elektromotors umfasst folgende Maßnahmen (Abb. 6):

- Temperatur von Pumpe und E-Motor mit der Hand überprüfen. Bei normaler Betriebstemperatur lassen sich diese Hydraulikkomponenten mit der Hand berühren.

- Geräuschverhalten von Pumpe und E-Motor bewerten.

- Befestigungen und Ausrichtung von Hydraulikpumpe und E-Motor kontrollieren.

- Pumpen-Drehrichtung überprüfen.

- Leitungsanschlüsse und Wellendurchführung bei der Pumpe auf Dichtheit kontrollieren.

Ventilanschlüsse zur Druckkontrolle,
Ölentnahme oder Entlüftung

Abb. 4: Hydraulikanlage mit Messstellenanschlüssen

Zylinder kontrollieren

Bei Hydraulikzylindern ist der Zustand der Kolbenstange von großer Bedeutung (Abb. 5). Sie wird auf Verformung, Beschädigung und Korrosion untersucht. Der äußere Zustand und die Dichtheit des Hydraulikzylinders müssen beurteilt werden. Die Befestigungen und die genaue Ausrichtung des Hydraulikzylinders müssen überprüft werden. Eine gleichmäßige Kolbenbewegung und eine ausreichende Dämpfung sind sicherzustellen.

Abb. 6: Elektromotor mit Hydraulikpumpe

Hydroventile kontrollieren

Die Kontrolle umfasst folgende Arbeiten:

- Befestigungen und Leitungsanschlüsse überprüfen.

- Dichtheit des Ventils kontrollieren.

- Vorhandene Plomben, Typenschilder und elektrische Anschlüsse überprüfen.

Außerdem sind die Ventilgeräusche und die Temperatur zu bewerten.

Anlass für eine Instandsetzung können festgestellte Mängel infolge einer Inspektion oder plötzlich aufgetretene Störungen sein.

Bauteile austauschen

**Instand-
setzen**

Hierbei fallen Tätigkeiten an, die bei fast jedem Bauteilwechsel stattfinden.

Zum Beispiel wurde bei einer täglichen Kontrolle festgestellt, dass ein Zylinder Öl verliert. Ein gleicher Zylinder ist vorrätig und die Instandsetzung benötigt nicht viel Zeit. Mit der Behebung des Fehlers kann gleich begonnen werden. Ein Produktionsausfall ist nicht zu erwarten.

Defekten Zylinder wechseln

Für den Austausch des Zylinders sind folgende Arbeitsschritte notwendig:

- Anlage spannungs- und drucklos schalten.

- Hydraulikleitungen losschrauben und verschließen, damit kein Schmutz in das System eindringen kann.

- Zylinder ausbauen und die Hydraulikflüssigkeit durch Betätigen mit der Hand vollständig ablassen.

- Anschlüsse des defekten Zylinders verschließen.

- Hydraulikanschlüsse des Ersatzzylinders auf Beschädigungen untersuchen.

- Ersatzzylinder ausrichten und befestigen.

- Endlagendämpfung kontrollieren und einstellen.

- Hydraulikschläuche anschließen, die Anschlüsse dabei nicht verwechseln. Die Schläuche müssen fest verschraubt sein, um eine Leckage zu vermeiden.

- Zylinder entlüften und mit Druck beaufschlagen.

- Ausgelaufenes Öl aufwischen.

- Funktionsprüfung mehrmals wiederholen.

- Fertigmeldung durch den Monteur.

Druckmessung

Bei einer Störung ist die Fehlerursache nicht bekannt. Es muss eine Fehlersuche durchgeführt werden. Eine Möglichkeit stellt die Druckmessung dar. Um wichtige Druckmessergebnisse zu erhalten, sind an der Hydraulikanlage Messanschlüsse installiert (Abb. 1). An diesen Messstellen können Druckmessgeräte aufgeschraubt werden, um den jeweiligen Druck zu messen (Abb. 2).

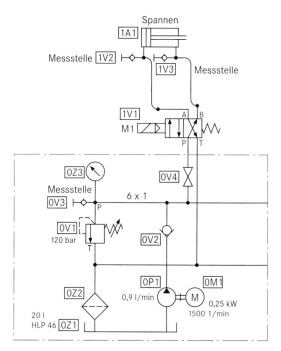

Abb. 1: Hydraulikplan mit Messanschlüssen

Um Stillstandszeiten zu senken, muss bei der Fehlersuche systematisch vorgegangen werden. Hierbei kann ein Ablaufdiagramm nach DIN 66 001 zur Veranschaulichung eines Lösungsweges hilfreich sein (Abb. 3).

Zum Überprüfen der Pumpe und des Hydraulikaggregates wird der Absperrhahn 0V4 geschlossen. Der sich einstellende Druck wird am Überdruckmesser 0V3 abgelesen.

Abb. 2: Aufschraubbares, digitales Manometer

Der abgelesene Wert von 120 bar und alle nachfolgenden Messergebnisse werden zur Dokumentation und Auswertung in eine Tabelle eingetragen (Tab. 1).

Für die nachfolgenden Prüfungen wird der Absperrhahn 0V4 geöffnet. Als Nächstes lässt man den Kolben ausfahren und trägt die angezeigten Werte der installierten Überdruckmesser in die Tabelle ein (Tab. 1).

In der vorderen Endlage des Zylinders muss an den Messstellen 0V3 und 1V2 der Maximaldruck von 120 bar anliegen. An der Messstelle 1V3 sollte kein Druck angezeigt werden.

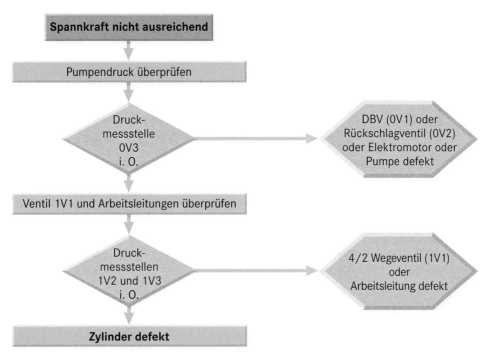

Abb. 3: Ablaufdiagramm zur Störungssuche

An den Messstellen werden folgende Drücke angezeigt:

- 0V3 → 120 bar,
- 1V2 → 116,5 bar,
- 1V3 → 3,5 bar.

Für die nächste Auswertung lässt man den Hydraulikkolben wieder einfahren. Im eingefahrenen Zustand muss an den Messstellen 0V3 und 1V3 der maximale Druck von 120 bar angezeigt werden. Am Überdruckmesser 1V2 sollte kein Druck angezeigt werden. Folgende Drücke sind an den Messstellen vorhanden:

- 0V3 → 120 bar,
- 1V2 → 3,5 bar,
- 1V3 → 116,5 bar.

Sind alle Messergebnisse in die Tabelle eingetragen, erfolgt die Auswertung. Die ermittelten Ist-Werte werden mit den Soll-Werten verglichen.

Wie Tabelle 1 zeigt, besteht eine Druckdifferenz für den ausgefahrenen Zylinder an den Messstellen 1V2 und 1V3.

Ebenso ist eine Abweichung von den Soll-Werten für den eingefahrenen Hydraulikzylinder an 1V2 und 1V3 zu verzeichnen.

Die angezeigten Druckdifferenzen weisen auf eine Undichtheit des Kolbens hin.

Zur Fehlerbeseitigung muss der Hydraulikzylinder gegen einen neuen oder überholten Zylinder ausgetauscht werden.

Für eine Reparatur werden von vielen Herstellern Reparatursets oder Ersatzteile angeboten.

Tab. 1: Auswertung der Messergebnisse

Auswertung						
Bezeichnung	Messstelle – Druckangaben in bar					
	0V3		1V2		1V3	
	Soll	Ist	Soll	Ist	Soll	Ist
Absperrventil 0V4 geschlossen	120,0	120,0	0,0	0,0	0,0	0,0
vordere Endlage	120,0	120,0	120,0	116,5	0,0	3,5
hintere Endlage	120,0	120,0	0,0	3,5	120,0	116,5

Aufgaben

1. Wie wirkt sich eine defekte Pumpe auf die Messwerte aus?

2. Wie können Sie mit Hilfe der installierten Überdruckanzeiger den inneren Widerstand des Hydraulikzylinders ermitteln?

10.7.2 Pneumatische Einheiten

Den Aufbau und die Funktion der Pneumatikanlage für die Vereinzeler zeigt der pneumatische Schaltplan (Abb. 1). Die zentral erzeugte Druckluft wird in der Aufbereitungseinheit (0Z1) auf den Arbeitsdruck eingestellt. Über 3/2-Wegeventile (1V1, 2V1) werden die Zylinder (1A1, 2A1) der Vereinzeler angesteuert.

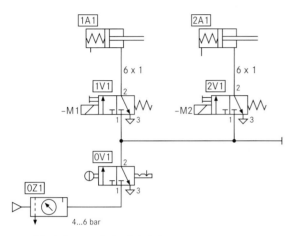

Abb. 1: Pneumatischer Schaltplan

Aufbereitungseinheit kontrollieren

• Aufbereitungseinheit reinigen,

• Filterpatrone reinigen oder wechseln,

• Kondensat ablassen,

• automatische Kondensatabscheidung kontrollieren,

• Öl im Druckluftöler ergänzen.

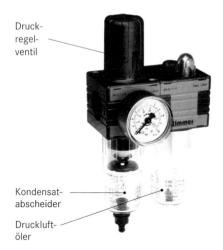

Abb. 2: Aufbereitungseinheit

Schlauchleitungen und Bauelemente prüfen

Hierbei sind folgende Prüfungen durchzuführen:

• Schlauchleitungen auf Beschädigungen wie Knicke, Risse, Porosität oder eingedrückte Metallspäne untersuchen,

• Schlauchbefestigungen wie Klemmleisten und Schlauchbinder auf festen Sitz kontrollieren,

• Schlauchverbindungen auf richtigen Sitz und Dichtheit prüfen,

• Kolbenstangen auf Verschleißerscheinungen untersuchen, dies können Längsriefen und festhaftende Partikel der Stangendichtung sein,

• Laufruhe des Zylinders kontrollieren (Stick-Slip Effekt),

• Zylinderbefestigungen auf festen Sitz und Korrosion überprüfen,

• Ventile auf Leckverluste kontrollieren,

• Handbetätigung der Ventile kontrollieren.

Instandsetzen

Bei der Inspektion entdeckte Fehler gilt es zu beseitigen. Dazu werden bei druckloser Anlage z. B.:

• Fehlerhafte Schlauchleitungen erneuert,

• Lose Verschraubungen nachgezogen oder ersetzt,

• Defekte Rohrleitungen repariert oder erneuert,

• Verbindungen und Dichtungen ausgetauscht,

• Bauelemente wie Ventile oder Pneumatikzylinder ausgetauscht oder repariert.

Instandhaltungsmaßnahmen

Hydraulische Einheiten

Wartung

- Reinigen der Hydraulikanlage
- Hydrauliköl wechseln
- Hydrauliköl ergänzen
- Hydraulikfilter reinigen oder wechseln

Inspektion

- tägliche Kontrollen
  - äußere Leckagen
  - Verschmutzung
  - Geräusche
  - Beschädigungen
  - Ölstand
  - Öltemperatur
  - Ölfilter Verschmutzungsanzeige
  - Spanndruck Werkzeug
  - Spanndruck Werkstück
- Verschraubungen, Rohr- und Schlauchleitungen
- Hydrauliköl
  - Zustand (Ölprobe)
- Einstellwerte
  - Druckventil
- Pumpen
- Ventile

Pneumatische Einheiten

Wartung

- Reinigung der Aufbereitungseinheit
  bestehend aus:
  - Filter
  - Druckreduzierventil
  - Öler
- Wechseln der Filterpatrone
- Ergänzen des Öls im Öler

Inspektion

- Kontrolle der:
  - Schlauchleitungen
  - Zylinder
  - Ventile

Instandsetzung

- Fehlerhafte Schlauchleitungen erneuern.
- Lose Verschraubungen nachziehen oder erneuern.
- Verbindungen und Dichtungen erneuern.
- Bauelemente wie z. B. Ventile und Zylinder aus-
  wechseln oder reparieren.

Zu jedem Zeitpunkt sind die geltenden Unfall-Verhütungs-Vorschriften zu beachten. Für die Entsorgung
von Altöl und ölverschmutzten Gegenständen sind die geltenden Vorschriften zu beachten!

1. Worauf müssen Sie beim Arbeiten an hydraulischen Anlagen achten?

2. Welche Tätigkeiten umfasst die Wartung einer Hydraulikanlage?

3. Sie sollen an einem Hydraulikaggregat einen Ölwechsel durchführen. Nennen Sie die notwendigen Arbeitsschritte.

4. Beschreiben Sie den Wechsel eines Hydraulikfilters.

5. Welche Inspektionstätigkeiten werden bei einer Kurzinspektion durchgeführt?

6. Welche Mängel können an Hydraulikschläuchen auftreten?

7. Welche Kontrollen sind an einem Hydraulikzylinder durchzuführen?

8. Wozu dienen Messanschlüsse innerhalb einer Hydraulikanlage?

9. Welche Wartungstätigkeiten werden an einer Pneumatikanlage durchgeführt?

10. Beschreiben Sie die Inspektion einer Pneumatikanlage.

10.8 Elektrische Einheiten

10.8.1 Arbeiten an elektrischen Anlagen

Vorschriften

Für das Arbeiten an elektrischen Anlagen müssen bestimmte Regeln beachtet werden. Dazu gehören die

- Unfallverhütungsvorschriften (UVV),

- Vorschriften des VDE (Verband der Elektrotechnik, Elektronik und Informationstechnik) und

- DIN-Normen.

Die Unfallverhütungsvorschrift mit der Bezeichnung **Elektrische Anlagen und Betriebsmittel (BGV A2)** wird u. a. von der Berufsgenossenschaft für Feinmechanik und Elektrotechnik herausgegeben. Sie ist für alle im Betrieb tätigen Personen verbindlich. Neben anderen Vorschriften enthält sie die für den Elektriker und den verantwortlich Arbeitenden sehr wichtigen *fünf Sicherheitsregeln* ().

> **!** Die fünf Sicherheitsregeln müssen in der vorgeschriebenen Reihenfolge beachtet werden.
> Nach Abschluss der Arbeiten sind die Sicherheitsregeln in umgekehrter Reihenfolge aufzuheben.

Verantwortlichkeit

Die Einhaltung von Vorschriften und Regeln ist lebenswichtig auch mit Rücksicht auf weitere Mitarbeiter, die in der Anlage arbeiten. Man unterscheidet dabei folgende Beschäftigte:

- **Elektrofachkräfte**

Sie müssen folgende Anforderungen erfüllen:

- Fachliche Ausbildung,

- Erfahrung aufgrund mehrjähriger Tätigkeit,

- Kenntnis entsprechender Normen,

- Fähigkeit, angeordnete Arbeiten zu beurteilen,

- Fähigkeit, Gefahren zu erkennen.

- **Elektrotechnisch unterwiesene Personen**

Sie können tätig werden bei den Voraussetzungen nach:

- Unterrichtung durch eine Elektrofachkraft,

- Einführung in übertragene Aufgaben,

- Hinweis auf Gefahren bei falschem Verhalten,

- Information über erforderliche Schutzeinrichtungen und Schutzmaßnahmen.

Der *Anlagenverantwortliche* trägt die unmittelbare Verantwortung für den ordnungsgemäßen Betrieb elektrischer Anlagen. Er kann Arbeiten an elektrischen Anlagen und Betriebsmitteln auch an andere Personen, z. B. Elektrofachkräfte oder elektrotechnisch unterwiesene Personen, übertragen. Dazu gehören Tätigkeiten wie:

- Herstellen, Errichten und Ändern elektrischer Anlagen,

- Instandhalten elektrischer Anlagen und Betriebsmittel.

Alle Arbeiten umfassen Tätigkeiten nach BGV A2 § 3 Abs. 1 (www.bgfe.de), die nur von Elektrofachkräften oder unter deren Anleitung verrichtet werden dürfen. Die Sicherheit und Funktion der Anlage oder der Betriebsmittel ist dann gewährleistet. Beim Instandhalten und Reinigen elektrischer Betriebsmittel kann es vorkommen, dass Arbeiten ohne Berührungsschutz bzw. unter Spannung durchgeführt werden müssen. Wenn also zwingende Gründe vorliegen, muss der Anlagenverantwortliche Folgendes festlegen:

- Art der Arbeiten, die unter Spannung ausgeführt werden müssen und

- die zuständige verantwortliche Elektrofachkraft.

Sicherheit

Für Montagearbeiten zur Instandhaltung muss der Anlagenverantwortliche Arbeitsanweisungen aufstellen, die Sicherheitsmaßnahmen enthalten. Darüber hinaus ist jeder Beschäftigte verpflichtet, an der Anlage für seine eigene Sicherheit und Gesundheit zu sorgen. Dazu gehören Bereiche des Arbeitsschutzes, z. B. die persönliche Schutzkleidung. Je nach Arbeitsgefährdung muss zusätzlich zur Schutzkleidung folgende Schutzausrüstung getragen werden:

- Kopfschutz: Schutzhelm,

- Augenschutz: Schutzbrille,

- Schallschutz: Gehörschutzstöpsel bis 110 dB bzw. Gehörschutzkapseln bis 120 dB,

- Atemschutz: Filtergeräte,

- Handschutz: Sicherheitshandschuhe,

- Fußschutz: Sicherheitsschuhe,

- Absturzschutz: Halte- bzw. Auffanggurt.

Bei den erforderlichen Arbeiten müssen *isolierte Werkzeuge* verwendet werden (Abb. 1). Die Teile am Werkzeug, die mit den Händen berührt werden, haben isolierende Beschichtungen (z. B. aus Kunststoff) und tragen ein Prüfzeichen.

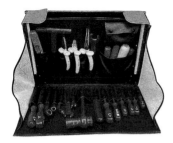

Abb. 1: Werkzeugkoffer

Für Anlagen bis 1000 V dürfen nur *zweipolige Spannungsprüfer* verwendet werden. Die vorhandene Spannung wird dann durch eine aufleuchtende Glimmlampe, ein eingebautes Spannungsmessgerät (Abb. 2) oder durch eine Leuchtdiode angezeigt.

Abb. 2: Zweipoliger Spannungsprüfer

Für Messungen sind Messgeräte einzusetzen, die den Effektivwert anzeigen. Dazu gehören *digitale Multimeter*. Mit ihnen sind genaue Messungen (z. B. der Messgrößen Spannung, Stromstärke und Widerstand) möglich. Multimeter zeigen den Messwert direkt als Zahl mit Komma, Polarität und Einheit an. Die Lage des Messgerätes braucht nicht beachtet zu werden, da zur Messwertbildung keine mechanischen Teile im Gerät enthalten sind. Multimeter sind gegen Überlastung geschützt.

Abb. 3: Messung mit digitaler Stromzange

In elektrischen Anlagen sind zur Kontrolle oft Stromstärkemessungen erforderlich, bei denen jedoch der Stromfluss nicht unterbrochen werden darf. Dafür sind *digitale Stromzangen* zu verwenden (Abb. 3). Mit ihnen können Gleich- und Wechselströme mit Messbereichen von z. B. DC 0,1 A ... 2500 A und AC 0,1 A ... 2100 A gemessen werden.

Schutzabstände

Der *Basisschutz* (Schutz gegen direktes Berühren) ist Teil der Maßnahmen gegen elektrischen Schlag, die in der **DIN VDE 0100-410** beschrieben sind. Hierzu gehören alle Maßnahmen zum Schutz vor Gefahren, die sich beim direkten Berühren von Spannung führenden Teilen ergeben.

Ein *vollständiger Schutz* gegen direktes Berühren liegt vor, wenn Spannung führende Anlagenteile mit einer Basis- und Betriebsisolierung ausgestattet sind (➝▭). Auch durch Abdeckung und Umhüllung aktiver Teile, z. B. bei Schraubsicherungen, wird vollständiger Schutz erreicht (Abb. 4).

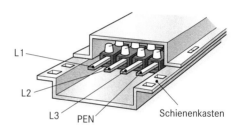

Abb. 4: Schutz durch Abdeckung

Ein *teilweiser Schutz* gegen direktes Berühren liegt vor, wenn unter Spannung stehende Anlagenteile durch Hindernisse abgegrenzt werden. Dies wird durch Geländer, Ketten oder Seile erreicht, die durch farbliche Kennzeichnungen in gelb/schwarz oder rot/weiß auf den Gefahrenbereich aufmerksam machen. Ein weiterer Schutz besteht im Einhalten des Handbereichs (Abb. 5). Dadurch sind unter Spannung stehende Teile, die außerhalb des Bereichs liegen, ohne Hilfsmittel nicht erreichbar.

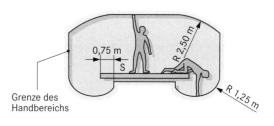

Abb. 5: Schutzabstand durch Handbereich

Prüfen

10.8.2 Elektrische Betriebsmittel

In einer elektrischen Anlage kommen verschiedene Arten elektrischer Betriebsmittel vor. Man unterscheidet nach ihrem Standort:

- *ortsfeste Betriebsmittel*, z. B. der Antriebsmotor und die Multifunktionsanzeige im Bedienpult der Fräsmaschine,

- *ortsveränderliche Betriebsmittel*, z. B. alle Elektrowerkzeuge.

Diese Betriebsmittel dienen zur Umwandlung von elektrischer in mechanische Energie, zur Steuerung oder Informationsübertragung beim Fertigungsprozess.

Durch den Verteilungsnetzbetreiber (VNB) werden folgende Spannungen zur Verfügung gestellt:
- Wechselspannung 230 V,
- Dreiphasen-Wechselspannung 400 V/230 V.

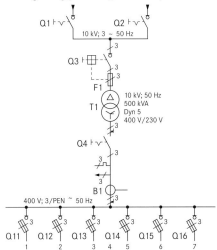

Einspeisung – Mittelspannung 10 kV
über Ringleitung (Freileitung oder Kabel)

Ausgangs-Niederspannung 400 V; 3/PEN ~ 50 Hz über Freileitung oder Kabel	
10 kV; 3 ~ 50 Hz	Mittelspannung 3-Leiter-System
Q1, Q2	Lasttrennschalter
Q3, F1	Lasttrennschalter mit Hochleistungssicherungen
T1	Leistungstransformator
Q4	Leistungsselbstschalter mit thermischer und magnetischer Überstromauslösung
B1	Stromwandler
3/PEN ~ 50 Hz 400 V/230 V	Niederspannung 4-Leiter-System
Q11 ... Q16	Sicherungs-Lasttrennschalter

Abb. 1: Übersichtsschaltplan einer Energieversorgung

Die Energieeinspeisung in die Fabrikanlage kann über Mittelspannung erfolgen.

In einer Verteilerstation auf dem Fabrikgelände wird Mittelspannung, z. B. 10 kV, durch einen Leistungstransformator in die Niederspannung 400 V/230 V umgewandelt (Abb. 1). Über Sicherungs-Lasttrennschalter erfolgt dann die Energiezufuhr zur Energieverteilung (Abb. 2). Hier werden die einzelnen Stromkreise den elektrischen Betriebsmitteln zugeordnet. Diese sind Wechselstromverbraucher (z. B. Leuchten in der Fabrikhalle und Steckdosen zum Anschluss von Elektrowerkzeugen) oder Dreiphasen-Wechselstrom-Verbraucher (z. B. Drehstrommotoren).

Im Übersichtsschaltplan einer Energieverteilung sind folgende Stromkreise für elektrische Betriebsmittel installiert:

- **Wechselstromverbraucher, Stromkreis 9,**
  z. B. mit den Leitern für L1, N und PE.
  Die Absicherung erfolgt dabei über

- Schmelzsicherung F0.1 als Vorsicherung,

- Fehlerstrom-Schutzeinrichtung F0.2 (RCD) und

- Leitungsschutz-Schalter F1.9.

- **Drehstromverbraucher, Stromkreise 1 bis 8,**
  mit den Leitern für L1, L2, L3, N und PE.
  Die Absicherung erfolgt über

- Vorsicherung F0.1,

- Leitungsschutz-Schalter F1.1 bis F1.8 und

- Motorschutzschalter Q1.1 bis Q1.8.

Der Motorschutzschalter schützt den Motor vor Überlastung. Die gesamte Energieverteilung, wie sie im Übersichtsschaltplan dargestellt ist, befindet sich in einem Schaltschrank und ist nur für Anlagenverantwortliche zugänglich.

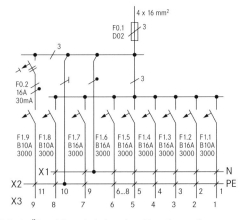

Abb. 2: Übersichtsschaltplan einer Energieverteilung

Wiederholungsprüfungen

Um einen störungsfreien Betrieb elektrischer Anlagen und Betriebsmittel zu gewährleisten, sind u. a. nach der BGV A3 und der DIN VDE 0105-100 Wiederholungsprüfungen in festgesetzten Zeitabständen durchzuführen (Tab. 1). Unabhängig davon können die Betriebsmittelhersteller in den Betriebsanleitungen weitere Prüfungen vorschreiben.

Die Wiederholungsprüfungen sind folgendermaßen auszuführen:

• Elektrische Anlage freischalten

Bei den Messungen an *ortsfesten elektrischen Betriebsmitteln* sind die Außenleiter und der Neutralleiter vom Netz zu trennen. Gegen das Wiedereinschalten der Anlage müssen Sicherheitsmaßnahmen getroffen werden.

• Messungen

Nach DIN VDE 0701-0702 werden ortsfeste und ortsveränderliche Betriebsmittel gleichermaßen geprüft. Dabei werden Messungen durchgeführt zu dem:

- Schutzleiterwiderstand,
- Isolationswiderstand.
- Schutzleiterstrom und
- Berührungsstrom.

Für alle elektrischen Größen gelten Grenzwerte nach DIN VDE (➡️📖).

Nach Beendigung der Prüfungen muss der verantwortliche Prüfer das Messergebnis schriftlich dokumentieren.

Instand gesetzte und geprüfte Betriebsmittel erhalten ein Prüfzeichen (Abb. 3), das sichtbar angebracht sein muss.

Abb. 3: Prüfzeichen

Tab. 1: Prüffristen nach BGV A3

Ortsfeste Betriebsmittel

Pos.	Was wird geprüft?	Wie oft?	Wie wird geprüft?	Wer prüft?
1	Elektrische Anlagen und ortsfeste Betriebsmittel	4 Jahre	auf ordnungsgemäßen Zustand	Elektrofachkraft
2	Wie Pos. 1 bei „Betriebsstätten, Räumen und Anlagen besonderer Art" (DIN VDE 0100 Gruppe 700)	1 Jahr	auf ordnungsgemäßen Zustand	Elektrofachkraft
3	Schutzmaßnahmen mit RCD in **nicht**stationären Anlagen (z. B. Baustelle)	1 Monat	auf Wirksamkeit	Elektrofachkraft oder elektrotechnisch unterwiesene Personen
4	RCD, Differenzstrom- und Fehlerspannungs-Schutzschalter in – stationären Anlagen – nichtstationären Anlagen	– 6 Monate – arbeitstäglich	auf einwandfreie Funktion durch Betätigen der Prüfeinrichtung	Benutzer

Ortsveränderliche Betriebsmittel

Pos.	Was wird geprüft?	Wie oft?	Wie wird geprüft?	Wer prüft?
1	Ortsveränderliche elektrische Betriebsmittel (wenn benutzt)	**Richtwerte:** – allgemein: 6 Monate – Baustellen: 3 Monate Verlängerung möglich, wenn Fehlerquote < 2 % **Maximalwerte:** – Baustellen, Fertigungsstätten, Werkstätten, ... 1 Jahr	auf ordnungsgemäßen Zustand	Elektrofachkraft oder elektrotechnisch unterwiesene Personen
2	Verlängerungs-/Geräteanschlussleitungen mit Steckvorrichtung			
3	Anschlussleitungen mit Stecker			
4	Bewegliche Leitungen mit Stecker und Festanschluss			

Besichtigen und Erproben

Elektrische Anlagen müssen vor Inbetriebnahme auf den ordnungsgemäßen Zustand überprüft werden. Durch Verschleiß und Beschädigungen während des Betriebes sind regelmäßige Überprüfungen erforderlich (z. B. die Isolation der bewegten Leitung am Roboter).

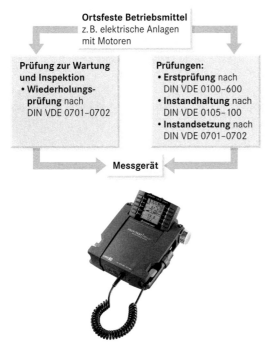

Abb. 1: Prüfgerät für ortsfeste Betriebsmittel

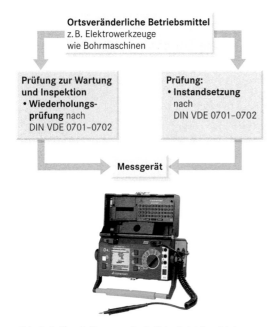

Abb. 2: Prüfgerät für ortsveränderliche Betriebsmittel

Weiterhin sind die Richtlinien des Maschinenherstellers zur Inspektion zu befolgen. Für die Prüfung ortsfester (Abb. 1) und ortsveränderlicher Betriebsmittel (Abb. 2) gelten DIN VDE-Vorschriften.

Beim *Besichtigen* wird kontrolliert, ob in der elektrischen Anlage und an den Betriebsmitteln Beschädigungen aufgetreten sind. Hierbei ist folgendes zu beachten:

• Ist der Basisschutz bei Spannung führenden Geräteteilen gewährleistet?

Der Basisschutz ist Teil der Schutzmaßnahme nach **DIN VDE 0100-410**. Aktive Teile von Betriebsmitteln stehen im Betrieb unter Spannung. Sie dürfen nicht offen liegen und nur mit Werkzeugen zugänglich sein. Dies ist z. B. im Klemmenkasten der Motoren an der Fräsmaschine der Fall. Aktive Teile müssen durch die *Abdeckung* vor direktem Berühren geschützt sein. Eine *Lockerung* der Abdeckung oder Beschädigungen an der Isolierung der Zuleitung sind zu beheben. Bei schadhafter Isolierung ist zu prüfen, ob eine vorläufige Reparatur mit Isolierband ausreicht. Später kann bei erforderlichem Stillstand der Maschine oder sonstiger Wartungsarbeiten die Zuleitung von der Verteilung bis zur Maschine ausgewechselt werden. Dabei ist auf den richtigen Anschluss in der Verteilung und im Klemmenkasten zu achten. Bei der Neuverlegung der Zuleitung muss darauf geachtet werden, dass die Leitung nicht über scharfe Kanten gelegt wird. Sie darf nicht geknickt werden (Knickschutz) und muss an den Einführungsstellen, z. B. zum Klemmenkasten, zugentlastet sein.

• Sind Kennzeichnungen vollständig vorhanden?

Kennzeichnungen und Aufschriften auf den Motoren sind auf Vollständigkeit und Lesbarkeit zu überprüfen (Abb. 3).

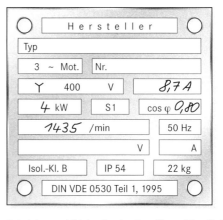

Abb. 3: Leistungsschild des Bandmotors (Kurzschlussläufer)

Die Teilbereiche einer Fabrikhalle, deren Zutritt nur für Elektrofachkräfte erlaubt ist, sind sichtbar durch Sicherheitsschilder zu kennzeichnen. Schaltpläne und Betriebsanleitungen müssen an zugänglichen Stellen vorhanden und einsehbar sein.

• Sind äußerlich an Betriebsmitteln Mängel festzustellen?

Drehende Teile an den Motoren, z. B. Lüfter, müssen gegen Berühren durch Abdeckungen gesichert sein. Deren *Befestigung* muss geprüft werden. Während des Betriebes angesammelte Schmutzteile an den Kühlöffnungen sind zu entfernen. Elektrische Betriebsmittel müssen vor Feuchtigkeit und Staub geschützt werden. Dabei ist auf das *Reinigen* der Lüfterseite bei den Motoren zu achten, Fremdkörper können z. B. durch Absaugen entfernt werden. Beim Abnehmen von Abdeckungen muss der Motorstillstand gewährleistet sein (Sichern gegen Wiedereinschalten), z. B. durch abschließbare Sicherheitsschalter. Eine ungewöhnliche *Geräuschentwicklung* bei Motoren kann außer auf Lagerschäden oder Getriebeschäden auch auf eine Überlastung hinweisen. Die Motorschutzeinrichtung hat dann in diesem Fall noch nicht angesprochen und den Motor abgeschaltet.

Beim *Erproben* soll die Funktion elektrischer Anlagen und Betriebsmittel geprüft werden. Dazu gehören z. B. folgende Bereiche:

• Wirksamkeit von Schutzeinrichtungen (z. B. RCD (Prüftaste betätigen) und Schutzrelais),

• Wirksamkeit der Not-Aus-Schalter,

• Funktionsfähigkeit der Kontroll- und Meldeleuchten,

• Notbeleuchtungsanlage mit Stromkreisen für

  – Sicherheitsbeleuchtung in Arbeitsstätten mit besonderer Gefährdung und

  – Ersatzbeleuchtung, die bei Netzausfall in *t* < 0,5 s auf Ersatzstrombetrieb umschaltet.

Zur Prüfung der Notbeleuchtungsanlage wird während eines Produktionsstillstandes oder der Durchführung von Wartungsarbeiten ein Netzausfall simuliert.

Bei vielen Teilprüfungen an elektrotechnischen Systemen erfolgt das Durchführen von Besichtigungen und das Erproben gleichzeitig.

 Beim Besichtigen wird der augenblickliche Zustand, beim Erproben die Funktion des elektrischen Betriebsmittels geprüft.

Ortsfeste elektrische Betriebsmittel

Beispiel: Pumpenmotor im Hydraulikaggregat

Die Anschlussleitung zu einem Pumpenmotor mit der Schutzklasse I ist abgeknickt. Dadurch ist die Basisisolierung beschädigt worden.

• Welche Maßnahmen sind zum Schutz vor Personen- bzw. Sachschäden zu ergreifen?

Die Anschlussleitung muss von der Verteilerstelle aus abgeklemmt und erneuert werden. Dafür ist zunächst der Stromkreis abzuschalten. Um ein Wiedereinschalten zu verhindern, muss z. B. das Hinweisschild nach Abb. 4 angebracht werden.

Abb. 4: Hinweisschild – Arbeiten an elektrischen Anlagen

Für die Instandsetzung sind folgende Arbeitsgänge erforderlich:

1. Vor dem Abklemmen der schadhaften Leitung ist mit einem zweipoligen Spannungsprüfer die *Spannungsfreiheit* festzustellen.

2. Danach wird die neue Leitung abgelängt, abgemantelt, zugeschnitten, abisoliert und angebogen.

3. Die bearbeiteten Leiter werden an den Anschlussstellen in der Verteilung und im Klemmenkasten des Motors angeschlossen.

Um den Rechtslauf des Motors zu gewährleisten, ist die Reihenfolge der anzuschließenden Leiter zu beachten. Da es sich beim Pumpenmotor um ein Gerät mit der Schutzklasse I handelt, ist auf einen sorgfältigen Anschluss des grün-gelben Schutzleiters an der mit PE oder Erdungszeichen gekennzeichneten Stelle zu achten (Abb. 5).

Abb. 5: Schutzleiteranschluss

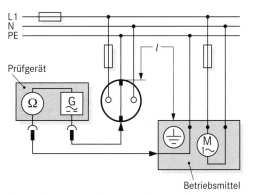

Abb. 6: Messen des Schutzleiterwiderstandes

Messungen

Nach einer Instandsetzung werden geprüft:

* Funktionsfähigkeit des Betriebsmittels,
* Stromaufnahme laut Leistungsschild,
* Betriebsspannung.

Nach DIN VDE sind außerdem Prüfungen der *Schutzmaßnahmen gegen elektrischen Schlag* erforderlich (➡️🔲). Für fest angeschlossene Betriebsmittel mit Wechsel- oder Drehstromanschluss gelten dieselben Bestimmungen.

• Schutzleiterwiderstand messen

Wenn die Verbindungen zum Netz nicht gelöst werden können, wird das Messgerät folgendermaßen angeschlossen: Eine Messleitung wird an die PE-Klemme des instandgesetzten Betriebsmittels, die andere an den Schutzkontakt der nächsten Schutzkontaktsteckdose gelegt (Abb. 6, vorherige Seite). Als Grenzwert für den Schutzleiterwiderstand R_{Schl} gilt:

* $R_{Schl} \leq 0,3\ \Omega$ bei einer Länge von $l \leq 5$ m.

Für je 7,5 m weitere Verlängerung des Schutzleiters ist ein Zuschlag von + 0,1 Ω anzusetzen.

Für die folgenden Messungen muss das Betriebsmittel vom Netz getrennt werden (Freischalten). Dies betrifft die Leiter L1, L2, L3 und N. Der Schutzleiter bleibt fest angeschlossen.

• Isolationswiderstand messen

Bei abgeschaltetem Gerät werden Außenleiter und Neutralleiter im Messgerät verbunden ①. Eine weitere Messleitung wird an verschiedene Stellen des Metallgehäuses gelegt ② (Abb. 1). Damit wird gewährleistet, dass Zwischenisolierungen am Gerät berücksichtigt werden.

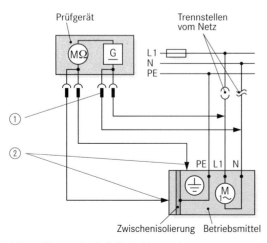

Abb. 1: Messen des Isolationswiderstandes

Für den Isolationswiderstand R_{iso} gilt je nach Schutzklasse der Grenzwert:

* $R_{iso} \geq 1,0\ M\Omega$ für Geräte der Schutzklasse I

• Schutzleiterstrom messen

Bei jedem elektrischen Betriebsmittel der Schutzklasse I fließt trotz Isolierung ein kleiner Strom über die Isolierung, das Metallgehäuse und den Schutzleiter zum Erder der Anlage. Dieser Ableitstrom darf je nach Anschlussleistung des Betriebsmittels nur eine bestimmte Größe haben (➡️🔲). Das Betriebsmittel wird einschließlich des Schutzleiters an das Messgerät angeschlossen (Abb. 2). Für den Ableitstrom gilt bei ortsfesten Betriebsmitteln der Schutzklasse I der Grenzwert:

* $I_{Abl} \leq 3,5$ mA bei $P \leq 3,5$ kW.

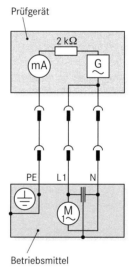

Abb. 2: Messen des Schutzleiterstromes

! Beim Messen des Schutzleiterwiderstandes wird die funktionsfähige Schutzleiterverbindung geprüft und dadurch der Personenschutz nachgewiesen.

Durch das Messen des Isolationswiderstandes wird geprüft, ob die Isolierung des Betriebsmittels einwandfrei ist.

Beim Messen des Schutzleiterstromes wird die Sicherheit für den Fall des zufälligen Berührens leitfähiger Teile geprüft.

Nach Abschluss der Instandsetzungsarbeiten sind die Sicherheitsregeln in umgekehrter Reihenfolge aufzuheben.

Ortsveränderliche elektrische Betriebsmittel

Ortsveränderliche Betriebsmittel sind kein Bestandteil der Bearbeitungsstation sondern gehören zur Werkstattausrüstung der Instandhalter.

Beispiel: Elektrische Handbohrmaschine

Als Folge des häufigen Gebrauchs sind z. B. bei einer Bohrmaschine der Knickschutz und dadurch die Anschlussleitung beschädigt.

• Welche Maßnahmen sind zur Instandsetzung der Bohrmaschine erforderlich?

Nach dem Trennen der Bohrmaschine vom Netz und dem Abklemmen der defekten Anschlussleitung wird eine neue Gummischlauchleitung zugerichtet. Da dieses Gerät die Schutzklasse II (doppelte oder verstärkte Isolierung) hat, ist eine zweiadrige Leitung auszuwählen. Ein grün-gelber Schutzleiter ist hier nicht erforderlich. Nach dem Anschluss der beiden Leiter in der Bohrmaschine muss besonders auf die Montage der *Zugentlastung* und das Anbringen des *Knickschutzes* geachtet werden.

Messungen

Nach der Instandsetzung ist die Funktionsfähigkeit der Bohrmaschine zu prüfen. Anschließend müssen die nach DIN VDE 0701-0702 vorgeschriebenen Messungen durchgeführt werden.

• Schutzleiterwiderstand messen

Da es sich in diesem Fall um ein Gerät der Schutzklasse II handelt, entfällt hier die Messung des Schutzleiterwiderstandes.

Bei Geräten der Schutzklasse I ist jedoch nach Instandsetzung die Messung des Schutzleiterwiderstandes erforderlich. Es gilt der Grenzwert:

- $R_{Schl} \leq 1\ \Omega$ für Geräte der Schutzklasse I

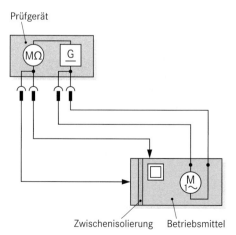

Abb. 3: Messen des Isolationswiderstandes

• Isolationswiderstand messen

Die Messung wird hier zwischen den aktiven Teilen, z. B. L1 und N, und den berührbaren, leitfähigen Teilen der Bohrmaschine durchgeführt (Abb. 3). Für den Isolationswiderstand R_{iso} gilt je nach Schutzklasse der Grenzwert:

- $R_{iso} \geq 2,0\ M$ für Geräte der Schutzklasse II

• Berührungsstrom messen

Trotz Schutzisolierung kann es beim Betrieb elektrischer Geräte zu Beschädigungen der Isolierung kommen. Deshalb ist die Messung eines möglichen Berührungsstromes erforderlich. Die Messung erfolgt nach Abb. 4. Für den Berührungsstrom gilt je nach Schutzklasse der Grenzwert:

- $I_b \leq 0,25\ mA$ für Geräte der Schutzklasse II.

Bei Schutzklasse I:
Der Isolationswiderstand wird zwischen allen aktiven Teilen und dem Schutzleiter PE gemessen.

Bei Schutzklasse II oder III:
Der Isolationswiderstand wird zwischen den leitfähigen Gehäuseteilen gemessen.

Die Messung erfolgt mit einer Gleichspannung von 500 V.

Die Messung des Berührungsstromes liefert den Nachweis für eine intakte Isolierung und die erforderliche Sicherheit beim Berühren leitfähiger Teile am Gerät.

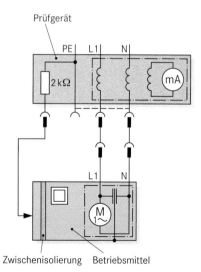

Abb. 4: Messen des Berührungsstromes

10.8.3 Mess- und Prüfgeräte

Für die Prüfungen, die nach den Vorschriften und Normen gefordert werden, dürfen nur bestimmte Messgeräte verwendet werden. Die Anforderungen an das Messgerät richten sich nach DIN VDE 0413 und EN 61557 („Geräte zum Prüfen von Schutzmaßnahmen in elektrischen Anlagen"). Diese beziehen sich z. B. auf:

- Geräteart,

- Bezeichnung des Mess- und Prüfgerätes und

- VDE-Bestimmungen sowie weitere Erläuterungen.

Weiterhin gibt es spezielle Messgeräte, die mit Hilfe einer PC-Software die Protokollierung der durchgeführten Messungen ermöglichen.

Messgeräte

Das *digitale Multimeter* misst z. B. den Effektivwert von Spannungen und Strömen (Abb. 1). Es besitzt einen Messwertspeicher und ermöglicht Langzeitmessungen in Verbindung mit einem Notebook oder PC.

Mit einem *Fehlerstromdetektor* (Abb. 2) können Fehler- bzw. Berührungsströme gemessen werden. Dies sind Ströme, die nicht über den Neutralleiter (N-Leiter) sondern über das Gehäuse von Geräten und den Schutzleiter zum Erder fließen. Über den Fehlerstromdetektor, der zuerst an die Schutzkontaktsteckdose angeschlossen wird, ist das zu prüfende Gerät anzuschließen. Das Messgerät bietet neben der Anzeige die Möglichkeit, Fehler- bzw. Berührungsströme mit Hilfe externer Schreiber aufzuzeichnen.

Infrarot-Kameras (Abb. 3) werden zur vorbeugenden Instandhaltung und Zustandsüberwachung eingesetzt.

Abb. 3: Infrarot-Kamera

Abb. 1: Digitales Multimeter   Abb. 2: Fehlerstromdetektor

Sie ermöglichen berührungslose Temperaturmessungen an Stellen, wo z. B. elektrische Leitungsverbindungen oder Sicherungen installiert sind. Wenn sich solche Verbindungen gelockert haben, entstehen Übergangswiderstände. Durchfließende Ströme bewirken eine Erwärmung und im weiteren Verlauf eine Zerstörung der Bauteile, z. B. an einer Sammelschienen-Schraubverbindung (Abb. 4a und b). Bei der Betrachtung mit einer Infrarot-Kamera wird deutlich, dass an der rechten Schraubverbindung eine *Erwärmung* auf Lockerung hindeutet. Infrarot-Kameras ermöglichen außer der Besichtigung auch die Dokumentation (z. B. bei der Prüfung von Motoren auf Wicklungs- oder Lagerschäden und zur Untersuchung der Ursachen für Überhitzung aus anderen Gründen). Die Ursachen dafür können z. B. fehlende Schmiermittel und fehlerhaft justierte Lager und Antriebe sein.

a)

b)

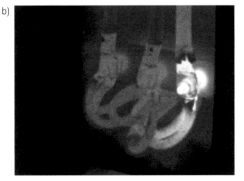

Abb. 4: Verbindungsstellen –   a) direkte Ansicht   b) Ansicht mit Infrarot-Kamera

Dokumentation

Die schriftliche Dokumentation kann auf speziellen Formularen der Betriebsmittelhersteller (Abb. 5) und vorgedruckten Protokoll-Formularen laut BGV A2 (Abb. 6) erfolgen. Diese beinhalten Hinweise u. a. auf:

- Bezeichnung des elektrischen Betriebsmittels,
- Bezeichnung des Auftrags,
- Wiederholungsprüfungen,
- Prüfungen nach Instandsetzung,
- Ergebnis der Prüfungen,
- Prüfer und Prüfgerät sowie
- Bestätigung des Prüfers mit Datum und Unterschrift.

 Im Prüfprotokoll werden Prüfergebnisse der Besichtigung und Messungen dokumentiert.

Durch die Dokumentation wird der Nachweis über die ordnungsgemäß durchgeführten Prüfungen erbracht.

Mess- und Prüfprotokoll				
Fehler-Nr.	Strompfad	Messpunkte	Überprüfung	Ergebnis
4	22	Schütz Q1 Anschluss 11 Schütz Q1 Anschluss 14	mit Widerstandsmesser in spannungsfreiem Zustand auf Durchgang prüfen, Schütz Q1 von Hand betätigen	Schütz Q1 hat angezogen, Schließerkontakt Q1 war geschlossen, Messergebnis hochohmig: **Schützkontakt defekt**

Abb. 5: Hersteller- bzw. Firmenprotokoll – Ausschnitt

Protokoll der ■ Erst- ■ Wiederholungsprüfung ■ der elektrischen Anlagen (Elektroinstallation) ■ elektrischen Ausrüstung [1]

Auftragnehmer (prüfender Betrieb)	Prüfobjekt		
	Ort	Straße	Nr.
	Teilobjekt		
	Auftraggeber		Auftrag-Nr.

Der Auftrag umfasst

die elektrischen Anlagen der ☐ Gebäude ☐ Bereiche ☐ Maschinen

☐   ☐

Nr.

nach Schaltplan/Grundriss [1] und die Sonderanlagen [1]   Blitzschutzanlage, Photovoltaikanlage

Grundlage der Prüfung

Gesetzliche Grundlagen [1]   BGB § 536, Gerätesicherheitsgesetz, Energiewirtschaftsgesetz

UVV BGV A2, GUV 2.10. VSG 1.4

Normen [1]   Errichtung nach: DIN VDE 0100
Prüfung nach: DIN VDE 0100–600 - DIN VDE 0105–100 - DIN VDE 0113 - DIN VDE 0701–0702

Sonstige [1]

Sicherheitsprüfung elektrischer Anlagen

Abb. 6: Protokoll nach BGV A2 – Ausschnitt

Zusammenfassung

Besichtigen/Prüfen

Bauteile, die für die Sicherheit wichtig sind:
- Schutzabdeckungen und Gehäuse
- Anschlussleitungen und Befestigungen
- Zugentlastung und Knickschutz
- Sicherungen und ihre Halterungen

Verlegung des Schutzleiters:
- mechanischer Schutz an Einführungsstellen von Gehäusen
- Befestigung des Schutzleiters mit Reserve (PE-Schlaufe)

Aufschriften an Betriebsmitteln:
- Vollständigkeit
- Richtigkeit

Messen

Schutzleiterwiderstand R_{Schl}
- Anschlussleitung mit $l \leq 5$ m, Grenzwert: $R_{Schl} \leq 0,3\ \Omega$ mit Zuschlag von $+0,1\ \Omega$ je 7,5 m, $R_{max} = 1\ \Omega$

Isolationswiderstand R_{iso}
- Betriebsmittel vom Netz trennen
- Messung zwischen aktiven und berührbaren Teilen
- Grenzwerte: $R_{iso} \geq 1,0$ MΩ (Schutzklasse I)
  $R_{iso} \geq 2,0$ MΩ (Schutzklasse II)

Schutzleiterstrom I_{Abl}
- Betriebsmittel an Netzspannung legen
- Grenzwerte: $I_{Abl} \leq 3,5$ mA bei $P \leq 3,5$kW (Schutzklasse I)
  $I_{Abl} \leq 0,5$ mA (Schutzklasse II)

Berührungsstrom I_b
- Betriebsmittel an Netzspannung legen
- Messung an leitfähigen Teilen
- Grenzwerte: $I_b \leq 0,5$ mA (Schutzklasse I)
  $I_b \leq 0,25$ mA (Schutzklasse II)

Aufgaben

1. Welche Person ist für die Arbeiten an elektrischen Anlagen verantwortlich? Nennen Sie einige Aufgaben.

2. Welche Schutzausrüstungen sind bei elektrischen Montagearbeiten zur Instandhaltung erforderlich?

3. Durch welche Maßnahme wird vollständiger Basisschutz bei Spannung führenden Anlagenteilen erreicht?

4. Nennen Sie einige Eigenschaften von digitalen Multimetern.

5. Erklären Sie, was man unter Schutzabstand durch Handbereich versteht.

6. Warum sind regelmäßige Überprüfungen elektrischer Anlagenteile erforderlich?

7. Nennen Sie drei Bereiche, die bei der Wartung und Inspektion elektrischer Anlagenteile beim Besichtigen kontrolliert werden müssen.

8. Beschreiben Sie die Arbeitsgänge, die bei der Erneuerung einer beschädigten Anschlussleitung eines elektrischen Betriebsmittels erforderlich sind.

9. Beschreiben Sie vier Funktionsprüfungen, die zum Erproben elektrischer Anlagenteile gehören.

10. Welche Messungen müssen an einem ortsfesten Betriebsmittel mit der Schutzklasse I nach der Instandsetzung durchgeführt werden?

11. Wie groß darf R_{Schl} jeweils bei den Leitungslängen $l_1 = 4,5$ m, $l_2 = 7$ m und $l_3 = 21$ m sein?

12. Beschreiben Sie die Messung eines Isolationswiderstandes an einem ortsveränderlichen Betriebsmittel mit der Schutzklasse II.

13. Wodurch entstehen Fehlerströme in elektrischen Betriebsmitteln?

14. Beschreiben Sie den Weg von Fehlerströmen, die mit einem Fehlerstromdetektor gemessen werden.

15. Nennen Sie mögliche Fehlerstellen in einer elektrischen Anlage, die mit Infrarot-Kameras geortet werden können.

16. Begründen Sie die Notwendigkeit, auftretende Fehler in einer elektrischen Anlage oder an elektrischen Betriebsmitteln zu protokollieren.

10.9 Durchführung einer Instandhaltung

Die Bearbeitungsstation besteht aus mehreren Teilsystemen. Jedes Teilsystem hat verschiedene Eigenschaften, die bei den Instandhaltungsabläufen berücksichtigt werden müssen, z. B.:

- Abnutzungsverhalten,
- Reparaturfreundlichkeit und
- Ersatzteilverfügbarkeit.

Aus diesen Eigenschaften und den betrieblichen Anforderungen (z. B. max. zulässige Ausfallzeit) lassen sich verschiedene Instandhaltungsstrategien zuordnen. An der Bearbeitungsstation sind dies die

- ereignisorientierte,
- zustandsabhängige und
- intervallabhängige Instandhaltung.

Je nach gewählter Instandhaltungsstrategie sind in der Praxis unterschiedliche Arbeitsabläufe und Prozesse erforderlich.

10.9.1 Ereignisorientiertes Instandhalten

Bei der ereignisorientierten Instandhaltung werden erst dann Maßnahmen erforderlich, wenn eine Komponente ihre Abnutzungsgrenze erreicht hat. Dies wird in der Regel durch eine Störung des Prozesses erkannt.

An der Bearbeitungsstation stoppt plötzlich der automatische Bearbeitungsablauf. Der Anlagenführer unterzieht die Anlage einer Sichtkontrolle, um festzustellen, ob er das aufgetretene Problem selbst lösen kann.

Dabei stellt er fest, dass sich vor dem Schwenkarmroboter auf dem Transportband unbearbeitete Rohteile angestaut haben. Der Bandmotor läuft und der Vereinzeler vor dem Roboter steht in Sperrstellung. Weiterhin erkennt er am Steuerschrank eine anstehende Störmeldung des Transportbandes. Da er selbst die Fehlerursache nicht erkennt, fordert er eine Fachkraft an.

Der mit der Anlage vertraute Instandhalter analysiert zunächst deren IST-Zustand. Hierbei erkennt er, dass sich sowohl der Roboter als auch die Fräsmaschine in Grundstellung befinden und auf das Einfahren einer neuen Trägerplatte warten.

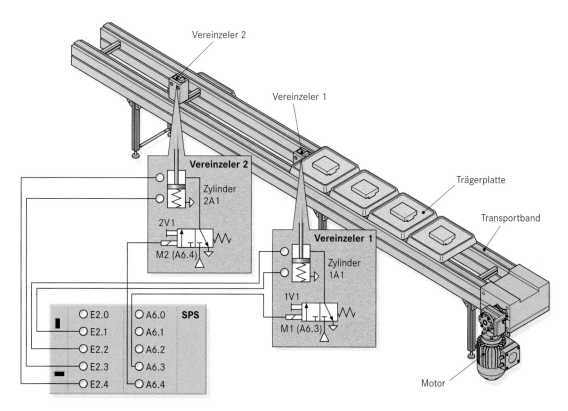

Abb. 1: Funktionsstruktur und Technologieschema des Transportbandes

Gleichzeitig stauen sich viele Trägerplatten vor dem ersten Vereinzeler. Daraus schließt er, dass die Störung im Zusammenhang mit dem Transportband bzw. dem Vereinzeler steht.

Um die Fehlersuche möglichst effektiv zu gestalten, ist ein systematisches Vorgehen unerlässlich. Dies beinhaltet einerseits die Kenntnis über die Funktionsstruktur des Teilsystems. Andererseits sind die einzelnen Schnittstellen zwischen den Funktionseinheiten zu ermitteln (Abb. 1, vorige Seiten). Dazu werden die vorhandenen technischen Unterlagen verwendet.

Funktionsstruktur

Hierzu wird das Transportband in die folgenden Funktionseinheiten zerlegt:

* Antriebseinheit
* Arbeitseinheit
* Stütz- und Trageinheit
* Energieübertragungseinheit
* Steuerungseinheit
* Versorgungseinheit

Zwischen den einzelnen Funktionseinheiten sind die entsprechenden Schnittstellen zu ermitteln und darzustellen.

Schnittstellen

Eine Schnittstelle (Systemgrenze) befindet sich immer am Übergang unterschiedlicher Funktionseinheiten. Für jede Schnittstelle lässt sich die Funktion beschreiben. Weiterhin gehört zu jeder Schnittstelle eine physikalische Größe (Tab. 1). Da sich die Trägerplatten am Vereinzeler stauen, ist es naheliegend, dort mit der Fehlersuche zu beginnen.

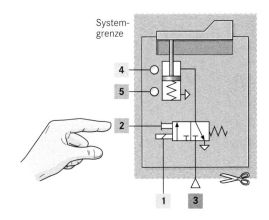

Abb. 1: Funktionsstruktur und Schnittstellen des Vereinzelers

Dazu müssen die Schnittstellen des Vereinzelers definiert werden.

Schnittstellendefinition (Abb. 1):

1 Die Magnetspule des Ventils ist über eine zweiadrige Leitung mit der Steuerung verbunden. Wenn die Spule nicht betätigt ist (Vereinzeler ausgefahren), liegt eine Spannung von 0 V zwischen den beiden Leitern. Bei betätigter Spule (Vereinzeler eingefahren) liegt hier eine Spannung von $U = 24$ V DC an.

2 Das Ventil kann ebenfalls durch Handbetätigung geschaltet werden, wozu eine Kraft erforderlich ist.

3 Wenn das Ventil betätigt ist, wird mit Hilfe des Luftdruckes der Vereinzeler eingefahren.

Tab. 1: Schnittstellen

Funktionseinheit A	Funktionseinheit B	Schnittstelle	physikalische Größe	geprüft	Bemerkung
Getriebemotor (Antriebseinheit)	Transportband (Arbeitseinheit)	Welle (Kraftübertragungseinheit)	Drehmoment		
	Steuerung	Profibusanschluss am Frequenzumrichter	Spannung (Datenwort)		
	elektrische Energieversorgung	Netzanschluss am Frequenzumrichter	Spannung		
	Stütz- und Trageinheit	Befestigungsschrauben	Kraft		
Vereinzeler 1	Steuerung Ausgang A6.3	Anschluss Ventilspule	Spannung		
	Mensch	Hand-Betätigungsknopf	Kraft		
	pneumatische Energieversorgung	Druckluftanschluss	Druck		
	Steuerung Eingang E2.2	Anschluss oberer Näherungsschalter	Spannung		
	Steuerung Eingang E2.1	Anschluss unterer Näherungsschalter	Spannung		
usw.	usw.	usw.	usw.		

4 Der ausgefahrene Zustand des Vereinzelers wird über den berührungslosen Näherungsschalter B1 an die Steuerung übertragen, der eine Gleichspannung von 24 V an den Eingang der SPS legt.

5 Gleiches gilt für die Überwachung des eingefahrenen Zustandes.

Anhand der Schnittstellendefinitionen lassen sich im folgenden Fehlersuchablauf alle Schnittstellen auf ihre Funktionsfähigkeit überprüfen.

Systematische Fehlersuche

Für die Fehlersuche und Überprüfung der Schnittstellen sind Messungen erforderlich. Das Ergebnis der Messungen wird in die Schnittstellentabelle eingetragen. Nach Abschluss der Instandsetzung wird diese mit dem Instandsetzungsbericht der Anlagendokumentation hinzugefügt.

Im vorliegenden Fall darf die abgesperrte Anlage nur betreten werden, wenn diese zuvor stillgesetzt wurde. Hiermit werden ein unkontrollierter Anlauf und damit eine Personengefährdung vermieden. Da hierfür der Gang zum Steuerschrank erforderlich ist, bietet es sich an, dort mit der Überprüfung der Schnittstellen zu beginnen. Dies entspricht der Vorwärtsstrategie für Fehlersuchen (Grundlagen).

Anlage sichern

Am Steuerschrank wird nun die Energiezufuhr für die einzelnen Antriebe unterbrochen und gegen Wiedereinschalten gesichert. Um die Schnittstellen prüfen zu können, wird die Steuerspannung für SPS, Sensoren und Kleinspannungsaktoren nicht abgeschaltet.

Fehlersuchstrategien

Prinzipiell lassen sich zwei Strategien nach ihrer Suchrichtung unterscheiden.

1. Vorwärtsstrategie

Es wird von übergeordneten Systemen zum fehlerhaften Teilsystem gesucht.
(Suche von Steuerung in Richtung Vereinzeler)

2. Rückwärtsstrategie

Es wird vom fehlerhaften Teilsystem zu übergeordneten Systemen gesucht.
(Suche von Vereinzeler in Richtung Steuerung)

Vorwärtsstrategie: Suche in Richtung Fehlfunktion
Rückwärtsstrategie: Suche von der Fehlfunktion weg

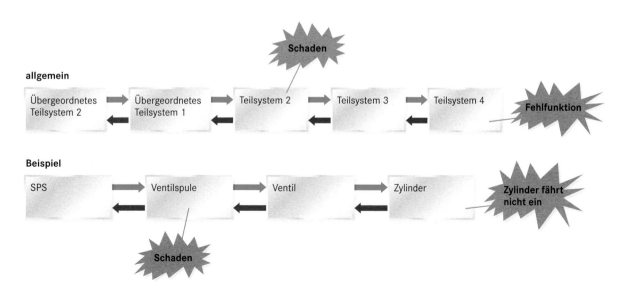

Die Suche lässt sich mit Hilfe von Fehlerbäumen bzw. Ereignis-Ablauf-Analysen (EAA) strukturieren. Je nach gewählter Suchstrategie wird der Fehlerbaum in unterschiedlicher Richtung abgearbeitet.

Schnittstellensignale prüfen

Die einzelnen Schnittstellen zwischen den Komponenten werden nun gemäß einer Ereignis-Ablauf-Analyse (EAA) nacheinander überprüft (Abb. 1).

Zuerst wird festgestellt, welchen Zustand die SPS am Ausgang hat. Sie zeigt durch eine LED an, dass der Ausgang für den Vereinzeler aktiv ist. Da diese Information der Vorgabe entspricht, wird anschließend die Spannung am SPS-Ausgang gemessen, um zu überprüfen, ob der angezeigte Zustand auch am Ausgang vorliegt. Es wird eine Spannung von $U = 24$ V DC gemessen. Dieser Wert entspricht den Vorgaben.

Die nächste zu prüfende Schnittstelle ist der Anschluss der Steuerleitung an der Magnetspule des Ventils. Auch hier wird die gleiche Spannung wie am SPS-Ausgang gemessen, wodurch ein Fehler auf der Steuerleitung ausgeschlossen werden kann.

Da die Verbindung von der Steuerung zum Vereinzeler in Ordnung ist, wird die nächste Schnittstelle getestet. Dies ist hier der Anschluss der Druckluftversorgung. Dazu wird das Ventil von Hand betätigt. Da sich der Vereinzeler nun senkt, ist sichergestellt, dass die Druckluftversorgung, das Ventil und die Mechanik des Vereinzelers korrekt funktionieren.

Nachdem nun alle in Frage kommenden Schnittstellen geprüft wurden und diese keine Auffälligkeiten zeigen, muss die Spule des Ventils im Vereinzeler defekt sein.

Fehlerbehebung

Nachdem die Fehlerquelle gefunden wurde, kann die Instandsetzung beginnen. Der Vereinzeler bildet eine Einheit und wird somit komplett ausgetauscht.

Als Schnittstellen nach außen bestehen die mechanische Verbindung sowie der elektrische und pneumatische Anschluss. Vor Beginn der Demontage sind Steuerspannung und Druckluftzufuhr abzuschalten.

Anschließend können die elektrischen und pneumatischen Leitungen sowie die Befestigung an den Stütz- und Trageinheiten gelöst werden. Der Einbau des neuen Vereinzelers erfolgt in umgekehrter Reihenfolge zur Demontage.

Wiederinbetriebnahme

Mit Hilfe der Steuerung kann die Funktion des Vereinzelers getestet werden.

Nach erfolgreichem Test sind an der Montagestelle alle Bauteile, Werkzeuge etc. zu entfernen. Sofern sich keine Person mehr im Gefahrenbereich der Anlage befindet, wird die Absperrung geschlossen

Instandsetzen

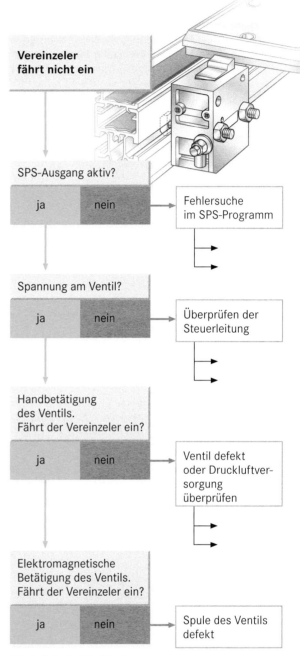

Abb. 1: Ereignis-Ablauf-Analyse

und am Schaltschrank die Energiezufuhr für die elektrischen Antriebe wieder hergestellt. Abschließend kann die Störungsmeldung an der Steuerung quittiert werden und die Anlage nimmt ihren ordnungsgemäßen Betrieb wieder auf.

Dokumentation in Störungskarte

Der Instandsetzungsprozess ist erst abgeschlossen, wenn die durchgeführten Arbeiten und gewonnenen Erfahrungen ausreichend dokumentiert wurden. Hierzu gibt es betriebsspezifische Störungskarten, in denen die geforderten Informationen aufgelistet sind und eingetragen werden können (Abb. 2).

Wichtige Informationen sind:

- Datum, Uhrzeit,
- Fehlereintritts-Zeitpunkt,
- Stillstandsdauer,
- Störung,
- Ursache,

- Fehlerart,
- beteiligte Personen,
- durchgeführte Maßnahme,
- benötigte Ersatzteile.

Um nicht alle Informationen ausführlich eintragen zu müssen, können vorgegebene Abkürzungen verwendet werden. Dies kann wie in Abb. 2 z. B. der Fehlerindex sein. Dieser Fehlerindex bietet einen ersten Ansatz für das Lokalisieren der Fehlerquelle.

Diese Informationen werden mit Hilfe von Instandhaltungssoftware ausgewertet. Weicht das Verhalten der Anlage wiederholt von den bisher getroffenen Annahmen und Erfahrungen ab, sollte die Instandhaltungsstrategie angepasst werden.

MASCHINENSTÖRUNGSLISTE: Bearbeitungsstation

Lfd.-Nr.	Datum Uhrzeit	Störung	Ursache	Fehler-index	behoben durch	Maßnahme
1	06.03.2002 10.45	Spannzylinder fährt nicht aus	Druckbegrenzungsventil defekt	H	H. Kaese (Instandhaltung)	Ventil gewechselt, Maschinenbediener H. Decker unterwiesen
2	07.03.2002 16.46	Fräser ausgebrochen	Fräser ausgeglüht	M	H. Decker (Bediener)	Fräser ausgetauscht
3	07.03.2002 22.50	Spannzylinder fährt aus, obwohl kein Werkstück bereitliegt	Sensor Werkstückabfrage verschmutzt	E	H. Dzieia (Instandhaltung)	Sensor gereinigt
4	08.03.2002 9.30	Fräser ausgebrochen	Fräser ausgeglüht	M	H. Decker (Bediener)	Fräser ausgetauscht
5	08.03.2002 13.40	QS: Kreistasche nicht in Toleranz und mit vorgeschriebener Rautiefe	Fräser stumpf	M	H. Decker (Bediener)	Fräser ausgetauscht
6	08.03.2002 14.41	Fräser ausgebrochen	Drossel für Kühlwasserzufuhr verstellt	B	H. Kirschberg (Instandhaltung)	Drossel neu eingestellt. Maschinenbediener und Vorgesetzten unterwiesen
7	09.03.2002 20.40	Greifzylinder fährt nicht aus	Zuluftschlauch geknickt	P	H. Kaese (Instandhaltung)	Schlauch gewechselt
8	12.03.2002 10.50	Vereinzeler 2 fährt ein, obwohl kein Werkstück bereitliegt	Lichtschranke, Werkstückabfrage dejustiert	M	H. Schmid (Instandhaltung)	Lichtschranke justiert
9	20.03.2002 10.00	Anlage bleibt plötzlich stehen	Leitungsbruch bei AUS-Schalter	E	H. Jagla (Instandhaltung)	Leitung ausgetauscht
10	03.04.2002 10.52	Geräuschentwicklung Antrieb Transportband	Lager Umlenkstation defekt	W	H. Seefelder (Instandhaltung)	Lager ausgetauscht
11	12.04.2002 10.53	Anlage lässt sich nicht starten	Druckabfall in Pneumatik, Wartungseinheit verschmutzt	P	H. Kaese (Instandhaltung)	Wartungseinheit gereinigt, Leitungssystem überprüft
12	05.05.2002 11.33	Anlage steht, Trägerplattenstau, Vereinzeler 1				

Fehlerindex: A = Arbeitsergebnis falsch H = Hydraulischer Fehler W = Wartungsfehler
M = Mechanischer Fehler P = Pneumatischer Fehler
E = Elektrischer Fehler B = Bedienerfehler

Abb. 2: Störungskarte

Arbeitsablauf bei einer Instandhaltung

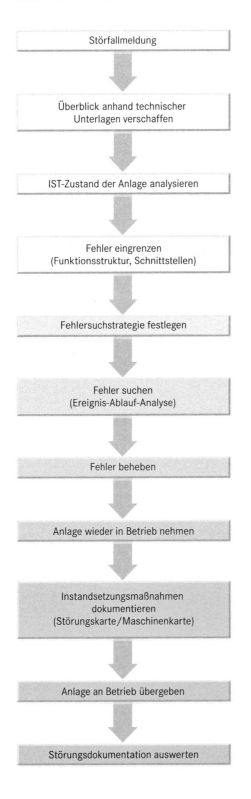

Störfallmeldung

↓

Überblick anhand technischer
Unterlagen verschaffen

↓

IST-Zustand der Anlage analysieren

↓

Fehler eingrenzen
(Funktionsstruktur, Schnittstellen)

↓

Fehlersuchstrategie festlegen

↓

Fehler suchen
(Ereignis-Ablauf-Analyse)

↓

Fehler beheben

↓

Anlage wieder in Betrieb nehmen

↓

Instandsetzungsmaßnahmen
dokumentieren
(Störungskarte / Maschinenkarte)

↓

Anlage an Betrieb übergeben

↓

Störungsdokumentation auswerten

Aufg

1. Sie werden wegen einer Störung an die Bearbeitungsstation gerufen. Das Transportband steht, es ist eine Transportschale auf dem Band und die Meldeleuchte „Transportband gestört" blinkt. Wie gehen Sie bei der Fehlersuche vor?

2. Erläutern Sie unterschiedliche Fehlersuchstrategien.

3. Nennen Sie die Schnittstellen einer Lichtschranke und deren physikalische Größe.

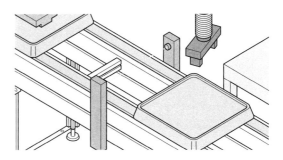

4. Welche Angaben gehören in die Störungsdokumentation?

Exercis

5. A fault has occured at the milling machine. The treated production part can not be removed anymore as the clamping jaws can not be opened. No error messages are displayed at the control board. How do you proceed?

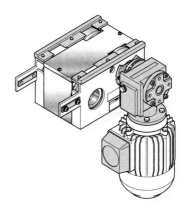

6. Determine the interfaces of a drive unit and its physical units.

7. Describe the backward strategy.

8. Explain the term "state driven maintenance".

10.9.2 Zustandsabhängiges Instandhalten

Einige Baugruppen der Fräsmaschine wurden aufgrund langer Reparaturzeiten, komplexer Fehlersuche und ihres direkten Einflusses auf die Produktqualität in die zustandsabhängige Instandhaltung eingestuft. Dies betrifft Messsysteme, Wellen und Lager. Diese Komponenten beeinflussen maßgeblich die Präzision der Fräsmaschine.

An der Fräsmaschine können bezüglich der Zustandsbewertung zwei Hauptkriterien herangezogen werden. Dies ist zum einen die Produktqualität, welche ständigen Qualitätskontrollen unterliegt. Zum anderen kann der Anlagenzustand durch Inspektion oder Meldungen der Überwachungstechnik überwacht werden. Treten Mängel am Produkt oder an der Anlage auf, werden Instandsetzungsmaßnahmen eingeleitet.

10.9.2 State driven maintenance

Some of the milling machine's structural components have been classified for state driven maintenance as a result of their long repair times, complex error detection and their direct influence on product quality. This mainly concerns measuring systems, axles and bearings. These components have a determinative influence on the precision of the milling machine.

Two main criteria can be used to assess the state of a milling machine. The first one is the product quality which is continuously monitored by quality controls. The second possibility is to check the state of the plant by inspection or messages from the monitoring systems. In the case of a faulty product or defects of the plant, maintenance measures will be initiated.

Qualitätsregelkarte   Bearbeitungsstation

Datum	Stichprobe	Messwert					Stichproben-Mittelwert	Standard Abweichung
		1	2	3	4	5		
12. 05. 04	1	29,966	29,996	29,972	29,984	29,990	29,9816	0,0128
14. 04. 04	2	29,984	29,990	30,014	29,976	30,008	29,9948	0,0155
16. 05. 04	3	29,984	29,990	29,978	29,972	29,978	29,9804	0,0088
18. 05. 04	4	30,026	29,972	30,008	29,996	29,972	29,9948	0,0234
20. 05. 04	5	29,996	30,014	30,008	30,014	29,984	30,0032	0,0130
22. 05. 04	6	30,002	30,044	30,020	30,044	30,008	30,0236	0,0197
23. 05. 04	7	29,996	30,002	30,020	30,014	30,008	30,0080	0,0095
24. 05. 04	8	29,996	30,026	30,008	29,930	30,026	29,9972	0,0387
25. 05. 04	9	30,026	29,966	29,960	29,996	29,996	29,9948	0,0234
26. 05. 04	10	30,026	30,032	30,038	30,020	30,040	30,0312	0,0083

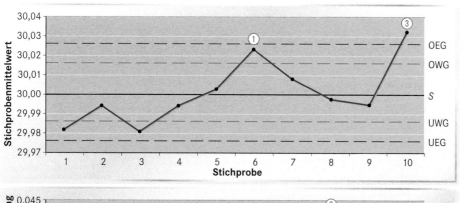

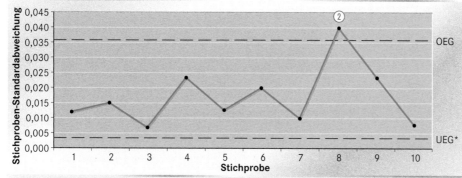

S: Sollwert

EG: Eingriffsgrenze

OEG: obere Eingriffsgrenze
OWG: obere Warngrenze

UEG: untere Eingriffsgrenze
UWG: untere Warngrenze

*) Bei Stichprobenumfang
   mit $n < 6$ ist die UEG = 0

Abb. 1: Stichprobenwerte und Qualitätsregelkarte

1. Produktqualität

Zur Überwachung der Produktqualität werden von den bearbeiteten Werkstücken regelmäßig Stichproben (z. B. 5 Stück) genommen. Diese werden einer Qualitätsprüfung (z. B. Kontrolle der Maße) unterzogen. Die Ergebnisse sind in die Qualitätsregelkarte einzutragen (Abb. 1, vorige Seite). Aus den einzelnen Messungen werden Mittelwerte und Standardabweichungen berechnet und grafisch dargestellt. Bei einer automatisierten Prüfung erfolgen die Messungen, Eintragungen und Auswertungen automatisch.

1. product quality

In order to monitor the product quality, random samples of the worked parts (e. g. 5 pieces) are taken periodically. These samples have to undergo a quality control (e. g. measuring of dimensions). The results are entered in a quality control sheet and the mean values and standard deviations of the different tests are calculated and displayed graphically. In case of automated testing all entries in the sheets and the evaluation of the test data are performed automatically.

Grundlagen

Arithmetischer Mittelwert

Der Durchschnitt aller erfassten Einzelwerte einer Stichprobe wird als arithmetischer Mittelwert bezeichnet.

$$\overline{x} = \frac{x_1 + x_2 + \dots x_n}{n}$$

$\overline{x}$: Arithmetischer Mittelwert einer Stichprobe

$x_1, x_2, \dots x_n$: Einzelwerte

n : Anzahl der Einzelwerte einer Stichprobe

S : Sollwert

Standardabweichungen

Das Maß für die Steuerung eines Prozesses wird als Standardabweichung bezeichnet.

$$s = \sqrt{\frac{1}{n-1} \cdot \sum_{i=1}^{n} (x_i - \overline{x})^2}$$

$$\overline{s} = \frac{s_1 + s_2 + \dots s_k}{k}$$

s : Standardabweichung einer Stichprobe

$\overline{s}$: Mittelwert der Standardabweichungen

x_i : Wert des messbaren Merkmals, z. B. Einzelwert x_1

$\overline{x}$: Arithmetischer Mittelwert der Stichprobe

n : Anzahl der Messwerte der Stichprobe

k : Anzahl der Stichproben

Informationen der Qualitätsregelkarte

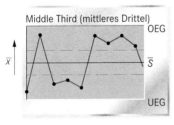

Prozess ist gestört.

Mehr als ein Drittel der Messwerte liegt nicht im mittleren Drittel um S. Der Prozess muss korrigiert werden.

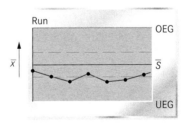

Prozess ist gestört.

Mehr als 6 Punkte liegen unterhalb des Sollwertes S. Sofort weitere Stichproben entnehmen, gegebenenfalls muss der Prozess sofort korrigiert werden.

Prozess ist gestört.

Die Eingriffsgrenze OEG ist überschritten, der Prozess muss sofort korrigiert werden. Fehlerhafte Teile müssen aussortiert werden.

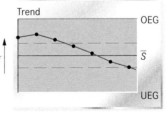

Prozess ist gestört.

Es ist zu erwarten, dass mehr als 6 Punkte unterhalb des Mittelwertes liegen. Der Prozess muss sofort korrigiert werden, da das Erreichen von UEG wahrscheinlich ist.

Die Mittelwerte sind ein Maß dafür, ob ein vorgeschriebener Wert bei der Produktion eingehalten wird (z. B. Länge des bearbeiteten Werkstückes). Weicht dieser zu stark vom Sollwert ab, ist es erforderlich, eine Maßnahme zu treffen.

Die Standardabweichung beschreibt, wie stark die einzelnen Messwerte vom Mittelwert abweichen. Streuen die Messwerte sehr stark, so ist dies ein Hinweis auf zu große Fertigungstoleranzen (OWG). Da jedes technische System gewisse Toleranzen aufweist, ist immer mit einer tolerierbaren minimalen Standardabweichung zu rechnen. Wird diese unterschritten, kann ein systematischer Fehler oder ein Fehler in der Messwerterfassung vermutet werden (UWG).

Die errechneten Mittelwerte und Standardabweichungen der Maße müssen sich innerhalb eines vorgegebenen Toleranzbandes befinden. Überschreiten diese die Warngrenze, so ist die Produktqualität noch ausreichend gut. Jedoch besteht die Gefahr, dass die geforderte Qualität nicht mehr erreicht wird. Es müssen dann häufiger Stichproben genommen werden. Überschreiten die Werte die Eingriffsgrenze, so ist die geforderte Produktqualität nicht mehr sichergestellt. Es wird hierdurch eine Instandhaltungsmaßnahme erforderlich.

2. Anlagenzustand

Zahlreiche Größen innerhalb der Fräsmaschine können automatisch erfasst und ausgewertet werden. Ein Anstieg des Motorstromes kann z. B. ein Hinweis auf erhöhte Reibung oder größere Lastmomente sein. Weitere überwachte Größen können Hydraulikdrücke oder Durchlaufzeiten sein. Für jede dieser Größen kann aufgrund der Schnittstellenspezifikation ein Grenzwert festgelegt werden. Wird dieser überschritten, kommt es zu einer Warnung oder zum Abschalten der Anlage.

Weiterhin werden die Ergebnisse der regelmäßigen Inspektionen (Wartungs-Inspektionsplan, Kap. 9) zur Zustandsbeurteilung herangezogen.

Diese Ergebnisse werden ähnlich wie bei der Qualitätsregelkarte dokumentiert und ausgewertet. Werden Eingriffsgrenzen überschritten, ist eine Instandsetzung durchzuführen.

Using the mean values it can be determined if the production parts comply with the specified values (e. g. length of the part). If the deviation from the nominal value exceeds certain limits, corrective action must be taken.

The standard deviation indicates the deviation of the different test results from the mean value. A wide dispersion of the different test results indicates that the manufacturing tolerances are too high (OWG). As every technical system contains certain tolerances a minimum tolerable value for the standard deviation will always occur. If the standard deviation drops below this natural limit it is likely that a systematic error or an error in the determination of the test values has occurred (UWG).

The calculated mean values and standard deviations of the different measurements must stay within a specified range of tolerance. If they exceed these warning limits the product quality is still sufficiently good. However, there is a danger that the quality requirements cannot be met. Therefore the frequency for the sample tests has to be increased. If the values exceed the engagement limit, the required product quality cannot be guaranteed anymore and maintenance measures are initiated.

2. Plant state

Many values inside the milling machine can be recorded and evaluated automatically. For example, a rising motor current can be an indication of increased friction or a higher load momentum. Hydraulic pressures and transit times can be further units to be monitored. For each of these units a threshold can be set according to the interface specification. If this threshold is exceeded a warning will be issued or the plant will be stopped.

Furthermore, the results of periodical inspections (Maintenance inspection plan, Chapter 9) will be used to judge the state of the plant.

As the quality control sheet, these results are documented and evaluated. If the engagement limits are exceeded, maintenance must be carried out.

In der Stichprobe Nr. 6 (S. 383, Abb. 1, ①) wird die Warngrenze durch den Stichprobenmittelwert überschritten. Daraufhin wird der Stichprobenzyklus von 2 Tagen auf einen Tag verkürzt. Dadurch soll festgestellt werden, ob es sich um einen Ausreißer oder einen Trend handelt. Die achte Stichprobe zeigt zwar einen Mittelwert innerhalb der Toleranz, jedoch weichen die einzelnen Werte stark voneinander ab. Dies ergibt die Überschreitung der Standardabweichungsgrenze (S. 383, Abb. 1, ②).

Aufgrund der stark schwankenden Messwerte hat der Maschinenführer die Justierung der Maschine kontrolliert und korrigiert. Er war der Meinung, dass hiermit der Fehler behoben sei.

Zwei Tage später wird die Eingriffsgrenze der Stichprobenmittelwerte überschritten (S. 383, Abb. 1, ③). Daraufhin wird der Instandhalter hinzugezogen. Dieser ermittelt den Fehler (Fehlersuche, Kap. 10.9.1) und behebt diesen. Anschließend werden die Arbeiten dokumentiert und ausgewertet.

Falls sich hieraus Erkenntnisse ergeben, die von den bisherigen Erfahrungen abweichen, können folgende Maßnahmen abgeleitet werden:

- Verbesserung,
- Änderung der Instandhaltungsstrategie oder
- Anpassung der Eingriffsgrenzen.

For random sample no. 6 (page 383 fig. 1, ①) the warning limit is exceeded by the mean value of the sample. As a result the cycle of the random sampling is reduced from 2 days to one day. This is to determine whether the test result is representative, or just a one-off deviation. The eighth sample does indeed show a mean value within the range of tolerance but the individual values vary significantly. The limit for the standard deviation (page 383, fig. 1, ②) is exceeded.

Because of the significant variation in the measurement results, the operator has verified and adjusted the machine. In his opinion the fault has now been corrected.

Two days later the engagement limit for the sample mean values is exceeded (page 383, fig. 1, ③). As a result the maintenance technician is consulted who is able to determine the fault (fault-detection, chapter 10.9.1) and correct it. Subsequently the jobs are documented and evaluated.

Should this provide new information which differs from that gained previously the following measures can be initiated:

- Improvement,
- Adaptation of the maintenance strategy or
- Adaptation of the engagement limits.

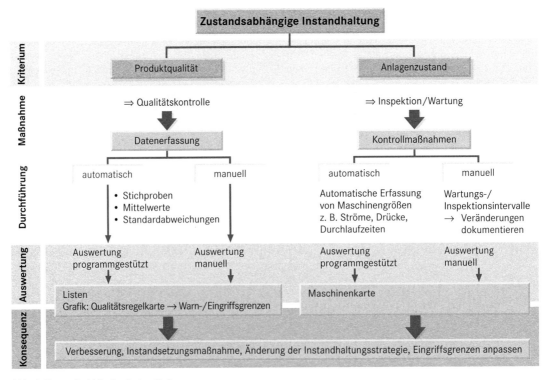

Abb. 1: Zustandsabhängige Instandhaltung

10.9.3 Intervallabhängiges Instandhalten

Der Abnutzungsvorrat mancher Systeme steht in direktem Zusammenhang mit der Benutzungsdauer oder getätigten Bewegungszyklen. Dies ist beispielsweise beim Greifer des Schwenkarmroboters der Fall. Aufgrund langer Betriebserfahrungen ist bekannt, dass nach 50.000 getätigten Bewegungszyklen die Ausfallhäufigkeit dieses Bauteils stark ansteigt. Es ist daher im Sinne einer optimalen Betriebsführung, den Greifer möglichst kurz vor einer Störung auszutauschen.

Die Anzahl der getätigten Bewegungszyklen wird automatisch von der Anlagensteuerung erfasst. Vom Instandhaltungspersonal wurde zuvor eine Warnschwelle festgesetzt. Wird diese Schwelle überschritten, erfolgt von der Steuerung eine Meldung. Daraufhin informiert der Maschinenführer das zuständige Instandhaltungspersonal.

Die Warnschwelle richtet sich nach der Lieferzeit der Ersatzteile (Bsp. 5 Arbeitstage) und der Häufigkeit der Bewegung (500 Zyklen/Tag). Diese Schwelle wird regelmäßig an die Produktionsbedingungen angepasst.

Ermittlung der Warnschwelle

1. Zeitdauer zwischen Ersatzteilbestellung und Lieferung feststellen
   (Lieferdauer z. B. 5 Tage).
   Momentane Bewegungszyklen pro Tag erfassen (z. B. 500 Zyklen/Tag).

2. Gangreserve berechnen

   Gangreserve = Lieferdauer · Zyklen/Tag
   Gangreserve = 5 Tage · 500 Zyklen/Tag
   Gangreserve = 2500 Zyklen

3. Warnschwelle berechnen

   Warnschwelle = Wartungsintervall – Gangreserve
   Warnschwelle = 50.000   – 2500
   Warnschwelle = 47.500 Zyklen

4. Ermittelte Warnschwelle (47.500 Zyklen) in der Steuerung hinterlegen.

Nach Auftreten der Warnmeldung stehen nun 5 Tage zum Vorbereiten der Arbeiten zur Verfügung.

Hierzu zählen:

• Information des Betriebspersonals und der Produktionsleitung,

• überprüfen, ob zeitnah weitere Wartungs- und Inspektionsintervalle anstehen und diese mit einplanen,

• Zeit- und Personalplanung.

10.9.3 Interval-based maintenance

The wearability of some systems is directly related to their useful life or their effected movement cycles. For example, this is the case for the grab of a swing arm robot. As a result of long operational experience it is known that the failure frequency increases rapidly after 50,000 effected movement cycles. To achieve an operational optimum the grab should be exchanged just shortly before the occurrence of a fault.

The number of effected movement cycles is automatically recorded by the plant's control system. The maintenance crew has pre-selected a warning threshold and a message report is issued by the control system if this threshold is exceeded. The operator will then inform the responsible maintenance crew.

The value for the warning threshold depends on the time of delivery for the spare parts (here 5 working days) and the frequency of movements (500 cycles/day). The value of this threshold is adapted to the production conditions on a regular basis.

Determination of the warning threshold:

1. Determine the time difference between the order of the spare parts and their delivery (time of delivery, e. g. 5 days)
   Register the frequency of movements (e. g. 500 cycles/day)

2. Calculate the running reserve

   Running reserve = Time of delivery · cycles/day
   Running reserve = 5 days · 500 cycles/day
   Running reserve = 2500 cycles

3. Calculate the warning threshold

   Warning threshold = Maintenance Interval
                       – Running reserve
   Warning threshold = 50,000 cycles
                       – 2500 cycles
   Warning threshold = 47,500 cycles

4. Enter the determined warning threshold (47,500 cycles) in the control system.

After the occurrence of a warning message the responsible personnel have 5 days to prepare the tasks.

This includes:

• Information of the operational staff and the production supervision

• Checking whether other maintenance/inspection intervals that have to be considered will occur in due time

• Planning of time and personnel

1. Vorbereitende Maßnahmen

Die benötigten Ersatzteile (z. B. Greifer) sind sofort zu bestellen, um eine rechtzeitige Lieferung zu gewährleisten. Für die Durchführung der Arbeiten wird ein günstiger Zeitpunkt ausgesucht, um die Stillstandszeit zu minimieren. Dies ist z. B. nachts oder am Wochenende der Fall. Werden gleichzeitig Tätigkeiten eines vorgezogenen Wartungs- und Inspektionsintervalles durchgeführt, sind die einzelnen Arbeiten vorher zu koordinieren. Dies erfordert wiederum die Bereitstellung von Personal zum gewählten Zeitpunkt.

Rechtzeitig vor Beginn der Arbeiten muss kontrolliert werden, ob das benötigte Material geliefert und das Instandhaltungspersonal eingeplant wurde. Weiterhin sollte man sich nochmals vergewissern, ob das vorgesehene Zeitfenster für die Arbeiten eingehalten werden kann.

2. Durchführung

Die Arbeiten werden entsprechend der Planung durchgeführt.

3. Funktionsprüfung

Nach Abschluss der Maßnahme werden alle wesentlichen Funktionen der Anlage überprüft.

4. Fertigmeldung

Nachdem die Arbeitsstelle geräumt wurde, wird die Anlage an den Betrieb übergeben. Dies erfolgt durch die Fertigmeldung des Instandhaltungspersonals.

5. Dokumentation

Alle durchgeführten Arbeiten werden schriftlich dokumentiert (z. B. Maschinen-Störkarte) und in EDV-Systemen erfasst (Abb. 1).

1. Preparatory measures

The spare parts needed have to be ordered immediately to guarantee delivery in good time. To minimize the shutdown period of the plant, a favourable point of time for the replacement tasks has to be chosen; for example, during the night or at the weekend. If the work related to an upcoming maintenance or inspection interval is performed in parallel to the scheduled replacement, the different tasks have to be co-ordinated in advance. This requires the allocation of personnel at the chosen point of time.

It has to be ascertained well in advance of the scheduled start of the replacement that all the parts needed have been delivered and that the maintenance crew will be available. It should also be checked whether the time frame set for the repair work can still be met.

2. Execution of the replacement

The tasks are executed according to schedule.

3. Functional test

After finishing the replacement all relevant functions of the plant are tested.

4. Notification of readiness

After clearing the site the plant is returned to operation by the notification of readiness from the maintenance crew.

5. Documentation

All executed tasks are documented in writing (e. g. plant fault sheet) and recorded in computer systems (fig. 1).

10.9.4 Auswertung der Instand-
haltungs-Dokumentation

In regelmäßigen Abständen werden die Instandhaltungsdokumentationen ausgewertet. Diese sollen Aufschluss geben, ob die gewählten Instandhaltungsstrategien, festgelegten Zyklen und Instandhaltungsplanungen für den Betrieb noch optimal sind. Weiterhin können Schwachstellen an den Anlagen festgestellt werden. Aus der Anlagendokumentation lässt sich eine Übersicht erstellen, zu welchem Zeitpunkt sich die Maschine im Status

- Normalbetrieb,

- Stillstand durch Instandhaltungsmaßnahme,

- Anlagenausfall,

- keine Betriebszeit

befunden hat. Die Ergebnisse lassen sich im Maschinenbericht grafisch darstellen und dienen zur Ermittlung statistischer Größen (Abb. 2) wie z. B. Verfügbarkeit und Anlagennutzungsgrad. Durch diese Größen können Rückschlüsse auf die Wirtschaftlichkeit der Anlage gezogen werden.

Im Beispiel ergeben sich für die Kalenderwoche 3 die folgenden Werte:

Verfügbarkeit:

= Betriebszeit / Zeit geplanter Betrieb

= 36 Std. / 45 Std. · 100 %

= 80 %

Anlagennutzungsgrad:

= Normalbetrieb / Betrachtungszeit

= 36 Std. / 168 Std. · 100 %

= 21 %

Diese Berechnungen dienen der betriebswirtschaftlichen Betrachtung.

 Verfügbarkeit und Anlagennutzungsgrad sind ein Maß für die Anlagenrentabilität. Diese beschreibt das Verhältnis zwischen Kosten der Anlage (Wert von Beschaffung, Betrieb, Instandhaltung) und Nutzen (Wert des produzierten Gutes).

KW 3			Tag						
Uhrzeit			Mo	Di	Mi	Do	Fr	Sa	So
0:00	bis	7:00	0	0	0	0	0	0	0
7:00	bis	8:00	B	B	B	B	B	IH	0
8:00	bis	9:00	B	B	B	B	B	IH	0
9:00	bis	10:00	B	X	B	B	B	IH	0
10:00	bis	11:00	B	X	B	B	B	IH	0
11:00	bis	12:00	B	X	B	B	B	IH	0
12:00	bis	13:00	0	0	0	0	0	0	0
13:00	bis	14:00	B	X	B	B	B	0	0
14:00	bis	15:00	B	B	B	B	B	0	0
15:00	bis	16:00	B	B	B	B	B	0	0
16:00	bis	0:00	0	0	0	0	0	0	0

B   Normalbetrieb/Produktion   X   Anlagenausfall
IH   Stillstand wegen Instandhaltungsmaßnahme   0   keine Betriebszeit

Abb. 1: Dokumentierter Anlagenstatus

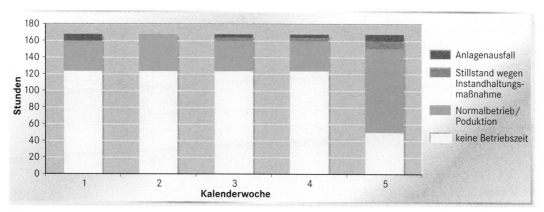

Abb. 2: Maschinenbericht

Fallen in einem Zeitraum ungewöhnlich hohe Ausfallzeiten an (z. B. KW 5), so sind die Rahmenbedingungen dieser Produktionswoche einer näheren Betrachtung zu unterziehen. Daraus lassen sich beispielsweise Rückschlüsse auf hohe Produktionszeiten oder Witterungseinflüsse (hohe Temperatur) ziehen.

Die Maschinenstörungsliste (S. 389, Abb. 2) lässt sich hinsichtlich der Häufigkeit einzelner Fehler auswerten (Tab. 1).

Tab. 1: Störungshäufigkeit aus Maschinenstörungsliste ermittelt

Fehlerindex	Störungsursache	Häufigkeit/Quartal
M	Fräser	3
H	Spannzylinder	1
E	Sensor	1
B	Kühlwasserdrossel	1
P	Luftschlauch	1
M	Lichtschranke	1
E	Leitung (elektrisch)	1
W	Lager	1
P	Wartungseinheit (pneumatisch)	1

Im vorliegenden Fall fällt auf, dass der Fräser innerhalb von zwei Tagen dreimal ausgeglüht und dadurch ausgefallen ist. Da die Kühlwasserzufuhr zuverlässig funktioniert, kann ein Materialfehler, also eine Schwachstelle vorliegen. Die erreichte Verfügbarkeit entspricht nicht den Anforderungen und Erfahrungen. Es kann davon ausgegangen werden, dass eine Verbesserung technisch und wirtschaftlich möglich ist.

Mögliche Ursachen für die Schwachstelle:

- Lieferantenwechsel
- Wechsel des Werkzeugtyps
- Besondere Belastungen

Die Entscheidung für mögliche Maßnahmen nach Fehlereintritt werden nach einer Fehleranalyse getroffen (Abb. 1).

Aus den *Qualitätsregelkarten* lassen sich verschiedene Veränderungen an der Anlage und dem Fertigungsprozess erkennen. Die wichtigsten sind Run, *Trend* und *Middle Third* (s. S. 384).

Beim Run liegen die Messwerte dauerhaft unterhalb des Sollwertes. Obwohl keine Eingriffsgrenzen verletzt wurden, ist dies ein Hinweis auf Veränderungen an der Anlage (z. B. verstellter Sollwert).

Der *Trend* gibt einen Hinweis darauf, dass sich die gemessenen Werte kontinuierlich verändern. Bei einem weiteren Verlauf des Trends kann auf eine baldige Verletzung der Eingriffsgrenzen geschlossen werden.

Üblicherweise liegen im mittleren Drittel zwischen den Eingriffsgrenzen immer zwei Drittel aller Messwerte (Middle Third). Ist diese Bedingung nicht erfüllt, ist der Fertigungsprozess gestört.

Überschreitungen der *Eingriffsgrenzen* führen zu Instandsetzungsmaßnahmen. Diese werden in der Maschinenstörungsliste dokumentiert und ausgewertet.

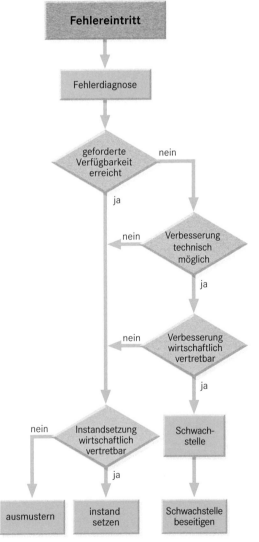

Abb. 1: Fehleranalyse

Der Dokumentation kommt in allen Phasen der Instandhaltung eine wichtige Bedeutung zu. Sie ist der Schnittpunkt zwischen unterschiedlichen Stufen der Instandhaltung. Die Fachkräfte sind für die Fehlersuche und Instandsetzung zuständig. Ohne die Dokumentation der Fehler wäre es nicht möglich, Hinweise zu bekommen, die eine Fehlervermeidung ermöglichen. Gleiches gilt für die Ziele Instandhaltung und Betrieb optimieren sowie das Erreichen eines wirtschaftlichen Einsatzes von Personal und Anlage.

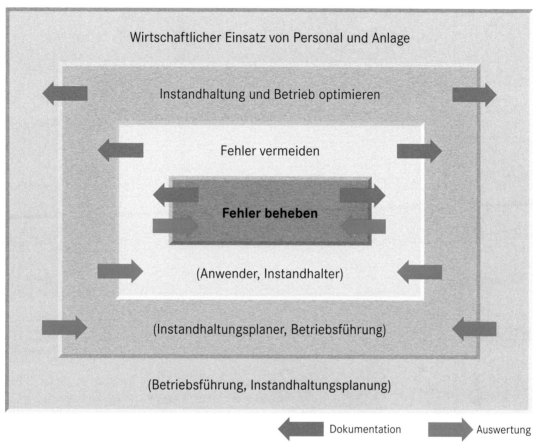

Abb. 2: Informationsfluss in der Instandhaltung

1. Bei der Qualitätskontrolle wurden von zwei Stichproben die Maße kontrolliert. Berechnen Sie jeweils den Mittelwert und die Standardabweichung. Erläutern Sie die Ergebnisse:

Messwerte in µm				
1.	27	30	29	28	31
2.	5	10	20	14	12

2. Welche Aussage treffen die statistischen Größen
- Mittelwert und
- Standardabweichung?

3. Welche Informationen können der Qualitätsregelkarte entnommen werden?

4. In Abb. 1, vorige Seiten ist für jeden Tag der Anlagenstatus dokumentiert. Berechnen Sie für jeden Tag die Verfügbarkeit, Zuverlässigkeit und den Anlagennutzungsgrad.

5. Bei der Analyse der Maschinenstörungsliste fällt auf, dass die Lichtschranken ungewöhnlich oft verstellt sind. Wie analysieren Sie den Fehler und ermitteln Sie die Schwachstellen?

6. Nennen Sie drei typische Instandhaltungsstrategien.

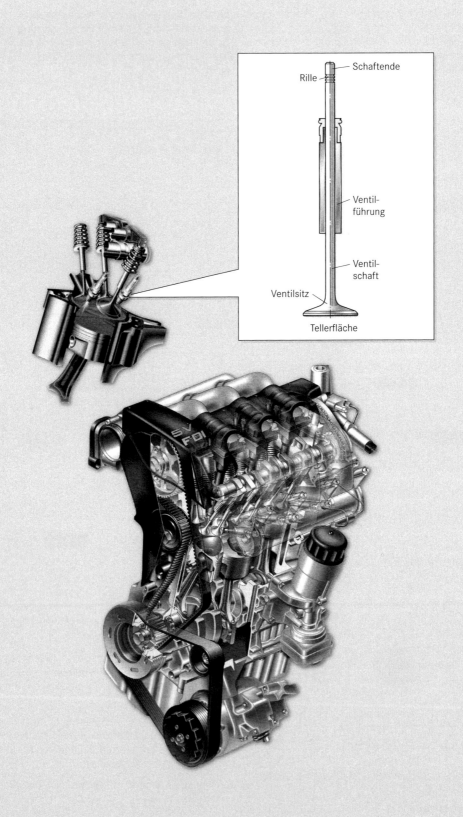

Schaftende

Rille

Ventil-
führung

Ventil-
schaft

Ventilsitz

Tellerfläche

11.1 Statistische Prozessüberwachung

Die Fertigungsprozesse in der Industrie zeichnen sich durch einen hohen Automatisierungsgrad aus. Die Aufgabe des Facharbeiters besteht hauptsächlich im Einrichten und im Überwachen der Anlage. Die ständige Überwachung der Produktion ermöglicht bei fehlerhafter Fertigung ein schnelles Eingreifen in den Prozess. Dadurch werden Kosten durch Ausschuss oder Nacharbeit vermieden.

11.1.1 Prüfen von Merkmalen

Beim Prüfen von Bauteilen werden verschiedene Merkmale aufgenommen.

11.1.1.1 Variable und attributive Merkmale

Variable Merkmale lassen sich durch einen Zahlenwert ausdrücken. Sie werden durch Messgeräte erfasst.

Z. B. sind die Tellerrandhöhe und die Rauheit der gedrehten Fläche an einem Ventil variable Merkmale.

Attributive Merkmale beschreiben den Zustand eines Gegenstandes, zum Beispiel die Beschädigung der Oberfläche.

Das Prüfergebnis lautet *in Ordnung (i. O.)* oder *nicht in Ordnung (n. i. O.)*.

Attributive Merkmale werden durch eine subjektive Prüfung erfasst. In der Regel werden alle Teile geprüft.

Z. B. wird die Oberfläche des Ventils durch eine Sichtkontrolle auf Kratzer überprüft.

11.1.1.2 Zufällige und systematische Einflüsse

Bei der Fertigung können unterschiedliche Einflüsse wie Temperaturschwankungen und Werkzeugverschleiß zu einer Abweichung am Werkstück führen.

Nach der Art der Abweichung unterscheidet man (Tab. 1):

- zufällige Einflüsse und

- systematische Einflüsse (gleichbleibend, stetig zunehmend)

Zufällige und systematische Einflüsse können gleichzeitig auftreten (Abb. 1, nächste Seite).

Tab. 1: Zufälliger und systematischer Einfluss

	Zufälliger Einfluss	Systematischer Einfluss	
		Gleichbleibende Abweichung	Stetig steigende Abweichung
Verlauf der Abweichung	Zufällig auftretende Umgebungseinflüsse bewirken eine einmalige Abweichung.	Die Abweichung ist bei allen geprüften Teilen gleichbleibend.	Die Abweichung steigt stetig mit der Anzahl der gefertigten Teile.
Abweichungen am Ventil	Gefügefehler im Werkstoff führen zu einem lokalen Härteverlust am Schaftende.	Der Drehmeißel ist fehlerhaft eingespannt. An allen Ventilen ist die Tellerrandhöhe zu groß.	Durch die Abnutzung der Drehmeißelschneide wird der Schaftdurchmesser immer größer.

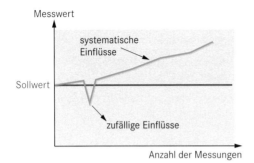

Abb. 1: Überlagerung von zufälligen und systematischen Einflüssen

11.1.1.3 Prüfarten

Durch das Prüfen wird die Produktqualität in der Massenfertigung gewährleistet. Andererseits müssen die Kosten für die Prüfung angemessen sein. Aus diesen Bedingungen wird der wirtschaftlich vertretbare Prüfaufwand für ein Produkt ermittelt.

Prüfungen werden über den ganzen Fertigungsprozess hinweg durchgeführt. Entsprechend den jeweiligen Prozessphasen unterscheidet man:

• Eingangsprüfung,

• Zwischenprüfung und

• Endprüfung.

Die *Eingangsprüfung* erfolgt bei der Warenannahme. Dadurch wird sichergestellt, dass die Lieferung den Anforderungen entspricht. Diese Prüfung entfällt, wenn der Zulieferer eine Warenausgangsprüfung durchführt.

Die *Zwischenprüfung* erfolgt bei einer komplexen Fertigung mit hintereinander angeordneten Bearbeitungsstufen. Dadurch werden fehlerhafte Teile erkannt und aussortiert. Das schnelle Eingreifen in den Prozess verhindert, dass fehlerhafte Teile weiter bearbeitet werden.

Die *Endprüfung* erfolgt am Ende der Fertigung. Dadurch wird sichergestellt, dass alle ausgelieferten Produkte die gestellten Anforderungen erfüllen.

11.1.1.4 Prüfumfang

Je nach der möglichen Fehlerart und der Auswirkung auf die weitere Produktion unterscheidet man in der Massenfertigung eine

• 100 %-Prüfung und

• Stichprobenprüfung.

Bei einer *100 %-Prüfung* werden alle Teile geprüft. Sie ist erforderlich, wenn ein möglicher Fehler

durch spätere Nacharbeit nicht mehr zu beheben ist. Die 100 %-Prüfung ist kostenintensiv, bietet dafür aber die Garantie, dass alle fehlerhaften Teile aussortiert werden.

Nach dem Sitzschleifen werden alle Ventile überprüft. Dabei wird die Rauheit geprüft. Sie ist die Voraussetzung für die Dichtheit des Ventils.

Bei der *Stichprobenprüfung* werden in regelmäßigen Abständen Prüflose kontrolliert. Ein Prüflos besteht aus mehreren nacheinander gefertigten Bauteilen. Die Größe der Abstände und der Prüflose hängt unter anderem von der Fehlerwahrscheinlichkeit ab.

Die Stichprobenprüfung ist kostengünstig und schnell durchzuführen. Durch sie kann die Produktion von fehlerhaften Teilen jedoch nicht ganz ausgeschlossen werden.

Innerhalb eines Fertigungsprozesses können beide Prüfungen eingesetzt werden, um die jeweiligen Vorteile zu verbinden.

11.1.1.5 Prüfvorrichtungen

Das Prüfen in der Serienfertigung erfolgt mit Hilfe von Prüfvorrichtungen. Dadurch vereinfacht sich der Prüfvorgang und die zufälligen Fehler werden minimiert. Je nach der Form des Prüfstückes und dem Prüfmerkmal wird die Vorrichtung aus Vorrichtungsnormalien erstellt. Die Vorrichtungen bestehen meist aus folgenden Elementen (Abb. 2):

• Grundplatte, auf die die Vorrichtungsnormalien aufgebaut werden,

• Auflager, die das Werkstück stützen und positionieren,

• Anschlag, der das Werkstück positioniert und

• Stativ mit Messwertaufnehmer, um an der gleichen Stelle zu messen.

Abb. 2: Prüfvorrichtung

Die Position des Prüfstückes wird bei prismatischen Körpern durch eine Drei-Punkt-Auflage mit zusätzlichen Anschlägen bestimmt. Drehteile werden in Prüfprismen gelegt. In einer Vorrichtung können gleichzeitig mehrere Prüfmerkmale aufgenommen werden. Die Messwertaufnahme erfolgt durch Ablesen und Eintragen in ein Prüfprotokoll oder durch einen angeschlossenen Rechner.

Die Prüfbedingungen sind in den Prüfanweisungen enthalten.

11.1.1.6 Prüfmittelüberwachung

Die Genauigkeit der Prüfmittel muss regelmäßig kontrolliert werden (Abb. 3). Dadurch werden mögliche Fehler durch fehlerhafte Prüfmittel ausgeschlossen. Diesen Vorgang bezeichnet man als Kalibrieren.

Eine Bügelmessschraube wird mit Kalibrierendmaßen kalibriert. Hierbei werden mehrere Maßüberprüfungen über den ganzen Messbereich der Bügelmessschraube durchgeführt. Der Vergleich des jeweiligen Sollwertes der Endmaße mit den Ablesewerten der Bügelmessschraube ergibt die Abweichung. Mit einem Diagramm werden die Abweichungen über den Messbereich dargestellt (Abb. 4).

Wenn die Abweichung innerhalb einer zulässigen Toleranz liegt, wird das Prüfmittel für die Fertigung freigegeben.

Ein Aufkleber weist auf die Kalibrierung des Prüfmittels hin und zeigt den nächsten Kalibriertermin an (Abb. 5).

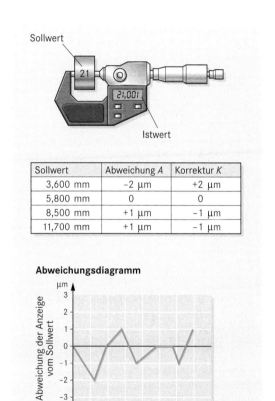

Sollwert	Abweichung A	Korrektur K
3,600 mm	–2 μm	+2 μm
5,800 mm	0	0
8,500 mm	+1 μm	–1 μm
11,700 mm	+1 μm	–1 μm

Abweichungsdiagramm

Abb. 4: Kalibrierung einer Bügelmessschraube

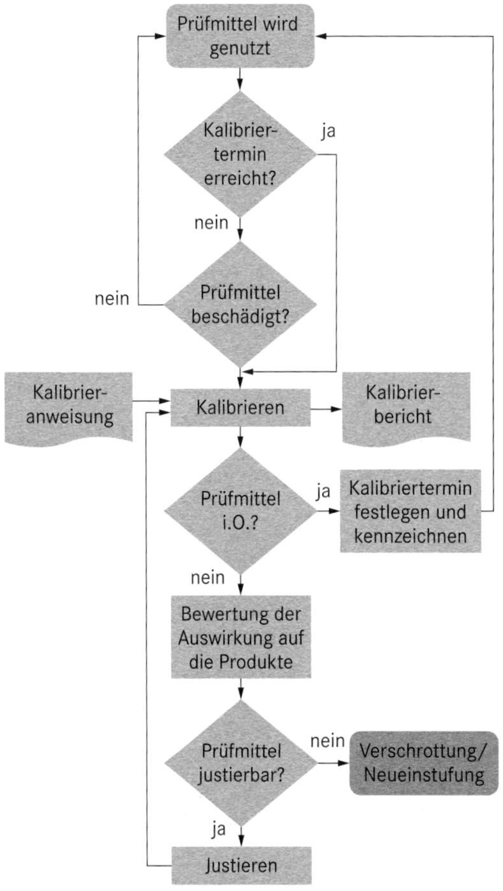

Abb. 3: Flussdiagramm zur Prüfmittelüberwachung

Abb. 5: Kalibrieraufkleber

Grundlagen

Voraussetzung für eine Stichprobe

Der abgebildete Bolzen wird in einer Massenfertigung unter gleichbleibenden Bedingungen hergestellt. Der gedrehte Absatz besitzt einen Durchmesser von Ø 15 ± 0,05 mm. Die Toleranzgrenzen von 14,95 mm und 15,05 mm dürfen nicht überschritten werden.

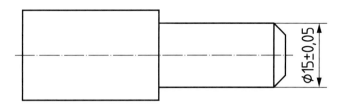

Die Prüfung von 50 Bolzen ergab folgende Messwerte für den Absatz:

Messprotokoll (Maße in mm)									
14,98	14,96	15,01	14,99	15,01	15,00	15,00	14,98	15,00	15,00
14,99	14,99	14,99	15,01	14,99	15,01	15,01	15,00	14,98	15,00
15,01	15,03	14,96	14,99	15,00	14,99	14,97	15,02	15,00	14,99
14,97	14,98	15,02	15,02	15,04	15,01	14,97	15,00	15,00	15,00
15,01	15,02	15,03	15,03	14,98	14,99	15,00	15,01	15,00	15,02

Alle Messwerte liegen im Toleranzbereich. Aufgrund der gleichbleibenden Fertigungsbedingungen schwankt der Durchmesser des Absatzes um einen Mittelwert. Um die Schwankungen der Messwerte besser darstellen zu können, ermittelt man die Häufigkeit gleicher Messwerte. In einer Tabelle wird eingetragen, wie oft ein Messwert vorkommt.

Messwert	14,95	14,96	14,97	14,98	14,99	15,00	15,01	15,02	15,03	15,04	15,05
Häufigkeit	0	2	3	5	9	13	9	5	3	1	0

Trägt man die Häufigkeiten der Messwerte als Säule in ein Diagramm ein, so erhält man die Häufigkeitsverteilung (Histogramm) für den Durchmesser Ø 15 ± 0,05 mm. Die meisten Werte liegen um den Messwert 15,00 mm. Zu den Toleranzgrenzen hin nimmt die Häufigkeit stark ab.

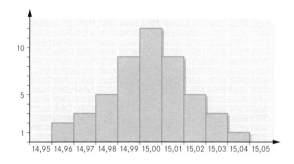

Verbindet man die Spitzen der Säulen des Histogramms, so erhält man einen Kurvenverlauf. Dieser Kurvenverlauf wird auch als Normalverteilung bezeichnet. Der höchste Punkt der Kurve entspricht dem Messwert mit der maximalen Häufigkeit.

Er gilt als Mittelwert $\bar{x}$ der Stichprobe.

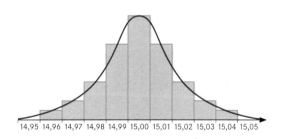

$\bar{x}$ = 15,00 mm

! Eine Normalverteilung der Messwerte ist die Voraussetzung für eine Stichprobenprüfung.

Der Durchmesser des Absatzes ist um den Mittelwert $\bar{x}$ = 15,00 mm normalverteilt. Somit ist die Voraussetzung für eine Stichprobenprüfung gegeben.

Die Größe der Prüfabstände und der Prüflose hängt unter anderem von der Größe der Maßabweichungen vom Mittelwert ab. Als Maß für diese Streuung gilt die Standardabweichung s.

Sie ist der Abstand vom Mittelwert zum jeweiligen Wendepunkt der Kurve. Die Streuung ist kleiner, wenn die Kurve steiler verläuft, und größer, wenn die Kurve flacher verläuft. Je größer die Streuung, umso größer muss der Prüfumfang gewählt werden.

Weiter hängt der Umfang einer Stichprobenprüfung von der Wichtigkeit des Bauteils und der Erfahrung über den Fertigungsprozess ab.

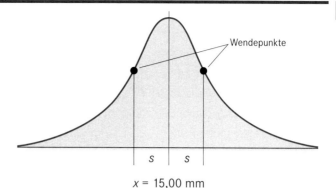

x = 15,00 mm

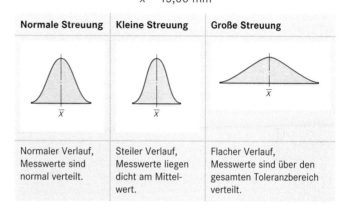

Normale Streuung	Kleine Streuung	Große Streuung
Normaler Verlauf, Messwerte sind normal verteilt.	Steiler Verlauf, Messwerte liegen dicht am Mittelwert.	Flacher Verlauf, Messwerte sind über den gesamten Toleranzbereich verteilt.

1. Was bedeutet die Aussage: „Qualität ist zu erzeugen und nicht zu überprüfen?"

2. Welche Aufgabe besitzt die statistische Prozessüberwachung?

3. Welche Anforderungen werden an eine prüfbezogene Bemaßung gestellt?

4. Geben Sie an, ob es sich bei den Prüfungen um variable oder attributive Merkmale handelt:

- Winkel 62° 45', Universalwinkelmesser,

- Härtewert HB 300 + 50, Prüfverfahren nach Brinell,

- Gewinde M 6 mit einem Gewindelehrring.

5. Erklären Sie den Unterschied zwischen einem systematischen und zufälligen Einfluss.

6. Ordnen Sie folgende Abweichungen den zufälligen oder systematischen Einflüssen zu.

- Maßabweichung durch eine Aufbauschneide,

- Abnutzung einer Schleifscheibe,

- kurzzeitiger Spannungsabfall beim Induktionshärten.

7. Wie wirkt sich die geforderte Produktqualität auf den Prüfaufwand aus?

8. Wann kann man auf eine Wareneingangsprüfung verzichten?

9. Nennen Sie die Vorteile einer

a) 100 %-Prüfung,

b) Stichprobenprüfung.

10. Warum müssen Prüfmittel kalibriert werden?

11. Was sagt ein Histogramm aus?

12. Welche Voraussetzungen müssen für eine Stichprobenprüfung gegeben sein?

13. Was sagt die Standardabweichung aus?

14. Von welchen Faktoren hängt der Umfang einer Stichprobe ab?

11.1.2 Qualitätsregelkarte

Die Überwachung eines Fertigungsprozesses kann mit einer Qualitätsregelkarte erfolgen, wenn folgende Voraussetzungen erfüllt sind:

- immer gleich ablaufende Fertigung,
- regelmäßige Stichprobenentnahme,
- gleichbleibender Stichprobenumfang und
- gleichbleibender Prüfvorgang.

Qualitätsregelkarten werden zur ständigen Prozessüberwachung eingesetzt. Regelmäßig werden Messwerte eingetragen und ausgewertet. Zuerst wird kontrolliert, ob der jeweilige Messwert in dem vorgegebenen Toleranzbereich liegt. Weiter kann man anhand des Verlaufes der Messwerte erkennen, wie sich der Prozess entwickelt. Steigt der Messwert zum Beispiel kontinuierlich an, kann davon ausgegangen werden, dass er demnächst die Toleranzgrenze überschreitet. Um dies zu verhindern, muss rechtzeitig der Prozess korrigiert werden.

11.1.2.1 Aufbau der Qualitätsregelkarte

Jede Qualitätsregelkarte (Abb. 1) besitzt

- einen Datenkopf,
- eine Messwerttabelle und
- ein Mittelwert- und Spannweiten-Diagramm.

Im Datenkopf werden Angaben zum Fertigungsprozess gemacht. Für die Bearbeitungsstation *Drehen der Tellerfläche* sind die fertigungstypischen Angaben schon eingetragen. Zum Beispiel sind das Merkmal Tellerrandhöhe ① und die Prüfhäufigkeit 60 Min. ② schon ausgefüllt. Der Prüfer trägt nur noch die aktuellen Angaben, z. B. Name, Datum und Zeit ein ③.

In der Messwerttabelle werden die Messwerte $x_1 - x_5$ der jeweiligen Stichprobe eingetragen ④. Für jede Stichprobe wird die Summe $\sum$ der fünf Messwerte und der Durchschnittswert $\overline{x}$ ermittelt ⑤, ⑥.

Zusätzlich wird die Spannweite R eingetragen ⑦. Sie ist der Unterschied zwischen dem größten Messwert x_{max} und dem kleinsten Messwert x_{min}. Die Spannweite gibt an, wie groß die Streuung der einzelnen Messwerte einer Stichprobe ist.

In das Mittelwert-Diagramm wird der errechnete Mittelwert $\overline{x}$ der jeweiligen Stichprobe eingetragen. Anschließend werden die Punkte zu einem Kurvenverlauf verbunden.

Beispiel:

Die am 28.08. um 18.00 Uhr entnommene Stichprobe ergibt für die Tellerrandhöhe der Ventile folgende Abweichungen:

x_1 = 0,05 mm; x_2 = 0,02 mm; x_3 = 0,06 mm;
x_4 = 0,04 mm; x_5 = 0,01 mm;

Es sind $\sum$, $\overline{x}$ und R zu bestimmen.

Die Summe aller Messwerte beträgt:

$\sum = x_1 + x_2 + x_3 + x_4 + x_5$

$\sum$ = 0,05 mm + 0,02 mm + 0,06 mm
$\quad$ + 0,04 mm + 0,01 mm

$\underline{\sum = 0,18\ mm}$

Der Mittelwert $\overline{x}$ beträgt:

$$\overline{x} = \frac{x_1 + x_2 + x_3 + x_4 + x_5}{5}$$

$$\overline{x} = \frac{(0,05 + 0,02 + 0,06 + 0,04 + 0,01)\ mm}{5}$$

$\underline{\overline{x} = 0,04\ mm}$

Die Spannweite R beträgt:

$R = x_{max} - x_{min}$

R = 0,06 mm – 0,01 mm

$\underline{R = 0,05\ mm}$

Das Mittelwert-Diagramm wird durch eine obere Eingriffsgrenze ⑧ und eine untere Eingriffsgrenze ⑨ begrenzt. Die Eingriffsgrenzen werden so festgelegt, dass sie noch eine Reserve zur Toleranzgrenze besitzen. Somit bedeutet ein Überschreiten der Grenze nicht ein fehlerhaftes Maß. Der Maschinenbediener muss jedoch unverzüglich in den Prozess eingreifen. Dies kann zum Beispiel durch das Nachstellen eines Werkzeuges erfolgen.

Im Spannweiten-Diagramm ⑩ werden für alle Stichproben die Spannweiten R eingetragen. Eine obere Eingriffsgrenze zeigt an, wann die Spannweite einen kritischen Wert erreicht. Beim Überschreiten dieser Eingriffsgrenze müssen die einzelnen Messwerte der Stichprobe kontrolliert werden.

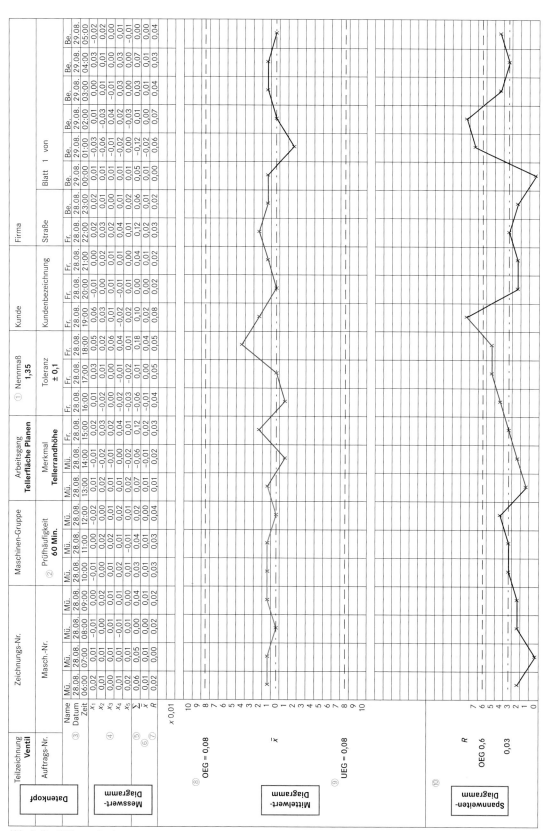

Abb. 1: Qualitätsregelkarte

11.1.2.2 Auswertung der Qualitätsregelkarte

Auswerten

Der Verlauf des Mittelwertes zeigt, wie sich der Fertigungsprozess entwickelt. Bei einem natürlichen Verlauf liegen 2/3 der Mittelwerte im mittleren Drittel zwischen der oberen und unteren Eingriffsgrenze. Der Prozess kann ohne Eingriff weiterlaufen.

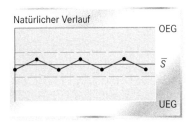

Der Prozess ist gestört, wenn:

- eine Eingriffsgrenze überschritten wird.

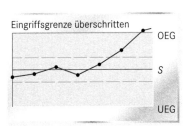

- mehr als ein Drittel der Mittelwerte nicht im mittleren Drittel (Middle Third) liegen.

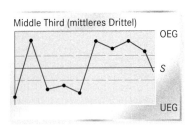

- mehr als 6 aufeinander folgende Werte auf einer Seite der Mittellinie (Run) liegen.

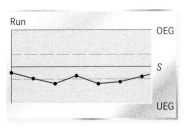

- mehr als 6 aufeinander folgende Werte eine steigende oder fallende Tendenz (Trend) zeigen.

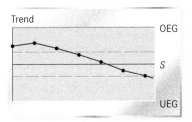

In diesen Fällen muss der Maschinenbediener sofort weitere Stichproben entnehmen, den Prozess korrigieren und fehlerhafte Teile aussortieren.

Auswerten der Qualitätsregelkarte Tellerrandhöhe

28.08. ab 6.00 Uhr bis 13.00 Uhr

Der Mittelwert-Verlauf zeigt, dass 8 Werte über oder auf der Mittellinie liegen (Run). Durch ein Eingreifen in den Prozess wurde für den weiteren Verlauf eine gleichmäßige Verteilung erreicht.

28.08. ab 13.00 Uhr bis 19.00 Uhr

Die Spannweite steigt (Trend) und die Messwerte besitzen eine große Streuung. Der Maschinenbediener muss in den Prozess eingreifen.

28.08. 18.00 Uhr

Der Mittelwert steigt und es besteht die Gefahr, dass er die obere Eingriffsgrenze erreicht. Gleichzeitig weist die Spannweite eine hohe Streuung auf. Durch eine Prozesskorrektur wird die Abweichung verringert.

28.08. 19.00 Uhr

Die obere Eingriffsgrenze für die Spannweite wird überschritten. Der Mittelwert liegt jedoch im geforderten Bereich. Ein Einschreiten ist nicht erforderlich.

28.08. ab 23.00 Uhr bis 00.00 Uhr

Es liegt ein optimaler Verlauf vor, der eine geringe Abweichung und eine kleine Spannweite aufweist. Jedoch wird die zur Verfügung stehende Toleranz nicht ausgenutzt. Eine Überprüfung der Fertigungsbedingungen ist ratsam.

29.08. 2.00 Uhr

Der Mittelwert liegt auf der Nulllinie, die Spannweite besitzt einen hohen Wert. Die vorhandenen Abweichungen neutralisieren sich. Ein Einschreiten ist nicht erforderlich.

11.2 Maschinenfähigkeits-untersuchung

Die Maschinenfähigkeit gibt an, ob eine Maschine mit ausreichender Wahrscheinlichkeit die geforderten Fertigungstoleranzen erfüllt. Als Kennzahl wird der Maschinenfähigkeitsindex c_m bestimmt.

Bei der Maschinenfähigkeitsuntersuchung werden mindestens 50 Bauteile nacheinander gefertigt und auf Maß- und Formgenauigkeit überprüft. Bei dieser Kurzzeituntersuchung dürfen Einflüsse wie Raumtemperaturschwankungen oder Abweichungen durch Mess- oder Bedienfehler das Fertigungsergebnis nicht verfälschen. Damit sichergestellt ist, dass die Fertigungsqualität allein nur auf die Maschineneinstellwerte zurückzuführen ist, müssen alle äußeren Einflüsse vernachlässigbar klein sein. Im Allgemeinen besitzen der Mensch, die Maschine, das Material, die Umwelt (Mitwelt) und die Methode einen Einfluss auf das zu fertigende Produkt. Man nennt sie auch die „5M-Einflüsse" (Abb. 1).

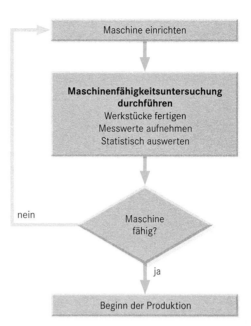

Abb. 2: Ablaufplan einer Maschinenfähigkeitsuntersuchung

Eine Maschinenfähigkeitsuntersuchung wird für folgende Fälle benötigt:

- bei der Inbetriebnahme einer neuen Maschine,
- als Nachweis für die Auftragsvergabe und
- als Abnahmevoraussetzung nach einer Instandsetzung.

Inbetriebnahme
Bei der Inbetriebnahme einer neuen Maschine wird die Maschinenfähigkeit durch die Lieferfirma ermittelt und in einem Abnahmeprotokoll dokumentiert.

Auftragsvergabe
Bei der Auftragsvergabe liefert die Maschinenfähigkeitsuntersuchung für den Kunden den Nachweis, dass die geforderte Produktqualität erreicht wird. Die Fertigungsproben werden durch entsprechendes Fachpersonal im Prüflabor ausgewertet.

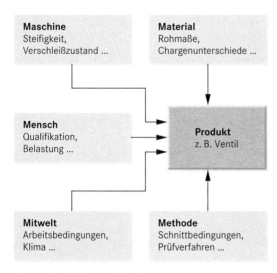

Abb. 1: 5M-Einflüsse auf ein Produkt

Wird als Ergebnis festgestellt, dass die Maschine nicht fähig ist, so müssen die Maschineneinstellungen korrigiert und eine weitere Maschinenfähigkeitsuntersuchung durchgeführt werden (Abb. 2).

Instandsetzung
Nach einer Instandsetzung muss die Genauigkeit der Maschine überprüft werden. Die Aufnahme der Messergebnisse kann je nach Prüfverfahren und geforderter Genauigkeit direkt am Arbeitsplatz erfolgen. Dies geschieht bei Instandsetzungsarbeiten, um den Produktionsausfall der Maschine zu reduzieren. Die Messwerte werden vom Instandhalter oder Maschinenbediener aufgenommen und dokumentiert. Mit Hilfe eines Rechners werden die Messwerte statistisch ausgewertet und der Maschinenfähigkeitsindex c_m berechnet.

Prüfen

11.2.1 Maschinenfähigkeitsindex c_m

An der Bearbeitungsstation *Schleifen des Ventilschaftes* wird das Ventil für den Fertigschliff vorgeschliffen. Die einzuhaltenden Maß- und Formtoleranzen sind der Zeichnung zu entnehmen (Abb. 1).

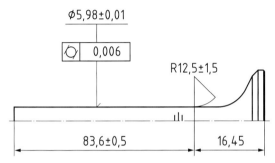

Abb. 1: Prüfmerkmale für den Schaftschliff

Für jedes Prüfmerkmal muss eine Maschinenfähigkeitsuntersuchung durchgeführt werden. Einflüsse, die nicht von der Maschine ausgehen, sind zu vermeiden. Daher sind folgende Bedingungen einzuhalten:

- Die Untersuchung wird von einer Person nach einem gleichbleibenden Ablauf durchgeführt.

- Es muss sichergestellt sein, dass die Maß- und Formtoleranzen aus den vorangegangenen Fertigungsstufen eingehalten wurden.

- Die Spannmittel und die Werkzeuge müssen die geforderte Funktion erfüllen.

- Angrenzende Bearbeitungsstationen müssen abgeschaltet werden, um Bodenerschütterungen zu vermeiden.

Für das Prüfmerkmal Schaftdurchmesser Ø 5,98 ± 0,01 mm wurden an 50 Ventilen folgende Messwerte aufgenommen (Abb. 2):

Rechnerische Bestimmung von c_m

Der Maschinenfähigkeitsindex c_m gibt an, wie weit die Maschinenstreuung den vorgegebenen Toleranzbereich ausnutzt. Je geringer der Streubereich (Standardabweichung s) der Messwerte zur Größe des Toleranzbereiches T ist, um so fähiger ist die Maschine.

Die Formel für den Maschinenfähigkeitsindex c_m lautet:

$$c_m = \frac{T}{6 \cdot s}$$

Der Toleranzbereich T ist die Differenz zwischen dem Höchstmaß und dem Mindestmaß:

$$T = \text{Höchstmaß} - \text{Mindestmaß}$$

Die Maschinenstreuung wird durch die Standardabweichung s angegeben. Sie wird mit folgender Formel aus den 50 Messwerten, z. B. für den Schaftdurchmesser, errechnet:

$$s = \sqrt{\frac{1}{n-1} \cdot \sum_{i=1}^{n} (x_i - \overline{x})^2}$$

n = Anzahl der Messwerte
x_i = einzelner Messwert
$\overline{x}$ = Mittelwert

Die Standardabweichung s kann mit Hilfe der Statistikfunktion eines Taschenrechners berechnet werden.

Ein Maschine gilt als fähig, wenn gilt:

$$c_m > 1{,}33$$

Prüfprotokoll: Instandsetzung	Masch.-Bez.: Schleifmaschine
Datum: 07.09.2005 Auf.-Nr.: 32/AH/05	Bearbeitungsstation: III
Name des Prüfers: H. Meyer	Masch.-Nr.: 12341

Prüfmerkmal: Schaftdurchmesser Ø 5,98 ± 0,01 mm

Prüfmittel: Prüfvorrichtung mit elektronischem Feinzeiger

Messwerte in mm

5,981	5,982	5,981	5,983	5,981	5,981	5,981	5,981	5,982	5,981
5,981	5,983	5,979	5,982	5,982	5,981	5,981	5,981	5,984	5,982
5,980	5,981	5,979	5,981	5,981	5,980	5,982	5,982	5,983	5,983
5,979	5,980	5,982	5,982	5,980	5,978	5,980	5,983	5,981	5,981
5,978	5,980	5,981	5,980	5,980	5,979	5,981	5,980	5,980	5,980

Abb. 2: Messprotokoll Schaftdurchmesser

Beispiel:

Berechnung von c_m für den Schaftdurchmesser Ø 5,98 ± 0,01 mm

Die Formel lautet: $\quad c_m = \dfrac{T}{6 \cdot s}$

T = Höchstmaß – Mindestmaß

T = 5,99 mm – 5,97 mm

T = 0,02 mm

$s = \sqrt{\dfrac{1}{n-1} \cdot \sum\limits_{i=1}^{n} (x_i - \overline{x})^2}$

n = 50

x_i = einzelner Messwert

$\overline{x}$ = 5,9809 mm

s = 0,0013 mm

Eingesetzt in die Formel für den Maschinenfähigkeitsindex c_m:

$c_m = \dfrac{0,02 \text{ mm}}{6 \cdot 0,0013 \text{ mm}}$

$\underline{\underline{c_m = 2,56}}$

Die Schleifmaschine erfüllt für das Prüfmerkmal Schaftdurchmesser die Anforderung der Maschinenfähigkeit.

11.2.2 Kritischer Maschinenfähigkeitsindex c_{mk}

Auch wenn die Streuung der Maschine in Ordnung ist, kann der Mittelwert $\overline{x}$ der Streuung zu einer der Toleranzgrenzen hin verschoben sein. Es besteht die Gefahr, dass Messwerte die Toleranzgrenze überschreiten. Die kritische Maschinenfähigkeit berücksichtigt den kritischen Abstand des Mittelwertes zu einer der Toleranzgrenzen (Abb. 3).

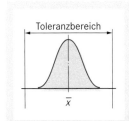 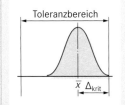

Der Mittelwert $\overline{x}$ liegt in der Mitte des Toleranzbereiches.	Der Mittelwert $\overline{x}$ ist zu einer Toleranzgrenze hin verschoben.

Abb. 3: Verschiebung des Mittelwertes im Toleranzbereich

Rechnerische Bestimmung von c_{mk}

Die Formel für den kritischen Maschinenfähigkeitsindex c_{mk} lautet:

$$c_{mk} = \dfrac{\Delta_{krit}}{3 \cdot s}$$

Δ_{krit} ergibt sich aus dem Abstand des Mittelwertes zur Toleranzgrenze. Für die Berechnung von c_{mk} wird der kleinere Wert verwendet.

Δ_{krit} = Höchstmaß – $\overline{x}$

Δ_{krit} = $\overline{x}$ – Mindestmaß

s = Standardabweichung

Ein Maschine gilt als fähig, wenn gilt:

$$c_{mk} > 1{,}33$$

Beispiel:

Berechnung von c_{mk} für den Schaftdurchmesser Ø 5,98 ± 0,01 mm

Die Formel lautet: $\quad c_{mk} = \dfrac{\Delta_{krit}}{3 \cdot s}$

Δ_{krit} = für das Höchstmaß

Δ_{krit} = 5,99 mm – 5,9809 mm

Δ_{krit} = 0,0091 mm

Δ_{krit} = für das Mindestmaß

Δ_{krit} = 5,9809 mm – 5,97 mm

Δ_{krit} = 0,0109 mm

Für die weitere Berechnung gilt der kleinere kritische Abstand:

Δ_{krit} = 0,0091 mm

s = 0,0013 mm

Eingesetzt in die Formel für den kritischen Maschinenfähigkeitsindex c_{mk}:

$c_{mk} = \dfrac{0,0091 \text{ mm}}{3 \cdot 0,0013 \text{ mm}}$

$\underline{\underline{c_{mk} = 2,33}}$

Die Schleifmaschine erfüllt für das Prüfmerkmal Schaftdurchmesser die Anforderung der kritischen Maschinenfähigkeit. Erfüllen die anderen Prüfmerkmale ebenfalls diese Anforderung, kann die Schleifmaschine wieder für die Produktion freigegeben werden.

11.3 Prozessfähigkeitsuntersuchung

Informieren

Nachdem die Maschinenfähigkeit nachgewiesen wurde, muss nun eine Langzeituntersuchung der Maschine durchgeführt werden. Hierbei werden im Normalbetrieb alle Einflüsse mit ihren Auswirkungen auf die Fertigung berücksichtigt (Abb. 1). Die Prozessfähigkeit gibt an, ob ein Fertigungsprozess unter realen Bedingungen die geforderten Fertigungstoleranzen erfüllt. Als Kennzahl wird der Prozessfähigkeitsindex c_p bestimmt.

Bei der Prozessfähigkeitsuntersuchung werden über einen längeren Zeitraum in der Regel 25 Stichproben genommen.

Jede Stichprobe besitzt den Umfang n = 5. Dabei sollte die Untersuchung mindestens 20 Produktionstage dauern, damit alle relevanten Einflussfaktoren wirksam werden.

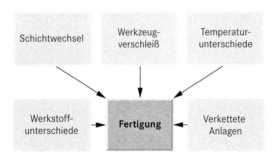

Abb. 1: Langzeiteinflüsse auf die Fertigung

Die Auswertung der Messwerte kann durch ein Statistikprogramm erfolgen. Als Ausdruck erhält man ein Datenblatt mit den erforderlichen Kennzahlen, die zusätzlich als Kurvenverläufe dargestellt sind (Abb. 2).

11.3.1 Prozessfähigkeitsindex c_p

Prüfe

Der Prozessfähigkeitsindex c_p gibt an, wie weit die Maschinenstreuung den vorgegebenen Toleranzbereich unter normalen Fertigungsbedingungen ausnutzt. Er wird aus dem Toleranzbereich T und der gemittelten Standardabweichung $\bar{s}$ der einzelnen Stichproben ermittelt. Je höher der Prozessfähigkeitsindex, um so höher ist die Fertigungsqualität.

Rechnerische Bestimmung von c_p

Die Formel für den Prozessfähigkeitsindex c_p lautet:

$$c_p = \frac{T}{6 \cdot \bar{s}}$$

Der Toleranzbereich T ist die Differenz zwischen dem Höchstmaß und dem Mindestmaß:

$$T = \text{Höchstmaß} - \text{Mindestmaß}$$

Die gemittelte Standardabweichung $\bar{s}$ wird aus den Standardabweichungen der einzelnen Stichproben ermittelt:

$$\bar{s} = \frac{s_1 + s_2 + \ldots + s_n}{n}$$

Ein Prozess ist fähig, wenn gilt:

$$c_p > 1{,}33$$

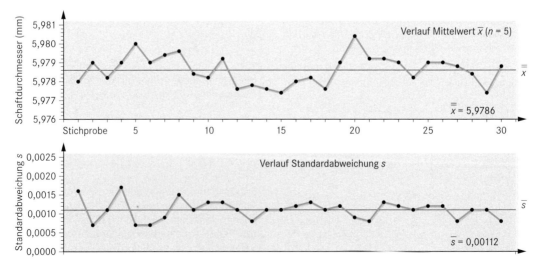

Abb. 2: Auszug aus dem Datenblatt Prozessfähigkeit

Beispiel:

Berechnung von c_p für den Schaftdurchmesser
Ø 5,98 ± 0,01 mm.

$T = G_o - G_u$

$T = 5,99$ mm $- 5,97$ mm

$T = 0,02$ mm

$\overline{s}$ ist dem Messprotokoll (Abb. 2) zu entnehmen.
$\overline{s} = 0,00112$ mm

Prozessfähigkeitsindex c_p:

$$c_p = \frac{T}{6 \cdot \overline{s}}$$

$$c_p = \frac{0,02 \text{ mm}}{6 \cdot 0,00112 \text{ mm}}$$

$\underline{\underline{c_p = 2,98}}$ $c_p > 1,33$

Die Schleifmaschine erfüllt für das Prüfmerkmal Schaftdurchmesser die Anforderung der Prozessfähigkeit.

Beispiel:

Berechnung von c_{pk} für den Schaftdurchmesser
Ø 5,98 ± 0,01 mm.

$\overline{\overline{x}}$ ist dem Messprotokoll (Abb. 2) zu entnehmen.
$\overline{\overline{x}} = 5,9786$ mm

Δ_{krit} = für das Höchstmaß

$\Delta_{krit} = 5,99$ mm $- 5,9786$ mm

$\Delta_{krit} = 0,0114$ mm

Δ_{krit} = für das Mindestmaß

$\Delta_{krit} = 5,9786$ mm $- 5,97$ mm

$\Delta_{krit} = 0,0086$ mm

Für die weitere Berechnung gilt der kleinere kritische Abstand: $\Delta_{krit} = 0,0086$ mm

$\overline{s}$ ist dem Messprotokoll (Abb. 2) zu entnehmen.
$\overline{s} = 0,00112$ mm

Kritischer Prozessfähigkeitsindex c_{pk}:

$$c_{pk} = \frac{\Delta_{krit}}{3 \cdot \overline{s}} = \frac{0,0086 \text{ mm}}{3 \cdot 0,00112 \text{ mm}}$$

$\underline{\underline{c_{pk} = 2,56}}$ $c_{pk} > 1,33$

Die Schleifmaschine erfüllt für das Prüfmerkmal Schaftdurchmesser die Anforderung der kritischen Prozessfähigkeit. Erfüllen die anderen Prüfmerkmale ebenfalls diese Anforderung, kann die Schleifmaschine wieder für die Produktion freigegeben werden.

11.3.2 Kritischer Prozessfähigkeitsindex c_{pk}

Die Streuung der Mittelwerte der einzelnen Stichproben kann sich zu einer Toleranzgrenze hin verschieben. Diese Verschiebung wird durch den kritischen Prozessfähigkeitsindex c_{pk} erfasst.

Rechnerische Bestimmung von c_{pk}

Die Formel für den kritischen Prozessfähigkeitsindex c_{pk} lautet:

$$c_{pk} = \frac{\Delta_{krit}}{3 \cdot \overline{s}}$$

Δ_{krit} ergibt sich aus dem Abstand des gemittelten Mittelwertes zur Toleranzgrenze.

$$\overline{\overline{x}} = \frac{\overline{x}_1 + \overline{x}_2 + \dots + \overline{x}_n}{n}$$

Δ_{krit} = Höchstmaß $- \overline{\overline{x}}$

$\Delta_{krit} = \overline{\overline{x}}$ – Mindestmaß

Für die Berechnung von c_{pk} wird der kleinere Wert verwendet.

$\overline{s}$ = gemittelte Standardabweichung

Ein Prozess ist fähig, wenn gilt:

$$c_{pk} > 1,33$$

Aufgaben

1. Wann darf eine Qualitätsregelkarte zur Prozessüberwachung eingesetzt werden?

2. Was sagt eine Qualitätsregelkarte über den Fertigungsprozess aus?

3. Warum muss zum Mittelwert $\overline{x}$ auch die Spannweite R angegeben werden?

4. Eine Prozessregelkarte zeigt sechs aufeinander folgende fallende Werte.

a) Wie nennt man den Verlauf?

b) Welche Folgen sind für den Prozess zu erwarten?

c) Welche Maßnahmen sind zu ergreifen?

5. Für eine Fräsmaschine ist nach einer Reparatur die Maschinenfähigkeit zu untersuchen. Für das Prüfmaß Nuttiefe = 6 ± 0,03 mm gelten:

- Mittelwert $\overline{x} = 6,0091$ mm

- Standardabweichung $s = 0,0041$ mm

a) Berechnen Sie c_m und c_{mk}.

b) Ist die Maschinenfähigkeit gegeben?

6. Vergleichen Sie die Aussagen der Prozessfähigkeit mit den Aussagen einer Qualitätsregelkarte bezüglich der Prozessüberwachung.

Eine Prozessanalyse kann auch automatisch erfolgen. Als Ausdruck erhält man ein Prozessdatenblatt (Abb. 1).

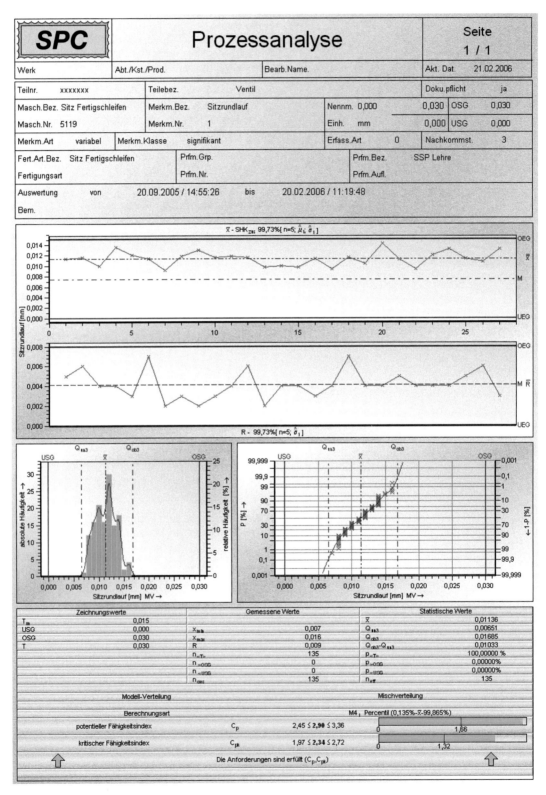

Abb. 1: Datenblatt einer automatischen Langzeit-Prozessanalyse

11.4 Qualität der Produktion

11.4.1 Einbindung des Mitarbeiters in das Unternehmen

Die Organisation eines Unternehmens bedarf einer klaren Struktur, die die Kompetenzen und Aufgabenbereiche der einzelnen Abteilungen festlegt (Abb. 2).

Abb. 2: Unternehmensstruktur

Der Facharbeiter ist mit seiner Werkzeugmaschine ein Teil der Produktion. Sein Fachwissen, seine Fähigkeiten und seine Einstellung beeinflussen die Produktion.

Da ein Produkt meist aus vielen Bauteilen besteht, sind an ihrer Herstellung mehrere Facharbeiter beteiligt. In der Gruppenarbeit sind alle Mitglieder der Gruppe für das Gesamtergebnis verantwortlich. Bei dieser Teamarbeit sind neben dem Fachwissen folgende Kompetenzen erforderlich:

- teamfähig,
- kritikfähig,
- kommunikationsfähig
- flexibel und
- Bereitschaft zur Weiterbildung.

Unterstützt werden die einzelnen Produktionsteams zum Beispiel durch die Arbeitsvorbereitung und die Instandhaltung (Abb. 3). Durch festgelegte Informationsstrukturen in Form von Formularen wie Materialanforderungsscheine oder Fehlerprotokolle erfolgt die Kommunikation zwischen den unterschiedlichen Produktionsabteilungen.

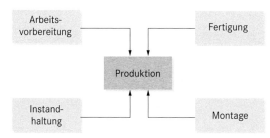

Abb. 3: Produktionsbereiche

Das hergestellte Produkt wird dem Kunden über die Verkaufsabteilung ausgeliefert. Weiter bestehen zwischen der Produktion und den Abteilungen Einkauf, Personal und Konstruktion Beziehungen (Abb. 4).

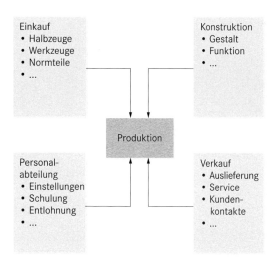

Abb. 4: Beziehungen zwischen Unternehmensbereichen

Jede Abteilung beeinflusst über ihre Tätigkeit das Gesamtergebnis. Die Aufgabe der Unternehmensleitung besteht darin, strategische Entscheidungen zu treffen und die einzelnen Abteilungen bei ihrer Zusammenarbeit zu unterstützen.

Das Ziel eines Unternehmens sind zufriedene Kunden und das Erzielen von Gewinnen.

11.4.2 Qualitätsmanagement

Der Kunde verlangt ein Produkt, das seine vorher im Auftrag festgelegten Anforderungen erfüllt. Ist dies der Fall, spricht man von Qualität. Die Qualität eines Produktes wird zum Beispiel bestimmt durch:

- fehlerfreies Produkt,
- Liefertreue,
- guten Service und
- Preisstabilität.

Alle beteiligten Personen sind für die Qualität eines Produktes verantwortlich. Durch ein Qualitätsmanagement-System werden Normen (DIN EN ISO 9000 bis 9004) zur Qualitätssicherung festgeschrieben. So legt die ISO 9001 für Prozesse u. A. folgende Qualitätskriterien fest:

- Prozesse erkennen, messen und analysieren,
- Lenken von Dokumenten und fehlerhaften Produkten,
- Nachweise führen über Entwicklung und ständige Verbesserung,
- Bewusstsein fördern für die Wichtigkeit von Kundenanforderungen und
- Sichern der Ressourcenverfügbarkeit.

umfasst	Verteiler		Beschreibung
ganzes Unternehmen	intern: Unternehmensleitung Abteilungsleiter extern: wenn erforderlich	QM-Handbuch	Grundsätze, Aufbau- u. Ablauforganisation, betriebsumfassende Zusammenhänge, Verantwortlichkeiten, Kompetenzen, organisatorisches Firmen-Know-How, Hinweise auf Richtlinien und Arbeitsanweisungen
Teilbereiche des Unternehmens	ausschließlich intern, Abteilung	Verfahrensanweisungen Qualifikation, Dokumentenfluss, Verantwortlichkeit, Ablaufbeschreibung	Teilgebiete des QM-Systems detailliert beschrieben, enthält organisatorisches und technisches Firmen-Know-How
Sachgebiete, einzelne Tätigkeiten	ausschließlich intern, Arbeitsplatz	Arbeits- und Prüfungsanweisungen Tätigkeitsbeschreibungen, Richtlinien, Checklisten	Regelung von Einzelheiten, Detailanweisungen, enthält technisches Firmen-Know-How

Abb. 1: Dokumentationsmittel im QM-System

Diese Kriterien geben im Allgemeinen die Bedingungen an, um den Qualitätsbegriff zu erfüllen. Hierbei wird der Informationsfluss des gesamten Unternehmens an Hand von Anweisungen bewertet (Abb. 1).

Für den Facharbeiter bedeutet dies zum Beispiel das Ausfüllen von Materialentnahmescheinen und Prüfanweisungen.

Das Einführen eines Qualitätsmanagement-Systems wird von einem externen Auditorenteam überprüft. Werden die Kriterien erfüllt, erhält das Unternehmen ein Zertifikat. Dieses Zertifikat ist oft für die Auftragsvergabe erforderlich (Abb. 2).

Dadurch wird dem Kunden ein gleichbleibender Qualitätsstandard garantiert.

Durch ein Qualitätsmanagement-System ergeben sich folgende Vorteile:

- Prozesse werden in einem Unternehmen transparenter,
- Steigerung der Produktivität,
- Fehlerrate wird reduziert,
- zufriedene Mitarbeiter durch mehr Verantwortung und
- Vertrauensbildung beim Auftraggeber.

Das Einhalten der Kriterien wird jährlich überprüft.

Abb. 2:
Beispiel für ein Prüfsiegel

!   Für Unternehmen sollte ein QM-System nach DIN EN ISO 9000 ff. und die damit verbundene Qualitätssicherung sowie Effizienzsteigerung selbstverständlich sein.

Übergeordnete Führungsaufgabe des Qualitätsmanagements
Entwicklung qualifizierter Human-Ressourcen
Aufbau einer entsprechenden Führungsphilosophie und Unternehmensstruktur

1	2	3	4	5
Fertigungsgerechte Gestaltung von Produkten	Gestaltung sicherer Verfahren und Prozesse	Gestaltung der Lieferantenbeziehungen	Prüfplanung: WE, Produktion, Endabnahme	Überwachung der Ausführung in WE, Produktion, Endabnahme

QS-Aufgaben der Produktion in der Wertschöpfungskette

▯ Fehlervermeidung   ▯ Fehlererkennung   WE = Wareneingang

Abb. 3: Aufgaben des Qualitätsmanagements in der Produktion

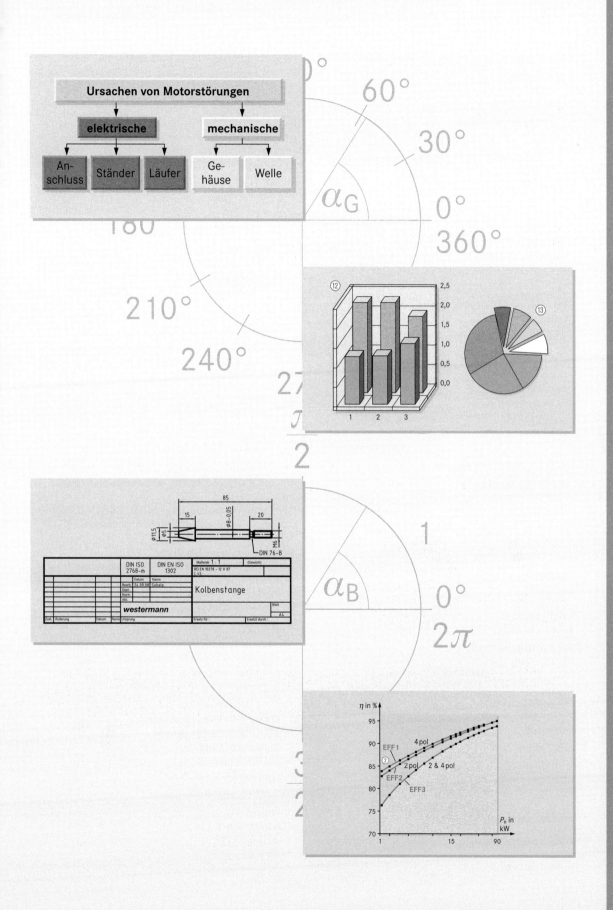

Was versteht man unter Wissensmanagement?

- Ein effektives Erschließen und Übertragen von Wissen.
- Ein bewusster, systematischer und effektiver Umgang mit Wissen.

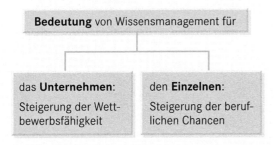

Wie entwickle ich ein eigenes Wissensmanagement?

- **Bewusst vorgehen**

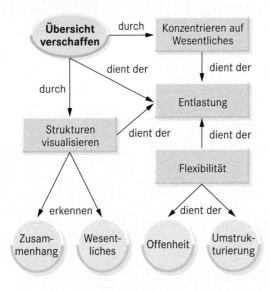

- **Leitfragen stellen**

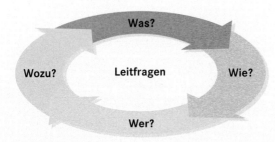

- **Zusammenhänge verstehen**

Nur was ich verstanden habe, kann ich beschreiben.

Nur was ich beschreiben kann, kann ich verändern.

Wissensmanagement als Regelkreis

- Ausgegangen wird von der Zielsetzung (Soll-Wert) ①.
- Diese Ziele beeinflussen den Wissenserwerb, die Entwicklung von Wissen und die Verteilung von Wissen ②.
- Die Ergebnisse, Strategien und Prozesse müssen bewahrt (gespeichert) werden ③.
- Bei allen diesen Vorgängen kommt es zu Rückwirkungen ④.
- Ergebnisse, Strategien und Prozesse müssen ständig bewertet werden ⑤.

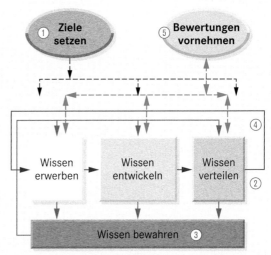

➡ Wissensmanagement ist nicht statisch, sondern dynamisch und verändert sich ständig.

Wissen erwerbe ich durch

- Beschaffen von Informationen aus unterschiedlichen Quellen (Voraussetzung von Wissen)
- Datenbank-, Web-, Literaturrecherche
- Rückgriff auf Expertenwissen
- Kooperation

Wissen entwickle ich durch

- Entfalten noch nicht bestehender Fähigkeiten
- Kreatives Vorgehen
- Systematisches Problemlösen
- Kommunikation
- Weiterbildung

Wissen verteile ich durch

- Teilen und Mitteilen
- Veröffentlichen
- Netzwerke

Wissen bewahre ich durch

- Auswählen
- Überprüfen
- Aktualisieren
- Reorganisieren
- Speichern in effektiven Strukturen und Systemen

Wie empfange ich Nachrichten?

Kommunikationsbeispiel

Der Meister sagt zum Auszubildenden bevor dieser mit dem Gesellen zur Montage einer Satellitenantenne losfährt: *„Aber auf dem Dach anschnallen!"*

Meister sendet	⇨	Auszubildender empfängt

Je nach Vorerfahrungen mit dem Auszubildenden, den vorherrschenden Stimmungen usw. kann diese Nachricht auf verschiedene Weise vom Auszubildenden aufgenommen (decodiert) werden:

Als

- **Sachinformation**
  (Erinnerung an die Gefährlichkeit)
- **Appell**
  (Aufforderung, dass auf jeden Fall Sicherheitsmaßnahmen einzuhalten sind)
- **Selbstoffenbarung**
  (Ausdruck von Sorge und Angst, damit nichts passiert; der Meister teilt dabei etwas über sich selbst mit)
- **Beziehungsbotschaft**
  (Verantwortung und Fürsorgepflicht; der Meister fühlt sich für meine Gesundheit verantwortlich)

Vier-Ohren-Modell

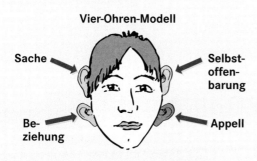

Ergebnis:

Je nach Absicht des Senders können die verschiedenen Aspekte unterschiedlich stark in Erscheinung treten (codiert sein) bzw. wahrgenommen werden (Schulz v. Thun).

Gesprächsregeln

Zuerst überlegen, dann Sprechen

Beim Thema bleiben, nicht abschweifen

Richtig nachfragen

Antworten genau und präzise formulieren

Fehler zugeben

Keine Killerphrasen verwenden
(z. B. „Das wird nicht funktionieren, ... das haben wir schon immer so gemacht, ...")

Ich-Botschaften einfügen
(z. B. „Ich habe das noch nicht verstanden, ...)

Das „Verstandene" überprüfen
(z. B. „Habe ich Sie richtig verstanden, dass ...)

Offenheit zeigen

Anstand wahren

Positive Ausdrücke verwenden

Ärger nicht zeigen, unterdrücken
(evtl. als Ich-Botschaft ausdrücken: „Ich ärgere mich über ...")

Ich atme ruhig und mache Pausen zwischen den Sätzen.

Ich spreche laut, deutlich und betone wichtige Aspekte.

Mein Sprechtempo ist der Situation angemessen.

Meine Körperhaltung ist aufrecht locker und entspannt.

Ich benutze in geeigneter Weise meinen Körper zur Unterstützung der Sprache (**Körpersprache**).

Kommunikationsmodell

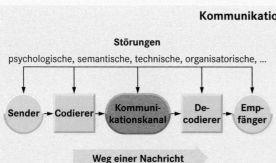

Störungen

psychologische, semantische, technische, organisatorische, ...

Weg einer Nachricht

- Die Nachricht geht vom **Sender** aus und ist codiert.
- Auf dem Weg zum **Empfänger** können „Störungen" die Nachricht verändern.
- Die Nachricht enthält sprachliche und nichtsprachliche (nonverbale) Anteile.
- Der Empfänger **decodiert** die Nachricht entsprechend seiner Wahrnehmung (mit seinem eigenen „Vorrat" an Decodiermöglichkeiten).
- Eine ungestörte Kommunikation kann nur dann stattfinden, wenn Sender und Empfänger den angewendeten Code aufeinander abstimmen.

Sie wird angewendet,

um Themen, Aufgaben, Probleme, Projekte, ... in einer hierarchiefreien Atmosphäre selbst organisiert, gemeinsam und zielgerichtet zu bearbeiten.

Das Ziel ist

eine möglichst vielfältige, breite und effektive Beteiligung der Gruppenmitglieder unter Berücksichtigung ihrer Bedürfnisse und Interessen.

Strukturieren durch
- Themen akzentuieren
- Medien einsetzen
- Zeiten festlegen
- Vorgehen festhalten
- ...

Ergebnisse sichern durch
- Ideen sammeln
- Lösungen festhalten
- Maßnahmen ergreifen
- Beschlüsse festhalten
- ...

Welche **Aufgaben** haben Moderatorinnen und Moderatoren?

Konsens herbeiführen durch
- Vorschläge unterbreiten
- Meinungen hervorrufen
- Kritik verdeutlichen
- Differenzen aufzeigen
- Widerstände benennen
- ...

Teilnehmer/innen beteiligen durch
- Ziele festlegen
- Arbeitsklima optimieren
- mitbestimmen lassen
- Mitarbeit
- Motivation
- ...

Welche Hilfsmittel werden verwendet?
Pinwand, Papier (ca. 125 × 150 cm), Filzstifte, Karten

Wolke für Thema, Frage, Überschrift

Streifen für Überschriften, Fragen, ...

Rechtecke für Stichwörter, Aussagen, ...

Ovale für Betonungen, Gruppen (Cluster), Ergänzungen

Kreise für Betonung, Fragen, Themen

Bewertung (Klebepunkte)

Konflikt

Regel: Große Schrift, wenig Text, Farbe als Bedeutungsträger

Wie läuft eine Moderation ab?

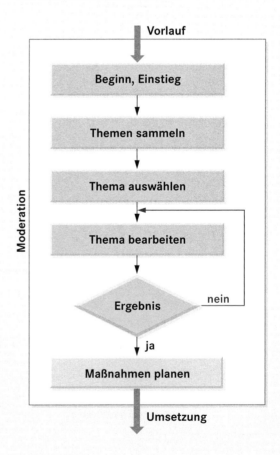

Vorlauf

Beginn, Einstieg

Themen sammeln

Thema auswählen

Thema bearbeiten

Ergebnis — nein

ja

Maßnahmen planen

Moderation

Umsetzung

Was bedeutet Visualisierung?

- Abstrakte Zusammenhänge werden durch grafische bzw. visuell erfassbare Formen veranschaulicht.
- Visualisierung kann man als eine „optische Sprache" auffassen.
- Sprachaussagen werden anschaulicher und verständlicher.
- Zusammenhänge werden deutlicher.
- Kernaussagen treten klarer hervor.
- Redeanteil lässt sich verkürzen.
- Struktur wird erkennbar.
- Bilder können komplexe Zusammenhänge auf „einen Blick" verdeutlichen.

Mittel

Text	Zur Umsetzung der Sprache
Tabelle	Zur Ordnung der Zahlen
Bild	Zur Veranschaulichung von Beziehungen
Schaubild, Diagramm	Zur Klärung von Strukturen und Abhängigkeiten
Symbole	Zur Reduzierung auf das Wesentliche

Anordnung und Gestaltung

- **Reihung**
  Themenstruktur wird verdeutlicht.

- **Betonung**
  Der Schwerpunkt tritt deutlich hervor.

- **Rhythmus**
  Zusammenhänge werden klar.

- **Ballung und Streuung**
  Bearbeitungsschwerpunkte treten hervor.

Elemente

Schrift	Rechtecke
Farbe	Streifen
Punkte	Kreise
Linien	Ovale
Pfeile	Wolken

Schrift

Möglichst nur zwei Schriftgrößen verwenden.	Filzstifte mit Breitseite benutzen.
Groß- und Kleinbuchstaben verwenden.	Schriftblöcke bilden.
Stichwort statt Satz.	Nicht dünn schreiben.
Text sollte aus ca. 8 m Entfernung noch lesbar sein.	Unterschiedliche Farben mit entsprechender Bedeutung verwenden.
Freie Flächen einplanen.	Maximal 3–4 Zeilen pro Karte eintragen.

Regeln

- Zuhörer müssen alle Materialien gut sehen und Texte gut lesen können, eventuell Sitzordnung ändern.
- Materialien zielgerichtet einsetzen.
- Wirkung der Materialien bedenken (Pausen zum Betrachten einplanen).
- Texte übersichtlich und gut lesbar gestalten (Größe, Form, Farbe, Druckbuchstaben). Weniger ist oft mehr!
- Innere Ordnung muss durch Überschriften und Textanordnung deutlich werden.
- Dramaturgie durch geeignete Reihenfolge der Elemente herstellen.
- Verbale Aussagen mit bildhaften Darstellungen verknüpfen.
- Blickkontakt während des Medieneinsatzes herstellen.
- Wenn Medien nicht mehr benötigt werden, diese entfernen.

Was beachte ich bei Texten?

- Folie in Querformat einrichten.
- Folie nicht bis zum Rand beschriften.
- Textumfang begrenzen (nicht mehr als acht Informationseinheiten).
- Etwa sechs Wörter pro Zeile verwenden.
- Schriftgröße soll aus der Entfernung gut lesbar (z. B. 20 pt) sein (im Beispiel: Überschrift 36 pt ①, Teilüberschrift 28 pt ②, Text 20 pt ③).
- Genügend großen Zeilenabstand (mindestens 1,5 pt) verwenden.
- Geringe Anzahl von Schriftgrößen (3), Schriftarten, Schriftstile (Fett ①, ②, Kursiv ③, ...) und Schriftfarben verwenden.
- Gliederungen (z. B. Punkte) einfügen.
- Grafiktext ④ für besondere Hinweise spärlich einsetzen.

Wozu und wie verwende ich Zeichnungs- und Grafikobjekte?

- Zeichnungsobjekte veranschaulichen.
- Auf einer Folie wenige Formen von Zeichnungsobjekten (z. B. Kreis, Rechteck, Pfeil) einsetzen ⑤.
- Füllfarben und Rahmenfarben entsprechend ihrer Bedeutung einsetzen (z. B. ist Rot eine Signalfarbe ⑥).
- Füllfarben nur mit geringer Sättigung (blasse Farben) einsetzen, wenn sich Texte in den Zeichnungsobjekten befinden.
- Fülleffekte sparsam einsetzen (Farbverlauf ⑦, Struktur, ...).
- Räumlichkeit durch 3D-Ansicht verdeutlichen ⑧.
- Räumlichkeit durch Überlappungen andeuten ⑨.
- Objekte gruppieren, um sie gemeinsam zu bearbeiten.
- Objekte automatisch ausrichten (z. B. an Führungslinie).
- Farbe von Folienhintergründen mit den Farben der Objekte abstimmen (dunkle Hintergründe bei Projektion, helle Hintergründe für den Ausdruck).
- Bilder oder ClipArts importieren und sinnvoll einfügen.

Wie stelle ich Strukturen, Abläufe und Zahlen dar?

- Sinnvolle Organigramme, Flussdiagramme und Ablaufdiagramme einsetzen ⑩.
- Diagramme selbst erstellen bzw. Vorlagen verändern.
- Strukturen, Richtungen und Abläufe durch Linien und Pfeile verdeutlichen ⑪.
- Zahlen in Tabellen durch Diagramme verdeutlichen.
- Geeignete Diagramme auswählen (Säulen- ⑫, Balken-, Linien- oder Kreisdiagramme ⑬).
- Diagramme aus Tabellenkalkulationsprogramm einfügen.

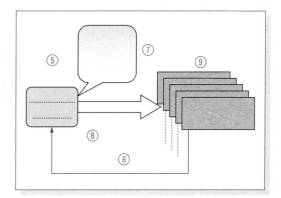

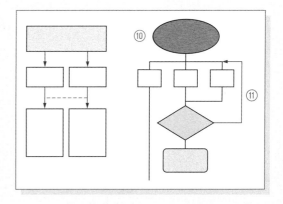

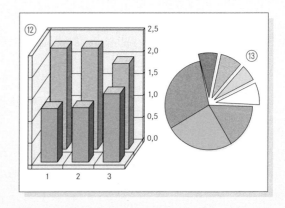

- **Entwurfsvorlage** ①
  Sie enthalten Platzhalter für Objekte, farbige Hintergründe, grafische Objekte, … die verwendet, geändert oder durch eigene Objekte ersetzt werden können.

- **Farbschema** ②
  Ein Farbschema besteht aus Farben, die im Design der Folie verwendet werden.
  Beispiele: Farben für Hintergrund, Text und Linien, Schatten, Titeltext, Füllbereiche, Akzente und Hyperlinks.
  Das Farbschema einer Präsentation wird durch die angewendete Entwurfsvorlage bestimmt.

- **Animationsschema** ③
  Hiermit erreicht man einen dynamischen Aufbau/Abbau von Objekten (Objekte können „laufen"). Die Effekte können durch Klang ergänzt werden.
  Beispiele: Den Text buchstaben- oder zeilenweise einblenden, rotieren, verblassen, rollen, auflösen, aufsteigen, absteigen, … lassen.

- **Folienübergänge** ④
  Hiermit wird der Effekt bestimmt, mit dem die aktuelle Folie ausgeblendet und die nächste eingeblendet wird.
  Beispiele: Überdecken (von oben, unten, rechts), direkt, auflösend, schieben (von links, rechts, …), kreisförmig, diagonal, …

- **Folienlayout** ⑥
  Um ein einheitliches Erscheinungsbild der Präsentation zu gewährleisten, sollten wiederkehrende Elemente (Folienhintergrund, Überschrift, Schriftart, Logos, …) in gleichem Aussehen erscheinen.

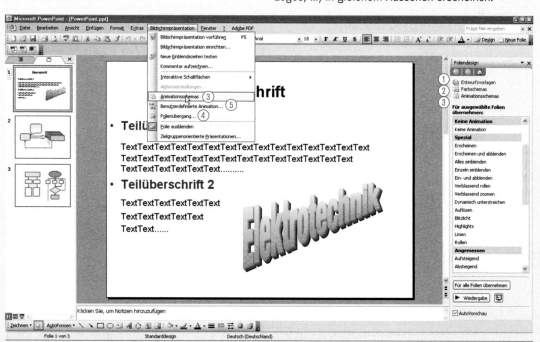

Welchen Sinn hat mein Arbeitsplan?

- Gibt einen guten Überblick über die zu erledigenden Aufgaben
- Bevorstehende Aufgaben und die erforderliche Zeit werden festgehalten
- Ermöglicht effektives Einteilen der zur Verfügung stehenden Zeit
- Planungsgrundlage: „Vom Groben zum Feinen planen!"

Dinge, die ich bei der Planung beachte!

Tagesplan verwenden	– Vorhaben nicht nur langfristig planen, sondern abends einen Arbeitsplan für den nächsten Tag aufstellen.
Arbeitsunterbrechungen vermeiden	– Arbeit delegieren – „Nein" sagen – Besprechungen gut vorbereiten – Klare Ziele festlegen
Ziele und Aufgaben definieren	– Was möchte ich erreichen? – Was möchte ich vermeiden? – Zeitbedarf abschätzen – Keine Zeit mit Nebensächlichkeiten vertrödeln.
Schriftlich planen	– Der Arbeitsplan zeigt auf einen Blick, was wann erledigt werden muss.
Persönliche Leistungskurve beachten	– Den Tag so planen, dass die wichtigen Aufgaben in den effektiven Tageszeiten erledigt werden, z. B. zwischen 8.00 und 12.00 Uhr
Prioritäten setzen	– Nach Bedeutung und Dringlichkeit planen – Entscheiden, was zuerst erledigt werden muss. – Was kann warten? – Was kann delegiert werden?
Pufferzeiten einplanen	– Unverplante Zeitreserven über den Tag verteilen – Reserven für unvorhergesehene Aufgaben schaffen
Positiv denken	– Arbeitstag positiv beginnen – Sich selbst motivieren – Arbeitstag positiv beenden
Konsequent bleiben und die Zeit nutzen	– Regeln konsequent einhalten – Effektiv, erfolgreich und stressfrei arbeiten „Stress macht krank"

Planungsprinzipien

- **Wichtigkeits-Dringlichkeits-Prinzip**
  Aufgaben den verschiedenen Kategorien (z. B. A2) zuordnen.

Wichtigkeit

A1-Aufgaben: Aufgaben sofort und selbst erledigen
A2-Aufgaben: Aufgaben unbedingt beenden
B-Aufgaben: Aufgaben delegieren
C-Aufgaben: unwichtige Aufgaben

- **Sofort-Prinzip**
  Aufgaben nicht unnötig hinauszögern, da sie sonst mehr Zeit verschlingen als alles andere!

Alle Aufgaben, die weniger als 5 Minuten beanspruchen, sofort bearbeiten.

Aufgaben, die nicht sofort erledigt werden, sollten jedoch einen Bearbeitungs-/Fertigstellungstermin bekommen.

Beispiel für einen Zeit- und Arbeitsplan

Tätigkeit	Priorität	Zeit	Bemerkung
Baubegehung mit Herrn und Frau Klein	1	2 h	Pläne mitnehmen
Gespräch mit Herrn Berger	2	1 h	Lieferkonditionen
Angebot für Frau Schneider erstellen	1	1 h	per E-Mail verschicken
Tagesbestellungen erledigen	1	0,5 h	nach Absprache mit Herrn Bernd
Zeitpuffer		1 h	

1: hoch   2: mittel   3: niedrig

Für die Beschaffung von Material für Montageaufträge oder Ersatzteile gibt es verschiedene Möglichkeiten.

Je nach erforderlicher Lieferzeit und Häufigkeit der Ersatzteilanforderung werden Ersatzteile in einem firmeneigenen Lager gehalten oder individuell und auftragsbezogen bestellt.

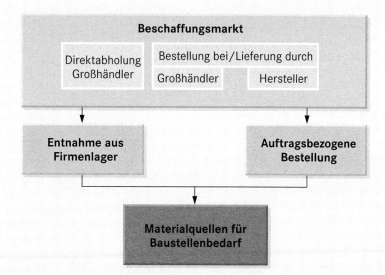

Das Unternehmen ist bestrebt, den Wert der gelagerten Ware möglichst gering zu halten. Für die eingelagerte und schon bezahlte Ware muss der Firmeninhaber entweder selbst oder über Kredite Geld bereitstellen.

Das Material wird entweder direkt vom Hersteller oder von einem Großhändler bezogen. Um günstige Einkaufspreise zu erzielen, wird häufig die Exklusivbeschaffung über einen Großhändler vereinbart.

Firmeneigene Lager

Vorteil:
• Ersatzteile schnell verfügbar

Nachteile:
• Kapitalbindung
• Platzbedarf
• aufwändige Lagerorganisation

Auftragsbezogene Materialbeschaffung

Vorteile:
• geringe Kapitalbindung
• kein Aufwand für Lagerorganisation
• Platzbedarf nur für Anlieferung

Nachteile:
• Lieferzeit
• bei eiligen Artikeln höhere Preise

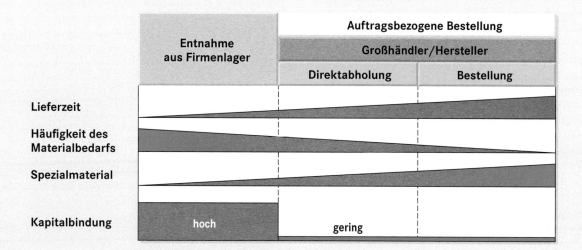

*Die Bereitstellung, Bearbeitung, Speicherung und Weiterleitung von Informationen wird als **technische Kommunikation** bezeichnet.*

Informationsaustausch

Ein Kunde bestellt in einem produzierenden Betrieb ein bestimmtes Produkt zu einem bestimmten Liefertermin. Im Betrieb setzt dann ein Informations- und Produktionsprozess ein, bei dem die Menschen geregelt zusammenarbeiten (kommunizieren) müssen. Ziel ist es, das Produkt fehlerfrei und termingerecht an den Auftraggeber auszuliefern. Ein Austausch von einwandfreien Informationen ist dabei unerlässlich.

Aufgabe der Kommunikation

Für einen problemlosen Informations- und Produktionsprozess sind an den Austausch von Informationen bestimmte Anforderungen zu stellen.

Informationen müssen:

- fehlerfrei sein,
- vollständig sein,
- termingerecht erfolgen,
- richtig adressiert sein,
- gespeichert und
- weitergeleitet werden.

Hierzu werden die Informationen auf bestimmten Kommunikationsmitteln (z. B. Zeichnungen für die Fertigung, CD oder DVD für die Datenspeicherung) bereitgestellt.

Betriebliche Kommunikation

Jeder Betrieb besteht aus mehreren Abteilungen. Je nach Betriebsstruktur können diese z. B. sein:

- Arbeitsplanung,
- Fertigung,
- Einkauf,
- Verkauf,
- Montage,
- Qualitätswesen,
- Verwaltung,
- Öffentlichkeitsarbeit.

Die technische Kommunikation erfolgt zwischen den Mitarbeitern der einzelnen Abteilungen. Jede Abteilung bzw. jeder Mitarbeiter muss wissen, wer zu informieren ist und wo benötigte Informationen beschafft werden können. Dazu werden in einer *Betriebsorganisationsanweisung* die planmäßige Gestaltung der Arbeitsabläufe (Ablauforganisation) und das geregelte Zusammenwirken aller Betriebsabteilungen (Aufbauorganisation) festgeschrieben.

Informationsfluss zwischen Betriebsabteilungen

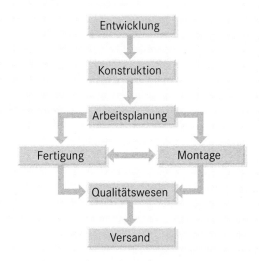

Wege der Kommunikation

Kommunikationswege	
Mensch – Mensch	Verständigung durch die menschliche Sprache, Buchstaben, Ziffern, Symbole und Sonderzeichen.
Mensch – Maschine	Übersetzung der menschlichen Sprache in eine Maschinensprache (Programmiersprache) und umgekehrt.
Maschine – Maschine	Informationsverarbeitung zwischen Maschinen mittels einer Maschinensprache.

Informationsverarbeitung in technischen Betriebsabteilungen (Beispiel)

Abteilung	Benötigte Information
Verkauf	Was soll verkauft werden und zu welchem Termin?
Entwicklung/ Konstruktion	Was soll konstruiert werden und was kostet es?
Einkauf	Was muss beschafft werden?
Arbeitsplanung	Was muss zu welchem Zeitpunkt mit welchen Mitteln gefertigt werden?
Fertigung/ Produktion	Was soll auf welchen Maschinen gefertigt werden?
Montage	Was soll wann fertig montiert sein?
Qualitätswesen	Was muss an welchem Produkt zu welchem Zeitpunkt geprüft werden?
Versand	Was muss wann ausgeliefert werden?

Kommunikationsmittel

Die technische Kommunikation bedient sich unterschiedlicher Kommunikationsmittel, um Informationen bereitzustellen, zu speichern und weiterzuleiten.

Beispiele für Kommunikationsmittel sind:
- technische Zeichnungen,
- Vordrucke,
- Pläne,
- Tabellen, Stücklisten,
- DIN-Normen, Werknormen.

Die Kommunikationsmittel können auf unterschiedlichen Medien bereitgestellt sein:
- Papier,
- Programme,
- Disketten, CD, DVD,
- Datenübertragung zwischen Computern.

Nur durch richtiges Lesen, Verstehen und Anwenden der Kommunikationsmittel können die am Entstehen eines Produktes beteiligten Menschen die Informationen sinnvoll nutzen. Dabei sind technische Zeichnungen meist das wichtigste Kommunikationsmittel für die Planung, Herstellung und Prüfung von Produkten. Sie geben den Menschen in den Betriebsabteilungen *Auskunft* und *Anweisung* zugleich.

Verwendung der technischen Zeichnung

Konstruktion	Zeichnungs-prüfung	Fertigung
• Technische Zeichnung - Funktion - Form - Werkstoff u. a. m.	• normgerechte Darstellung • fertigungsgerechte Darstellung	• Arbeitsvorbereitung • Arbeitsplanung • Produktionsplanung
Qualitätswesen	**Montage**	**Service**
• Maß- und Formgenauigkeit • Oberflächenqualität • Funktionsprüfung	• Zusammenbau • Zerlegung	• Wartung • Reparatur • Ersatzteildienst

Für die Fertigung, die Qualitätskontrolle und die Montage gibt es folgende technische Unterlagen:

- eine **Gesamtzeichnung**, um die Lage der Einzelteile zueinander und die Funktion der Vorrichtung zu erkennen,

- eine **Stückliste**, um die Anzahl der Einzelteile zu erfassen und eine Mengen- und Preiskalkulation vornehmen zu können.

- die **Einzelteilzeichnungen** mit allen für die Fertigung notwendigen Angaben,

- einen **Anordnungsplan** (Explosionszeichnung), um die Einzelteile funktionsgerecht montieren zu können.

Eine Einzelteilzeichnung muss alle notwendigen Informationen für die Fertigung und die Qualitätskontrolle enthalten. Dazu zählen:

- **Informationen des Schriftfeldes,**
  z. B. Benennung, Halbzeug und Werkstoff, Maßstab der Darstellung, Angaben zur Oberflächenbeschaffenheit und zu den Allgemeintoleranzen,

- **Informationen der Darstellung,**
  z. B. Grundformen, Bearbeitungsformen,

- **Informationen der Bemaßung,**
  z. B. Größe und Formen, besondere Abmaße,

- **Informationen durch Symbole,**
  z. B. Angaben zur Oberflächenbeschaffenheit.

Neben den genannten technischen Unterlagen werden noch weitere benötigt, z. B.

- **Normen**, um genormte Bauteile auszusuchen und festzulegen,

- **Tabellen**, um Werkzeuge und Fertigungsdaten zu ermitteln,

- **Pläne**, um den Ablauf der Fertigung festzulegen.

Viele Informationen kann man einem Tabellenbuch entnehmen.

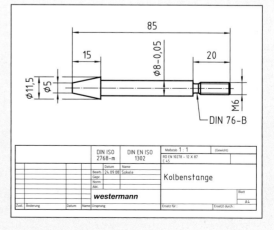

Technische Unterlagen sind Informationsträger, z. B. Zeichnungen, Stücklisten und Pläne, die für die Produktion notwendig sind.

Welche Bedeutung haben die verwendeten Farben?

Beispiele:

Verbotszeichen rot-schwarz	Warnzeichen gelb-schwarz
Verbot Halt, Achtung	Gefahr Vorsicht

Gebotszeichen blau-weiß	Rettungszeichen grün-weiß
Gebot Hinweis	Erste Hilfe Gefahrlosigkeit

Welche persönliche Schutzausrüstung muss der Unternehmer bei Unfall- oder Gesundheitsgefahren zur Verfügung stellen?

Unfallverhütungsvorschrift § 4

BGFE Berufsgenossenschaft der Feinmechanik und Elektrotechnik

1. **Kopfschutz**
   (Gefahr durch pendelnde, herabfallende, umfallende, wegfliegende Gegenstände, ...; lose hängende Haare)

2. **Fußschutz**
   (Gefahr durch Einklemmen, umfallende, herabfallende, abrollende Gegenstände, ...; Hineintreten in spitze, scharfe Gegenstände, heiße Stoffe, ätzende Flüssigkeiten, ...)

3. **Augen- oder Gesichtsschutz**
   (Gefahr durch wegfliegende Teile, Verspritzen von Flüssigkeiten, gefährliche Strahlung, ...)

4. **Atemschutz**
   (Gefahr durch giftige, ätzende, reizende Gase, Dämpfe, Nebel oder Stäube, ...)

5. **Körperschutz**
   (Gefahr durch Stoffe, die Hautverletzungen verursachen können; Gefahr durch Verbrennung, Verätzung, Verbrühung, Unterkühlung, ...)

Welche Pflichten habe ich als Arbeitnehmer?

Damit ich mich bei der Arbeit im Elektrobereich möglichst geringen Gefährdungen aussetze, beachte ich Folgendes:

- Sicherheitstechnische Bestimmungen halte ich strikt ein.
- Vor dem Arbeitsbeginn überprüfe ich alle für die Sicherheit bedeutsamen Arbeitsmittel und Hilfsmittel.
- Die elektrotechnischen Bestimmungen werden von mir eingehalten.
- Bei der Arbeit in besonders gefährlichen Bereichen trage ich eine persönliche Schutzausrüstung.

Welche Pflichten hat der Unternehmer?

§ 2: Unfallverhütungsvorschrift BGV A 1

- Maßnahmen zur Verhütung von
  - Arbeitsunfällen
  - Berufskrankheiten
  - Arbeitsbedingten Gesundheitsgefahren
- Maßnahmen für eine wirksame Erste Hilfe
- Einrichtungen bereitstellen und Anordnungen treffen, die den Bestimmungen der Unfallverhütungsvorschrift und den allgemein anerkannten sicherheitstechnischen und arbeitsmedizinischen Regeln entsprechen.

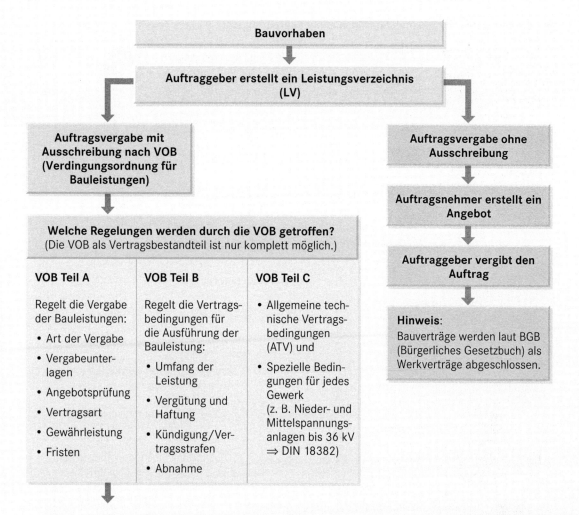

Bauvorhaben

Auftraggeber erstellt ein Leistungsverzeichnis (LV)

Auftragsvergabe mit Ausschreibung nach VOB (Verdingungsordnung für Bauleistungen)

Auftragsvergabe ohne Ausschreibung

Auftragsnehmer erstellt ein Angebot

Auftraggeber vergibt den Auftrag

Welche Regelungen werden durch die VOB getroffen?
(Die VOB als Vertragsbestandteil ist nur komplett möglich.)

Hinweis:
Bauverträge werden laut BGB (Bürgerliches Gesetzbuch) als Werkverträge abgeschlossen.

VOB Teil A	VOB Teil B	VOB Teil C
Regelt die Vergabe der Bauleistungen: • Art der Vergabe • Vergabeunterlagen • Angebotsprüfung • Vertragsart • Gewährleistung • Fristen	Regelt die Vertragsbedingungen für die Ausführung der Bauleistung: • Umfang der Leistung • Vergütung und Haftung • Kündigung/Vertragsstrafen • Abnahme	• Allgemeine technische Vertragsbedingungen (ATV) und • Spezielle Bedingungen für jedes Gewerk (z. B. Nieder- und Mittelspannungsanlagen bis 36 kV $\Rightarrow$ DIN 18382)

Was muss die ausführende Firma bei der Ausführung eines Auftrages nach VOB beachten?

☑ Der Auftragnehmer erstellt die Leistungen **in eigener Verantwortung**.

☑ Der Auftragnehmer muss **mangelhafte Leistungen** auf eigene Kosten ersetzen.

☑ Ist der **Arbeitsbeginn** nicht exakt vereinbart, muss der Auftragnehmer innerhalb von 12 Werktagen nach der Aufforderung beginnen.

☑ Um die **Ausführungsfristen** nicht zu gefährden, muss der Auftragnehmer Arbeitskräfte, Geräte und Bauteile in ausreichender Menge bereitstellen.

☑ Der Auftraggeber kann den Vertrag jederzeit oder aber auch in Folge einer **Fristüberschreitung** kündigen.

☑ Nach einer **Vertragskündigung** kann der Auftraggeber die Arbeiten zu Lasten des Auftragnehmers durch Dritte fertig stellen lassen.

☑ Folgende **Nebenleistungen** sind automatisch Bestandteil des Vertrages:
   – Baustelle einrichten
   – Unfallverhütungsvorschriften einhalten
   – Betriebsstoffe und Bauteile liefern
   – Gerüste, Kleingeräte und Werkzeuge bereitstellen
   – Stemm-, Fräs- und Bohrarbeiten durchführen

☑ **Abrechnung der Leistungen:**
   – Der Umfang ist aus der Zeichnung oder durch eine Messung vor Ort zu ermitteln. (Als Grundlage dienen die Maße der Anlagenteile.)
   – Kabel, Leitungen, Rohre usw. werden nach den tatsächlich verlegten Längen berechnet. Der Verschnitt wird nicht gesondert berechnet.
   – Elektrische Betriebsmittel und Bauteile werden gemessen und gesondert berechnet.

Bei der Durchführung einer Nutzereinweisung sollten folgende Punkte beachtet werden:

Ausreichend Zeit für die Einweisung einplanen

Kundenorientierte Sprache verwenden

Alle Anlagenteile ausführlich besprechen

Kunden Gelegenheit zu Rückfragen geben

Begehung der Örtlichkeiten vorsehen

Die Durchführung der Nutzereinweisung schriftlich bestätigen lassen (Protokoll/Checkliste)

Welcher Personenkreis wird bei der Nutzereinweisung angesprochen?

Personenkreis	Anlage
Nutzer der Wohnung (Eigentümer, Mieter), Hausmeister	Wohnhaus, Mietwohnung
Anlagenverantwortlicher, beauftragte Elektrofachkraft, Sicherheitsbeauftragter	Anlagen zur elektrischen Spannungsversorgung in Betrieben (Verteiler usw.)
Anlagenverantwortlicher, Sicherheitsbeauftragter	Sicherheitstechnische Einrichtungen
Bedienpersonal unter Aufsicht des Anlagenverantwortlichen	Frei zugängliche Einrichtungen zum Steuern, Schalten usw.

Wie ist eine Checkliste zur Nutzereinweisung aufgebaut?

Checkliste zur Nutzereinweisung	*KRUSKOP* Blatt ..... von .....
	ELEKTROTECHNIK
Projekt:	Lindenstraße 3 Telefon (0 58 23) 98 17-0
	29553 Bienenbüttel Telefax (0 58 23) 98 17-20
Ansprechpartner:	Teilnehmer/eingewiesene Personen:

Arbeiten an elektrischen Anlagen (VDE 0105-100)
- Hinweis auf Anlagenverantwortlichen   ☑
- Hinweis auf Arbeitsverantwortlichen   ☑

Hauptverteilung
- Einweisung in die Schalthandlungen   ☑

Trafostation
- Sicherheitsbestimmungen (Schutz gegen direktes Berühren)   ☑
- Sicherheitsabstände   ☑
- Zutrittsberechtigungen   ☑

Mit der Unterschrift wird die Übergabe der nach den geltenden Vorschriften und Normen installierten Elektroanlage bestätigt. Die Ergebnisse der Prüfungen sind in einem separaten Prüfbericht dokumentiert.

....
Ort, Datum   Unterschrift Einweisender

Original verbleibt beim Auftragnehmer!
Kopie verbleibt beim Auftraggeber!

....
Ort, Datum   Unterschrift Eingewiesener

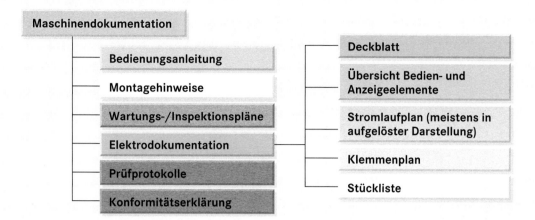

Bedienungsanleitung

- Für den Bediener der Anlage von Bedeutung.
- Wichtig für die Inbetriebnahme und das Instandsetzungspersonal.
- Meistens sind hier Hinweise zum sicheren Umgang mit der Anlage zu finden.

Montagehinweise

Für die Vorbereitung und Durchführung der Montage sind diese Dokumente wichtig. Sie enthalten z. B.

- Aufstellungspläne,
- Leistungsangaben (elektrisch/mechanisch),
- Gewicht für die Prüfung von Tragfähigkeit des Fußbodens bzw. Erstellung von Maschinenfundamenten,
- Hinweise zur Entfernung von Transportsicherungen.

Wartungs-/Inspektionspläne

- Der Hersteller schreibt spezielle Wartungs- und Inspektionstätigkeiten vor.
- Beachtung ist wichtig, um im Garantiefall eine Reparaturleistung zu erhalten.
- Bei Anlagen, die aus mehreren Maschinen bestehen, werden Wartungs- und Inspektionspläne häufig zu einem Gesamtplan zusammengefasst.

Prüfprotokolle/Konformitätserklärung

- Hersteller weist hiermit die vorgeschriebenen und vereinbarten Prüfungen nach.
- Bescheinigung über Einhaltung der Europäischen Richtlinien. Dies berechtigt den Hersteller zur Anbringung des CE-Zeichens.

Deckblatt

Das Deckblatt gibt Informationen über

- Hersteller,
- Errichtungsvorschriften,
- Standort und
- benötigte Gesamtleistung

der Anlage.

Übersicht Bedien- und Anzeigeelemente

Hier bekommt der Leser Informationen über alle Schnittstellen zum Bediener (**M**ensch-**M**aschine-**S**chnittstelle: **MMS**) [**m**an-**m**achine-**i**nterface: **MMI**].

Stromlaufplan

- Der Stromlaufplan enthält alle elektrischen Objekte und deren Verbindungen.
- Textkommentare beschreiben die Funktion einzelner Schaltungsteile.
- Der Stromlaufplan wird zur Inbetriebnahme und Fehlersuche benötigt.

Klemmenplan

- Er enthält jede Klemme der Steuerung mit Objektkennzeichnung, Anschlussleitung, Brücken und Funktion.
- Klemmen dienen der Verbindung von Objekten, z. B. im Schaltschrank zu außen liegenden Objekten.
- Der Plan gibt eine gute Übersicht zu den Schnittstellen der Steuerung.
- An den Klemmen lassen sich viele Signale messen, die verteilt in der Anlage entstehen.

Stückliste

Bei defekten Baugruppen können aus der Stückliste die genaue Spezifikation, Hersteller und Typnummer entnommen werden. Sie hilft daher beim Bestellen von Ersatzteilen.

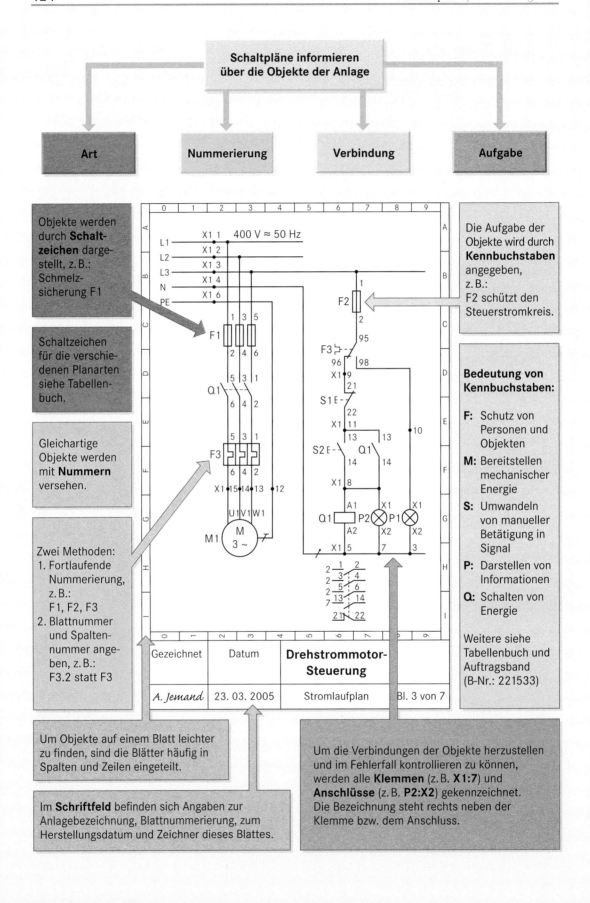

Schaltpläne informieren über die Objekte der Anlage

Art   **Nummerierung**   **Verbindung**   **Aufgabe**

Objekte werden durch **Schaltzeichen** dargestellt, z.B.: Schmelzsicherung F1

Schaltzeichen für die verschiedenen Planarten siehe Tabellenbuch.

Gleichartige Objekte werden mit **Nummern** versehen.

Zwei Methoden:
1. Fortlaufende Nummerierung, z.B.: F1, F2, F3
2. Blattnummer und Spaltennummer angeben, z.B.: F3.2 statt F3

400 V ≈ 50 Hz

Die Aufgabe der Objekte wird durch **Kennbuchstaben** angegeben, z.B.: F2 schützt den Steuerstromkreis.

Bedeutung von Kennbuchstaben:

F: Schutz von Personen und Objekten

M: Bereitstellen mechanischer Energie

S: Umwandeln von manueller Betätigung in Signal

P: Darstellen von Informationen

Q: Schalten von Energie

Weitere siehe Tabellenbuch und Auftragsband (B-Nr.: 221533)

| Gezeichnet | Datum | **Drehstrommotor-Steuerung** | |
| A. Jemand | 23. 03. 2005 | Stromlaufplan | Bl. 3 von 7 |

Um Objekte auf einem Blatt leichter zu finden, sind die Blätter häufig in Spalten und Zeilen eingeteilt.

Im **Schriftfeld** befinden sich Angaben zur Anlagebezeichnung, Blattnummerierung, zum Herstellungsdatum und Zeichner dieses Blattes.

Um die Verbindungen der Objekte herzustellen und im Fehlerfall kontrollieren zu können, werden alle **Klemmen** (z.B. **X 1:7**) und **Anschlüsse** (z.B. **P2:X2**) gekennzeichnet. Die Bezeichnung steht rechts neben der Klemme bzw. dem Anschluss.

Wodurch entstehen magnetische Felder?

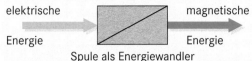

elektrische Energie → Spule als Energiewandler → magnetische Energie

Elektrische Energie (eine Spannung verursacht einen Stromfluss) wird in magnetische Energie umgewandelt.

Beispiel: Spule

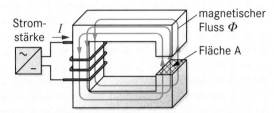

Die Wirkung der magnetischen Energie drücken wir durch den Begriff magnetisches Feld aus.

In ihm wirken Kräfte auf

- ferromagnetische Stoffe (Eisen, Nickel, Kobalt) und
- Ladungen (im stromdurchflossenen Leiter oder im Vakuum).

Wie werden magnetische Felder dargestellt?

Da sich der Raum durch magnetische Felder verändert, kennzeichnen wir das Feld durch geschlossene Linien, die eine Richtung haben (**Feldlinien** vom Nord- zum Südpol).

Für die magnetische Wirkung verwendet man den physikalischen Begriff Fluss. Der magnetische Fluss ist somit ein Maß für die Wirkung des magnetischen Feldes.

Magnetischer Fluss:

Formelzeichen Φ (Phi)

Einheitenzeichen Wb (Weber[1]); 1 Wb = 1 Vs

Für viele technische Prozesse und Geräte ist nicht der gesamte von einer Spule erzeugte Fluss von Interesse, sondern nur der Fluss, der durch eine bestimmte Fläche hindurch tritt (z. B. Luftspalt bei einem Motor). Diese Größe wird als magnetische Flussdichte bezeichnet.

Magnetische Flussdichte:

Formelzeichen B

Einheitenzeichen $\dfrac{\text{Wb}}{\text{m}^2}$; $\dfrac{\text{Vs}}{\text{m}^2}$; $1\,\dfrac{\text{Vs}}{\text{m}^2} = 1\,\text{T}$ (Tesla[2])

$$B = \frac{\Phi}{A}$$

Mit der magnetischen Flussdichte B bezeichnet man den magnetischen Fluss, der eine bestimmte Fläche senkrecht durchsetzt.

[1] Eduard Weber, deutscher Physiker, 1804–1891
[2] Nicola Tesla, kroatischer Physiker, 1856–1943

Wie werden unterschiedliche Flussdichten dargestellt?

Beispiel:

Flussdichte 1   **Flussdichte 2**

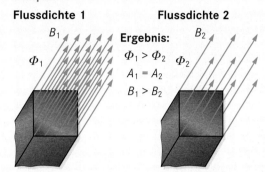

Ergebnis:
$\Phi_1 > \Phi_2$
$A_1 = A_2$
$B_1 > B_2$

Wie wirkt Eisen im magnetischen Feld?

Beispiel:

Spule 1 **ohne Eisenkern**   Spule 2 **mit Eisenkern**

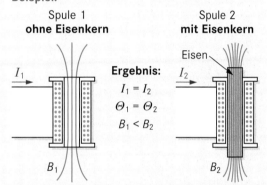

Ergebnis:
$I_1 = I_2$
$\Theta_1 = \Theta_2$
$B_1 < B_2$

Magnetisches Feld um eine Leiterschleife

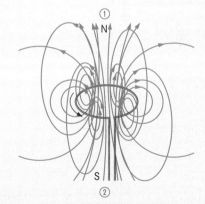

Ergebnis:

- Das Feld um den Leiter ist kreisförmig.
- Die Feldlinien sind geschlossen.
- Die Flussdichte verringert sich mit zunehmendem Abstand vom Leiter (weniger Feldlinien pro Fläche).
- Auf der einen Seite der Leiterschleife treten die Feldlinien ein ① und auf der anderen aus ②. Es entstehen ein Nord- und ein Südpol (eine Spule besteht aus mehreren nebeneinander liegenden Kreisringen).

Wie hoch sind die Energiekosten eines Motors?

$$K = P \cdot t_B \cdot P_{el}$$

K : jährliche Kosten (für Energie) [EUR]

P : Energiepreis [EUR/kWh]

t_B : Betriebsstunden pro Jahr [Std.]

P_{el} : aufgenommene elektrische Leistung [kW]

Angaben für diese Berechnung werden dem Typenschild entnommen. Die dort angegebene Leistung ist die mechanische Leistung. Die elektrische Leistung ergibt sich wie folgt.

$$P_{el} = \sqrt{3} \cdot U_r \cdot I_r \cdot \cos \varphi$$

Wofür entstehen die Kosten?

Es entstehen Kosten für die genutzte (mechanische) Energie und für die Verlustenergie.

①
$$K_{mech} = K_E \cdot t_B \cdot P_{mech} = K_E \cdot t_B \cdot \eta \cdot P_{el}$$
$$K_V = K_E \cdot t_B \cdot P_V = K_E \cdot t_B \cdot (1 - \eta) \, P_{el}$$

K_{mech}: jährliche Kosten für genutzte Energie [EUR]

K_V : jährliche Kosten für Verlustenergie [EUR]

Beispiel:

Ein Motor hat folgendes Typenschild. Er wird mit Bemessungsgrößen betrieben und läuft 5000 Std. pro Jahr. Wie groß sind die Energiekosten, wenn eine kWh 0,1 EUR kostet.

⚪	H e r s t e l l e r	⚪
Typ		
3 ~ Mot.	Nr:	
Y	400 V	8,7 A
4 kW	S1	cos φ 0,8
1435 /min		50 Hz
	V	A
Isol.-Kl. B	IP 54	29 kg
⚪	DIN VDE 0530 Teil 1, 1995	⚪

$P_{el} = \sqrt{3} \cdot U_r \cdot I_r \cdot \cos \varphi$ $\eta = \dfrac{P_{mech}}{P_{el}}$

$P_{el} = \sqrt{3} \cdot 400\,V \cdot 8,7\,A \cdot 0,8$ $\eta = \dfrac{4\ kW}{4,82\ kW}$

$P_{el} = 4,82$ kW $\eta = 83,0\ \%$

$K = K_E \cdot t_B \cdot P_{el}$ $K_V = K_E \cdot t_B \cdot (1 - \eta)\, P_{el}$

$K = 0,1\,\dfrac{EUR}{kWh}\,5000\ h\,\cdot$ $K_V = 0,1\,\dfrac{EUR}{kWh}\,5000\ h\,\cdot$

     $4,82$ kW $(1 - 0,83) \cdot 4,82$ kW

$K = 2410$ EUR   **$K_V = 409,70$ EUR**

Von 2410 EUR jährlichen Stromkosten entfallen 409,70 EUR auf die Verlustenergie. Diese Kosten können durch verbesserte Wirkungsgrade verringert werden.

Wie können die Energiekosten gesenkt werden?

Die mechanische Leistung ist durch die Anwendung vorgegeben. Auch auf die Betriebszeit und den Energiepreis kann kein Einfluss genommen werden. Damit bleibt nur der Wirkungsgrad η als mögliche Einflussgröße ①.

Durch ein Verbesserung des Wirkungsgrades können Energiekosten gesenkt werden. Je nach Wirkungsgrad werden Elektromotoren mit Wirkungsgradklassen (EFF: Effizienzklasse) gekennzeichnet.

EFF3: Einfacher Standardmotor mit schlechtem Wirkungsgrad

EFF2: Verbesserter Wirkungsgrad (ca. 20 % weniger Verluste als Standardmotoren)

EFF1: Hocheffizienzmotoren (ca. 40 % weniger Verluste als Standardmotoren)

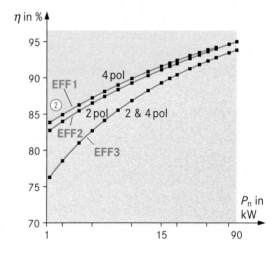

Wann setze ich welche Effizienzklasse ein?

EFF3: Nur bei sehr kurzen Laufzeiten sinnvoll; Einsatz möglichst vermeiden.

EFF2: Bei mittleren Laufzeiten < 2000 h/Jahr

EFF1: Bei allen Antrieben mit hohen jährlichen Laufzeiten.

Wieviel Geld wird gespart?

Beispiel:

Wird der Beispielmotor gegen einen EFF1-Motor getauscht, steigt der Wirkungsgrad auf mindestens 84,2 % (Diagramm ②).

Kosten für Verluste   jährliche Ersparnis

$K_{V,neu} = K_E \cdot t_B \cdot (1 - \eta)\, P_{el}$ $\boxtimes K_V = K_{V,alt} - K_{V,neu}$

$K_{V,neu} = 0,1\,\dfrac{EUR}{kWh}\,5000\ h\,\cdot$ $\boxtimes K_V = 409,70$ EUR $-$

     $(1 - 0,842) \cdot 4,82$ kW $380,78$ EUR

$K_{V,neu} = 380,78$ EUR $\boxtimes K_V = 28,92$ EUR

- Antriebe bestehen u. a. aus der Antriebsmaschine (Motor) und der Arbeitsmaschine.

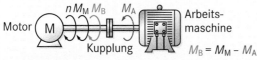

Motor — Kupplung — Arbeitsmaschine

$M_B = M_M - M_A$

- Sie sind über eine Kupplung fest miteinander verbunden und haben immer die gleiche Umdrehungsfrequenz n.

- Jede Maschine bringt ein Drehmoment auf die Welle (M_M, M_A). Es kann verschieden groß sein und unterschiedliche Vorzeichen (Richtungen) haben.

- Die Differenz der Momente ergibt das Beschleunigungsmoment M_B.

- Antriebsmaschinen und Arbeitsmaschinen haben eine Drehmoment-Umdrehungsfrequenz-Charakteristik.

- Aus der gemeinsamen Betrachtung der Kennlinien von Antriebs- und Arbeitsmaschine lässt sich das Beschleunigungsverhalten ermitteln.

Umdrehungsfrequenz-Drehmoment-Kennlinien von Arbeitsmaschinen

Kennlinie	Gleichung	Beispiele
	$M \sim \dfrac{1}{n}$ \quad P = konstant	**Beispiele:** • Wickelmaschinen • Drehmaschinen • Mühlen • Rührwerke • Prüfstände
	M = konstant \quad $P \sim n$	**Beispiele:** • Kolbenpumpen • Walzwerke • Hebezeuge (Kran), Transportbänder
	$M \sim n$ \quad $P \sim n^2$	**Beispiele:** • Wirbelstrombremsen • Kalander (spezielle Walzen) mit viskoser Reibung
	$M \sim n^2$ \quad $P \sim n^3$	**Beispiele:** • Zentrifugalpumpen • Lüfter • Gebläse • Zentrifugen

Beschleunigen (Motoranlauf):

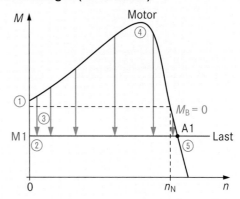

- Der Antrieb hat die Umdrehungsfrequenz $n = 0$. Das Anfahrmoment ① ist größer als das Lastmoment ②. Dadurch ergibt sich ein positives Beschleunigungsmoment ③ und die Umdrehungsfrequenz des Antriebs steigt. Während der Beschleunigung steigt zunächst das Motormoment bis zum Kippmoment ④. Danach sinkt es wieder.

- Steigt die Umdrehungsfrequenz weiter, schneiden sich die Kennlinien des Motors und der Last ⑤. In diesem Schnittpunkt sind das Antriebs- und Lastmoment gleich groß. Das Beschleunigungsmoment ist nun $M_B = 0$.

- Der Antrieb wird nicht weiter beschleunigt und hat eine feste Umdrehungsfrequenz n erreicht.

Bremsen:

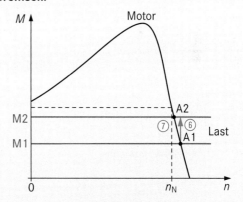

- Der Antrieb befindet sich zu Beginn im Arbeitspunkt A1. Zum Beispiel durch Beladen eines Transportbandes ist das Lastmoment plötzlich auf M_2 gestiegen.

- Jetzt besteht eine negative Differenz zwischen Motor- und Lastmoment ⑥. Das bedeutet, dass der Antrieb abgebremst wird.

- Erst im Schnittpunkt zwischen Motor- und Lastkennlinie ⑦ ist wieder ein stationärer Zustand erreicht, da hier das Beschleunigungsmoment $M_B = 0$ ist.

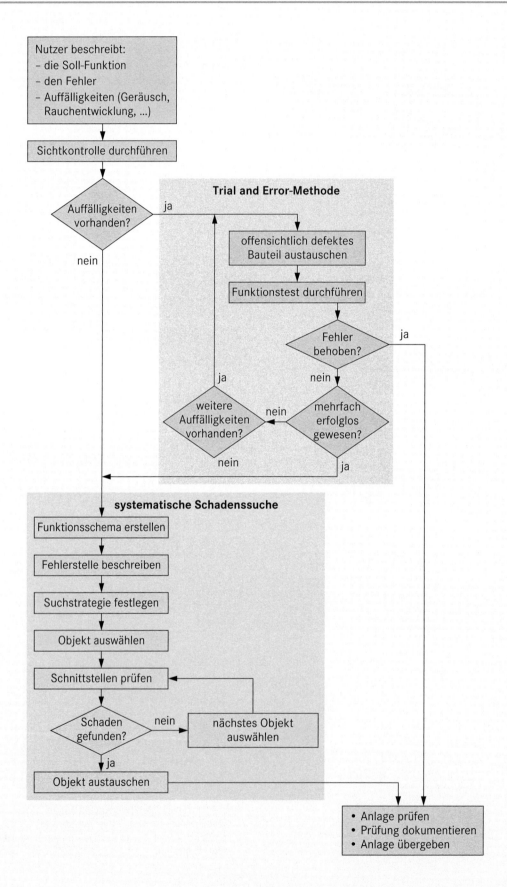

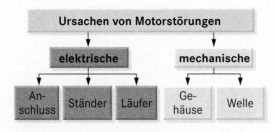

Was mache ich?

1. Ich beschreibe den **Fehler** genau.

2. Ich stelle die **Ursache** fest.

3. Ich **prüfe** das betreffende Objekt.

4. Ich **setze** das fehlerhafte Teil **instand**.

Fehler	Ursache	Prüfung	Abhilfe
Motor läuft nicht an	Sicherung ausgelöst	Sichtprüfung der Sicherungseinsätze	Neue Sicherung
	Zuleitung unterbrochen	Leitungen und Klemmen prüfen	Leitungen befestigen
	Motor überlastet	Last prüfen	Last verringern
	Bürsten liegen nicht sauber auf	Bürstenfedern überprüfen	Bürsten nachstellen
	Welle sitzt fest	Welle und Lager prüfen	Lager schmieren
Motor läuft nicht hoch	Belastung zu hoch	Last prüfen	Last verringern
Motor läuft stoßartig an	Anlasswiderstand falsch	Widerstand messen	Widerstand ändern
	Anlasser defekt (Kontaktabbrand, Unterbrechung)	Messung und Sichtprüfung	Anlasser instand setzen
	Bürsten abgenutzt	Sichtkontrolle	Bürsten austauschen
	Kurzschluss zwischen mehreren Stromwendersegmenten	Stromwender überprüfen	Stromwender säubern
Falsche Drehrichtung	Phasenfolge falsch	Drehfeld prüfen	Phase tauschen
Bürstenfeuer	Zu große Stromaufnahme	Messung der Leiterströme	Last verringern
	Bürsten liegen nicht richtig auf	Bürstenstellung prüfen	Neueinstellung
	Stromwender verdreckt (z. B. mit Öl)	Sichtprüfung	Stromwender säubern

Fehler	Ursache	Prüfung	Abhilfe
Motorgeräusch zu laut	Läufer hat Unwucht	Messung des Läufers	Läufer auswuchten
	Läufer nicht zentriert eingebaut	Lagerschilde, Lager prüfen	Nachstellen
Unruhiger Lauf des Motors	Gehäuse verspannt	Schrauben entlasten	Korrekt ausrichten
	Unterbau (Fundament instabil)	Unterbau kontrollieren	Unterbau nachbessern
	Lager defekt	Lager auf Schäden prüfen	Lager austauschen
Motor überhitzt im Betrieb	Belastung zu groß	Belastung messen	Motor entlasten
	Lüftung unzureichend	Lüftungslöcher und Lüfter kontrollieren	Luftwege säubern
	Zu große Schalthäufigkeit	Motorbetriebsart kontrollieren	Nach Betriebsart belasten
	Unsymmetrische Klemmenspannung	Netzanschluss des Motors überprüfen	Anschluss instand setzen
	Motorphase ausgefallen	Anschluss prüfen	Anschluss instand setzen
Zu große Lagertemperatur	Welle beschädigt	Sichtprüfung der Welle	Läufer austauschen
	Ungenügende Ausrichtung	Messung der Motorlage	Motor neu ausrichten
	Mangelnde Lagerschmierung	Sichtprüfung der Lagerschmierung	Lager nachschmieren
	Schmiermittel verschmutzt	Sichtprüfung der Lagerschmierung	Lager reinigen, Neuschmierung
Stern-Dreieck-Anlauf: Motor läuft nicht an	Stern-Dreieck-Umschalter defekt	Messung durchführen	Schalter erneuern

Wie entsteht eine Sinus- bzw. Cosinuskurve?

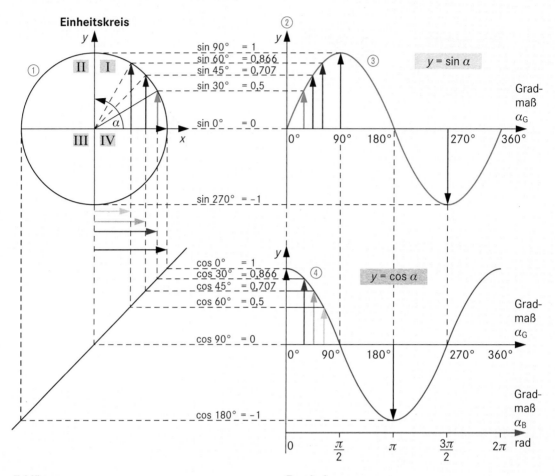

Erklärung

- Kreis mit dem Radius 1 (z. B. 1 cm) zeichnen (Einheitskreis ①).
- Zeiger mit der Radiuslänge 1 in x-Richtung des Einheitskreises zeichnen.
- Diagramm mit folgender Abhängigkeit zeichnen ②: y in Abhängigkeit vom Winkel α_G (Winkelein-teilung im Gradmaß 0 bis 360°)
- Zeiger im Einheitskreis gegen den Uhrzeigersinn um den Winkel α drehen.
- Zeiger auf die y-Achse (grüner Pfeil) projizieren und die Länge in das Diagramm einzeichnen.
- Weitere Winkel einzeichnen und die Länge der Zeigerprojektionen (blauer, violetter Pfeil) ein-zeichnen usw.
- Anschließend alle Punkte durch eine Linie mit-einander verbinden ③.

Ergebnis

Es entsteht eine Kurve mit folgenden Merkmalen:
- Nulldurchgänge bei 0°, 180° und 360°
- Positiver Maximalwert bei 90°
- Negativer Maximalwert bei 270°

Die Kurve wird als **Sinuskurve** bezeichnet (blaue Kurve).

Weil diese Kurve eine durchgehende Linie ist, nennt man das Diagramm **Liniendiagramm**.

Weil die Kurve durch einen rotierenden Zeiger ent-standen ist, können diese Größen auch durch ei-nen Zeiger dargestellt werden. Diese Diagramme heißen dann **Zeigerdiagramme**.

Wenn die Zeiger auf die x-Achse projiziert werden, entsteht die abgebildete **Cosinuskurve** ④ (rote Kurve).

Sinus- und cosinusförmige Größen lassen sich durch

- **Zeiger (Zeigerdiagramme) oder**
- **Linien (Liniendiagramme) darstellen.**

Zeigerdiagramm

- Die Spannung und Stromstärke werden durch einen Zeiger dargestellt, den man sich rotierend ① vorstellen kann (vgl. Einheitskreis).

- Die Länge des Zeigers ist der Maximalwert (**Amplitude**) $\hat{u}$ ② der Spannng bzw. Stromstärke (sprich: u- bzw. i-Dach).

- Den momentanen (augenblicklichen) Wert erhält man durch Projektion des Zeigers auf die Ordinatenachse (z. B. u_3 ③).

- Eine vollständige Umdrehung des Zeigers entspricht dem Winkel 360° bzw. einer Zeit für eine Periode T.

Liniendiagramm

- Die Spannung bzw. Stromstärke wird durch eine winkel- bzw. zeitabhängige Linie (Sinus- oder Cosinuskurve) dargestellt. Der Verlauf der Größen wird sichtbar.
  - Ordinate (y-Achse): Spannung bzw. Stromstärke
  - Abszisse (x-Achse): Winkel oder Zeit

- Die Maximalwerte (positive und negative Amplitude) sind die Scheitelwerte oder Amplituden $\hat{u}$ ④ bzw. $\hat{i}$.

- Den momentanen (augenblicklichen) Wert erhält man durch Projektion des Wertes auf die Ordinatenachse ⑤.

- Die Zeit für einen vollständigen Kurvenverlauf ist die Periodendauer T ⑥. Diese Zeit entspricht einem Winkel von 360°.

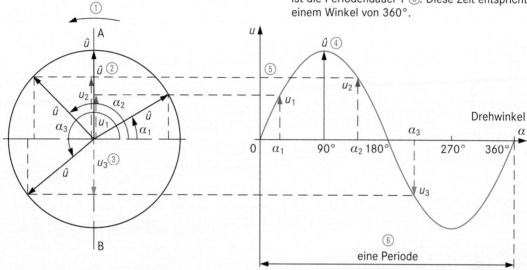

Was sind Gradmaße und Bogenmaße?

Gradmaß
Kreisumfang in 360 Teile aufteilen (360°)

Bogenmaß
Kreisumfang in Teile von 2π aufteilen

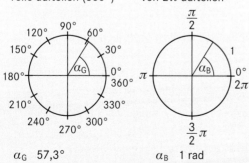

α_G 57,3°

α_B 1 rad

$$\frac{\alpha_G}{\alpha_B} = \frac{360°}{2 \cdot \pi} \qquad \frac{\alpha_G}{\alpha_B} = \frac{57,3°}{1 \text{ rad}}$$

$$\frac{\alpha_B}{\alpha_G} = \frac{2 \cdot \pi}{360°} \qquad \frac{\alpha_B}{\alpha_G} = 0,01745 \frac{1 \text{ rad}}{1°}$$

Wie lassen sich Winkelmaße ineinander umrechnen?

Beispiel:

Welches Bogenmaß entspricht dem Winkel α_G = 35°?

$$\alpha_G = \frac{35° \cdot 2 \cdot \pi}{360°} = 0,61085238$$

Berechnung mit dem **Taschenrechner**:

35 ⇒ $\boxed{\text{SIN}}$ ⇒ $\boxed{\text{RAD}}$ ⇒ $\boxed{\text{SIN}^{-1}}$

Hinweise:

- Die Umstellung von Gradmaß in Bogenmaß wird bei den Taschenrechnern unterschiedlich vorgenommen.

Sehr häufig geschieht das über die Taste $\boxed{\text{RAD}}$ bzw. $\boxed{\text{DRG}}$

- Anstelle der Sinusfunktion kann zum Umrechnen auch jede andere Winkelfunktion benutzt werden.

ABB AG, Mannheim: 31.4b, 31.5b, 31.6b, 165.7;

AWE Communications GmbH, Böblingen: 199.5;

Berufsgenossenschaft der Feinmechanik und Elektrotechnik, Köln: 367.1 (alle);

Bosch Rexroth AG, Lohr am Main: 357.3;

Carl Stahl GmbH, Süßen: 257.4 (links);

CH. BEHA GmbH, Glottertal: 374.1, 2;

ContiTech Antriebssysteme GmbH, Hannover: 288.1, 339 (beide);

Damalini AB, S-Mölndal: 340.4;

Danfoss GmbH, Offenbach: 70.2, 73.5, 165.8;

Demag Cranes & Components GmbH, Wetter: 77.1;

Doli GmbH, München: 316.2;

Druck & Temperatur Leitenberger GmbH, Kirchentellinsfurt: 362.1;

Endress+Hauser Messtechnik GmbH + Co KG, Weil am Rhein: 34.3, 35.7b, c;

FAG Kugelfischer Georg Schäfer AG, Schweinfurt: 270.2;

Festo Didactic GmbH & Co KG, Denkendorf: 16.1, 17.7;

FLIR Systeme GmbH, Frankfurt: 374.3, 4;

Forkardt Deutschland GmbH, Erkrath: 214.2;

Fortuna-Werke Maschinenfabrik GmbH, Stuttgart: 279.1;

Fotostudio Druwe & Polastri, Cremlingen: 285.3, 345.6;

Fraunhofer Institute for Physical Measurement Techniques IPM, Freiburg: 38.4 (Jürgen Wöllenstein);

Friedrich Flender AG, Bocholt: 298.1;

GINO GmbH, Bonn: 86.1;

Gossen-Metrawatt GmbH, Nürnberg: 312.2;

Hänchen Hydraulik GmbH, Ostfildern: 361.5;

HEIDENHAIN GmbH, Traunreut: 32.5, 33.8, 217.4;

Herwart Reich GmbH, Bochum: 300.1b+c;

Hilger und Kern GmbH, Mannheim: 340.2;

Hübscher, Heinrich, Lüneburg: 41.1;

Hydac Technology GmbH, Sulzbach/Saar: 358.1, 359.2;

ifm electronic gmbh, Essen: 37.8;

Johnson electronic, Hongkong: 93.5;

Kirschberg, Dr. Uwe: 280.1;

Klaue, Jürgen, Roxheim: 47.4;

Krehbiel, Michael, Neutraubling: 92.1, 98.2;

Kurschildgen GmbH Hebezeugbau, Bergisch-Gladbach: 256.3;

LABO plus, München: 281.5;

Langanke, Lutz, Hannover: 394.2;

Mädler GmbH, Stuttgart: 297.3, 300.1a;

L. MEILI & Co GmbH, Hananu: 257.4 (Mitte);

ME-Messsysteme GmbH, Henningsorf: 27.5;

Ortllinghaus-Werke GmbH, Wermelskirchen. 300.1d;

Pepperl + Fuchs GmbH, Mannheim: 16.2, 18.2, 39.6;

Phoenix Contact GmbH & Co KG, Blomberg: 30.2, 198 (alle);

Prüftechnik AG, Ismaning: 345.5;

PWB SWISS GmbH, Gröbenzell: 214.4;

Raytek GmbH, Berlin: 30.3;

RINGSPANN GmbH, Bad Homburg: 300.1e;

Römisch, Heinrich, Braunschweig: 53.6, 56.1;

Rudow Maschinenteile GmbH, Moers: 357.1;

Sauter-Feinmechanik GmbH, Metzingen: 214.3;

Schneeberger GmbH, Höfen/Enz: 337.5;

Seeger_Orbis GmbH & Co OHG, Königstein: 284.1;

Seifert mtm Systems GmbH, Ennepetal: 81.6;

Siemens AG, München: 12.3, 20.2, 28.3, 38.1, 38.3, 48.1, 57.4, 5, 64.1, 66.1, 95.4, 96.2, 123.4, 125.1, 166.2, 204.2, 208.3, 215 (beide);

Sokele, Günter: 122.2, 245.1;

SpanSet GmbH & Co KG, Übach-Palenberg: 257.4 (rechts);

Systeme Helmholz GmbH, Großenseebach: 199.6;

Timmer Pneumatik GmbH, Langenfeld: 364.2;

TÜV SÜD AG, München: 408.2.

Titelbild: KUKA Roboter GmbH, Hery-Park 3000, 86368 Gersthofen

**Mechatronik/
Produktionstechnologie
Grundwissen**

328 S., vierfarbig
978-3-14-**222530**-2

**Mechatronik
Fachwissen**

448 S., vierfarbig
978-3-14-**222532**-3

**Mechatronik
Tabellenbuch**

552 S., vierfarbig
978-3-14-**222511**-1

**Mechatronik
Formelsammlung**

128 S., vierfarbig
978-3-14-**222514**-2